普通高等院校机械类及相关学科教材

工程制图

主　编　姚继权
副主编　刘　佳
参　编　丛喜宾　郑玉波　郭颖荷
　　　　彭守凡　杨　梅　倪树楠
　　　　白　兰　毛志松　董自强
　　　　倪　杰
主　审　李凤平　苏　猛

北京理工大学出版社
BEIJING INSTITUTE OF TECHNOLOGY PRESS

内容简介

本书按照教育部高等学校工程图学课程教学指导委员会制定的《普通高等学校工程图学课程教学基本要求》，以及近年来发布的有关制图的最新国家标准，吸收多年来由编写组主持的辽宁省精品资源共享课“工程制图”、辽宁省高等学校教学改革项目“工程制图教学和考评体系的改革研究”等多项教学改革和教学教研成果，参考多部近年出版的其他高校图学教材编写。本书内容包括基本投影理论、专业工程图、实验实践三大模块。

本书可作为高等学校近机械类及相关专业工程制图、机械制图、工程图学等课程的教材，也可供函授大学、电视大学、职工大学等院校相关专业选用。

图书在版编目（CIP）数据

工程制图/姚继权主编．—北京：北京理工大学出版社，2017.8（2020.9 重印）
ISBN 978－7－5682－4410－7

Ⅰ.①工…　Ⅱ.①姚…　Ⅲ.①工程制图－高等学校－教材　Ⅳ.①TB23

中国版本图书馆 CIP 数据核字（2017）第 176483 号

出版发行 / 北京理工大学出版社有限责任公司
社　　址 / 北京市海淀区中关村南大街 5 号
邮　　编 / 100081
电　　话 /（010）68914775（总编室）
（010）82562903（教材售后服务热线）
（010）68948351（其他图书服务热线）
网　　址 / http：//www. bitpress. com. cn
经　　销 / 全国各地新华书店
印　　刷 / 北京紫瑞利印刷有限公司
开　　本 / 787 毫米×1092 毫米　1/16
印　　张 / 21
字　　数 / 495 千字
版　　次 / 2017 年 8 月第 1 版　2020 年 9 月第 4 次印刷
定　　价 / 55.00 元

责任编辑 /李志敏
文案编辑 /李志敏
责任校对 /周瑞红
责任印制 /李志强

前　言

本书按照教育部高等学校工程图学课程教学指导委员会制定的《普通高等学校工程图学课程教学基本要求》，以及近年来发布的有关制图的最新国家标准编写，根据国家对创新型人才培养的需求和“构建应用创新型人才培养体系”的人才培养目标，对内容进行了优化重组，注重传统制图教学内容与以实践教学为主体的新知识的融会贯通，推陈出新，努力提高课程的教学质量，加强知识的实践性、工程性和科学性。本书建立模块化课程内容体系结构，根据辽宁工程技术大学多年承担的辽宁省教学改革项目、精品资源共享课成果的转化和应用，分为基本投影理论、专业工程图、实验实践三大模块。

（1）基本投影理论模块是《工程制图》的基础，教学时不分专业，统一课程内容，在教学上采取总体知识够用、重点知识系统的策略，在内容上选择与工程实际应用相关的知识，淡化图解问题，突出形体表达，重点讲解投影理论，从投影的形成、点线面的投影、线面的相对位置、基本形体的表达等方面进行系统的讲解。

（2）专业工程图模块主要介绍国家标准中有关的制图标准和绘图规范。

（3）实验实践模块主要培养学生徒手绘制草图、仪器制图、计算机绘图和零部件测绘的能力。

《工程制图》是专业基础课，通过本课程的学习，学生能够了解工程图在产品生产流程中的作用，掌握绘制和识读机械图样的基本技能，具备查阅国家标准《机械制图》的能力，培养必要的工程素质及工程设计和制造方面的创新意识，为后续专业课程、课程设计和毕业设计打下基础，成为具有一定的图示能力、读图能力、空间想象能力和思维能力以及绘图技能的人才。本书可作为机械类及相关专业的教材，也可作为高等学校机械类和相关专业画法几何及机械制图课程的教材，还可供函授大学、电视大学、职工大学等院校相关专业以及各类成人教育的相关专业选用。与本书配套的有《工程制图学习指导》，实现教、学、练相结合，达到基本教学要求。

本书由姚继权担任主编。参加本书编写工作的有丛喜宾（第1章、第7章），郑玉波（第2章），郭颖荷（第3章），彭守凡（第4章），杨梅（第5章），倪树楠（第6章、第12章），白兰（第8章），毛志松（第9章），刘佳（第10章、第14章、附录），姚继权（第11章、第13章）。董自强、倪杰参加了部分图形的绘制和编写工作。全书由姚继权统稿，李凤平、苏猛主审。

由于编者水平有限，不足之处在所难免，敬请读者批评指正。

编　者

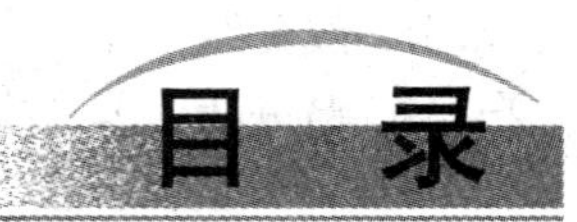

目　录

基本投影理论

专业工程图

实验实践

基本投影理论

第1章

投影的基本知识

★本章知识点

1. 投影法的概念及分类。
2. 正投影的基本性质。
3. 三视图的形成及投影规律。

1.1　投影法及正投影

1.1.1　投影法的概念及分类

在日常生活中，当阳光或灯光照射在物体上时，在某个平面（墙面、地面等）上出现影子的现象。人们根据这一现象，科学抽象地创造了将物体表示在平面上的方法。在这里，将照射光线称为投射线；所有投射线的起源点称为投射中心；投影所在的平面称为投影面。影子为物体在投影面上的投影，如图 1-1 所示。利用投射线通过物体，向指定的投影面投射，并在投影面上得到物体投影的方法称为投影法。根据投影法所得到的投影图形称为投影图。

工程上，常用的投影法有中心投影法和平行投影法两大类。

（1）中心投影法。中心投影法是指投射线汇交一点的投影法（投射中心位于有限远处），如图 1-1 所示。

（2）平行投影法。平行投影法是指投射线相互平行的投影法（投射中心位于无限远处，所有投射线具有相同的投射方向）。平行投影法根据投射线与投影面的关系又可分为斜投影法和正投影法两种。当互相平行的投射线（投射方向）与投影面垂直时，称为正投影法，如图 1-2（a）所示；当互相平行的投射线（投射方向）与投影面倾斜时，称为斜投影法，如图 1-2（b）所示。

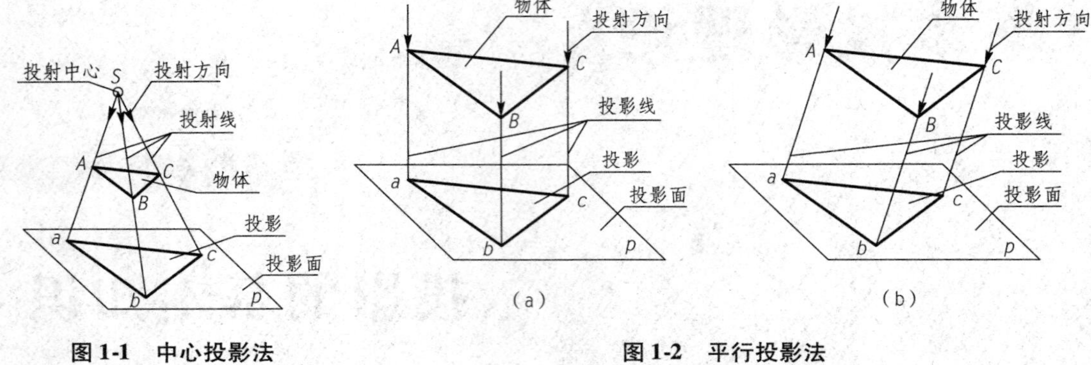

图 1-1　中心投影法

图 1-2　平行投影法

(a) 正投影法；(b) 斜投影法

正投影法具有作图简便、度量性好的特点，在工程中得到了广泛的应用。用正投影法得到的物体投影称为正投影图。通常机械工程图样采用正投影法绘制。本课程主要学习这种投影法。

1.1.2　正投影的基本性质

物体的形状是由其表面的形状决定的。表面是由线（直线、曲线）和面（平面、曲面）构成的。因此，物体的投影就是构成物体表面的线（直线、曲线）和面（平面、曲面）的投影总和。正投影的基本性质主要是指直线、平面的投影特性。

1. 实形性

当空间直线或平面与投影面平行时，在其平行的投影面上，直线的投影反映实长，平面的投影反映实形。如图 1-3（a）所示，直线 AB 的投影 $ab = AB$，□$CDEF$ 的投影□$cdef$ = □$CDEF$。

2. 积聚性

当空间直线或平面与投影面垂直时，在其垂直的投影面上，直线的投影积聚为一个点，平面的投影积聚为一条直线。点的不可见投影加括号表示。如图 1-3（b）所示，直线 AB 的投影 ab 积聚为一个点，□$CDEF$ 的投影□$cdef$ 积聚为一条直线。

3. 类似性

当空间直线或平面与投影面倾斜时，在其倾斜的投影面上，直线的投影仍为直线，但长度发生了改变，长度缩短，平面的投影为类似形，面积变小。如图 1-3（c）所示，直线 AB 的投影 $ab < AB$；□$CDEF$ 的投影□$cdef$ < □$CDEF$。

4. 定比性

若直线上的点分割线段成一定比例，则点的投影分割线段的投影成相同的比例。如图 1-3（d）所示，$AK : KB = ak : kb$。

5. 平行性

当两直线平行时，它们的投影也平行，且两直线的投影长度之比等于其长度比。如图 1-3（d）所示，$AB /\!/ CD$，则 $ab /\!/ cd$，且 $AB : CD = ab : cd$。

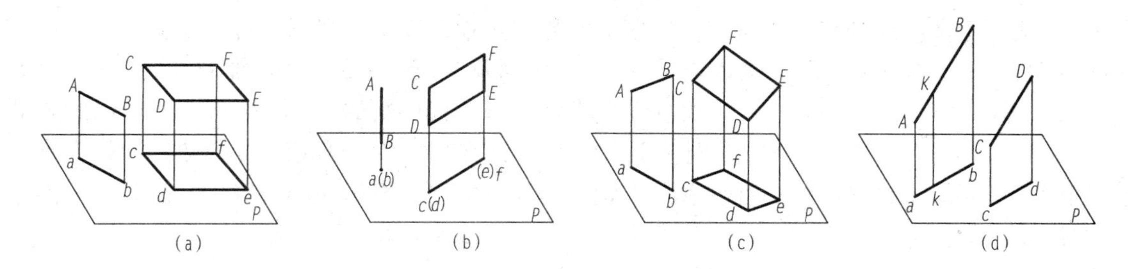

图1-3　正投影的基本性质

（a）实形性；（b）积聚性；（c）类似性；（d）定比性和平行性

1.2　三视图概述

1.2.1　三面投影体系的建立

由于单面投影和某些情况下的两面投影不能确定物体的形状，如图1-4所示的物体具有相同的单面投影和两面投影，所以，工程上通常采用三面投影表达物体的形状。三面投影体系由三个互相垂直的平面构成，三个投影面将空间分成八个区域，称为八个分角，如图1-5所示。其中，*V*面称为正投影面，*H*面称为水平投影面，*W*面称为侧投影面；三个投影面两两垂直相交的交线*OX*、*OY*、*OZ*称为投影轴；三个投影轴相互垂直且交于一点*O*，称为原点。

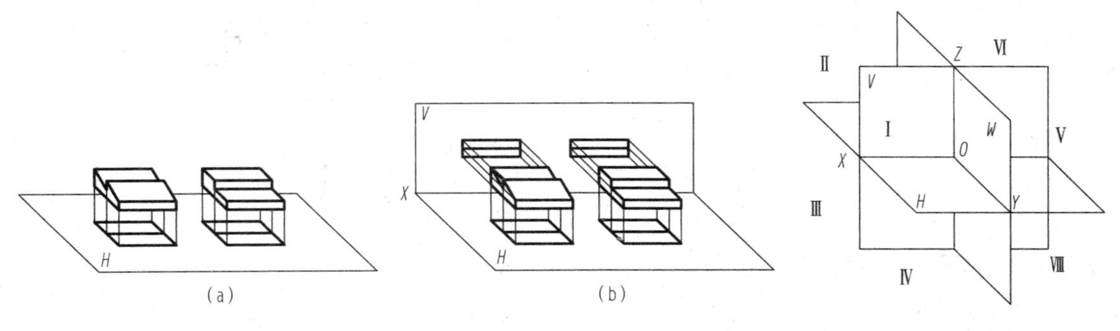

图1-4　单面投影与两面投影

（a）单面投影；（b）两面投影

图1-5　三面投影体系

1.2.2　三视图的形成及投影规律

1. 三视图的形成

国家标准规定工程图样采用第一分角画法，如图1-6（a）所示。将物体置于三面投影体系的第一分角中，再用正投影法将物体分别向*V*、*H*、*W*投影面进行投射，即得到物体的三面投影。将物体在*V*面的投影称为正面投影，在*H*面的投影称为水平投影，在*W*面的投影称为侧面投影。在工程上，将物体的正投影图称为视图。正面投影称为主视图，水平投影称为俯视图，侧面投影称为左视图。物体的主视图、俯视图、左视图简称物体的三视图。三视图能够唯一确定物体的形状。

为使三个视图能画在一张纸上，国家标准规定正投影面及主视图保持不动，把水平投影面及俯视图一起绕 OX 轴向下旋转 90°，把侧投影面及左视图一起绕 OZ 轴向右旋转 90°，如图 1-6（b）所示。在展开时，OY 轴被分为两处，随 H 面旋转的用 Y_H 表示，随 W 面旋转的用 Y_W 表示。展开后的三个视图在同一个平面上，如图 1-6（c）所示。为简化作图，在画三视图时，不必画出投影面的边框线和投影轴，各视图按展开投影面的位置进行配置，视图之间的距离根据具体情况确定，不必标注视图的名称，如图 1-6（d）所示。

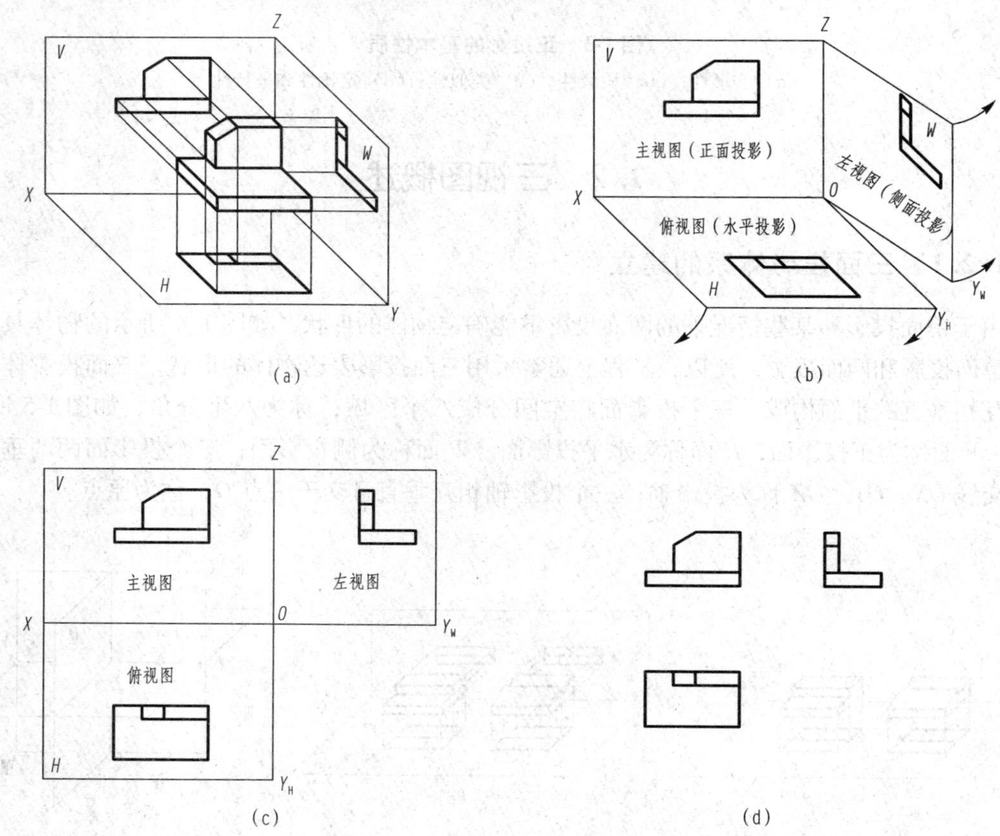

图 1-6　三视图的形成

（a）第一分角画法；（b）投影面的展开；（c）展开后的三视图位置；（d）实际画图时的三视图

2. 三视图之间的对应关系

将物体置于三面投影体系中，约定 X 轴方向为物体的“长”，Y 轴方向为物体的“宽”，Z 轴方向为物体的“高”。主视图和俯视图同时反映了物体的长度，主视图与左视图同时反映了物体的高度，俯视图与左视图同时反映了物体的宽度，如图 1-7 所示。由此可以归纳出，三视图之间的对应关系为：主视图、俯视图长对正，主视图、左视图高平齐，俯视图、左视图宽相等。三视图之间的这种对应关系也称为三视图的投影规律。这种关

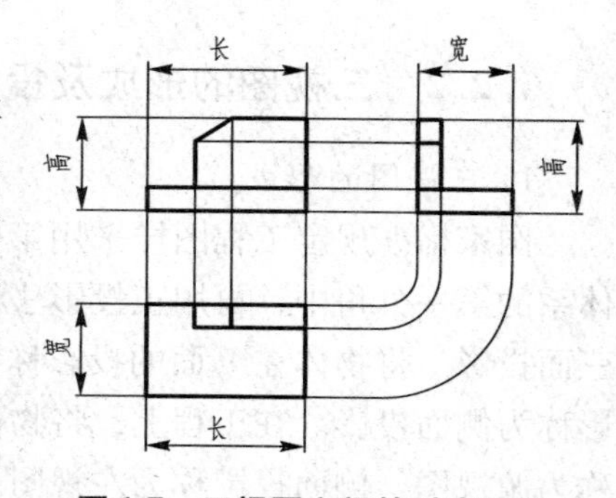

图 1-7　三视图之间的对应关系

系对整个物体或物体的局部而言均适用。

3. 三视图上物体的方位关系

物体上有左、右、前、后、上、下六个方向的位置关系即方位关系。沿 X 轴正向为“左”，反向为“右”；沿 Y 轴正向为“前”，反向为“后”；沿 Z 轴正向为“上”，反向为“下”，如图 1-8（a）所示。每个视图仅能反映四个方向的位置关系，如图 1-8（b）所示，主视图反映物体左、右、上、下的相对位置，俯视图反映物体左、右、前、后的相对位置，左视图反映前、后、上、下的相对位置。据此，就可以在视图上分析物体各部分的相对位置了。

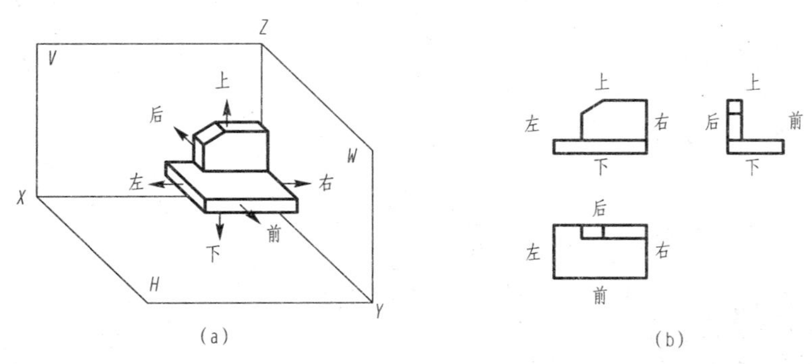

图 1-8　三视图上物体的方位关系

（a）物体上的方位；（b）三视图上的方位

本章小结

本章主要介绍了投影的基本概念：投射线、投射中心、投影和投影图等；投影法的分类：中心投影法、平行投影法（斜投影法、正投影法）；正投影的基本性质；三视图的形成及投影规律等知识。这些都是本课程的理论基础。

思考题

1. 为什么机械工程图样采用正投影图？
2. 正投影的基本性质是什么？
3. 三视图的投影规律是什么？

第2章

点、线、面的投影

★本章知识点

1. 点的投影：点的三面投影及投影规律；点的投影与直角坐标的关系；两点的相对位置。

2. 直线的投影：各种位置直线的投影特性；直线上点的投影特性；两直线的相对位置。

3. 平面的投影：各种位置平面的投影规律；平面上的直线和点；直线与平面、平面与平面的相对位置。

2.1 点的投影

2.1.1 点的三面投影及投影规律

1. 点的三面投影

如图2-1（a）所示，将空间点 A 分别向 H 面、V 面、W 面作垂直投射线，在三个投影面上得到三个垂足 a 、a'、a''，这三个垂足即是空间点 A 在三个投影面上的投影。其中，a 、a'、a''分别称为空间点 A 的水平投影、正面投影和侧面投影。

空间点及其投影的标记规定：空间点用大写字母 A、B、C…表示，投影用相同的小写字母 a、b、c…表示，其中 H 面投影不加撇，V 面投影加一撇，W 面投影加两撇。

三个投影面的展开：V 面不动，将 H 面向下转 90°，W 面向右转 90°，三面投影也随之展开到同一平面，其中 Y 轴一分为二，随 H 面旋转的称为 OY_H 轴，随 W 面旋转的称为 OY_W 轴，如图2-1（b）所示。去掉投影面的边框，保留投影轴，得到点的三面投影图，如图2-1（c）所示。

2. 点的投影规律

由点的三面投影图的形成过程可以得出下列投影规律：

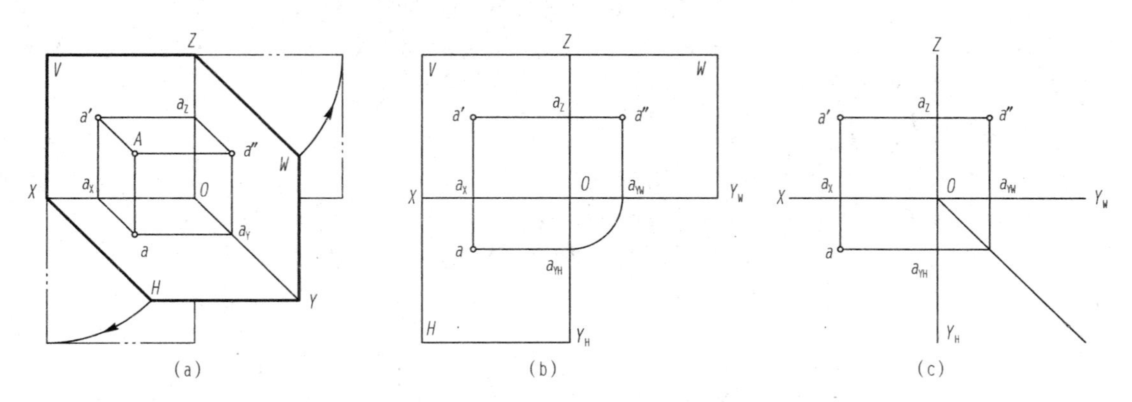

图 2-1　点的三面投影

（1）点的正面投影与水平投影的连线垂直于 OX 轴，即 $a'a \perp OX$（长对正）。

（2）点的正面投影与侧面投影的连线垂直于 OZ 轴，即 $a'a'' \perp OZ$（高平齐）。

（3）点的水平投影到 OX 轴的距离等于点的侧面投影到 OZ 轴的距离，即 $aa_X = a''a_Z$（宽相等）。

为了作图方便，可以用圆弧或 45°线，体现 a 和 a''之间的对应关系。

点的投影规律体现了点的三面投影之间的对应关系，任意给定点的两面投影就可以求出第三面投影，即“二求三”。

【例 2-1】　已知点 A 的两面投影 a 、a'，求第三面投影 a''，如图 2-2（a）所示。

解： 如图 2-2（b）所示。

（1）过 O 点作 45°线（水平投影和侧面投影的对应关系线）。

（2）过 a'作水平线。

（3）过 a 作水平线，与 45°线相交，过交点作竖直线与过 a'作的水平线相交，其交点即为侧面投影 a''。

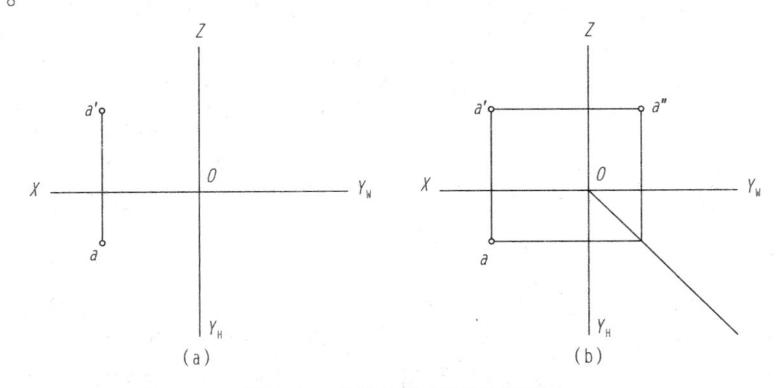

图 2-2　求作点的第三面投影

2.1.2　点的投影与直角坐标的关系

如图 2-3（a）所示，如果将投影面当作直角坐标平面，投影轴当成坐标轴，投影原点当成坐标原点，则点的空间位置及其投影的位置可以用坐标来确定。

空间点 A 的位置可由三个坐标 x、y、z 来确定，表示为 A（x，y，z）；其中三个坐标分别表示空间点到相应投影面的距离，即

点 A 到 W 面的距离 $Aa''=a'a_Z=aa_Y=Oa_X=x$；

点 A 到 V 面的距离 $Aa'=aa_X=a''a_Z=Oa_Y=y$；

点 A 到 H 面的距离 $Aa=a'a_X=a''a_Y=Oa_Z=z$。

如图 2-3（b）所示，点的任一投影均由两个坐标确定，其中水平投影 a（x，y）由 x、y 确定，正面投影 a'（x，z）由 x、z 确定，侧面投影 a''（y，z）由 y、z 确定。

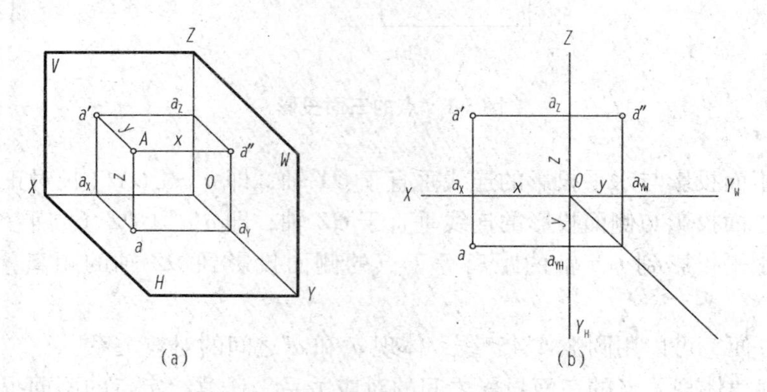

图 2-3　空间点及其投影与直角坐标的关系

由此可见，已知空间点的三个坐标可作出点的投影图；反之，已知点的投影图也可以确定点的空间位置。

【例 2-2】　已知点 A（15，10，15），求作点 A 的三面投影。

解：（1）画出投影轴及标记，在 X 轴上取坐标 $x=15$ mm 得到点 a_X，如图 2-4（a）所示。

（2）过 a_X 作 OX 轴垂线，沿垂直线向上量取 $z=15$ mm 得正面投影 a'，向下量取 $y=10$ mm 得水平投影 a，如图 2-4（b）所示。

（3）由 a 和 a' 作出侧面投影 a''，如图 2-4（c）所示。

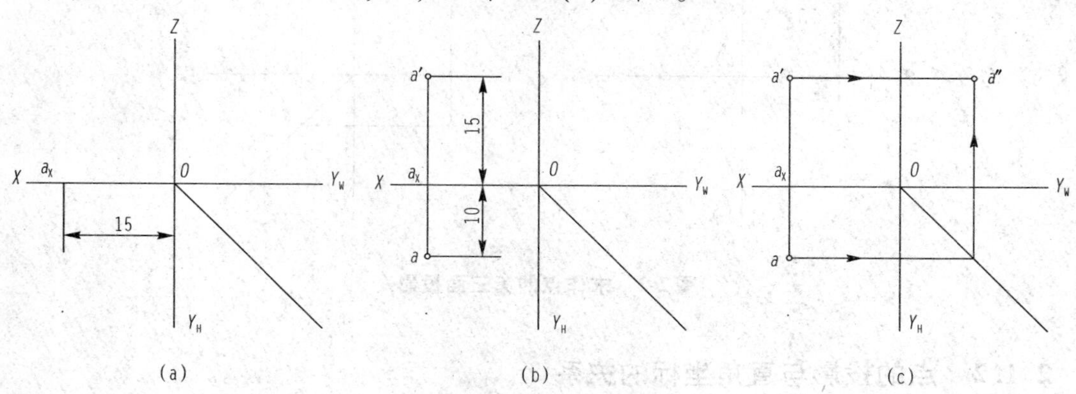

图 2-4　根据空间点的坐标求点的投影

2.1.3　两点的相对位置

空间两个点的相对位置关系如下：

（1）左右关系。由 x 坐标确定，x 大者居左，反之居右。

（2）前后关系。由 y 坐标确定，y 大者居前，反之居后。

（3）上下关系。由 z 坐标确定，z 大者居上，反之居下。

如图2-5（a）所示，点 B 在点 A 的右、后、上方。其投影如图2-5（b）所示。

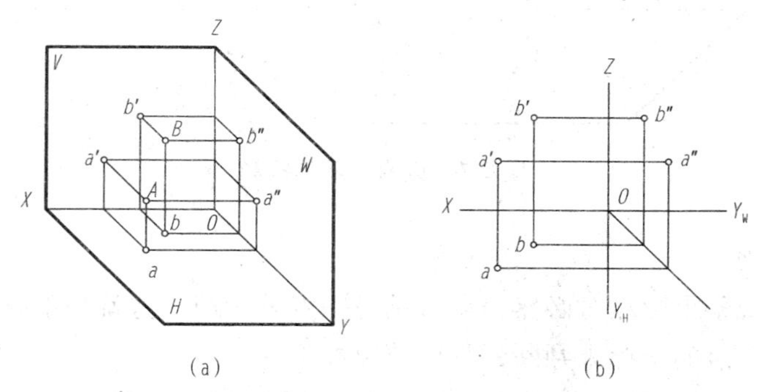

图2-5　两点的相对位置

【例2-3】　如图2-6（a）所示，已知点 A 的三面投影，点 B 在点 A 右5 mm、前6 mm、上6 mm，求作点 B 的三面投影。

解：（1）以 a 或 a' 为基准沿 X 轴向右量取5 mm作铅垂线，以 a 为基准沿 Y 轴向前（图中向下）量取6 mm作水平线，与铅垂线的交点即为 b，以 a' 为基准沿 Z 轴向上量取6 mm作水平线，与铅垂线的交点即为 b'，如图2-6（b）所示。

（2）根据 b 和 b' 作出 b''，如图2-6（c）所示。

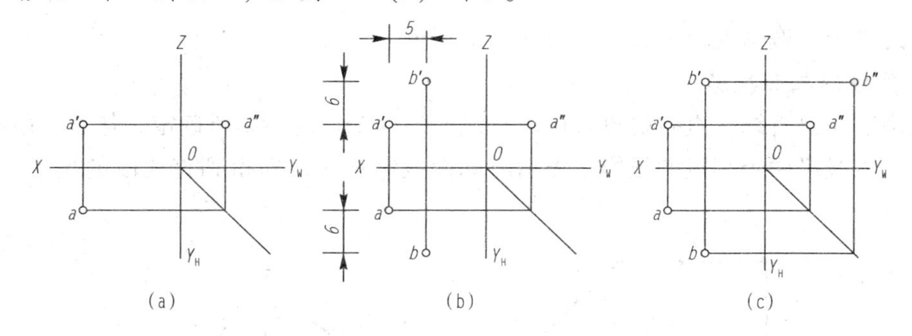

图2-6　根据点 A 的投影和相对坐标求点 B 的投影

在实际作图中，如果不画投影轴，也可以用两点的相对坐标（坐标差）来确定两点的相对位置，请读者自行分析作图。

2.1.4　重影点

1. 重影点的概念

当空间两个点相对于某一投影面处于同一条投射线上时，这两个点在该投影面上的投影重合在一起，则空间这两个点称为相对于该投影面的重影点。如图 2-7 所示，点 A、B 相对于 V 面的重影点 a'（b'），点 C、D 相对于 H 面的重影点 c（d），作图时在重影处将不可见点的投影标记加括号。

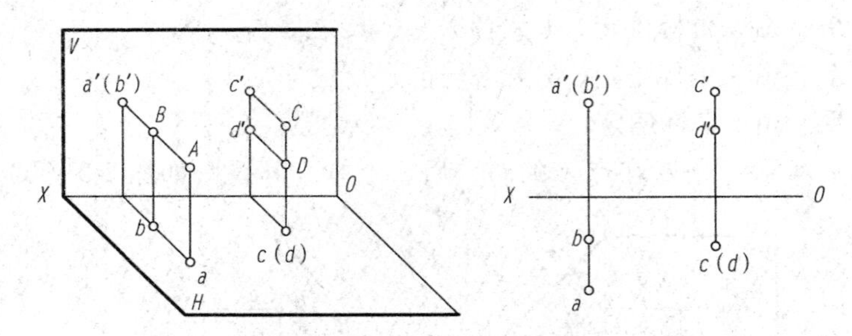

图 2-7　重影点及其投影

2. 重影点的可见性

沿投射线方向观察重影点时必然一点可见另一点被遮挡，这就是重影点的可见性。重影点的可见性可用两个点的坐标来判断，具体情况如下：

（1）相对于 H 面的重影点（在 H 面上重影）：用 z 坐标，z 坐标大者可见。

（2）相对于 V 面的重影点（在 V 面上重影）：用 y 坐标，y 坐标大者可见。

（3）相对于 W 面的重影点（在 W 面上重影）：用 x 坐标，x 坐标大者可见。

2.2　直线的投影

2.2.1　直线的三面投影

直线的投影一般情况仍为直线，特殊情况积聚为一点。

1. 直线段的三面投影

两点确定一条直线，直线的投影可由直线上的两个点的投影所确定，作直线段的投影一般只需作出直线段两个端点的投影，然后将同面投影连线，即得到直线段的投影，如图 2-8 所示。

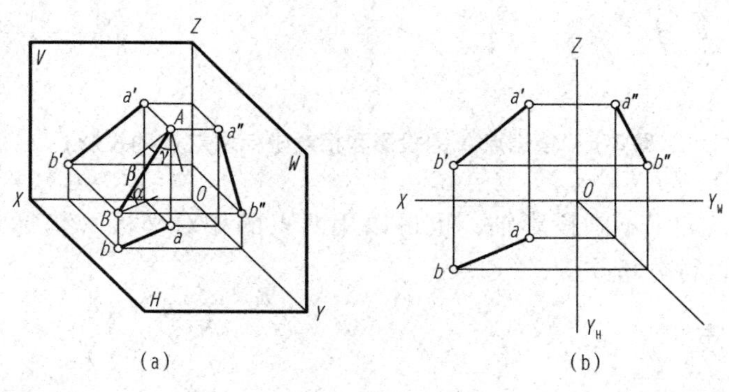

图 2-8　直线段的三面投影

2. 直线相对投影面的倾角

直线与投影面的夹角称为直线对投影面的倾角。规定：直线对 H 面、V 面、W 面的倾角分别用 α、β 和 γ 表示，如图 2-8（a）所示。

2.2.2　各种位置直线的投影特性

1. 直线的空间位置

根据直线相对于投影面的位置不同，直线的空间位置可分为三类：

（1）与三个投影面都倾斜的直线，称为一般位置直线。

（2）只平行于一个投影面的直线（与另外两个投影面倾斜），称为投影面的平行线。其中，平行于 H 面的称为水平线，平行于 V 面的称为正平线，平行于 W 面的称为侧平线。

（3）垂直于一个投影面的直线（必然与另外两个投影面平行），称为投影面的垂直线。其中，垂直于 H 面的称为铅垂线，垂直于 V 面的称为正垂线，垂直于 W 面的称为侧垂线。

2. 各种位置直线的投影特性

（1）一般位置直线。由于一般位置直线与三个投影面都倾斜，所以，其投影特性为：三面投影均为小于实长的直线段，且与投影轴倾斜；投影与投影轴的夹角均不反映直线对投影面的倾角，如图 2-8 所示。

一般位置直线的三面投影既不反映直线（这里指直线段）实长，也不反映对投影面的倾角，下面介绍一种求一般位置直线实长及对投影面倾角的方法——直角三角形法。

图 2-9（a）所示为一般位置直线 AB，过 A 作 ab 的平行线与 Bb 交于 B_0，则三角形 ABB_0 为直角三角形，其中一条直角边 $AB_0=ab$（水平投影），另一条直角边 $BB_0=z_B-z_A$（坐标差），直角三角形的斜边 AB 就是实长，$\angle BAB_0$ 就是空间直线对 H 面的倾角 α。在直线的投影图中，根据直线的投影及坐标差，可作出与空间直角三角形 ABB_0 全等的直角三角形，从而得到空间直线 AB 的实长和该直线对 H 面的倾角 α。如图 2-9（b）所示，利用 ab 作为一个直角边，过 a 或 b（图中过 b）作垂线，在垂线上截取 $Bb=z_B-z_A$（坐标差），连接 Bb、Ba 得到一个直角三角形 Bba。在该直角三角形中，$Ba=AB$（实长），$\angle Bab=\alpha$（AB 对 H 面的倾角）。

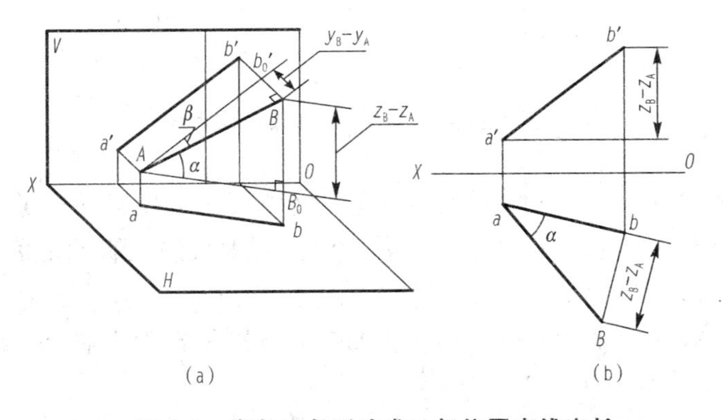

图 2-9　直角三角形法求一般位置直线实长

同理，用正面投影和两端点的 y 坐标差作直角三角形，求得实长和直线对 V 面的倾角 β；用侧面投影和两端点的 x 坐标差作直角三角形，求得实长和直线对 W 面的倾角 γ。

（2）投影面的平行直线。由于投影面的平行直线只平行于三个投影面中的一个投影面，与另外两个投影面倾斜，因此，其投影特性为：在其所平行的投影面上的投影反映实长；另外两个投影平行相应的投影轴；反映实长的那面投影与投影轴的夹角，反映与另外两个投影面的倾角。

①水平线：水平投影反映实长，与 X 轴的夹角反映 β、与 Y_H 轴的夹角反映 γ；另外两面投影分别平行于 X 轴和 Y_W 轴，如图 2-10（a）所示。

②正平线：正面投影反映实长，与 X 轴的夹角反映 α、与 Z 轴的夹角反映 γ；另外两面投影分别平行于 X 轴和 Z 轴，如图 2-10（b）所示。

③侧平线：侧面投影反映实长，与 Y_W 轴的夹角反映 α、与 Z 轴的夹角反映 β；另外两面投影分别平行于 Z 轴和 Y_H 轴，如图 2-10（c）所示。

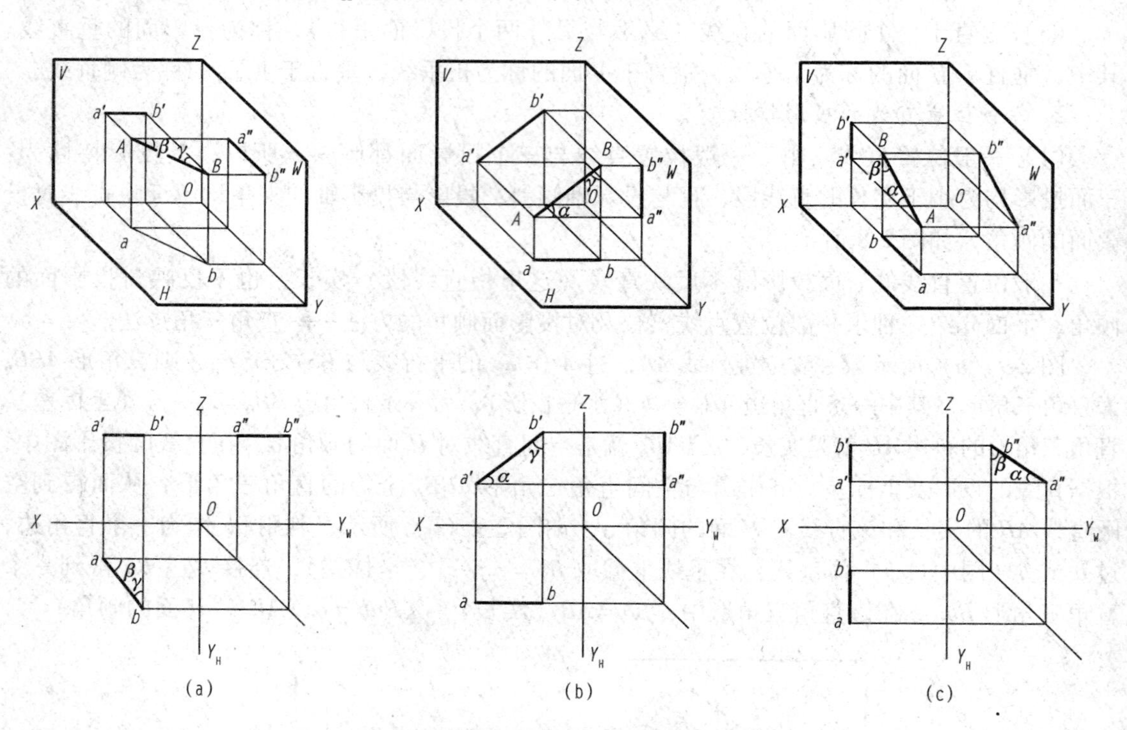

图 2-10　投影面的平行直线的投影特性

（3）投影面的垂直直线。由于投影面的垂直直线与三个投影面中的一个投影面垂直，与另外两个投影面平行，因此，其投影特性为：在其所垂直的投影面上的投影积聚为一点，另外两个投影垂直相应的投影轴。

①铅垂线：水平投影积聚为一点；另外两面投影分别垂直于 X 轴和 Y_W 轴，且均反映实长，如图 2-11（a）所示。

②正垂线：正面投影积聚为一点；另外两面投影分别垂直于 X 轴和 Z 轴，且均反映实长，如图 2-11（b）所示。

③侧垂线：侧面投影积聚为一点；另外两面投影分别垂直于 Y_H 轴和 Z 轴，且均反映实长，如图 2-11（c）所示。

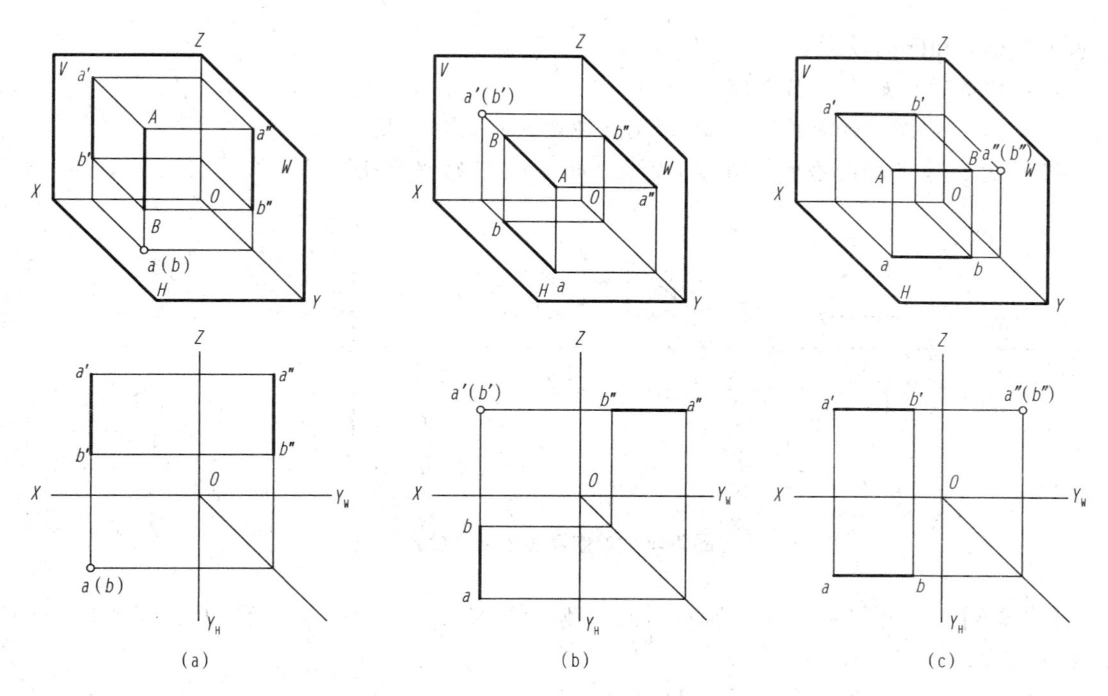

图 2-11　投影面的垂直直线的投影特性

2.2.3　直线上点的投影特性

1. 从属性

若点在直线上，则点的各面投影一定在直线的同面投影上，且符合点的投影规律。如图 2-12 所示，点 C 在直线 AB 上，则点 C 的三面投影 c、c'、c''分别在直线 AB 的三面投影 ab、$a'b'$、$a''b''$上，且 c、c'、c''符合点 C 的投影规律。根据直线上点的投影特性，可作出直线上点的投影，也可以判定点是否在直线上。

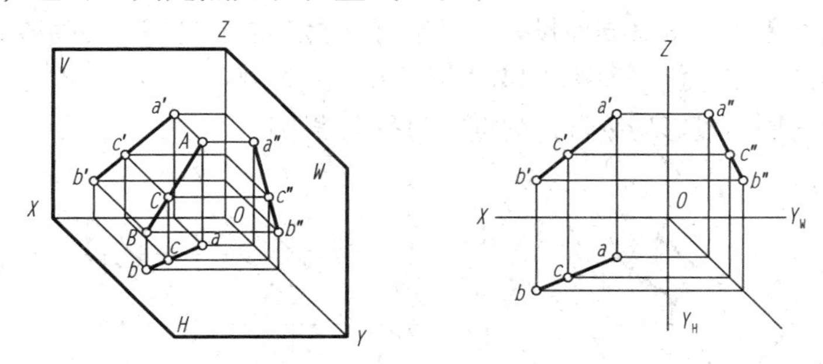

图 2-12　直线上点的投影特性

2. 定比性

直线段上点将该直线段分成两段的长度之比等于该点的投影分直线段两段投影的长度之比，这种性质称为定比性。如图 2-12 所示，$AC: CB = ac: cb = a'c': c'b' = a''c'': c''b''$。

【例 2-4】　如图 2-13（a）所示，点 C 在 AB 上，且已知点 C 的正面投影 c'，求作点 C

的水平投影 c 和侧面投影 c''。

解：作图过程如下［图 2-13（b）］：

（1）过 c' 作 X 轴的垂线，与 ab 的交点即是点 C 的水平投影 c。

（2）过 c' 作 Z 轴的垂线，与 $a''b''$ 的交点即是点 C 的侧面投影 c''。

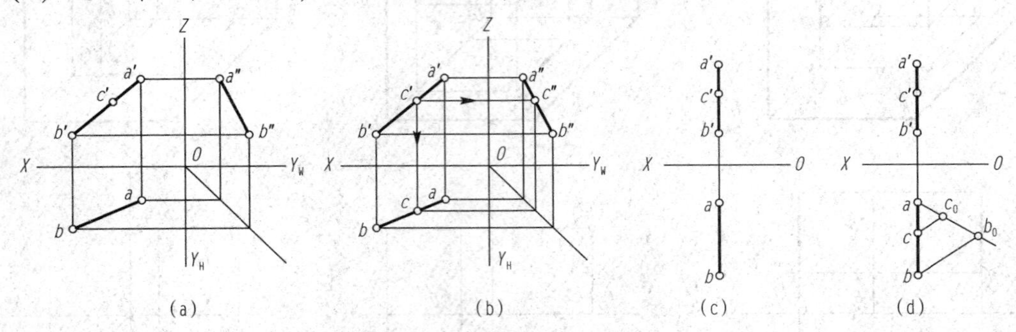

图 2-13　求作直线上点的投影

【例 2-5】　如图 2-13（c）所示，已知侧平线 AB 的 V 面和 H 面投影及直线 AB 上点 C 的正面投影，求作点 C 的水平投影。

解：作图过程如下［图 2-13（d）］：

（1）过 a 任作一条辅助线，在辅助线上取 $ac_0 = a'c'$，$c_0b_0 = c'b'$，得到 c_0 和 b_0 两点。

（2）连接 b_0b，过 c_0 作 b_0b 的平行线，与水平投影 ab 的交点即为点 C 的水平投影 c。

由此例可见，当直线为投影面平行线，直线上点的投影不能直接确定时，可借助第三段投影作图，但用比例法比较方便。

2.2.4　两直线的相对位置

空间两条直线的相对位置关系一般有平行、相交和交叉（异面）三种情况。

1. 两条直线平行

若空间两条直线平行，则其同面投影仍然平行（投影重合是平行的特殊情况），它们的长度之比等于其投影的长度之比。如图 2-14 所示，$AB /\!/ CD$，则 $ab /\!/ cd$，$a'b' /\!/ c'd'$，$a''b'' /\!/ c''d''$。反之，若两条直线的同面投影均平行，则空间两条直线平行。

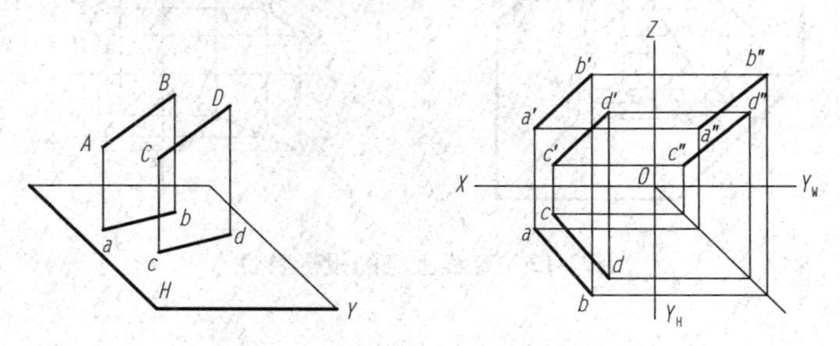

图 2-14　平行两直线的投影特性

当两直线都处于一般位置时，只要有两面投影符合平行关系，即可判定空间两直线平行；当两直线都是投影面的平行线且不能直接判定两直线是否平行时，一般需作出第三面投影或用其他方法进行判别。

2. 两条直线相交

若空间两条直线相交，则其同面投影必相交（投影重合是相交的特殊情况），且投影的交点符合点的投影规律。如图 2-15 所示，AB 与 CD 交于点 M，则 ab 与 cd、$a'b'$ 与 $c'd'$、$a''b''$ 与 $c''d''$ 均相交，交点分别是 m、m' 和 m''。反之，若两条直线的同面投影均相交，且投影的交点符合点的投影规律，则空间两条直线相交。

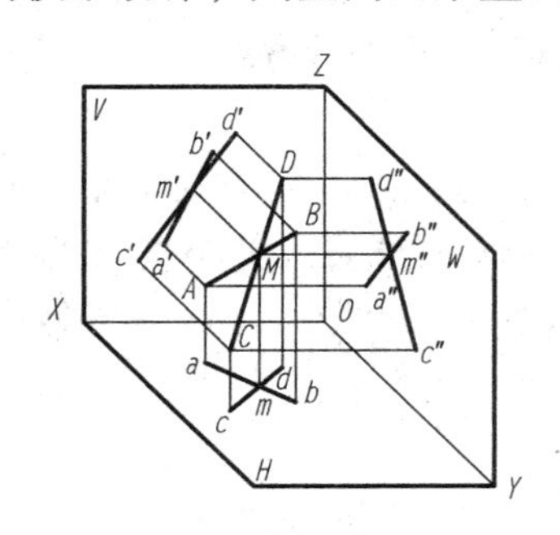

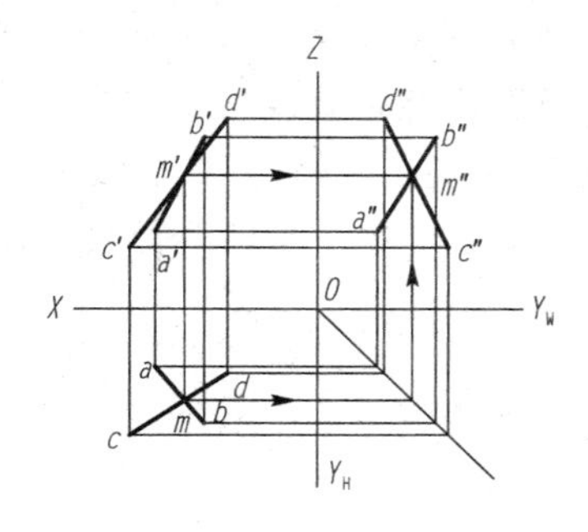

图 2-15　相交两直线的投影特性

3. 两条直线交叉

既不平行也不相交的两直线称为交叉两直线，也称异面直线。若两条直线交叉，其同面投影可能相交，但交点不符合点的投影规律，因为交叉两直线的同面投影相交，是一条直线的一点和另一条直线上的一个点相对于该投影面的重影点，而不是空间直线的交点，所以投影的交点不符合点的投影规律，如图 2-16 所示。交叉直线的投影可能存在一个或两个投影面上的投影平行，但不可能三面投影都平行。

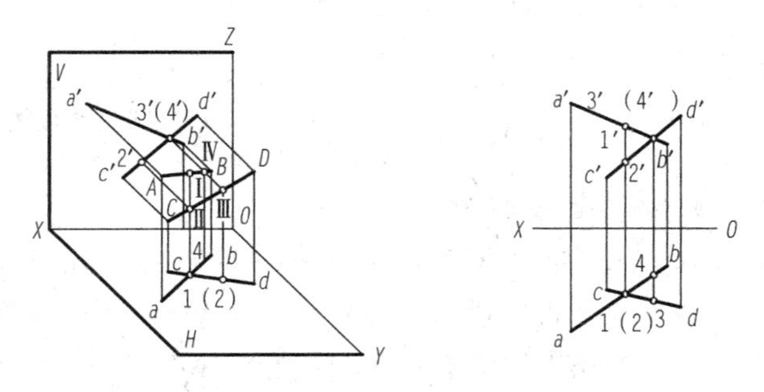

图 2-16　交叉两直线的投影特性

【例 2-6】　如图 2-17（a）所示，判断两直线 AB、CD 是否平行。

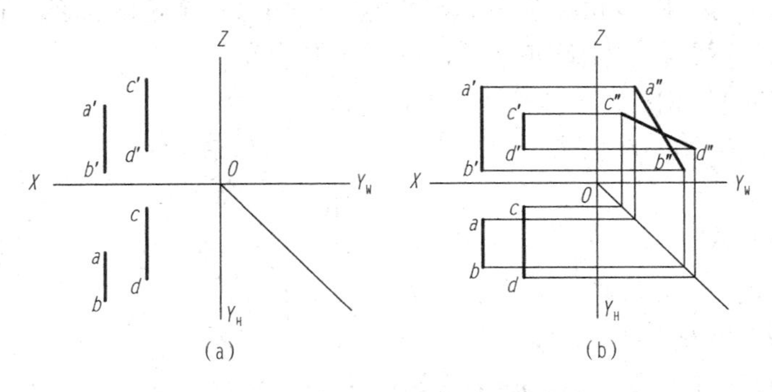

图 2-17　判断两直线是否平行

解：*AB*与*CD*的正面投影和水平投影分别平行，由平行两条线的投影特性可知，三面投影均互相平行时，才能确定其平行，所以需要作出第三面投影来判定是否平行。

如图2-17（b）所示，作出第三面投影，由图可判定*AB*与*CD*为交叉两直线。其他判别方法，请读者自行分析。

【例2-7】 如图2-18（a）所示，判断两直线*AB*、*CD*是否相交。

解：*AB*与*CD*的正面投影和水平投影分别相交，由相交两直线投影特性可知，如果两直线的三面投影分别相交；投影的交点符合点的投影规律。只有两个条件同时满足时才能判定是相交直线，否则为交叉直线。

如图2-18（b）所示，作出第三面投影，正面投影交点与侧面投影交点的连线不垂直于*Z*轴，不符合点的投影规律，所以判定*AB*与*CD*是交叉直线。是否还有其他判别方法，请读者自行分析。

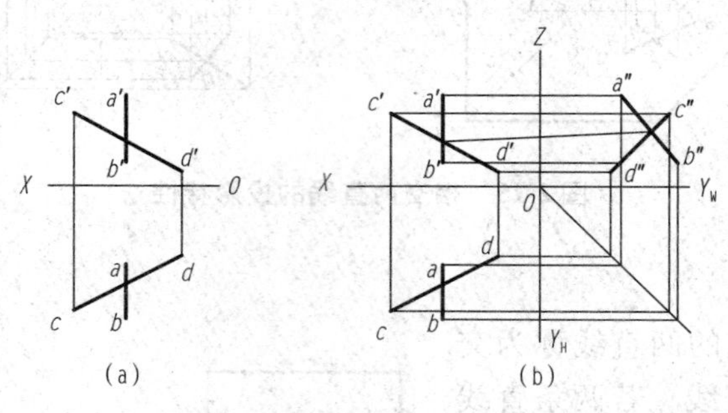

图2-18　判断两直线是否相交

4. 两条直线垂直

两直线垂直包括垂直相交和垂直交叉两种情形。

两直线垂直的投影特性：①当两条直线均与投影面平行时，在该投影面上的投影互相垂直；②当两条直线只有一条与投影面平行时（另一条与投影面倾斜），在该投面上的投影仍然互相垂直；③当两条直线均与投影面倾斜，在该投影面的投影不垂直。

在直角（垂直）投影中，直角中的一条边与投影面平行，则在该投影面上的投影反映直角，将这种投影规律称为直角投影定理。反之，如果一个角的投影为直角，且该角至少有一条边与该投影面平行，则该角在空间一定为直角；如果一个角的投影为直角，但这个角的两条边与该投影面均不平行，则该角在空间一定不是直角。

直角投影定理证明如下：

如图2-19所示，已知$AB \perp BC$，$BC /\!/ H$面，*AB*与*H*面倾斜。

求证：$ab \perp bc$。

证明：因为$BC /\!/ H$面，$Bb \perp H$面，故$BC \perp Bb$。*BC*既垂直*Bb*又垂直*AB*，所以*BC*垂直于由*Bb*和*AB*所确定的平面，又因为$bc /\!/ BC$，所以*bc*也垂直于该平面，*ab*在该平面上，故$ab \perp bc$。

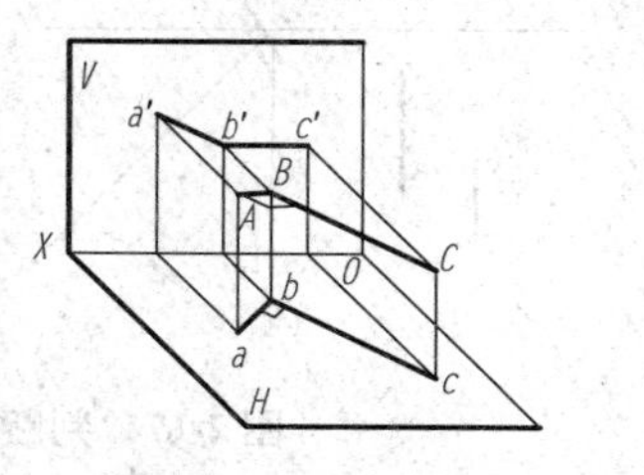

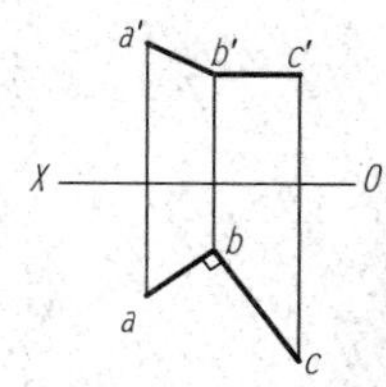

图2-19　直角投影定理

垂直交叉的证明，请读者自行分析。

【例 2-8】　已知直线 AB 与 CD 垂直相交，如图 2-20（a）所示，求直线 AB 的投影。

解：因为 AB 与 CD 垂直相交，而且 CD 为正平线，所以 AB 与 CD 的正面投影垂直，作图过程如下［图 2-20（b）］：

（1）过 a' 作 $c'd'$ 的垂线，垂足即 b'，过 b' 作 OX 轴的垂线，与 cd 的交点即为 b。

（2）连接 ab 即得到 AB 的两面投影。

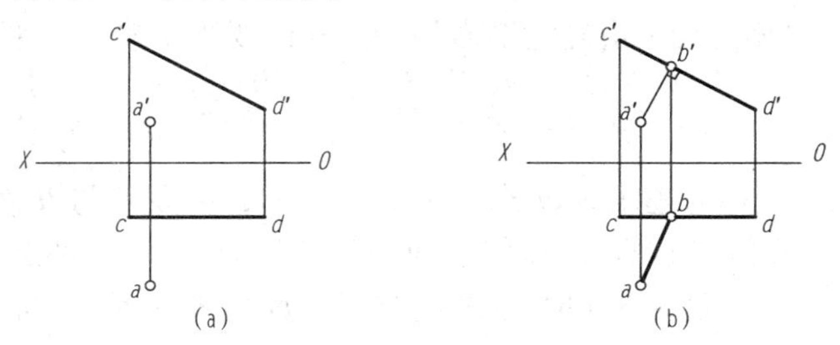

图 2-20　求直线 *AB* 的投影

【例 2-9】　试判断图 2-21 所示的各组相交直线中，哪些是垂直相交？

解：由垂直相交的投影特性可知，在图 2-21（a）中，两直线的 V 面投影垂直，且两直线均平行于 V 面，故两直线垂直相交；由直角投影的逆定理可知，在图 2-21（b）中，两直线的正面投影垂直，且 ef 为正平线，故两直线垂直相交；同理图 2-21（c）中，两直线的水平投影垂直，且 hi 为水平线，故两直线垂直相交；在图 2-21（d）中，虽然两条直线水平投影和正面投影都垂直，但两条直线既无正平线也无水平线，故两直线不是垂直相交。

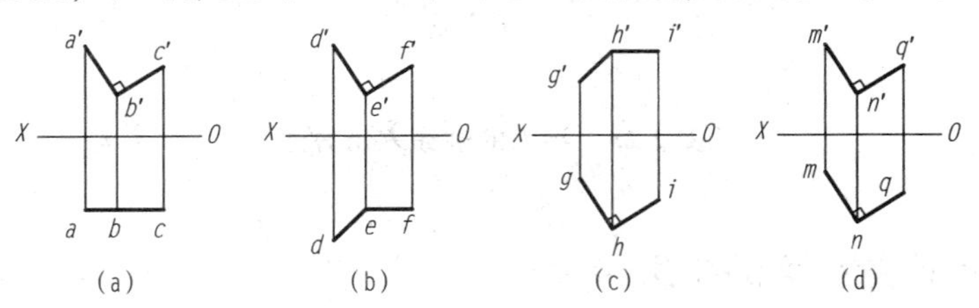

图 2-21　判断两直线是否垂直相交

2.3　平面的投影

2.3.1　平面的表示方法

1. 几何要素表示方法

平面可以用确定平面的几何要素来表示，如图 2-22 所示。

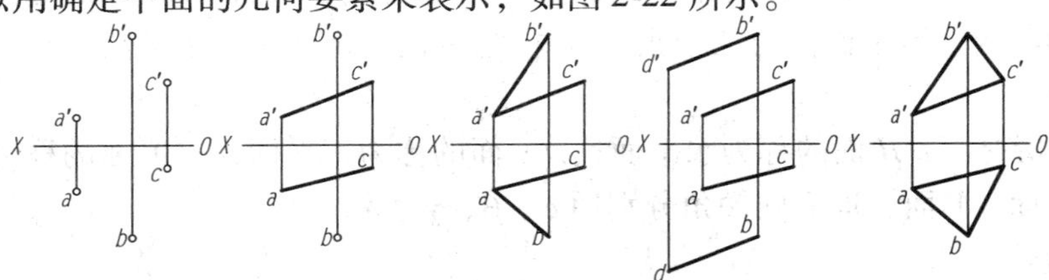

图 2-22　平面的几何要素表示方法

(1) 不在同一条直线上的三点。

(2) 直线和直线外一点。

(3) 两条相交直线。

(4) 两条平行直线。

(5) 任意平面图形。

如图 2-22 所示，平面的投影由确定平面的一组几何要素来确定。平面的各种表示方法之间可以互相转换。

2. 迹线表示方法

平面与投影面的交线称为迹线。如图 2-23（a）所示，平面 P 与 H 面的交线称为水平迹线，用 P_H 表示；平面 P 与 V 面的交线称为正面迹线，用 P_V 表示；平面 P 与 W 面的交线称为侧面迹线，用 P_W 表示。图 2-23（b）所示为迹线平面的展开图。一般用迹线来表达特殊位置平面，直观、易画，便于解题。

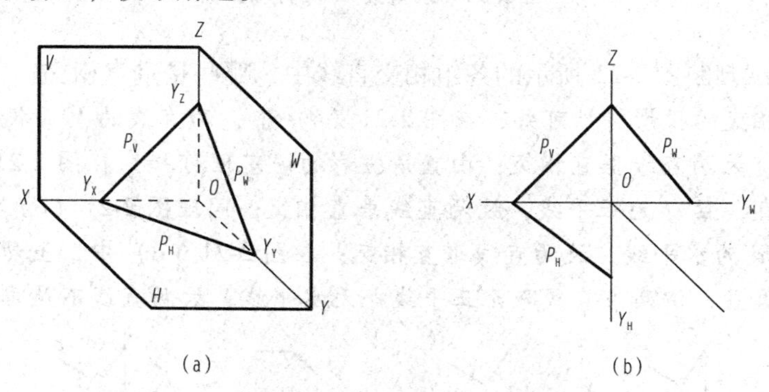

图 2-23　平面的迹线表示方法

2.3.2　各种位置平面的投影特性

平面图形是由线（直线段或曲线段）围成的，线是由点所确定的，平面的投影就是由这些确定平面的点、线投影的集合。

1. 平面的空间位置

根据平面相对三个投影面的位置不同，空间平面可分为下列三种情况：

(1) 一般位置平面。与三个投影面均倾斜的平面。

(2) 投影面的垂直平面。与三个投影面中的一个投影面垂直，与另外两个投影面倾斜的平面。

分为三种情况：⊥H 面的称为铅垂面；⊥V 面的称为正垂面；⊥W 面的称为侧垂面。

(3) 投影面的平行平面。与三个投影面中的一个投影面平行（必然与另外两个投影面垂直）的平面。

分为三种情况：//H 面的称为水平面；//V 面的称为正平面；//W 面的称为侧平面。

平面对 H 面、V 面、W 面的倾角分别用 α、β、γ 表示。

2. 投影特性

(1) 一般位置平面。一般位置平面与三个投影面均倾斜，因此，三面投影均是原平面的类似形，均不反映实形，如图 2-24 所示。

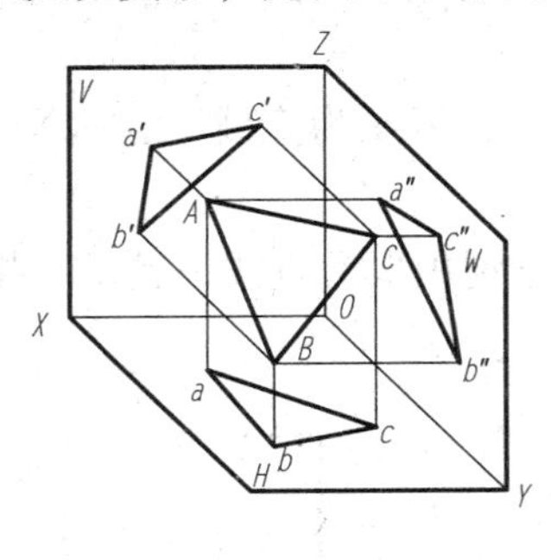

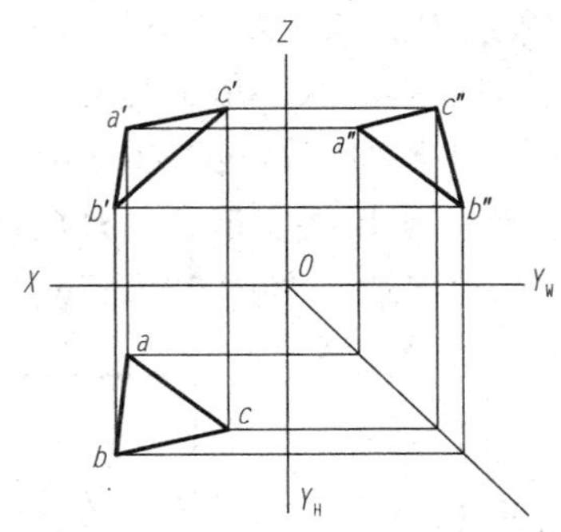

图 2-24　平面的三面投影

（2）投影面的垂直平面。在其所垂直的投影面上的投影积聚为一条直线，并且这条直线与投影轴的夹角反映平面与另两个投影面的倾角；另外两面投影为原平面的类似形。

①铅垂面（⊥*H* 面）：*H* 面投影积聚为一条与投影轴倾斜的直线，且反映 β、γ；*V*、*W* 面投影具有类似形，但不反映实形，如图 2-25（a）所示。

②正垂面（⊥*V* 面）：*V* 面投影积聚为一条与投影轴倾斜的直线，且反映 α、γ；*H*、*W* 面投影具有类似形，但不反映实形，如图 2-25（b）所示。

③侧垂面（⊥*W* 面）：*W* 面投影积聚为一条与投影轴倾斜的直线，且反映 α、β；*H*、*V* 面投影具有类似形，但不反映实形，如图 2-25（c）所示。

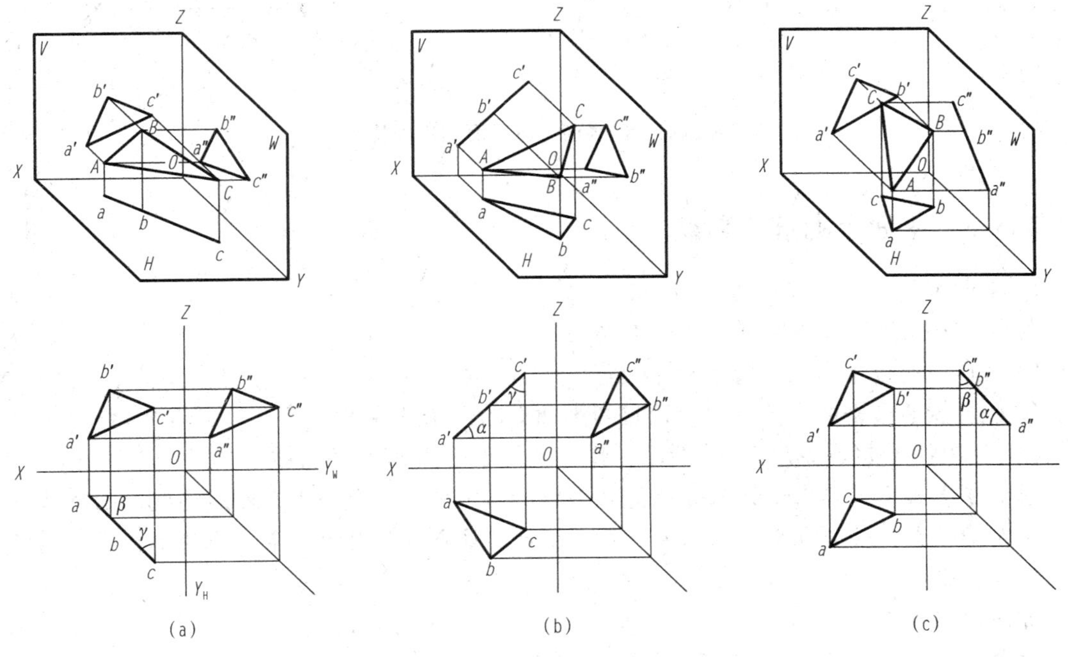

图 2-25　投影面垂直平面的投影特性

（3）投影面的平行平面。在其所平行的投影面上的投影反映原平面的实形；另外两面投影分别积聚为一条直线，且平行于相应的投影轴。

①水平面：水平投影反映实形；另外两面投影分别积聚为直线，且正面投影平行于 OX 轴、侧面投影平行于 OY_W 轴，如图 2-26（a）所示。

②正平面：正面投影反映实形；另外两面投影分别积聚为直线，且水平投影平行于 OX 轴、侧面投影平行于 OZ 轴，如图 2-26（b）所示。

③侧平面：侧面投影反映实形；另外两面投影分别积聚为直线，且水平投影平行于 OY_H 轴、正面投影平行于 OZ 轴，如图 2-26（c）所示。

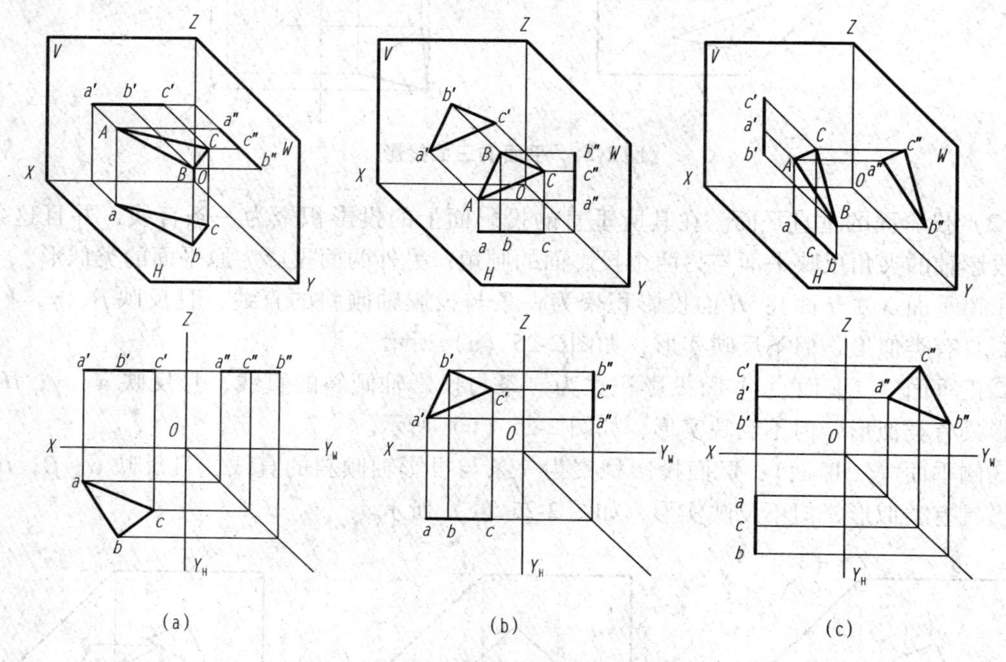

图 2-26　投影面平行平面的投影特性

2.3.3　平面上的直线和点

1. 平面上的直线

若符合下列条件之一，则直线在平面上：

（1）直线通过平面上的两个点。

（2）直线通过平面上的一个点，且与平面上的一条直线平行。

【例 2-10】　如图 2-27（a）所示，作一条属于平面 ABC 的直线。

解：在平面上可作出无数条直线，只要作出属于平面的两个点，然后连线，则所作的直线一定在平面上；或先在平面上取一个点，然后过该点作平面上一条直线的平行线，则所作的直线也在平面上。

作图过程如下：

方法一：如图 2-27（b）所示。

（1）在 BC 上任取一点 D，作出 D 点的两面投影 d、d'。

（2）连接 ad 、$a'd'$，则 AD 一定在平面 ABC 上。

方法二：如图 2-27（c）所示。

（1）在 BC 上任取一点 D，作出 D 点的两面投影 d、d'。

（2）过 d' 点作 $a'b'$ 的平行线，与 $a'c'$ 交于 e'，过 d 点作 ab 的平行线，与 ac 交于 e，连接 $d'e'$ 和 de，则 DE 一定在平面 ABC 上。

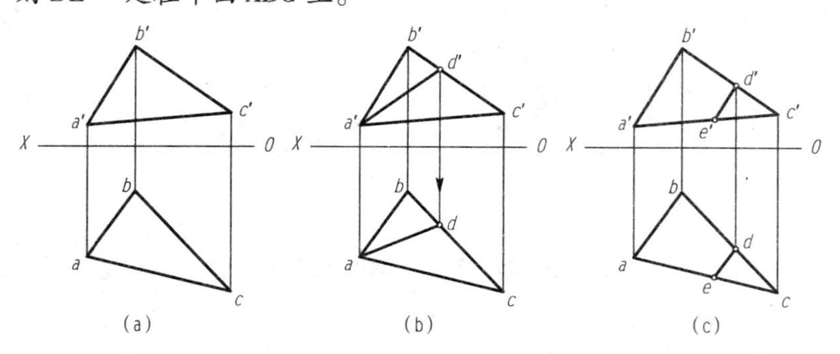

图2-27　作一条属于平面的直线

2. 平面上的点

若点在直线上，直线在平面上，则点必在平面上。

【例2-11】　如图2-28（a）所示，已知平面 ABC 的两面投影及其上一点 M 的正面投影，求点 M 的水平投影。

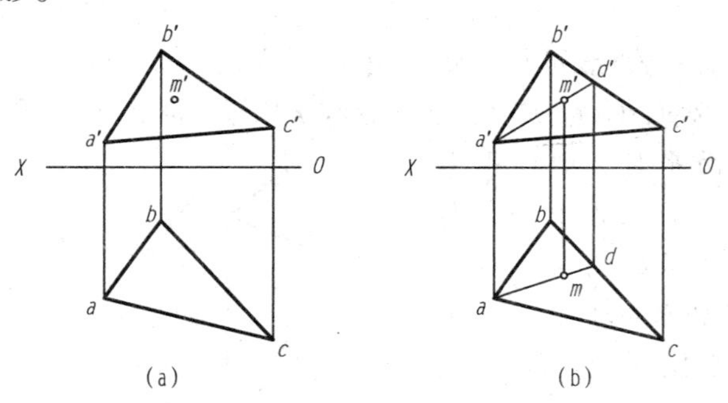

图2-28　平面上点的投影

解：如图2-28（b）所示，过 m' 在平面上作一条直线 $a'm'$，延长与 $b'c'$ 交于 d'；作出直线 AD 的水平投影 ad，在 ad 上作出 m。

通过本例可以看出，在平面上取点，首先过这个点在平面上取一条直线，利用直线上取点来求出点的投影。

【例2-12】　如图2-29（a）所示，已知平面四边形 $ABDC$ 的水平投影及 AB 和 AC 的正面投影，试完成 $ABDC$ 的正面投影。

解：$ABDC$ 是平面四边形，则 D 一定在该平面上，该平面可由 AB 和 AC 来确定，所以 D 点一定在由 AB 和 AC 所确定的平面上。

作图过程如下［图2-29（b）］：

（1）连接 ad 和 bc，交点为 m。

（2）连接 $b'c'$，作出 m'，d' 在 $a'm'$ 延长线上，作出 d'。

（3）连接 $b'd'$ 和 $c'd'$，即完成四边形 $ABDC$ 的正面投影。

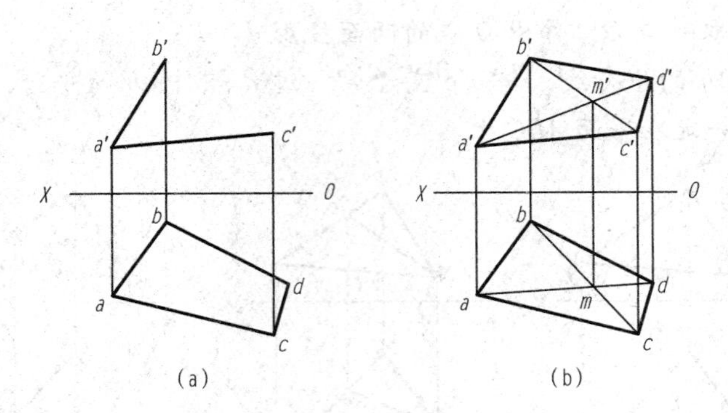

图 2-29　平面上取点的应用

2.4　直线与平面、平面与平面的相对位置

直线与平面、平面与平面的相对位置有平行和相交两种情况。

2.4.1　直线与平面、平面与平面平行

1. 直线与平面平行

若直线与平面上的一条直线平行，则直线与平面平行。

【例 2-13】　如图 2-30（a）所示，已知直线 *EF* 与平面 *ABC* 平行，求 *EF* 的水平投影。

解：若直线与平面平行，则过平面上任意一点都可以在平面上作出一条与该直线平行的直线，再根据两条平行直线的投影特性求出 *EF* 的水平投影。

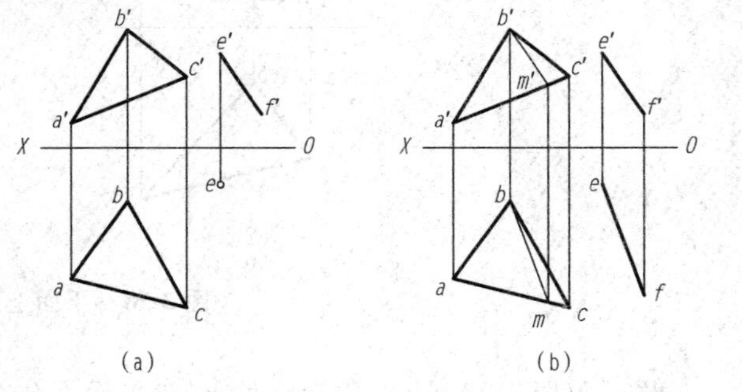

图 2-30　直线与平面平行的应用

作图过程如下［图 2-30（b）］：

（1）过 b' 作 $e'f'$ 平行线，与 $a'c'$ 交于 m' 点。

（2）作 *BM* 的水平投影 *bm*。

（3）过 *e* 作 *bm* 的平行线，并作出 *f* 点，则 *ef* 即为 *EF* 的水平投影。

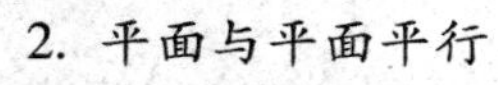

2. 平面与平面平行

若一个平面上的两条相交直线分别平行于另一个平面内的两条相交直线，则两平面相互平行。

【例 2-14】　如图 2-31（a）所示，过 *E* 点作一个与平面四边形 *ABCD* 平行的平面。

解：在平面四边形 *ABCD* 上任取两条相交直线，如 *AB* 和 *AD*，过 *E* 点分别作 *AB* 和 *AD* 的平行线，则过 *E* 点的两条相交直线所确定的平面就与平面四边形 *ABCD* 平行。

作图过程如下［图 2-31（b）］：

（1）过 e' 作 $e'f' \parallel a'b'$，$e'g' \parallel a'd'$。

（2）过 *e* 作 $ef \parallel ab$，$eg \parallel ad$。

（3）EF 和 EG 所确定的平面即为所求平面。

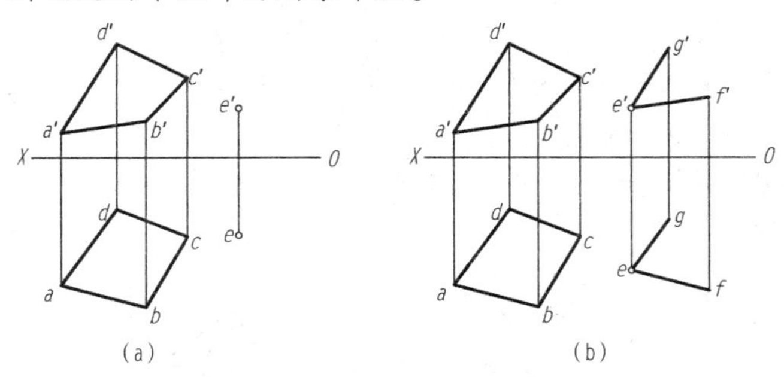

图 2-31　平面与平面平行的应用

2.4.2　直线与平面、平面与平面相交

直线与平面相交，其交点既在平面上又在直线上，因此，交点既符合平面上点的投影特性又符合直线上点的投影特性，交点是平面与直线的共有点，求交点的投影，就是求直线与平面共有点的投影。

两平面相交，其交线为一条直线，交线是两平面的共有线，交线上的点为两平面的共有点，求交线时，只需要求出两个平面的两个共有点（交线上的两个点），然后将共有点连线，即为交线的投影。

1. 直线与平面、平面与平面相交的特殊情况

（1）直线与平面相交的特殊情况。当平面或直线两者之一对投影面有积聚性时，利用平面或直线的积聚性求交点。

因为平面与直线相交，在向某个投影面投影时，以交点为界，直线的一段可见，另一段会被平面遮挡，因此，作直线与平面相交的投影图时要判别可见性，将不可见部分的投影画成虚线，可见部分的投影画成实线。

【例 2-15】　如图 2-32（a）所示，求一般位置直线 EF 与处于特殊位置的 $\triangle ABC$ 的交点。

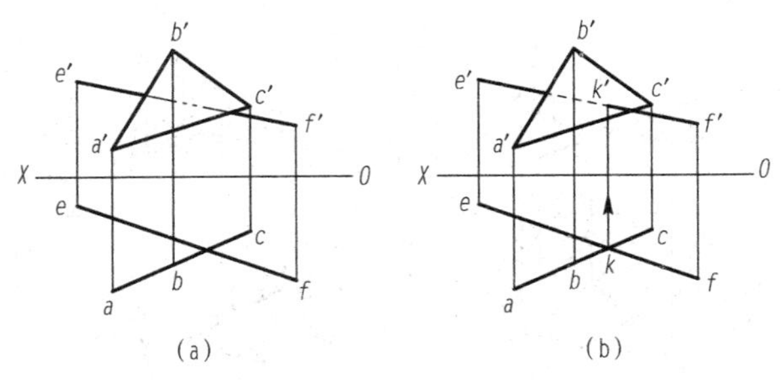

图 2-32　特殊位置平面与一般位置直线相交求交点

$\triangle ABC$ 是铅垂面，水平投影有积聚性，EF 与 $\triangle ABC$ 交点 K 的水平投影 k 可直接确定，只需作出 k'。

作图过程如下［图 2-32（b）］：

（1）求交点。交点的水平投影 k 由 ef 与 $\triangle abc$ 的交点直接确定；过 k 点作 X 轴的垂线，与 $e'f'$ 交点即为 k'。

（2）判别可见性。由水平投影可知，以交点 K 为界，KF 在 $\triangle ABC$ 之前，故 $k'f'$ 画实线，$k'e'$ 与 $\triangle a'b'c'$ 重叠的部分画虚线。

【例 2-16】 如图 2-33（a）所示，求处于一般位置的平面 $\triangle ABC$ 与铅垂线（水平投影有积聚性）MN 的交点。

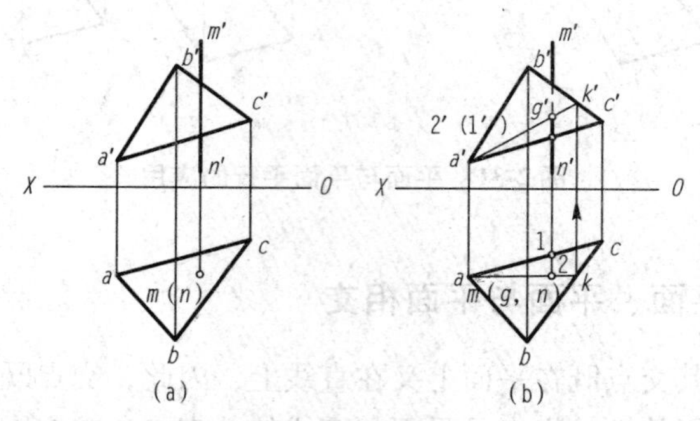

图 2-33 投影面的铅垂线与一般位置平面相交求交点

解： 由于直线 MN 是铅垂线，水平投影有积聚性，直线上所有点的投影都积聚为一点，所以交点 G 的水平投影 g 可直接确定，只需求其正面投影 g'。

作图过程如下［图 2-33（b）］：

（1）求交点。交点 G 的水平投影 g 在直线的积聚投影上可直接确定；用平面上取点的方法求出 G 点的正面投影 g'。

（2）判别可见性。在正面投影上，AC 和 MN 存在一对重影点（投影的交点），设 AC 边上点为Ⅰ，MN 上点为Ⅱ，由水平投影可知，Ⅱ点可见，所以 $g'n'$ 画成实线，$g'm'$ 与 $\triangle a'b'c'$ 重叠的部分画成虚线。

（2）两平面相交的特殊情况。当相交的两平面之一的投影有积聚性或两个平面的投影都有积聚性时，利用投影的积聚性来求交线。

【例 2-17】 如图 2-34（a）所示，求 $\triangle ABC$ 与 $\triangle EFG$ 的交线。

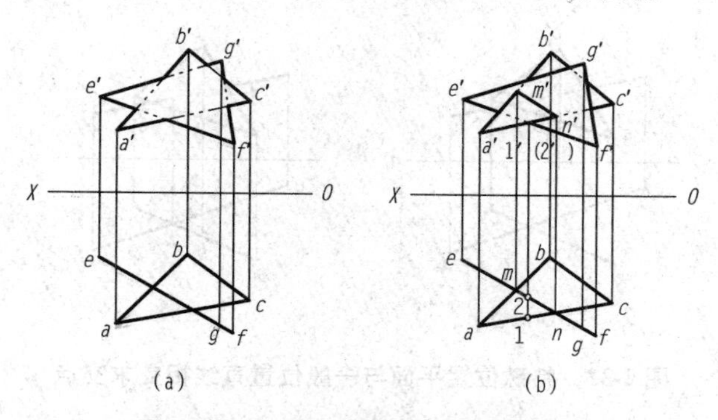

图 2-34 两特殊位置平面相交求交线

解： 由于 $\triangle EFG$ 是铅垂面，水平投影有积聚性，$\triangle ABC$ 中的两条边 AB 和 AC 与 $\triangle EFG$ 的交点 M、N 的水平投影 m、n 可直接确定，根据 m、n 求出 m'、n'，连接 $m'n'$ 即

所求交线。

作图过程如下［图2-34（b）］：

（1）求交线。先求 AB、AC 与 $\triangle EFG$ 的交点。交点的水平投影 m、n 可直接确定，过 m、n 作 X 轴的垂线，与 $a'b'$、$a'c'$ 的交点即 m'、n'；连接 $m'n'$ 即所求交线。

（2）判别可见性。在正面投影任取一对重影点，如 AC 与 EF 的重影点Ⅰ、Ⅱ，作出Ⅰ、Ⅱ的水平投影1、2，可判定Ⅱ可见，从而确定各段遮挡情况。

特殊情况相交的可见性也可根据投影直接观察进行判别。

2. 直线与平面、平面与平面相交的一般情况

（1）一般位置直线与一般位置平面相交。一般位置直线与一般位置平面相交，由于平面和直线均无积聚性，所以交点的投影不能直接确定，求交点可利用辅助平面法。

如图2-35所示，$\triangle ABC$ 和直线 MN 都处于一般位置，其交点为 K。包含 MN 作一辅助平面 P，P 与 $\triangle ABC$ 的交线为 EF，K 点一定在交线 EF 上，则求直线与平面的交点问题就转化为求两条直线（EF 和 MN）的交点问题，作图的关键是求辅助平面与一般位置平面交线。

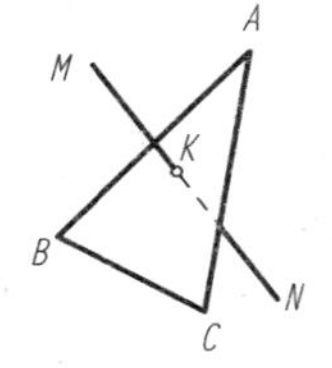

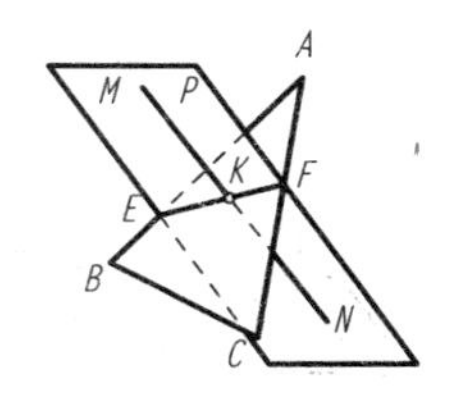

图2-35　辅助平面法求交点的原理

【例2-18】　如图2-36（a）所示，求直线 MN 与 $\triangle ABC$ 的交点。

解：作图过程如下［图2-36（b）］：

（1）包含 MN 作一铅垂面 P，其水平投影 P_H 与 mn 重合。

（2）求出铅垂面 P 与 $\triangle ABC$ 的交线（ef、$e'f'$）。

（3）求出 EF 与 MN 的交点 K（k、k'），即为所求交点。

（4）用重影点来判定 MN 正面投影和水平投影中的可见性。

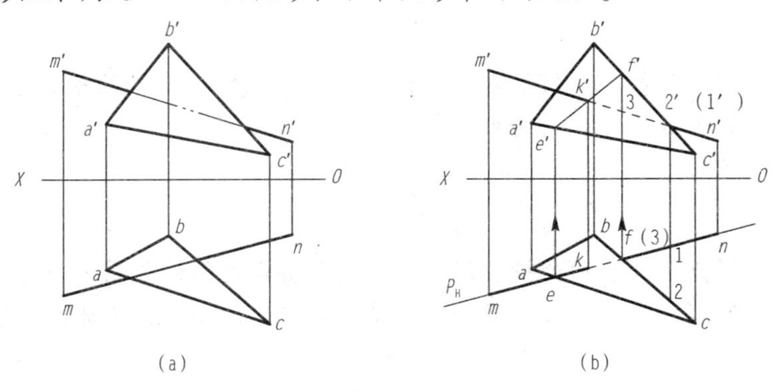

图2-36　一般位置直线与一般位置平面相交求交点

（2）一般位置平面与一般位置平面相交。求两个一般位置平面交线，可以利用一般位置直线与一般位置平面相交求交点的方法求得。首先求出相交两平面的两个共有点，然后连线即可。

【例2-19】　如图2-37（a）所示，求 $\triangle ABC$ 与 $\triangle EFG$ 的交线。

解：由于两个平面均处于一般位置，故不能直接确定交线的投影。利用辅助平面法，求出两个平面的两个共有点，再连线。

作图过程如下［图2-37（b）］：

（1）包含AB作一正垂面P_V，与$\triangle EFG$的交线Ⅰ、Ⅱ，利用积聚性直接确定1′、2′，然后再求1、2。ⅠⅡ与AB交于M（m，m'），点M即交线的一个端点；同理，求出AC与$\triangle EFG$的交点N（n，n'），点N为交线的另一个端点。

（2）连接MN（mn、$m'n'$），即所求交线。

（3）用重影点来判定可见性。如图2-37（c）所示，在正面投影任取一对重影点（如Ⅵ、Ⅶ），作出重影点的水平投影5、6，从而判定AB上Ⅵ点正面投影可见，EG上Ⅶ点不可见，从而判定出正面投影的可见情况。同理，在水平投影任取一对重影点，来判定水平投影的可见情况。

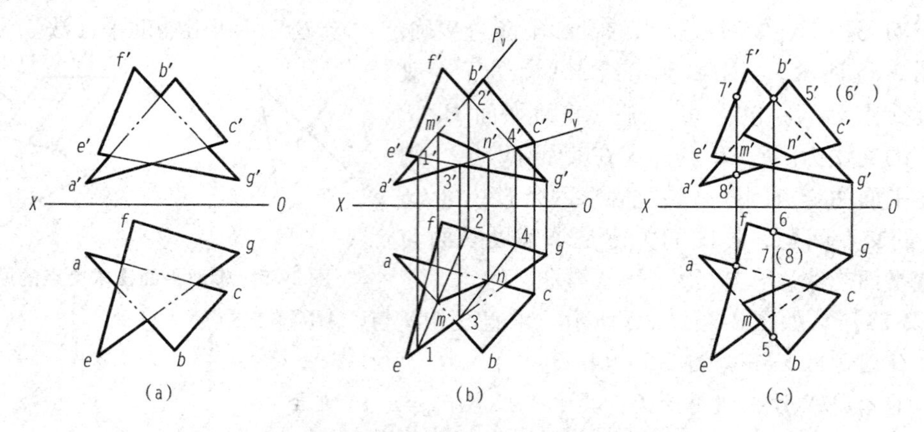

图2-37　一般位置平面与一般位置平面相交求交线

知识拓展

点、线、面是构成形体的几何要素，通过学习单一几何要素的投影，去联想形体上点、线、面的投影及各几何要素之间的关系。

本章小结

本章主要介绍了点、线、面的投影规律，以及各要素之间的关系。任何形体都可以看成由点、线、面综合而成的。点、线、面的投影是形体投影的基础，因此，必须熟练掌握。

思考题

1. 点的投影规律有哪些？

2. 什么是点、直线、平面的空间位置？什么是相对位置？

3. 什么是从属性？什么是定比性？

4. 什么是重影点？重影点与重合点有什么区别？

5. 直线、平面相对于投影面有哪几种空间位置？如何定义的？各种位置直线、平面的投影规律有哪些？

第3章

换面法

★本章知识点

1. 换面法的基本概念。
2. 换面法的换面规则。
3. 四个换面的作图方法。

3.1 换面法的基本概念

当几何元素直线或平面相对于投影面处于特殊位置时，在投影图上可以直接反映出直线或平面的某些真实情况（如实长、实形、倾角）或投影有积聚性。利用这些特征，可以在投影图上很方便地解决空间几何元素的定位或度量问题。而一般位置直线和一般位置平面则没有上述特征，解决问题比较复杂。

为了解决相关的空间几何问题，可将一般位置直线和平面变换为特殊位置直线和平面，以达到简化解题的目的，这种变换称为投影变换。投影变换常用的基本方法有换面法和旋转法两种。其中，换面法是解题中使用比较广泛的一种方法，故本章主要介绍换面法。

换面法即为变换投影面法，是指使空间几何元素的位置保持不动，用新增设的投影面来代替旧的投影面，使空间几何元素在新的投影面体系中，对新投影面处于有利于解题的特殊位置。

新投影面必须满足以下两个基本条件：

（1）新投影面必须垂直于任一原投影面，构成一个相互垂直的新两面体系。

（2）新投影面对空间几何元素处于有利于解题的位置。

3.2 点的一次投影变换

单独一个点的变换是没有意义的，但它的变换规律是直线和平面变换的基础。因此，在学习投影变换时，必须首先了解点的投影变换规律。

如图 3-1（a）所示，在两投影面体系 V/H 中，点 A 的正面投影 a'，水平投影 a。现令 H 面保持不动，取一铅垂面 V_1 面来替换 V 面，使 $V_1 \perp H$，这样建立的投影体系 V_1/H 称为新体系，原体系 V/H 称为旧体系。过点 A 向 V_1 面作垂线，得到点 A 在 V_1 面的投影 a_1'。a'、a、a_1'分别称为旧投影、不变投影、新投影，X 和 X_1 分别称为旧轴和新轴。由于新、旧两投影体系具有公共的水平面 H，因此点 A 到 H 面的距离（即 z 坐标）在新、旧体系中都是相同的，即 $a_1'a_{X1}=Aa=a'a_X$。另外，当 V_1 面绕 X_1 轴旋转至与 H 面重合时，根据点的投影规律可得$aa_1' \perp X_1$。

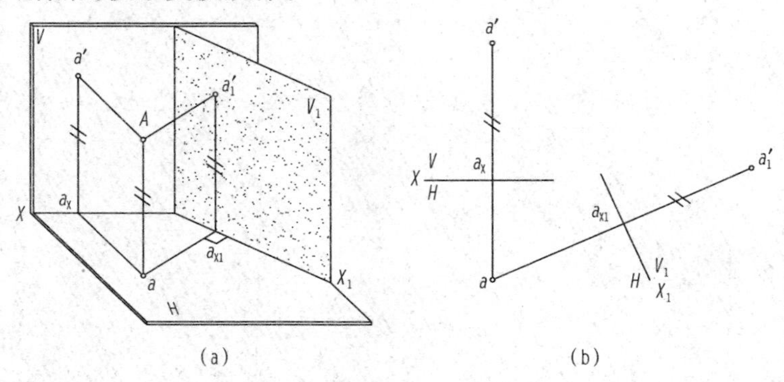

图 3-1 点的换面规则

1. 点的换面作图规律

（1）新投影与不变投影的连线垂直于新轴（即 $aa_1' \perp X_1$）。

（2）新投影到新轴的距离等于旧投影到旧轴的距离，即 $a_1'a_{X1}=a'a_X$。

将各投影面展开到同一个平面上，即可得到投影图，如图 3-1（b）所示。

由点的不变投影向新投影轴作垂线，并在垂线上量取一段距离，使这段距离等于被代替的投影到原投影轴的距离。

2. 点的换面作图步骤

（1）按条件在适当位置作 X_1 轴。

（2）过不变投影 a 作 X_1 的垂线 aa_{X1}。

（3）在 aa_{X1}延长线上取新投影 a_1'，使 $a_1'a_{X1}=a'a_X$。

按解题需要也可以更换 H 面。保留 V 面不动，取一正垂面 H_1 代替 H 面，H_1 面与 V 面构成新的投影体系 V/H_1，求出其新投影 a_1。具体作图请读者自行分析。

3.3 一次换面的四个基本作图

3.3.1 将一般位置直线变换为投影面的平行线

图 3-2（a）所示为将一般位置直线 AB 变换为新投影面 V_1 的平行线，AB 在 V_1 面上的投影 $a_1'b_1'$反映 AB 的实长，$a_1'b_1'$与 X_1 轴的夹角反映 AB 对 H 面的倾角 α。

1. 作图步骤

（1）作新投影轴 $X_1 // ab$，如图 3-2（b）所示。

（2）分别由 a、b 两点作 X_1 轴的垂线，与 X_1 轴交于 a_{X1}、b_{X1}，然后在垂线上量取 $a_1'a_{X1} = a'a_X$，$b_1'b_{X1} = b'b_X$，得到新投影 a_1'、b_1'。

（3）连接 a_1'、b_1'得投影 $a_1'b_1'$，它反映 AB 的实长，$a_1'b_1'$与 X_1 轴的夹角反映 AB 对 H 面的倾角 α。

图 3-3 所示为求直线 AB 对 V 面的倾角 β 和实长的作图。

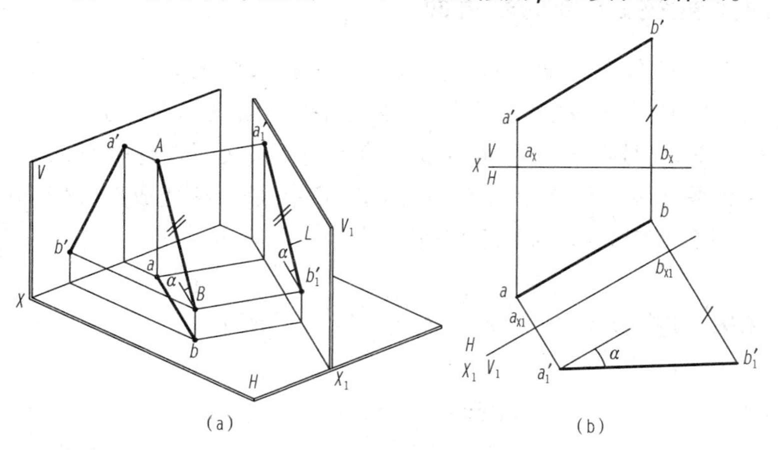

图 3-2　一般位置直线变换成 V_1 面的平行线（求 α 角）

图 3-3　一般位置直线变换成 H_1 面的平行线

2. 求解问题

（1）求一般位置直线的实长。

（2）求一般位置直线相对于投影面的倾角 α 和 β。

3. 作图要点

（1）求解一般位置直线的实长时，需使该直线变换为新投影面的平行线。可以变换 V 面（构成 V_1/H 新体系），也可以变换 H 面（构成 V/H_1 新体系），直线在新投影面上的投影反映实长。作图时，新投影轴和不变投影面上的投影平行，根据点的换面作图规律作出直线的新投影，即为所求实长。

（2）求一般位置直线相对于投影面的实角时，换面是不同的。欲求一般位置直线对某投影面的倾角，一定要保留该投影面，更换另一投影面。如求直线相对于 H 面的倾角 α 时，要变换 V 面；求直线相对于 V 面的倾角 β 时，要变换 H 面。在新投影面上新投影与新轴的夹角即为所求实角。

3.3.2　将投影面的平行线变换为投影面垂直线

1. 作图步骤

如图 3-4 所示，AB 为一正平线。要将 AB 变换成新投影面的垂直线，须以 H_1 面替换 H 面，此时新轴 $X_1 \perp a'b'$，AB 在 H_1 面上的投影积聚为一点 a_1（b_1）。

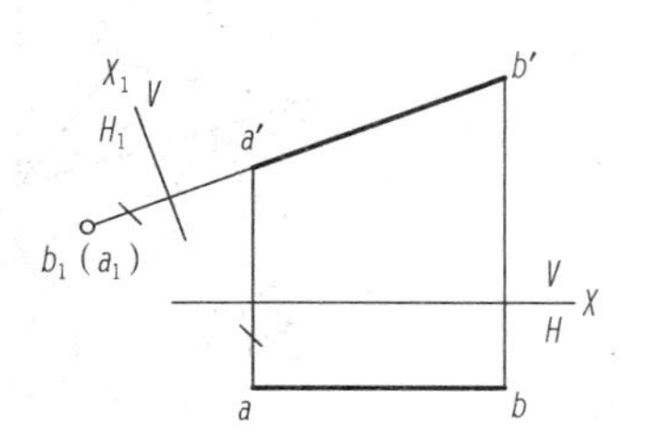

图 3-4　平行线变换成 H_1 面的垂直线

2. 求解问题

将投影面的平行线变成垂直线，可以求点与直线、两直线之间的距离等。

3. 作图要点

（1）投影面的平行线变成垂直线时，新轴必须和不变面的投影相互垂直。

（2）正平线变成新投影面的垂直线时，必须变换 H 面；水平线变成新投影面的垂直线时，必须变换 V 面。

3.3.3　将一般位置平面变换为投影面的垂直面

如图 3-5（a）所示，$\triangle ABC$ 为一般位置平面，若将其变换为新投影面的垂直面，则必须做一个新投影面与 $\triangle ABC$ 垂直。根据两平面垂直的已知条件，新投影面只要垂直于 $\triangle ABC$ 内的任一条直线即可。取新投影面 V_1 代替 V 面，V_1 面既要垂直 $\triangle ABC$，又须垂直 H 面，为此，可在 $\triangle ABC$ 上任取一条投影面平行线（如水平线 CD）为辅助线，将 CD 变成新投影面 V_1 的垂直线，则一般位置平面 $\triangle ABC$ 就变成 V_1 面的垂直面。

1. 作图步骤

（1）在 $\triangle ABC$ 上作水平线 CD，其投影为 $c'd'$ 和 cd，如图 3-5（b）所示。

（2）作 $X_1 \perp cd$。

（3）作 $\triangle ABC$ 在 V_1 面上的投影 $a_1'b_1'c_1'$。$a_1'b_1'c_1'$ 积聚为一直线段，它与 X_1 轴夹角即为 $\triangle ABC$ 对 H 面的倾角 α。

图 3-5（c）所示为求平面 $\triangle ABC$ 对 V 面的倾角 β 的作图步骤。

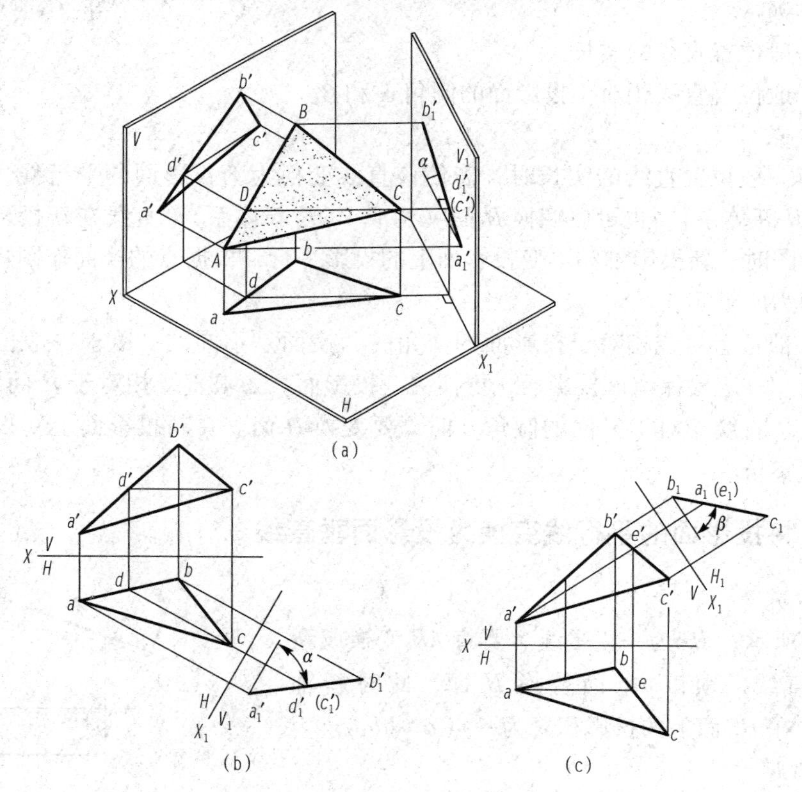

图 3-5　一般位置平面变换成垂直面

2. 求解问题

可求解平面与投影面的倾角、点与平面的距离、两平行面间的距离等。

3. 作图要点

（1）在平面上作一条投影面平行线，新轴必须与该平行线反映实长的那个投影垂直。

（2）仅需要把一般位置平面变换成垂直面时，可以变换 V 面（构成 V_1/H 新体系），也可以变换 H 面（构成 V/H_1 新体系）。

（3）求一般位置平面相对于投影面的实角时，换面是不同的。求平面相对于 H 面的倾角 α 时，H 面为不变面，变换 V 面，需要从平面上取一条水平线；求平面相对于 V 面的倾角 β 时，V 面为不变面，变换 H 面，需要从平面上取一条正平线。在新投影面上积聚的新投影与新轴的夹角即为所求实角。

3.3.4　将投影面的垂直面变换为投影面的平行面

1. 作图步骤

如图3-6所示，$\triangle ABC$ 为铅垂面，若将它变换成新投影面的平行面，应使新面 V_1 平行于 $\triangle ABC$。作 $X_1 /\!/ abc$，则 $\triangle ABC$ 在 V_1 面上的投影 $\triangle a_1'b_1'c_1'$ 反映实形。

2. 求解问题

一次换面后可求解平面实形、形心、两直线夹角等。

3. 作图要点

（1）新投影轴必须平行于该平面的积聚性投影。

（2）铅垂面要变成投影面的平行面，必须换 V 面；正垂面要变成投影面的平行面，必须换 H 面。垂直面所垂直的投影面就是新体系里的不变面。

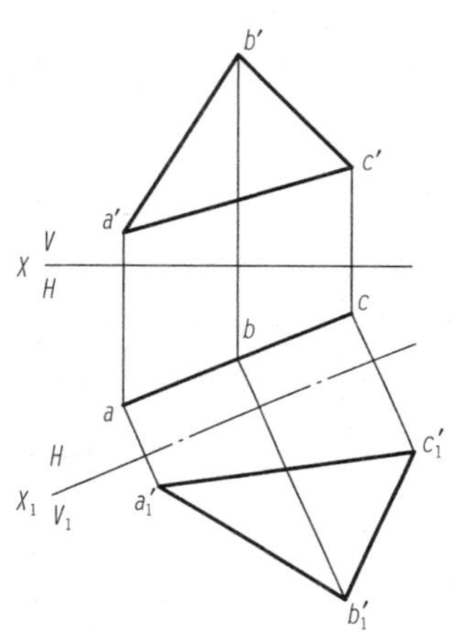

图3-6　垂直面变换成平行面

3.4　换面法应用举例

【例3-1】　已知直线 AB 的实长及对 H、V 面的倾角 α、β。

解：如图3-7所示，具体作图步骤如下：

（1）作新投影轴 $X_1 /\!/ ab$［图3-7（b）］。

（2）分别由 a、b 两点作 X_1 轴的垂线，与 X_1 轴交于 a_{X1}、b_{X1}，然后在垂线上量取 $a_1'a_{X1}=a'a_X$，$b_1'b_{X1}=b'b_X$，得到新投影 a_1'、b_1'。

（3）连接 a_1'、b_1' 得投影 $a_1'b_1'$，它反映 AB 的实长，它与 X_1 轴的夹角反映 AB 对 H 面的倾角 α。

同理可得 AB 对 V 面的倾角 β。

【例3-2】　求平行两直线 AB、CD 间的距离。

解：求平行直线 AB、CD 之间的距离，由图3-8（a）可知，AB、CD 两直线是水平线。要求两相互平行的水平线之间的距离，可以将平行线变成新投影体系的垂直线，即 AB、CD 间的距离变成两点之间的距离，具体作图步骤如下：

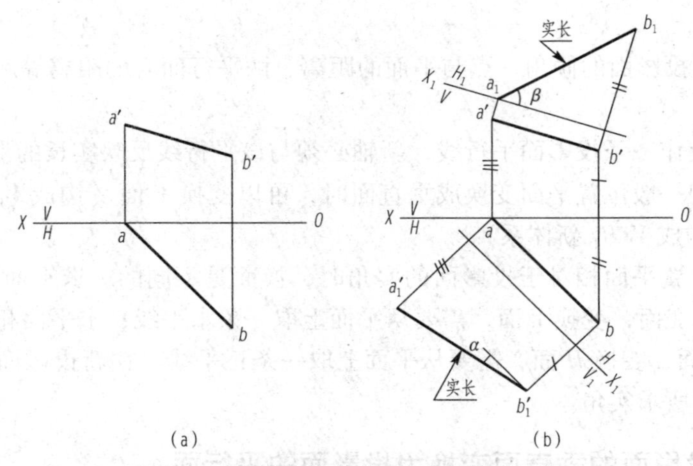

图 3-7　一般位置直线 *AB* 求实长及倾角

（1）作新投影轴 $X_1 \perp ab$［图 3-8（b）］。

（2）分别由 a、b、c、d 四点作 X_1 轴的垂线，根据点的换面作图规则得到新投影 a_1'、b_1'、c_1'和 d_1'，此时 a_1'和 b_1'重影，c_1'和 d_1'重影。

（3）连接 a_1'和 c_1'即得 AB、CD 两直线的距离。

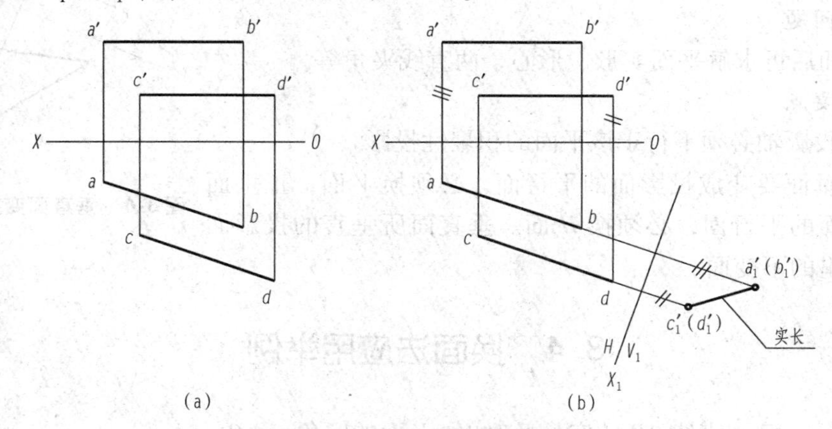

图 3-8　*AB*、*CD* 两直线间的距离

【例 3-3】　已知点 D 到平面 ABC 的距离为 20 mm，求作点 D 的正面投影。

解：已知平面 ABC 的两面投影，点 D 的正面投影，点 D 到平面 ABC 的距离，如图 3-9（a）所示。要求点到一般位置平面的距离，可以将一般位置平面变成新投影体系的垂直面，即点 D 到平面 ABC 的距离变成点到直线的距离，具体作图步骤如下：

（1）作平面 ABC 上的水平线 AⅠ。作新投影轴 $X_1 \perp a$Ⅰ［图 3-9（b）］。

（2）分别过 a、b、c 三点作 X_1 轴的垂线，根据点的换面作图规律得到新投影 a_1'、b_1'、c_1'，此时平面 $a_1'b_1'c_1'$积聚为一条直线，一般位置平面 ABC 变成新投影体系的垂直面 $a_1'b_1'c_1'$。点 D 到平面 ABC 的距离变成 d_1'到直线 $b_1'c_1'$的距离。

（3）过 d 作 X_1 轴的垂线，根据点 D 到平面 ABC 的距离为 20 mm，利用轨迹法可以得到 d_1'。

（4）过 d 作 X 轴的垂线，根据点的新投影到新轴的距离等于点的旧投影到旧轴的距离，得到 d'。

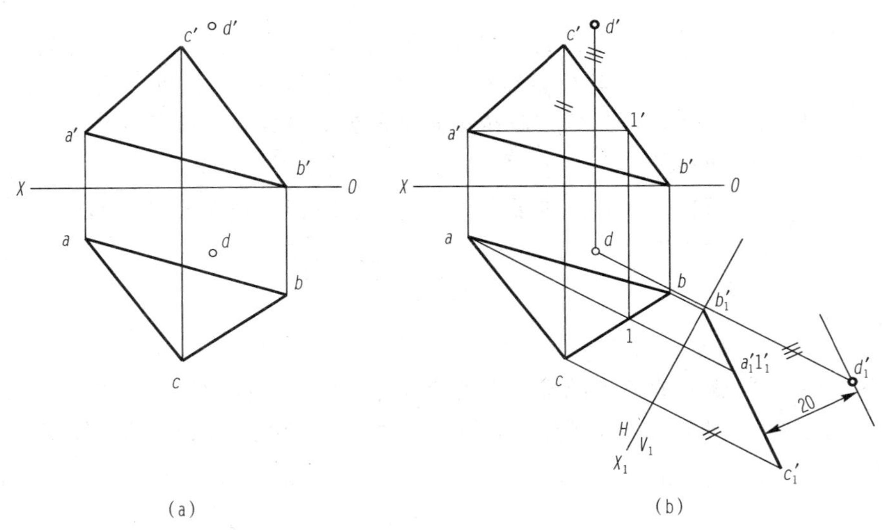

图3-9　点 *D* 到平面 *ABC* 的距离

【例3-4】　求三角形 EFG 的实形。

解：已知垂直面 EFG 的两面投影如图3-10（a）所示。要求垂直面的实形，需将垂直面变成新投影体系的平行面，具体作图步骤如下：

（1）作新投影轴 $X_1 \perp efg$［图3-10（b）］。

（2）分别过 e、f、g 三点作 X_1 轴的垂线，根据点的换面作图规律得到新投影 e_1'、f_1'、g_1'，此时平面 $e_1'f_1'g_1'$ 即为平面 EFG 的实形。

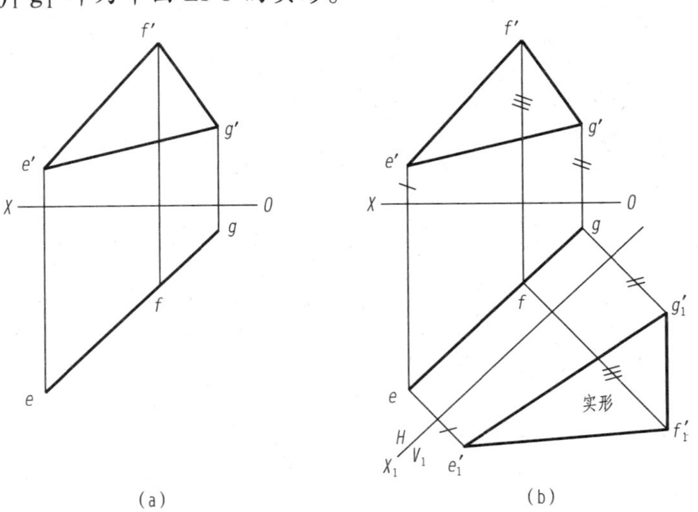

图3-10　求 *EFG* 的实形

知识拓展

常用的投影变换有换面法和旋转法两种。几何元素对投影面处于一般位置时，用增设新投影面的方法，使几何元素对于新投影面处于有利于解题的特殊位置，这种方法称为换面法。旋转法即几何元素绕某轴线旋转，旋转后使其达到对投影面处于特殊位置，从而达到解题目的。本章只讲授换面法。

本章只讲授一次换面，但在实际应用中，有时应进行两次或两次以上换面。其换面规律和作图步骤相同。注意“新”与“旧”是相对的，且按顺序进行。

本章小结

本章主要介绍了换面法的基本概念、点的换面作图规则和换面法四个基本作图。通过本章的学习，掌握换面法四个基本作图的作图要点和能够求解的问题，掌握换面法求解问题的方法和步骤。

思考题

1. 什么是换面法？简述换面法的基本原理。
2. 简述点的换面作图规律。
3. 一般位置直线变换为投影面平行线的作图要点是什么？能够求解哪些问题？
4. 投影面平行线变换为投影面垂直线的作图要点是什么？能够求解哪些问题？
5. 一般位置平面变换为投影面垂直面的作图要点是什么？能够求解哪些问题？
6. 投影面垂直面变换为投影面平行面的作图要点是什么？能够求解哪些问题？

第4章

立体的投影

★本章知识点

1. 棱柱体、棱锥体的形成和形体特征。
2. 棱柱体、棱锥体的投影规律及视图。
3. 棱柱体、棱锥体表面上的点和线投影作图。
4. 圆柱体、圆锥体、球体、圆环体的形成和形体特征。
5. 圆柱体、圆锥体、球体、圆环体的投影规律及视图。
6. 圆柱体、圆锥体、球体、圆环体表面上的点和线投影作图。

4.1 平面立体

4.1.1 平面立体简介

工程机械零件形体构成多种多样，无论它的形状复杂程度如何，但仔细分析都是由一些基本几何体以相应的方式组合而成的组合体。如图4-1所示的形体都是表面由平面构成的平面组合体。立体表面均由平面包围而成的形体，通常称为平面立体。平面基本几何体通过叠加、切割等方式组合可构成形状复杂的平面体，而这些常见的平面基本几何体包括棱柱体、棱锥体、棱台体，如图4-2所示。掌握基本几何体的空间形态特征，理解这些基本几何体的投影规律特点，是学习复杂组合绘图和读图的基础。

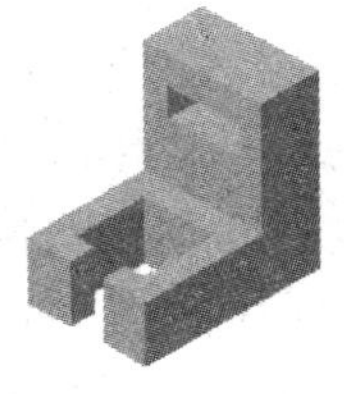

图4-1 平面体

4.1.2 棱柱体

1. 棱柱体的形成

棱柱体可看成由平面多边形沿定长直线轨迹拉伸而成，通常该直线轨迹路径垂直于多边形平面，这样形成的棱柱体称为直棱柱，通常直接称为棱柱。图 4-3 所示为一正五边形平面沿着图示方向拉伸到指定位置形成的正五棱柱。

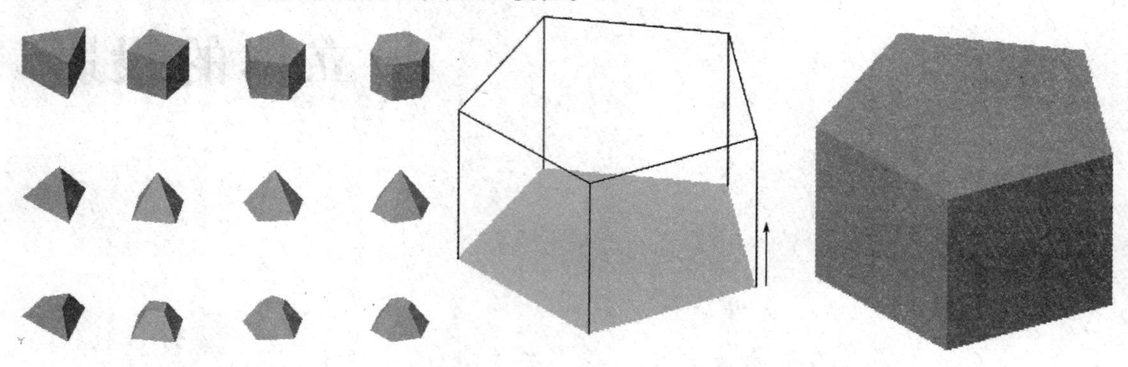

图 4-2 平面几何体

图 4-3 正五棱柱的形成

2. 棱柱体的投影

棱柱体的投影，就是根据投影规律，作出棱柱体各个表面的投影，或者说要作出棱柱体上各个棱线及各个顶点的投影。以图 4-4（a）所示的正五棱柱为例，将正五棱柱置于三投影体系中，根据投影规律作图，形成正五棱柱三视图，如图 4-4（b）所示。

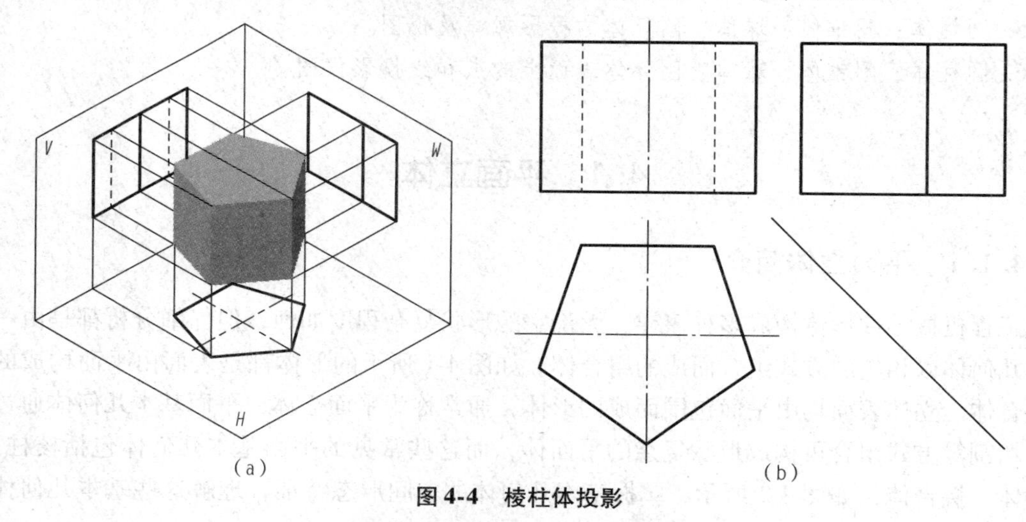

图 4-4 棱柱体投影

（a）正五棱柱投影关系；（b）正五棱柱三视图

正五棱柱由顶面、底面和 5 个侧棱面构成，当将正五棱柱置于三面投影体系中，正五棱柱顶面和底面平行于水平投影面 H，在 H 面上正五棱柱的水平投影反映了顶面、底面实形。由于投射方向关系，正五棱柱的顶面是可见的，而底面投影和顶面投影重合，是不可见的，正五棱柱的 5 个侧棱面都和 H 面垂直，在 H 面投影都积聚为直线，这些积聚直线构成的正五棱柱水平投影是正五边形，仔细观察图示会发现，正五棱柱的背面（靠近 V 面的棱面）

不但垂直 H 面，并且平行于 V 面（是正平面）。如果用棱线来分析，可以看到正五棱柱的竖直方向的五条柱棱线均垂直于 H 面，是铅垂线，在 V 面上的投影反映实长，也就是正五棱柱的高。正五棱柱正面投影，由于正五棱柱背面有两条柱棱被遮挡不可见，这两柱棱正面投影用虚线表达。把各个柱棱按照线的投影规律投影到 V 面上，同时也把顶面和底面这两个水平平面在 V 面投影所积聚直线画出，就得到了正五棱柱的正面投影。同样地，正五棱柱的 5 条柱棱线在 W 面上的投影也是反映实长的，顶面、底面在 W 面上也积聚为直线，这样也得到了正五棱柱的 W 面投影，如图 4-4（b）所示。

作图过程：先作出正五棱柱 H 面投影即水平投影——正五边形，注意到正五棱柱所在的空间位置，其中一边要保持和 OX 轴平行。再根据棱柱的高度及水平投影，结合“长对正、高平齐、宽相等”投影规律作出正五棱柱 V 面投影即正面投影，以及 W 面投影即侧面投影，如图 4-4（b）所示。

棱柱体的投影，其中一个投影视图是多边形，其他两个投影一般由一个或多个矩形线框构成，沿着投射方向被遮挡的柱棱投影是不可见的线，用虚线绘制。不同的棱柱体由于形状及空间位置形态不同，三视图表达也不同，即使棱柱体形状相同，但所处的空间位置投射方向不同时，其主视图和俯视图及左视图配置是不同的。表 4-1 列出了不同空间位置各棱柱实体及三视图，注意仔细观察实体与视图的表达。

表 4-1　不同位置棱柱实体及三视图

类型	实体	三视图	实体	三视图
三棱柱		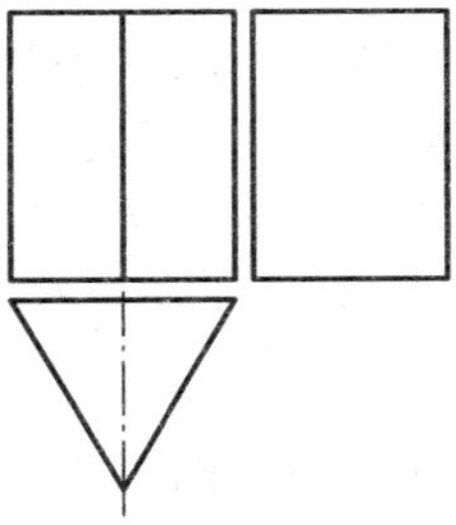		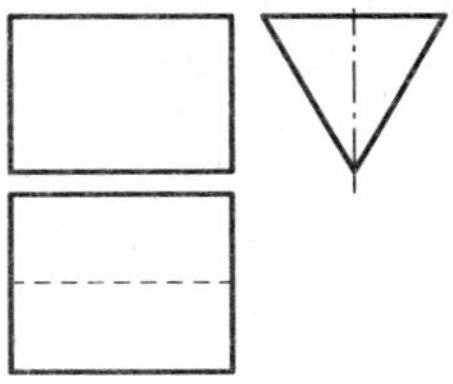
四棱柱		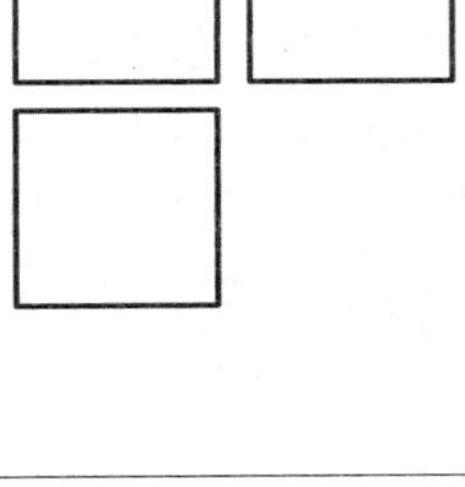		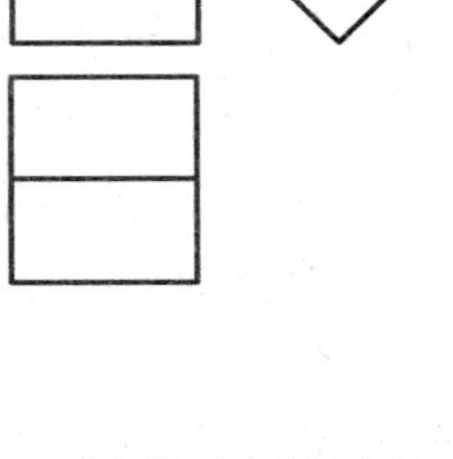

续表

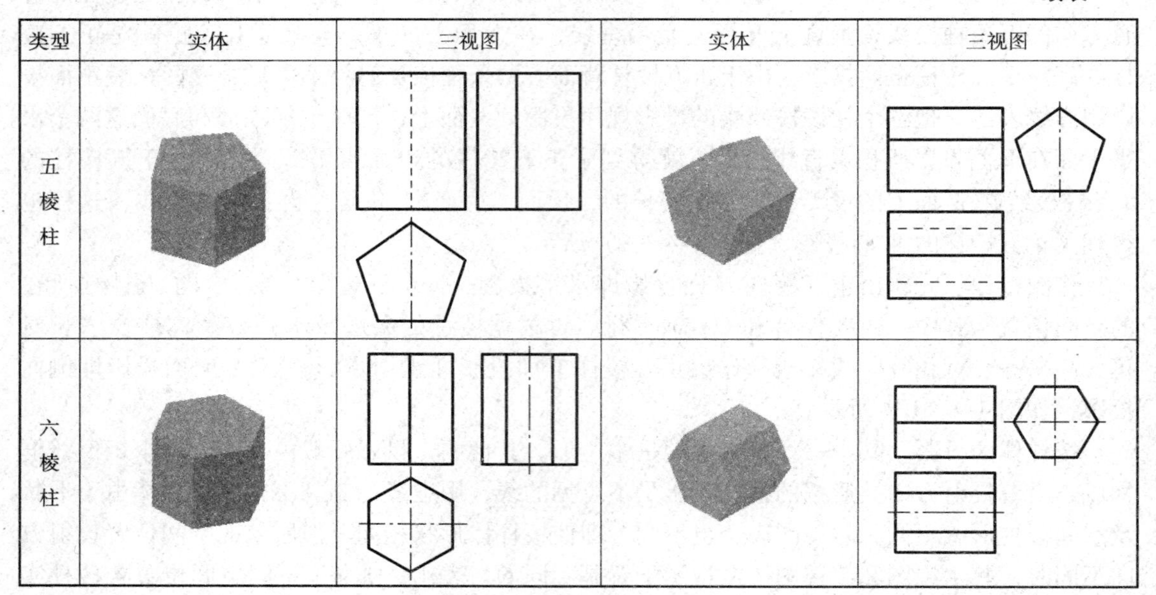

类型	实体	三视图	实体	三视图
五棱柱				
六棱柱				

3. 棱柱体表面上点和线

在前面章节中学习了平面上的点、线投影作图方法，由于棱柱体表面都是平面，棱柱表面上的点、线的投影方法和普通平面上的点、线的投影方法相同。棱柱体表面上点、线投影作图，一般可以利用柱体表面投影的积聚性规律进行作图。要确定棱柱体表面上点投影，必须首先根据给定的已知投影及其位置确定该点的空间位置，也就是说，该点在棱柱体的哪个表面上，若点在棱柱体的某个表面上，则该点的投影一定在该表面同面投影范围内；如果该表面投影可见，那么该点的投影也可见，相反则不可见。总之，确认棱柱表面上的点、线未知投影的方法，首先要判断点、线在棱柱表面上的空间位置，分析点、线所在棱柱表面的投影特性（利用积聚性），然后再根据点的投影规律，完成表面上点的投影作图。对于线来说，要先作出端点的投影点，然后连线即可。

下面以正五棱柱为例说明在该表面上的点和线投影作图方法。如图 4-5 所示，正五棱柱表面有折线 *ABCD*，又有 *M* 、*N* 、*E* 三个点，如果已知该折线及表面上三个点的正面投影 $a'b'c'd'$、m'、n'、e'，可以根据投影规律作图完成折线及三个点的另外两面投影作图，并判断点、线投影可见性。

（1）折线 *ABCD* 投影作图。作图过程：图 4-5（a）左图折线 *ABCD* 分别由 *AB*、*BC*、*CD* 三条线段构成，根据 $a'b'$、$b'c'$、$c'd'$及所处在的投影位置，可以确定该折线空间位置情况是 *AB* 在棱柱左前侧棱面上，*BC* 在正前方棱面上，*CD* 在右前侧棱面上，容易看到 *A* 、*B*、*C*、*D* 四个点，这些点是折线的拐点、端点且都在柱棱上，参考图 4-5（b），如果作图作出 *A* 、*B*、*C*、*D* 四个点的各个投影，然后依次连线，便可完成折线 *ABCD* 水平投影 *abcd* 和侧面投影 $a''b''c''d''$。柱棱是铅垂线，柱棱水平投影积聚为一个点，侧面投影反映实长，并且平行于相应的投影轴，所以，折线上各个拐点、端点的水平投影也在相对应柱棱水平投影积聚点上。结合点的投影规律，作图完成各个拐点、端点水平投影及侧面投影，连接各点相应投影成线，并注意判别可见性。

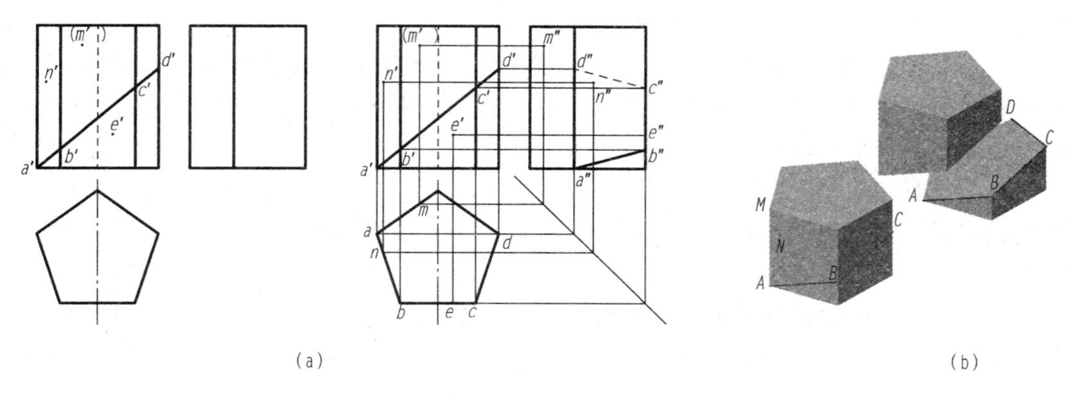

图 4-5　正五棱柱表面上线投影

(a) 正五棱柱表面上线投影关系；(b) 正五棱柱表面上线的空间位置

由折线端点 a'、b'、c'、d'向 H 面作投影线连线得水平投影 a、b、c、d，再根据点投影规律分别求得侧面投影 a''、b''、c''、d''，或者直接从折线端点正面投影直接向 W 面作投影连线直接作出侧面投影 a''、b''、c''、d''。然后分别连线，并判别可见性，这里根据线的空间位置分析，AB 段侧面投影 $a''b''$可见，用实线绘制，前柱棱面积聚为线，而 $b''c''$在该面所积聚的线上，CD 段侧面投影 $c''d''$不可见，因此用虚线绘制。

(2) 点 M、N、E 投影作图。棱柱表面上点 M、N、E 投影作图，首先分析各个点的空间位置。根据给定的 n'及位置情况，N 点在左前柱棱面上，而该棱面水平投影积聚为线（积聚性），因此，N 点的水平投影 n 在此线上。由 n'向 H 面作投影连线，得水平投影 n，根据点投影规律求得 n''。根据给定的 m'及位置情况，确定 M 点在左后柱棱面上（由于点 M 正面投影不可见），而该棱面水平投影积聚为线，因此，M 点的水平投影 m 在此线上。由 m'向 H 面作投影连线，得水平投影 m，根据点的投影规律求得 m''。根据给定的 e'及位置情况，确定 E 点在正前柱棱面上，而该棱面水平投影积聚为线，因此，E 点的水平投影 e 在此线上。由 e'向 H 面作投影连线，得水平投影 e，根据点的投影规律求得 e''。

棱柱体表面上点、线投影作图，一定要先根据点、线已知投影确定该点或线的空间位置，再根据棱柱体棱面的投影积聚性及点的投影规律完成点、线未知投影作图，并判别可见性。

4.1.3　棱锥体

1. 棱锥体的形成

棱锥体可以想象成棱柱体其中一个顶面或底面积聚为一点，各个棱线条均汇交该点，也称为棱锥体顶点。如图 4-6所示，取平面多边形外一点 S，然后连接平面多边形角点到锥顶点 S，由此构成棱锥体。该平面多边形成为棱锥底面，平面多边形的每条边和锥顶构成三角形平面，称为棱锥侧面，简称棱面。棱锥的命名也通常以棱锥底面多边形的数命名，如三棱锥、四棱锥、五棱锥、六棱锥等，若底面为正多边形，一般称为正棱锥，如正三棱锥、正四棱锥、正五棱锥、正六棱锥等。

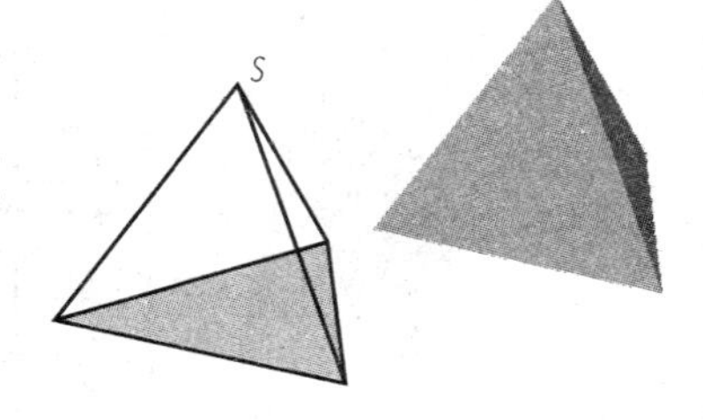

图 4-6　棱锥体的形成

2. 棱锥体的投影

以正三棱锥体为例，将正三棱锥置于投影体系，分析棱锥体的投影规律。如图 4-7（a）所示，构成棱锥体底面△*ABC* 是水平面，其水平投影反映实形，另两面投影都积聚为直线，其余三个侧棱面分别是△*SAB*、△*SBC*、△*SAC*。后棱面△*SBC* 为侧垂面，侧面投影积聚为一直线，正面投影和水平投影均为三角形。棱面△*SAB*、棱面△*SAC* 为一般位置平面，三个投影都是类似形，即三角形。或者也可以分析构成该正三棱锥的各个棱线空间位置，棱线 *SA* 为侧平线，*SB*、*SC* 为一般直线，构成棱锥底面三条棱线 *AB*、*CA* 为水平线，*CB* 为侧垂线，依照这些位置直线的投影规律也很容易绘制出正三棱锥投影三视图，如图 4-7（b）所示。

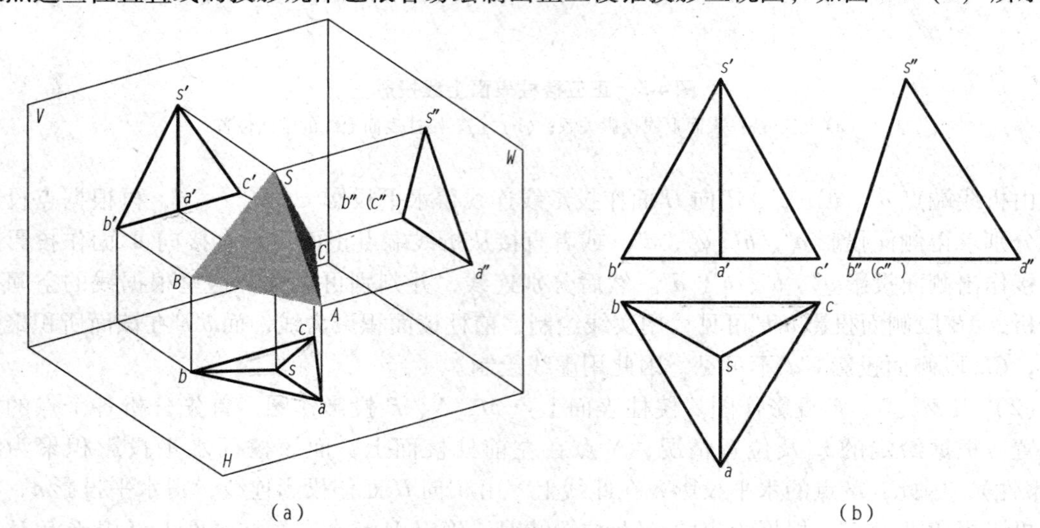

（a）　　　　（b）

图 4-7　正棱锥体投影

（a）正三棱锥投影关系；（b）正三棱锥体三视图

作图过程：首先绘制水平投影正三角形轮廓，然后绘制正面、侧面投影，再确定锥顶点 *S* 的三面投影，连线完成三棱锥投影三视图。

棱锥体投影三视图作图规律的特点是：一个视图外形轮廓为多边形，其他两个视图通常为若干个三角形线框。表 4-2 所示为常见不同位置正棱锥体实体及三视图。

表 4-2　常见不同位置正棱锥体实体及三视图

类型	实体	三视图	实体	三视图
三棱锥				

续表

类型	实体	三视图	实体	三视图
四棱锥				
五棱锥				
六棱锥				

3. 棱台投影

用垂直于过棱锥锥顶轴线的平面将正棱锥切开，去掉锥顶部分，剩下部分称为正棱台。棱台的三视图特点是，其中一个视图反映顶面和底面实形，对应角点投影连线即是棱线投影，其余两个视图一般由梯形线框组合而成。图 4-8（a）所示反映了正五棱台在投影体系中的投影关系，图 4-8（b）所示为正五棱台三视图。表 4-3 列出了常见正棱台在不同位置时的实体及三视图。

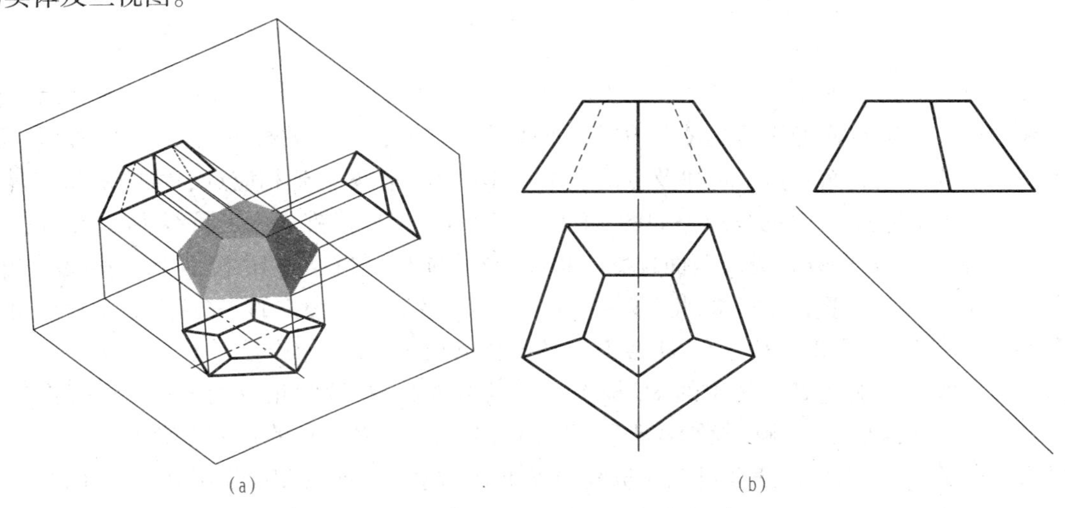

图 4-8　正五棱台投影

（a）正五棱台投影关系；（b）正五棱台三视图

表 4-3 常见正棱台在不同位置时的实体及三视图

类型	实体	三视图	实体	三视图
三棱台	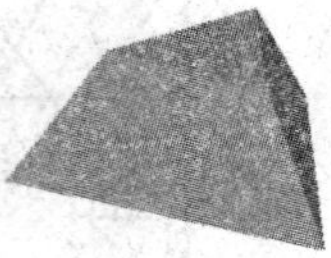	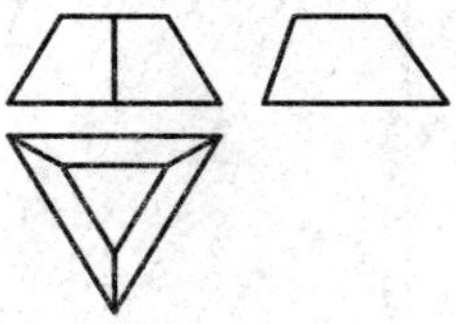		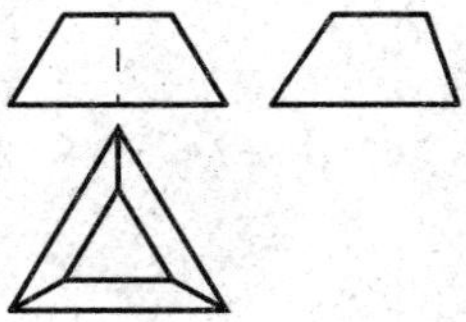
四棱台	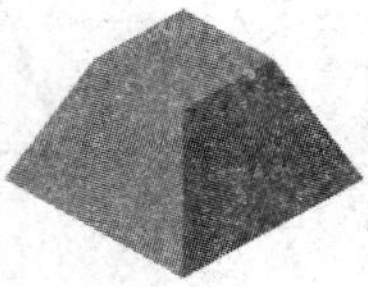	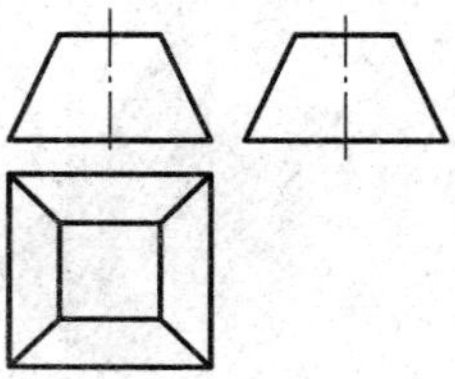		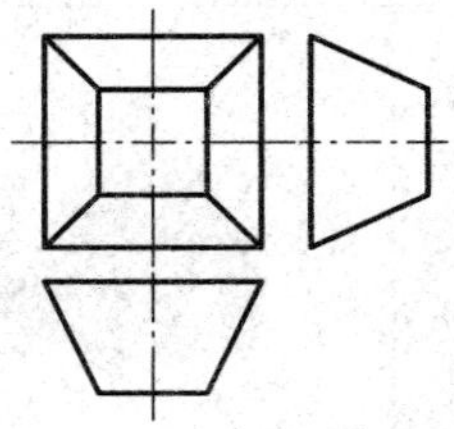
五棱台		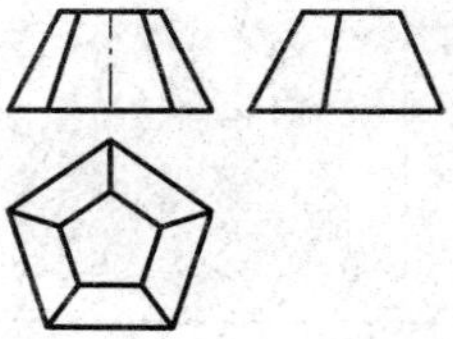		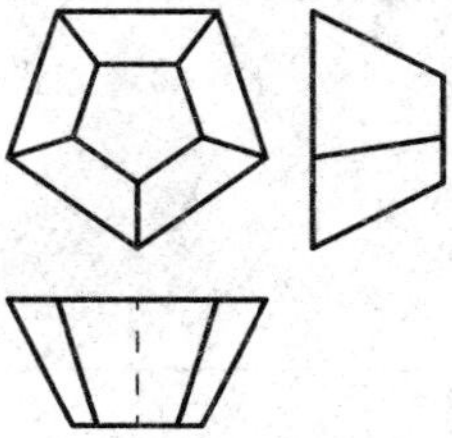
六棱台		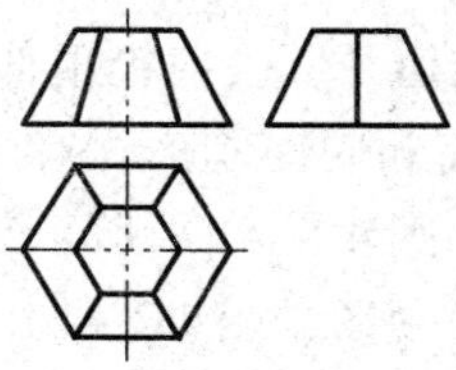	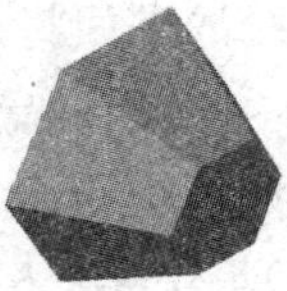	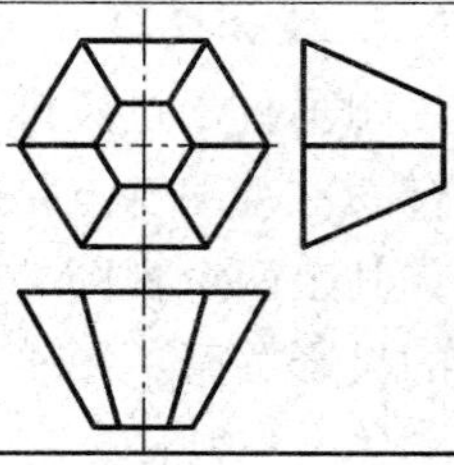

4. 棱锥体表面上的点和线

棱锥体表面都是平面，棱锥体表面上的点、线投影作图，首先要根据棱锥面上已给定的点、线的已知投影点或者线及其位置情况，准确确认点、线所在的棱锥棱面上的空间位置，再根据点、线所在表面的投影规律及点的投影规律作图，作图找到相应点、线的未知投影。

（1）棱锥体表面上线的投影。如图 4-9（a）所示，根据棱锥表面上折线 *DEF* 正面投影 $d'e'f'$，要求作出折线 *DEF* 另外两面投影。折线 *DEF* 的 *DE* 段在△*SAB* 棱面上，其投影也一定在△*SAB* 的相应投影上。考虑到直线段两个端点 *D*、*E*，*D* 在棱锥的 *SB* 棱上，其投影也一定在 *SB* 棱的相应投影上，*E* 点在 *SA* 棱上，其投影也在 *SA* 棱的相应投影上。*EF* 段在△*SAC* 棱面上，直线另一端点 *F* 在棱锥的 *SC* 棱上，其投影也在 *SC* 棱的相应投影上。要想作出折线 *DEF* 的水平投影 *def* 及侧面投影 $d''e''f''$，要先作出 *D*、*E*、*F* 三点的水平投影 *d* 、*e* 、*f* 及侧面投影 d''、e''、f''，然后连线即可完成折线 *DEF* 的水平投影 *def* 及侧面投影 $d''e''f''$，同时要根据空间位置情况判别可见性，参考图 4-9（b）。

作图过程：如图 4-9（a）所示，*D* 点水平投影 *d* 在锥棱 *SB* 水平投影 *sb* 上，过 d'点作水平投影，连线得 D 点水平投影 d。D 点侧面投影 d''在锥棱 SB 侧面投影 $s''b''$上，过 d'点作侧面投影，连线得 D 点侧面投影 d''。考虑到锥棱 SA 是侧平线，其水平投影 $e'a'$和投影连线重合，如果从 e'向水平投影作投影连线，无法确定 e 的具体位置，那么可以先确定 E 点的侧面投影，e''在 $s''c''$上，作投影连线得 e''，再根据点的投影规律求得水平投影 e。F 点水平投影 f 在锥棱 SC 水平投影 sc 上，过 f'点作水平投影，连线得 F 点水平投影 f。F 点侧面投影 f''在锥棱 SC 侧面投影 $s''c''$上，过 f'点作侧面投影，连线得 F 点侧面投影 f''。将相应投影点连线得折线 DEF 的水平投影 def 和侧面投影 $d''e''f''$。考虑到投影 $e''f''$在△SAC 上，而该面在侧面投影并不可见，因此 $e''f''$改画虚线表示。

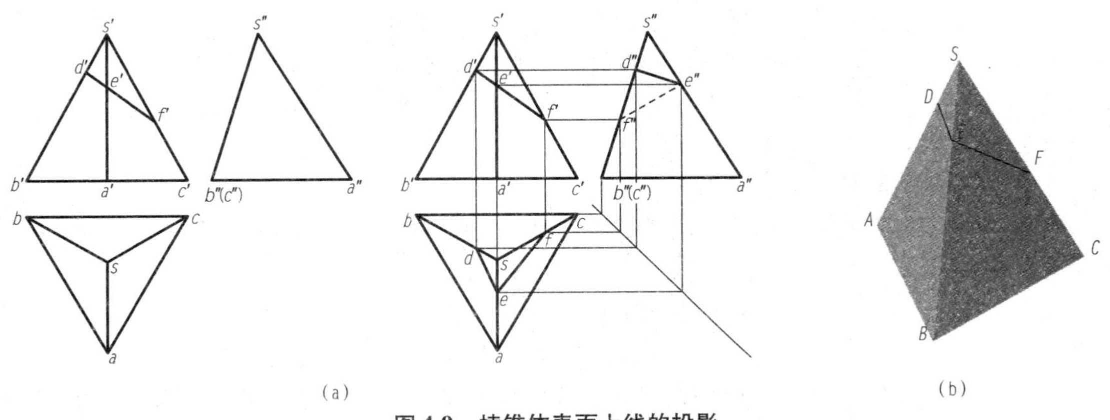

图 4-9　棱锥体表面上线的投影

（a）棱锥体表面上线的投影关系；（b）棱锥表面上线的空间位置

（2）棱锥体表面上点的投影。若棱锥表面上的点不在锥棱上，通常可以先过此点作一条表面上的直线，也可以过此点作截平面，还可以用过该点作该表面已知直线的平行线的方法进行作图。

如图 4-10（a）所示，已知正三棱锥表面上三个点 M、N、K 的正面投影 m'、n'、k'，要求作出 M、N、K 水平投影 m、n、k 及侧面投影 m''、n''、k''，这里讨论两种作图方法。

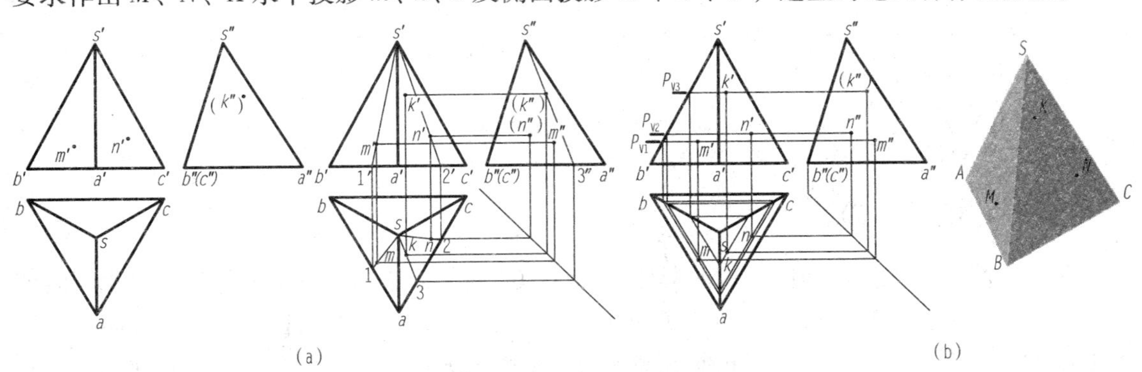

图 4-10　正棱锥体表面上点的投影

（a）正棱锥体表面上点的投影关系；（b）正棱锥体表面上点的空间位置

方法一：采用已知直线方法（素线法）。

根据给定的投影点 m'及位置情况，确定 M 点在△SAB 上，也一定在属于棱面△SAB 的直线上，其投影也必在该直线的相应投影上，如图 4-10（a）所示。为此，在正面投影连接

$s'm'$并延长和底边$b'a'$交于1′。从1′向水平投影作投影连线得水平投影1，连线$s1$，再从m'向水平投影作投影连线与$s1$相交得m，根据点的投影规律求得m''。根据点的空间位置判断其投影的可见性，这里m'、m''都可见。

同理，连接$s'n'$并延长交底边正面投影$a'c'$于2′。从2′向水平投影作投影连线交ac于2，连线$s2$，从n'向水平投影作投影连线与$s2$相交点即为n，再根据点的投影规律求得侧面投影n''。根据N点在锥面△SAC面上，其水平投影n可见，侧面投影n''不可见，因此，侧面投影标注加上括号为（n''）。

由于已知K点侧面投影k''不可见，由此确认K点的空间位置在△SAC面上，连接$s''k''$并延长相交底边$a''c''$于3″。再从3″作投影连线，得水平投影3，连接$s3$。从k''作投影连线和$s3$相交点即为水平投影k，再根据点的投影规律求得正面投影k'，根据K点的空间位置情况，求得正面投影k'及水平投影k皆可见。

方法二：采用截平面方法（截面法）。

可以假想过表面上的点作特殊位置平面，对棱锥体进行切割。表面上的点一定在切口的轮廓线上。

如图4-10（b）所示，为求M点水平投影m和侧面投影m''，过M点作假想水平面P_{V1}切割棱锥体，切口正面投影积聚为线，该线和棱锥的各个棱线交点即是切口三角形角点的正面投影，水平投影是一个三角形切口，并且反映切口的实形，M点的水平投影就在该切口水平投影轮廓线上。先求得切平面与各个棱线的交点水平投影，然后连线得切口三角形水平投影。由于切口平面平行于底面，作出一个切平面与棱线交点水平投影，然后基于此点作底面三角形相应边的平行线，得到切口轮廓水平投影（此法作图方便快捷，推荐用此法作图），然后从正面投影m'向水平投影作投影连线，和三角形切口轮廓投影一边相交点即为m，再根据点的投影规律求得侧面投影m''。

同理，可以作图求得N、K两点的水平投影n、k及侧面投影n''、k''。注意：求得投影点后要结合点的空间位置情况进行可见性判别，准确完成棱锥表面上点的投影。此法也同样适用于形状复杂形体表面上点、线的投影作图。

4.2 回转体

4.2.1 回转体简介

凡是由曲面或平面和曲面围成的形体，都称为曲面体。工程实践中零件复杂多样，曲面体应用广泛，如孔、轴等属于曲面体的应用。由一条母线（直线或曲线）绕一条轴线旋转而形成的曲面就是回转面，由回转面或回转面与平面围成的形体称为回转体。圆柱体、圆锥体、球体、圆环体等这些基本的曲面体，统称为回转体。

4.2.2 圆柱体

1. 圆柱体的形成

圆柱体可以看成矩形平面绕矩形一边（轴）旋转一周而成的形体。如图4-11所示，AB

称为母线，母线旋转到任意位置时，称为圆柱表面素线。

2. 圆柱体投影

如图 4-12（a）所示，将圆柱体置于三面投影体系中，圆柱体轴线垂直于 H 面，圆柱体顶面和底面均是水平面，水平投影都是圆，反映实形，而圆柱的柱面也垂直 H 面，柱面投影在 H 面上积聚为圆。正面投影和侧面投影均为矩形。AA_1、BB_1 是圆柱体轮廓表面最左边和最右边的素线，其正面投影 $a'a_1'$、$b'b_1'$。AA_1、BB_1 构成的面实际上是将圆柱体分成了前后两半，前半圆柱正面投影可见，后半圆柱投影不可见，构成正面投影矩形线框上、下两条线的是圆柱体顶面圆和底面圆所积聚的线。在正面投影上，反映圆柱体最前面和最后面的素线 CC_1、DD_1 投影正好在正面投影矩形线框的中间对称位置，投影规定不用绘出。同理，圆柱体侧面投影也是矩形线框。如图 4-12（b）所示，绘制圆柱体三视图，一般先绘制水平投影圆，再根据投影关系绘制主视图和侧视图的矩形线框。注意：回转体的中心定位线一定要先用点画线画出，再结合投影关系及回转体的对称性绘制圆柱体的视图。

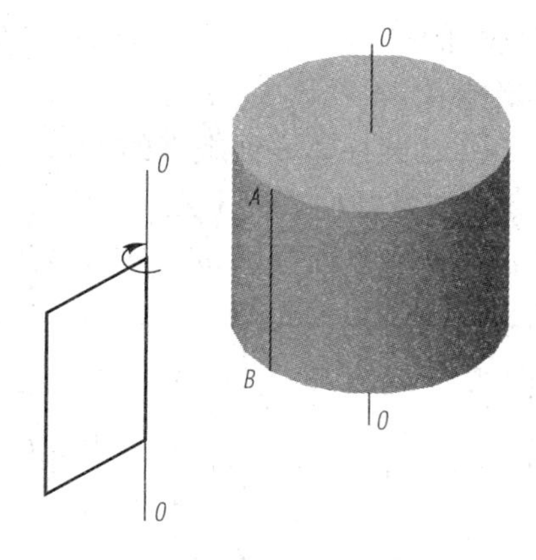

图 4-11　圆柱的形成

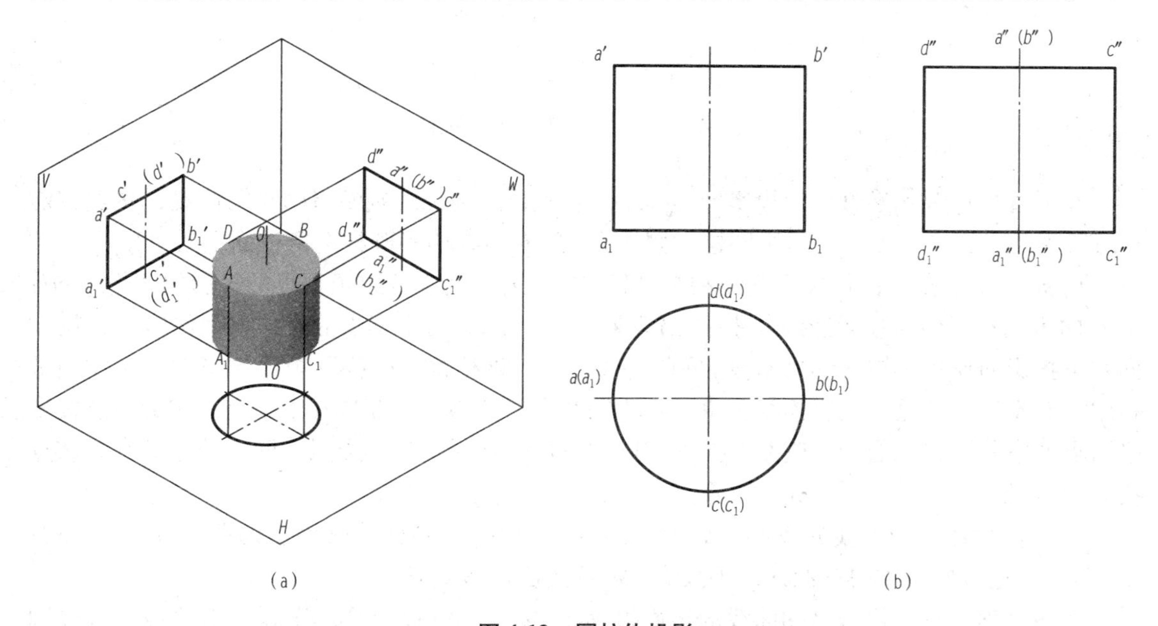

图 4-12　圆柱体投影

（a）圆柱体投影关系；（b）圆柱体三视图

作图过程如下：

（1）绘制点画线定位圆柱体视图位置，先绘制圆柱端面反映实形的投影圆。

（2）结合圆柱体投影对称性，根据投影关系绘制另外两个矩形线框视图。

3. 圆柱体表面上的点和线

对于圆柱体表面上的点、线投影作图，首先要确定表面上点或线的空间位置，然后根据圆柱体的投影规律，以及点的投影规律完成点、线投影作图，方法是利用圆柱体柱面投影的积聚性。

（1）圆柱体表面上点的投影。图 4-13（a）给出了圆柱体表面上点 M、N 的正面投影 m'、n'以及圆柱表面上点 K 的侧面投影 k''，通过点的投影规律作图求得点 M、N 的水平投影 m、n 和侧面投影 m''、n''以及点 K 的正面投影 k'和水平投影 k。

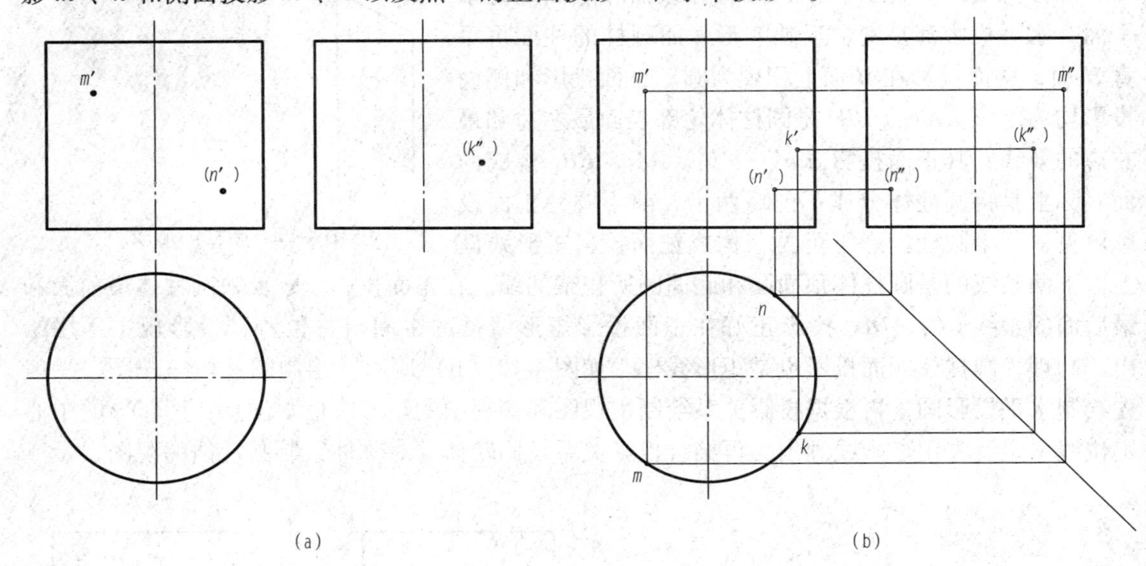

图 4-13　圆柱体表面上点的投影

作图过程：首先通过已知投影 m'、n'、k''及其位置情况，判断点的空间位置，M 点在前半圆柱左侧柱面上，N 点在后半圆柱右侧柱面上，K 点在前半圆柱右侧柱面上。

从 m'向水平投影面作投影连线和水平投影圆交点即为 m，再根据点的投影规律作出 m''；从 n'向水平投影面作投影连线和水平投影圆交点即为 n，再根据点的投影规律作出 n''；从 k''向水平投影面作投影连线和水平投影圆交点即为 k，再根据点的投影规律作出 k'。在作图过程中，需要注意的是，投影连线和水平投影圆交点会有两个，而选择哪个交点作为该点投影是由点的空间位置确定的，判断好点的空间位置后，选择正确的交点，同时，还要判断该点投影的可见性，如图 4-13（b）所示。

（2）圆柱体表面上线的投影。如图 4-14（a）给出了圆柱体表面上的曲线 ABC 正面投影 $a'b'c'$，通过作图求得该曲线水平投影 abc 及侧面投影 $a''b''c''$。

作图过程：首先根据已知曲线的正面投影 $a'b'c'$及其位置情况，分析 ABC 这段曲线在圆柱体表面上的空间位置，曲线 ABC 正面投影积聚为一段直线，这段曲线实际上是一段椭圆弧，其中 AB 段在前半圆柱的下柱面上，BC 段在前半圆柱的上柱面上，如图 4-14（b）所示。

先作出关键点 A、B、C 三点侧面投影和水平投影，其中关键点 B 点和 C 点处于圆柱体表面的特殊位置，B 点在圆柱体表面最前素线上，C 点在圆柱体表面最上素线上，从 a'向侧面投影作投影连线得 a''，再根据点的投影规律求得水平投影 a。水平投影 b 在圆柱体水平投影轮廓线上作投影连线求得 b'，从 b'向侧面投影作投影连线得 b''。水平投影 c 在圆柱水平投影中心线位置上作投影连线得 c，从 c' 向侧面投影作投影连线得 c''，这样就取得了椭圆曲线关键点的各个投影。由于该椭圆弧侧面投影是圆弧，可以准确作出 $a''b''c''$。根据点投影规律求得关键点 A、B、C 的水平投影 a、b、c，如果过 a、b、c 三点作椭圆弧线的水平投影，显然准度不高，那么可以考虑用同样的办法在椭圆弧的正面投影线上再选择几个点。如增加 1′、2′、3′、4′四个点，根据投影规律求出该点的另外两面投影，这样可以用描点法作出椭圆弧的水平投影，再根据空间位置情况判断投影的可见性，如图 4-14（a）右图。

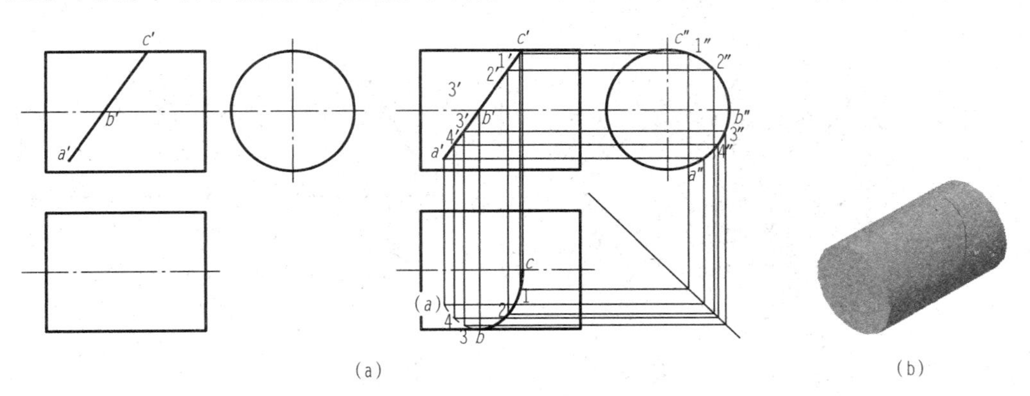

图 4-14　圆柱体表面上的线投影

（a）圆柱表面上线的投影；（b）圆柱表面上线的空间位置

4. 2. 3　圆锥体

1. 圆锥体的形成

如图 4-15 所示，圆锥体可以看成直角三角形平面绕一直角边为轴，旋转一周而形成。圆锥面可以看成 SA 绕与其相交轴 OO 回转一周而成。SA 称为母线，SA 以 OO 为轴旋转到任意位置时，即过锥顶 S 且在锥面上的直线称为素线。

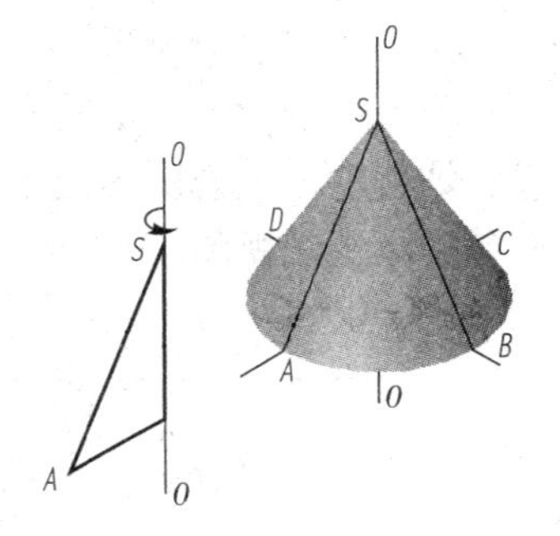

图 4-15　圆锥体的形成

2. 圆锥体投影

如图 4-16 所示，将圆锥体置于三面投影体系中，圆锥体轴线条垂直于 H 面，圆锥体底面是水平面，其水平投影反映底面实形，即是圆，底面的正面投影及侧面投影均积聚为线（线长为直径）。圆锥体正面投影和侧面投影均为等腰三角形线框，正面投影等腰三角形左、右等腰线 $s'a'$、$s'c'$，分别是圆锥体锥面轮廓上最左边和最右边的素线 SA 、SC 的正面投影。侧面投影等腰三角形线框的前后腰线 $s''b''$、$s''d''$，分别是圆锥体锥面轮廓上最前面和最后面素线 SB、SD 的侧面投影。圆锥体上最左和最右素线 SA 和 SC 构成的平面，把圆锥体分成了前半锥和后半锥，前半锥正面投影是可见的，后半锥正面投影不可见，这两个半锥投影是重合的，因此正面投影的等腰三角形实际上反映了前半锥和后半锥的正面投影。圆锥的侧面投影也类似，最前素线 SC 和最后素线 SD 构成的平面也是将圆锥体分成左半锥和右半锥，侧面投影等腰三角形线框反映了前半锥和后半锥的侧面投影。

作图过程如下：

（1）先画圆锥底面水平面投影，即一个圆，再绘制底面正面投影及侧面投影所积聚的线，平行相应投影轴，且长度为直径。

（2）确定作出圆锥体锥顶水平投影 s、正面投影 s'、侧面投影 s''，连线完成圆锥体三面投影，同时，注意回转体视图是对称的，需要绘制中心对称线。

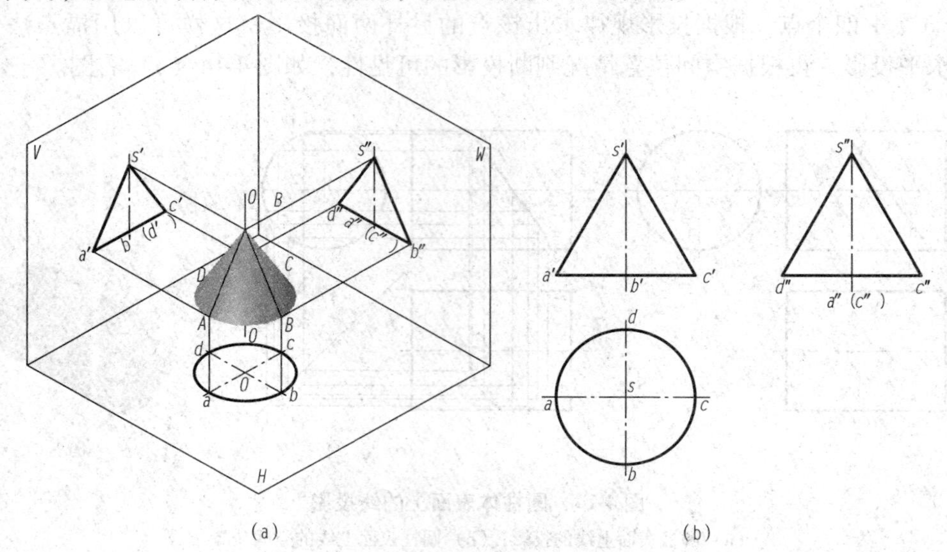

图 4-16　圆锥体投影

（a）圆锥体投影关系；（b）圆锥体三视图

3. 圆台及其三视图

圆锥被平行于底面的平面截切后，去掉上面部分，剩下的下面部分称为圆台。圆台投影特点是其中一个视图为两个同心圆，其余两个视图为等腰梯形线框。表 4-4 所示为不同位置圆台实体及三视图。

表 4-4　不同位置圆台实体及三视图

圆台实体				
三视图				

4. 圆锥体表面上的点和线

圆锥表面上的点、线投影作图，先要确定这些点或线的空间位置，再根据圆锥的投影规律及点的投影规律作图，完成圆锥体表面上点或线的未知投影。圆锥体表面上过锥顶存在一系列素线，也存在垂直轴线的一系列纬圆，因此，圆锥表面上点或线投影作图，可以用辅助素线法或辅助纬圆法完成。

（1）圆锥体表面上点的投影。如图 4-17（a）所示，圆锥体表面上点 M、N 正面投影为 m'、n'，下面通过作图来确定这两个点的水平投影 m、n 和侧面投影 m''、n''。

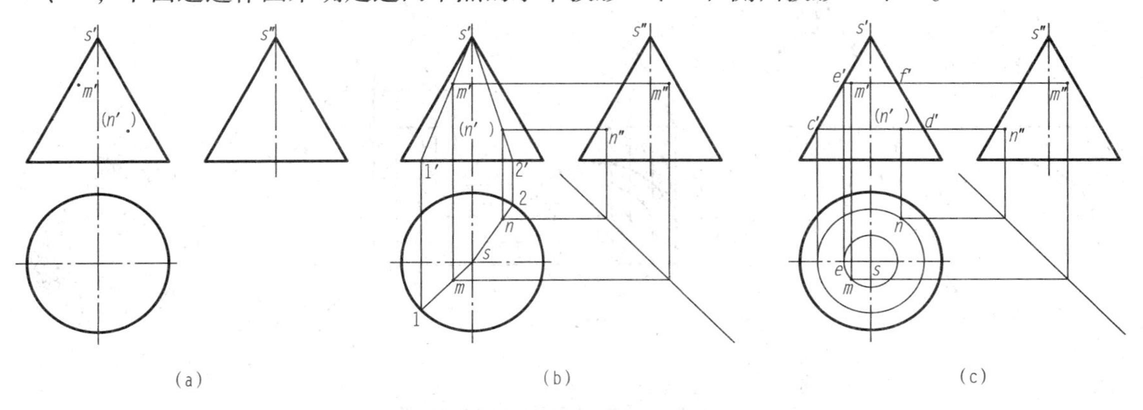

图 4-17　圆锥表面上点的投影

利用辅助素线法的作图过程：从正面投影上看，根据 m' 及其位置情况，确定 M 点的空间位置，M 点在圆锥体的前半锥左侧锥面上。通过正面投影锥顶 s'，连线 $s'm'$ 并延长交等腰三角形线框底边于 $1'$，$s'1'$ 是素线 $S1$ 正面投影，且 M 点在 $S1$ 上，M 点的投影也必在该素线的投影上。只要作出 $S1$ 水平投影 $s1$ 和侧面投影 $s''1''$，然后按照点在直线上的投影规律，很容易确定 M 点的水平投影和侧面投影。

如图 4-17（b）所示，作 $s'm'$ 延长线交底边于 $1'$，从 $1'$ 向水平投影圆作投影连线得水平投影 1，连接 $s1$。从 m' 向水平投影作投影连线和 $s1$ 的交点即是 M 点水平投影 m，再根据点的投影规律求得 m''，注意根据空间位置判断点的可见性。

从正面投影上看，根据 n' 及其位置情况，确定 N 点的空间位置，N 点正面投影不可见，N 点在圆锥的后半锥右侧锥面上。作图时注意水平投影连线的交点位置选择后面的（交点有两个），其他作图方法道理一样，求得点的投影后，注意判别点的可见性。

利用辅助纬圆法的作图过程：与辅助素线法作图一样，同样也要先根据所给投影 m'、n' 及其位置情况，判断 M、N 两点所在锥表面的空间位置，M 点在前半锥左侧锥面上，N 点在后半锥右侧锥面上。先对 M 点的投影作图，方法是过 M 点作水平辅助纬圆，M 点的各个投影都在该辅助纬圆的相应投影上，只要先取得该辅助纬圆的投影，那么 M 点的各个投影也一定在相应的纬圆投影上，再结合点的投影规律作图，可以求得点的未知投影点。

如图 4-17（c）所示，过 m' 作直线 $e'f'$（即辅助圆的正面投影，$e'f'$ 长度等于辅助圆直径），从 e' 向水平投影面作投影连线，得水平投影 e，以锥顶 S 水平投影 s 为圆心，se 为半径画圆，该圆即是辅助圆的水平投影，反映辅助圆的实形，M 点水平投影即在该圆周上，从 m' 向水平投影面作投影连线与纬圆水平投影圆周的交点即为 M 点水平投影 m（注意：交点有两个，根据空间位置判断选择一个正确的），然后再根据点的投影规律完成侧面投影 m''，并判别可见性。N 点的作图方法是一样的，如图 4-17（c）所示。

（2）圆锥体表面上线的投影。先找到线上的关键点投影，确定圆锥表面上线投影的范围，再找些普通点的投影，然后用描点法作出圆锥表面上线的投影。

如图 4-18 所示，给出了圆锥表面上曲线 MNK 的侧面投影 $m''n''$ 及 $n''k''$，要求在正面投影视图及水平投影视图上补画线 MNK 的正面投影 $m'n'k'$ 及水平投影 mnk。

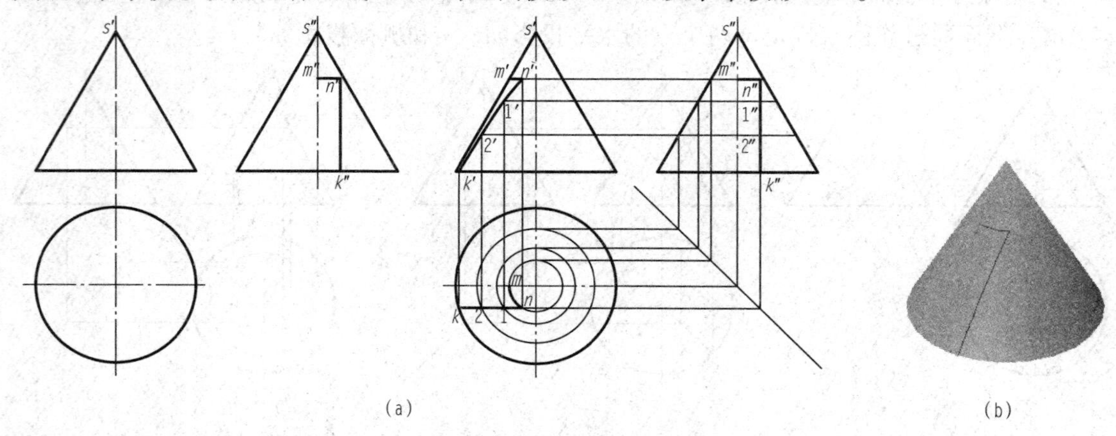

图 4-18　圆锥体表面上线的投影

（a）圆锥体表面上线的投影关系；（b）圆柱体表面上线的空间位置

根据图中给定的投影 $m''n''$ 和 $n''k''$ 及其位置情况，分析曲线 MNK 的空间位置，由于该曲线的侧面投影是两段可见线段，因此该曲线在圆锥的前半锥左侧锥面上，同时，$m''n''$ 平行于相应投影轴，判断 MN 是水平曲线，$n''k''$ 也平行于相应投影轴，判断 NK 是一段正平曲线。实际上根据 MN 及 NK 侧面投影的特点，很容易想到 MN 是一段圆弧，NK 是段曲线（双曲线）。

利用辅助圆法的作图过程：先对 MN 段的投影作图，包含 $m''n''$，作水平辅助圆的侧面投影，从水平辅助圆的侧面投影向水平投影面作投影连线，在水平投影面上作出水平辅助圆投影，该投影反映辅助圆实形，而 M、N 点水平投影也在该圆周上，根据点的投影规律得 m 和 n。因此，求得 MN 水平投影是一段圆弧。再根据点投影规律求得正面投影 $m'n'$，该段圆弧的正面投影为一段直线。再对 NK 段的投影作图，从侧面投影上看，NK 段的 K 点在圆锥的底圆上，因此，从侧面投影向水平投影面作投影连线很容易求得水平投影 k，再根据点的投影规律求得 k'，由于曲线 NK 是正平曲线，NK 段在水平投影面上积聚为一段直线，连接 nk 即曲线 NK 的水平投影，虽然已知曲线两个端点的各个投影，但是还不能完成 NK 正面投影，由于该投影是曲线，因此要再从 NK 上选几点，并求出相应的正面投影，然后用描点法作出曲线 NK 的正面投影。这里依然采用辅助圆法作图，首先过侧面投影 $1''$ 作水平辅助圆投影线，再从水平辅助圆的侧面投影向水平投影面作投影连线，在水平投影面上作出该辅助圆的水平投影，反映实形，而 1 点就在该辅助圆圆周上，其投影也在相应的投影上，再结合点的投影规律求得水平投影 1，之后从 1 点向正面投影面作投影连线，求得 $1'$。同理，又求得 2 点的正面投影 $2'$，然后把 k' 、$2'$ 、$1'$、n' 用描点法描绘出光滑曲线，即得到了 NK 的正面投影，需要说明的是，一般点的选择多些，描点绘制的投影准确度会高些，至此曲线 MNK 的三面投影作图完成，然后要根据曲线的空间位置判断可见性，对不可见部分，用虚线绘出。

4.2.4　球体

1. 球体的形成

圆球可以看成半圆面绕该面上直径回转一周而成，如图 4-19所示。

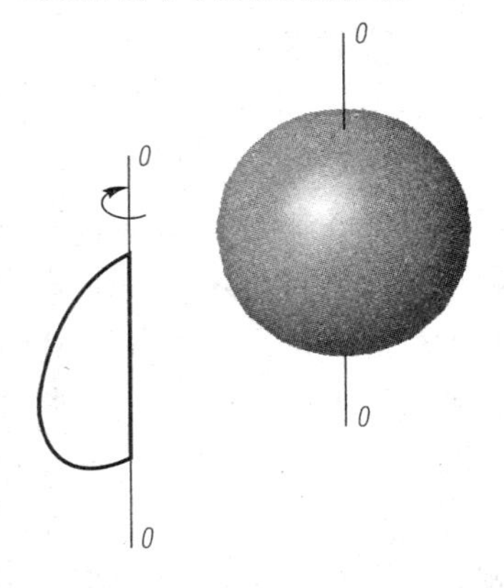

图 4-19　球体的形成

2. 球体投影

如图 4-20（a）所示，球体的三面投影都是圆。但是每个视图上的圆所表达的含义是不同的，A 圆平行于 V 面，B 圆平行于 H 面，C 圆平行于 W 面。如图 4-20（b）所示，球体正面投影是平行 V 面的正平大圆素线 A 的投影 a'，正平大圆是球体的前半球和后半球的分界线。正平大圆素线 A 的水平投影 a 和侧面投影 a''都与圆的相应中心线重合。球体水平投影是平行 H 面的水平大圆素线 B 的投影 b，水平大圆是球体的上半球和下半球的分界线。水平大圆素线 B 的正面投影 b'和侧面投影 b''都与圆的相应中心线重合。球体侧面投影是平行 W 面的侧平大圆素线 C 的投影 c''，侧平大圆是球体的左半球和右半球的分界线。侧平大圆素线 C 的正面投影 c'和水平投影 c 都与圆的相应中心线重合。

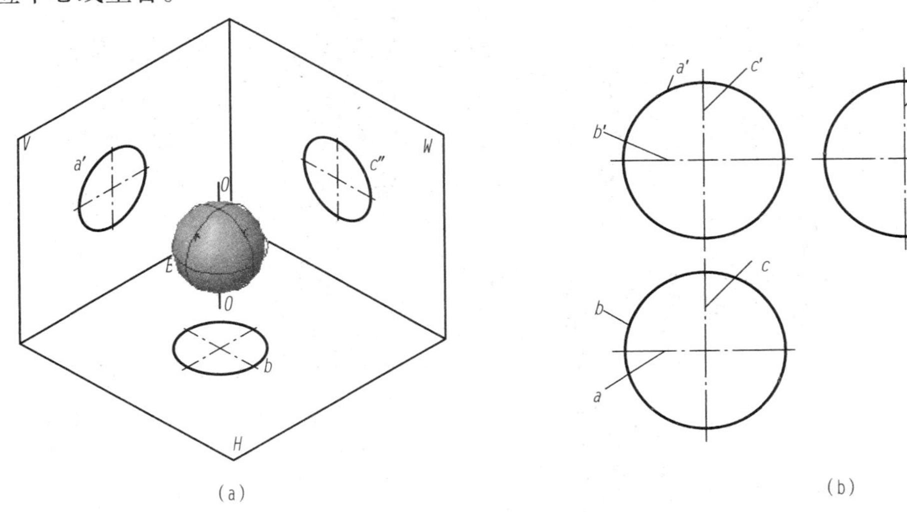

图 4-20　球体投影

（a）球体投影关系；（b）球体三视图

3. 球体表面上的点和线

球体表面上点、线的投影作图时，首先确定球体表面上点或线的空间位置情况，然后根据球体的投影规律、点的投影规律来确定该点或线的未知投影位置。

（1）球体表面上点的投影。如图 4-21（a）所示，分别给出球体表面上的点 M、B、N 的投影 m'、b'、n''，要求作出各点另外两面相应的投影。先要分析各个点的空间位置情况，根据已知的正面投影 m' 及其位置情况，可以确定 M 点在球体的前半球右上球面上，并且在水平大圆素线上。根据已知正面投影 b' 及其位置情况，可以确定 B 点在前半球左侧球面上，根据 n'' 及位置情况，可以确定 N 点在前半球右下球面上，判断出点的空间位置后，对于球面上的点作图，通常采用纬圆法。

作图过程：如图 4-21（b）所示，从 m' 向下作水平投影连线，交水平投影圆周于 m，再根据点的投影规律求得 m''。由于 B 点处于球体表面的一般位置，无法直接作图得到其他投影。因此，可以考虑过 B 点作辅助水平纬圆，其正面投影积聚为线，该投影线和正面圆周两个交点之间距离就是该圆的直径。辅助水平纬圆水平投影是圆并且反映纬圆实形，B 点的水平投影 b 就在这个辅助水平纬圆水平投影的圆周上，在水平投影上画出该辅助水平纬圆投影圆周，再从 b' 向下作投影连线，和该投影圆周相交。因为有两个交点，考虑 B 点的空间位置，选择正确的交点，该交点即为水平投影 b。同理，过 N 作辅助水平纬圆，该辅助纬圆侧面投影积聚为过 n'' 的直线段，并且平行于相应的投影轴，和球体侧面投影圆周相交于两点，该两点距离就是所作辅助水平纬圆直径，在水平投影上作出该纬圆水平投影，然后由 n'' 向水平投影面作投影连线，与辅助水平纬圆水平投影圆周相交，因为交点有两个，考虑 N 点的空间位置，确定正确的交点位置即为 n，再根据点的投影规律求得 n'，注意所求点的投影要根据点的空间位置判断其可见性。

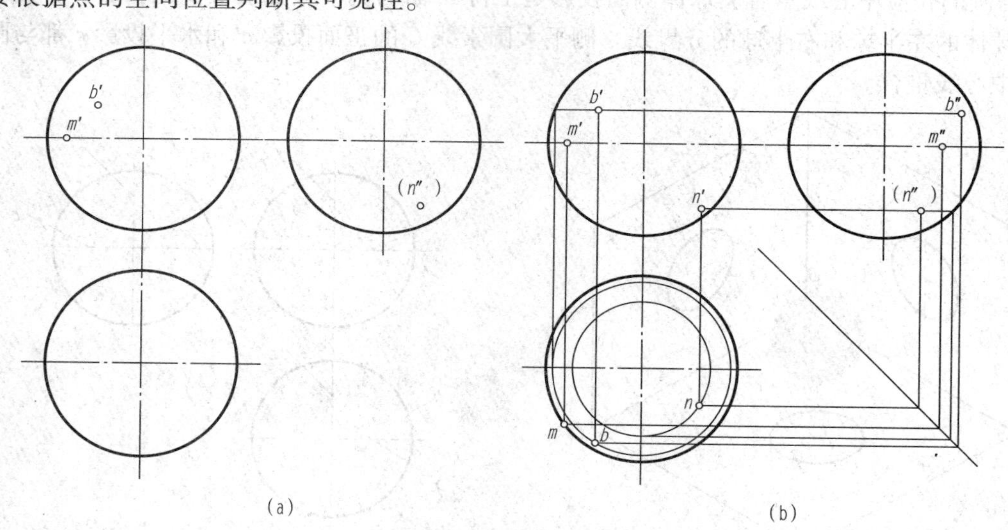

图 4-21　球体表面上点的投影

（2）球体表面上线的投影。由于球体表面上的线都是曲线，要确定球体表面上线的投影，首先要确定其空间位置，然后找出该线上的关键点和一般点，然后作出各点投影再连线。如图 4-22（a）所示，球体表面两段曲线 AB、CD 的正面投影分别为 $a'b'$、$c'd'$，要求作出其侧面投影和水平投影。

AB 段正面投影 $a'b'$ 积聚为线段且平行于相应的投影轴，AB 段是侧平圆弧，其水平投影仍然积聚为一线段，其侧面投影为圆弧，根据关键点 A 和 B 的投影确定这段侧平圆弧的投影范围。点 A 在正平大圆素线上，且在下半球；点 B 在水平大圆素线上，且在前半球，如图 4-22（b）所示。

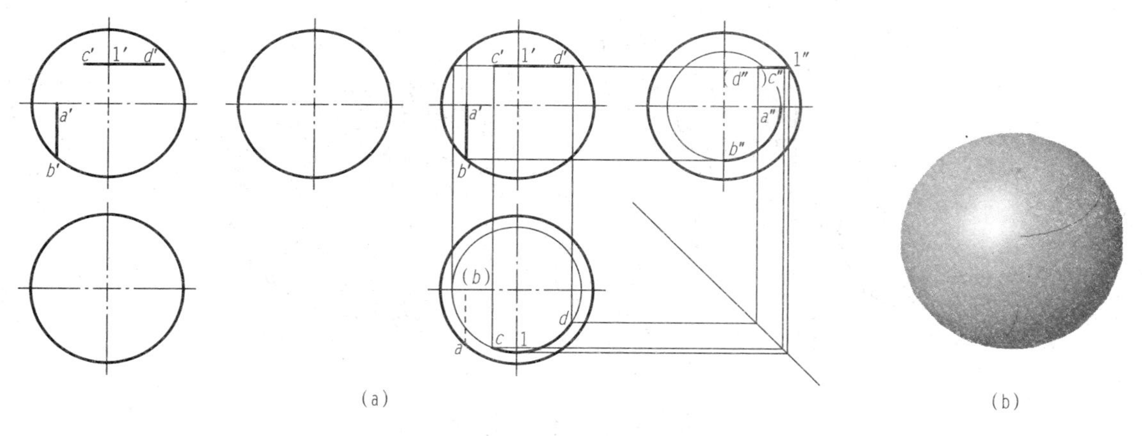

图 4-22　球体表面上线的投影

（a）球体表面上线的投影关系；（b）球体表面上线的空间位置

AB 段圆弧的作图过程：过 *A*、*B* 两点作平行于 *W* 面的侧平圆，该侧平圆的正面投影即是和 $a'b'$的重合线，并且和正面视图圆于两点，该两点距离即为该侧平圆的直径，由此可以在侧面投影图上作出该侧平圆的侧面投影圆，同时也确定 a''、b''，$a''b''$这段圆弧即是 *AB* 段曲线的侧面投影。*AB* 段的水平投影积聚为一条线段且平行于相应的投影轴，考虑到该线段的空间位置，在下半球前、左半球表面上，因此水平投影不可见，画成虚线。至此 *AB* 段圆弧的投影作图完成。

CD 段正面投影 $c'd'$积聚为直线且平行于相应的投影轴，*CD* 段是水平圆弧，其侧面投影也积聚为一线段，其水平投影为圆弧，根据关键点 *C* 和 *D* 的投影确定这段侧平圆弧的投影范围。结合点 *C* 和 *D* 的位置，该段水平圆弧在上半球前表面上，且弧端在球体左、右两侧，因此该段弧线上的最前点 1 也是该段弧的特殊位置点，该点投影在主视图的中心对称线上，如图 4-22 所示。

CD 段圆弧的作图过程：作图方法和 *AB* 段类似，过 *CD* 作水平圆，该圆正面投影积聚为直线，且和正面投影圆周交于两点，此两点距离即为该水平圆的直径，依此在水平投影面上作出该圆投影，再从 c'、d'向水平投影面作投影连线，即可得到 *cd* 弧，该段弧侧面投影积聚为线，根据该段弧上关键点 1 的正面投影 $1'$向侧面投影面作投影连线得 $1''$，这里考虑到 *CD* 段圆弧的空间位置，从 *C* 点到 1 点这段弧线在左半球面上，侧面投影可见，用实线画出，而从 1 到 *D* 这段弧线在右半球表面上，因此该段侧面投影不可见，用虚线画出。

4.2.5　圆环体

1. 圆环体的形成

圆环可以看成由圆母线绕与圆母线平面共面但不通过圆心的轴线回转而成，如图 4-23 所示。回转轴是铅垂线，母线在回转形成环的过程中，母线最高点形成的圆称为最高圆，母线最低点形成的圆称为最低圆，母线最左顶点形成的圆称为最大圆，母线最右顶点形成的圆称为最小圆。最大圆和最小圆所在平面把圆环体表面分成上环面和下环面。

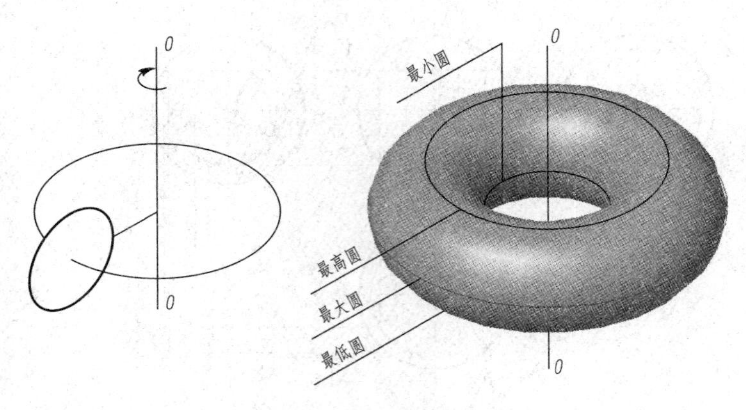

图 4-23　圆环体的形成

2. 圆环体投影

如图 4-24 所示，圆环体的主视图有两个小圆，是圆环体上平行于 V 面的两个素线圆的投影，小圆的虚线半圆表示位于圆环内环面上的不可见部分，这两个小圆所在平面将圆环体分成前半环体和后半环体，主视图上最上面的直线段（与两个小圆公切的线段），是圆环体最高圆的正面投影，最下面的直线段（与两个小圆公切的线段），是圆环体最低圆的正面投影。俯视图是两个实线同心圆，分别是最大圆和最小圆投影，最大圆和最小圆所在平面把圆环体分为上半环和下半环。另外，俯视图上的点画线圆是表达圆环体内环面和外环面的分界线，其半径大小与最高圆和最低圆的直径一样大。左视图两个小圆也是环体上平行于 W 面的素线圆的投影，上、下两段直线段（和小圆周公切的线段）也是最高圆和最低圆的侧面投影。

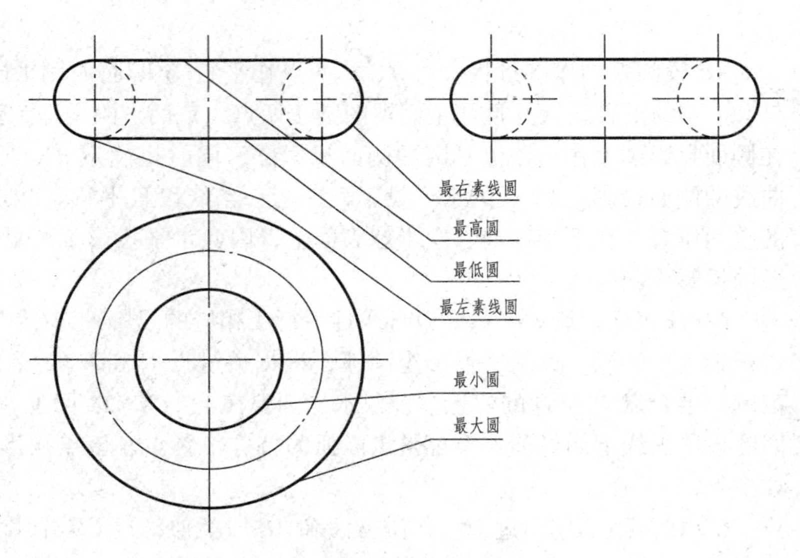

图 4-24　圆环体三视图

3. 圆环体表面上的点

圆环体表面上没有直线，构成圆环体表面有一系列纬圆，可以使用辅助纬圆法完成圆环体表面的点或线的投影。如图 4-25（a）所示，A、M、N 三点圆在环体表面，并且已知点的正面投影 a'、m'，水平投影 n，要求作出 A、M、N 三点的另外两面投影。对于圆环体表面上的点，首先要根据给定的投影 a'、m'、n 及其位置情况，判断好点的空间位置，然后利用辅助纬圆法作图，如图 4-25（b）所示。

根据点 a'的位置及可见性，判断 A 点在环体的上、右且在环体前后对称面上。

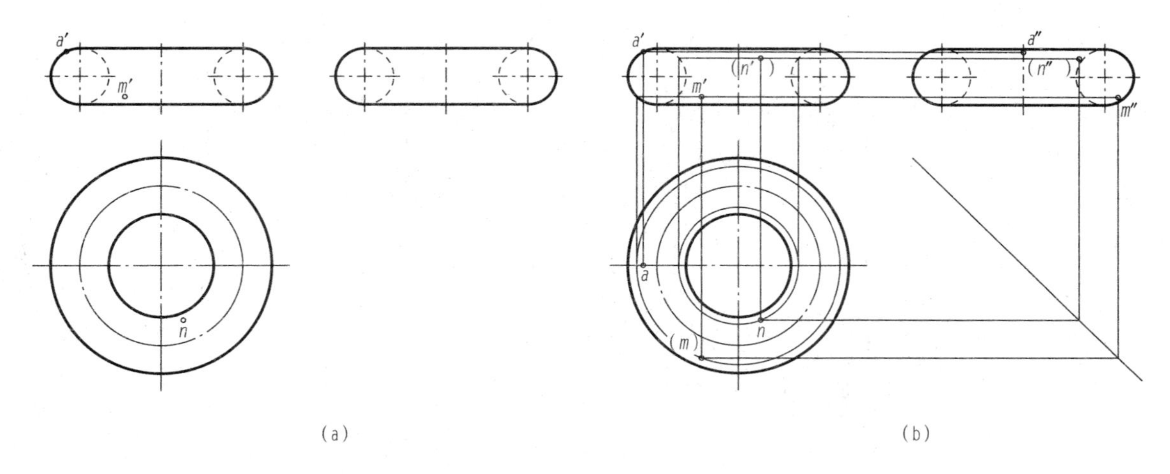

图 4-25　圆环体表面上点的投影

作图过程：从 a'向水平投影面作投影连线交在俯视图对称轴上得 a，从 a'向侧面投影面作投影连线交在圆环体中轴线上得 a''。

根据点 m'位置及可见性，判断 M 点在圆环体的下、左、前外环面上。

作图过程：过 M 点作水平纬圆，其正面投影就是过 m'直线段，依次在水平投影面上作纬圆投影，再由 m'向水平投影面作投影连线得 m，再根据点的投影规律求得侧面投影 m''。注意：求得的投影点需要判断其可见性，由 M 点的空间位置确定其水平投影不可见，侧面投影可见。

根据点 n 的位置及可见性，判断 N 点在圆环体的上、右、前内环面上。

作图过程：在水平投影面上作辅助纬圆投影，即以圆环体水平投影中心点为圆心，以该中心点到 n 的距离为半径，画辅助纬圆水平投影，由此再作辅助纬圆正面投影（直线段），向正面投影面作投影连线，与主视图两个小圆的虚线部分相交，连接交点即是纬圆的正面投影（纬圆积聚为直线段，其直线段的长度即为纬圆直径）。再从 n 向纬圆正面投影线段作投影连线得到 n'，由于 N 点在内环面上，其正面投影不可见。再由点的投影规律求得侧面投影 n''，该投影也不可见。

4. 一般回转体与不完整回转体

前面讨论了常见回转体的投影规律特点，在实际工程应用中的回转体不仅有圆柱、圆锥、球、圆环体，还有一般回转体和不完整回转体等。

（1）一般回转体。平面曲线绕与其在同一平面内的轴线回转形成回转面，由回转面或者平面和回转面围成的形体，称为一般回转体。图 4-26（a）所示的形体即由平面和回转面构成的一般回转体。

一般回转体表面存在一系列纬圆，这些纬圆面均垂直于回转体轴线，确定一般回转体表面上点和线的投影，可以利用纬圆的投影规律特点（纬圆法）作图。如图 4-26（b）所示，已知一般回转体表面一点 K 的正面投影 k'，利用纬圆法可求得水平投影 k。

作图过程：过点 k'作与回转体轴线垂直的直线，和回转体轮廓相交于两点，此两点的连线长度即是辅助纬圆正面投影所积聚的直线段，且长度等于直径，由此利用投影连线在俯视图上作纬圆水平投影，再利用点的投影规律求得 k，同时注意可见性的判别。

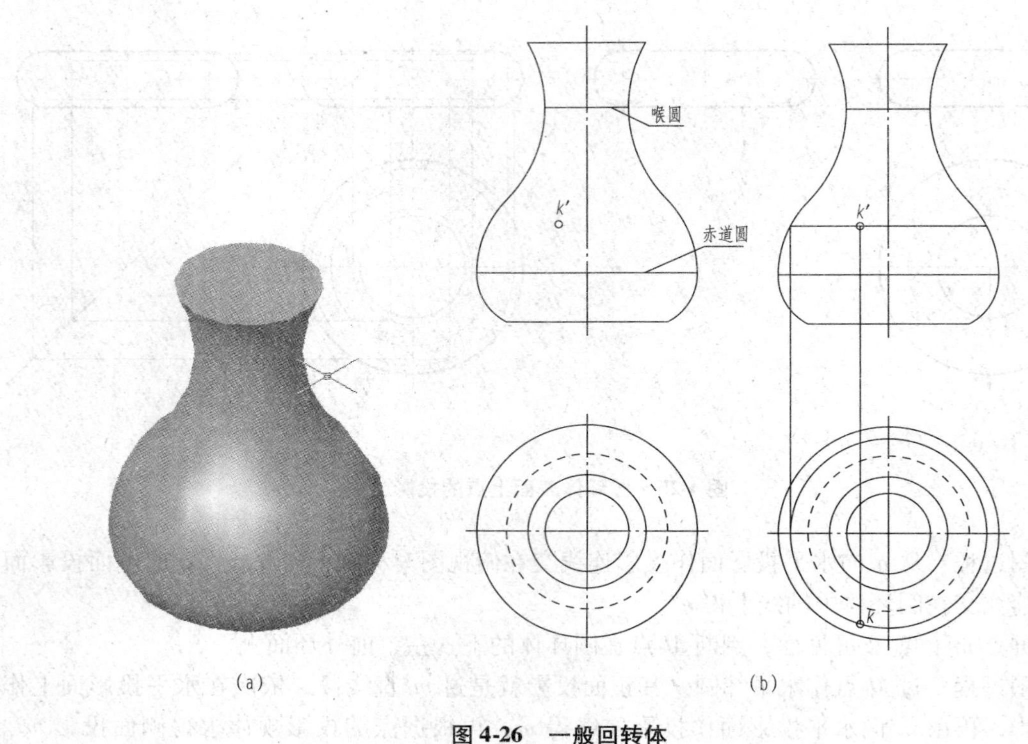

图 4-26　一般回转体

（a）一般回转体实形；（b）一般回转体表面上点的投影

（2）不完整回转体。回转体并不都是完整的，绘制不完整回转体三视图时，首先弄清整体是哪种回转体，然后根据投影特点再绘制三视图。对于不完整回转体，可以考虑先绘制回转体整体三视图，然后再根据要求去掉多余的部分视图，完成不完整回转体三视图作图。表 4-5 列出了部分不完整回转体实体及三视图。

表 4-5　部分不完整回转体实体及三视图

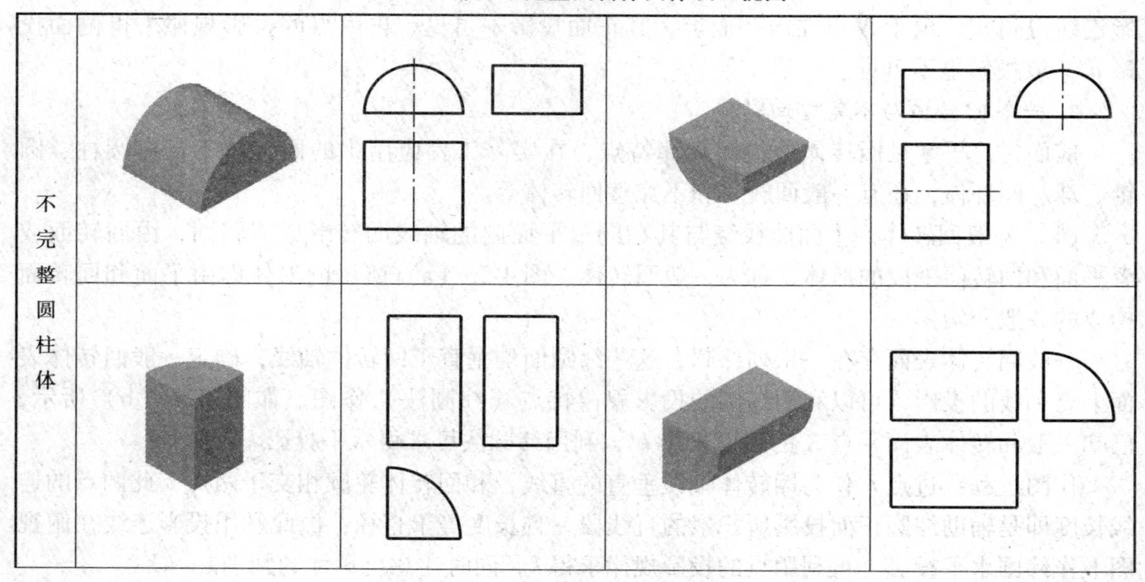

续表

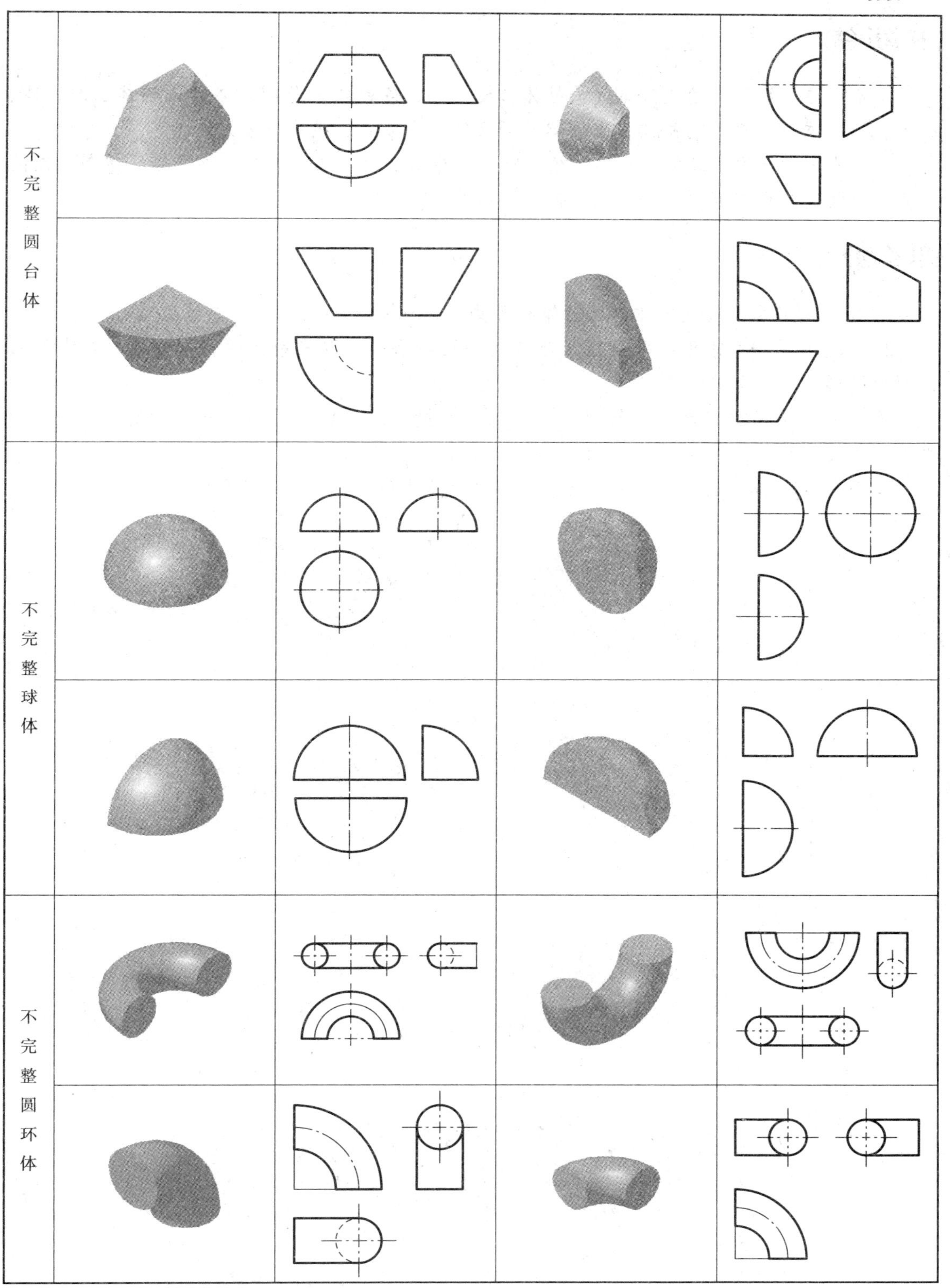

本章小结

本章主要介绍了平面几何体（棱柱体、棱锥体、棱台体）与回转体（圆柱体、圆锥体、球体、圆环体）三视图的画法，平面体及回转体表面取点、线的投影方法。

通过本章的学习，掌握棱柱体、棱锥体、圆柱体、圆锥体、球体、圆环体三视图的作图规律，以及这些形体表面上点和线的投影规律特点。

思考题

1. 常见的基本平面几何体、回转体有哪些?

2. 若已知棱锥体表面（非底面）上点的一面投影，可以采用哪两种方法求得该点的另外两面投影?

3. 若已知回转体表面（回转面）上点的一面投影，一般采用什么方法作图求得该点的另外两面投影?

4. 绘制棱柱体、棱锥体、圆柱体、圆锥体三视图时，一般先绘制哪个视图?

第 5 章

截交与相贯

★本章知识点

1. 截交线的形成、投影特性及投影作图。
2. 相贯线的形成、投影特性及投影作图。

5.1 截交线

5.1.1 平面立体截切

在机器零件上，有些部分的形状可分析成平面与立体相交所形成［图 5-1（a）］，有些部分的形状则可分析成立体表面相交的结果［图 5-1（b）］。平面与立体相交，在立体表面产生的交线称为截交线。截切立体的平面 P 称为截平面。平面立体被单一平面截切产生的截交线为一条封闭的平面折线。截交线围成的平面图形称为截断面［图 5-1（c）］。画图时，为了清楚地表达零件的形状，必须正确地求出交线的投影。

(a)

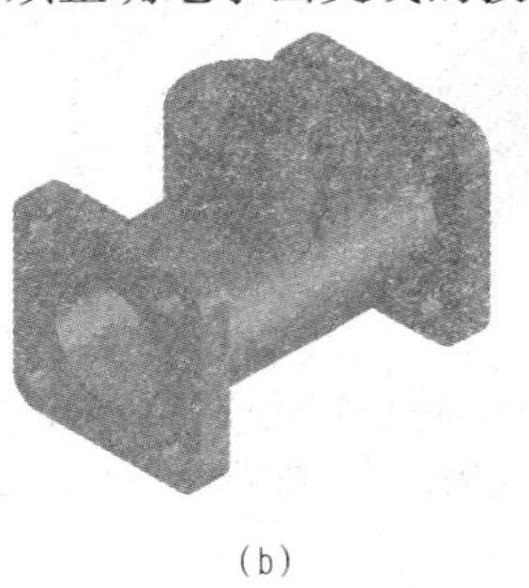

(b)

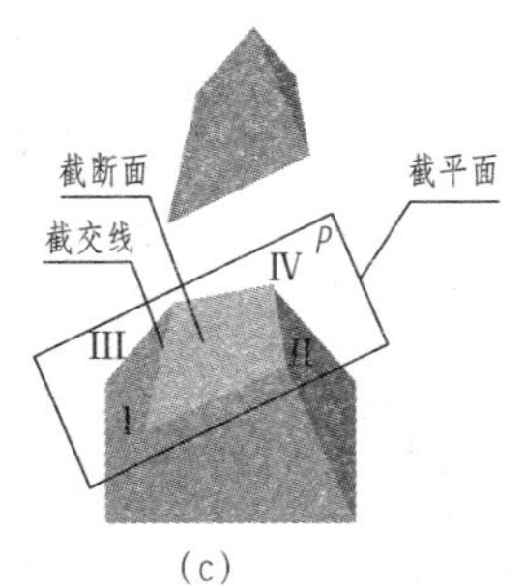

(c)

图 5-1 截交线

1. 截交线的性质

（1）截交线是截平面与立体表面的共有线。截交线上的点是截平面与立体表面的共有点。

（2）由于平面立体的表面是由若干个平面图形组成的，因此截交线必是封闭的平面折线，截断面是封闭的平面图形。如图 5-1（c）所示，截交线Ⅰ—Ⅱ—Ⅲ—Ⅳ—Ⅰ为四边形，截交线各边为该四棱锥上各棱面与截平面 P 的交线，其顶点是棱锥上各条棱线与截平面 P 的交点。因此，可归纳出求平面立体截交线的方法。

2. 求截交线的方法

（1）求各棱线与截平面的交点，并判别其投影的可见性，然后依次连接各点，即得截交线的投影。

（2）求各棱面与截平面的交线，并判别各投影的可见性，即得截交线的投影。

3. 求截交线的一般步骤

（1）分析截交线的形状。根据已知条件分析平面立体的形状、截平面的位置及数量，确定截交线围成图形的边数。

（2）分析截交线投影特性。如积聚性、实形性、类似性等。

（3）画出截交线的投影。分别求出截平面与平面立体上各棱面的交线，或者求出截平面与平面立体上各棱线的交点，再依次将这些交点连成多边形。立体被多个平面截切时，要将截平面之间交线的投影作出。

（4）补全立体上各棱线的投影。

4. 作图举例

【例 5-1】 求四棱锥 $S-ABCD$ 被正垂面 P 截切后的投影，如图 5-2 所示。

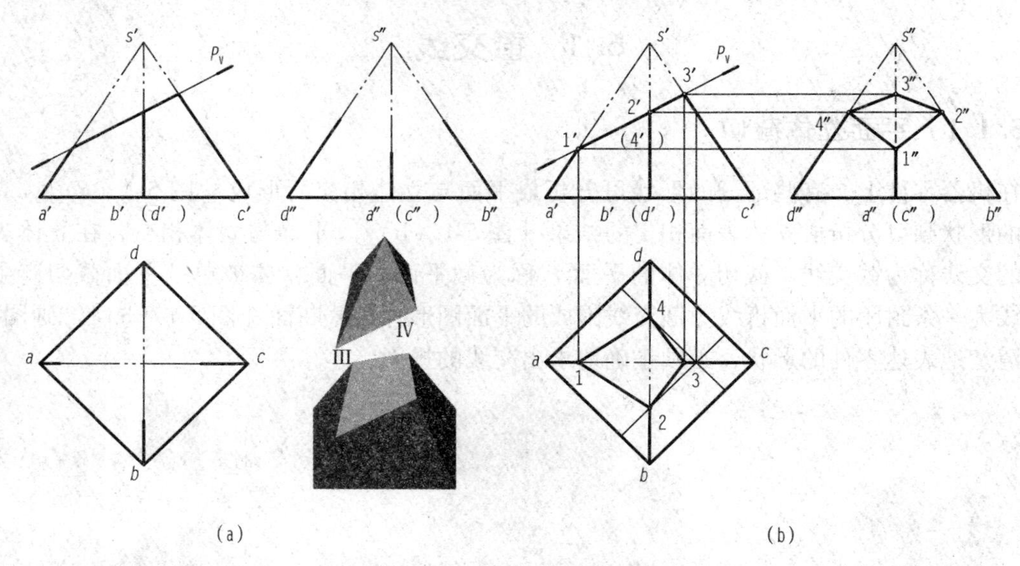

图 5-2 正垂面截切四棱锥截交线的求解

（a）投影图；（b）截交线的作图过程

解： 四棱锥 $S-ABCD$ 被一正垂面 P 所截，截交线应是四边形，四边形的四个顶点分别是四棱锥的四条侧棱与截平面的交点。由于截平面的正面投影 P 具有积聚性，所以截交线的正面投影与 P 重影，积聚为一直线段，另外两个投影仍是四边形，根据截交线的正面投影可以求出其水平投影和侧面投影。

作图过程如下：

(1) 求 P_V 与 $s'a'$、$s'b'$、$s'c'$、$s'd'$ 的交点 1′、2′、3′、4′，它们分别为截平面与各个侧棱的交点Ⅰ、Ⅱ、Ⅲ、Ⅳ的正面投影。

(2) 根据投影关系作出交点Ⅰ、Ⅱ、Ⅲ、Ⅳ的水平投影 1、2、3、4 及侧面投影 1″、2″、3″、4″。

(3) 截交线的水平投影和侧面投影都可见，用粗实线连接各点的同面投影 12、23、34、41 和 1″2″、2″3″、3″4″、4″1″。

(4) 补全四棱锥被截切后各条侧棱的投影，完成全图。

注意：棱线 SC 侧面投影中的一段虚线不要漏画。

【例 5-2】 完成切口三棱锥的投影，如图 5-3 所示。

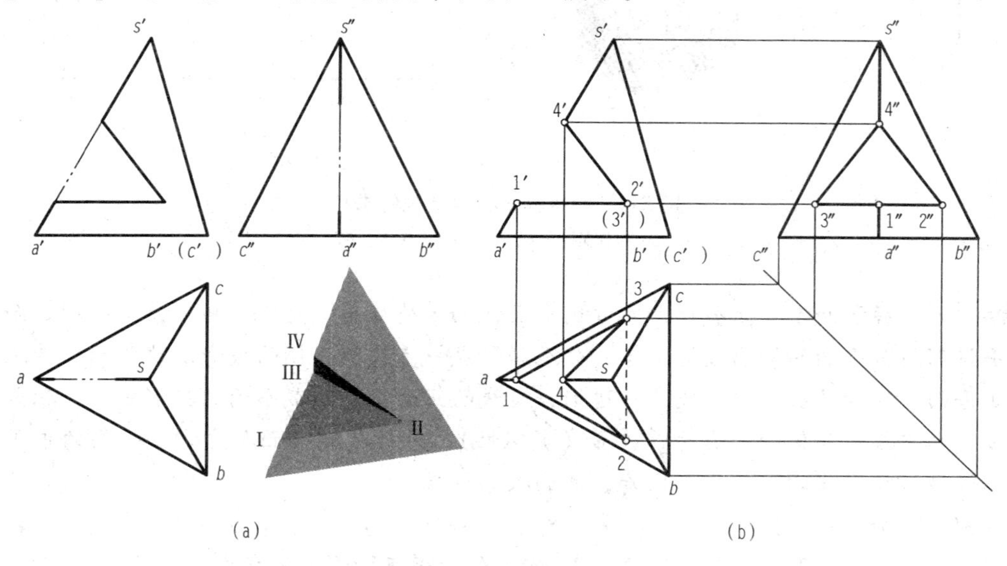

图 5-3　切口三棱锥截交线的求解

(a) 投影图；(b) 截交线的作图过程

解：图中切口可看作由一水平面和一个正垂面截切后形成。水平面截三棱锥的交线为三角形，它的正面投影和侧面投影积聚为直线段，水平投影反映实形。因此，它与棱面△SAB 的交线ⅠⅡ必平行于底边 AB，与棱面△SAC 的交线ⅠⅢ必平行于底边 AC。正垂面截三棱锥的交线仍为三角形，正面投影积聚成直线段，另外两个投影为三角形。它分别与△SAB、△SAC 棱面交于ⅡⅣ和ⅢⅣ。

由于组成切口的两个截平面均垂直于 V 面，所以二者交线为正垂线，也是两交线三角形的公共边。画出这些交线的投影即完成切口的投影。

作图过程如下：

(1) 由 1′在 sa 上作出 1，由 1 作 12∥ab，13∥ac，2、3 两点分别由 2′3′ 在 12、13 上作出；由 1′2′和 12 作出 1″2″，由 1′3′和 13 作出 1″3″，1″2″和 1″3″重合在水平截平面的侧面投影上。

(2) 由 4′分别在 sa 和 $s''a''$ 上作出 4 和 4″，然后再分别与 2、3 和 2″、3″连成 42、43 和 4″2″、4″3″，即完成切口三棱锥的水平投影和侧面投影。注意：23 应连成虚线。

(3) 补全三棱锥被切割后各条棱线的投影，完成全图。

【例 5-3】 完成六棱柱被两个平面截切后的投影，如图 5-4 所示。

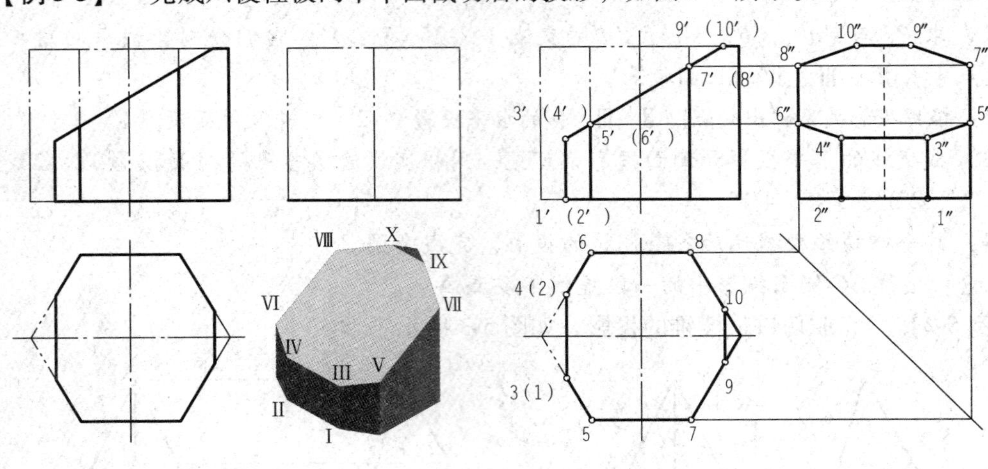

图 5-4 六棱柱表面截交线的求解

(a) 投影图；(b) 截交线的作图过程

解： 六棱柱被两个平面截切，左方侧平面截切六棱柱的截交线为矩形，交线的正面投影和水平投影与截平面的相应投影重合，分别积聚成一直线段，侧面投影反映实形，待求；左上方正垂面截切六棱柱的截交线为八边形，交线的正面投影与截平面的投影重合，积聚成一直线段，水平投影和侧面投影为八边形（类似性），六棱柱侧棱面与左方截平面的水平投影均有积聚性，故交线的水平投影已知，侧面投影待求。

作图过程如下：

(1) 由 1′、2′、3′、4′求出 1、2 、3 、4，然后根据投影关系求出 1″、2″、3″、4″。

(2) 由 5′、6′、7′、8′直接求出 5″、6″、7″、8″（线上取点）。根据 9′、10′求出 9、10，然后根据投影关系求出 9″、10″，则 357910864 和 3″5″7″9″10″8″6″4″即是八边形的水平投影和侧面投影。1234 和 1″2″3″4″即是四边形的水平投影和侧面投影。

(3) 补全六棱柱被切割后各条侧棱的投影，完成全图。

注意：侧面投影的虚线不要漏画。

【例 5-4】 完成穿孔四棱台的水平投影，如图 5-5 所示。

解： 四棱台的前后棱面与孔的内表面相交，孔的内表面可以看作四个截平面，其交线为前后棱面上的四边形。四个截平面之间产生四条交线，均为正垂线。形体左右对称，前后对称。孔的内表面（截平面）的正面投影积聚为四条线段，所以截交线的正面投影（中间的四边形）为已知，其侧面投影为前后两段直线，水平投影为四边形待求。

作图过程如下：

(1) 补全棱台的水平投影。

(2) 形体前后对称，将前方截交线四个顶点的正面投影标记为 1′、2′、3′、4′，侧面投影标记为 1″、2″、3″、4″，表面取点求出各点的水平投影 1、2、3、4。

(3) 根据交线的对称性作出后方四个对称点的水平投影。将水平投影各点依次连接起

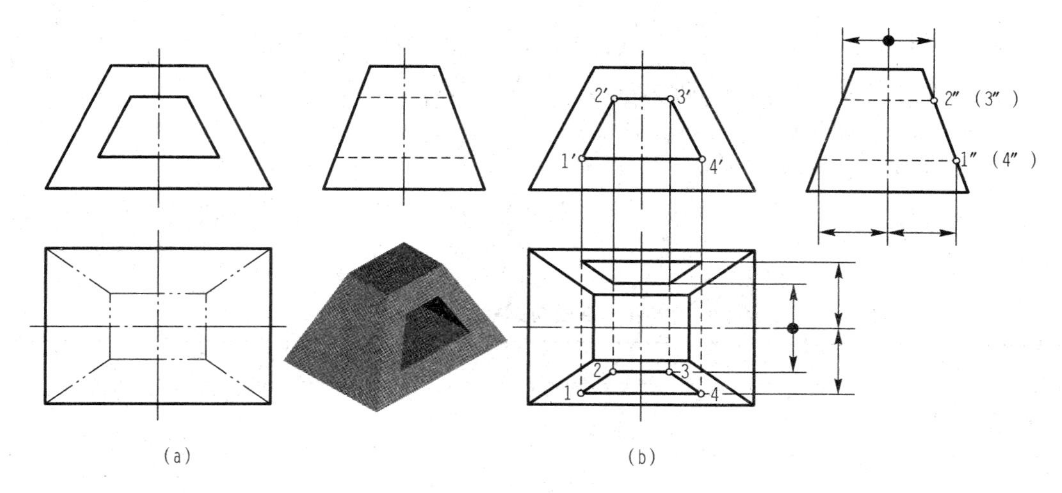

图5-5　穿孔四棱台截交线的求解

（a）投影图；（b）截交线的作图过程

来即为截交线的水平投影。

（4）作出截平面之间交线的水平投影，完成全图。

注意：棱台穿孔，截平面之间交线的水平投影为虚线，不要漏画。

5.1.2　回转体截切

1. 截交线的性质

回转体被平面截切产生的截交线形状取决于回转体表面的形状及截平面与回转体轴线的相对位置。截交线具有如下性质：

（1）截交线是截平面与回转体表面的共有线。截交线上的点是截平面与回转体表面的共有点。

（2）回转体由平面与回转面或完全由回转面组成，一般情况下，截交线是封闭的平面曲线；在特殊情况下，截交线由直线段和曲线或完全由直线段组成。

2. 求截交线的方法

由于物体上绝大多数的截平面是特殊位置平面，它的某个投影具有积聚性，根据截交线的共有性，可利用回转体表面取点、线的方法作出截交线的投影。当截平面为一般位置平面时，可利用投影变换方法把一般位置平面变换成特殊位置平面后，再利用上述方法求解。

3. 求截交线的步骤

根据已知条件，分析回转体表面的形状及截平面与回转体轴线的相对位置，判断截交线的形状和投影特性，分析哪些投影已知，哪些投影未知，从而明确要求哪个投影。

（1）求截交线上的特殊点。在求截交线投影过程中，为了作图准确，应首先作出截交线上若干特殊点。如截交线的投影为圆，要确定圆心和半径；截交线的投影为椭圆，要确定长、短轴的端点；当截交线的投影为平面曲线时，还要确定投影轮廓线上的点，可见、不可见的分界点以及最高点、最低点、最前点、最后点、最左点、最右点。

（2）求一般点。用回转体表面取点的方法求出适当数量的一般点。

（3）依次光滑连接各点的同面投影，并判别可见性。

（4）补全轮廓线的投影，完成全图。

4. 常见回转体的截切

（1）平面与圆柱相交。由于截平面与圆柱轴线的相对位置不同，截交线有三种情况，见表 5-1。

表 5-1　平面与圆柱的截交线

截切平面位置	垂直于轴线	倾斜于轴线	平行于轴线
截交线	圆	椭圆	平行二直线（连同与底面的交线为一矩形）
轴测图			
投影图			

【例 5-5】 求正垂面截切圆柱的截交线，如图 5-6 所示。

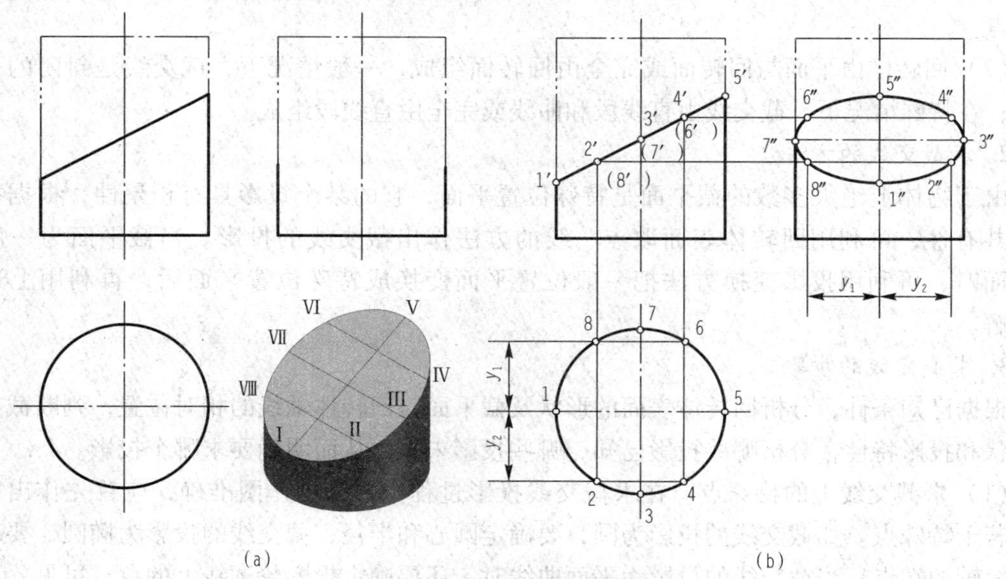

图 5-6　正垂面与圆柱相交

（a）投影图；（b）截交线的作图过程

解：圆柱被正垂面所截，截交线为椭圆。由于圆柱面的水平投影和截平面的正面投影具有积聚性，根据截交线的共有性质，截交线的正面投影积聚为一直线段，与截平面的正面投影重合；截交线的水平投影与圆柱面的水平投影重影在圆上；截交线的侧面投影仍为椭圆，未知待求。

作图过程如下：

（1）求特殊点。首先找出椭圆长短轴的端点，长轴端点Ⅰ、Ⅴ是椭圆的最低点和最高点，分别位于圆柱面的最左、最右两条素线上；短轴端点Ⅲ、Ⅶ是椭圆的最前点和最后点，分别位于圆柱面的最前、最后两条素线上。这些点的水平投影是1、5、3、7，正面投影是1′、5′、3′、7′，按投影关系作出侧面投影1″、5″、3″、7″。

（2）求一般点。作适当数量的一般点Ⅱ、Ⅳ、Ⅵ、Ⅷ。在交线正面投影的适当位置标记2′、4′、6′、8′，表面取点法作出水平投影2、4、6、8和侧面投影2″、4″、6″、8″。

（3）依次光滑连接各点的侧面投影1″、2″、3″、4″、5″、6″、7″、8″、1″，即得截交线的侧面投影。

（4）补全轮廓线的投影，完成全图。

【例5-6】　完成切口圆柱筒的投影，如图5-7所示。

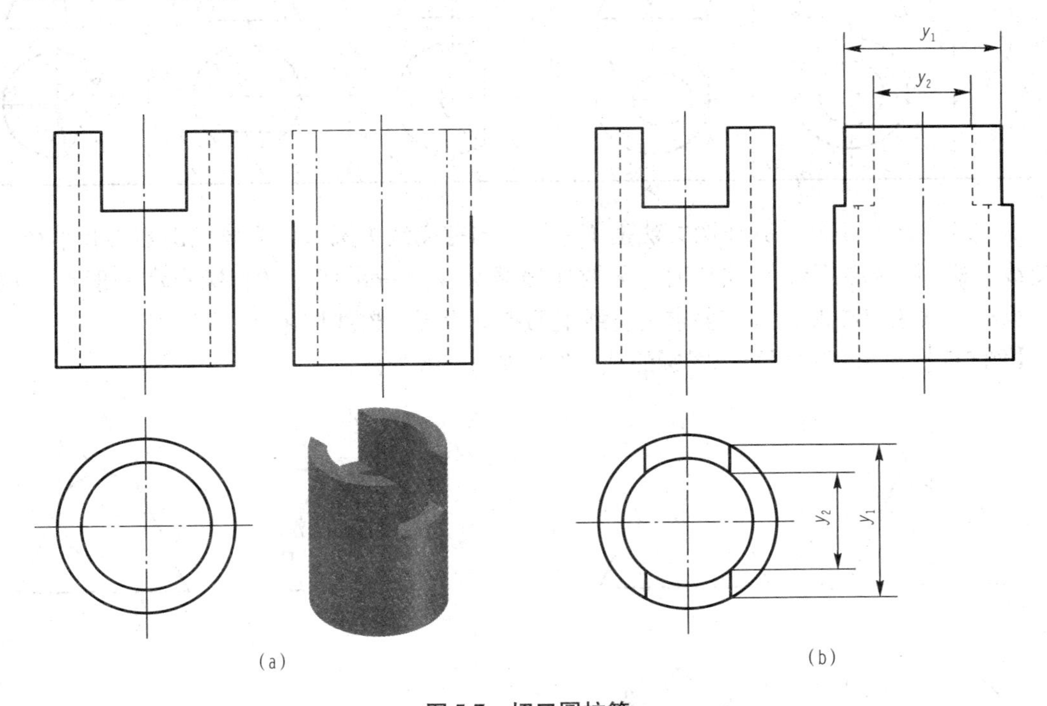

图5-7　切口圆柱筒

（a）投影图；（b）截交线的作图过程

解：圆柱筒上部切口由一个水平面和两个侧平面组成。水平面截圆柱筒所产生的截交线为水平圆弧，其正面投影和侧面投影积聚为直线段，水平投影反映实形；两侧平面截圆柱筒所产生的截交线为矩形，其正面投影和水平投影积聚为直线段，侧面投影反映实形。截交线的正面投影已知，水平投影和侧面投影未知，待求。

切口圆柱筒投影作图方法如图 5-7（b）所示。应当注意，在侧面投影中，圆柱面侧面投影的轮廓素线被切去的部分，不应画出。

（2）平面与圆锥相交。由于截平面与圆锥轴线的相对位置不同，截交线有圆、椭圆、抛物线、双曲线及两相交直线五种情况，见表 5-2。

表 5-2　平面与圆锥的截交线

截平面位置	垂直于轴线	与所有素线都相交	平行于一条素线	平行于轴线	通过锥顶
截交线	圆	椭圆	抛物线和直线	双曲线和直线	三角形
轴测图					
投影图					

截交线的形状不同，其作图方法也不一样。当截交线为圆时，需要找出圆心和半径；当截交线为椭圆、抛物线、双曲线时，需要作出截交线上一系列点（特殊点和一般点）的投影；当截交线为直线时，只需要求出直线上两点的投影，连线即可。

【例 5-7】　求正垂面斜截圆锥的截交线，如图 5-8 所示。

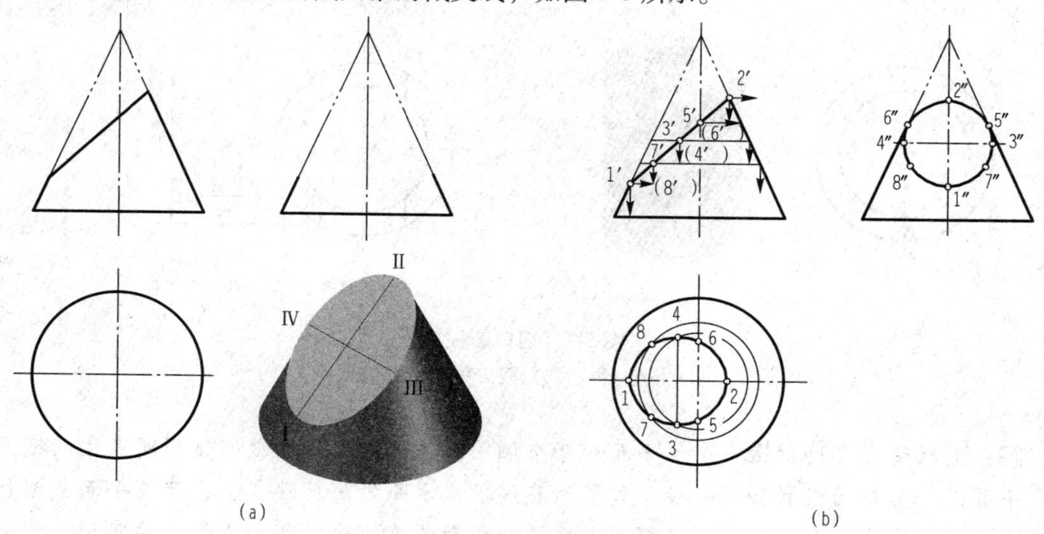

图 5-8　正垂面斜截圆锥

（a）投影图；（b）截交线的作图过程

解：圆锥轴线铅垂放置，截平面为一正垂面。截平面与圆锥的所有素线都相交，截交线为一椭圆。椭圆的长轴是截平面与圆锥前后对称面的交线（正平线），其端点分别在最左、最右两条素线上。而短轴则是过长轴中点的正垂线。截交线的正面投影已知，积聚为直线，与截平面的正面投影重合，其水平投影和侧面投影仍为椭圆未知，待求。

作图过程如下：

(1) 求特殊点。在截平面的正面投影和圆锥面最左、最右两条素线正面投影的交点处作出 1′、2′，由 1′、2′求出 1、2 和 1″、2″，则 1′、2′，1、2 和 1″、2″即是空间椭圆长轴端点的三面投影。取 1′、2′的中点，即为空间椭圆短轴有积聚性的正面投影 3′、4′，过 3′、4′作纬圆求出 3、4 和 3″、4″，则 3′、4′，3、4 及 3″、4″即为空间椭圆短轴端点的三面投影。在截平面的正面投影与圆锥面最前、最后两条素线正面投影的交点处作出 5′、6′，由 5′、6′求出 5″、6″和 5、6，则 5′、6′，5、6，5″、6″即是截交线侧面投影与圆锥侧面投影转向轮廓线切点的三面投影。

(2) 求一般点。为了准确作出截交线的投影，在截交线正面投影的适当位置取点 7′、8′，同样应用纬圆法求出 7、8 和 7″、8″。

(3) 用粗实线依次光滑连接各点的同面投影 1、7、3、5、2、6、4、8、1 和 1″、7″、3″、5″、2″、6″、4″、8″、1″，即得截交线的水平投影和侧面投影，两个投影均可见。由图可见，12、34 分别为截交线的水平投影椭圆的长、短轴，3″4″、1″2″分别为侧面投影椭圆的长、短轴。

(4) 补全轮廓线的投影，完成全图。

注意：当截交线为椭圆时，为了准确绘制椭圆的投影，要将椭圆长、短轴的端点都找到，并作出其投影。

【例 5-8】　求轴线水平放置的圆锥被平面截切后的投影，如图 5-9 所示。

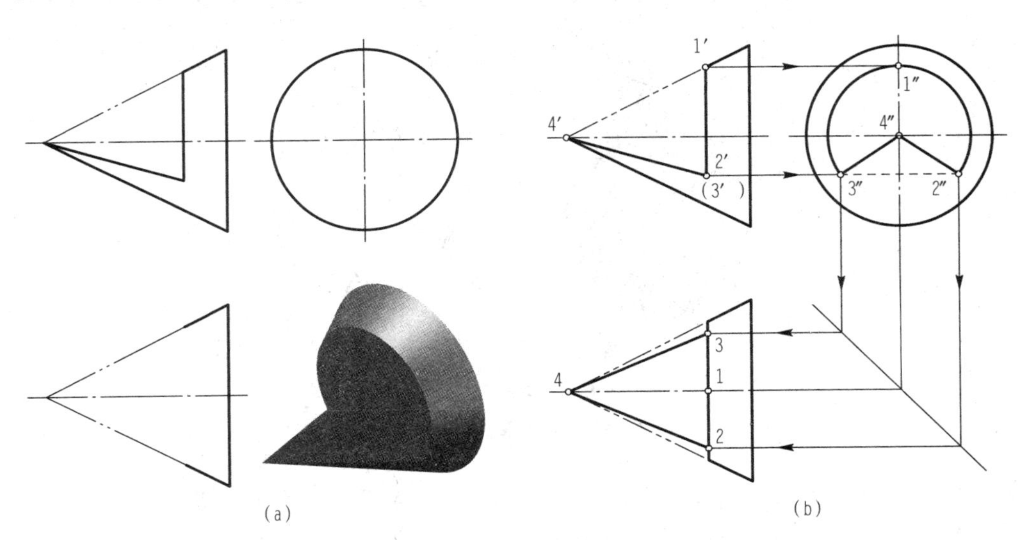

图 5-9　两个平面截切圆锥截交线的求解

(a) 投影图；(b) 截交线的作图过程

解：圆锥轴线水平放置，被两个相交的平面（正垂面和侧平面）截切。正垂面过圆锥锥顶，截交线是相交二直线；侧平面与圆锥轴线垂直，截交线为圆。截交线的正面投影已知，与截平面的正面投影重合，积聚为直线段。截交线的水平投影和侧面投影未知，待求。

作图过程如下：

（1）由于侧平面截圆锥面的截交线是一段圆弧，侧面投影反映实形，水平投影积聚为直线段，因此过圆弧的正面投影作侧平纬圆，找到纬圆上点1′，即可作出截交线的侧面投影圆弧2″1″3″和水平投影213。

（2）正垂面过圆锥锥顶，截交线是过锥顶的相交二直线，两直线上已知点的侧面投影2″、3″和水平投影2、3已经求出，过锥顶的投影连接其同面投影即可，作出直线的侧面投影4″3″、4″2″和水平投影43、42。

（3）补全轮廓线的投影，完成全图。

注意：两截平面的交线，在侧面投影中被部分圆锥面遮挡不可见，即2″3″应画成虚线。在水平投影中圆锥轮廓素线被切去的部分不应画出。

（3）平面与圆球相交。平面与圆球相交，无论截平面与圆球相对位置如何，其截交线均为圆。当截平面是投影面平行面时，截交线圆在该投影面上的投影反映实形，其他两投影积聚成直线段，其长度等于圆的直径；当截平面是投影面垂直面时，截交线圆在该投影面上的投影为一直线，其他两投影均为椭圆。

【例5-9】 求作正垂面与圆球的截交线，如图5-10所示。

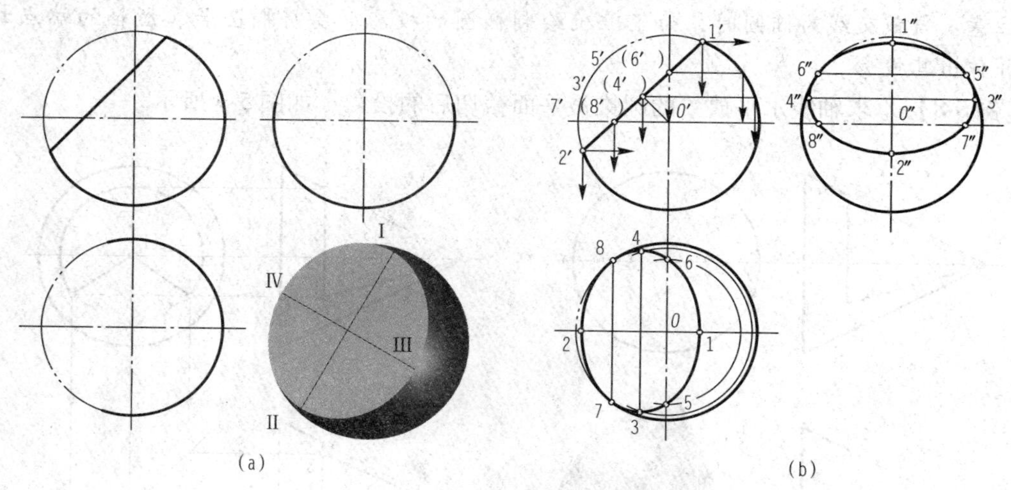

图5-10 正垂面与圆球相交

（a）投影图；（b）截交线的作图过程

解：由于截平面为正垂面，故截交线为一正垂圆，其正面投影积聚为一直线段，长度等于圆的直径，水平投影和侧面投影均为椭圆未知，待求。

作图过程如下：

（1）求特殊点。

①求长、短轴端点：由截平面的正面投影与圆球正面投影轮廓线的交点1′、2′求出1、2

和1″、2″，即为截交线水平投影和侧面投影椭圆短轴两端点的投影；过球心的正面投影作1′2′的垂线，垂足为1′2′的中点，此点即为椭圆长轴两端点的正面投影3′、4′，应用纬圆法表面取点求出3、4和3″、4″。

②求轮廓素线上的点：将截平面与球面上对*W*面轮廓素线的交点正面投影标记交点5′、6′，直接求出5″、6″和5、6；截平面与球面上对*H*面轮廓素线的交点正面投影标记交点7′、8′，直接求出7、8和7″、8″。

（2）求一般点。用表面取点的方法作出适当数量的一般点（纬圆法，此处略）。

（3）用粗实线依次光滑连接各点的同面投影1、6、4、8、2、7、3、5、1和1″、6″、4″、8″、2″、7″、3″、5″、1″，即得截交线的水平投影和侧面投影，且均可见。

（4）补全轮廓线的投影，完成全图。

注意：在圆球的各投影中，轮廓素线被切去的部分不应画出。

【例5-10】　求切口半圆球的投影，如图5-11所示。

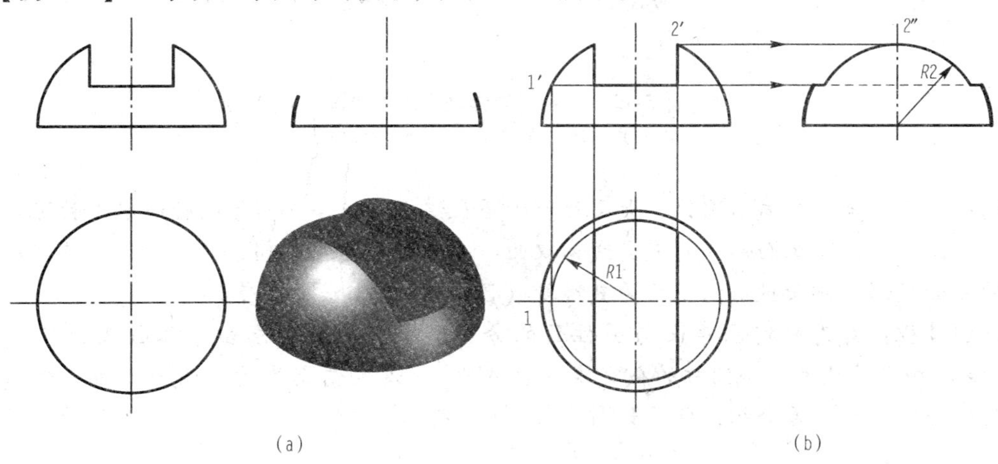

图5-11　切口半圆球

（a）投影图；（b）截交线的作图过程

解：半圆球上方有一切口，被一水平面和两个侧平面截切。水平面截半圆球的截交线为一水平圆弧，水平投影反映实形，正面投影和侧面投影积聚为直线段；两侧平面左右对称截切半球，截交线为左右对称的两侧平圆弧，侧面投影反映实形，正面投影和水平投影积聚为直线段。三段截交线的正面投影均已知，水平投影和侧面投影均未知，待求。

由于截交线均为平行某投影面的圆，其投影或反映实形或积聚为直线段，所以只要找出圆心和半径作图即可。作法如图5-11（b）所示。

注意：由于水平面和侧平面与球面均为部分相交，故截交线的相应投影仅在局部范围内出现。侧面投影中的虚线为截平面交线的投影。

（4）平面与组合回转体相交。在实际零件上，时常会遇到同一截平面截切多个形体的情况，即平面与组合回转体相交。组合回转体是由若干个基本回转体组合而成的。因此，要求平面截切组合回转体的截交线，首先要对组合回转体进行形体分析，认清楚它是由哪些基本回转体组成的，并确定它们的相对位置和范围，再分别求出截平面与各个基本形体的截交线。

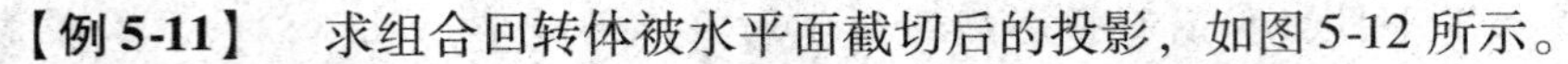

【例 5-11】 求组合回转体被水平面截切后的投影，如图 5-12 所示。

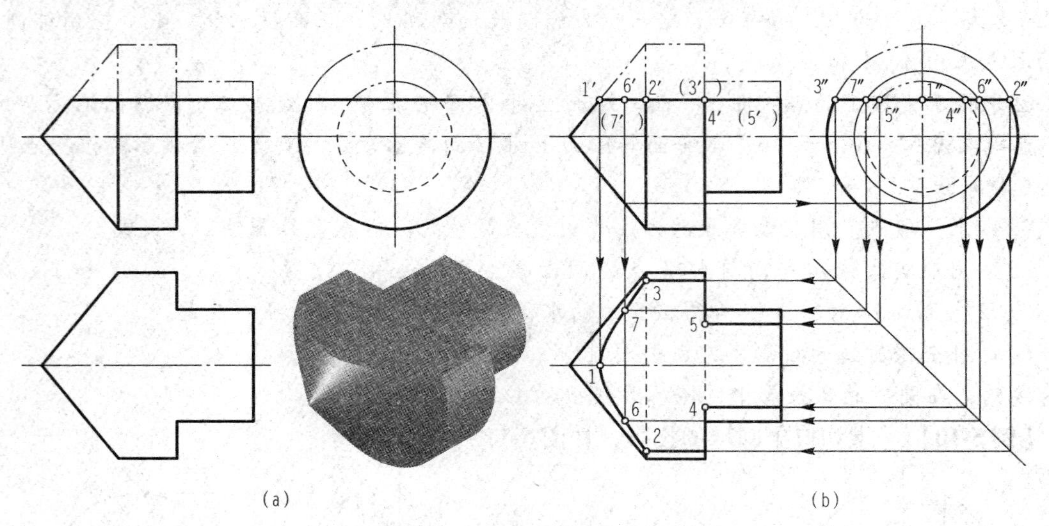

图 5-12 组合回转体截交线的求解

（a）投影图；（b）截交线的作图过程

解：图中组合回转体由圆锥、大圆柱和小圆柱组成。组合回转体的轴线水平放置，上部被一水平面截切，圆锥面部分的截交线为双曲线；大、小圆柱面部分的截交线是直线段。截交线的正面投影和侧面投影均积聚为直线段（已知），只需求出截交线的水平投影。

作图过程：首先确定圆锥面与圆柱面的分界线，然后分别求出平面截圆锥的截交线（双曲线）和平面截大、小圆柱的截交线（直线段），这些截交线的求法前面都有叙述，此处的具体作图过程不再介绍，作法如图 5-12（b）所示。

5.2 相贯线

5.2.1 平面立体与回转体的相贯线

两立体相交，在立体表面产生的交线称为相贯线，相交的立体称为相贯体。平面立体的表面均为平面，因而平面立体与回转体相交，其实质就是求平面与回转体相交的问题。

1. 相贯线的性质

（1）相贯线是两立体表面的共有线，相贯线上的点是两立体表面的共有点。

（2）相贯线是由若干段平面曲线或平面曲线和直线组合而成的封闭图形。每条平面曲线或直线都是平面立体的一个侧面与曲面立体的截交线。每两条截交线的交点都是平面立体上各棱线与曲面立体表面的交点（也称为贯穿点，是指直线或曲线与立体表面相交的交点）。

2. 求相贯线的方法

由上面分析可知，平面立体与回转体相贯线的求法就是求截交线和贯穿点。

3. 作图举例

【例 5-12】 求四棱柱与圆柱的相贯线，如图 5-13 所示。

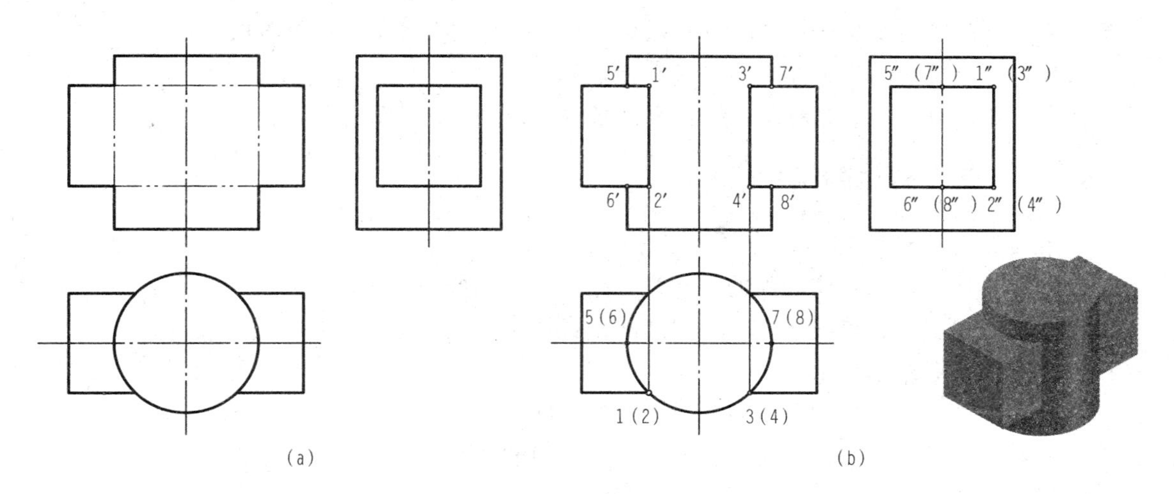

图 5-13　四棱柱与圆柱相交

（a）投影图；（b）相贯线的作图过程

解：圆柱轴线铅垂放置，四棱柱水平放置，其四个侧棱面均与圆柱面相交，相贯线由四段截交线组合而成。棱柱前、后两个棱面与圆柱轴线平行，截交线为两段铅垂线；上、下两个棱面与圆柱轴线垂直，截交线为两段水平圆弧。由于圆柱面水平投影有积聚性，棱柱上的四个棱面的侧面投影均有积聚性，故相贯线的水平投影和侧面投影均已知，只需要求出正面投影。

作图过程如下：

（1）将相贯线上特殊点的水平投影加标记 1、2 、3 、4 、5 、6、7、8，侧面投影加标记 1″、2″、3″、4″、5″、6″、7″、8″，由于相贯体前后对称，即有相贯线前后对称。其正面投影重合，前半部分可见。

（2）根据相贯线上点的水平投影及侧面投影，求出正面投影 1′、2′、3′、4′、5′、6′、7′、8′，再依次连线，即得相贯线的正面投影。

【例 5-13】　完成穿孔圆柱的正面投影，如图 5-14 所示。

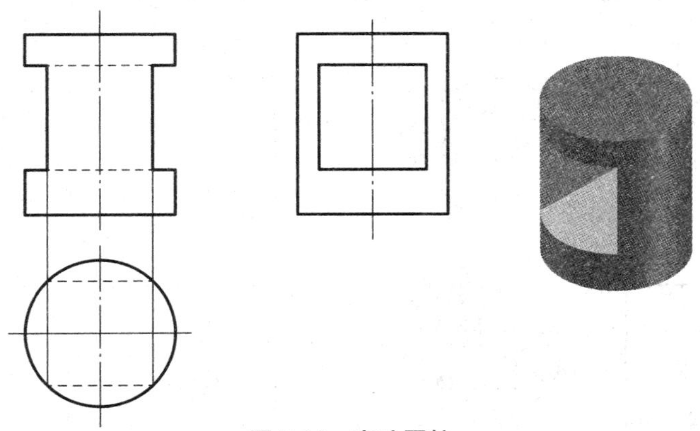

图 5-14　穿孔圆柱

解：圆柱轴线铅垂放置，左右贯穿一方孔，方孔内表面由四个平面组成。四个平面与圆柱面的截交线，即为方孔与圆柱面的相贯线。相贯线的空间形状和投影与图 5-13 类似。

相贯线正面投影的求法与图 5-13（b）相同。

注意：在正面投影中有两条虚线表示通孔的投影，不要漏画。

5.2.2 两回转体的相贯线

1. 相贯线的一般性质

（1）相贯线是两回转体表面的共有线，相贯线上的点是两回转体表面的共有点。

（2）一般情况下相贯线是封闭的空间曲线；特殊情况下为平面曲线或直线段。

2. 求相贯线的基本方法

（1）积聚性法。利用相贯体表面投影的积聚性进行表面取点。

（2）辅助面法。辅助面法包括辅助平面法和辅助球面法。

3. 求相贯线的一般步骤

（1）分析相贯体对投影面的相对位置及相贯线的投影特征。

（2）确定作图方法。利用积聚性直接求点或选择恰当的辅助面求点。

（3）求特殊点。特殊点确定相贯线的范围和变化趋势。特殊点包括相贯线上的最高点、最低点、最左点、最右点、最前点、最后点以及对某一投影面轮廓素线上的点（可见、不可见分界点）。

（4）求适当数量的一般点，以便光滑连接。

（5）依次光滑连接各点的同面投影，判别相贯线投影的可见性。

可见性判别原则：只有同时位于两相贯体可见表面上的点可见，否则不可见。

（6）判别轮廓素线的可见性，将其与贯穿点相连，完成相交立体的投影。

4. 作图举例

（1）利用积聚性法求相贯线。当两回转体相交，其中有一个是轴线垂直于投影面的圆柱时，相贯线在该投影面上的投影，积聚在圆柱面有积聚性的投影圆上，其他投影可根据表面取点的方法作出。

【例 5-14】 求轴线正交的两圆柱的相贯线，如图 5-15 所示。

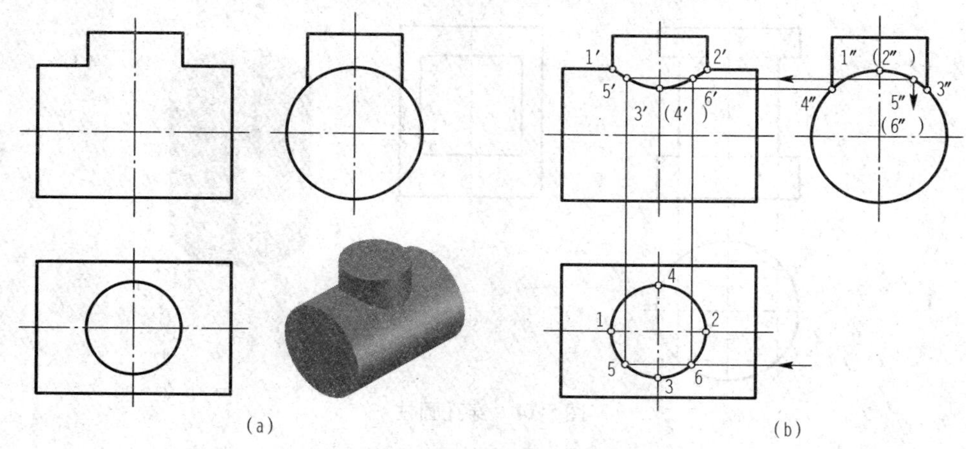

图 5-15 轴线正交圆柱相贯线的求解

（a）投影图；（b）相贯线的作图过程

解：两圆柱轴线正交，相贯线为前后、左右均对称的空间曲线。相贯线的水平投影重影在铅垂圆柱的水平投影（圆）上，侧面投影重影在水平圆柱侧面投影的一段圆弧上，所以，只需要求相贯线的正面投影。本题可利用积聚性法作图。

作图过程如下：

（1）求特殊点。由水平投影和侧面投影可知，Ⅰ、Ⅱ两点是最高点，也是最左点和最右点，由 1、2 和 1″、2″可直接求出 1′、2′；Ⅲ、Ⅳ两点是最低点，也是最前最后点，由 3、4 和 3″、4″直接求出 3′、4′。

（2）求一般点。在相贯线的侧面投影上取 5″、6″两点，作出 5、6，并求出 5′、6′。

（3）依次光滑连接各点的正面投影 1′、5′、3′、6′、2′、4′、1′。由于相贯线前后对称，其正面投影重合，故画成实线。

两轴线正交的圆柱，在零件上是常见的，其相贯线可能有三种情况：两立体外表面的相贯线（两实圆柱相交）、圆柱通孔的相贯线（实、虚圆柱相交）、内外表面都有相贯线（实、虚及虚、虚圆柱相交），如图 5-16 所示。

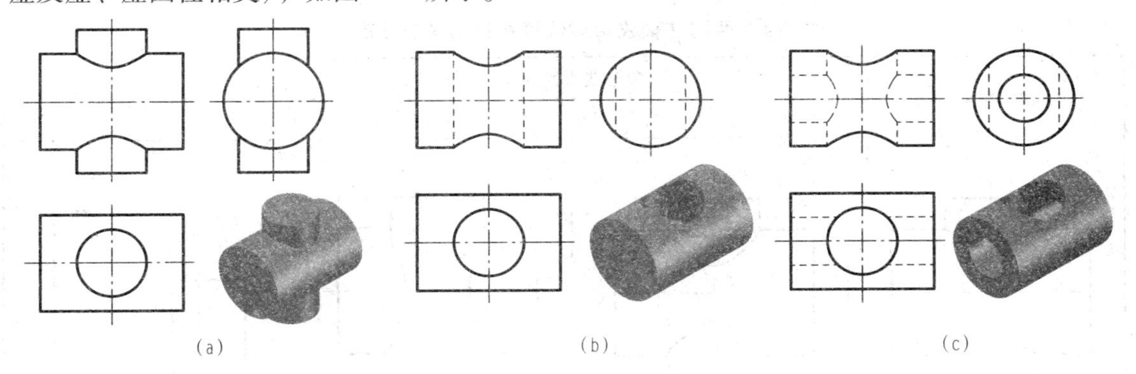

图 5-16　两圆柱表面相交的三种形式

（a）两外表面相交；（b）内外表面相交；（c）内外表面及两内表面都相交

两圆柱相交时，相贯线的形状和位置取决于相交两圆柱直径的大小和轴线的相对位置，表 5-3 所示为两圆柱直径变化对相贯线的影响，表 5-4 所示为两圆柱轴线相对位置变化对相贯线的影响。

表 5-3　两圆柱直径变化对相贯线的影响

两圆柱直径的关系	水平圆柱直径较大	两圆柱直径相等	水平圆柱直径较小
相贯线的特点	上下两条空间曲线	两个相互垂直的椭圆	左右两条空间曲线
轴测立体图			

续表

两圆柱直径的关系	水平圆柱直径较大	两圆柱直径相等	水平圆柱直径较小
投影图	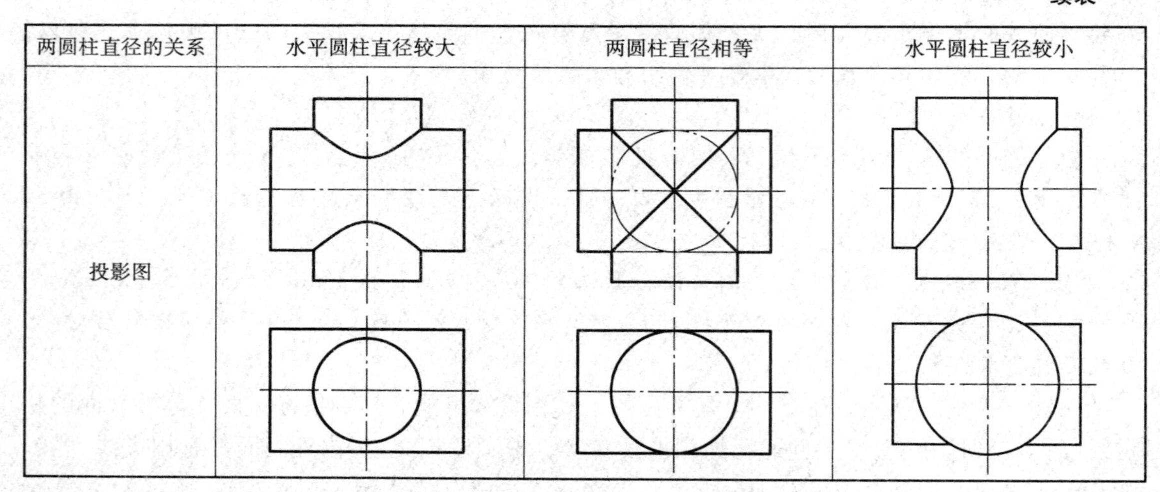		

表 5-4　两圆柱轴线相对位置变化对相贯线的影响

两轴线垂直相交	两轴线垂直交叉		两轴线平行
	全贯	互贯	
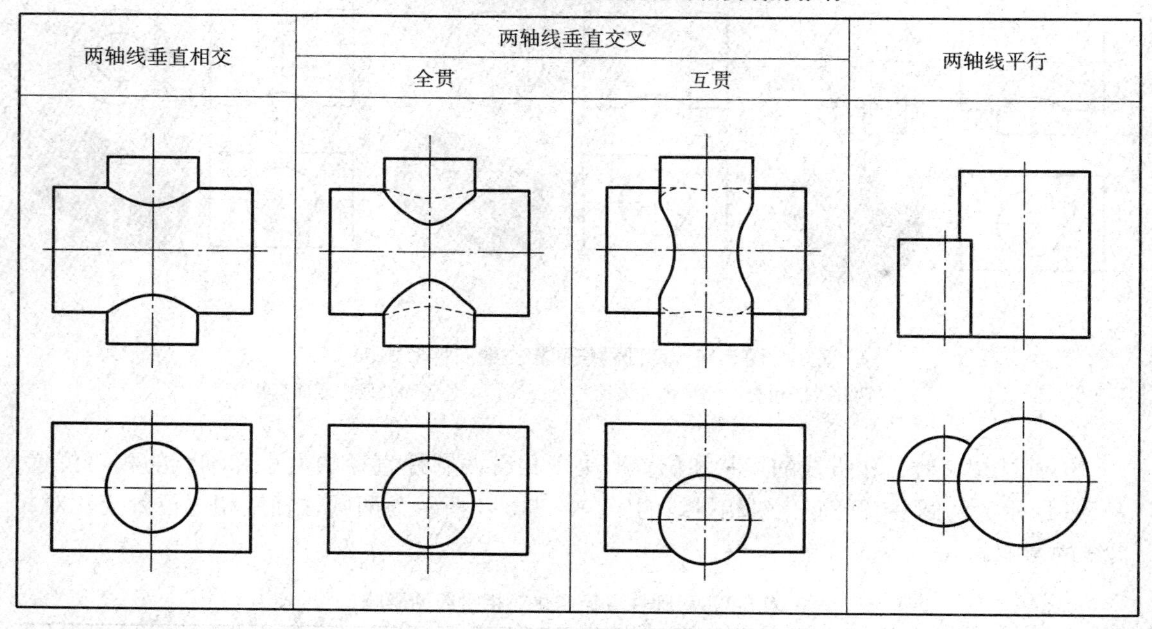			

【例 5-15】　求轴线交叉垂直的圆柱与圆台的相贯线，如图 5-17 所示。

解：圆柱与圆台轴线交叉垂直，其相贯线是一条封闭的空间曲线。相贯线的侧面投影积聚在圆柱侧面投影的一段圆弧上，水平投影和正面投影未知，待求。此题同样可用积聚性法作图。

作图过程如下：

（1）求特殊点。在相贯线的侧面投影上定出最前点Ⅰ和最后点Ⅱ的投影 1″、2″，最高点Ⅲ、Ⅳ的投影 3″、4″，定出最左点Ⅴ和最右点Ⅵ的投影 5″、6″，按照回转体表面取点的方法作出 1′、2′、3′、4′、5′、6′和 1、2、3、4、5、6。

（2）求一般点。在已作出点的较稀疏之处，取适当数量的一般点Ⅶ、Ⅷ。

(3) 依次光滑连接各点的同面投影，判别可见性。按可见性判别原则，相贯线的水平投影可见，用粗实线依次光滑连接。相贯线的正面投影中，位于前半圆柱面上的交线可见，用粗实线将 3′、1′、4′光滑连接；后半圆柱面上的交线不可见，用虚线将 4′、6′、8′、2′、7′、5′、3′光滑连接。3′、4′为可见与不可见的分界点。

(4) 判别正面轮廓素线的可见性。将其与贯穿点相连（见放大图），完成全图。

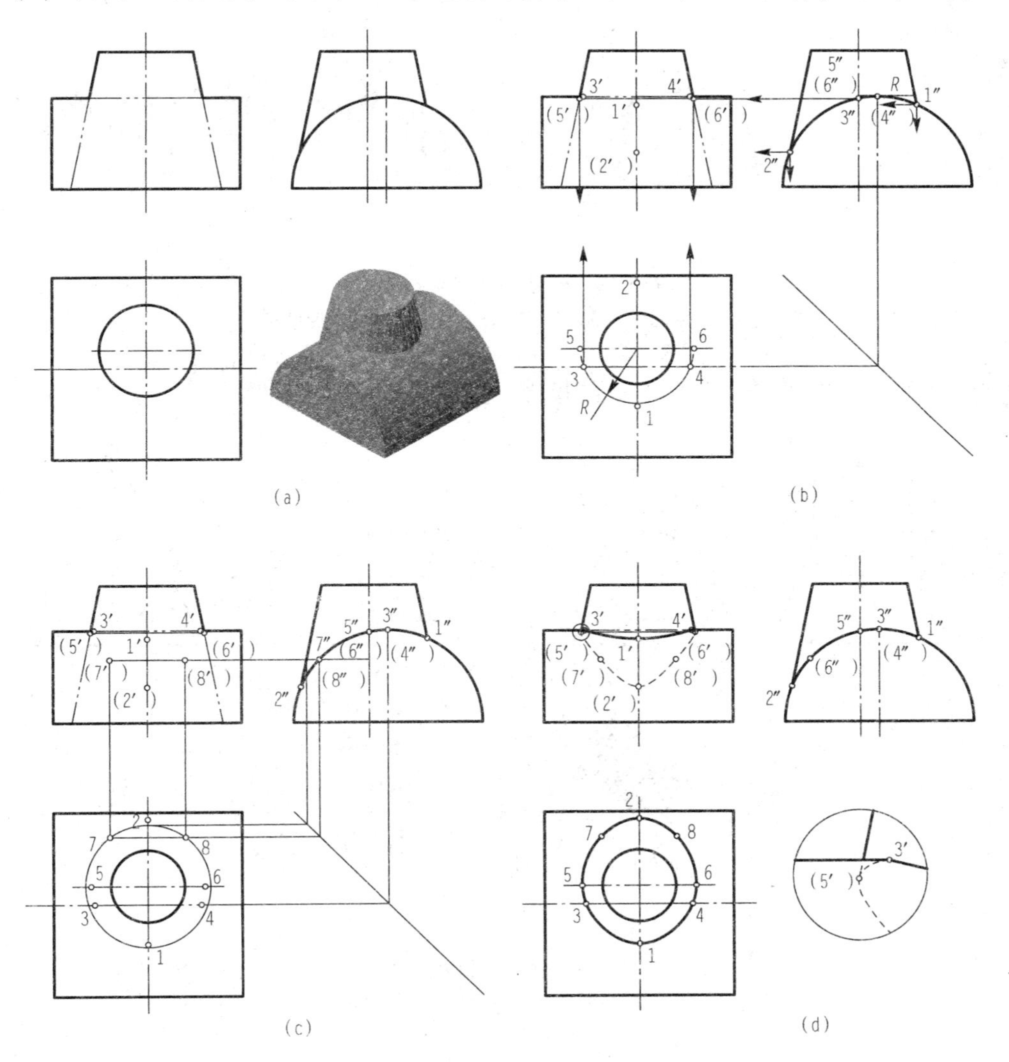

图 5-17　轴线交叉垂直的圆柱与圆台相贯线的求解

(a) 投影图；(b) 求特殊点；(c) 求一般点；(d) 完成的投影图

(2) 利用辅助平面法求相贯线。当相交的两个回转体投影都没有积聚性时，需要采用辅助面法求解相贯线，下面介绍辅助平面法求相贯线的一般步骤（图 5-18）：

①作一辅助截平面 P 与两回转体同时相交。

②求出辅助截平面 P 与两回转体的截交线。

③求出两截交线的交点，即为两相贯体表面的共有点（三面共点原理），也就是相贯线

上的点。

通常选取的辅助平面为投影面平行面或投影面垂直面，使辅助平面与两回转体表面产生的交线投影为简单易画的直线或圆。

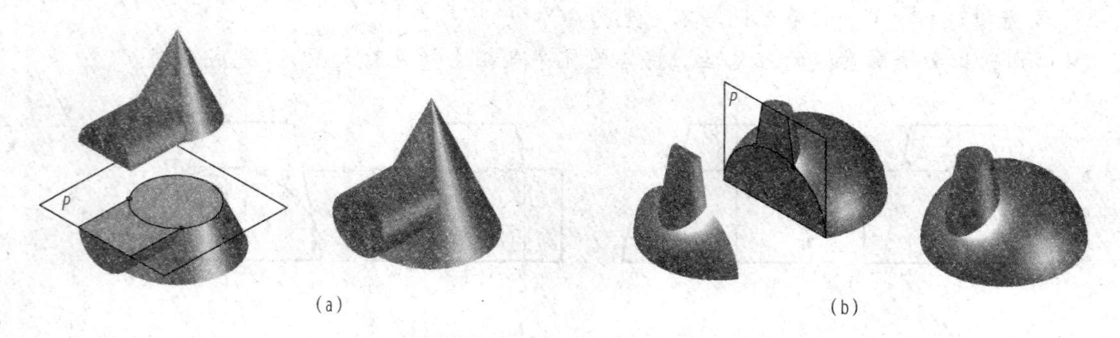

图 5-18　辅助平面法求相贯线

（a）水平面作为辅助平面；（b）侧平面作为辅助平面

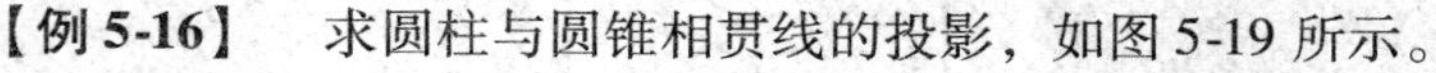

【例 5-16】　求圆柱与圆锥相贯线的投影，如图 5-19 所示。

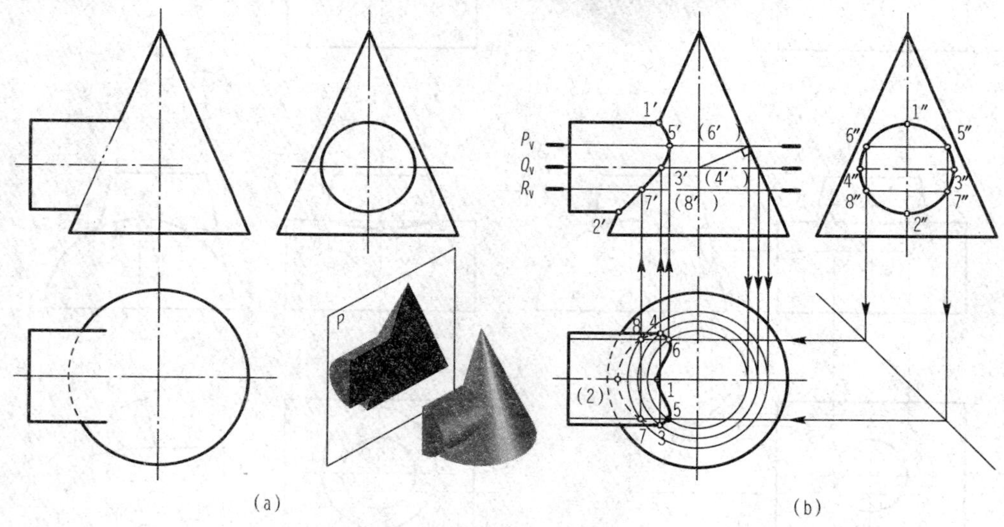

图 5-19　圆柱与圆锥相贯

（a）投影图；（b）相贯线的作图过程

解： 圆柱与圆锥轴线垂直相交，有公共的前后对称平面，相贯线是一条闭合的空间曲线，且前后对称。相贯线的侧面投影已知，积聚在圆柱的侧面投影圆周上，需求其水平投影和正面投影。此题应用积聚性法和辅助平面法都可以求解，现应用辅助平面法求相贯线的投影。

由于圆锥轴线垂直于 H 面，圆柱轴线垂直于 W 面，所以既可选水平面作为辅助截平面，也可选过锥顶的侧垂面作为辅助截平面，使两截交线的投影为简单易画的圆或直线。

作图过程如下：

（1）求特殊点。由于两立体轴线相交，且前后对称，所以两立体对 V 面的轮廓素线彼此相交，由交点 1′、2′直接求出 1、2 和 1″、2″，Ⅰ、Ⅱ两点分别为最高点和最低点；过圆柱轴线作一辅助水平面 Q，Q 与圆锥截交线为水平圆，Q 与圆柱截交线为圆柱对 H 面的轮廓素线，由两截交线交点的水平投影 3、4 求出 3′、4′和 3″、4″，Ⅲ、Ⅳ两点分别为最前点和最后点；最右点可过圆柱与圆锥轴线的交点向圆锥素线作垂线，过垂足确定辅助水平面 P 的位置，并求出最右点Ⅴ（5、5′、5″）和Ⅵ（6、6′、6″）。

（2）求一般点。在Ⅱ点和Ⅲ、Ⅳ点之间作辅助水平面 R，求出一般位置点Ⅶ（7、7′、7″）和Ⅷ（8、8′、8″）。

（3）依次光滑连接各点的同面投影，判别可见性：相贯线的正面投影，可见部分与不可见部分重合，用粗实线依次光滑连接。在水平投影中，上半圆柱面与圆锥面的交线可见，用粗实线将 3、5、1、6、4 光滑连接，下半部分不可见，用虚线将 4、8、2、7、3 光滑连接，3、4 两点为相贯线可见与不可见的分界点。

（4）补全圆柱轮廓素线的投影，即水平投影画到 3、4 两点，完成全图。

【例 5-17】 求圆台与半球相贯线的投影，如图 5-20 所示。

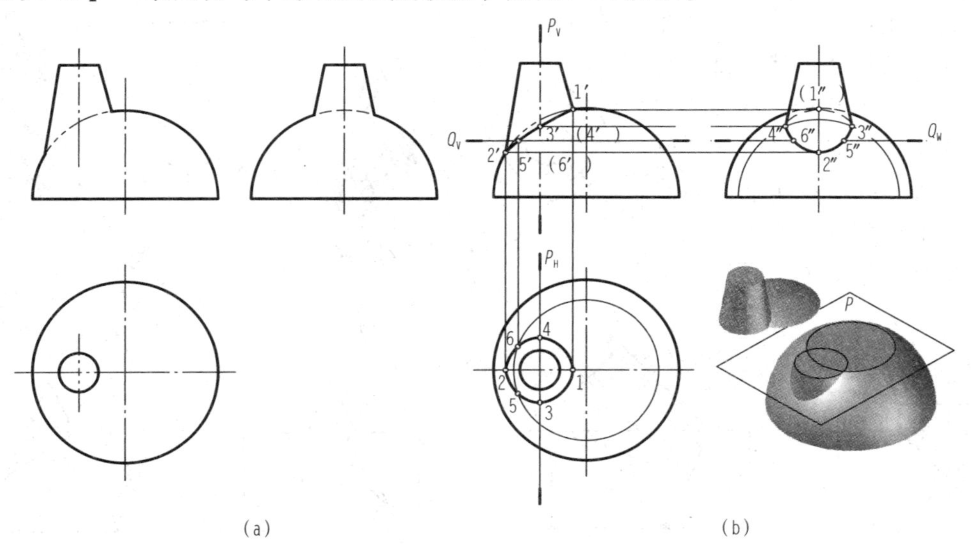

图 5-20 圆台与半球相贯

（a）投影图；（b）相贯线的作图过程

解：圆台与半球相交，两立体前后对称，相贯线为一条闭合的空间曲线，且前后对称，正面投影重合。两立体圆台和圆球的投影均无积聚性，相贯线的三个投影未知，积聚性法不能求解相贯线的投影，可采用辅助平面法作图。

为使截平面截两立体表面产生的截交线投影最为简单易画，应选水平面和过圆台轴线的侧平面为辅助平面。

作图过程如下：

（1）求特殊点。由于两立体前后对称，对 V 面的轮廓素线彼此相交，交点Ⅰ、Ⅱ（最高点和最低点）由 1′、2′可直接求出 1、2 和 1″、2″，交点Ⅰ、Ⅱ同时也为最右点和最左点；过圆台轴线作侧平面 P，与圆台的截交线为最前、最后两条素线，与圆球的截交线为侧平纬圆，由两截交线侧面投影的交点 3″、4″求出 3′、4′和 3、4。Ⅲ、Ⅳ两点为最前点和最后点。

（2）求一般点。在Ⅱ和Ⅲ、Ⅳ点之间作辅助水平面 Q，与圆台和圆球的截交线都是水平圆，由两水平圆水平投影的交点 5、6 求出 5′、6′和 5″、6″，则Ⅴ、Ⅵ两点为相贯线的一般点。

（3）依次光滑连接各点的同面投影，判别可见性：相贯线的正面投影，可见与不可见部分重合，用粗实线依次光滑连接；相贯线的水平投影可见，用粗实线依次光滑连接；在相贯线的侧面投影中，位于左半圆台面上的交线可见，用粗实线将 4″、6″、2″、5″、3″光滑连接；右半圆台面上的交线不可见，用虚线将 4″、1″、3″光滑连接，3″、4″为可见与不可见的分界点。

（4）补全圆台轮廓素线的投影，即侧面投影轮廓素线画到 3″、4″，完成全图。

5. 相贯线的特殊情况

两回转体相交，还要掌握相贯线投影的一些特殊情况，便于快速作图。

两个同轴回转体的相贯线是一个垂直于回转体轴线的圆，如图 5-21 所示。当两个二次曲面有一公共内切球面时，相贯线为平面曲线。若曲线所在平面与投影面垂直，则在该投影面上的投影为一直线段，如图 5-22 所示。

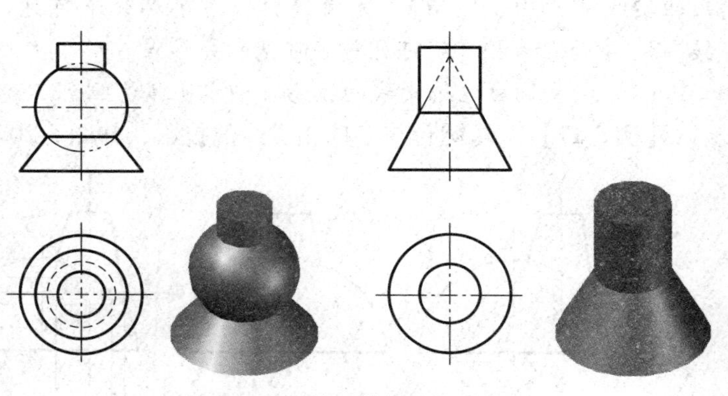

图 5-21　同轴回转体的相贯线

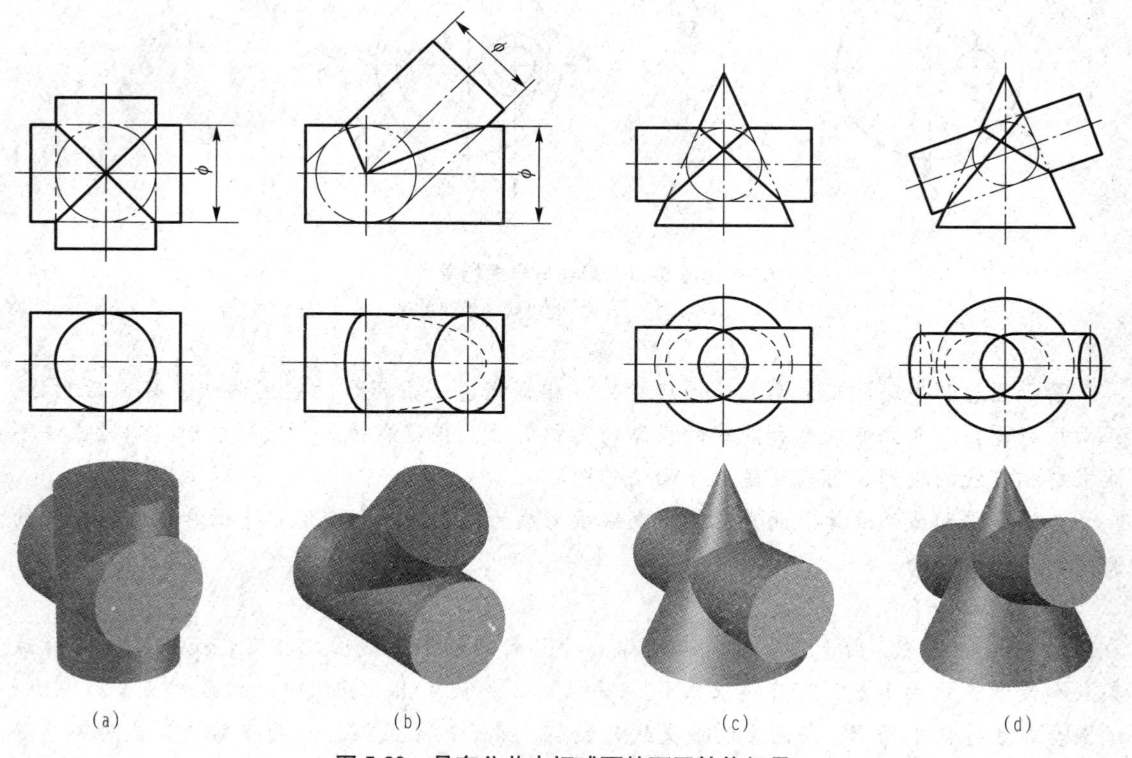

图 5-22　具有公共内切球面的两回转体相贯

本章小结

本章主要介绍了截交线和相贯线的概念，平面立体、曲面立体被平面截切后求截交线的方法和步骤，平面立体与曲面立体、两曲面立体相交求相贯线的方法和步骤。通过本章的学习，掌握棱柱体、棱锥体、圆柱体、圆锥体、球体及组合回转体被平面截切后求截交线的方法及步骤，掌握平面立体与曲面立体相交求相贯线的方法和步骤，掌握积聚性法、辅助平面法求两曲面立体相交求相贯线的步骤。

思考题

1. 什么是截交线？什么是相贯线？
2. 平面立体截切求截交线的方法有哪些？
3. 圆柱体与圆锥体的截交线有哪几种形状？求截交线的方法有哪几种？
4. 平面立体与回转体相贯，相贯线的性质及作图方法有哪几种？
5. 两回转体相贯，相贯线的作图方法有哪几种？
6. 两回转体相贯的特殊情况有哪几种？

第6章

组合体

★本章知识点

1. 组合体的构形和分析方法。
2. 画组合体视图的方法和步骤。
3. 标注组合体尺寸的方法。
4. 读组合体视图的方法和步骤。

组合体可以看作由实际的机器零件经过抽象和简化而得到的立体，熟练掌握组合体的构形与分析方法并自觉运用在组合体的画图、看图、尺寸标注和构形设计等实践环节，将为进一步学习零件图等专业图打下坚实的基础。

6.1 组合体的形成及画法

6.1.1 组合体的组合形式

从机械制造的实践角度考虑，任何机械零件，若只考虑其形状、大小和表面相对位置，则都可以抽象地看成由基本形体（棱柱体、棱锥体、圆柱体、圆锥体、圆球体、圆环体等）或简单形体（拉伸体、回转体等）按一定方式叠加或挖切而成的立体。

构成组合体的基本形式有叠加和挖切两类，而较复杂组合体往往是叠加和挖切两种形式的综合构成。叠加是指将各基本体以表面接触相互堆积、叠加后形成组合形体；挖切是指在基本形体上进行平面或曲面的切割、挖槽、穿孔后形成组合体。

图6-1所示的支座模型，可分析为由直立圆筒、底板、水平圆筒、肋板组合而成。图6-2所示的顶块模型可看作由长方体挖掉一个三棱柱、一个四棱柱和一个圆柱而成。

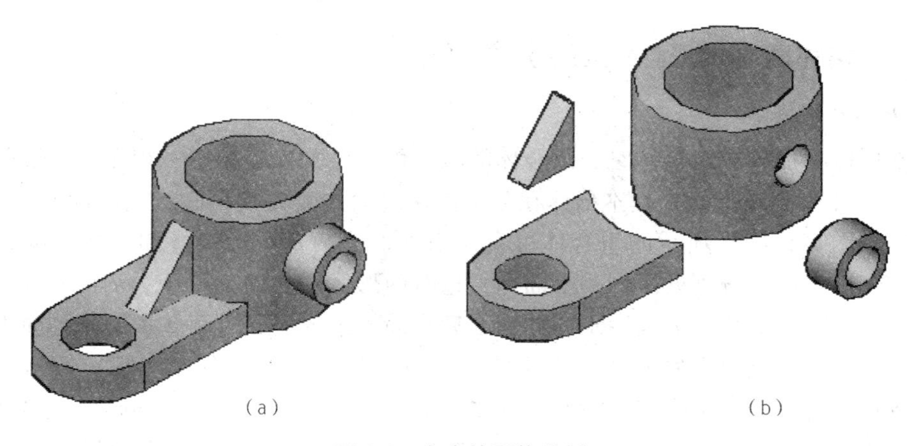

(a)　　(b)

图 6-1　支座的形体分析

(a) 立体图；(b) 分解图

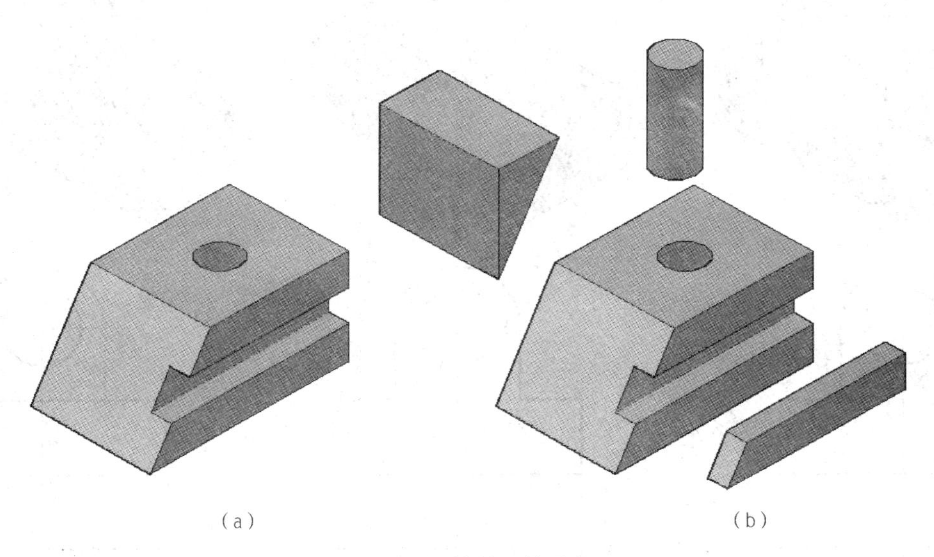

(a)　　(b)

图 6-2　顶块的形体分析

(a) 立体图；(b) 分解图

由上述两个例子可以看出，将机件分解为若干基本形体的叠加与切割，并分析这些基本形体的相对位置，使复杂的问题得以简化，保证正确而迅速地画图、读图和尺寸标注，这种方法称为形体分析法。

在绘制和阅读组合体视图的过程中，会发现无论是叠加还是挖切形成的组合体，在其表面都会形成各种交线。由立体表面交线的学习得知，这些线因基本形体的大小和相对位置不同，挖切形式和位置变化很大，因此，对比较复杂的组合体通常在运用形体分析法的基础上，还要对不易表达或读懂的局部，结合线、面的投影特性和规律进行认真细致的分析，如分析形体的表面形状、面与面的相对位置等，帮助表达或读懂该局部形状以及进一步弄清楚组合体的全貌，这种方法称为线面分析法。

6.1.2 相邻两基本形体表面过渡关系

1. 基本形体的叠加

由基本形体叠加构成组合体时，组合体的表面可产生平齐、相切、相交三种情况。

（1）平齐。平齐是指两个基本形体在某方向两表面共面（共平面或共曲面），它们之间没有分界线。图6-3（a）所示的组合体可看作由上、下两基本形体叠加而成。两基本形体叠加后的前、后表面都分别处于同一平面内，这时两形体的共面处不画分界线；图6-3（b）所示，两基本形体叠加后，前表面平齐共面，后表面不平齐，此时两基本形体的前表面共面处不画分界线，但要画出不共面的后表面的分界线，为虚线；如图6-3（c）所示，两基本形体除在叠加贴合处表面重合外，没有公共的表面，则两基本形体之间要画出分界线。

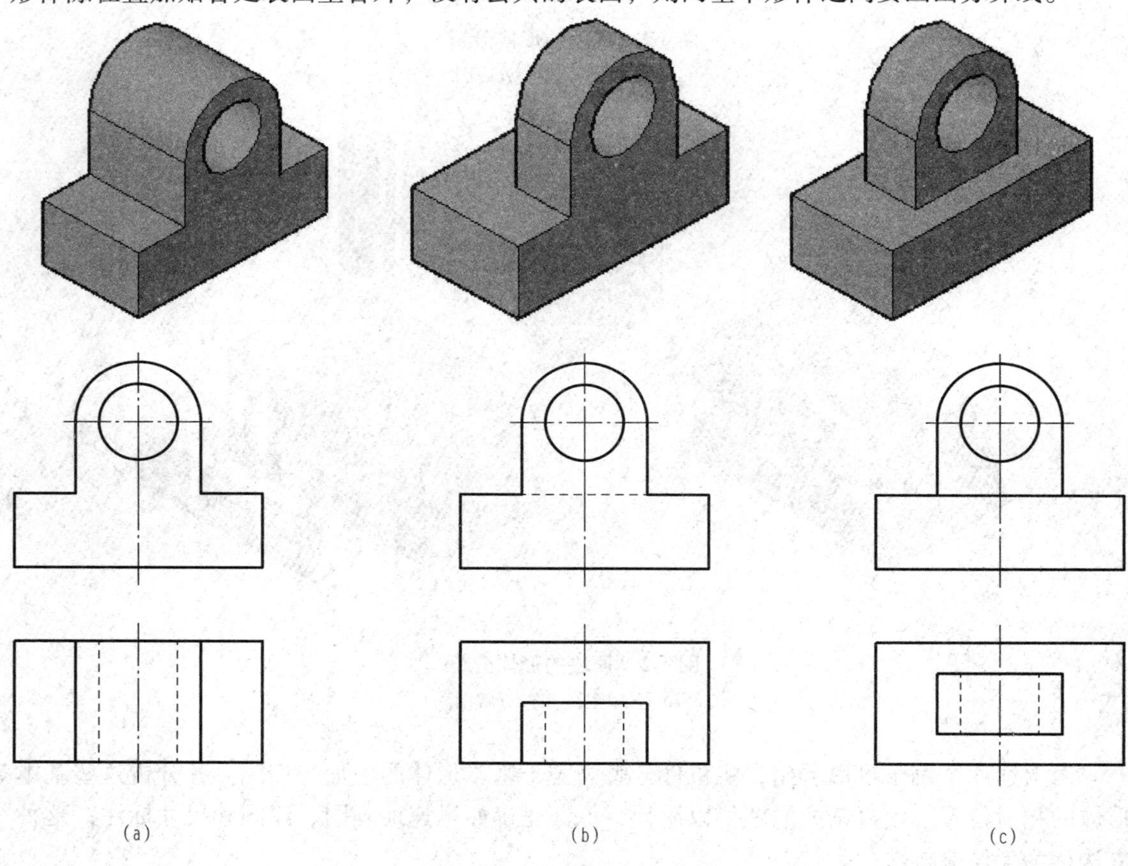

图6-3　基本形体表面平齐

（a）前后平齐；（b）前面平齐，后面不平齐；（c）前后都不平齐

（2）相切。相切是指相邻两基本形体的某些表面光滑过渡时，相切处不存在轮廓线，在视图上一般不画分界线。图6-4所示为两基本形体表面相切。作图时，应先在相切面有积聚性的视图上（本例在图6-4的俯视图）找到切点 a 和 b，在主视图、左视图相切处不画线，而左方底板顶面在主视图、左视图上的投影，应画至切点 A、B 的投影（a'、b'，a''、b''）为止。

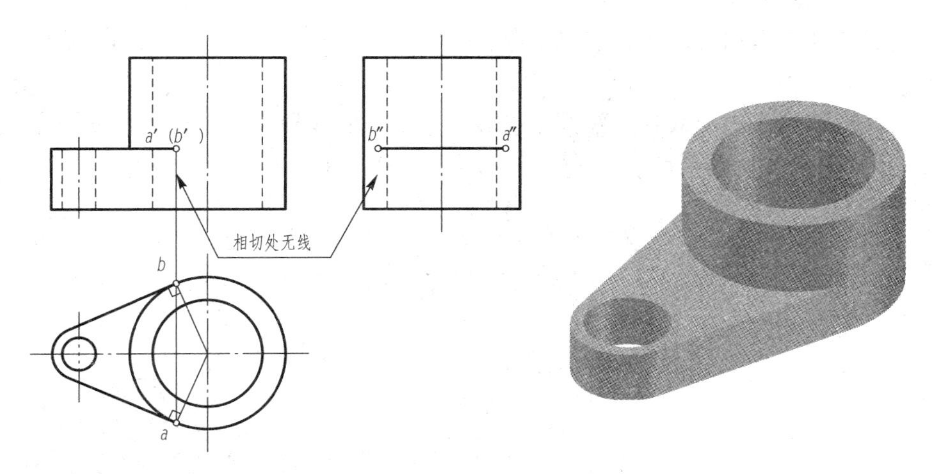

图 6-4　两基本形体表面相切

有一种特殊情况必须注意，如图 6-5 所示的两个压铁，当两圆柱面相切时，若它们的公共切平面倾斜或平行于投影面，则相切处在该投影面的投影不画线；若它们的公共切平面垂直于投影面，则在该投影面上应画出公共切平面的积聚投影，即相切处应该画线。

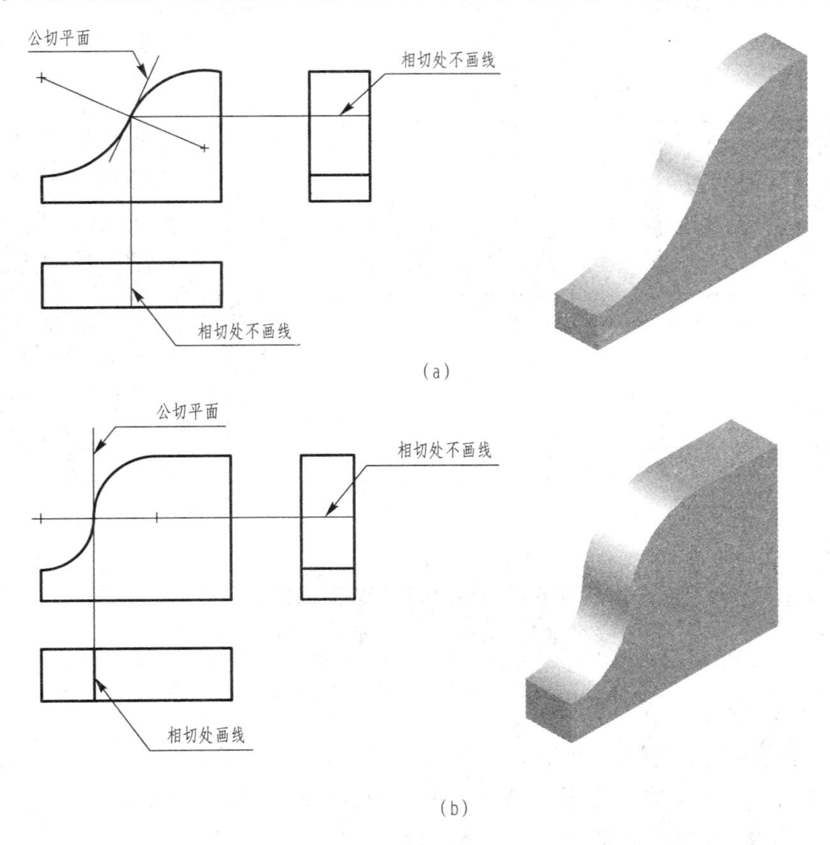

图 6-5　压铁相切处的画法

（a）公切面倾斜于投影面；（b）公切面垂直于投影面

（3）相交。相交是指两基本形体表面相交而产生交线，应画出交线的投影。如图 6-6（a）所示，底板外表面——面和圆柱外表面——面相交产生交线。作图时，先在俯视图上找到交点 a、b，然后作出交线在主视图上的投影 $a'b'$。底板顶面在主视图上的投影也相应画到 a'点为止。图 6-6（b）所示为两圆柱外表面——面和曲面相交产生交线，按照求相贯线的方法得到交线。

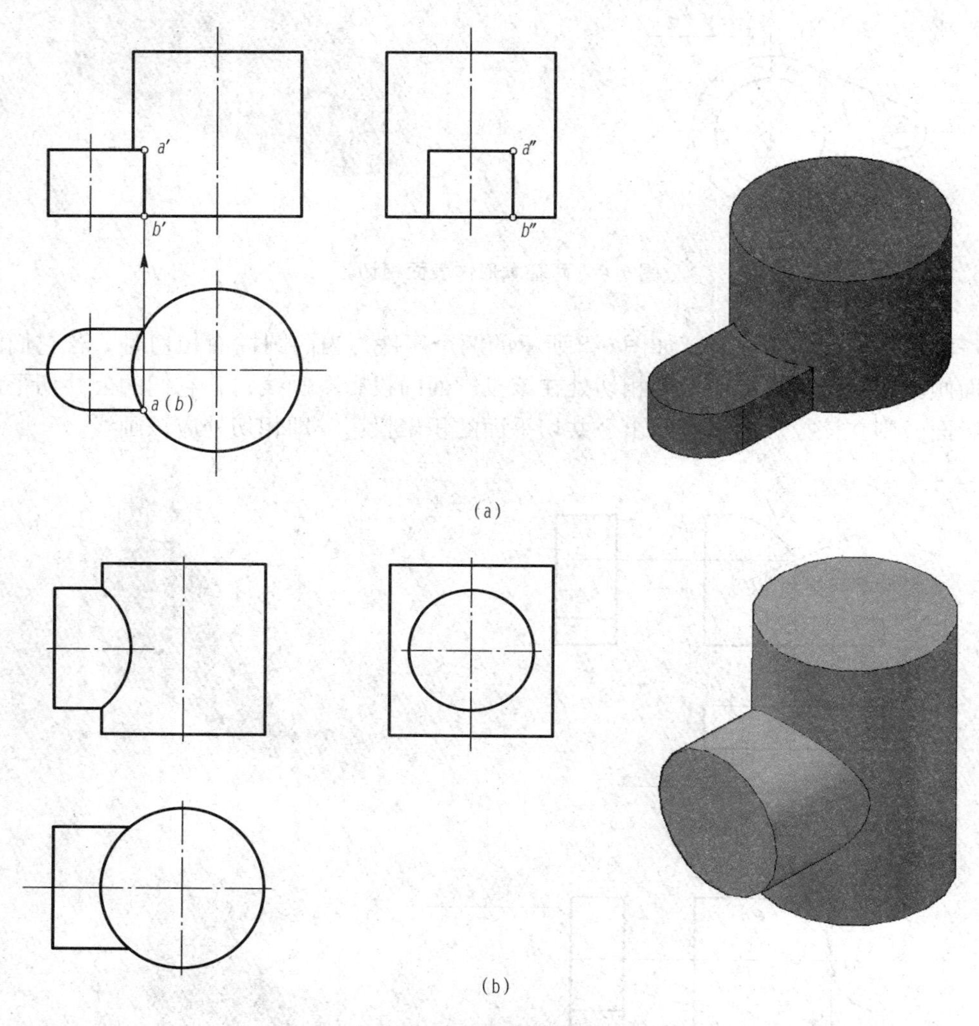

图 6-6　两基本形体表面相交

（a）平面与曲面相交；（b）曲面与曲面相交

2. 基本形体的挖切

基本形体的挖切包括切割、开槽与钻孔，由于截切面（平面或曲面）、截切位置不同，会产生不同形状的截交线或相贯线。图 6-7 所示的分别是平面立体被切割、开槽与挖孔，图 6-8 所示的分别是曲面立体被切割、开槽与挖孔。

图 6-9（a）所示的顶尖可看作一个由圆锥和圆柱组合而成的简单组合体。其左上方被一水平面和一侧平面切割，应分别画出截交线的投影。值得注意的是，圆锥和圆柱被同一水平面

切割所产生的断面上不存在锥、柱分界线，但在截切水平面以下的锥、柱分界线应画出；顶尖右端圆柱体上穿一个圆柱孔后，应画出所产生相贯线的投影。作图结果如图 6-9（b）所示。

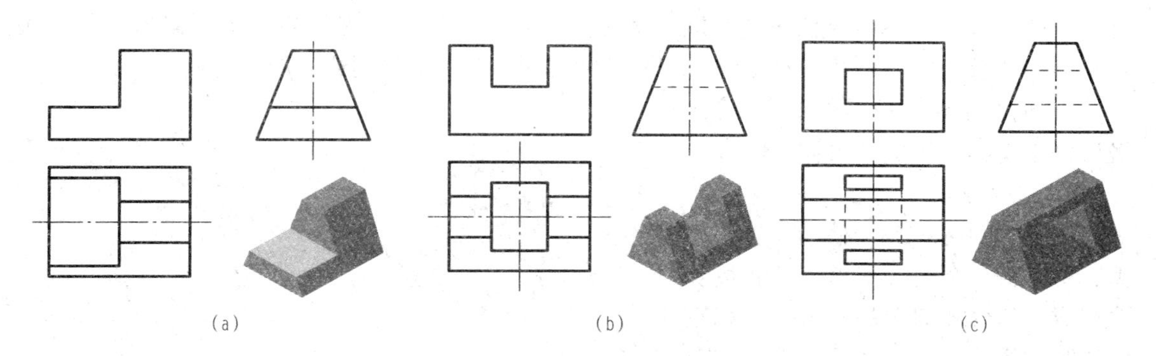

图 6-7　平面立体挖切

（a）切割；（b）开槽；（c）挖孔

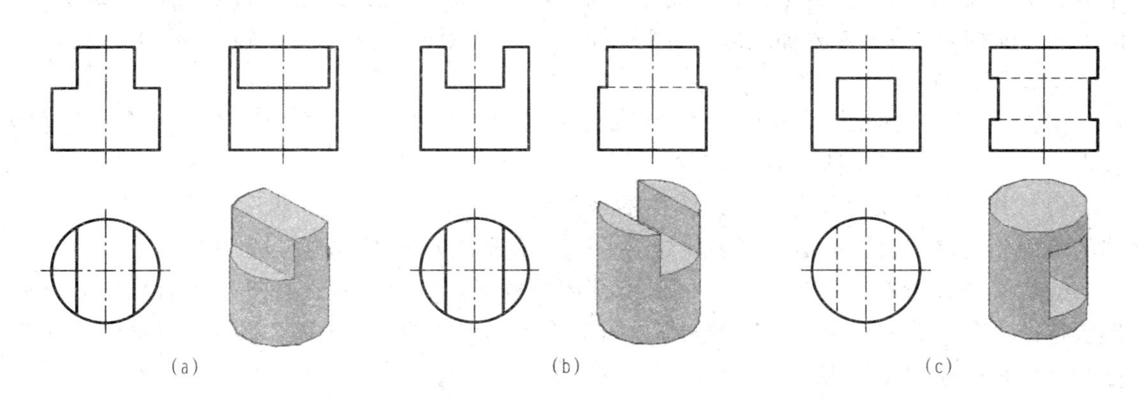

图 6-8　曲面立体挖切

（a）切割；（b）开槽；（c）挖孔

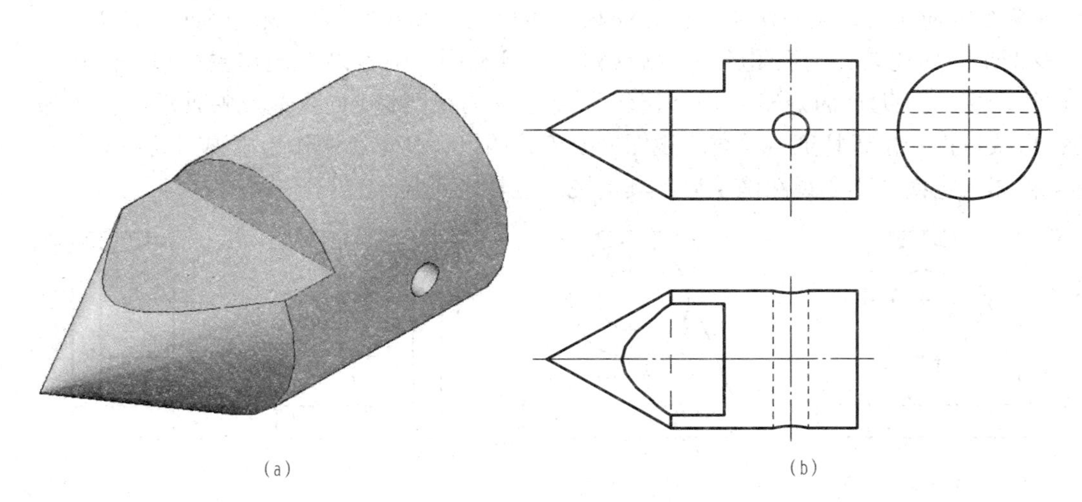

图 6-9　顶尖的切割和穿孔

6.1.3 组合体的画法

画组合体的视图时，通常先运用形体分析法将组合体合理地分解为若干个基本形体，确定它们的组合形式和相对位置，判断形体之间邻接表面关系，然后再逐个画出形体的三视图；当形体被切割或形状较复杂时，需要借助线面分析法来绘制这些局部的形状。

下面以图 6-10 所示的组合体为例，说明画组合体三视图的具体步骤。

1. 形体分析

图 6-10 所示的组合体为一轴承座模型，由底板、圆筒、支承板、肋板及凸台组成。凸台和圆筒是两个垂直相交的空心圆柱体，内、外表面均产生相贯线；支承板、肋板和底板分别是不同形状的平板，支承板与底板的后面平齐，侧面与圆筒的外圆柱面分别相切和相交；肋板的侧面与圆筒的外圆柱面相交，在外圆柱面底部产生截交线；底板的顶面与支承板、肋板的底面相互叠合。

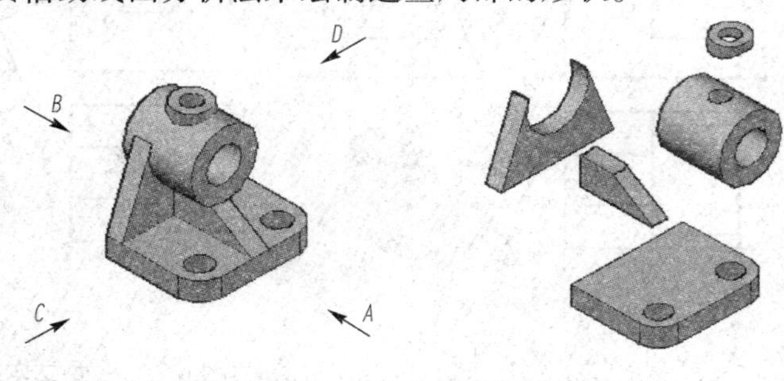

图 6-10　组合体的形体分析

2. 视图选择

主视图是组合体视图表达中最主要的视图。因此，画组合体视图时，首先应进行主视图选择。主视图的选择包括以下几项：

（1）组合体的安放位置。画组合体的视图时，通常使其处于自然位置并放正，使组合体的表面相对基本投影面尽可能多地处于平行或垂直的位置，以便在投影中得到实形。

（2）主视图投射方向的确定。根据组合体的构形特点，通常选择反映组合体主要结构形状特征、各部分相对位置特征最明显的方向作为主视图的投射方向，同时，还要考虑组合体的其他视图应避免出现较多虚线，影响图形表达的清晰和尺寸的标注。

图 6-10 所示的轴承座，底板水平，支承板平行于基本投影面，组合体自然放置并放正。分别从箭头所示的 *A*、*B*、*C*、*D* 四个方向进行投射后所得的视图如图 6-11 所示。分析比较：*A*、*B* 两个方向比较，*B* 向作主视图，肋板、底板主视图投影为虚线，因此 *A* 向好于 *B* 向；*C*、*D* 两个方向比较，主视图的虚、实线情况尽管相同，但若以 *C* 向作主视图，则其左视图上虚线较多，因此 *D* 向好于 *C* 向；比较 *A* 向和 *D* 向视图，*A* 向更能反映轴承座主要部分的结构形状特征和位置特征，符合主视图的要求，所以，确定 *A* 向作为主视图的投射方向，所得的视图为主视图。主视图确定后，其他视图也随之而定。

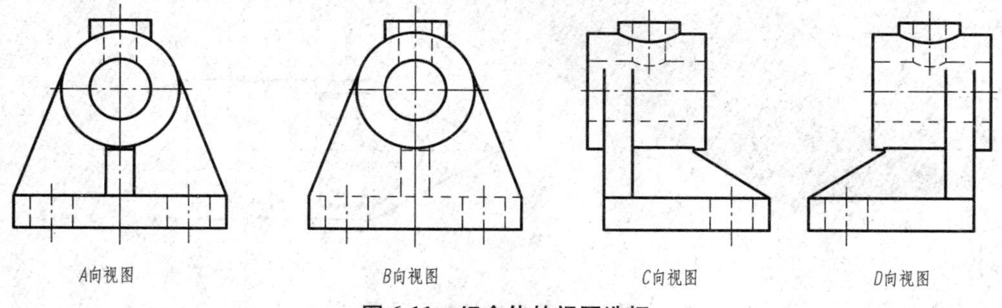

图 6-11　组合体的视图选择

3. 确定比例、图幅

视图确定后，根据所画组合体的大小和复杂程度，按国家标准规定选择画图的比例和图幅。画图时尽量优先选用 1 ∶ 1 的比例，这样既便于直接观察组合体的大小，又便于画图；选择图幅时，按选定的比例，根据组合体长、宽、高得出三个视图所占范围，并在视图之间留出标注尺寸的空间和适当的间距，据此选用合适的标准图幅。在选好的幅面上，应画出边框线、图框线和标题栏，并在图框内定出三个视图的位置，使三个视图分布均匀、布局美观，如图 6-12 所示。

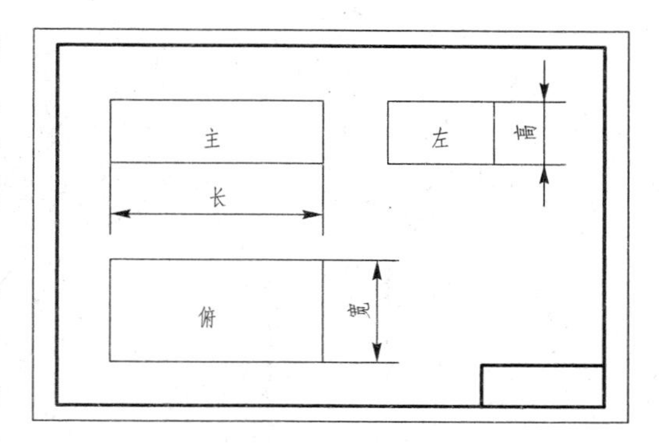

图 6-12　组合体三视图的配置

4. 布图、画底稿

将图纸固定后，根据各视图的大小和位置，画出基准线。基准线一般是指画图时确定视图位置的直线，常用对称平面（对称中心线）、轴线和较大的平面（底面、端面）的投影作为基准线。然后按形体分析法所确定的各基本形体及它们的相对位置，逐个画出形体的三视图。画形体的顺序：一般先大（大形体）后小（小形体）；先实（实形体）后空（挖去的形体）；先画主要轮廓，后画局部细节。画每个形体时，应三个视图联系起来画，要从反映形体特征的视图画起，再按投影规律画出其他两个视图，这样，既能保证各基本形体之间的相对位置和投影关系，又能提高画图速度，如图 6-13（a）～（e）所示。

5. 检查、描深

底稿画完后，按形体逐个仔细检查。对于形体之间邻接表面处于平齐、相切或相交关系的位置重点校核，修正错误，补充遗漏。擦去多余的作图线，按规定线型加深，可见部分用粗实线画出，不可见部分用细虚线画出。当组合体对称时，在其对称的图形上要画出对称中心线；对半圆和大于半圆的圆弧要画出对称中心线；回转体要画出轴线，如图 6-13（f）所示。对称中心线和轴线用细点画线画出。

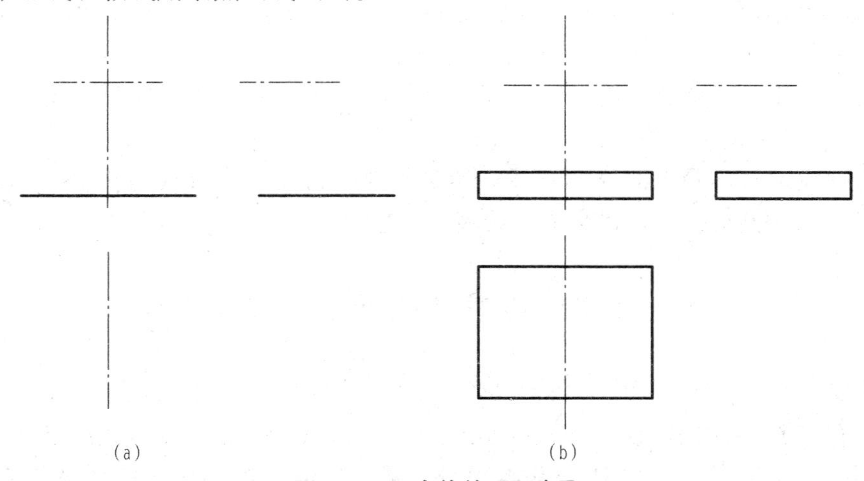

图 6-13　组合体的画图步骤

（a）布图：画各视图的作图基准线；（b）画底板轮廓：先画俯视图

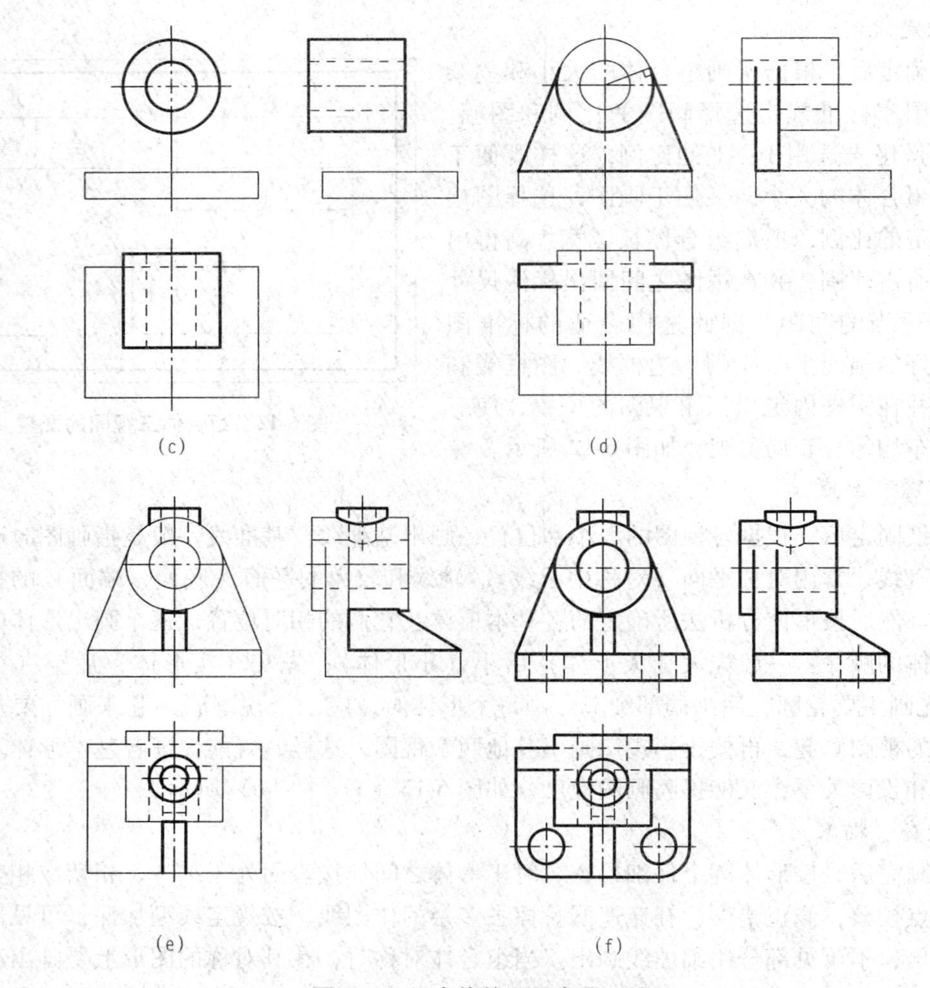

图 6-13　组合体的画图步骤（续）

（c）画轴承：先画主视图；（d）画支承板：先画主视图；
（e）画肋板、凸台：肋板先画左视图，凸台先画俯视图；（f）画底板圆角、圆柱孔，检查、描深

描深时，当几种图线重合时，一般按以下顺序取舍：粗实线—细虚线—细点画线—细实线。

加深每种线型时，要先曲线后直线；加深直线时，先水平线（自上而下），后垂直线（从左到右），再倾斜线。这样提高描深效率，不遗漏。

6.2　组合体的尺寸注法

视图主要表达组合体的形状，各形体的真实大小及相对位置，要通过标注尺寸来确定，与绘图比例和作图准确程度无关。标注组合体尺寸的基本要求是：正确、完整、清晰。本节主要介绍国家标准有关尺寸注法的基本规定，基本形体、常见平面图形及组合体的尺寸注法。

6.2.1　尺寸注法的基本规定

（1）正确。标注的尺寸数值应准确无误，并符合国家标准中有关尺寸注法的规定。

（2）完整。所注尺寸能唯一地确定组合体的形状、大小和各组成部分的相对位置。尺寸既不遗漏，也不重复或多余，每一个尺寸在图中只标注一次。

（3）清晰。所注尺寸安排应恰当、整齐，保证图面清晰，便于查找和看图。

6.2.2　基本形体的尺寸注法

组合体可看作由基本形体经过叠加、切割而成。要掌握组合体的尺寸标注，必须先熟悉和掌握基本形体和常见图形的尺寸注法。

基本形体一般要标注长、宽、高三个方向的尺寸，但并不是每一个基本体都需要在形式上注全这三个方向的尺寸。如图6-14所示，对于基本平面立体，棱柱、棱锥注出长、宽、高即可，棱台需注出上、下底面的长、宽及棱台高；对于基本曲面立体，圆柱、圆锥须注出其直径及轴向高度，圆台注出顶、底圆直径及轴向高度，圆球只需要注出它的直径，圆环须注出其母线圆及中心圆的直径。

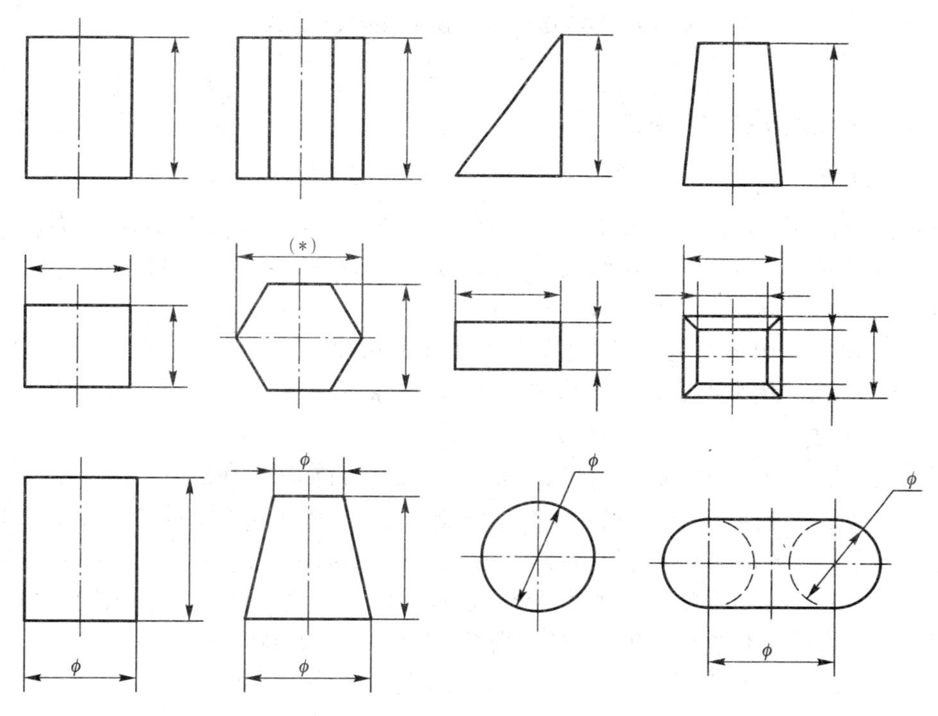

图6-14　基本形体的尺寸注法

*从定形角度考虑，加括号尺寸可以不注，生产中为了下料方便等又往往注上作为参考。

在实际生产中经常遇到一些具有一定厚度的板件，因此，也就涉及一些常见平面图形的尺寸注法，其注法已经固定，注意熟悉模仿。图6-15所示为常见的几种平面图形的尺寸注法，供学习时参考。

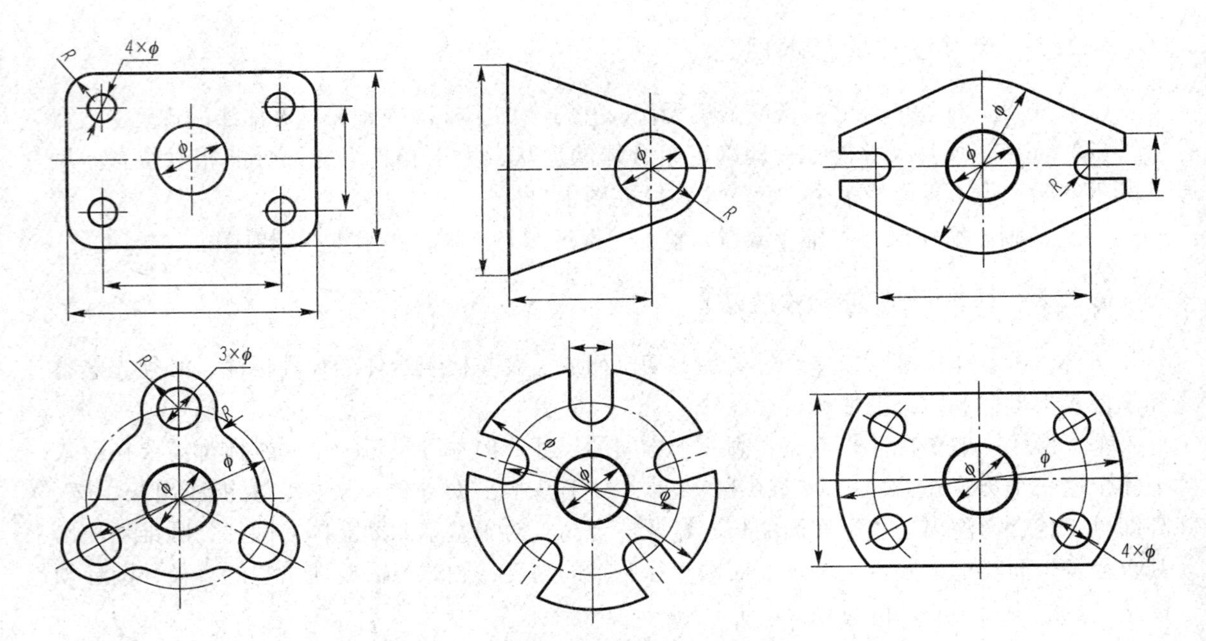

图 6-15　常见的几种平面图形的尺寸注法

6.2.3　组合体的尺寸注法

1. 标注尺寸要完整

组合体标注首先要保证尺寸完整。通常采用形体分析的方法，将组合体分解成由若干个基本形体，或看成由基本形体挖切而成。因此，在对组合体实施尺寸标注时，应该标注下列三种尺寸：

（1）定形尺寸。用来确定各基本形体形状大小的尺寸。

（2）定位尺寸。用来确定各基本形体之间相对位置的尺寸。

（3）总体尺寸。用来确定组合体总长、总宽、总高的尺寸。

在标注定形尺寸时，按照基本形体尺寸标注的方法进行标注。在标注定位尺寸时，首先应该在长、宽、高三个方向分别选出尺寸基准，以确定各基本形体间的相对位置。尺寸基准就是标注尺寸的起点。一般情况下选用组合体的底面、重要端面、对称面（线）以及回转体的轴线等作为尺寸基准。在标注总体尺寸时，要对已标注的尺寸进行调整，避免产生封闭的尺寸链，有时三个总体尺寸不必都注出。另外，当组合体的一端为回转体时，该方向上一般不标注总体尺寸。下面以图 6-16 为例，说明组合体尺寸标注的方法和步骤。

（1）运用形体分析法将轴承座分解成若干基本形体（参看图 6-10）。

（2）选择三个方向的尺寸基准。左右对称面作为长度方向的尺寸基准，支承板与底板的后端面作为宽度方向的尺寸基准，底面作为高度方向的尺寸基准。

（3）逐个标出各基本形体的定形尺寸和定位尺寸。

（4）标注总体尺寸。从已注出的尺寸可以看出，该组合体的总长尺寸为 90，总宽尺寸为 60，总高尺寸为 90，总体尺寸无须再单独注出。

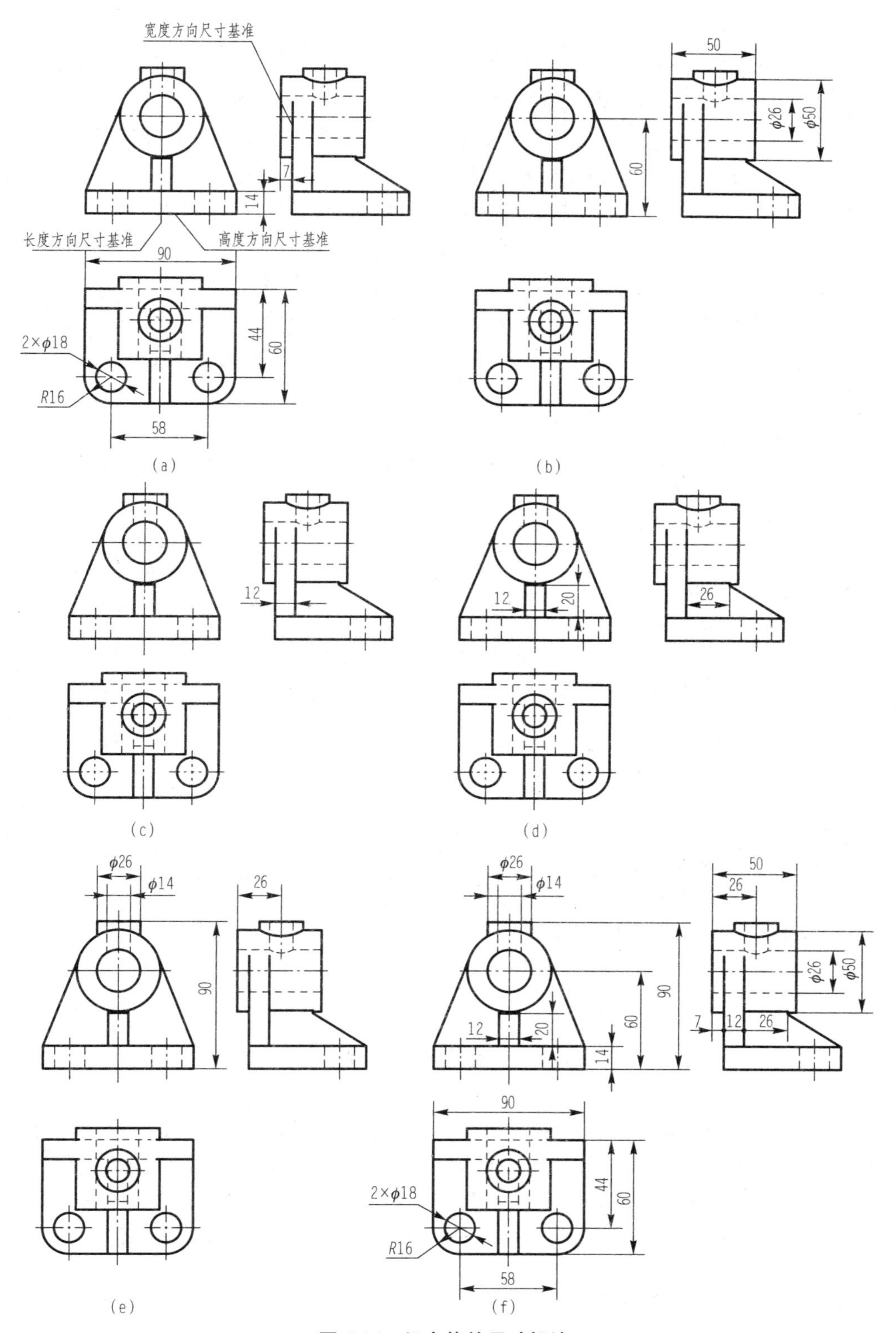

图 6-16　组合体的尺寸标注

(a) 确定尺寸基准，标注底板的尺寸；(b) 标注轴承的尺寸；(c) 标注支承板的尺寸；(d) 标注肋板的尺寸；(e) 标注凸台的尺寸；(f) 考虑总体尺寸，完成轴承座的尺寸标注

2. 标注尺寸要清晰

(1) 同一形体的尺寸应尽量集中标注在表示该形体特征最明显的视图上，如图 6-16 (a) 所示底板的定形尺寸 90、60、$R16$、$2\times\phi18$ 及定位尺寸 44、58 等。

(2) 尺寸应尽量避免注在虚线上，如图 6-16 (a) 底板上小圆孔的定形尺寸 $2\times\phi18$。

(3) 同一形体的相关尺寸需配置在两个视图上时，尽量配置在相邻近的两视图之间，如图 6-16 (a) 所示底板的高度尺寸 14 应配置在与俯视图相邻近的主视图上。

(4) 圆柱、圆锥等回转体的直径尺寸尽量注在非圆视图（轴线平行投影面的视图）上，如图 6-16 (b) 轴承的定形尺寸 $\phi26$、$\phi50$；在板状形体上存在多孔分布时，其直径尺寸应注在投影为圆的视图上，如图 6-16 (a) 底板上两圆柱孔的定形尺寸 $2\times\phi18$；形体投影为半圆或小于半圆的圆弧时，需标注的半径尺寸一定要注在投影为圆弧的视图上，如图 6-16 (a) 底板圆角的定形尺寸 $R16$。

(5) 形体表面的截交线和相贯线上不允许标注尺寸，如图 6-17 所示。在标注尺寸时，有时会出现不能兼顾以上各种的情况，必须在保证尺寸标注正确、完整、清晰的基础上，根据具体情况统筹安排，合理布置。

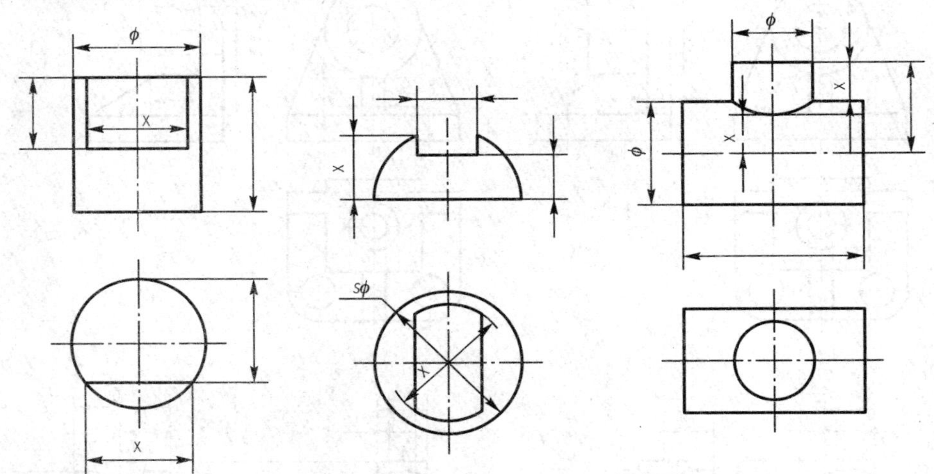

图 6-17　截交线、相贯线的尺寸注法

6.3　读组合体视图

画图和读图是学习本课程的两个重要环节。画图是由空间到平面的过程，而读图是由平面到空间的过程。所谓读图，就是根据组合体的视图想象出组合体空间形状的思维过程。读图采用的方法仍然是形体分析法和线面分析法。要想正确、迅速地看懂视图，必须掌握读图的基本方法，培养空间想象能力和构思能力，通过不断、反复地实践，逐步提高读图能力和速度。

6.3.1　看图的基本要领

1. 几个视图联系起来看，找出特征视图

通常，组合体的形状是通过几个视图表达的，每个视图只反映形体一个方向的形状。因此，仅由一个或两个视图往往不能唯一确定地表达某一形体。这就要求在读图时将形体的各个视图联系起来，从最能反映组合体形状特征和位置特征的视图入手、分析、构思，才能想象出这组视图所表达形体的完整形状。

图 6-18 所示的四组视图，它们的主视图相同，但实际上表达了四种不同形状的形体，看图时要抓住俯视图，其反映这组形体的形状特征。图 6-19 所示的两组视图中，主视图、俯视图完全相同，其左视图反映形体的结构特征，所以，结合左视图才能正确了解形体的结构。

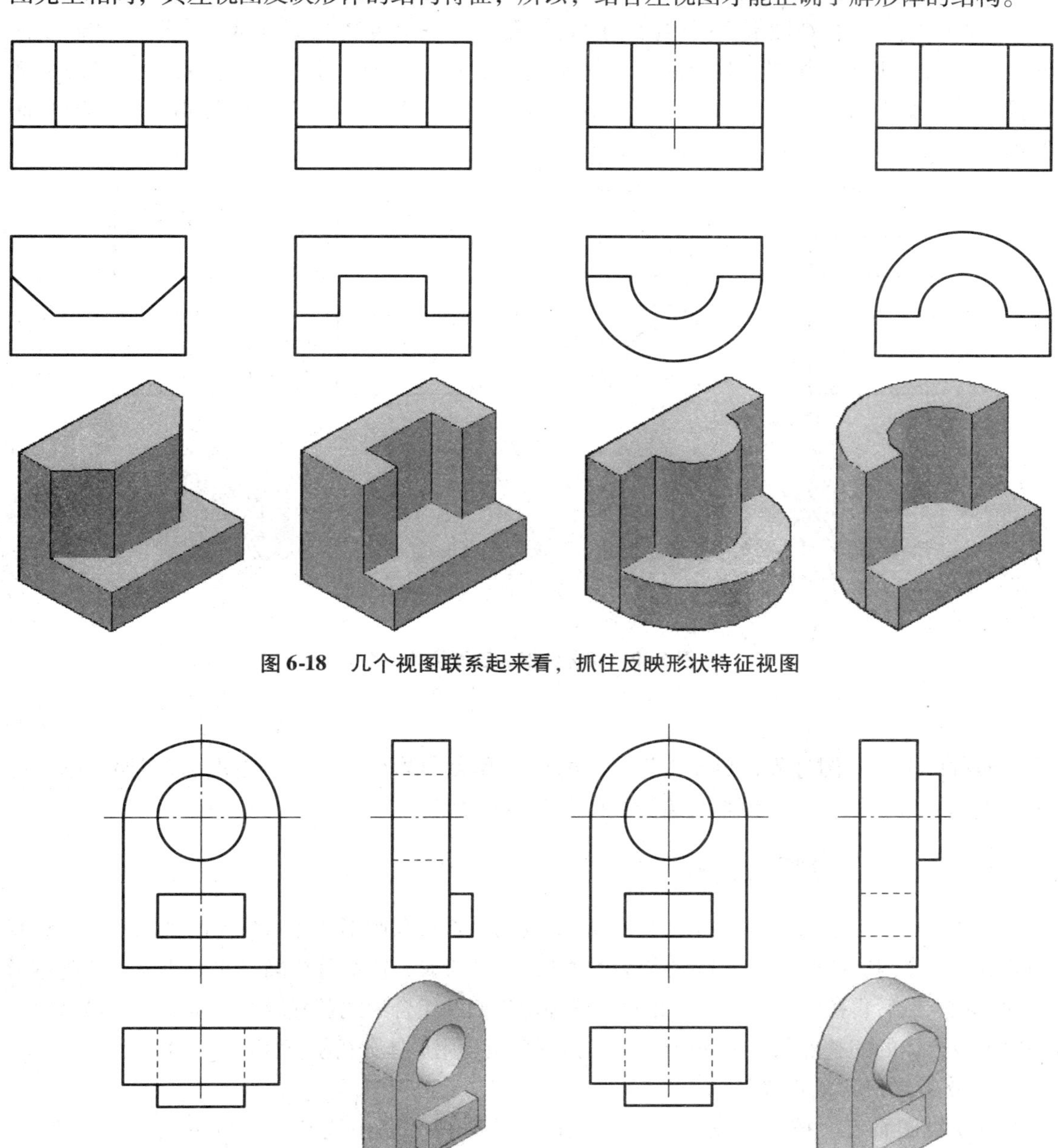

图 6-18　几个视图联系起来看，抓住反映形状特征视图

图 6-19　几个视图联系起来看，抓住反映位置特征视图

一般主视图能较多地反映组合体的特征，因而在看图时，常从主视图入手观察组合体，但组合体各组成部分的形、位特征并不一定全部集中在主视图上。因此，看图时要善于抓住反映组合体各组成部分形状与位置特征较多的视图，并从它入手，就能较快地将其分解成若干个基本体，再根据投影关系，找到基本体所对应的其他视图，并经分析、判断后想象出组合体各基本体的形状，最后达到看懂组合体视图的目的。

2. 认真分析视图中的线框，识别形体表面间的位置关系

所谓线框，是指视图上由图线围成的封闭图形，每个封闭线框表示一个面（平面或曲面）的投影。视图中相邻或嵌套的两个封闭线框表示不共面、不相切、位置不同的两个面的投影或一个面与一个孔洞。大致可分为上下、左右、前后、两面相交等情况，如图 6-20 所示。

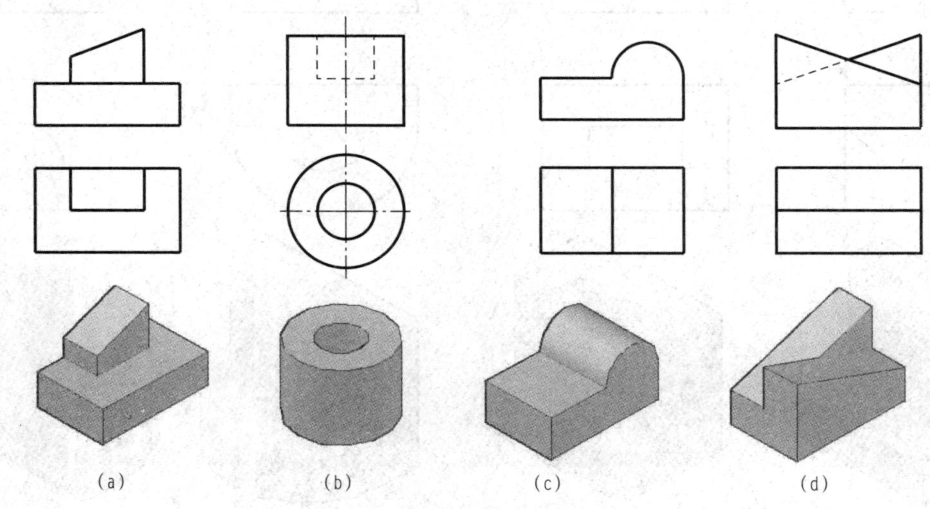

图 6-20　相邻线框的表面位置关系

（a）前后面；（b）上下面；（c）平面与圆柱相交；（d）倾斜方向不同的面

通过以上的看图过程，想象出组合体的整体形状，再将其与给定视图反复对照，不断修正，直到想象中组合体的投影与给定视图完全相符为止。

6.3.2　形体分析法读图

形体分析法是读组合体视图的主要方法，通常从最能反映形体形状特征的视图入手，将其划分成若干个封闭线框，找出与这些线框对应的其他投影，逐个分析确定它们所表达的基本形体的形状，然后再按各基本形体的相对位置确定它们的组合形式及其表面连接关系，最后综合想象出组合体的完整形状。下面以图 6-21 为例介绍运用形体分析法读图的方法和步骤。

1. 分析视图，划分线框

从主视图看起，按照三视图的投影规律，几个视图联系起来看，将主视图划分为Ⅰ、Ⅱ、Ⅲ、Ⅳ四个封闭线框（Ⅱ、Ⅲ线框左右对称）。将组合体分成四部分。

2. 对照投影，想出形体

根据主视图划分的线框，按照“长对正、高平齐、宽相等”的投影关系，找到线框在

其他两视图的投影，然后逐一想象出每一形体形状。

3. 综合起来，想出整体

确定各个形体后，根据各形体相对位置及组合形式，想象出形体的整体形状。

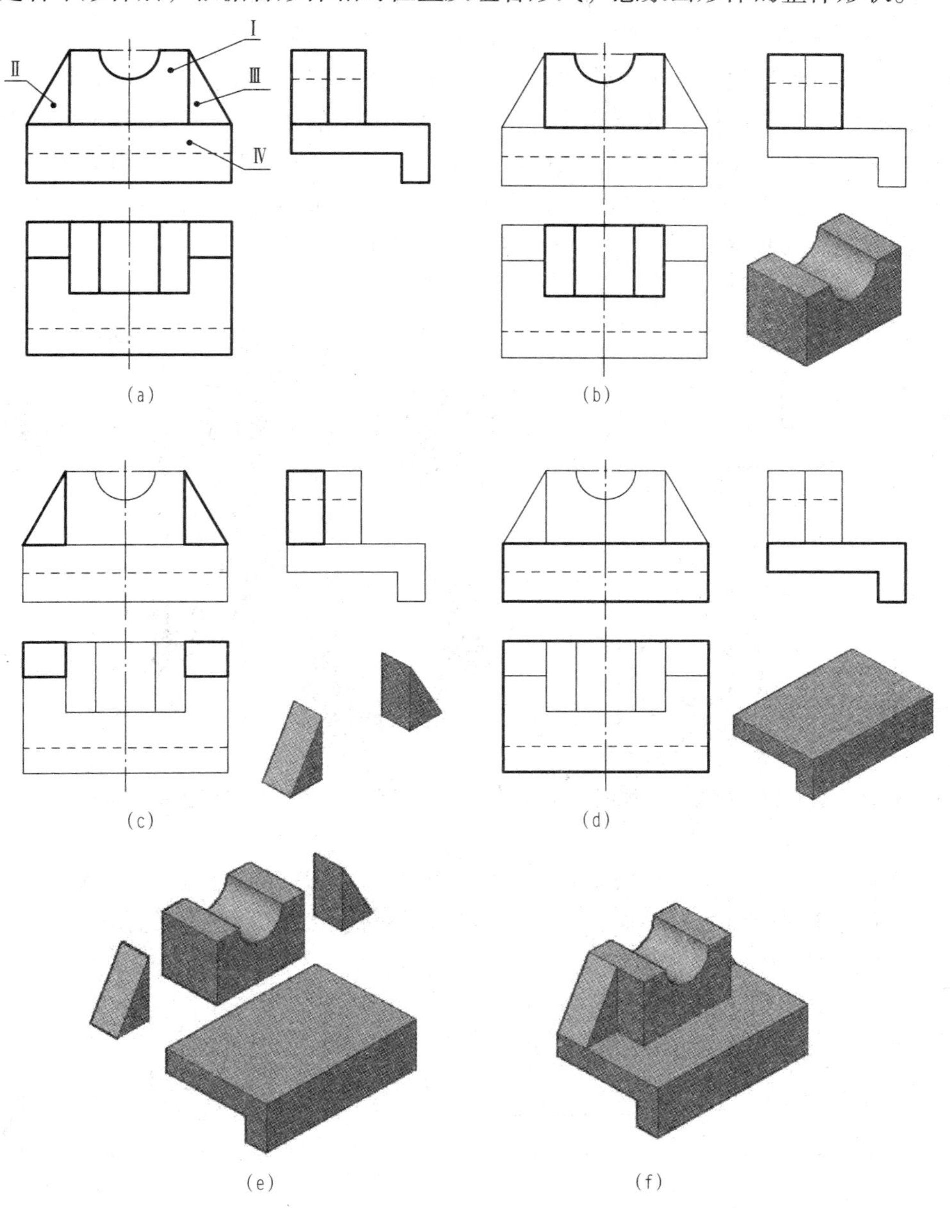

图 6-21　形体分析法读图的方法和步骤

(a) 分析视图，划分线框；(b) 对照投影，想象形体Ⅰ的立体形状；(c) 对照投影，想象形体Ⅱ、Ⅲ的立体形状；(d) 对照投影，想象形体Ⅳ的立体形状；(e) 各形体的立体形状及相对位置；(f) 综合起来想出组合体的整体形状

6.3.3　线面分析法读图

一般情况下，形体清晰尤其是以叠加方式形成的组合体用形体分析法就可以解决，但对

于一些较复杂的形体，特别是由切割方式形成的组合体，还应在形体分析的基础上，结合线面分析想象组合体的完整形状。

图 6-22 所示为顶块的主视图、俯视图，要求读懂后补画其左视图。

根据所给视图，先确定组合体组合类型，然后分析整体形状，进一步确定细节部分，最终得到整体形状。该顶块是由基本形体切割而成的，主视图、俯视图的外形轮廓可看作两个矩形线框，所以，它的原始形体应该是长方体。对视图中的图线做进一步分析可以看出，此长方体被一正垂面在其左上方切去一三棱柱，前、后方被两个前后对称的铅垂面各切去一三棱柱，又在前、后各切出一个矩形槽，最后从上到下挖出阶梯形圆柱孔而形成。通过上述分析最终想象出顶块的完整形状，如图 6-23 所示，由此可补画其左视图。

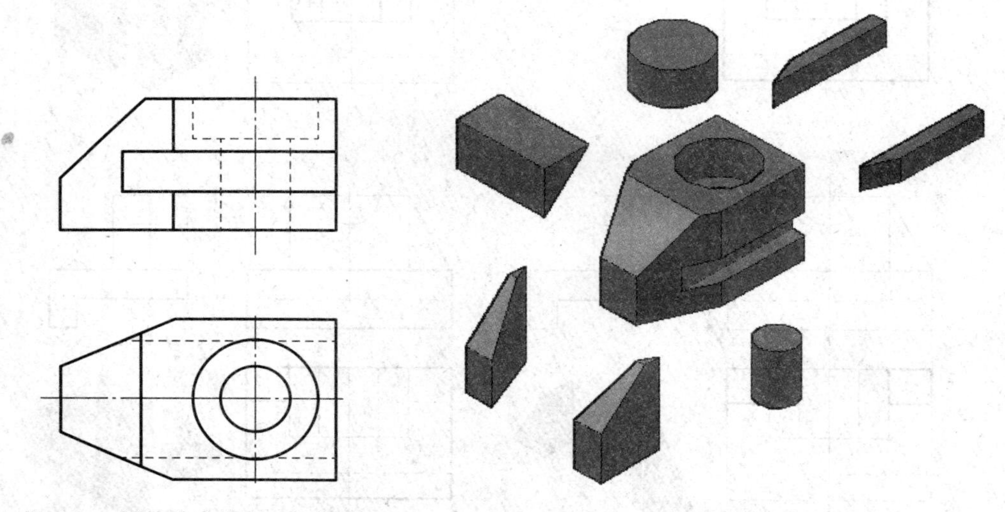

图 6-22　顶块的主视图、俯视图　　**图 6-23　顶块的模型图及形体分析**

在视图补画过程中，可以从原始基本形体入手，结合切割的过程逐步补画截交线；也可以抓住视图中封闭线框所表示的面，分析形体各表面的形状和对投影面的位置，来补画第三面投影。补图步骤如图 6-24 所示。

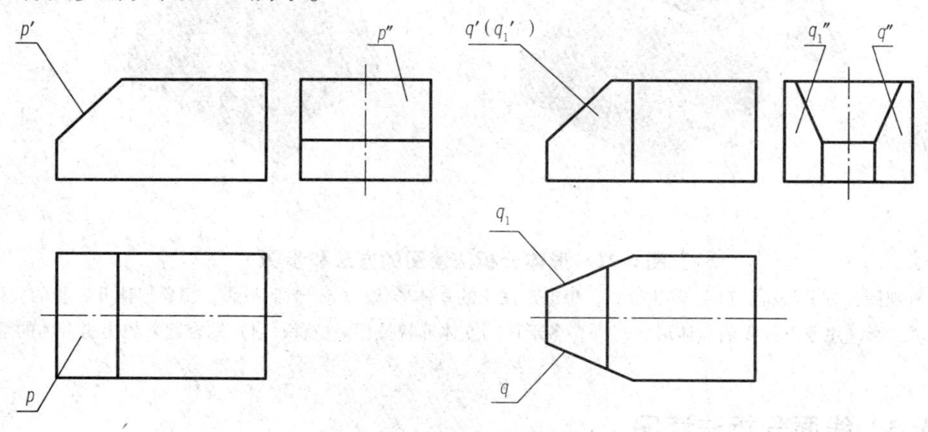

图 6-24　补画顶块视图的步骤

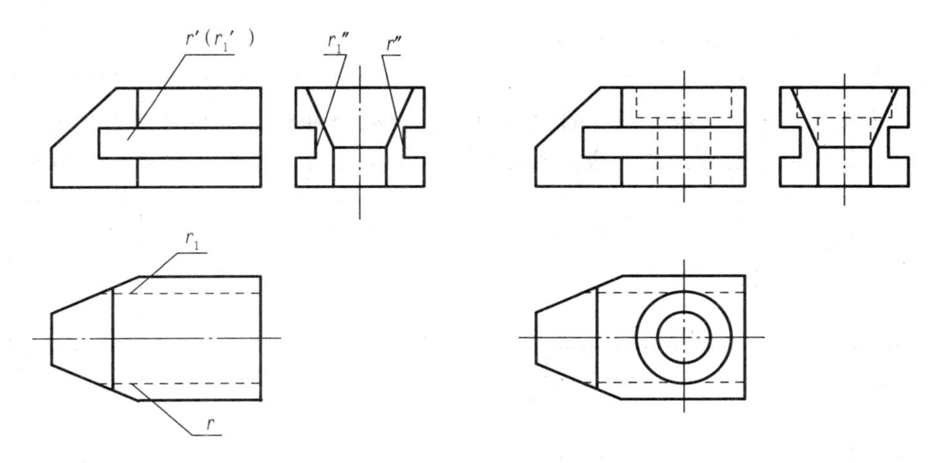

图 6-24　补画顶块视图的步骤（续）

形体分析法和线面分析法的读图步骤虽然相似，但形体分析法是从体的角度出发，划分的线框是基本形体的投影；而线面分析法是从面的角度出发，划分的线框是形体上一个面的投影。

形体分析法较适用于以叠加方式形成的组合体，线面分析法较适用于以切割方式形成的组合体。由于组合体的组合方式往往既有叠加又有切割，所以看图时一般不是独立地采用某种方法，而是两者综合使用，互相配合，互相补充。

已知组合体两视图补画第三视图，实际上是看图和画图的综合训练，一般的方法和步骤为：根据已知视图，用形体分析法与必要的线面分析法分析和想象组合体的形状，在此基础上，按照投影关系逐步补画出所缺的视图。

补画视图时，对叠加型组合体，按各组成部分逐步进行，先部分后整体；对挖切型组合体，应按照挖切的顺序，先画整体再逐步切割，并按先实后虚、先外后内的顺序进行。

【例 6-1】　已知支架的主视图、俯视图，补画左视图，如图 6-25 所示。

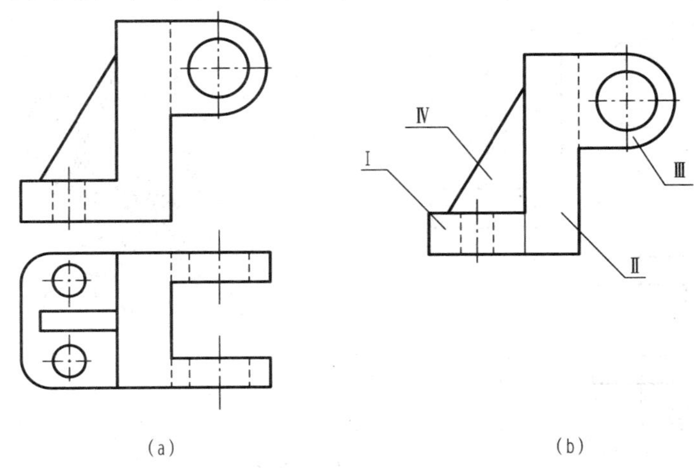

图 6-25　求支架的左视图

（a）支架的主视图、俯视图；（b）利用主视图划分线框

解：用形体分析法将支架的主视图划分为Ⅰ、Ⅱ、Ⅲ、Ⅳ四个封闭线框，用对投影的方法找出其在俯视图中对应的线框，可看出线框Ⅰ所对应的形体是一个有安装孔的底板；线框Ⅱ对应两面投影是一个立板；线框Ⅲ前后对称，是两个耳板；线框Ⅳ对应的是一个肋板。通过分析可想象出该支架的完整形状，由此可补画出左视图，补图步骤如图 6-26 所示。

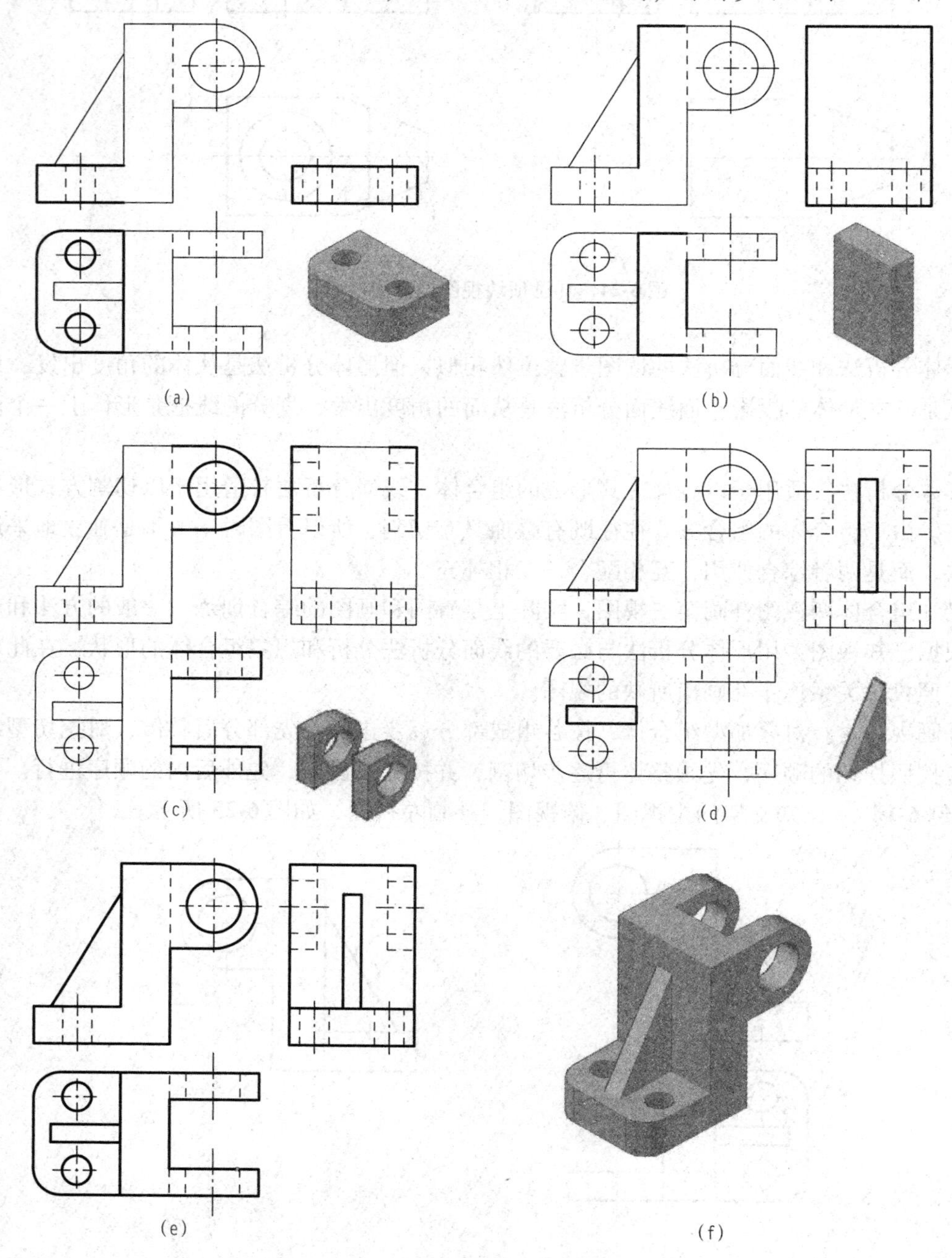

图 6-26　支架的补图步骤

(a) 补画底板左视图；(b) 补画立板左视图；(c) 补画耳板左视图；
(d) 补画肋板左视图；(e) 检查、描深；(f) 支架模型

【例 6-2】　已知撞块的主视图、俯视图，补画其左视图，如图 6-27所示。

解：分析所给视图可知，该撞块属于混合型组合体，由上、下两部分叠加而成，而上、下两部分均为基本形体切割而成。下部是一长方体，左上方被正垂面 *A* 切割，左前方被铅垂面 *B* 切割。由 *A*、*B* 面的两面投影，可求第三面投影。值得注意的是，*A*、*B* 两面在有关视图上的投影成类似形，*A*、*B* 两面的交线为一般位置直线Ⅰ Ⅱ。撞块的上部是一梯形块，其左端面 *C* 是一侧平面，它与 *A* 面的交线为Ⅲ Ⅸ，前面 *D* 为铅垂面，它与 *A* 面的交线为Ⅲ Ⅳ，与下部长方体顶面的交线为Ⅳ Ⅴ，*D* 面的正面投影和侧面投影为类似形，由 *d*、*d*′可求得 *d*″，其他部分可自行分析。通过分析想象出撞块的完整形状，由此可补画出左视图，补图步骤如图 6-28 所示。

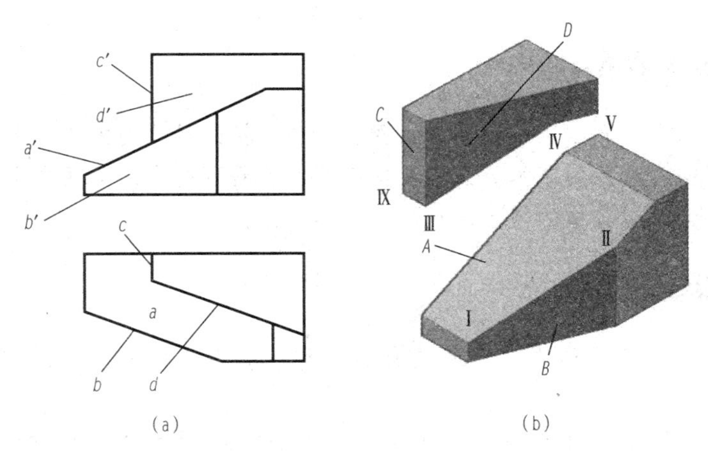

图 6-27　求撞块的左视图

（a）主视图、俯视图；（b）形体分析

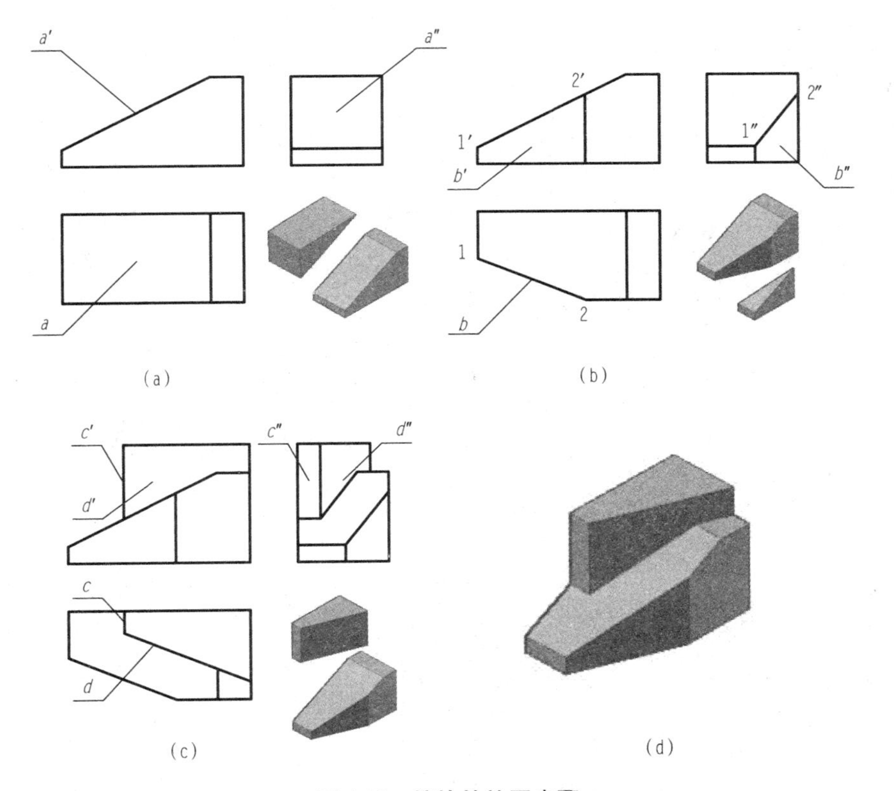

图 6-28　撞块的补图步骤

（a）正垂面左上方切割；（b）铅垂面左前方切割；（c）两形体叠加；（d）撞块模型

本章小结

本章介绍了组合体的画图、看图、标注尺寸的方法。形体分析法、线面分析法是组合体画图、看图的基本方法。要提高画图、看图能力，必须多实践、多画、多看、多想，还要熟悉常见组合体的视图表达。

思考题

1. 组合体的组合形式有哪几种？各组合体的表面连接关系有哪些？它们的画法有何特点？

2. 试述用形体分析法画图、读图和标注尺寸的方法和步骤。

3. 试述用线面分析法读图的方法和步骤。

第7章

轴测投影

★本章知识点

1. 轴测图的形成、轴间角、轴向伸缩系数。
2. 正等轴测图。
3. 斜二等轴测图。
4. 轴测剖视图。

7.1 轴测图概述

7.1.1 轴测图的形成及投影特性

将物体连同其直角坐标系，沿不平行于任一坐标平面的方向，用平行投影法将其投射到一指定的平面 P 上所得到的投影，称为轴测投影，又称轴测图，如图 7-1 所示。平面 P 称为轴测投影面；直角坐标轴（OX、OY、OZ）在 P 面上的投影（O_1X_1、O_1Y_1、O_1Z_1）称为轴测投影轴，简称轴测轴。轴测轴是画轴测图的主要依据。

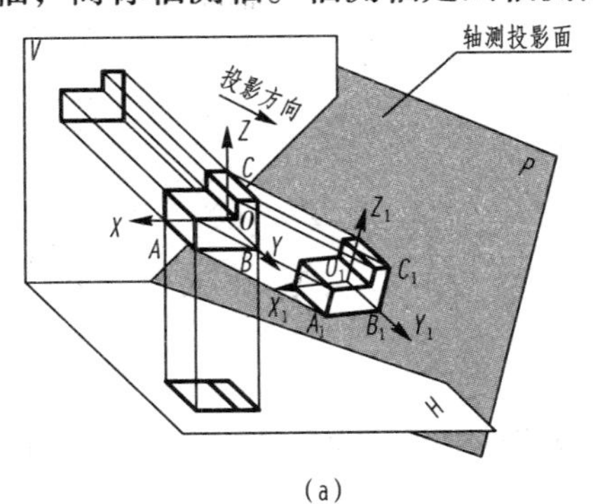

(a)

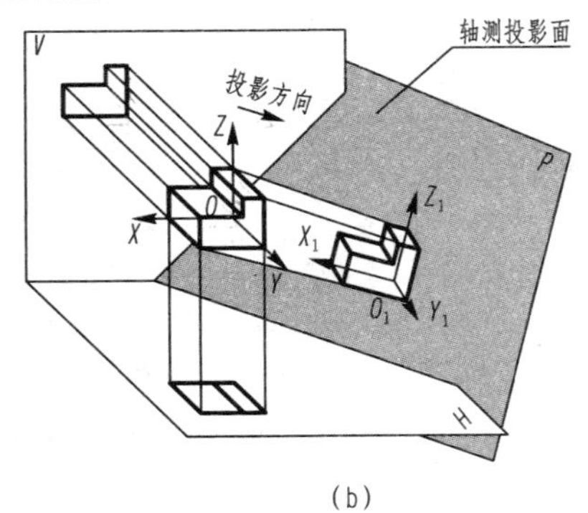

(b)

图 7-1 轴测图的形成

(a) 正轴测投影；(b) 斜轴测投影

由于轴测图是用平行投影法得到的，因此它具有以下投影特性：

（1）物体上相互平行的线段，其轴测投影也相互平行。

（2）与坐标轴平行的线段，其轴测投影必平行于相应的轴测轴。

（3）物体上两平行线段或同一直线上的两线段长度之比，在轴测图上保持不变。

7.1.2　轴间角和轴向伸缩系数

图 7-1 中轴测轴之间的夹角$\angle X_1O_1Y_1$、$\angle Y_1O_1Z_1$、$\angle Z_1O_1X_1$称为轴间角。

由于物体上三个坐标轴对轴测投影面的倾斜角度不同，所以在轴测图上各条轴线长度的变化程度也不一样，因此把轴测轴上的线段与物体坐标轴上对应线段的长度比，称为轴向伸缩系数。例如，在图 7-1 中，O_1X_1 的轴向伸缩系数 $p = O_1A_1/OA$，O_1Y_1 的轴向伸缩系数 $q = O_1B_1/OB$，O_1Z_1的轴向伸缩系数 $r = O_1C_1/OC$。

7.1.3　轴测投影的分类

从投射方向与投影面的相互位置来看，轴测投影只有以下两类：

（1）正轴测投影，投射方向垂直于轴测投影面。

（2）斜轴测投影，投射方向倾斜于轴测投影面。

如从轴向伸缩系数相等与否的关系来看，在上述两类轴测投影中每类又可分为等测投影（$p_1 = q_1 = r_1$）、二测投影（$p_1 = r_1 \neq q_1$）、三测投影（$p_1 \neq r_1 \neq q_1$）三种。

综上所述，轴测投影有正等测投影、正二测投影、正三测投影、斜等测投影、斜二测投影和斜三测投影六个类型，本章仅对正等轴测图和斜二等轴测图进行讲解。

7.2　正等轴测图

当三根坐标轴与轴测投影面倾斜的角度相同时，用正投影法得到的投影图称为正等轴测图，简称正等测。

如图 7-2 所示，由于物体的坐标轴 OX、OY、OZ 对轴测投影面的倾角相等，可计算出其轴间角$\angle X_1O_1Y_1 = \angle X_1O_1Z_1 = \angle Y_1O_1Z_1 = 120°$。

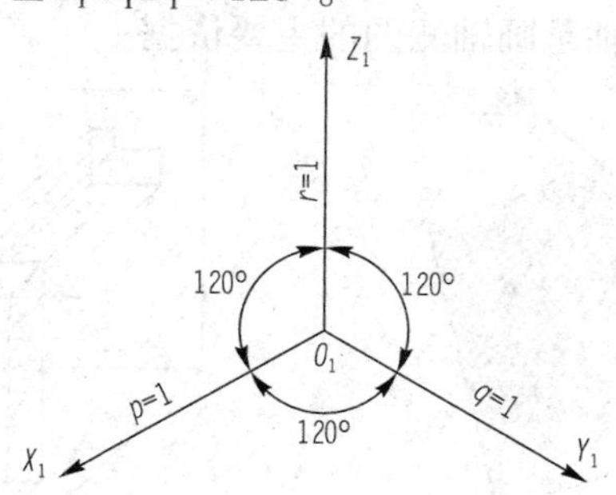

图 7-2　正等轴测图的轴间角和轴向伸缩系数

由理论计算可知，三根轴的轴向伸缩系数均为 0.82，但为了作图方便，通常简化轴向伸缩系数为 1。用此轴向伸缩系数画出的图形，其形状不变，但比按理论伸缩系数画出的轴测图大了 1.22 倍。在绘制轴测图时，通常将 O_1Z_1 轴画成铅垂方向。

7.2.1　平面立体的正等轴测图

绘制轴测图最基本的方法是坐标法，即根据立体表面上各顶点的坐标，画出它们的轴测投影，连接各顶点的轴测投影完成立体的轴测图。

【例 7-1】　用坐标法画出图 7-3（a）所示正六棱柱的正等轴测图。

解：（1）在多面正投影图上确定坐标原点和坐标轴，如图 7-3（a）所示。坐标原点和坐标轴的选择应以作图简便为原则。作轴测轴 O_1X_1、O_1Y_1、O_1Z_1，使三个轴间角均等于 120°，如图 7-3（b）所示。

（2）作六棱柱顶面的正等测。根据轴测投影的性质，应用坐标法作出顶面的轴测投影，如图 7-3（c）所示。

（3）分别由各顶点向下作 Z_1 轴的平行线，在其上截取六棱柱的高度 h，得到各棱线和底面各顶点的轴测投影，连接底面各顶点的轴测投影，得各侧面和底面的轴测投影，如图 7-3（d）所示。

（4）经整理加深得到正六棱柱的正等轴测图，如图 7-3（e）所示。

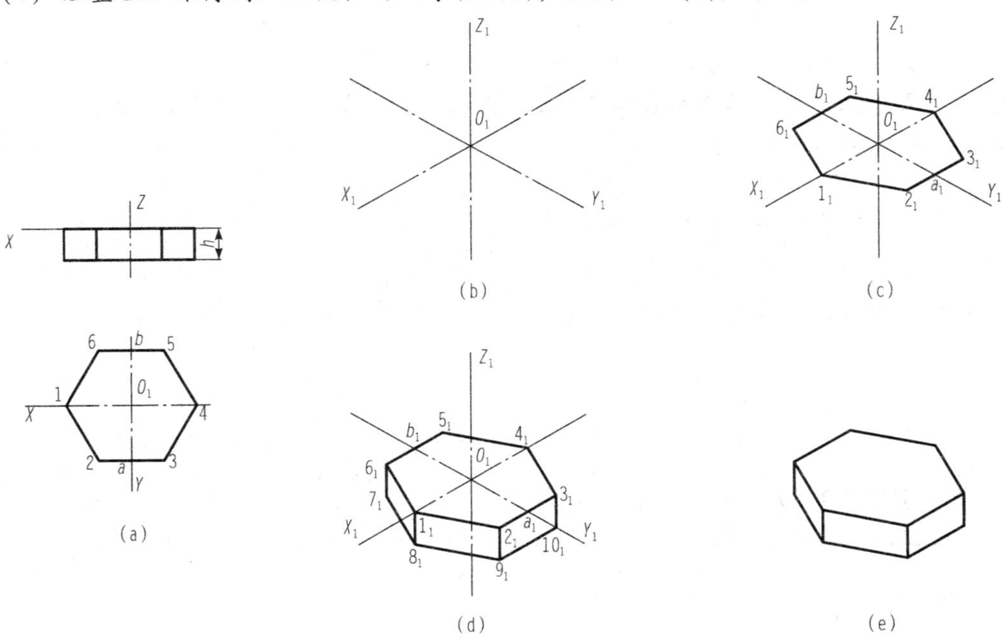

图 7-3　坐标法画正六棱柱的正等轴测图

以坐标法为基础，根据组合体的构成方式，常辅以叠加法和切割法，可使作图更简便。

【例 7-2】　画出图 7-4（a）所示三视图的正等轴测图。

解：图 7-4（a）所示三视图表达了一个切割式组合体，适宜用切割法绘制其轴测图。作图过程如下：

（1）根据所注尺寸画出完整的长方体，如图 7-4（b）所示。

（2）用切割法切去左上方的三棱柱，如图 7-4（c）所示。

(3) 用切割法切去左前方的四棱柱，如图 7-4（d）所示。

(4) 整理图线，加深可见部分即得形体的正等轴测图，如图 7-4（e）所示。

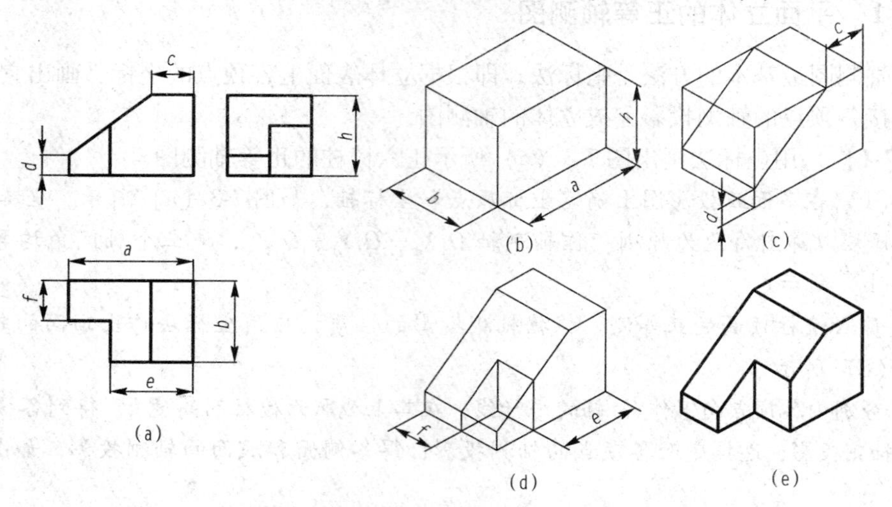

图 7-4　切割法画平面立体的正等轴测图

【例 7-3】　画出图 7-5（a）所示三视图的正等轴测图。

解：图 7-5（a）所示三视图表达了一个由底板Ⅰ、竖板Ⅱ和肋板Ⅲ叠加而成的组合体，适宜用叠加法绘制其正等轴测图。

作图过程如下：

(1) 画出底板，如图 7-5（b）所示。

(2) 画出竖板和肋板，如图 7-5（c）、(d) 所示。

(3) 整理图线，加深可见部分即得形体的正等轴测图，如图 7-5（e）所示。

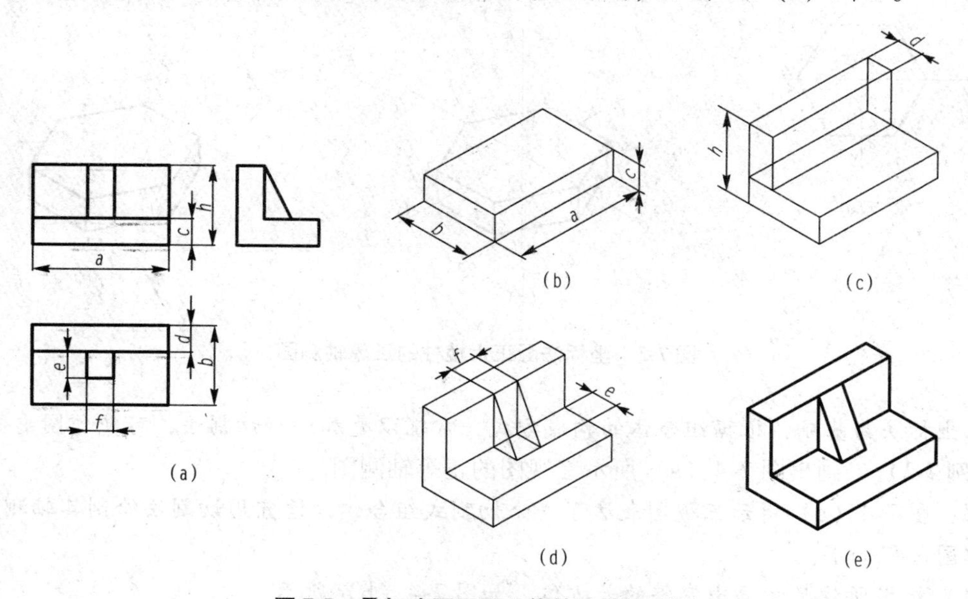

图 7-5　叠加法画平面立体的正等轴测图

切割法和叠加法是根据形体分析得出的。在绘制复杂形体的轴测图时，常将两种方法同时使用。

7.2.2　圆的正等轴测图

当圆所在平面不平行于轴测投影面时，它的轴测投影是椭圆。三个坐标面在正轴测投影中都倾斜于轴测投影面，因此，位于或平行于坐标面上的圆的正轴测投影都是椭圆。下面介绍平行于投影面的圆的正等轴测图及其画法。

投影分析：平行于坐标面的圆的正等轴测投影是椭圆，如图 7-6 所示。从图中可以看出，平行于坐标面 XOY（水平面）的圆的正等测投影（椭圆）长轴垂直于 Z_1 轴，短轴平行于 Z_1 轴；平行于坐标面 YOZ（侧面）的圆的正等测投影（椭圆）长轴垂直于 X_1 轴；短轴平行于 X_1 轴；平行于坐标面 XOZ 的圆的正等测投影（椭圆）长轴垂直于 Y_1 轴，短轴平行于 Y_1 轴。

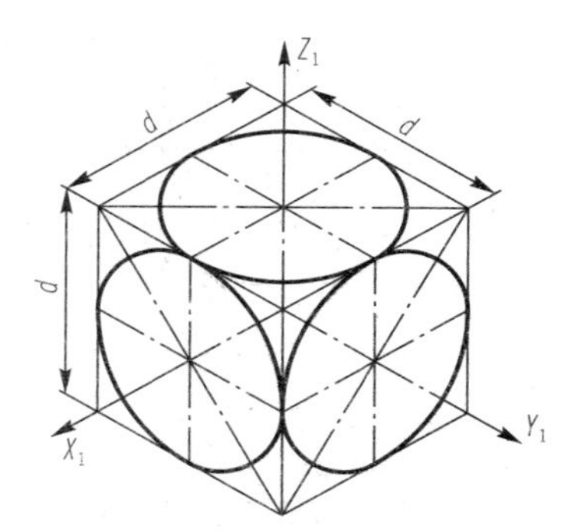

图 7-6　平行于坐标面的圆的正等轴测图

为了简化作图，上述椭圆一般用四段圆弧代替。这四段圆弧的四个圆心是根据椭圆的外切菱形求得的，如图 7-7 所示。其中圆弧 1_12_1 的圆心为 O_2，圆弧 3_14_1 的圆心为 O_3，圆弧 1_14_1 的圆心为 O_4，圆弧 2_13_1 的圆心为 O_5。从图中可知，O_2、O_3、1_1、2_1、3_1、4_1 距 O_1 的距离均为圆的半径。O_2、O_3、1_1、2_1、3_1、4_1 确定后即可确定 O_4、O_5。图 7-7（f）所示为不画外切菱形求圆心的方法。

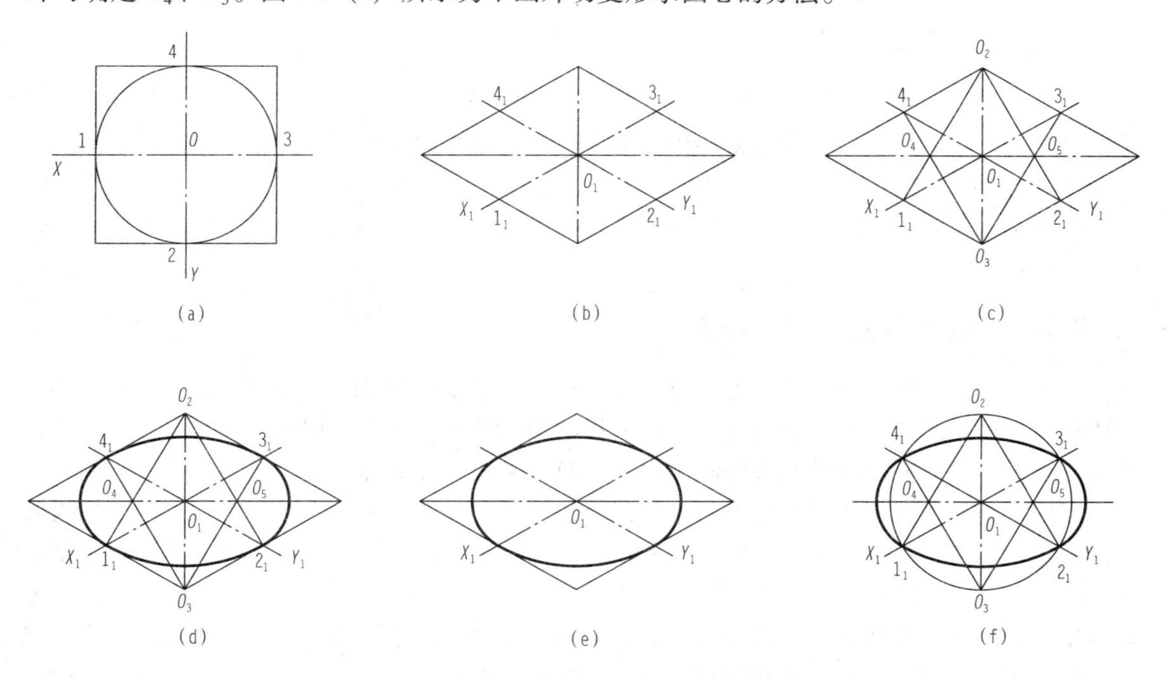

图 7-7　平行于坐标面的圆的正等轴测图的画法

7.2.3 回转体的正等轴测图

回转体的正等轴测图主要涉及圆的轴测图画法。上一节已介绍圆的正等轴测图画法，下面介绍常见回转体的正等轴测图。

圆柱、圆台的正等轴测图如图 7-8 所示。

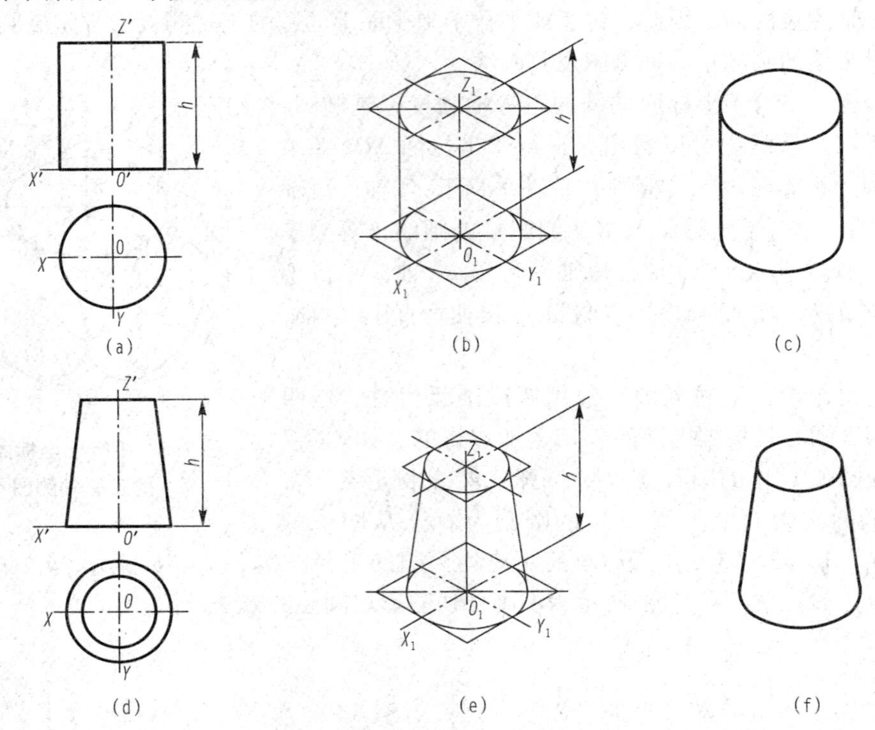

图 7-8 圆柱、圆台的正等轴测图的画法

作图：根据圆柱、圆台的直径和高，先画出上、下底的椭圆，然后作两椭圆的公切线，即为转向轮廓线。

7.2.4 组合体的正等轴测图

画组合体的正等轴测图时，也应进行形体分析，先弄清形体的组成情况（由哪些基本形体按何种形式组合，相互位置关系如何，在结构形状上又表现出哪些特点），然后考虑表达的清晰性，进而确定画图的方法和顺序，一般可采用下述两种方法。

对属于叠加型且单体形状清晰而相邻两形体界线又明显的组合体，可以先对主要结构形体进行定位，然后从上而下、由前向后分别画出各单体的轴测投影、连接处分界线及次要结构。图 7-9 所示即为此种画法的示例。为了画图主动和避免画不必要的线，建议画图前，先按想象清楚的空间形状画一轴测草图，作为画图时的参考。图 7-9（a）所示为形体的三视图；以底板顶面为基准，定出圆筒轴线画圆筒、底板，如图 7-9（b）所示；画肋板，如图 7-9（c)所示；画底板上槽和圆筒上槽，如图 7-9（d）所示；去除多余线条，描粗完成全图，如图 7-9（e)所示。

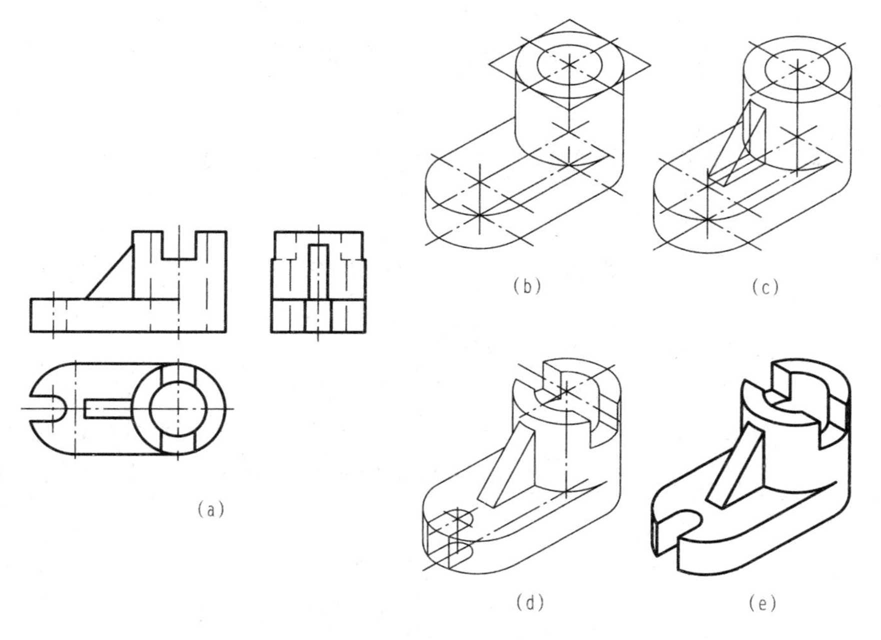

图 7-9　叠加型组合体的画法示例

对属于切割型且形体不甚清晰或其上有切口、切槽的组合体，可认为由基本形体逐步切割而成。其画图步骤体现切割的顺序，如图 7-10 所示。图 7-10（a）所示为形体的三视图；根据长、宽、高画矩形块，如图 7-9（b）所示；画左斜切面，如图 7-9（c）所示；画前四棱柱，如图 7-9（d）所示；去除多余线条，描粗完成全图，如图 7-9（e）所示。

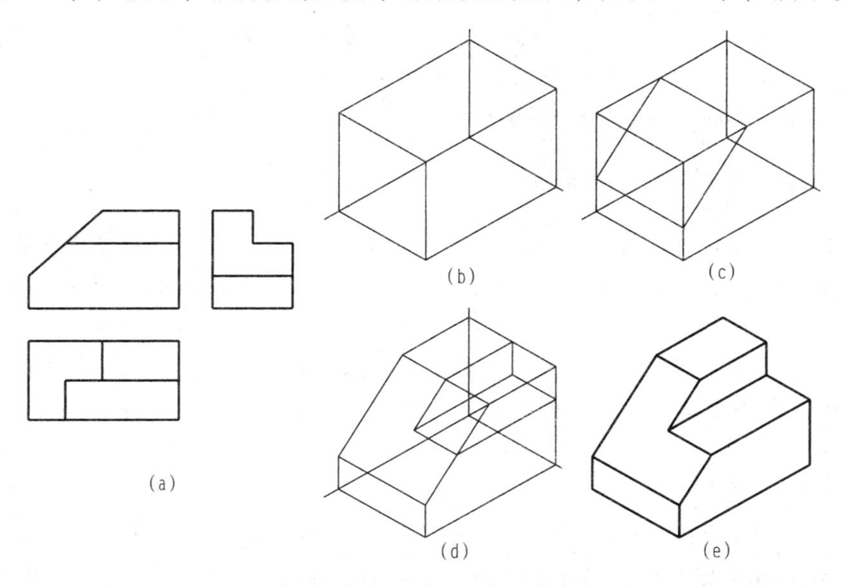

图 7-10　切割型组合体的画法示例

7.3 斜二等轴测图

7.3.1 斜二等轴测图的形成、轴间角和轴向伸缩系数

1. 斜二等轴测图的形成

如果使 XOZ 坐标面平行于轴测投影面，采用斜投影法所画出的轴测图，称为斜二等轴测图，简称斜二测。

2. 斜二等轴测图的轴间角和轴向伸缩系数

由于 XOZ 坐标面平行于轴测投影面，这个坐标面的轴测投影反映实形，因此斜二等轴测图的轴间角 $\angle X_1O_1Z_1=90°$，$\angle X_1O_1Y_1=\angle Y_1O_1Z_1=135°$。$O_1X_1$ 轴和 O_1Z_1 轴的轴向伸缩系数 $p=r=1$；为作图方便，O_1Y_1 轴的轴向伸缩系数一般取 $q=0.5$，如图 7-11 所示。

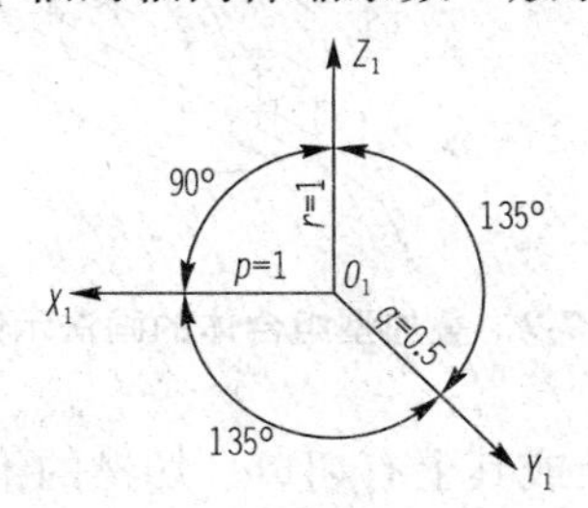

图 7-11 斜二等轴测图的轴间角和轴向伸缩系数

由上述斜二测轴测图的特点可知，平行于 XOZ 坐标面的圆的斜二测反映圆的实形，作图方便。平行于 XOY、YOZ 两个坐标面的圆的斜二测为椭圆，这些椭圆的长短轴不与相应轴测轴平行，作图较烦琐。因此，斜二测一般用来表达只在一个方向上互相平行的平面内有圆或圆弧的形体，此时只要把这些平面选为平行于 XOZ 坐标面即可。

7.3.2 斜二等轴测图的画法

斜二轴测图的基本画法仍然是坐标法。复杂形体的画法，与正等轴测图相似。斜二等轴测图能如实表达物体在坐标面上的实形，因而适合用来表达某一方向的复杂形状或只有一个方向有圆的物体。

【例 7-4】 画出图 7-12（a）所示形体的斜二等轴测图。

解：形体上部由带圆孔和开槽的长方体组成，下部由长方体与半圆管组合而成。上、下两部分后端面共面。

作图过程如下：

（1）为作图方便，选择图 7-12（a）所示的坐标系。

（2）先画上部后面的形状，与主视图完全一样，如图 7-12（b）所示。再沿 Y_1 轴定出立板厚度的一半，画出前面形状，将前、后面的对应点连线，并作出两半圆的公切线，如图 7-12（c）所示。

（3）根据轴测图坐标画出下面长方体，如图 7-12（d）所示。

（4）画出下面半圆管，整理图线，描深全图，如图7-12（e）所示。

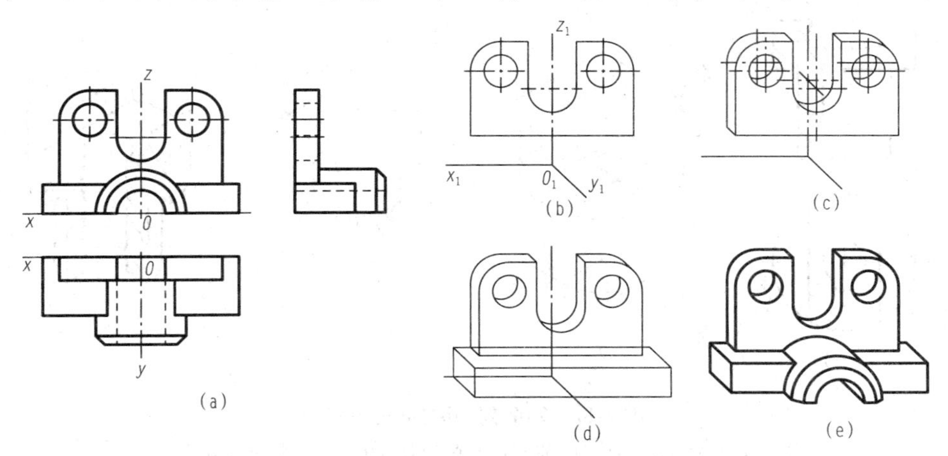

图7-12　组合体的斜二等轴测图的画法

7.4　轴测剖视图

当绘制内部形状较复杂形体的轴测图时，为了表达形体内部的结构形状，一般采用剖视的方法。用假想的剖切平面将形体的一部分剖去，这种剖切后的轴测图称为轴测剖视图。作轴测剖视图时，一般用两个相互垂直的轴测坐标面（或其平行面）剖切形体，能较完整地表达形体的内、外形状。正等测剖面线方向按图7-13（a）的规定来画，斜二测剖面线方向应按图7-13（b）的规定来画，正二测剖面线的画法与斜二测剖面线的画法类似。

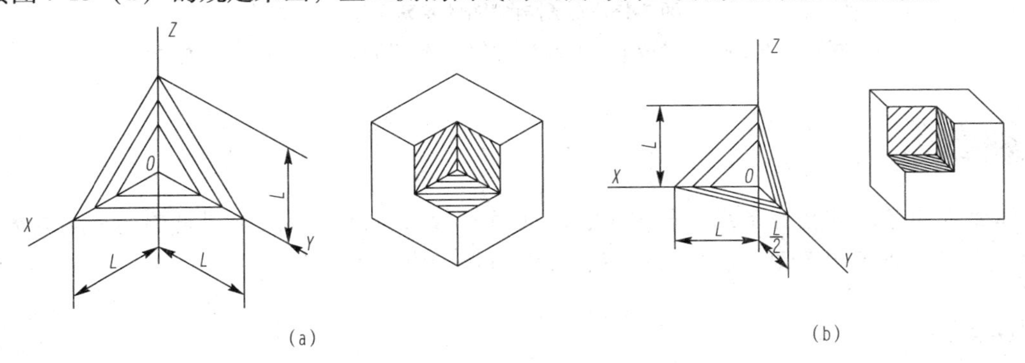

图7-13　常用两种轴测图上的剖面线方向

（a）正等测；（b）斜二测

在轴测图上作断面的步骤一般有两种：一种是先画整体的外形轮廓，然后画断面和内部看得见的结构和形状（图7-14），适于初学者采用；另一种则先画出断面形状，后画外面和内部看得见的结构（图7-15）。显然，后者可省画那些被剖切部分的轮廓线，并有助于保持图样的整洁。

画剖切轴测图时，如剖切平面通过肋或薄壁结构的对称面，则在这些结构要素的剖面区域内，规定不画剖面符号，但要用粗实线把它和邻接部分分开，如图 7-15（d）所示。

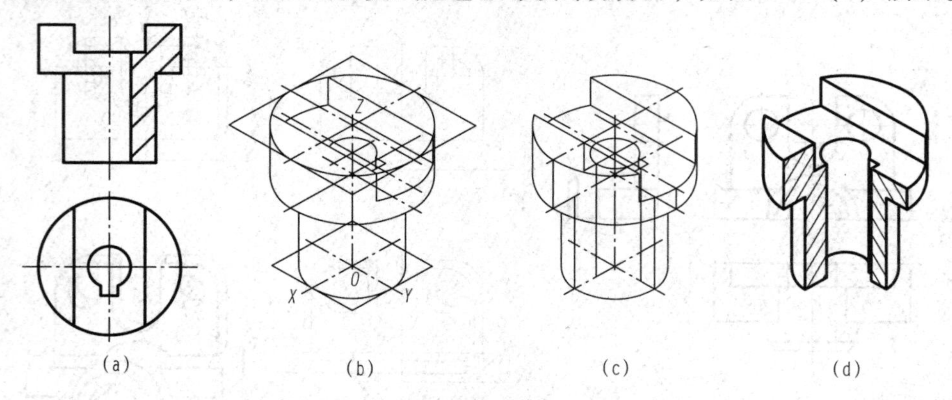

图 7-14　轴测剖视图的一般画法

（a）视图；（b）画外形；（c）画剖面形状；（d）完成全图

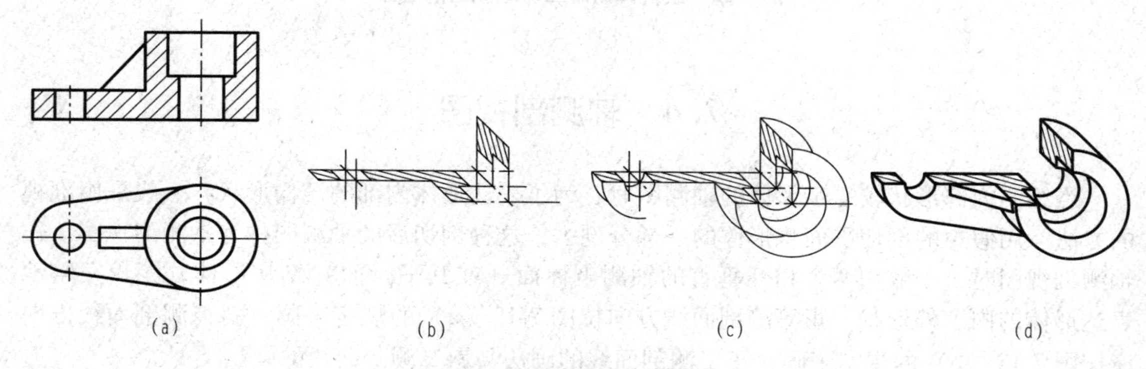

图 7-15　轴测剖切图的特殊画法

（a）视图；（b）画剖面形状；（c）画各层平面的圆和圆弧；（d）画肋并完成全图

本章小结

本章介绍了轴测图的形成、轴测轴、轴间角、轴向伸缩系数及轴测投影的分类等知识，并重点介绍了正等轴测图、斜二轴测图、轴测剖视图的具体画法。

思考题

1. 按投射方向与投影面的相互位置来分类，轴测投影有哪几种？
2. 画轴测图常用的方法有哪几种？

第8章

机件常用的表达方法

★本章知识点

1. 视图的种类、图示原理，图示位置、标注及用途。
2. 剖视图的形成、种类、画法、标注及用途。
3. 断面图的形成、种类、画法、标注及用途。
4. 局部放大图的用途、画法及标注。
5. 简化画法的用途及要求。

机件常用的表达方法是在画法几何基础上，根据国家标准《机械制图》及《技术制图》针对机械零件的结构特点，为准确、完整、清晰、恰当、合理地表达其内、外形状及大小而制定的表达方法。

这一章所呈现的结构都是机械零件上常见的结构，是后续零件图和装配图的图示基础，也是由投影理论转向专业制图的开始，起着承上启下的重要作用。

8.1 视图（GB/T 4458.1—2002）

8.1.1 基本视图

当机件的形状比较复杂时，为了清晰地表达其各方向的形状，在已介绍的三个投影面的基础上，再增添三个投影面构成一个正六面体，国家标准将这六个面规定为基本投影面。将机件放置在正六面体中，并由其向六个基本投影面投影所得的视图称为基本视图。在六个基本视图中除了前面已介绍的主、俯、左三个视图外，还有右视图、仰视图和后视图，如图 8-1所示。

右视图是由右向左投影所得的视图；仰视图是由下向上投影所得的视图；后视图是由后向前投影所得的视图。

六个基本投影面的展开方法如图 8-2（a)所示，展开后各基本视图的配置如图 8-2（b）所示。六个基本视图之间仍然符合长对正、高平齐、宽相等的投影规律。在同一张图纸上按图 8-2（b）所示配置视图时，可不标注视图的名称。

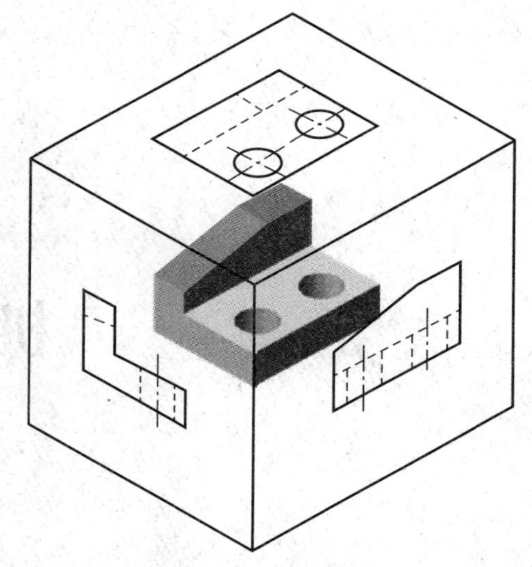

图 8-1　六个基本投影面

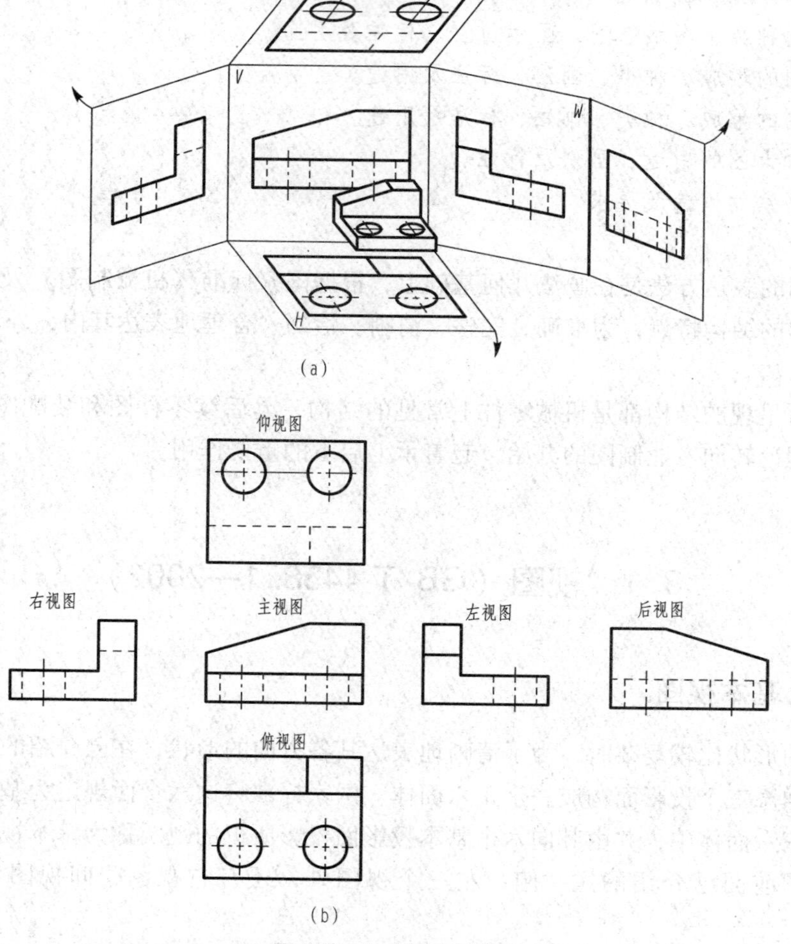

图 8-2　六个基本视图

8.1.2　向视图

向视图是可以自由配置的视图。在绘图过程中，当不能按图 8-2（b）所示配置视图时，应采用向视图表达，在向视图的上方标出视图名称“×”（为大写拉丁字母，下同）。在相应视图附近用箭头指明投影方向，并标注相同的字母，如图 8-3 所示。

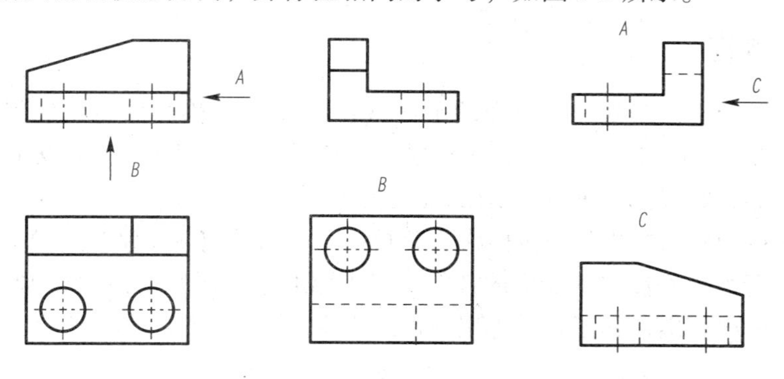

图 8-3　向视图及标注

在实际制图时，应根据机件的形状和结构特点，本着完整、清晰地表达物体形状的前提，使视图数量尽量少的原则，选择必要的基本视图，便于画图和读图。

8.1.3　局部视图

将机件的某一部分向基本投影面投影所得的视图，称为局部视图。例如，图 8-4 所示的机件，若选用主、俯两个基本视图，其主要形状已表达清楚，但左、右两个凸台的形状尚未充分表达，若因此再画两个完整的基本视图则大部分投影重复。此时采用“*A*”“*B*”局部视图表达。当机件上某些局部形状没有必要用完整的基本视图表达时，常采用局部视图。

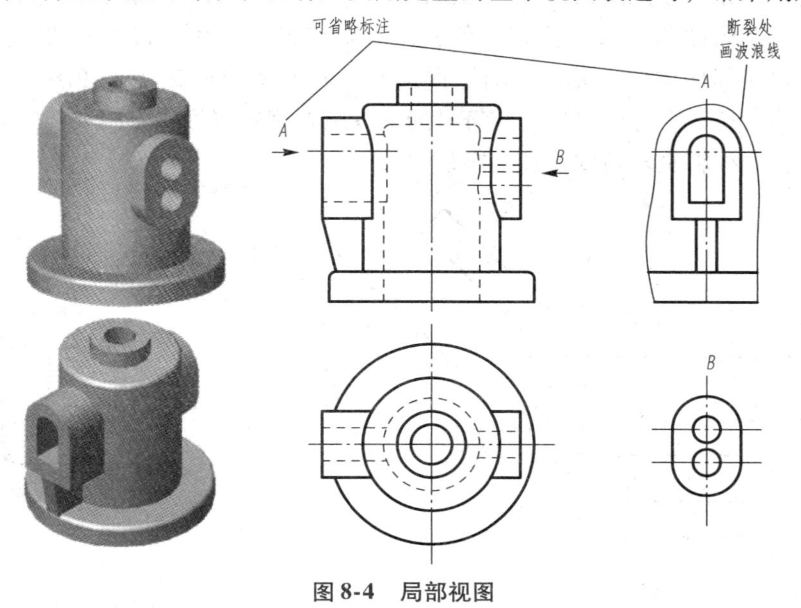

图 8-4　局部视图

在画局部视图时，一般在局部视图的上方标出视图的名称“ × ”，在相应的视图附近用箭头指明投影方向，并注上同样的字母“ × ”。当局部视图按投影关系配置，中间没有其他图形隔开时，可省略标注，如图 8-4 中的 *A* 向局部视图可省略标注。局部视图的断裂边界通常用波浪线表示，如图 8-4 中的“*A*”视图。当所表示的结构形状完整，且外轮廓线呈封闭时，波浪线可省略，如图 8-4 中的“*B*”视图。

8.1.4 斜视图

将机件向不平行于任何基本投影面的平面（斜投影面）投影而得到的视图，称为斜视图。图 8-5 所示为弯板投影图的形成。该弯板具有倾斜结构，其倾斜表面为正垂面，它的基本视图不反映实形，给画图和看图带来困难，也不便于标注尺寸。为了表示倾斜部分的实形，建立一个平行于倾斜结构的正垂面作为新投影面，然后将倾斜结构按垂直于新投影面的方向 *A* 作投影，即可得到反映其实形的视图。斜视图通常只用来表达机件倾斜部分的实形，故其余部分不必全部画出，其断裂边界用波浪线表示。

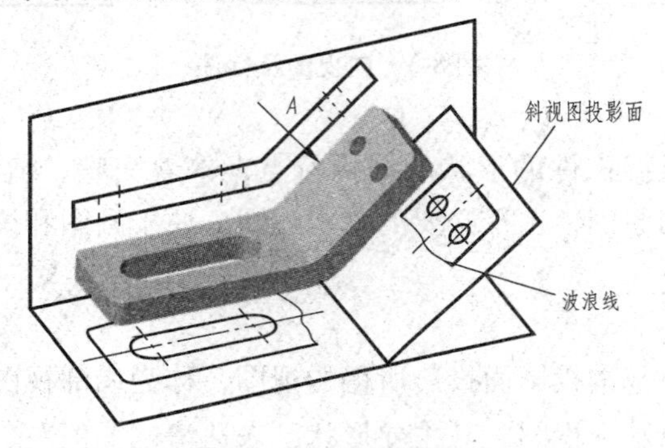

图 8-5　斜视图的形成

画斜视图时，必须在视图的上方标出视图名称“ × ”，并在相应的视图附近用箭头指明投影方向，并注上同样的“ × ”字母，斜视图一般按投影关系配置，如图 8-6（a）所示，必要时也可配置在其他位置。在不致引起误解时，允许将图形旋转，如图 8-6（b）所示，表示该视图名称的拉丁字母应靠近旋转符号的箭头端，旋转符号的方向要与实际旋转方向一致。必要时，也允许将旋转角度标注在字母之后。

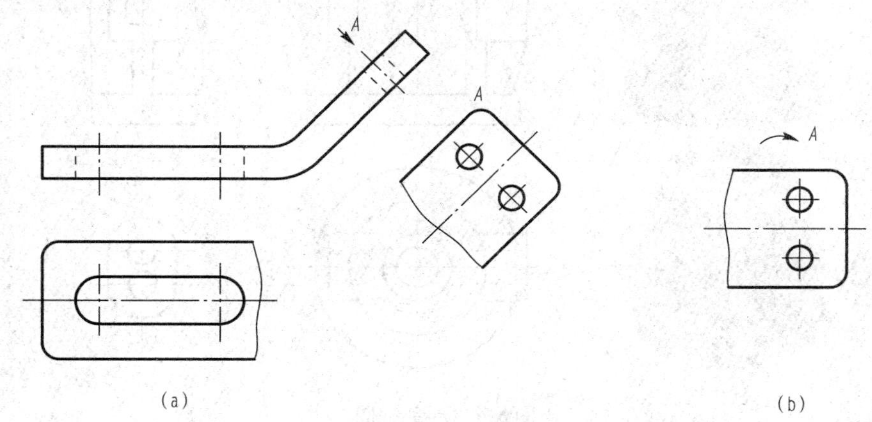

图 8-6　斜视图的画法

8.2　剖视图

8.2.1　剖视图的概念和基本画法

剖视图主要用于表达机件的内部结构形状。如图 8-7 所示，当机件的内部形状复杂，视图中虚线较多，不便于画图和看图，也不便于标注尺寸和有关技术要求时，国家标准规定可采用剖视的表达方法。

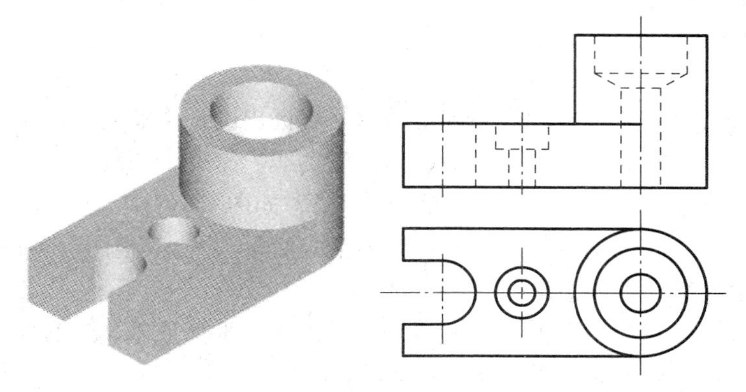

图 8-7　机件及其视图

1. 剖视图的概念

假想用剖切面剖开机件，移去观察者和剖切平面之间的部分，将其余部分向投影面投影所得的图形，称为剖视图。如图 8-8 采用正平面作为剖切面，在机件的前后对称平面处假想将其剖开，移去前面部分，使其内部的孔、槽等结构显示出来，从而在主视图上得到它的剖视图。

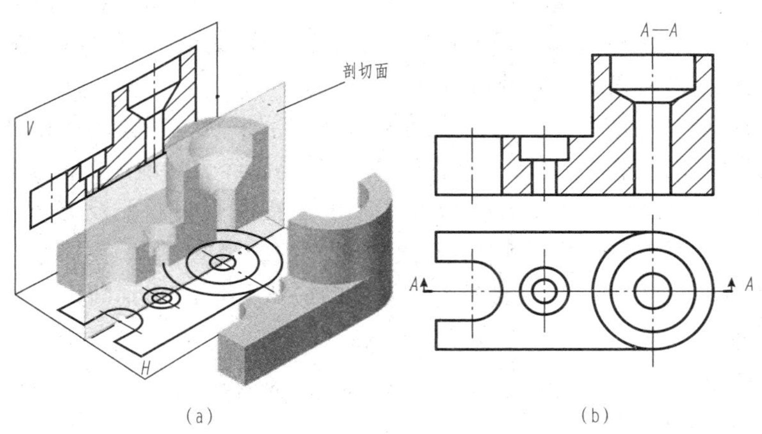

图 8-8　剖视图的形成

2. 剖视图的基本画法

（1）确定剖切面的位置。一般常用平面作为剖切面，画剖视图时，首先要考虑在什么位置剖开机件，即恰当选择剖切位置。为了表达机件内部的真实形状，剖切平面一般应通过机件内部结构的对称平面或孔的轴线，并平行于相应的投影面，如图 8-8（a）所示，选取平行于 *V* 面的前后对称面为剖切平面。

（2）画剖视图。剖切平面剖切到的机件断面轮廓和其后面的可见轮廓线，均用粗实线画出，如图 8-8（b）所示的主视图。

（3）画剖面符号。在剖切面切到的断面轮廓内画出剖面符号，如图 8-8（b）所示的主视图，《机械制图 图样画法 部视图和断面图》（GB/T 4458. 6—2002）规定，金属材料的剖面符号用与水平方向成 45°，间隔均匀的细实线画出，向左或向右倾斜均可，但要求在一张图样上，同一机件在各个剖视图上剖面线的方向和间距应相同。当图形中的主要轮廓线与水平线成 45°时，该图形的剖面线应画成与水平线成 30°或 60°的平行线，其倾斜的方向仍与其他图形的剖面线一致。

3. 剖视图的标注

（1）一般在剖视图的上方用字母标出剖视图的名称“×—×”；在相应的视图上用剖切符号［宽为（1 ~ 1. 5）d 的断开粗实线］表示剖切位置，在剖切符号的起讫处用箭头画出投影方向，并标出同样的字母“×”，如图 8-8（b）所示。

（2）当剖视图按投影关系配置，中间又没有其他图形隔开时，可省略箭头，如图 8-8（b）中的箭头即可省略。

（3）当单一剖切平面通过机件的对称平面或基本对称平面，且剖视图按投影关系配置，中间又没有其他图形隔开时，可省略标注，如图 8-8（b）中的标注可全省略。

4. 画剖视图的注意事项

（1）剖切的假想性与真实性。对机件来说，剖切是假想的。在一个视图上画了剖视图，如图 8-8（b）的主视图，其他未画剖视的视图仍应完整画出，如图 8-8（b）所示的俯视图。对所画的剖视图来说，剖切又是真实的，应按剖切后的情况画出，如图 8-8（b）所示的主视图。

（2）剖视图与剖切面的位置。剖视图本身不能反映剖切面的位置，剖切面的位置只能在其他视图上表示。如图 8-8（b）所示的主视图，剖切面是通过机件的前后对称平面剖切的，剖切面的位置在俯视图上才能表示出来。

（3）虚线的处理。画剖视图是为了表达机件的内部形状，减少视图中的虚线，增强图形的清晰性。因此，在某个视图画了剖视图以后，凡是已经表达清楚的内、外结构形状，在其他视图上的虚线不再画出。如图 8-8（b）所示的主视图上表示平板上部分表面投影的水平虚线就没有画出，因为在俯视图上已经表示清楚它们的结构。

（4）剖视图上可见的轮廓线不要遗漏。剖视图应该画出剖切到断面形状的轮廓线和剖切面后的可见轮廓线。表 8-1 列举了几种易漏线的情况。

表 8-1 剖视图中容易漏线的示例

立体图	正确	错误
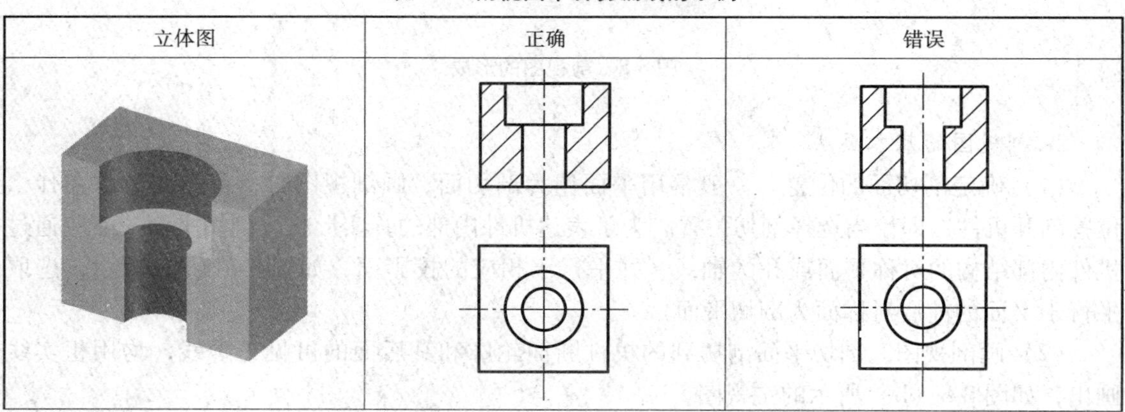		

续表

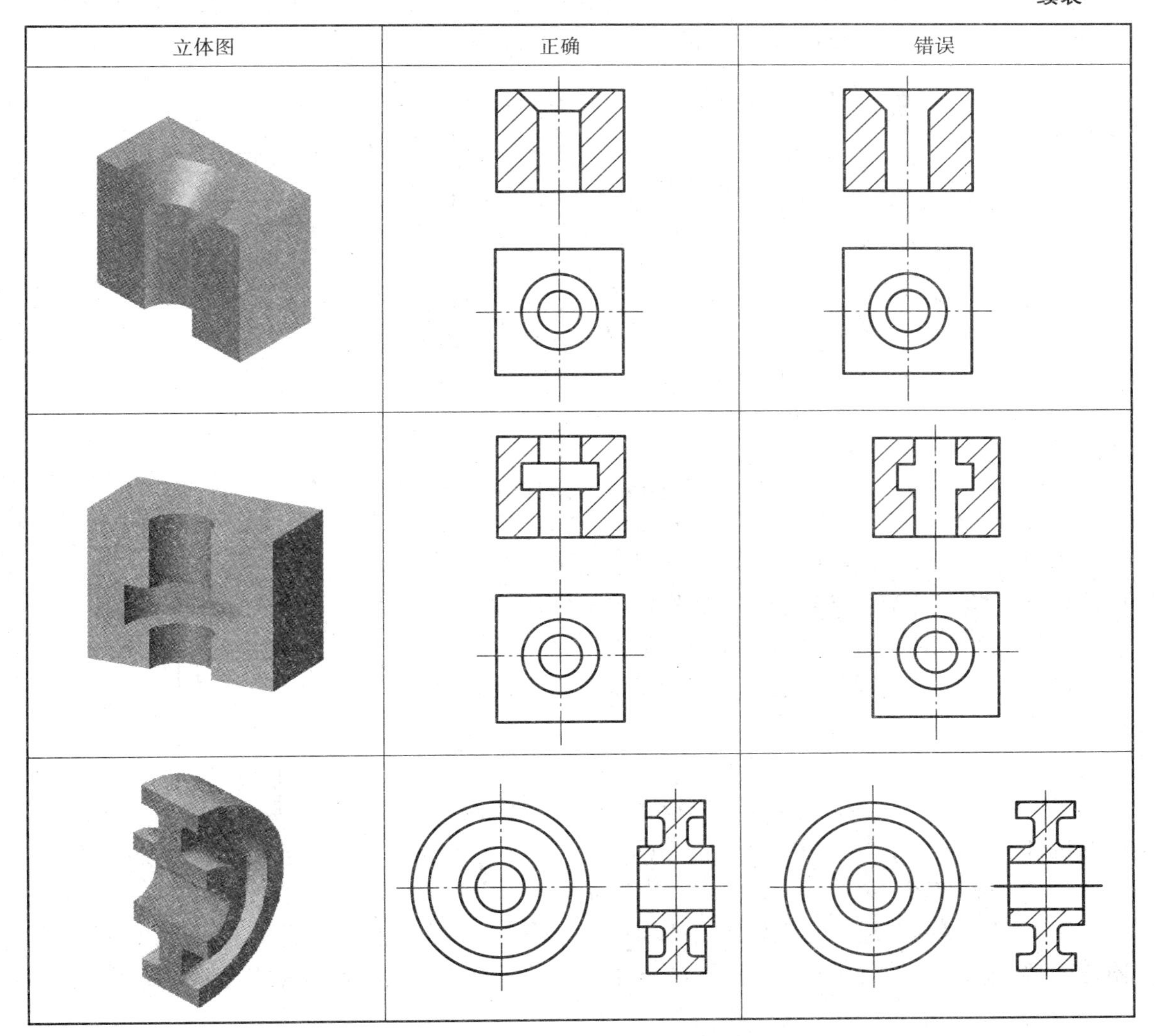

8.2.2　剖视图的种类

按照剖切面不同程度地剖开机件的情况，剖视图可分为全剖视图、半剖视图和局部剖视图。

1. 全剖视图

用剖切平面完全地剖开机件所得的剖视图，称为全剖视图。如图 8-8 所示的主视图即为全剖视图。全剖视图用于外形比较简单，内部比较复杂的机件。

2. 半剖视图

当机件具有对称平面时，在垂直于对称平面的投影面上投影所得的图形，且以对称中心线为界，一半画成剖视，另一半画成视图，这种剖视图称为半剖视图。如图 8-9 所示的机件，内外形状都较复杂，主视图如画成视图，内部形状的表达不够清晰；如画成全剖视图，外部形状又未表达完全。由于该机件的主视图左、右对称，可以对称中心线为界，一半画成剖视图表达机件的内部形状，另一半画成视图表达机件的外部形状。这样选用半剖视图，可将机件的内、外形状都表达清楚，如图 8-9（b）所示的主视图。

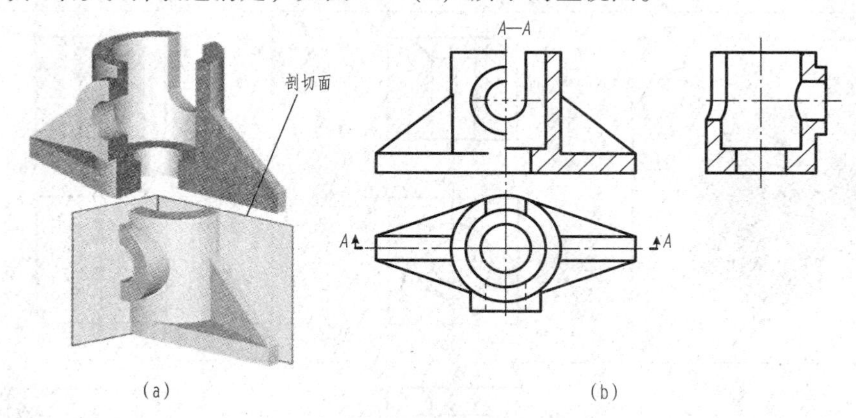

图 8-9 半剖视图

当机件的形状接近对称，且不对称部分已另有图形表达清楚时，也可以画成半剖视。如图 8-10 所示的带轮，由于带轮上下不对称的局部只是在轴孔的键槽处，而轴孔和键槽已由 *A* 向局部视图表达清楚，所以也可将主视图画成半剖视图。

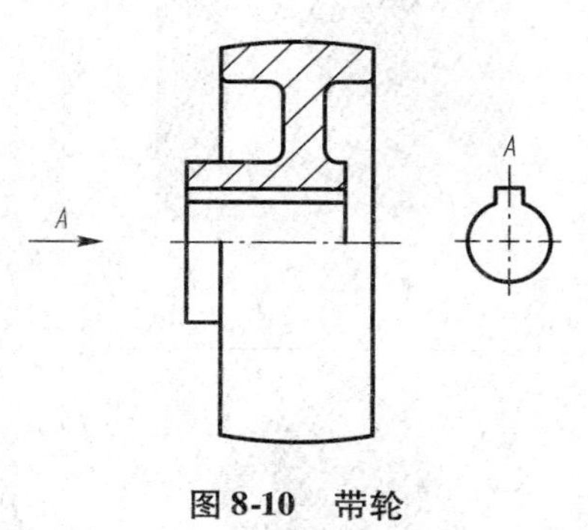

图 8-10 带轮

半剖视图的标注及省略原则与全剖视图相同。

半剖视图用于表达内、外形状都较复杂对称或接近对称的机件。

3. *局部剖视图*

用剖切平面局部地剖开机件所得的剖视图，称为局部剖视图。如图 8-11 所示的主视图、俯视图都是用一个平行于相应投影面的剖切平面局部地剖开机件后所得的局部剖视图。

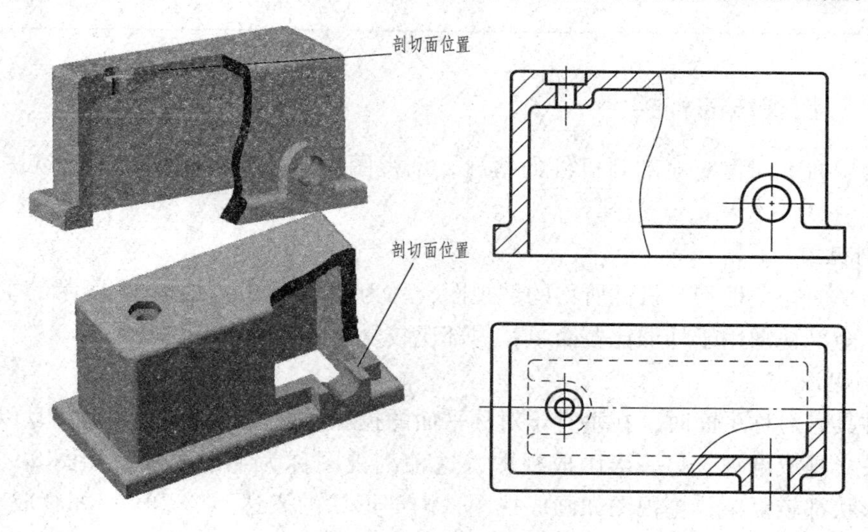

图 8-11 局部剖视图

局部剖视图的视图部分和剖视图部分用波浪线分界，如图 8-11 所示。波浪线不应与图样上其他图线重合，波浪线应画在机件实体上，不能穿空而过，如图 8-12（a）所示。当被剖切结构为回转体时，允许将该结构的轴线作为剖视图与视图的分界线，如图 8-13 所示。

当用单一剖切平面剖切，且剖切位置明显时，局部剖视图的标注可以省略，如图 8-11、图 8-12（b）、图 8-13 所示。

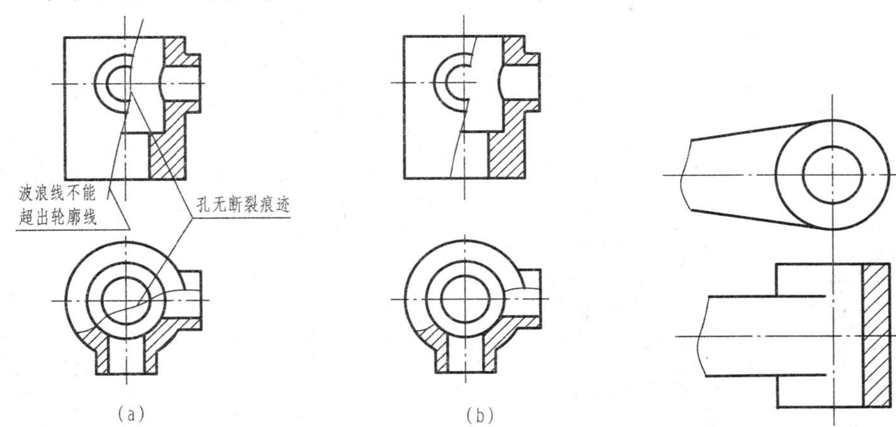

图 8-12　波浪线画法正误对比

（a）错误；（b）正确

图 8-13　用中心线作为分界线

局部剖视图是一种比较灵活的表达方法，主要用于表达既不宜采用全剖视图，也不宜采用半剖视图的机件。剖切的范围根据需要可大可小。但在一个视图中，局部剖视的数量不宜过多，以免使图形过于破碎。

8.2.3　剖切面的种类及剖切方法

根据机件结构形状的不同，可采用下列各种剖切面及相应的剖切方法得到适当的剖视图。

1. 用单一剖切面剖切

（1）用平行于某一基本投影面的剖切平面剖切。前面所讲的全剖视图、半剖视图和局部剖视图，都是用平行于某一基本投影面（正垂面）剖开机件后所得到的，它们是最常用的剖视图。

（2）用不平行于任何基本投影面的剖切平面剖切。如图 8-14 中的“*A—A*”剖视图即用不平行于基本投影面的剖切面剖切所得到的视图，它表达了弯管及其顶部凸缘、凸台与通孔结构。

采用不平行于基本投影面的剖切面剖切所画的剖视图一般按投影关系配置，也可将其平移至图纸的适当位置，在不致引起误解时，还允许将图形旋转放正，但旋转后的标注形式应为“⌒ ×—×”，如图 8-14 所示。这种剖视图必须标注。

2. 用几个剖切平面剖切

（1）用几个相交的剖切平面剖切。用交线垂直于某一基本投影面的两个相交平面作为剖切平面剖开机件。如图 8-15（a）所示的机件，若用单一剖切平面剖切，不能同时将 3 种孔表达清楚。但由于该机件具有回转轴线，可采用交线与回转轴线重合的两相交剖切平面，将3种孔同时剖开，而后把正垂面剖切产生的倾斜结构旋转到与侧投影面平行，再进行投影得到剖视图，如图8-15（b）所示。

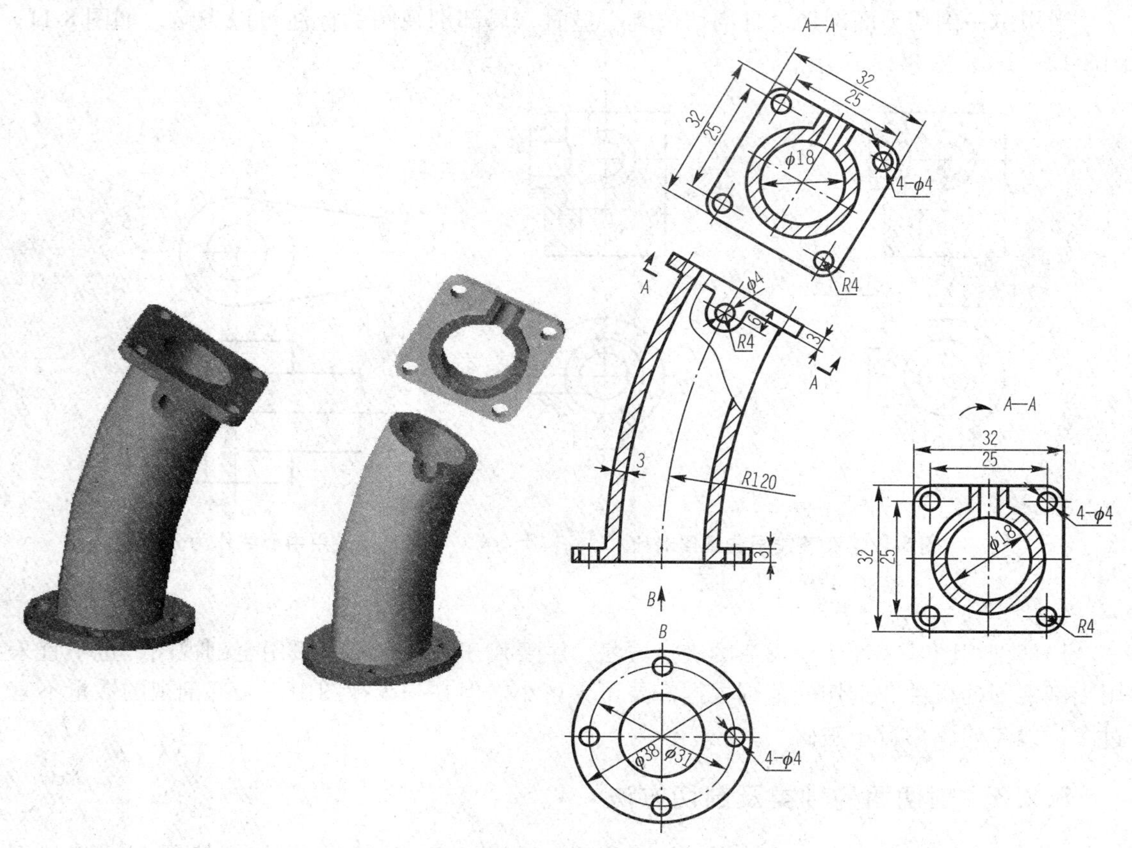

图8-14　不平行于基本投影面获得的单一剖视图

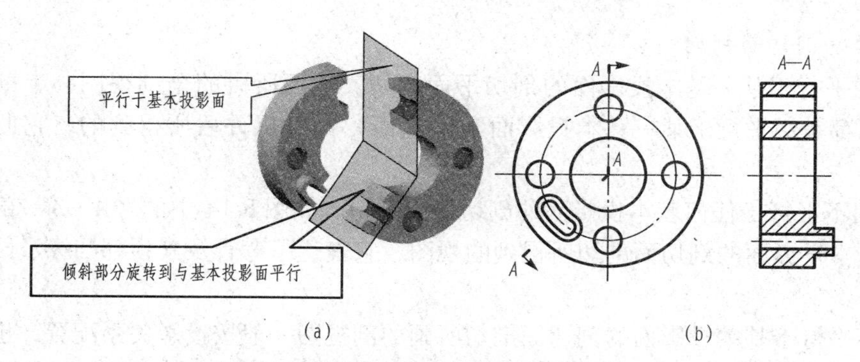

图8-15　相交的剖切面获得的剖视图（一）

采用相交剖切面剖切时，画出剖切符号，在剖切符号的起讫和转折处标注字母“×”，在剖切符号两端画表示剖切后的投影方向的箭头，并在剖视图上方注明视图的名称“×—×”；但当转折处位置有限又不致引起误解时，允许省略标注转折处的字母。

又如，图 8-16 所示摇杆的 *A—A* 剖视图，也是用两相交剖切面画出的。此机件中起加强连接作用的肋按国家标准规定，如剖切平面过肋的纵向剖切，则在肋的部分不画剖面线，而用粗实线将它与其邻接部分分开。

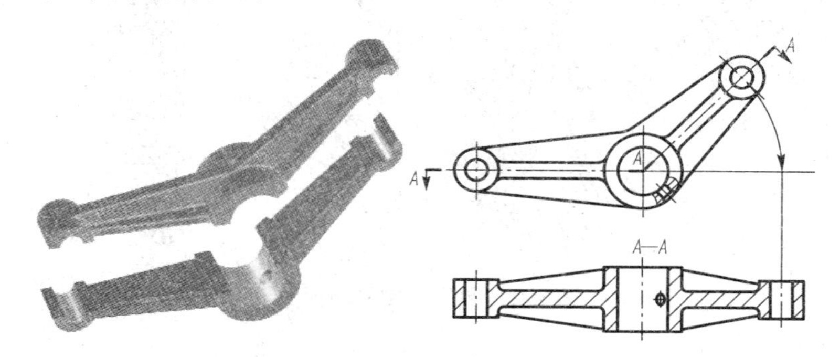

图 8-16　相交的剖切面获得的剖视图（二）

相交剖切面的交线一般用于机件上的回转轴重合，在剖切平面后的其他结构一般按原来位置投影，如图 8-16 中轴孔的俯视图。当剖切后产生不完整要素时，应将此部分按不剖绘制，如图 8-17 所示。

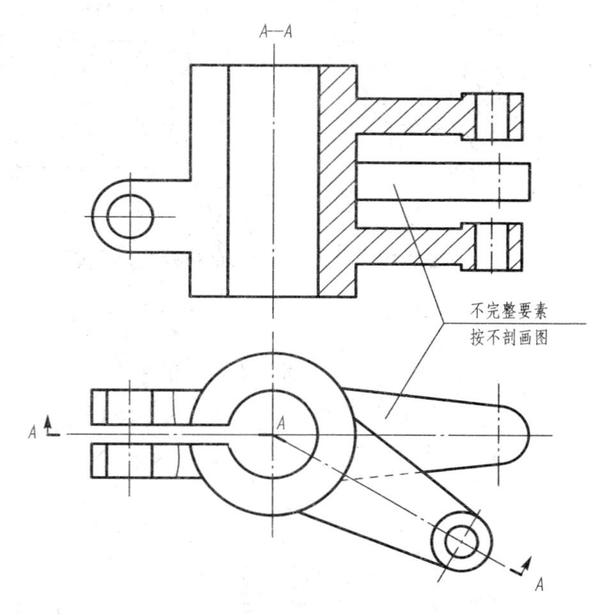

图 8-17　相交的剖切面获得的剖视图（三）

如图 8-18 所示的机件，由于采用了 4 个连续相交的剖切平面剖切，因此在画剖视图时，可采用展开画法，对于展开的剖视图，图名应标出“×—×展开”。

（2）用几个平行的剖切面剖切。图 8-19（a）表示用两个平行平面剖开机件，然后将处在观察者与剖切平面之间的部分移去，再向正投影面作投影，就能清楚地表达出两部分孔的结构，于是可画出如图 8-19（b）所示的 *A—A* 全剖视图。在图 8-19（b）的俯视图中，标注了剖切符号，标注方法与相交的剖切面剖切标注相同，如果剖视图按投影关系配置，中间又没有其他图形隔开，也可省略表示投影方向的箭头，如图 8-19（b）中俯视图的箭头即可省略。

用平行的剖切面剖切画出的剖视图，不应画出剖切平面转折处的界线，剖切平面的转折处也不应与图中的轮廓线重合，且在图形内不应出现不完整的要素。仅当两个要素在图形上具有公共对称中心线或轴线时，才可以出现不完整要素，这时应以对称中心线或轴线为界各画一半，如图 8-20 所示。

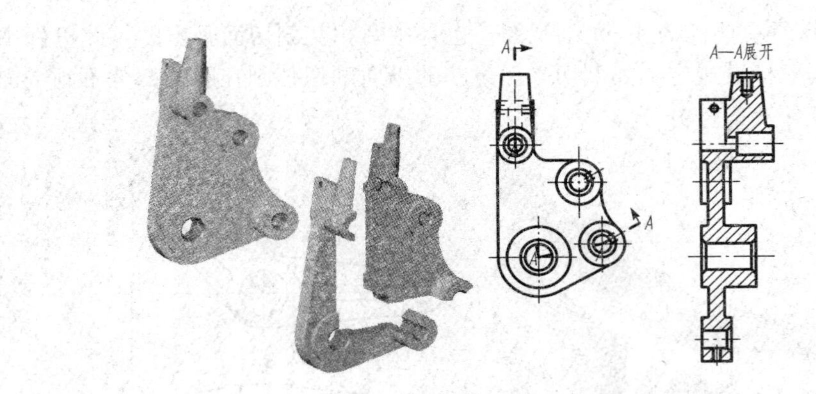

图 8-18　展开绘制的剖视图

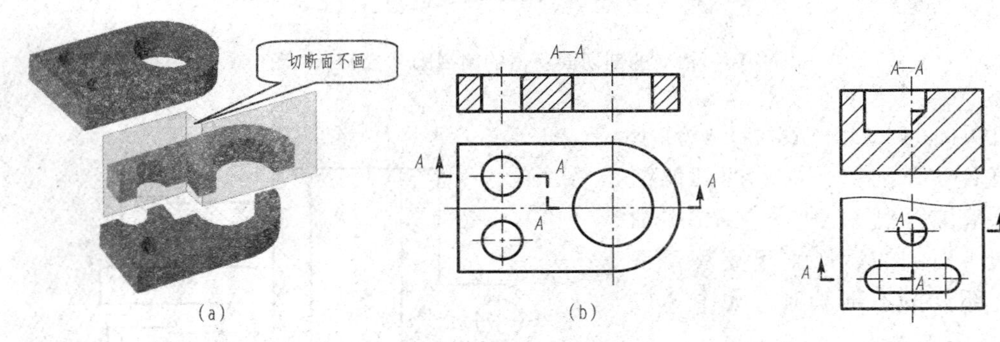

图 8-19　平行的剖切面获得的剖视图　　图 8-20　允许出现不完整要素的平行剖切面获得的剖视图

（3）用组合的剖切平面剖切。如图 8-21 所示的机件，为了表达所有孔的结构，采用相互平行和相交的剖切平面进行剖切，倾斜剖切平面剖切到的结构，旋转到与投影面平行再进行投影，组合剖切的标注与相交面及平行面剖切方法相同。

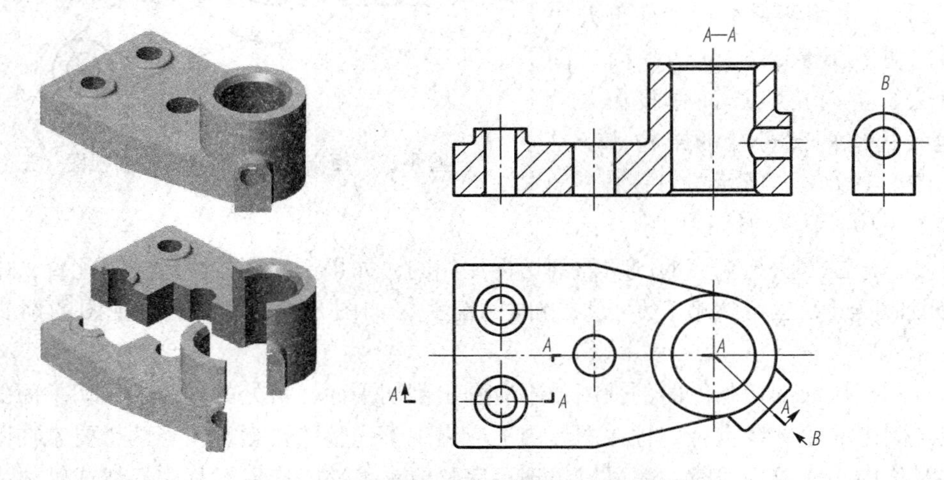

图 8-21　用几个相交的剖切平面获得的剖视图

8.3　断面图

8.3.1　断面图的概念

假想用剖切平面将机件的某处切断，仅画出断面形状，这种图形称为断面图，简称断面，如图 8-22 所示。

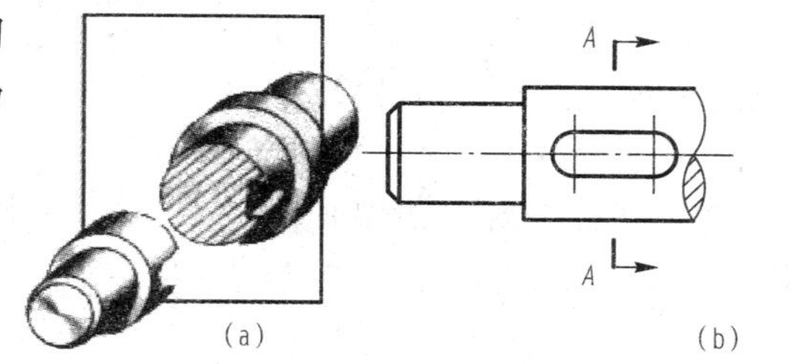

图 8-22　轴的断面图

8.3.2　断面的种类和画法

1. 移出断面

画在视图外面的断面，称为移出断面。如图 8-22（b）所示，移出断面的轮廓线用粗实线绘制。

移出断面一般应用剖切符号表示剖切位置，用箭头表示投射方向，并标注出字母“×”；在断面图的上方用相同的字母标出断面的名称“×—×”，如图 8-22（b）所示。

移出断面尽量配置在剖切符号的延长线上，配置在剖切符号延长线上的不对称移出断面可省略字母，如图 8-23（a）所示；配置在剖切符号延长线上的对称移出断面不需要标注，如图 8-23（f）所示。

按投影关系配置的断面图无论对称与否均可省略箭头，如图 8-23（b）、（c）所示。

当断面图形对称时，也可如图 8-23（d）所示，画在视图的中断处。必要时可将其移出断面配置在其他适当位置，如图 8-23（e）所示。

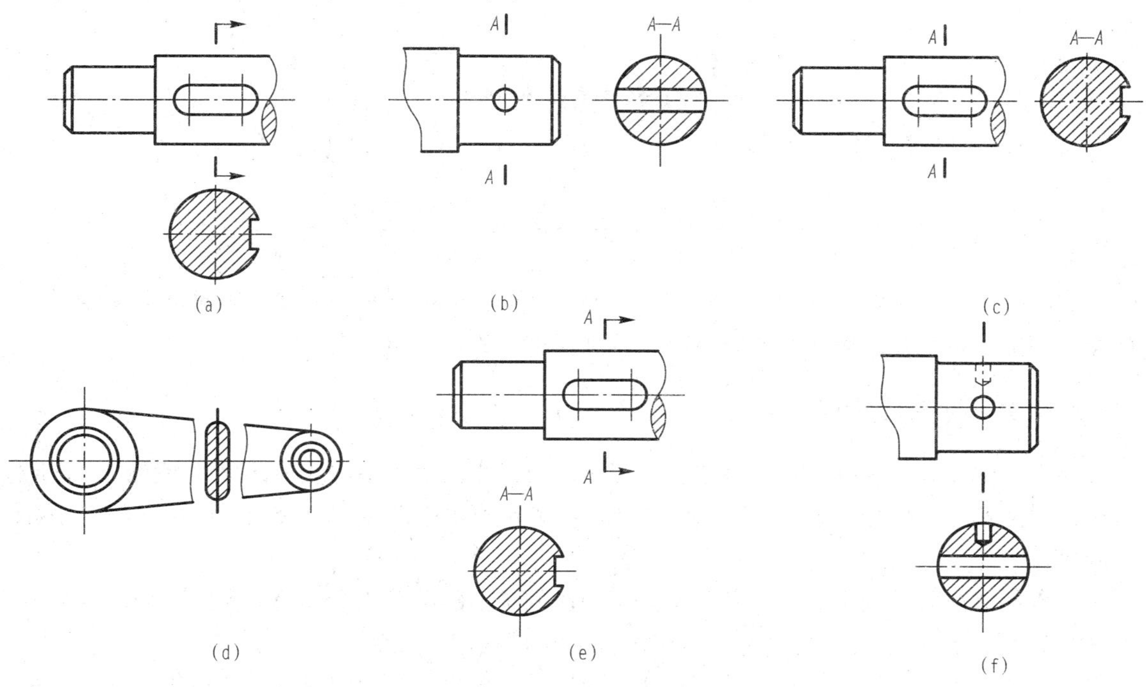

图 8-23　移出断面的画法

在不致引起误解时，允许将图形旋转，但要标注旋转符号和名称，如图 8-23（g）所示。当剖切平面通过回转面形成的孔或凹坑的轴线时，这些结构应按剖视画出，如图 8-23（f）所示。

当剖切平面剖切机件后，导致出现完全分离的两个断面时，这时的结构按剖视绘制，如图 8-23（g）所示。

由两个或多个相交平面剖切得到的移出断面，中间应断开，如图 8-23（h）所示。

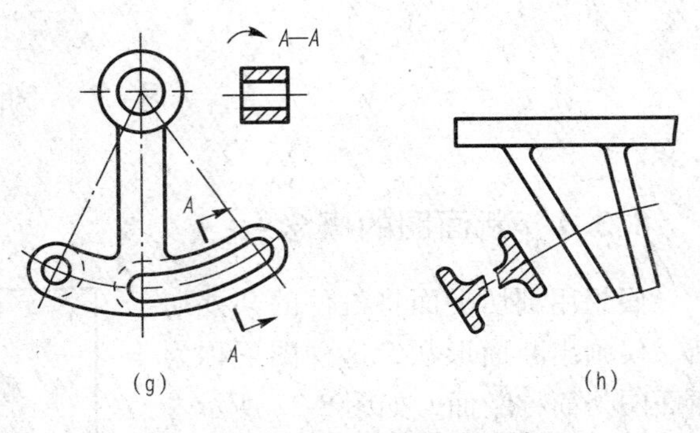

图 8-23　移出断面的画法（续）

2. 重合断面

在不影响图形清晰的情况下，断面也可按投影关系画在视图内。画在视图内的断面称为重合断面，重合断面的轮廓线用细实线绘制。当视图中的轮廓线与重合断面的轮廓线重合时，视图中的轮廓线仍应连续画出，不可间断，如图 8-24（b）所示。

对称的重合断面，不必标注，如图 8-24（a）所示。

配置在剖切符号上的不对称重合断面，不必标注字母，但仍要在剖切符号处画出表示投影方向的箭头，如图 8-24（b）所示。

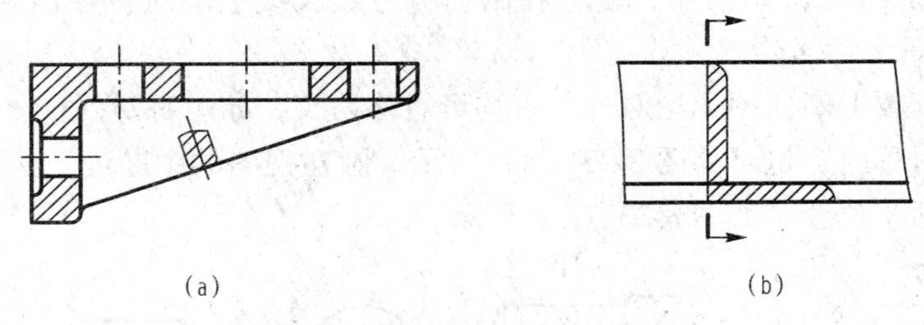

图 8-24　重合断面的画法

8.4　简化画法及其他规定画法

制图时，在不影响机件表达完整和清晰的前提下，应力求制图简便。国家标准规定了一些简化画法及其他规定画法，本节将对这些画法进行简单介绍。

8.4.1　局部放大图

机件上的一些细小结构，在视图上常由于图形大小而表达不清或标注尺寸有困难，这时可将这些图形放大，如图 8-25（a）所示的退刀槽和挡圈槽以及图 8-25（b）所示的端盖孔内的槽等。

将机件的部分结构用大于原图形所采用的比例画出的图形称为局部放大图。局部放大图可画成视图、剖视图、断面图，它与被放大部分的表达方式无关。

局部放大图应尽量配置在被放大部位的附近。绘制局部放大图时，一般应用细实线圈出被放大的部位。当同一零件上有几处被放大时，必须用罗马数字依次标明被放大的部位，并在局部放大图的上方标注出相应的罗马数字和所采用的比例，如图 8-25（a）所示。当机件上被放大的部分仅一个时，在局部放大图的上方只需要注明所采用的比例，如图 8-25（b）所示。

这里要特别注意的是，局部放大图上标注的比例是指该图形与机件实际大小之比，而不是与原图形之比。

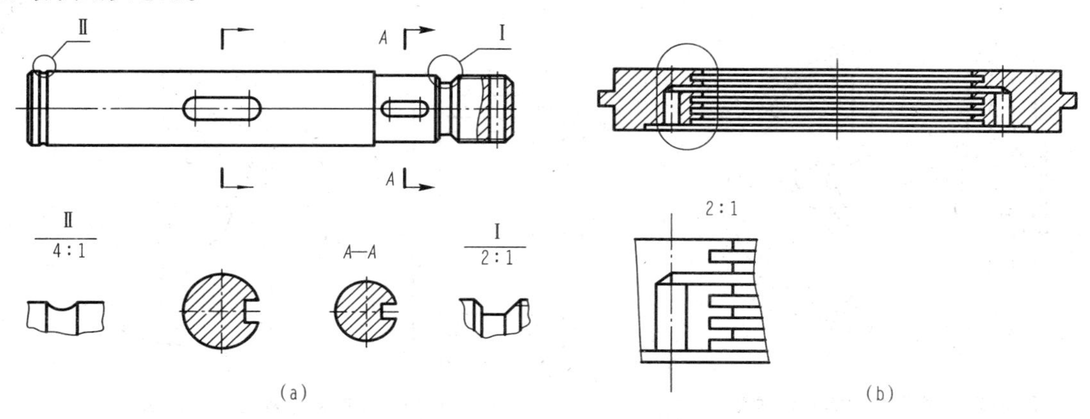

图 8-25　局部放大图的画法

8.4.2　简化画法

（1）对于机件上的肋、轮辐及薄壁等，如按纵向剖切，即剖切平面通过这些结构的基本轴线或对称平面时，这些结构都不画剖面符号，而用粗实线将它与其邻接部分分开，如图 8-26 所示。

（2）当机件回转体上均匀分布的肋、轮辐、孔等结构不处于剖切平面上时，应将这些结构旋转到剖切平面上画出，如图 8-26 所示。

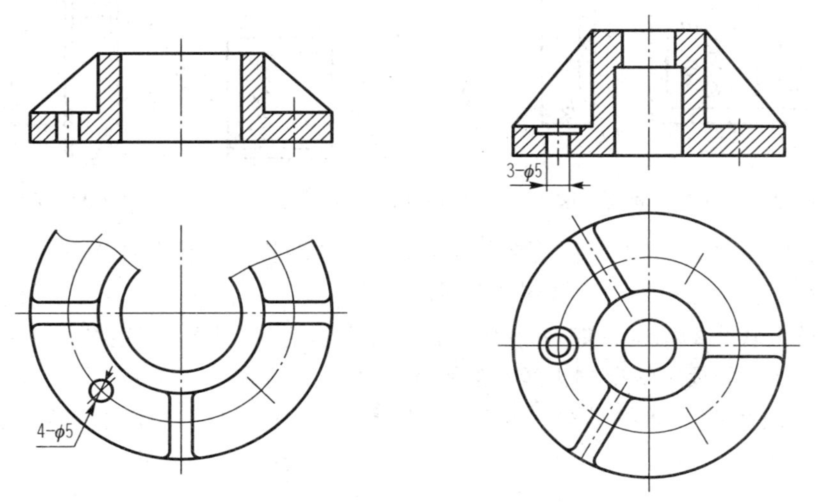

图 8-26　均匀分布的肋与孔等的简化画法

(3) 在不致引起误解时，对于对称机件的视图可只画一半（图 8-27）或略大于一半（图 8-26）。当只画半个视图时，应在对称中心线的两端画出两条与其垂直的平行细实线（对称符号）。

(4) 当机件具有若干相同结构（如齿、槽等），并按一定规律分布时，只需要画出几个完整的结构，其余用细实线连接，如图 8-28 所示，但在视图中必须注明该结构的总数。

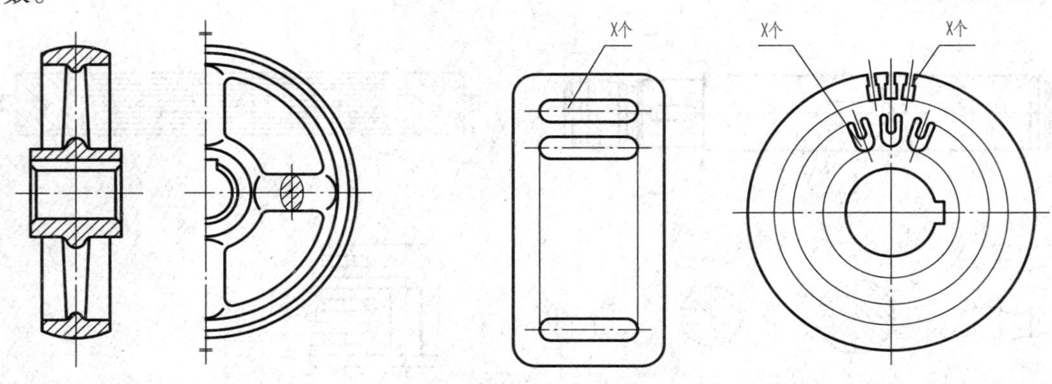

图 8-27　对称零件的简化画法

图 8-28　相同要素的简化画法

(5) 若干直径相同且呈规律分布的孔（圆孔、螺孔、沉孔等），可以仅画出一个或几个，其余只需要用点画线表示其中心位置，但须在视图中注明孔的总数，如图 8-29 所示。

(6) 当图形不能充分表达平面时，可用平面符号（相交的两条细实线）表示，如图 8-30 所示。如其他视图已经把这个平面表示清楚，则平面符号可以省略。

(7) 机件上的滚花部分，可以只在轮廓线附近用细实线示意地画出一小部分，并在零件图上或技术要求中注明其具体要求，如图 8-31 所示。

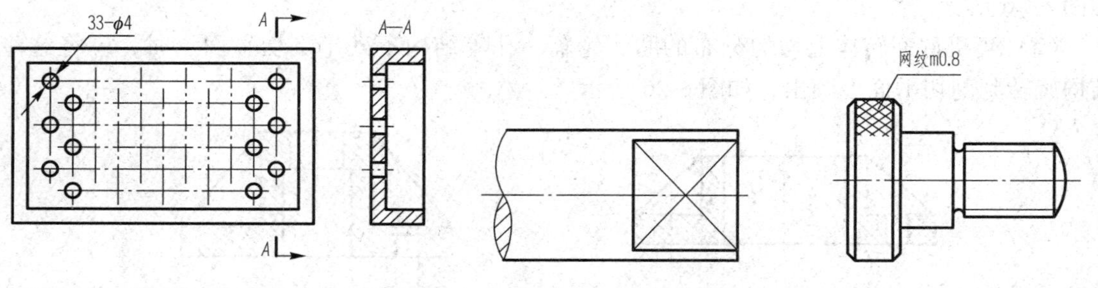

图 8-29　呈规律分布的孔的简化画法

图 8-30　平面符号

图 8-31　滚花的简化画法

(8) 较长的机件，如轴、杆、型材、连杆等，且沿长度方向的形状一致或按一定规律变化时，可以断开后缩短绘制，如图 8-32 所示。

(9) 机件上较小的结构，如在一个图形中已表示清楚，则在其他图形中可以简化或省略，即不必按真实的投影情况画出所有的图线，如图 8-33 所示。

(10) 机件上斜度不大的结构，如在一个图形中已表达清楚，其他图形可以只按小端画出，如图 8-34 所示。

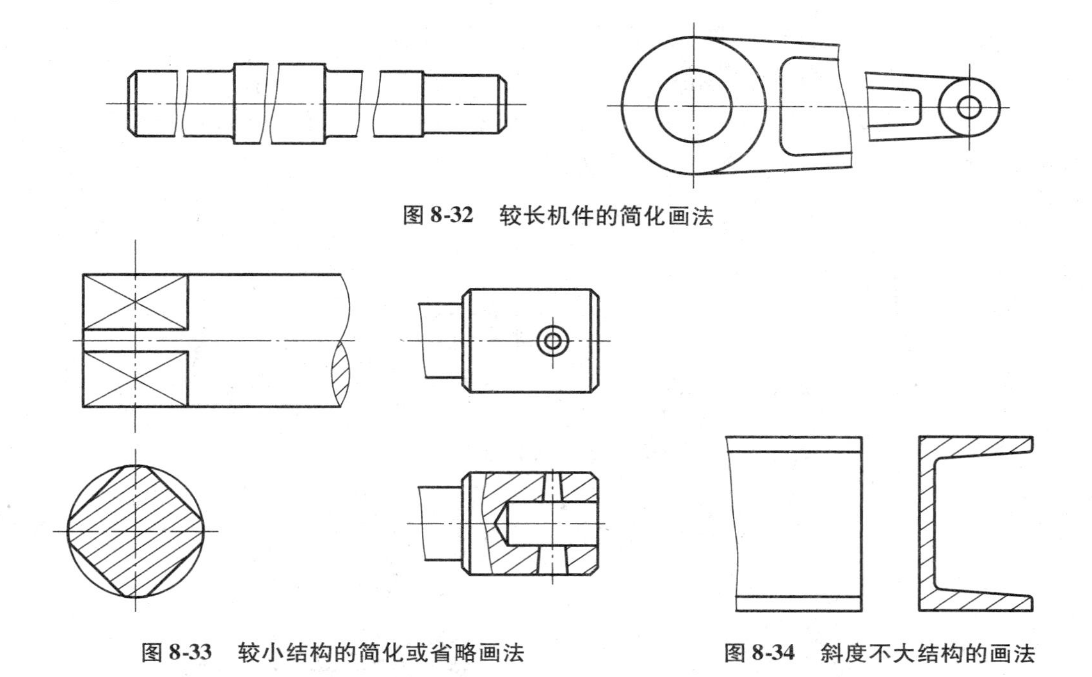

图 8-32　较长机件的简化画法

图 8-33　较小结构的简化或省略画法　　**图 8-34　斜度不大结构的画法**

（11）在不致引起误解时，零件图中的小圆角、锐边的小倒圆或 45°小倒角允许省略不画，但必须注明尺寸或在技术要求中加以说明，如图 8-35 所示。

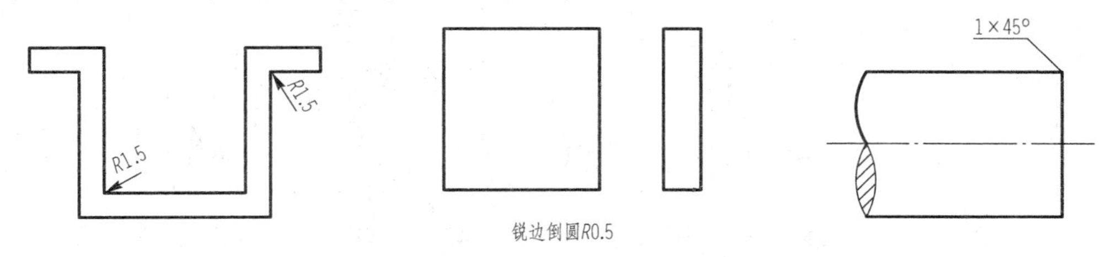

图 8-35　小圆角及小倒角等的省略画法

（12）在不致引起误解时，零件图中的移出断面，允许省略剖面符号，但断面图的标注必须遵照 8. 3 节中的规定，如图 8-36 所示。

（13）圆柱形法兰和类似零件上均匀分布的孔可按图 8-37 所示的画法表示。

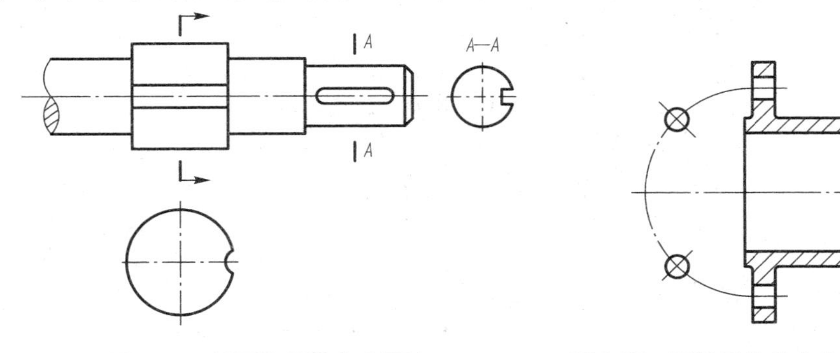

图 8-36　剖面符号的省略画法　　**图 8-37　圆柱形法兰上均布孔的画法**

（14）图形中的过渡线应按图 8-38 所示绘制。在不致引起误解时，过渡线或相贯线允许简化，如用圆弧或直线来代替非圆曲线，如图 8-38、图 8-39 所示。

（15）与投影面倾斜角度小于或等于 30°的圆或圆弧，其投影可用圆或圆弧代替椭圆，如图 8-40 所示，俯视图上各圆的中心位置按投影来决定。

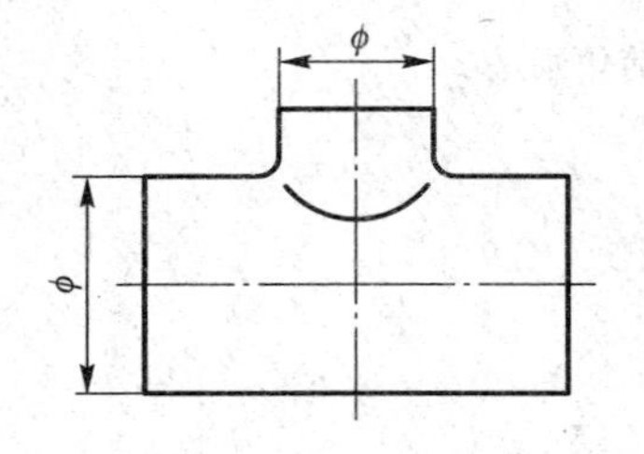

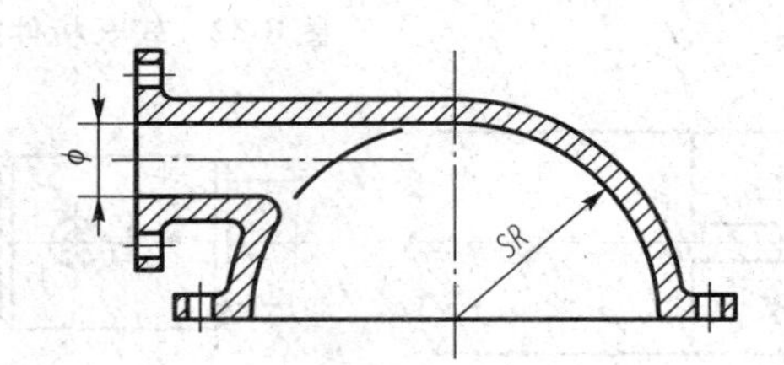

图 8-38　过渡线的简化画法

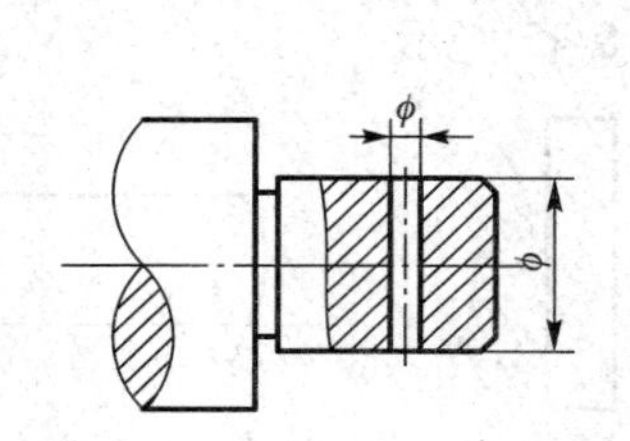

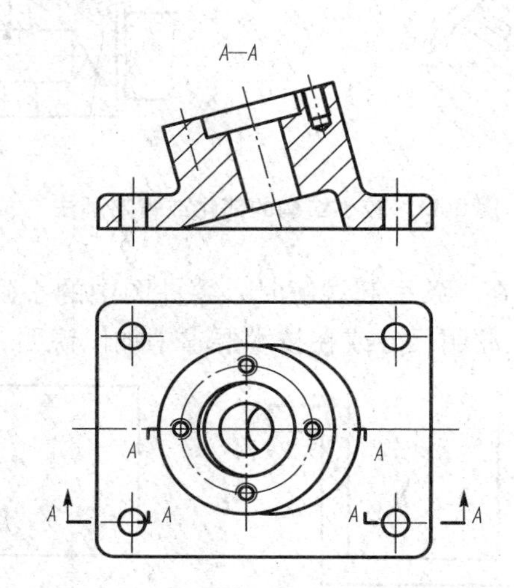

图 8-39　相贯线的简化画法

图 8-40　倾斜圆或圆弧的简化画法

8.4.3　其他规定画法

（1）允许在剖视图的剖面中再做一次局部剖。采用这种表达方法时，两个剖面的剖面线应同方向、同间隔，但要互相错开，并用引出线标注其名称，如图 8-41 所示的 *B—B* 剖视图。若剖切位置明显，也可省略标注。

（2）在需要表示位于剖切平面前的结构时，这些结构按假想投影的轮廓线（即用双点

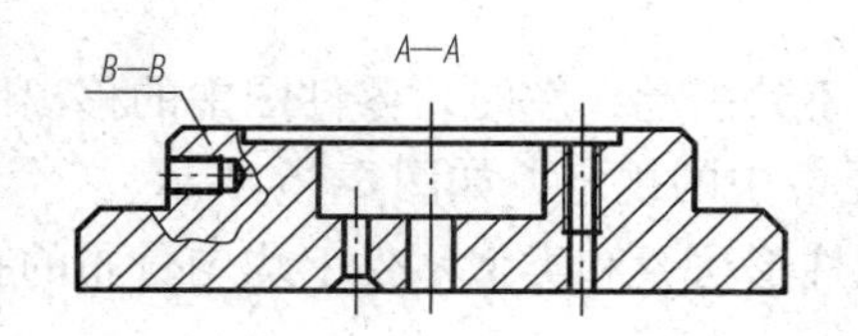

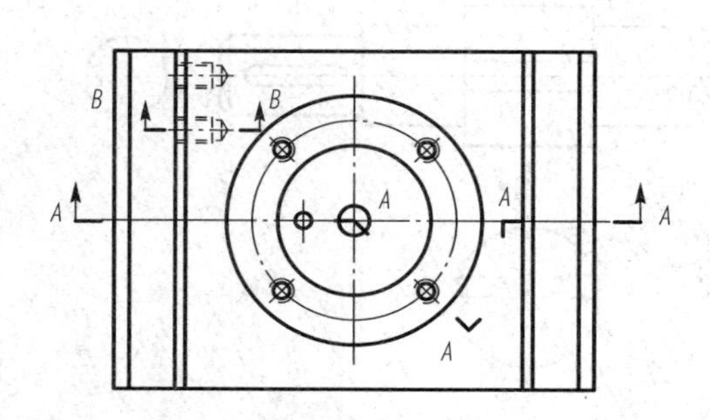

图 8-41　在剖视图的剖面中再做一次局部剖

画线）绘制，如图 8-42 所示机件前面的长圆形槽在 *A*—*A* 剖视图上的画法。

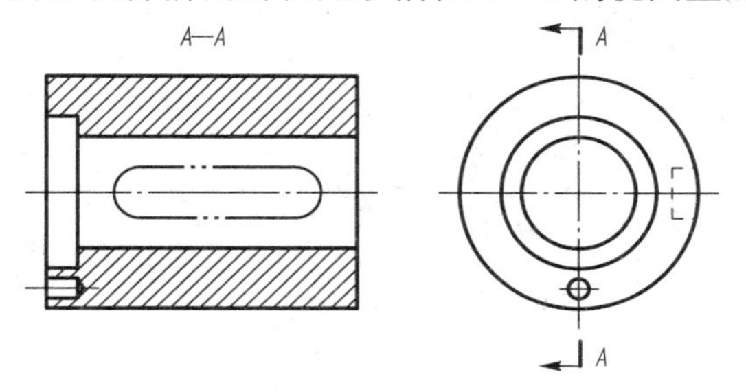

图 8-42　剖切平面前的结构的规定画法

本章小结

本章主要介绍了基本视图、局部视图、斜视图、全剖视图、半剖视图、局部剖视图、阶梯剖视图、旋转剖视图、断面图、局部放大图等机件常用的各种表达方法及简化画法。通过本章的学习，了解机件的常用表达方法，重点掌握全剖视图、半剖视图及断面图的表达方法。

思考题

1. 机件的常用表达方法有哪些?
2. 简述绘制剖视图的步骤。
3. 全剖视图和半剖视图分别适用于什么场合?
4. 剖视图与断面图有什么区别?

专业工程图

第9章 零件图

★本章知识点

1. 零件图的视图表达和尺寸注法。
2. 零件在制造和检验时应达到的技术要求。
3. 零件的常见工艺结构。
4. 读、绘零件图的方法和步骤。

任何一台机器或一个部件都是由一定数量、相互联系的零件按照一定的装配关系和要求装配而成的。制造机器时，先由零件图生产出全部零件，再按装配图将零件装配成部件或机器。因此，零件图是生产中的重要技术文件。

9.1 零件图概述

9.1.1 机器和零件的概念

零件是机器（或部件）组成的基本要素。机器一般包括一个或几个接受外界能源的传动部分（如电动机、内燃机、蒸汽机）、实现机器生产职能的执行部分（如机床中的刀具）、将原动机的运动和动力传递给执行部分的传动部分（如机床中的齿轮和螺旋传动机构）、保障机器中各部分协调工作的检测和控制系统（如机床中的数控系统）。即机器由原动部分、传动部分、执行部分和测控部分构成。

图9-1所示的球阀是由阀体、阀盖、阀芯、阀杆、密封圈、调整垫、螺栓、螺母、填料垫、中填料、上填料、填料压紧套、扳手等零件组成的。

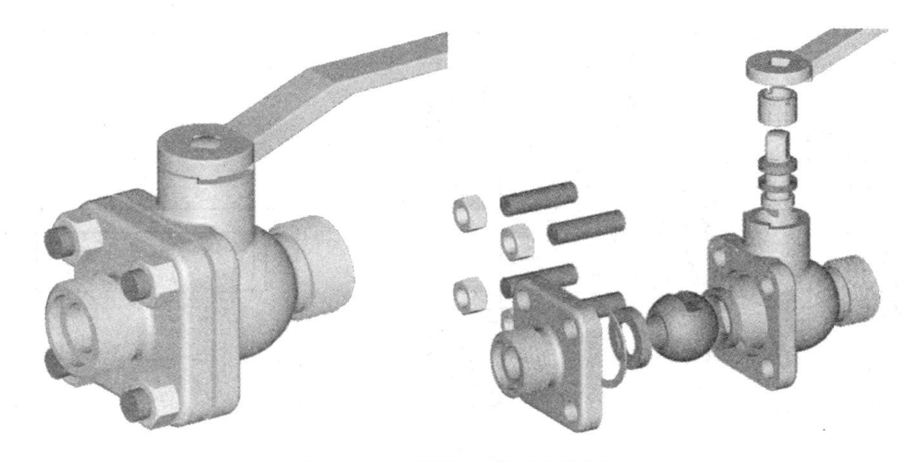

图 9-1　球阀的直观图及分解图

9.1.2　零件的分类

由于零件的结构形状是复杂、多样的，一般根据零件在机器或部件中的作用，将零件分为一般零件、传动零件和标准件三种类型。

1. 一般零件

一般零件按其结构特点可分为轴套类、盘盖类、叉架类、箱体类等。这类零件的结构形状、大小，常根据它们在机器或部件中的作用，按照机器或部件的性能和结构要求以及零件制造的工艺要求进行设计。所以，一般零件都要画出相应的零件图。

2. 传动零件

传动零件如齿轮、蜗轮、蜗杆等。这类零件在机器或部件中起到传递动力和改变运动方向的作用，其结构要素（如齿轮上的轮齿、带轮上的 V 形槽等）大多已经标准化，并且在国家标准中有其相应的规定画法。因此，在表达这类零件时，要按照规定画法画出它们的零件图。

3. 标准件

标准件如螺纹紧固件（螺钉、螺栓、螺柱、螺母、垫圈）、键、销、滚动轴承、油杯、螺塞等。这类零件在机器或部件中主要起零件间的连接、定位、支承、密封等作用。对于标准件通常不必画出零件图，只要标注出它们的规定标记，按规定标记查阅有关的标准，便能得到相应零件结构形状的全部尺寸和相关技术要求等。

9.1.3　零件图的作用和内容

机器由部件组合而成，部件由零件装配而成。可见，要制造机器，首先应依据零件图生产出零件。表达一个零件的结构形状、尺寸大小和加工、检验等方面要求的图样称为零件图。它是制造和检验零件的依据，是设计和生产部门的重要技术资料之一。一张完整的零件图通常要包括以下基本内容，如图 9-2 所示。

1. 一组图形

用视图、剖视图、断面图及其他规定画法等，正确、完整、清晰地表达零件的内、外结构形状。

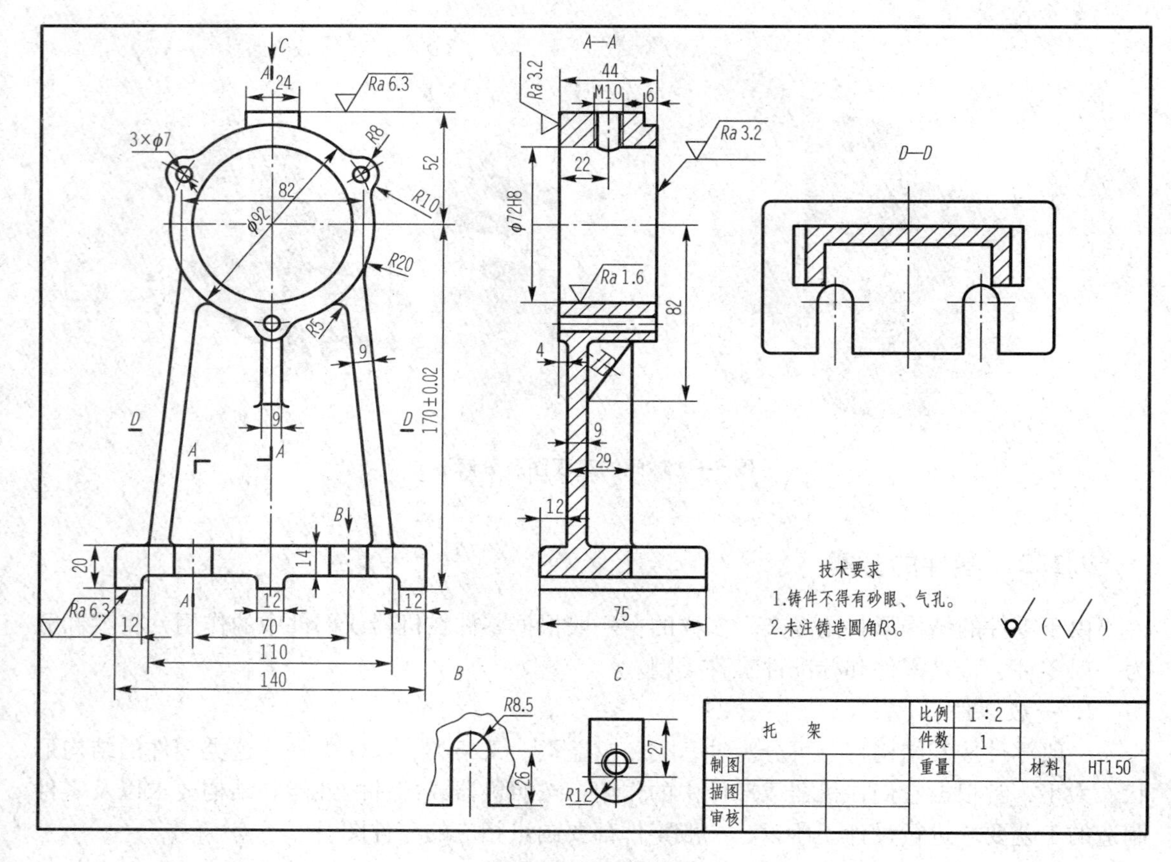

图 9-2　托架零件图

2. 全部尺寸

表达零件在生产、检验时所需的全部尺寸。

3. 技术要求

用文字或其他符号标注或说明零件制造，检验或装配过程中应达到的各项要求，如表面结构要求、尺寸公差、几何公差、热处理、表面处理等要求。

4. 标题栏

标题栏中应填写零件的名称、代号、材料、数量、比例、单位名称、设计、制图和审核人员的签名和日期等。

9.2　零件图的表达方案

9.2.1　视图选择的一般原则

零件图应完整、清晰地表达零件的内、外结构形状，并要确保画图方便。要达到以上要求，必须对零件的结构特点进行分析，恰当地选取表达方案，即认真地考虑主视图的选择、视图的数量及表达方法。

零件图视图选择的原则是：在对零件结构形状进行分析的基础上，首先根据零件的工作位置或加工位置，选择最能反映零件特征的视图作为主视图；然后再为完整、清晰地表达这个零件选取其他视图。选取其他视图时，应在完整、清晰地表达零件内、外结构形状前提下，尽量减少视图数量，以方便画图与看图。

1. 主视图的选择

主视图是表达零件最主要的视图。从便于看图这一要求出发，在选择主视图时应遵循下列原则：

（1）形体特征原则。零件的形体特征包括反映零件各组成部分的形状特征和反映零件各组成部分相对位置关系的位置特征。应选择最能明显地反映零件形体特征和各组成部分相对位置的方向作为主视图的投影方向。如图9-3（a）所示的阀体，若按箭头A的方向画主视图，并采用全剖视的表达方法［图9-3（b）］，可以反映出阀体内、外结构形状及其相对位置；若按箭头B的方向画主视图，并采用半剖视的表达方法［图9-3（c）］，也可表示出阀体内、外结构形状，但其相对位置不明显。两者比较，前者作为主视图的投影方向更好。

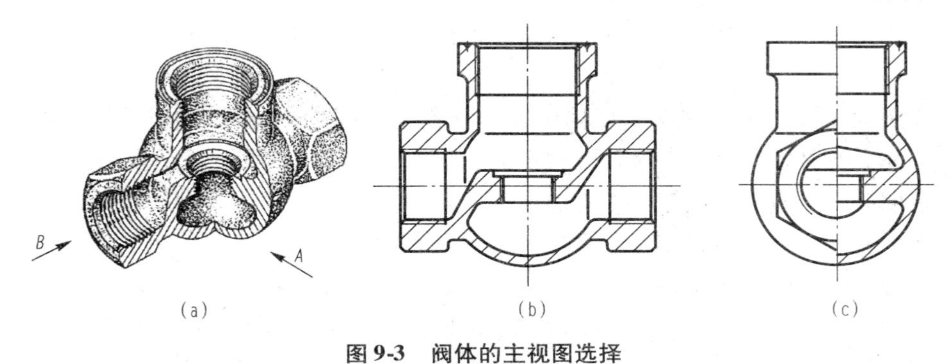

图9-3　阀体的主视图选择

（2）工作位置原则和加工位置原则。零件在投影体系中的放置，应尽量符合它的工作位置（零件在部件中工作时所处的位置）和主要加工位置（零件在加工时主要工序的位置或加工前在毛坯上画线时的主要位置），这样便于装配和加工。如图9-4所示的起重机吊钩和汽车前拖钩的主视图就是按工作位置绘制的；图9-5所示的轴套类零件的主视图是按加工工序的位置绘制的。

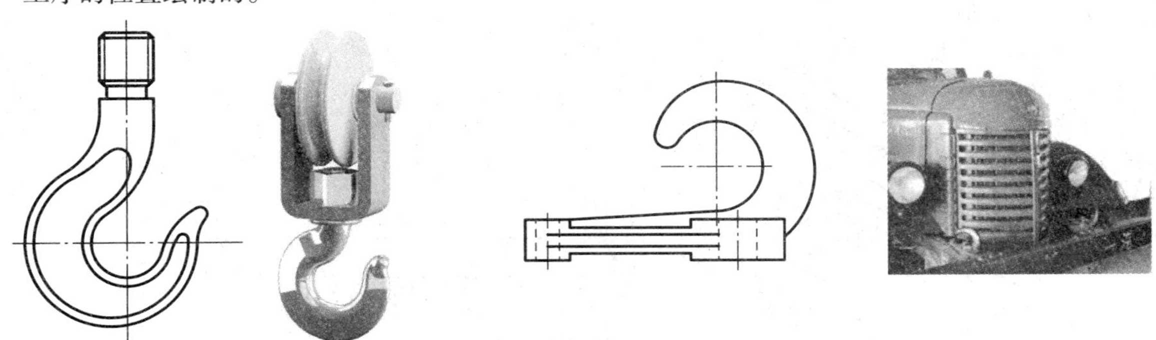

图9-4　主视图（按工作位置绘制）

必须指出，在选择主视图时，同时满足上述两点最为理想。但当两者不能兼顾时，要根据具体情况而定。通常，将零件按习惯位置安放（具体见下一节典型零件的表达方法）。如工作中没

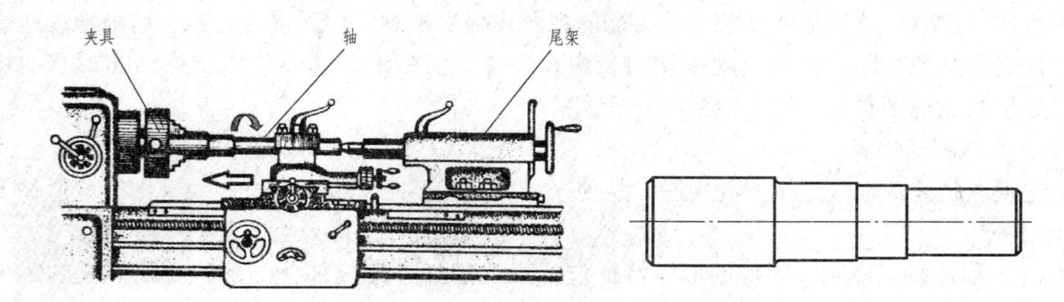

图 9-5　主视图（按加工位置绘制）

有固定位置的运动件、结构形状不规则的叉架类零件等。另外，选择主视图时，还应考虑合理地利用图纸幅面。如长、宽相差悬殊的零件，应使零件的长度方向与图纸的长度方向相一致。

2. 其他视图的选择

主视图确定后，其他视图的选择应根据零件的内、外结构形状及相对位置是否表达清楚来确定。

（1）互补性原则。其他视图主要用来表达零件在主视图中尚未表达清楚的部分，作为主视图的补充。互补性原则是选择其他视图的基本原则，即主视图和其他视图之间在表达零件时，重点明确、各有侧重、互相补充。

如图 9-6（a）所示的零件，可分为 7 个部分，即图中所标 Ⅰ、Ⅱ、…、Ⅶ，以箭头 *A* 所指方向为主视图投影方向，可用 5 个视图（主、俯、左、仰和断面）来表达，如图 9-6（b）所示。该零件既有外部结构形状，又有内部结构形状。在主视图中，它具有对称平面，所以选用半剖视图；为了表达底板上小孔是通的，作了一个局部剖视；俯视、仰视和左视都选用了基本视图表达它的外部结构形状；为了表达肋的断面形状，作了一个移出断面图（重合断面图也可以）。

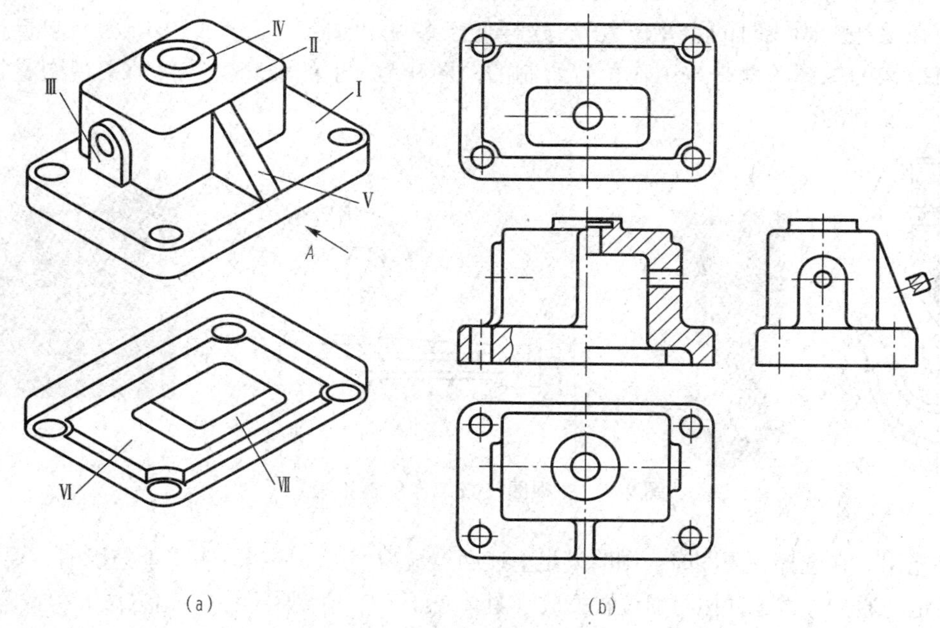

图 9-6　多个视图表达方法

（2）简化性原则。在能够清楚地表达出零件的内、外结构形状和便于看图的前提下，应使所选的视图数量尽量少，各视图表达的重点明确，简明易懂。对在标注尺寸后已表达清楚的形体，可考虑不再用视图重复表达。

9.2.2　典型零件的表达方法

确定零件视图表达方法的主要依据是零件的结构形状及各结构的作用和要求，形状相近的零件在表达方法上有其共同的特点。一般机械零件按其形状的不同大致可分为轴套类、盘盖类、叉架类和箱体类。在表达零件时，应优先考虑采用基本视图以及在基本视图上作剖视。采用局部视图或斜视图时应尽可能按投影关系配置，并配置在有关视图的附近，便于看图。

1. 轴套类零件的表达分析

轴套类零件多用于传递动力或支承其他零件，如轴、套筒、衬套、套管、螺杆等。

（1）结构特点。轴套类零件主要由大小不同的圆柱、圆锥等回转体组成。由于设计、加工或装配上的需要，此类零件上常有倒角、螺纹、轴肩、退刀槽、越程槽、键槽、销孔和平面等结构，如减速器齿轮轴［图9-7（a）］。

（2）加工方法。根据轴套类零件的结构特点，它们多在车床、磨床上加工。

（3）视图选择。轴套类零件一般只画一个基本视图，即主视图。将其轴线按加工位置水平放置，再采用适当的断面图、局部视图、局部放大图等表达方法，并将其结构形状表达清楚，如图9-7（b）所示。

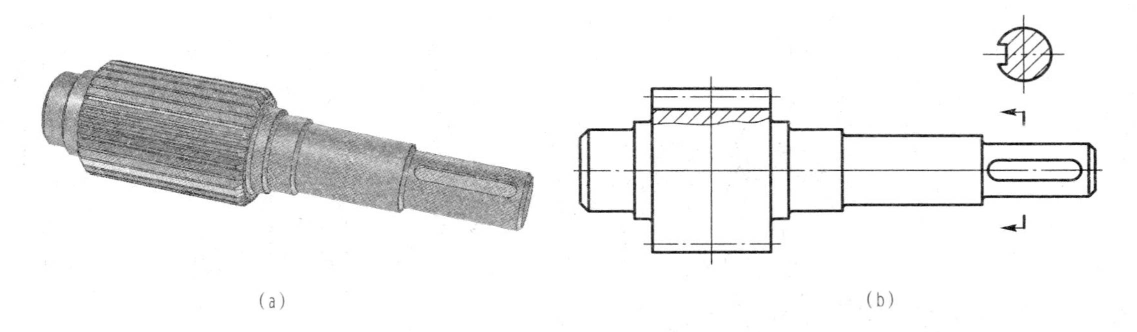

（a）　　　　（b）

图9-7　齿轮轴的直观图及视图

2. 盘盖类零件的表达分析

盘盖类零件多用于传递动力和扭矩，或起支承、轴向定位及密封等作用，主要包括端盖、手轮、带轮、法兰盘、齿轮等。

（1）结构特点。盘盖类零件的主体部分通常为回转体，其上有一些沿圆周分布的孔、肋、槽、齿等其他结构，如图9-8所示。

（2）加工方法。盘盖类零件的外圆、内孔、端面和键槽等，主要在车床和插床上加工，或采用先铸造毛坯再经过机械加工的方法。

（3）视图选择。盘盖类零件通常采用两个基本视图，一般取非圆视图（*A*向）作为主视图，其轴线多按主要加工工序的位置水平放置，并采用全剖视图。对圆周上分布的肋、孔等结构不在对称平面上的零件，在另一视图上则采用简化画法或旋转剖视图等表达其外形轮廓和各组成部分，如孔、轮辐等的相对位置，如图 9-8 所示。

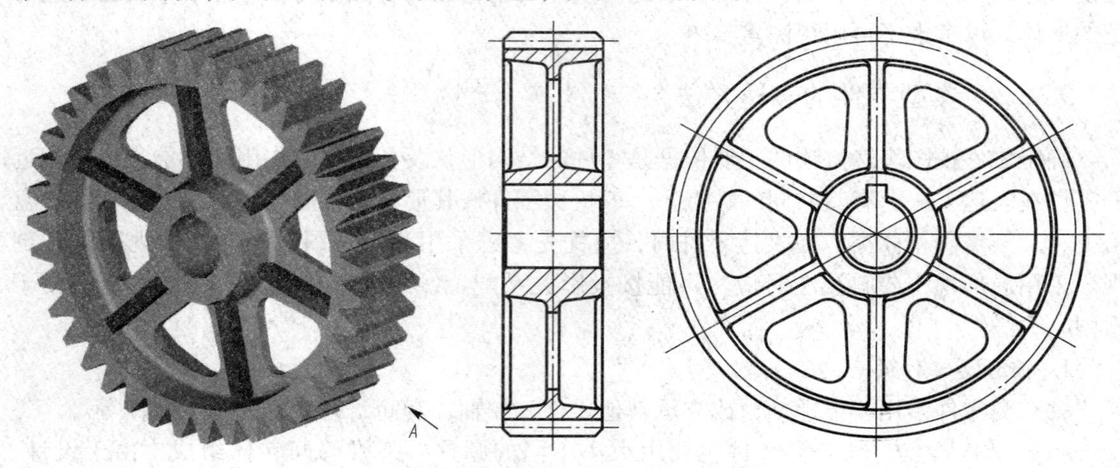

图 9-8　减速器从动齿轮的直观图及视图

3. 叉架类零件的表达分析

叉架类零件大多用来支承其他零件或用于机械的操纵系统和传动机构上。其主要包括拨叉、支架、中心架和连杆等，在一般机械中应用较广。

（1）结构特点。叉架类零件多由肋板、耳片、底板和圆柱形轴孔、实心杆等部分组成，如图 9-9 所示。

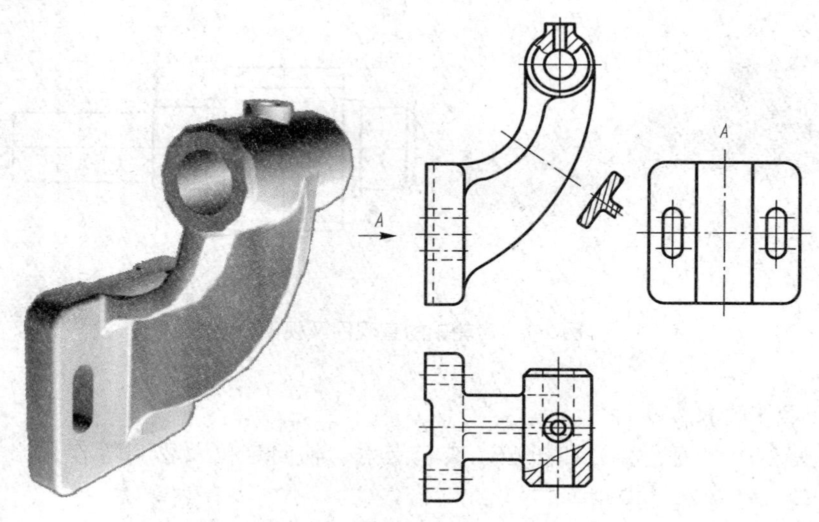

图 9-9　脚踏座的直观图及视图

（2）加工方法。由于叉架类零件的结构形状比较复杂，一般先铸成毛坯，然后对毛坯进行多工序的机械加工。

（3）视图选择。叉架类零件常采用两个或两个以上基本视图。在选择主视图时，常按工作位置放置，主要考虑形状特征原则，以表达它的形状特征、主要结构和各组成部分的相互位置关系。根据其具体结构形状选用其他视图，常采用局部剖视图、断面图、旋转视图或旋转剖视图等表达方法，如图 9-10 所示。

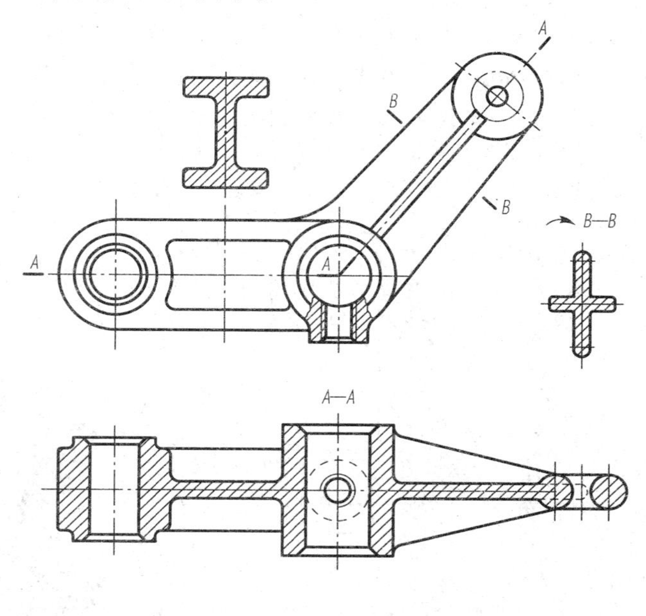

图 9-10 摇杆的视图

4. 箱体类零件的表达分析

箱体类零件一般多用于支承和装置其他零件。其主要包括泵体、阀体、机座和减速箱壳等。

（1）结构特点。箱体类零件常有内腔、轴承孔、凸台、凹坑、肋、安装底板、安装孔、螺纹、销孔等，如图 9-11 所示。

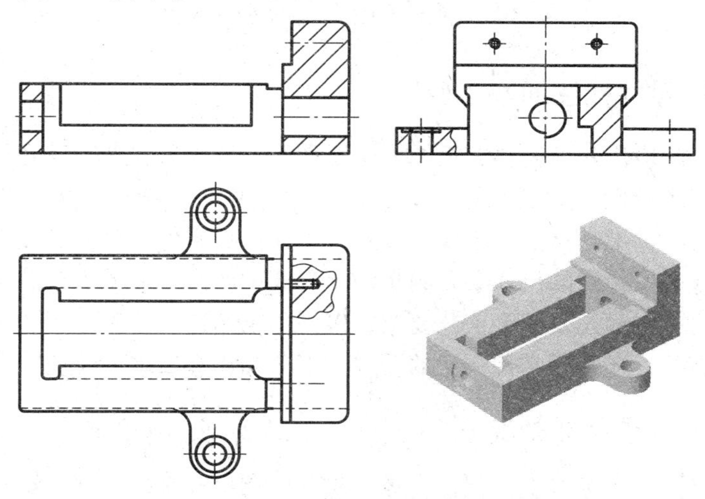

图 9-11 固定钳身的直观简图及视图

（2）加工方法。由于箱体类零件结构复杂，其中以铸件为多，一般需要经多种工序的机加工。

（3）视图选择。箱体类零件一般需要三个或三个以上基本视图和一定数量的其他视图。常按工作位置放置，以最能反映形状特征、主要结构和各组成部分相对位置的方向作为主视图的投影方向。根据其结构的复杂程度，按视图数量尽量少的原则选用其他视图。剖视图、局部视图、断面图等表达方法，都有表达重点，如图 9-11 和图 9-12 所示。

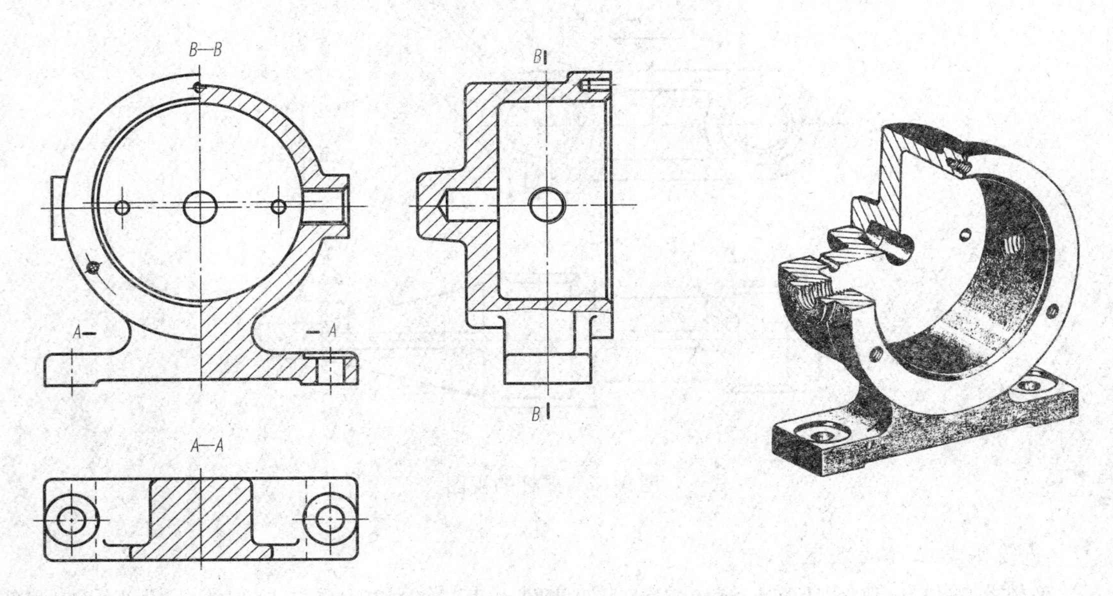

图 9-12　泵体的直观简图及视图

9.3　零件图的尺寸标注

9.3.1　零件尺寸标注的基本原则

在零件图中，除应用一组完整的视图表达零件内外结构形状外，还必须标注全部尺寸以表示零件的大小。零件图上的尺寸是加工、检验零件的重要依据。除要符合前面所述的完整、清晰，符合国家标准规定的要求外，还要考虑如何把零件的尺寸标注得比较合理。所谓合理标注尺寸，就是所标注的尺寸必须满足两个方面的要求：一方面要满足设计要求，以保证机器的质量；另一方面还要满足工艺要求，以便加工制造和检测。要达到这些要求，仅靠形体分析法是不够的，还必须掌握一定的设计、工艺知识和有关的专业知识。

9.3.2　合理选择尺寸基准

要满足上述要求，必须正确地选择尺寸基准。所谓尺寸基准，就是标注尺寸的起点。零件的尺寸基准一般是零件上的面或线。面基准通常是零件的主要加工面，两零件的结合面以及零件的对称面、端面、轴肩等；线基准通常是轴和孔的中心线、对称中心线等。根据基准的作用不同，尺寸基准可分为设计基准和工艺基准。

1. 设计基准

根据零件的结构特点和设计要求所选定的基准，称为设计基准。如图9-13（a）中箭头所指的轴线即为该零件的径向设计基准。

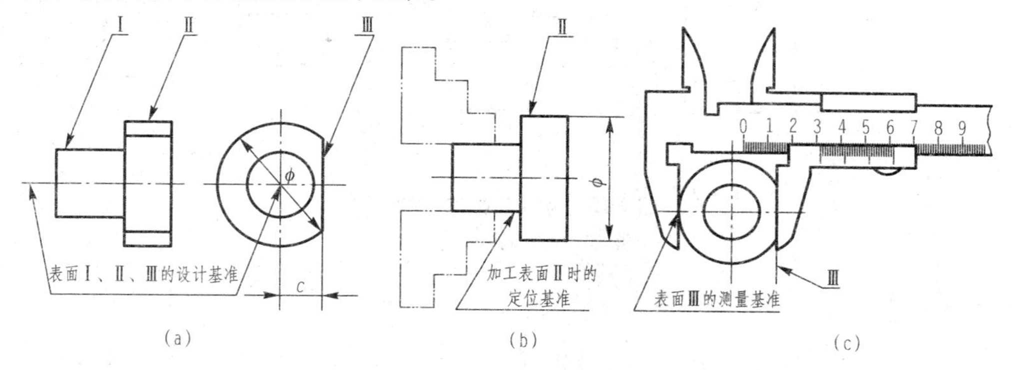

图9-13 基准的分类

2. 工艺基准

零件在加工、测量时所选定的基准，称为工艺基准。其又可分为定位基准和测量基准。

（1）定位基准。在加工过程中确定零件位置时所选用的基准，如图9-13（b）所示。

（2）测量基准。在测量零件已加工表面时所选用的基准，如图9-13（c）所示。

零件在长、宽、高三个方向上至少各有一个主要基准（一般为设计基准），但根据设计、加工、测量上的要求，一般在同一方向还可能有几个辅助基准（一般为工艺基准），主要基准和辅助基准之间应有直接的联系尺寸，如图9-14中的164、56。另外，标注尺寸时，应尽量使设计基准与工艺基准统一起来，称为“基准重合原则”。这样，既能满足设计要求，又能满足工艺要求。一般情况下，设计基准与工艺基准是可以做到统一的，如图9-14中零件的径向尺寸标注都符合基准重合原则。当两者不能统一时，要按设计要求标注尺寸，在满足设计要求的前提下，力求满足工艺要求。

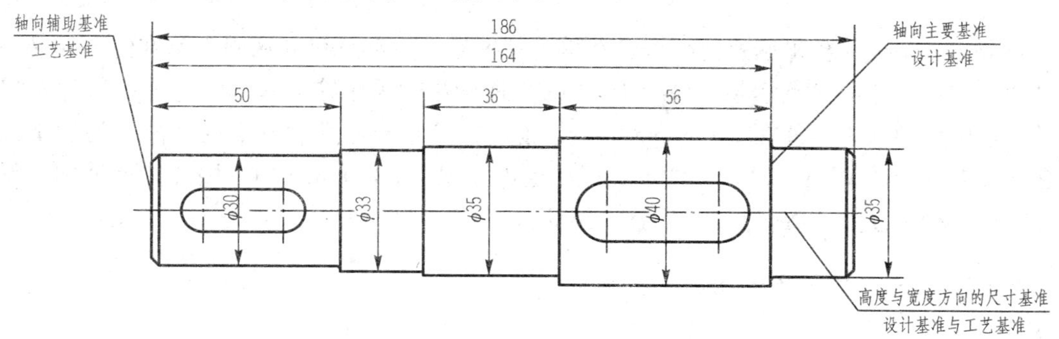

图9-14 主要基准和辅助基准

9.3.3 尺寸标注的形式

由于零件的结构特点及在机器或部件中的作用不同，在零件图上标注尺寸时，通常采用以下几种形式，如图9-15所示。

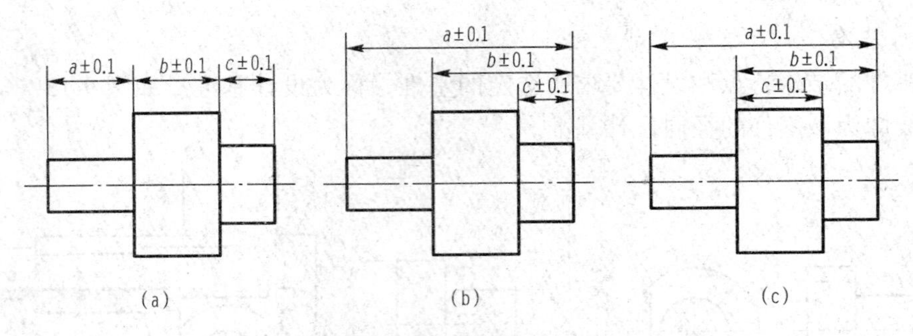

图 9-15　标注尺寸的三种形式

(a) 链式；(b) 坐标式；(c) 综合式

1. 链式

零件图上同一方向的尺寸彼此首尾相接，前一段尺寸的终止处为后一段尺寸的基准。如图 9-15（a）所示小轴的轴向尺寸分 a、b、c 三段连续注出，各段尺寸偏差均为 ±0.1 mm。采用这种注法，任何一段尺寸的加工误差都被控制在 ±0.1 mm 内，不影响其他段尺寸的精度，但小轴总长的尺寸误差，则是各段尺寸误差的代数和，其误差范围可达 ±0.3 mm。因此，当零件上系列孔的中心距要求较为严格时，常采用这种标注形式；若对零件上各段尺寸无特殊要求时，不宜采用此注法。

2. 坐标式

零件图上同一方向的一组尺寸，从同一基准注起。如图 9-15（b）所示小轴的轴向尺寸，各尺寸均以小轴右端面为基准注出。这样每一尺寸的加工精度，只取决于这道工序的误差，不受其他尺寸误差的影响。小轴总长 a 的加工误差也能控制在 ±0.1 mm 内。但小轴中段的尺寸精度，要受到尺寸（b ±0.1）mm 和（c ±0.1）mm 的影响，其误差范围可达 ±0.2 mm。因此，当需要按选定的基准决定一组精确尺寸时，常采用这种标注形式；当要保证相邻几何要素间的尺寸精度时，不宜采用此注法。

3. 综合式

综合式就是链式和坐标式的综合。在确定基准后，一部分尺寸从同一基准注出，另一部分尺寸从前一尺寸的终点注起。如图 9-15（c）所示小轴采用综合式标注尺寸，这样不仅保证了小轴中段的加工误差在 ±0.1 mm 之内，也保证了它与右端面基准的距离 b 的加工误差不超过 ±0.1 mm，同时，总长 a 的加工误差也被控制在 ±0.1 mm 内。因此，这种标注形式兼有上述两种标注形式的优点，得到广泛应用。

9.3.4　主要尺寸和一般尺寸

1. 主要尺寸

影响机器或部件的工作性能、工作精度以及确定零件位置和有配合关系的尺寸，均属主要尺寸。在标注这类尺寸时，应直接从设计基准注起，而且应在尺寸数字后注出公差带代号或偏差值。如图 9-16 中的 $\phi5_{-0.015}^{-0.006}$、$\phi9_{-0.010}^{\ 0}$、$\phi7.5_{-0.015}^{-0.005}$和 12.5 ±0.2 均属主要尺寸。

2. 一般尺寸

不影响机器或部件的工作性能和工作精度或结构上无配合和定位要求的尺寸均属一般尺

寸。一般尺寸不注写公差带代号或偏差值，有时将其尺寸公差统一注写在技术要求里，如“未注尺寸公差为IT14”等。图9-16所示的ϕ13.5、26、6、1.5×45°均属一般尺寸。

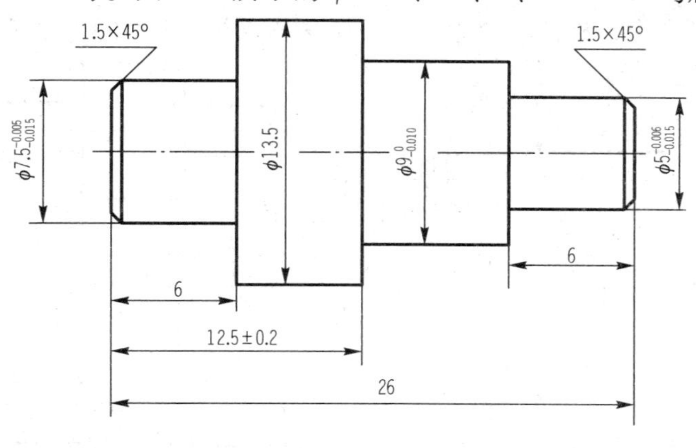

图9-16　主要尺寸和一般尺寸

9.3.5　标注尺寸应注意的几个问题

要使图中的尺寸标注合理，除恰当地选择尺寸基准、标注形式及分清尺寸的重要性之外，还应注意下列几个问题。

1. 考虑设计要求

（1）恰当地选择基准。基准的选择要根据设计要求和便于加工测量的原则而定，如图9-17（a）、（b）所示。在选择基准时，应尽可能使设计基准和工艺基准重合，这样可以减少由于这两个基准不重合所引起的尺寸误差。

（2）主要尺寸直接注出。主要尺寸由主要基准直接注出，以保证设计要求，如图9-17（a）所示。

（3）不要注成封闭尺寸链。在零件图中，若同一方向有几个尺寸构成封闭尺寸链，则应选取不重要的一环作为开口环，而不标注它的尺寸。如图9-18（a）所示A、B、C、D四个尺寸组成封闭环，若C尺寸为不重要的一环，则不应标注尺寸［图9-18（b）］，这样可使制造误差全部集中在这个环上，而保证精度要求较高的尺寸$24^{+0.027}_{0}$、$46^{+0.021}_{+0.002}$。

但有时为了设计和加工的需要，也可注成封闭形式，此时封闭环的尺寸数字应加圆括号，供绘图、加工和画线时参考，一般称其为参考尺寸。

2. 考虑工艺要求

（1）尽量符合加工顺序。图9-17（c）所示是按设计要求标注的尺寸；图9-17（d）所示是按加工要求标注的尺寸，考虑到该零件在车床上调头加工，因此，其轴向尺寸是以两端为基准标注出的；图9-17（e）所示是综合考虑设计要求和加工要求所标注的尺寸。

（2）按加工方法集中标注。一个零件从毛坯到成品，一般需要经过多种加工方法，标注尺寸时，应按加工方法分别集中标注。对于铸件毛坯面之间的尺寸一般应单独标注，因为这类尺寸是在制造毛坯时保证的。在同一方向上，零件的加工面与毛坯面之间只能有一个联系尺寸，如图9-19（b）所示。毛坯面之间、毛坯面与加工面之间的尺寸标注在零件图的上方，而加工面之间的尺寸标注在零件的下方。在图 9-19（a）中，虽然毛坯面Ⅰ、Ⅱ之间未标注尺寸，但该尺寸在制造毛坯时已形成。这样在机加工时，尺寸 A 与尺寸 C 在保证尺寸 F 的前提下，只能保证一个，标注不合理。应按图 9-19（b）所示标注毛坯面之间尺寸 G。

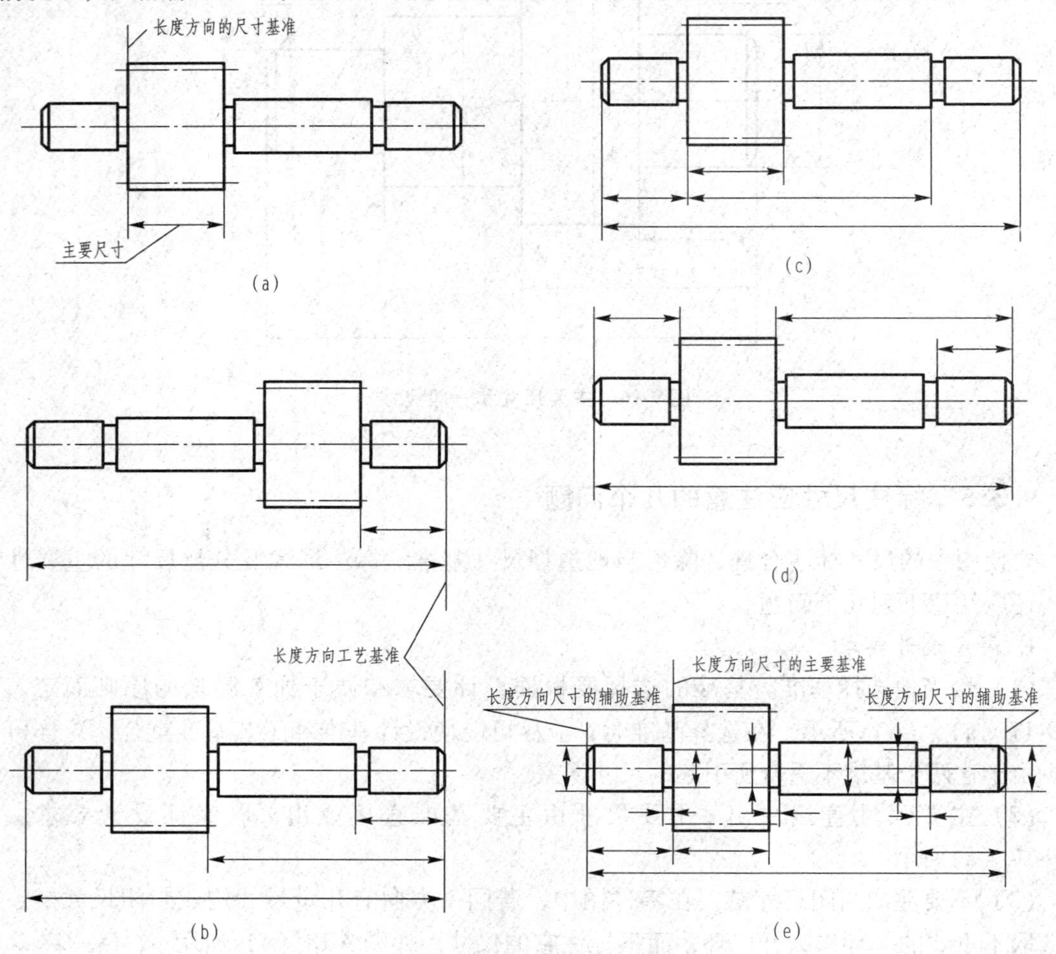

图 9-17　主轴的尺寸标注

（a）按设计要求选择尺寸基准；（b）按加工要求选择尺寸基准；（c）接设计基准标注长度方向尺寸；（d）按工艺基准标注长度方向尺寸；（e）综合考虑标注尺寸

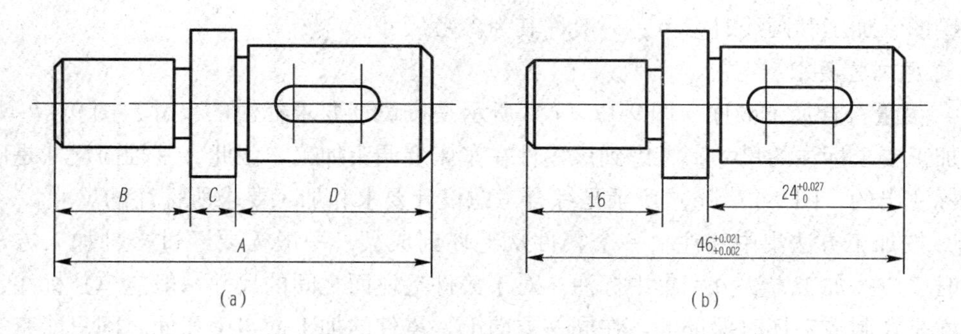

图 9-18　避免封闭尺寸链

（3）应测量方便。标注尺寸时，在满足设计要求的前提下，应尽量考虑使用通用量具进行测量，避免或减少使用专用量具。如图 9-19（a）中所注长度方向尺寸 E 在加工和检验时测量较困难，图 9-19（b）所示的标注形式测量方便。

除了有设计要求的尺寸外，尽量不从轴线、对称线出发标注尺寸。如图 9-20 所示键槽的尺寸注法，若标注尺寸 A，测量困难，尺寸也不易控制，故应标注尺寸 B。

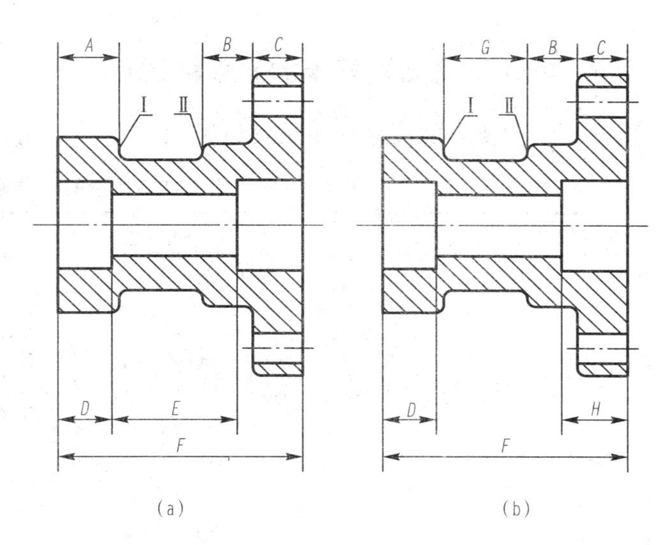

图 9-19　毛坯面与阶梯孔的尺寸标注

（a）错误；（b）正确

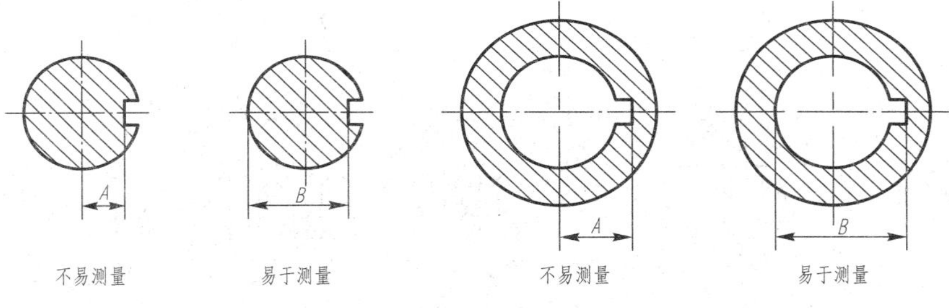

图 9-20　考虑测量方便

（4）考虑刀具的尺寸及加工的可能性。凡由刀具保证的尺寸，应尽量给出刀具的有关尺寸，如图 9-21 所示的衬套，在其左视图中给出了铣刀直径，轮廓用双点画线画出。图 9-22所示为加工斜孔时标注尺寸的实例。根据加工的可能性，斜孔 1 和斜孔 2 的定位尺寸应注 A 和 B，如果注 A_1 和 B_1，将给加工造成困难。

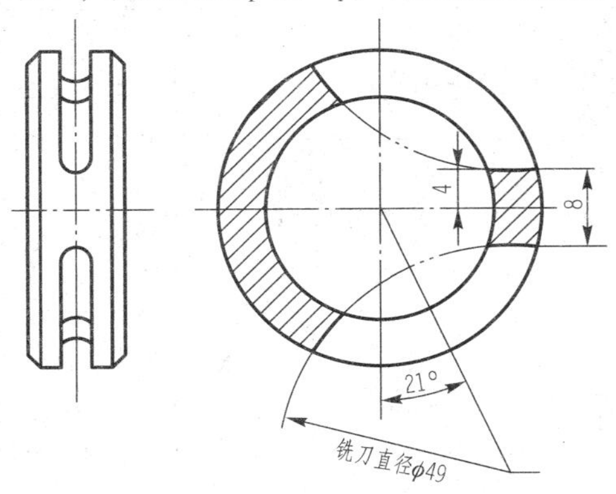

图 9-21　考虑刀具的尺寸

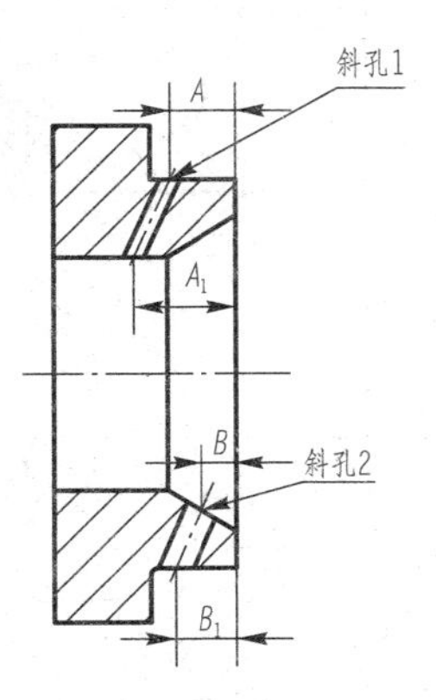

图 9-22　考虑加工的可能性

9.3.6 零件常见结构要素的尺寸标注

零件常见结构要素的尺寸标注见表 9-1。

表 9-1 零件常见结构要素的尺寸标注

零件的结构类型		标注方法	说明
螺孔	通孔	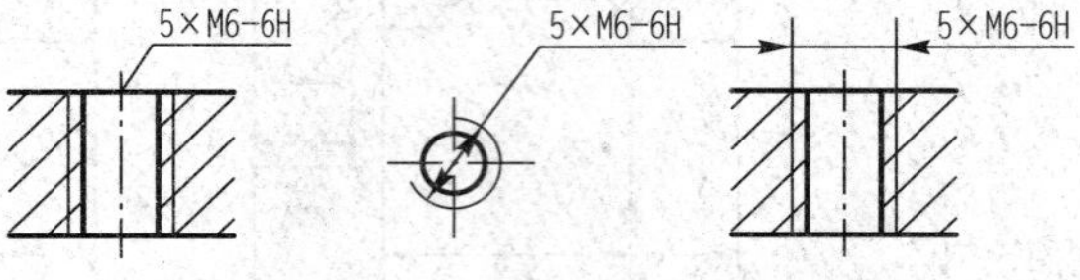 5×M6-6H　5×M6-6H　5×M6-6H	5 × M6 表示直径为 6 mm，有规律分布的 5 个螺孔；可以旁注，也可以直接注出
	不通孔	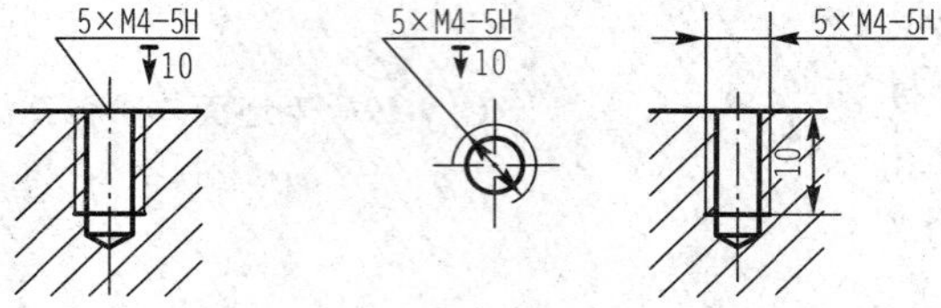 5×M4-5H ↧10　5×M4-5H ↧10　5×M4-5H 10	螺孔深度可与螺孔直径连注
	不通孔	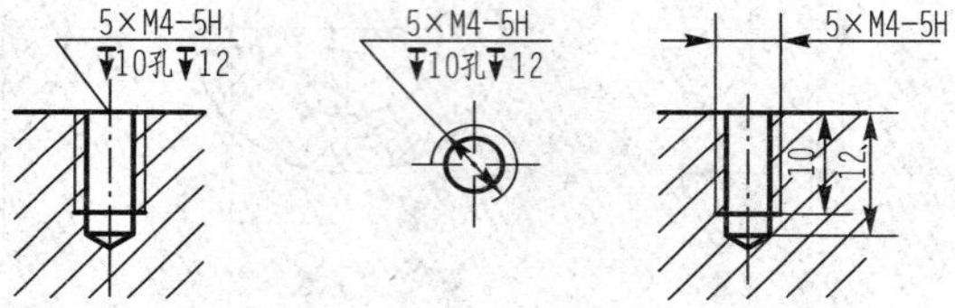 5×M4-5H ↧10孔↧12　5×M4-5H ↧10孔↧12　5×M4-5H 10 12	需要注出孔深时，应明确标注孔深尺寸
光孔	一般孔	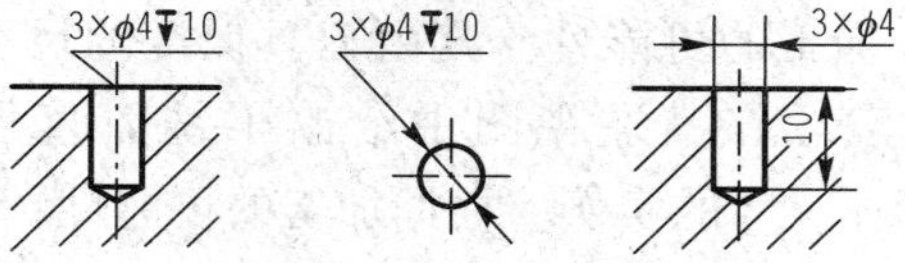 3×ϕ4↧10　3×ϕ4↧10　3×ϕ4 10	3 × ϕ4 表示直径为 4 mm 且有规律分布 3 个光孔。孔深可与孔径连注，也可以分开注出
	精加工孔	3×$\phi4^{+0.012}_{0}$ ↧12钻↧15　3×$\phi4^{+0.012}_{0}$ ↧12钻↧15　3×$\phi4^{+0.012}_{0}$ 12 15	光孔深 15 mm，钻孔后需精加工孔 $\phi4^{+0.012}_{0}$，深度为 12 mm
	锥销孔	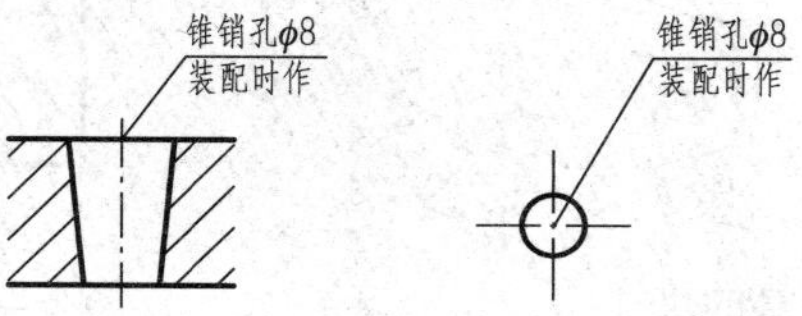 锥销孔ϕ8 装配时作　锥销孔ϕ8 装配时作	ϕ8 为与锥销孔相配的圆锥销小头直径，锥销孔通常是相邻两零件装配后一起加工的

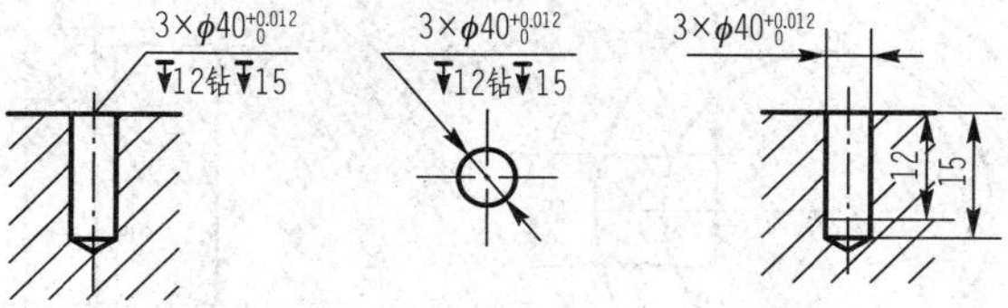

续表

<table>
<tr><th colspan="2">零件的结构类型</th><th>标注方法</th><th>说　明</th></tr>
<tr><td rowspan="3">沉孔</td><td>锥形沉孔</td><td>5×ϕ8 ⌵ϕ15×90°　5×ϕ8 ⌵ϕ15×90°　90°　15　5×ϕ8</td><td>5 × ϕ8 表示直径为 8 mm 且有规律分布的 5 个孔。锥形部分尺寸可以旁注，也可以直接注出</td></tr>
<tr><td>柱形沉孔</td><td>5×ϕ6 ⌴ϕ15↧5　5×ϕ6 ⌴ϕ15↧5　15　5　5×ϕ6</td><td>柱形沉孔的直径为 ϕ15 mm，深度为 5 mm，均需注出</td></tr>
<tr><td>锪平面</td><td>5×ϕ7 ⌴ϕ16　5×ϕ7⌴ ϕ16　⌴ϕ16　5×ϕ7</td><td>锪平面 ϕ16 mm 的深度不需要标注，一般到不出现毛面为止</td></tr>
<tr><td rowspan="2">键槽</td><td>平键键槽</td><td>L　A　A　A—A　$D-t_1$　b</td><td>标注 $D-t_1$ 便于测量</td></tr>
<tr><td>半圆键键槽</td><td>A　ϕ　A　A—A　b　$D-t_1$</td><td>标注直径便于选择铣刀，标注 $D-t_1$ 便于测量</td></tr>
<tr><td colspan="2" rowspan="2">锥轴、锥孔</td><td>D　d　L　d　D　L</td><td>当锥度要求不高时，这样标注便于制造木模</td></tr>
<tr><td>1∶5　D　L　1∶5　D</td><td>当锥度要求准确并为保证一端直径尺寸时的标注形式</td></tr>
</table>

续表

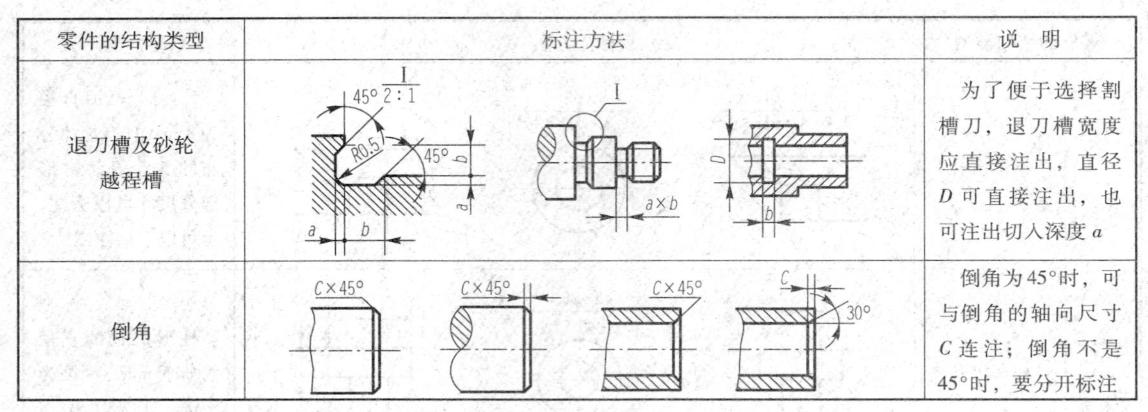

零件的结构类型	标注方法	说明
退刀槽及砂轮越程槽		为了便于选择割槽刀，退刀槽宽度应直接注出，直径 D 可直接注出，也可注出切入深度 a
倒角		倒角为45°时，可与倒角的轴向尺寸 C 连注；倒角不是45°时，要分开标注

9.4 零件图的技术要求

零件图是制造和检验零件的重要依据。零件图除一组视图和全部尺寸外，为确保零件的质量，还应在图样中注出设计、制造、检验、修饰和使用等方面的技术要求，它也是零件图中必不可少的一项重要内容。本节主要介绍技术要求的内容、各种要求的基本概念和标注方法。零件图中技术要求涉及的范围很广，它大致包括以下几个方面的内容：

（1）零件表面结构要求的说明。

（2）零件上重要尺寸的尺寸公差及零件的几何公差。

（3）零件的特殊加工要求、检验和实验方面的说明。

（4）零件的热处理和表面修饰说明。

（5）零件的材料要求和说明。

零件图的技术要求，如表面结构要求、尺寸公差和几何公差应按国家标准规定的各种代（符）号直接注写在图样上，无法标注在图样上的内容，如特殊加工要求、检验和试验、表面处理和修饰等内容，一般用文字的形式分条注写在图样的空白处。零件材料应标在标题栏内。

9.4.1 表面结构的表示方法

1. 概述

所谓表面结构，是指零件表面的几何形貌。它是表面粗糙度、表面波纹度、表面纹理、表面缺陷和表面几何形状的总称。本节主要介绍表面结构要求在图样上的表示方法及其符号、代号的标注与识读方法。

零件表面在加工过程中，由于机床和刀具的振动、材料的不均匀等因素，加工后的实际表面与理想表面存在一定的差别，如图9-23所示。零件表面结构对零件的磨损、疲劳强度、耐腐蚀性、配合性质和喷涂质量及外观等都有很大影响，并直接关系到机器的使用性能和寿命，特别是对运转速度快、装配精度高、密封要求严的

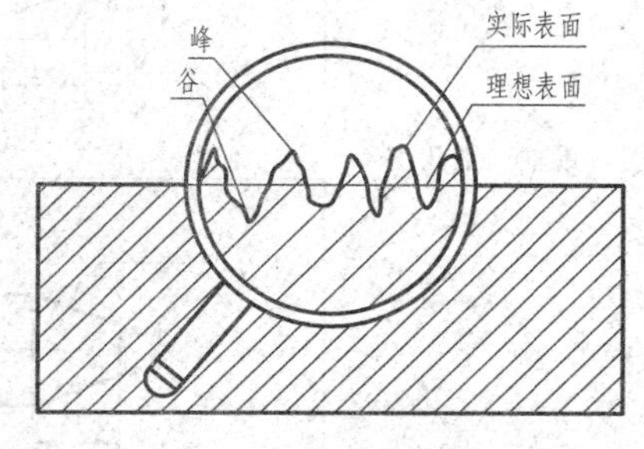

图9-23 表面结构

产品，更具有重要的意义。

表面结构要求是评定零件表面质量的一项重要指标，一般来说，对这项指标要求越高，零件的寿命越长，而加工成本越高。因此，应根据零件的工作状况和需要，对其零件的表面结构提出相应要求。

2. 评定表面结构要求的参数

为了满足对零件表面不同的使用要求，有关标准规定了六项评定参数。高度参数有三项，即轮廓算术平均偏差 R_a、轮廓微观不平度十点高度 R_z、轮廓最大高度 R_y。间距参数有两项，即轮廓单峰平均间距 S、轮廓微观不平度平均间距 S_m。第六项是轮廓支承长度率 t_p。在一般机械制造工业中常用的表面结构要求参数是高度参数的轮廓算术平均偏差 R_a，下面就此参数进行介绍。轮廓算术平均偏差 R_a 是指在取样长度 l 内，轮廓偏距 y 的绝对算术平均值。

如图 9-24 所示，OX 是评定表面结构要求参数所给定的基准线，l 是测量表面结构要求的一段取样长度，沿 Y 方向的轮廓线上的点到基准线 OX 的距离称为轮廓偏距 y。

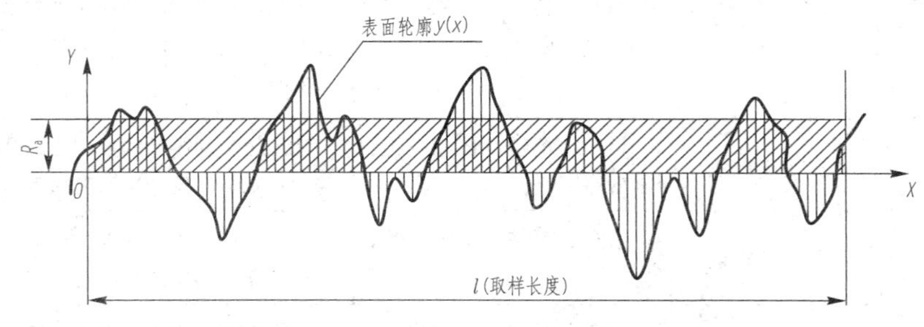

图 9-24　轮廓算术平均偏差 R_a

R_a 用公式表示为

$$R_a = \frac{1}{l}\int_0^l |y(x)| \mathrm{d}x$$

R_a 的数值见表 9-2，一般优先选用表中的第一系列。

表 9-2　R_a 的数值表　　μm

第一系列	第二系列	第一系列	第二系列	第一系列	第二系列	第一系列	第二系列
	0. 008						
	0. 010						
0. 012		0. 125		1. 25	12. 5		
	0. 016		0. 160	1. 6		16	
	0. 020		0. 20		2. 0		20
0. 025			0. 25	2. 5	25		
	0. 032			0. 32	3. 2		32
	0. 040		0. 40		4. 0		40
0. 050			0. 50		5. 0	50	
	0. 063		0. 63	6. 3		63	
	0. 080		0. 80		8. 0		80
0. 100			1. 00		10. 0	100	

R_a 的一般使用情况见表 9-3。

表 9-3 R_a 的一般使用情况 μm

表面结构要求		表面特征	主要加工方法	应　用
R_a	名称			
50	粗面	明显可见刀痕	粗车、粗铣、粗刨、钻、粗纹锉刀和粗砂轮加工	表面质量低，一般很少应用
25		可见刀痕	粗车、粗铣、粗刨、钻、粗纹锉刀和粗砂轮加工	不重要的加工部位，如油孔、穿螺栓用的光孔、不重要的底面、倒角等
12.5		微见刀痕	粗车、刨、立铣、平铣、钻	常用于尺寸精度不高，没有相对运动的表面，如不重要的端面、侧面、底面等
6.3	半光面	可见加工痕迹	粗车、精铣、精刨、镗、粗磨等	常用于不十分重要，但有相对运动的部位或较重要的接触面，如低速轴的表面、相对速度较高的侧面、重要的安装基面和齿轮、链轮的齿廓表面等
3.2		微见加工痕迹	粗车、精铣、精刨、镗、粗磨等	常用于传动零件的轴、孔配合部分以及中低速轴承孔、齿轮的齿廓表面等
1.6		不见加工痕迹	精车、精铣、精刨、镗、粗磨等	常用于传动零件的轴、孔配合部分以及中低速轴承孔、齿轮的齿廓表面等
0.8	光面	可辨加工痕迹方向	精车、精铰、精拉、精镗、精磨等	常用于较重要的配合面，如安装滚动轴承的轴和孔、有导向要求的滑槽等
0.4		微辨加工痕迹方向	精车、精铰、精拉、精镗、精磨等	常用于重要的平衡面，如高速回转的轴和轴承孔等

3. 表面结构要求代（符）号

图样上零件表面结构要求代（符）号表示该零件表面完工后的要求。若仅需要表示零件表面是加工面（采用去除材料或不去除材料的方法），对表面结构有要求，对其他规定没有要求时，允许只标注表面结构要求符号。

（1）图样上表示零件表面结构要求的符号及含义见表 9-4。

表 9-4 图样上表示零件表面结构要求的符号及含义

符　号	含　义
√	基本图形符号：未指定工艺方法的表面，当通过一个注释解释时可单独使用
	扩展图形符号：用去除材料方法获得的表面，如车、铣、钻、磨、剪切、抛光、腐蚀、电火花加工、气割等。仅当其含义是“被加工并去除材料的表面”时，可单独使用
	扩展图形符号：不去除材料的表面，如铸造、锻造、冲压变形、热轧、冷轧、粉末冶金等。也可用于表示保持上道工序形成的表面，而不管这种状况是否是通过去除材料或不去除材料形成的

续表

符　号	含　义
	完整图形符号：当要求标注表面结构特征的补充信息时，在允许任何工艺图形符号的长边上加一横线
	完整图形符号：当要求标注表面结构特征的补充信息时，在去除材料图形符号的长边上加一横线
	完整图形符号：当要求标注表面结构特征的补充信息时，在不去除材料图形符号的长边上加一横线
6 1 2 3 4 5	工件轮廓各表面的图形符号：当在图样某个视图上构成封闭轮廓的各表面有相同的表面结构要求时，应在完整符号上加一圆圈，标注在图样中工件的封闭轮廓线上。如果标注会引起歧义，那么各表面应分别标注。左图符号是指对图形中封闭轮廓的六个面的共同要求（不包括前后面）

（2）表面结构要求符号的画法，如图 9-25 所示。

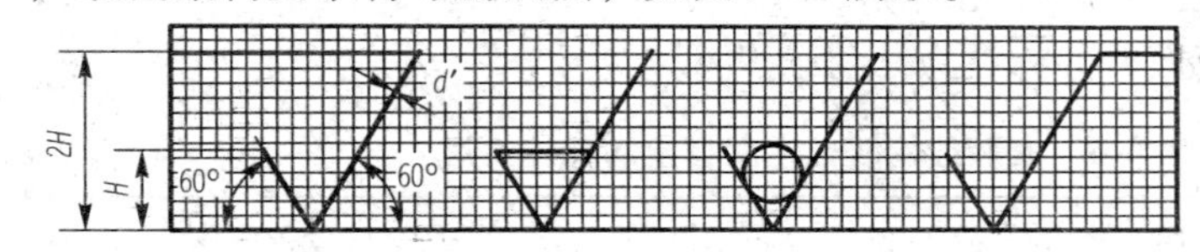

$d' = \frac{1}{10}$

$H = 1.4h$

h 为字体高度

图 9-25　表面结构要求符号的画法

（3）表面结构要求各项规定在符号中的注写位置，如图 9-26 所示。

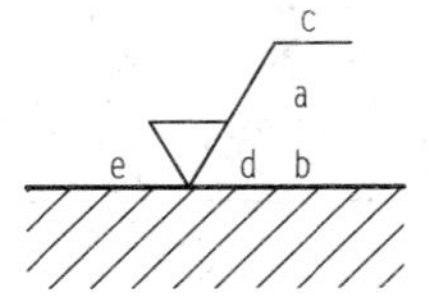

位置 a——注写结构参数代号、极限值、取样长度（或传输带）等。在参数代号和极限值间应插入空格

位置 a 和 b——注写两个或多个表面结构要求，如位置不够时，图形符号应在垂直方向扩大，以空出足够的空间

位置 c——注写加工方法、表面处理、涂层或其他加工工艺要求等

位置 d——注写所要求的表面纹理和纹理方向，如“＝”“⊥”等

位置 e——注写所要求的加工余量

图 9-26　表面结构要求各项规定在符号中的注写位置

（4）R_a 值在代号中的标注。表面结构要求高度参数 R_a 在代号中用数值表示（单位：μm），参数值前不标注参数代号。R_a 值在代号中的标注见表 9-5。

表 9-5　R_a 值在代号中的标注

代　号		意　义
1	Ra 1.6	表示去除材料，单向上限值（默认），默认传输带，R 轮廓，粗糙度算术平均偏差极限值 1.6 μm，评定长度为 5 个取样长度（默认），“16% 规则”（默认）

续表

代 号		意 义
2	Rzmax 6.3	表示不允许去除材料，单向上限值（默认），粗糙度最大高度，极限值 6.3 μm，“最大规则”，其余元素均采用默认定义
3	0.008～0.8/Ra 1.6	表示去除材料，单向上限值，传输带 0.008～0.8 mm，R_a 轮廓，算术平均偏差 1.6 μm，评定长度为 5 个取样长度（默认），“16% 规则”（默认）
4	-0.8/Ra3 1.6	表示去除材料，单向上限值，传输带：根据 GB/T 6062，取样长度 0.8 μm（λ_s 默认 0.002 5 mm），R_a 轮廓，算术平均偏差 1.6 μm，评定长度为 3 个取样长度（默认），“16% 规则”（默认）
5	U Ramax 3.2 L Ra 0.8	表示不允许去除材料，双向极限值，两极限值均使用默认传输带，R 轮廓，上限值：算术平均偏差 3.2 μm，评定长度为 5 个取样长度（默认），“最大规则”；下限值：算术平均偏差 0.8 μm，评定长度为 5 个取样长度（默认），“16% 规则”（默认）

4. 表面结构要求代（符）号在图样上的标注

根据《产品几何技术规范（GPS）技术产品文件中表面结构的表示法》（GB/T 131—2006）的规定，表面结构要求在图样上的标注方法见表 9-6。

表 9-6　表面结构要求在同样上的标注方法

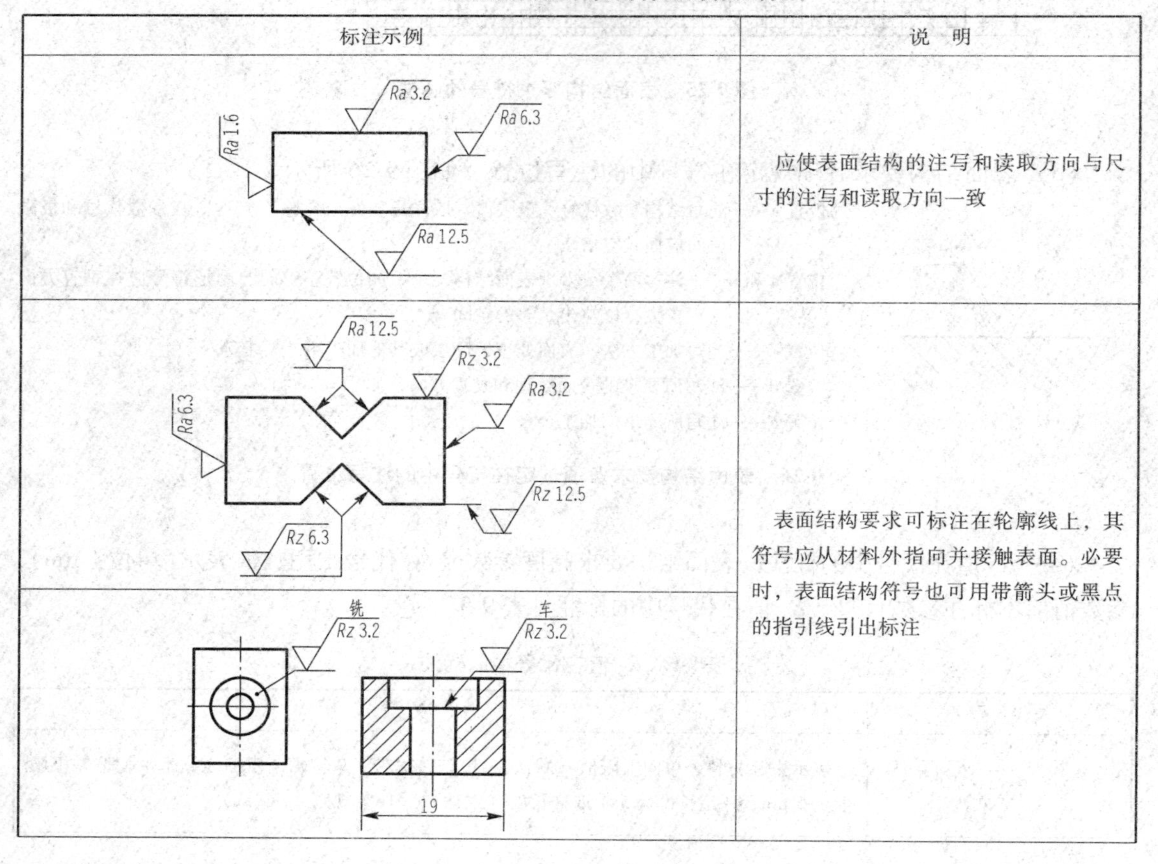

续表

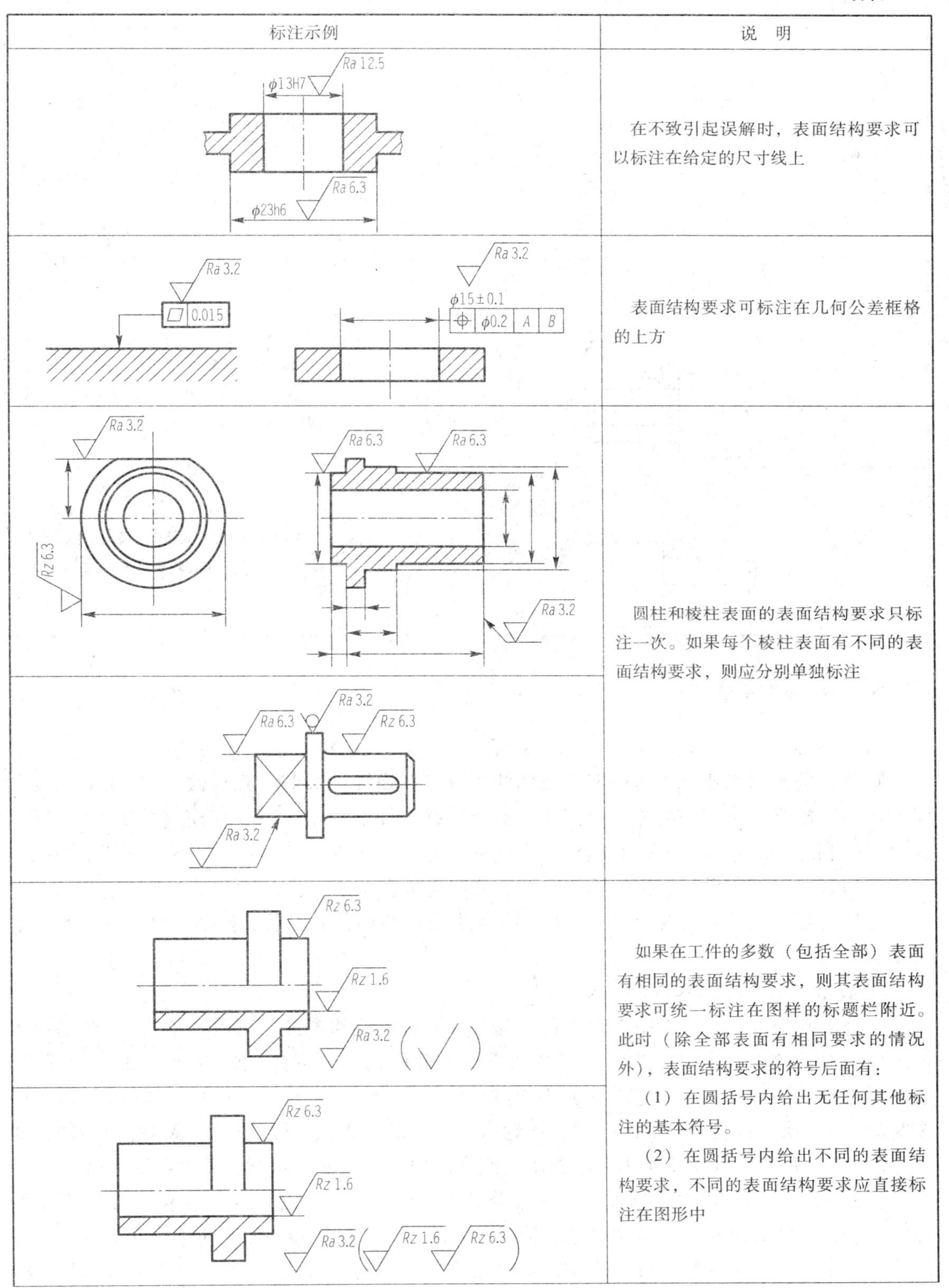

标注示例	说　明
	在不致引起误解时，表面结构要求可以标注在给定的尺寸线上
	表面结构要求可标注在几何公差框格的上方
	圆柱和棱柱表面的表面结构要求只标注一次。如果每个棱柱表面有不同的表面结构要求，则应分别单独标注
	如果在工件的多数（包括全部）表面有相同的表面结构要求，则其表面结构要求可统一标注在图样的标题栏附近。此时（除全部表面有相同要求的情况外），表面结构要求的符号后面有： （1）在圆括号内给出无任何其他标注的基本符号。 （2）在圆括号内给出不同的表面结构要求，不同的表面结构要求应直接标注在图形中

续表

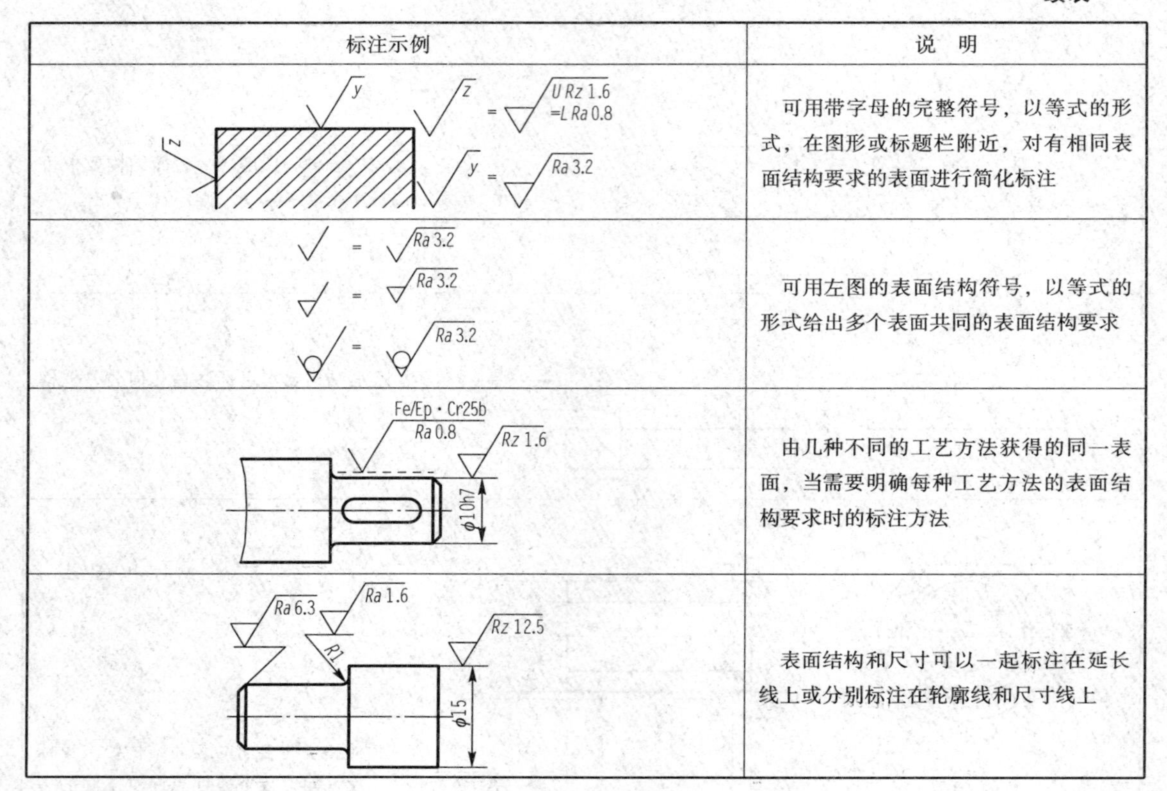

标注示例	说　明
y; z; = U Rz 1.6 =L Ra 0.8; z; y = Ra 3.2	可用带字母的完整符号，以等式的形式，在图形或标题栏附近，对有相同表面结构要求的表面进行简化标注
= Ra 3.2; = Ra 3.2; = Ra 3.2	可用左图的表面结构符号，以等式的形式给出多个表面共同的表面结构要求
Fe/Ep · Cr25b Ra 0.8; Rz 1.6; φ10h7	由几种不同的工艺方法获得的同一表面，当需要明确每种工艺方法的表面结构要求时的标注方法
Ra 6.3; Ra 1.6; R1; Rz 12.5; φ15	表面结构和尺寸可以一起标注在延长线上或分别标注在轮廓线和尺寸线上

9.4.2　极限与配合

1. 互换性

现代化的机械工业要求机械零件或部件要具有互换性。所谓“互换性”，是指成批或大量生产中，规格大小相同的零件或部件，不经选择地任取一个，不经任何辅助加工及修配，就可以顺利地装配到产品上，并达到一定使用要求。零部件具有互换性，不仅有利于装配和维修，而且可以简化设计，保证协作，便于采用先进设备和工艺，从而提高劳动生产率。

零件的互换性是通过规定零件的尺寸公差、表面几何公差以及表面结构要求等技术要求来实现的。

2. 极限与配合的基本概念

在极限与配合国家标准中，轴与孔这两个名词有其特殊含义。所谓“轴”，主要是指圆柱形外表面，也包含非圆柱外表面（由两平行平面或切面形成的被包容面）；所谓“孔”，主要是指圆柱形内表面，也包含非圆柱内表面（由两平行平面或切面形成的包容面）。如图9-27（a）所示齿轮和轴的配合中，齿轮内孔和键槽均为孔，轴的外表面和键均为轴，如图9-27（b）所示。为了正确地了解极限与配合的内容，下面将对有关概念进行介绍。

（1）尺寸公差。在生产过程中，由于受到设备条件（如机床、工具、量具）和操作技能的影响，零件的尺寸不可能做得绝对精确，因此，为了保证零件的互换性，就必须对零件的尺寸规定一个允许的变动量，此变动量即为尺寸公差（简称公差）。表9-7所示为国家标准《公差与配合》中有关尺寸公差的名词解释。

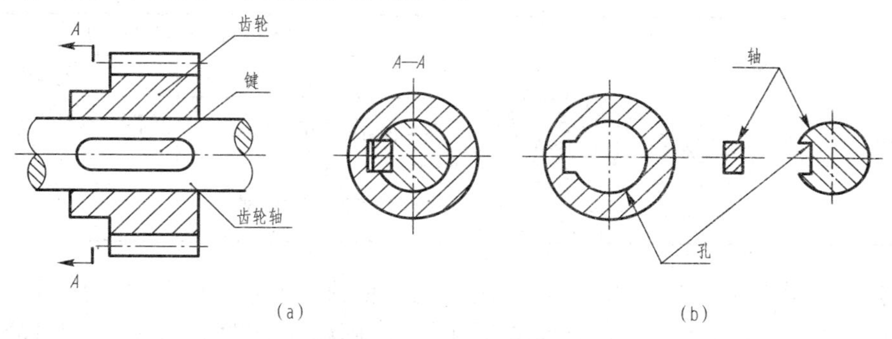

图 9-27　轴和孔的含义

表 9-7　尺寸公差的名词解释

名　称	解　释	简图、计算示例及说明	
		孔	轴
公称尺寸	设计时给定的尺寸，通过它应用上、下极限偏差可算出极限尺寸	上极限偏差 下极限偏差=0 孔的尺寸 $\phi 48\text{H8}\ (^{+0.039}_{0})$ $A=48$	上极限偏差 下极限偏差 轴的尺寸 $\phi 48\text{f7}\ (^{-0.025}_{-0.050})$ $A=48$
实际尺寸	通过测量获得的某一孔、轴的尺寸		
极限尺寸	一个孔或轴允许的尺寸的两个极端。实际尺寸位于其中，也可以达到极限尺寸		
上极限尺寸 A_{max}	孔或轴允许的最大尺寸	$A_{max}=48.039$	$A_{max}=47.975$
下极限尺寸 A_{min}	孔或轴允许的最小尺寸	$A_{min}=48$	$A_{min}=47.950$
极限偏差	某一尺寸（实际尺寸、极限尺寸等）减其公称尺寸所得的代数差		
上极限偏差 孔 ES、轴 es	上极限尺寸减其公称尺寸所得的代数差	上极限偏差 $ES=48.039-48=0.039$	上极限偏差 $es=47.975-48=-0.025$
下极限偏差 孔 EI、轴 ei	下极限尺寸减其公称尺寸所得的代数差	下极限偏差 $EI=48-48=0$	下极限偏差 $ei=47.950-48=-0.050$

续表

名　称	解　释	简图、计算示例及说明	
		孔	轴
尺寸公差（简称公差）δ	上极限尺寸减下极限尺寸之差，或上极限偏差减下极限偏差之差。它是允许尺寸的变动量（尺寸公差是一个没有符号的绝对值）	$\delta=48.039-48=0.039$ 或 $\delta=0.039-0=0.039$	$\delta=47.975-47.950=0.025$ 或 $\delta=-0.025-(-0.050)=0.025$

（2）公差带图。在分析公差时，用于表示孔与轴的公差带之间关系的简图称为公差带图。在公差带图中，只需画出表示公称尺寸的零线，画出孔和轴的公差带，即可分析孔与轴的公差带之间关系。在公差带图中可以完全明确地表示出公差带的大小和公差带相对于零线的位置。表9-8所示为公差带图解的名词解释。

表9-8　公差带图解的名词解释

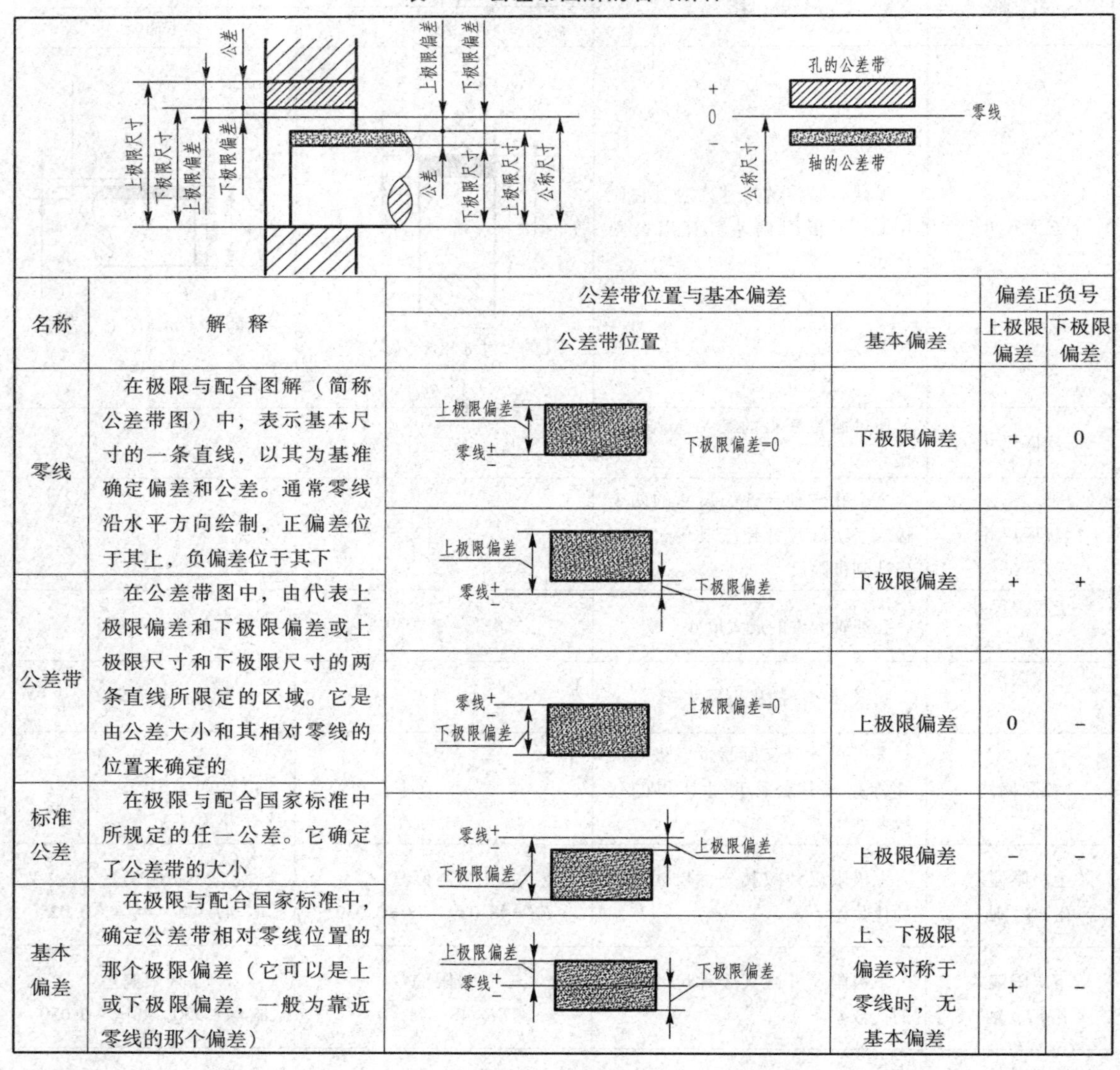

名称	解　释
零线	在极限与配合图解（简称公差带图）中，表示基本尺寸的一条直线，以其为基准确定偏差和公差。通常零线沿水平方向绘制，正偏差位于其上，负偏差位于其下
公差带	在公差带图中，由代表上极限偏差和下极限偏差或上极限尺寸和下极限尺寸的两条直线所限定的区域。它是由公差大小和其相对零线的位置来确定的
标准公差	在极限与配合国家标准中所规定的任一公差。它确定了公差带的大小
基本偏差	在极限与配合国家标准中，确定公差带相对零线位置的那个极限偏差（它可以是上或下极限偏差，一般为靠近零线的那个偏差）

公差带位置	基本偏差	偏差正负号 上极限偏差	偏差正负号 下极限偏差
上极限偏差；零线；下极限偏差=0	下极限偏差	+	0
上极限偏差；零线；下极限偏差	下极限偏差	+	+
零线；下极限偏差；上极限偏差=0	上极限偏差	0	−
零线；上极限偏差；下极限偏差	上极限偏差	−	−
上极限偏差；零线；下极限偏差	上、下极限偏差对称于零线时，无基本偏差	+	−

（3）标准公差。标准公差是国家标准所规定的、用以确定公差带大小的任一公差，它的数值取决于公差等级和公称尺寸。标准公差分 20 个等级，即 IT01、IT0、IT1、…、IT18。IT 表示标准公差，阿拉伯数字表示公差等级，它反映了尺寸精度的高低。IT01 公差最小，尺寸精度最高；IT18 公差最大，尺寸精度最低。标准公差数值见附表 1。

（4）基本偏差。基本偏差是国家标准规定的、用以确定公差带相对于零线位置的上极限偏差或下极限偏差，一般指靠近零线的那个极限偏差。当公差带在零线上方时，基本偏差为下极限偏差；反之，则为上极限偏差。如图 9-28 所示，孔和轴分别规定了 28 个基本偏差，其代号用拉丁字母按其顺序表示，大写的字母表示孔，小写的字母表示轴。在基本偏差系列图中，每个基本偏差只表示公差带的位置，不表示公差带的大小。因此，公差带的一端是开口的。轴和孔的基本偏差值可根据公称尺寸从标准表中查取（见附表 2、附表 3）。再根据标准公差即可计算出孔和轴的另一极限偏差。

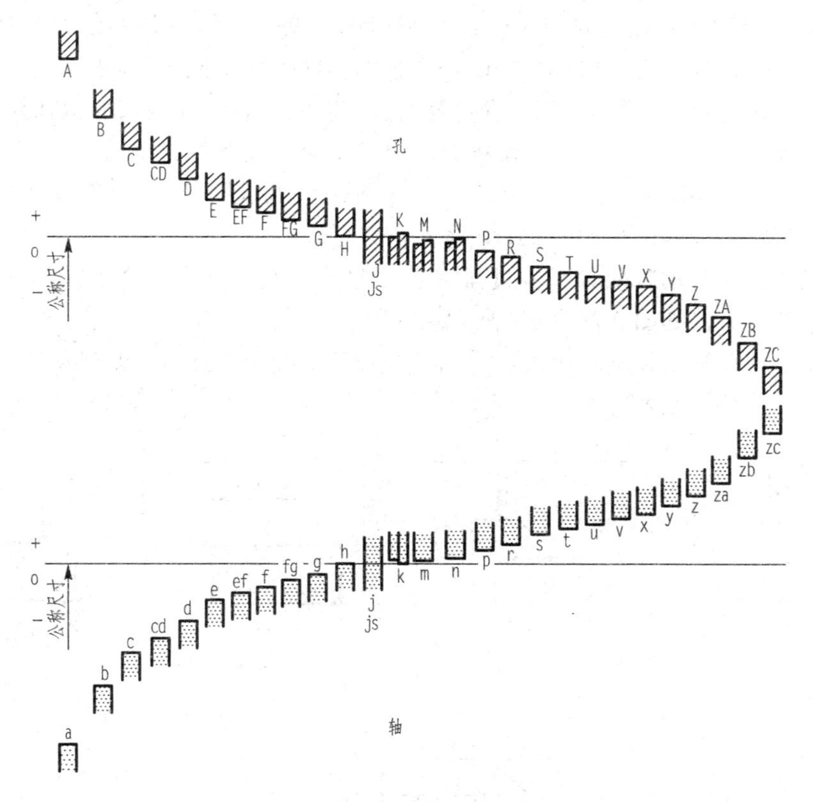

图 9-28　基本偏差系列图

对于孔的另一极限偏差（上极限偏差 ES 或下极限偏差 EI）：$ES = EI + IT$ 或 $EI = ES - IT$

对于轴的另一极限偏差（上极限偏差 es 或下极限偏差 ei）：$es = ei + IT$ 或 $ei = es - IT$

孔、轴的公差带代号由基本偏差代号与公差等级代号组成。

例如：

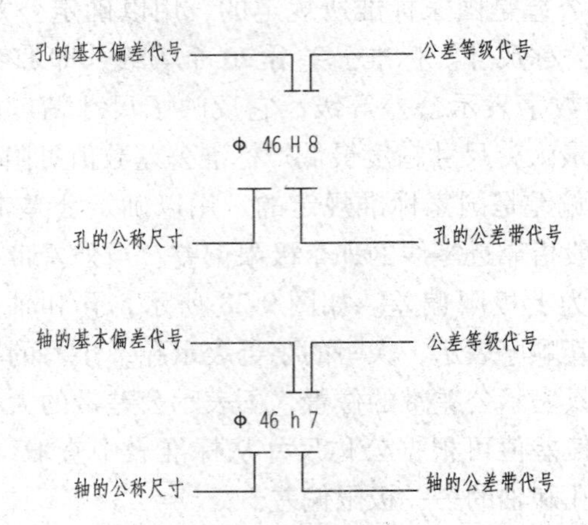

（5）配合。公称尺寸相同的相互结合的孔和轴公差带之间的关系称为配合。由于孔和轴的实际尺寸不同，装配后可出现不同的松紧程度，即出现“间隙”或“过盈”。当孔的实际尺寸减去与之相配合的轴的实际尺寸所得的代数差为正时产生间隙，为负时产生过盈。因此，国家标准规定配合分为三类：间隙配合、过盈配合、过渡配合。

①间隙配合：孔与轴装配时产生间隙（包括最小间隙等于零）的配合。此时孔的公差带在轴的公差带之上，如图9-29（a）所示。

②过盈配合：孔与轴装配时产生过盈（包括最小过盈等于零）的配合。此时孔的公差带在轴的公差带之下，如图9-29（b）所示。

③过渡配合：孔与轴装配时可能产生间隙或过盈的配合。此时孔与轴的公差带重叠，如图9-29（c）所示。

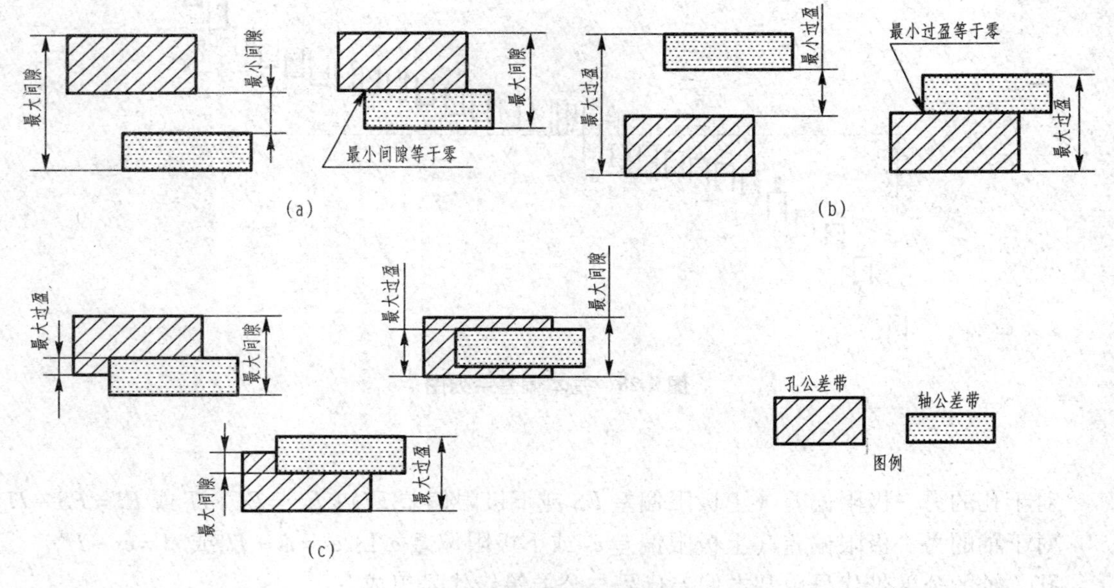

图9-29　配合的类型

（a）间隙配合；（b）过盈配合；（c）过渡配合

（6）基准制。当公称尺寸确定之后，为了得到各种不同性质的配合，需要确定其公差带。如果孔和轴的公差带任意变动，则配合情况变化很多，不便于零件的设计和制造。为此，国家标准对配合规定了两种基准制：基孔制、基轴制。

①基孔制：基本偏差为一定的孔的公差带，与不同基本偏差的轴的公差带形成各种配合的一种制度，如图 9-30（a）所示。基孔制的孔为基准孔，其基本偏差代号为 H，下极限偏差为零。

②基轴制：基本偏差为一定的轴的公差带，与不同基本偏差的孔的公差带形成各种配合的一种制度，如图 9-30（b）所示。基轴制的轴为基准轴，其基本偏差代号为 h，上极限偏差为零。

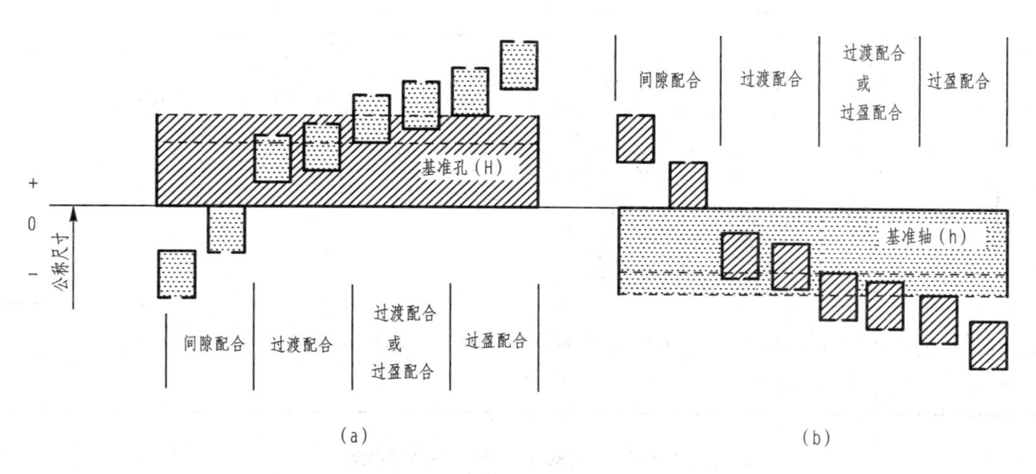

图 9-30　基孔制和基轴制

（a）基孔制；（b）基轴制

实际生产中选用基孔制还是基轴制，要从机器或部件的结构、工艺要求、经济性等方面的因素考虑，一般情况下优先选用基孔制。若与标准件形成配合，应按标准件确定基准制。如与滚动轴承内圈配合的轴应按基孔制；与滚动轴承外圈配合的孔应选用基轴制。

（7）公差等级的选用。公差等级的高低不仅影响产品的性能，还影响加工的经济性。由于孔的加工较轴的加工困难，因此选用公差等级时，通常孔比轴低一级。在一般机械中，重要的精密部位用 IT5 ~ IT6，常用的部位用 IT6 ~ IT8，次要的部位用 IT8 ~ IT9。

（8）优先、常用配合。国家标准在最大限度地满足生产需要的前提下，考虑各类产品的不同特点，制定了优先及常用配合。基孔制常用配合有 59 种，其中包括 13 种优先配合，见表 9-9；基轴制常用配合有 47 种，其中也包括了 13 种优先配合，见表 9-10。

为了使用方便，国家标准对所规定的孔、轴公差带列有极限偏差表，其中优先选用的轴、孔极限偏差表见附表 4 和附表 5。

表 9-9 基孔制优先、常用配合

基准孔	轴																				
	a	b	c	d	e	f	g	h	js	k	m	n	p	r	s	t	u	v	x	y	z
	间隙配合								过渡配合			过盈配合									
H6						$\frac{H6}{f5}$	$\frac{H6}{g5}$	$\frac{H6}{h5}$	$\frac{H6}{js5}$	$\frac{H6}{k5}$	$\frac{H6}{m5}$	$\frac{H6}{n5}$	$\frac{H5}{p5}$	$\frac{H6}{r5}$	$\frac{H6}{s5}$	$\frac{H6}{t5}$					
H7						$\frac{H7}{f6}$	$\frac{*H7}{g7}$	$\frac{*H7}{h6}$	$\frac{H7}{js6}$	$\frac{*H7}{k6}$	$\frac{H7}{m6}$	$\frac{*H7}{n6}$	$\frac{*H7}{p6}$	$\frac{H7}{r6}$	$\frac{*H7}{s6}$	$\frac{H7}{t6}$	$\frac{*H7}{u6}$	$\frac{H7}{v6}$	$\frac{H7}{x6}$	$\frac{H7}{y6}$	$\frac{H7}{z6}$
H8					$\frac{H8}{e7}$	$\frac{*H8}{f7}$	$\frac{H8}{g7}$	$\frac{*H8}{h7}$	$\frac{H8}{js7}$	$\frac{H8}{k7}$	$\frac{H8}{m7}$	$\frac{H8}{n7}$	$\frac{H8}{p7}$	$\frac{H8}{r7}$	$\frac{H8}{s7}$	$\frac{H8}{t7}$	$\frac{H8}{u7}$				
				$\frac{H8}{d8}$	$\frac{H8}{e8}$	$\frac{H8}{f8}$		$\frac{H8}{h8}$													
H9			$\frac{H9}{c9}$	$\frac{*H9}{d9}$	$\frac{H9}{e9}$	$\frac{H9}{f9}$		$\frac{*H9}{h9}$													
H10			$\frac{H10}{c10}$	$\frac{H10}{d10}$				$\frac{H10}{h10}$													
H11	$\frac{H11}{a11}$	$\frac{H11}{b11}$	$\frac{*H11}{c11}$	$\frac{H11}{d11}$				$\frac{*H11}{h11}$													
H12		$\frac{H12}{b12}$						$\frac{H12}{h12}$													

注：1. $\frac{H6}{n5}$、$\frac{H7}{p6}$在公称尺寸小于或等于 3 mm 和$\frac{H8}{r7}$在小于或等于 100 mm 时，为过渡配合。

2. 标注“*”的配合为优先配合。

表 9-10 基轴制优先、常用配合

基准轴	孔																				
	A	B	C	D	E	F	G	H	Js	K	M	N	P	R	S	T	U	V	X	Y	Z
	间隙配合								过渡配合			过盈配合									
h5						$\frac{F6}{h5}$	$\frac{G6}{h5}$	$\frac{H6}{h5}$	$\frac{Js6}{h5}$	$\frac{K6}{h5}$	$\frac{M6}{h5}$	$\frac{N6}{h5}$	$\frac{P6}{h5}$	$\frac{R6}{h5}$	$\frac{S6}{h5}$	$\frac{T6}{h5}$					
h6						$\frac{F7}{h6}$	$\frac{*G7}{h6}$	$\frac{*H7}{h6}$	$\frac{Js7}{h6}$	$\frac{*K7}{h6}$	$\frac{M7}{h6}$	$\frac{*N7}{h6}$	$\frac{*P7}{h6}$	$\frac{R7}{h6}$	$\frac{*S7}{h6}$	$\frac{T7}{h6}$	$\frac{*U7}{h6}$				
h7					$\frac{E8}{h7}$	$\frac{*F8}{h7}$		$\frac{*H8}{h7}$	$\frac{Js8}{h7}$	$\frac{K8}{h7}$	$\frac{M8}{h7}$	$\frac{N8}{h7}$									
h8				$\frac{D8}{h8}$	$\frac{E8}{h8}$	$\frac{F8}{h8}$		$\frac{H8}{h8}$													
h9				$\frac{*D9}{h9}$	$\frac{E9}{h9}$	$\frac{F9}{h9}$		$\frac{*H9}{h9}$													
h10				$\frac{D11}{h10}$				$\frac{H10}{h10}$													
h11	$\frac{A11}{h11}$	$\frac{B11}{h11}$	$\frac{*C11}{h11}$	$\frac{D11}{h11}$				$\frac{*H11}{h11}$													
h12		$\frac{B12}{h12}$						$\frac{H12}{h12}$													

注：标注“*”的配合为优先配合。

3. 极限与配合在图样上的标注

（1）极限与配合在零件图上的标注示例见表 9-11。在零件图中，孔和轴的公差有以下三种标注形式：

①在孔和轴的公称尺寸后面注出公差带代号。

②在孔和轴的公称尺寸后面注出上、下极限偏差值。

③在孔和轴的公称尺寸后面同时注出公差带代号和上、下极限偏差值，这时应将偏差值加上括号。

表 9-11　公差与配合在图样上的标注

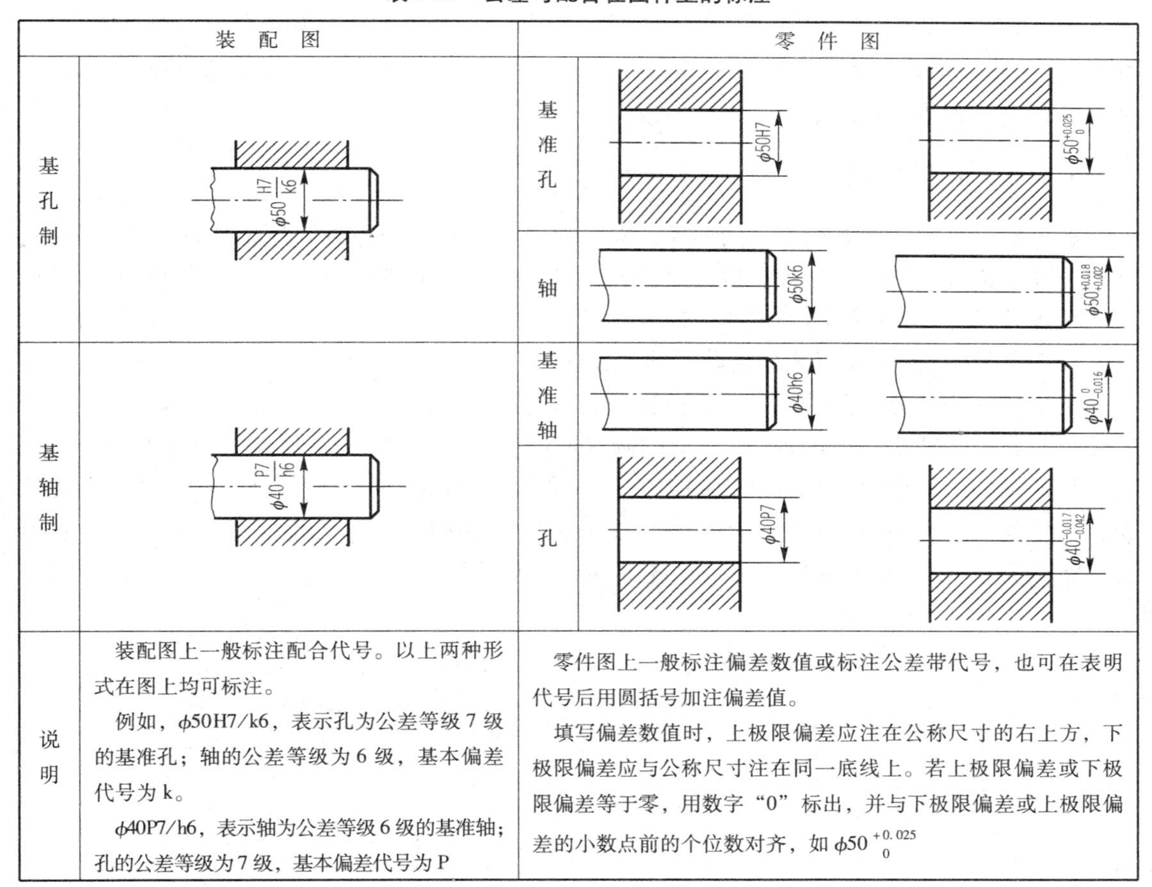

	装配图		零件图	
基孔制	$\phi50\frac{H7}{k6}$	基准孔	$\phi50H7$	$\phi50^{+0.025}_{0}$
		轴	$\phi50k6$	$\phi50^{+0.018}_{+0.002}$
基轴制	$\phi40\frac{P7}{h6}$	基准轴	$\phi40h6$	$\phi40^{0}_{-0.016}$
		孔	$\phi40P7$	$\phi40^{-0.017}_{-0.042}$
说明	装配图上一般标注配合代号。以上两种形式在图上均可标注。 例如，ϕ50H7/k6，表示孔为公差等级 7 级的基准孔；轴的公差等级为 6 级，基本偏差代号为 k。 ϕ40P7/h6，表示轴为公差等级 6 级的基准轴；孔的公差等级为 7 级，基本偏差代号为 P		零件图上一般标注偏差数值或标注公差带代号，也可在表明代号后用圆括号加注偏差值。 填写偏差数值时，上极限偏差应注在公称尺寸的右上方，下极限偏差应与公称尺寸注在同一底线上。若上极限偏差或下极限偏差等于零，用数字“0”标出，并与下极限偏差或上极限偏差的小数点前的个位数对齐，如 $\phi50^{+0.025}_{0}$	

（2）极限与配合在装配图上的标注见表 9-11。根据国家标准规定，在装配图上一般在公称尺寸后标注配合代号。配合代号由孔、轴公差带代号组合而成，写成分数形式，分子为孔的公差带代号，分母为轴的公差带代号。

极限与配合在图样上标注时，代号字体的大小与公称尺寸数字的大小相同；偏差值比公称尺寸数字的字号小一号，上极限偏差注在右上角，下极限偏差注在右下角，单位为 mm，偏差值前必须注出正负号（偏差为零时例外）；上、下极限偏差的小数点必须对齐，小数点后的位数也一般须相同，如 $\phi50^{-0.025}_{-0.050}$、$\phi60^{-0.06}_{-0.09}$；若上、下极限偏差值相同而符号相反时，在公称尺寸后注“±”号，再填写一个数值，其数字大小与公称尺寸数字大小相同，如 40 ±0.15。

4. 查表举例

【例 9-1】 查表写出 ϕ50H7/k6 的极限偏差值。

解：由表 9-9 可知，ϕ50H7/k6 是基孔制优先过渡配合。分子 H7 是基准孔的公差带代号，查附表 5，在公称尺寸大于 40 至 50 行中查 H7，得 $^{+25}_{0}$ μm，即孔的极限偏差值，写作 $\phi 50^{+0.025}_{0}$。分母 k6 是轴的公差带代号，查附表 4，在公称尺寸大于 40 至 50 行中查 k6，得 $^{+18}_{+2}$ μm，即轴的极限偏差值，写作 $\phi 50^{+0.018}_{+0.002}$。

【例 9-2】 查表写出 ϕ40P7/h6 的极限偏差值。

解：由表 9-10 可知，ϕP7/h6 是基轴制优先过盈配合。分子 P7 是孔的公差带代号，查附表 5，在公称尺寸大于 30 至 40 行中查 P7，得 $^{-17}_{-42}$ μm，即孔的极限偏差值，写作 $\phi 40^{-0.017}_{-0.042}$。分母 h6 是基准轴的公差带代号，查附表 4，在公称尺寸大于 30 至 40 行中查 h6，得 $^{0}_{-16}$ μm，即轴的极限偏差值，写作 $\phi 40^{0}_{-0.016}$。

9.4.3 几何公差的标注

在机械中某些精度要求较高的零件，除了要保证其尺寸公差外，还要保证其几何公差。几何公差是指零件的实际形状、位置对理想形状、位置的允许变动量，它是评定产品质量的又一项重要指标，直接影响到机器、仪表、量具和工艺装备的精度、性能、强度和使用寿命等。如图 9-31（a）所示，为保证滚柱的工作质量，除注出直径的尺寸公差 $\phi 15^{+0.012}_{+0.001}$ 外，还注出了滚柱轴线的形状公差 |—|ϕ0.01|，此代号表示滚柱实际轴线与理想轴线之间的变动量——直线度，其实际轴线必须在 ϕ0.01 mm 的圆柱面内。如图 9-31（b）所示，箱体上两个孔是安装齿轮轴的，如果两个孔轴线歪斜太大，就会影响锥齿轮的啮合传动。为了保证正确啮合，应使两孔轴线保证一定的垂直位置——垂直度，图中 |⊥|0.025|A| 说明一个孔的轴线必须位于距离为 0.025 mm 且垂直于另一个孔的轴线的两平行平面之间。

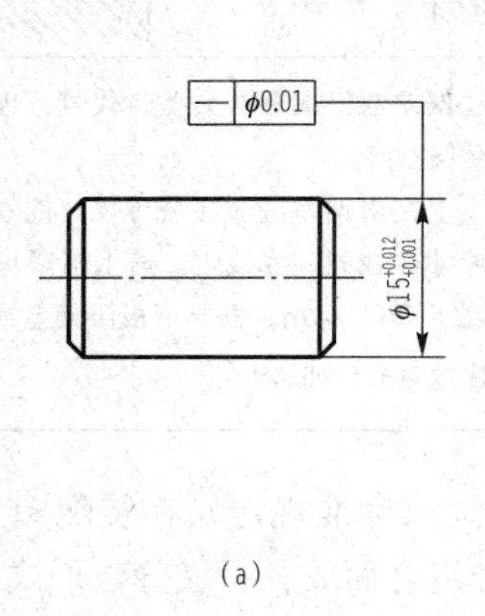

（a）

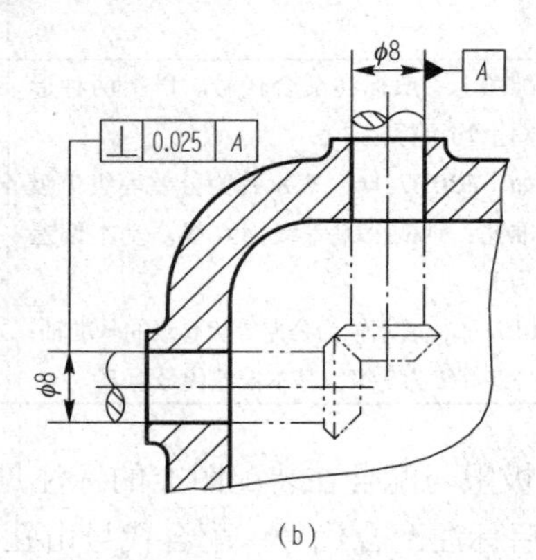

（b）

图 9-31　几何公差示例

1. 几何公差代号

国家标准规定用代号标注几何公差。在实际生产中，若无法用代号标注，允许在技术要求中用文字说明。

几何公差代号包括几何公差各项的符号（表 9-12）、几何公差框格及指引线、几何公差数值、其他有关符号及基准代号等。它们的画法如图 9-32 所示，框格内字体与图样中的尺寸数字等高。

表 9-12　几何公差各项的符号

分类	项目	符号	分类		项目	符号
形状公差	直线度	—	位置公差	定向	平行度	//
	平面度	▱			垂直度	⊥
					倾斜度	∠
	圆度	○		定位	同轴度	◎
					对称度	⌯
	圆柱度	⌭			位置度	⌖
	线轮廓度	⌒		跳动	圆跳动	↗
	面轮廓度	⌓			全跳动	⌰

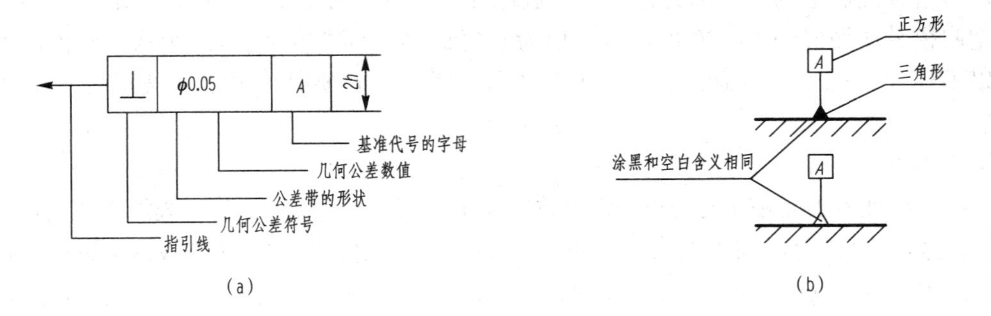

图 9-32　几何公差代号及基准代号的画法

(a) 几何公差代号的画法；(b) 基准代号的画法

2. 几何公差标注示例

图 9-33 所示为气门阀杆的几何公差标注示例，附加的文字为有关几何公差的标注说明。从图中可以看出，当被测要素为线或表面时，从框格引出的指引线箭头，应指在该要素的轮廓或其延长线上。当被测要素是轴线时，应将箭头与该要素的尺寸线对齐，如 M8 ×1 轴线的同轴度注法。当基准要素是轴线时，应加上与该要素的尺寸线对齐的基准符号，如图中的基准 *A*。

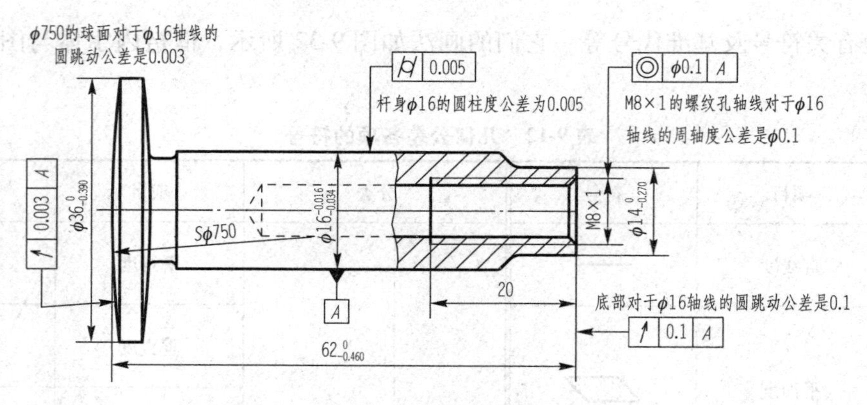

图 9-33　气门阀杆的几何公差标注示例

9.5　零件结构工艺性和合理构型

由于设计与工艺的要求，零件上常有一些特定的结构，如键槽、退刀槽、锥销孔、螺孔、销孔、沉孔、中心孔、滚花、倒角、凸台等。这些结构往往影响零件的使用功能，是结构设计中必须考虑的因素之一。在绘制零件图时，必须准确地表达出上述结构，以便使所绘制的零件图符合要求，以保证零件的质量好、成本低、效益高。

9.5.1　铸造工艺结构和合理构型

1. 起模斜度

用铸造方法制造的零件称为铸件。制造铸件毛坯时，为了便于在型砂中取出模型，一般沿模型起模方向做成约 1∶20 的斜度，称为起模斜度，如图 9-34（a）所示。起模斜度在图上可以不标注，也不一定画出，如图 9-34（b）所示。必要时，可以在技术要求中用文字说明。

2. 铸造圆角

在铸件毛坯各表面相交的转角处都有铸造圆角［图 9-35（a）］，这样既能方便起模，又能防止浇铸液体时将砂型转角处冲坏，还可以避免铸件在铸造过程中产生裂纹或夹砂。铸造圆角在零件图中一般应画出，圆角半径一般取 $R_3 \sim R_5$（mm）或壁厚的 1/5～2/5 倍。铸造圆角在图上一般不标注，常集中注写在技术要求中。图 9-35（a）中的铸件毛坯的底面作为安装底面，需要经过切削加工。这时，铸造圆角被削平。图 9-35（b）所示为不正确的形状。

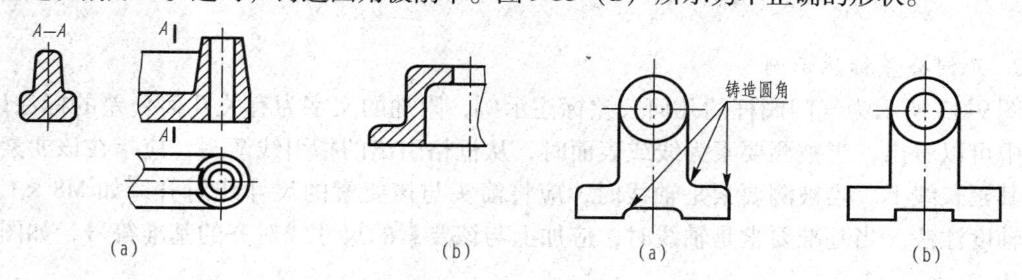

图 9-34　起模斜度　　　　图 9-35　铸造圆角

3. 铸件壁厚

在浇铸零件时，空心铸件应尽量保持壁厚均匀，如壁厚不同应逐渐过渡，如图 9-36（a）所示，应避免局部肥大或突变，以防止金属冷却时产生缩孔和裂纹［图 9-36（b）］。

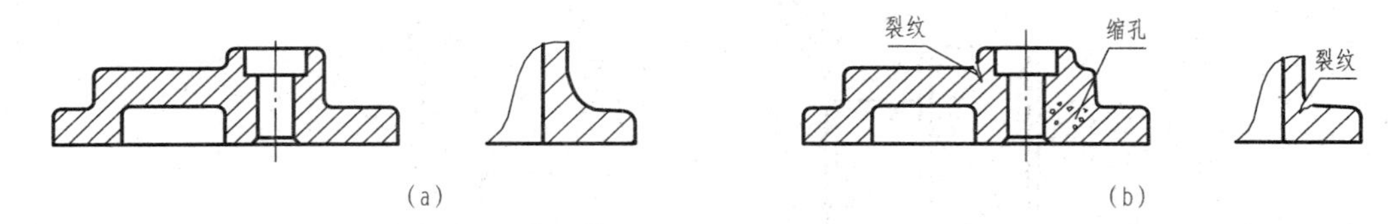

图 9-36　铸件壁厚

9.5.2　机加工工艺结构和合理构型

1. 倒角和倒圆

为了去除零件的毛刺、锐边和便于装配，在轴、孔的端部一般都加工出 45°、30°、60° 的倒角，如图 9-37 所示。

为了避免因应力集中而产生裂纹，在轴肩处往往加工成圆角，称为倒圆，如图 9-38 所示。倒角值和倒圆值可根据轴、孔直径查附表 17。

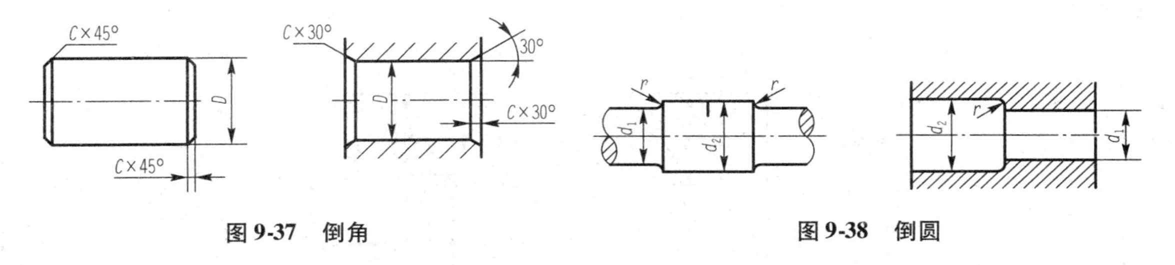

图 9-37　倒角　　　　图 9-38　倒圆

2. 凸台和凹坑

为了保证零件面间的装配或安装质量，并减少加工面积，通常在铸件上设计出凸台或加工成凹坑，如图 9-39 所示。

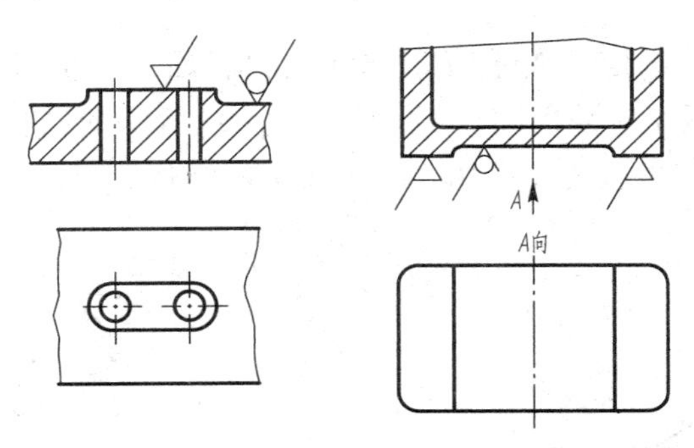

图 9-39　凸台和凹坑

3. 螺纹退刀槽和砂轮越程槽

在切削加工中，特别是在车削螺纹和磨削零件表面时，为了便于退出刀具或使砂轮可以稍越过加工面，并与相关零件装配时易于靠紧，通常在零件待加工面的末端，先车出螺纹退刀槽或砂轮越程槽，如图 9-40 所示。它们的结构形式和尺寸可根据轴、孔直径查附表 18 和附表 19。

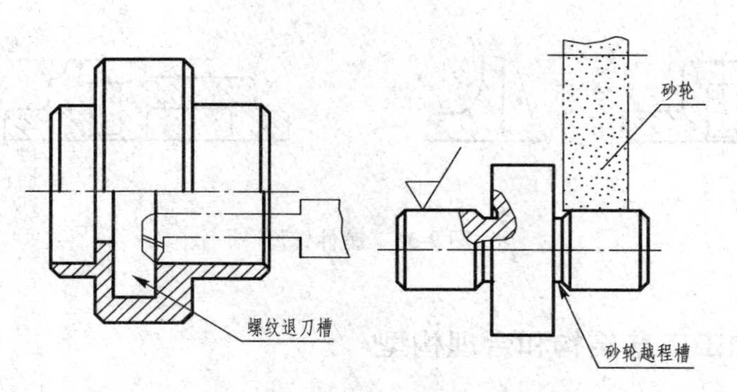

图 9-40　螺纹退刀槽和砂轮越程槽

4. 钻孔

用钻头钻出的盲孔，在底部有一个 120°的锥角，钻孔深度指圆柱部分的深度 h，不包括锥坑，如图 9-41（a）所示。在阶梯钻孔的过渡处，有 120°锥角的圆台，其画法及尺寸标注如图 9-41（b）所示。

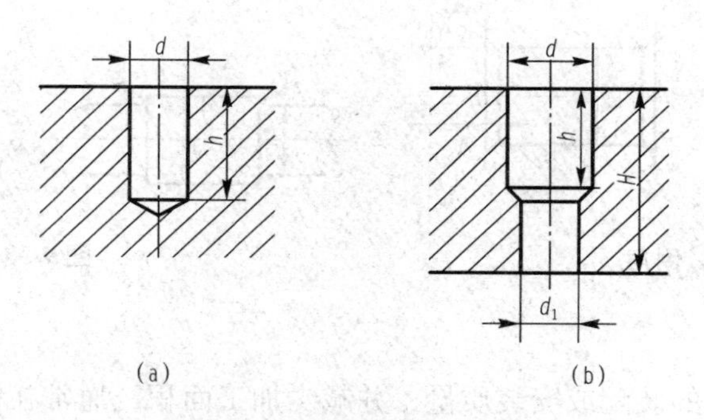

图 9-41　钻孔的结构

用钻头钻孔时，应尽量使钻头垂直于被钻孔的表面，尽量避免使钻头沿铸造斜面钻孔，如图 9-42（a）所示。应采用图 9-42（b）、（c）所示的结构。同时，应尽量避免单边加工［图 9-42（d）］，可改为图 9-42（e）所示的结构，以改善刀具的工作条件，防止钻头折断。

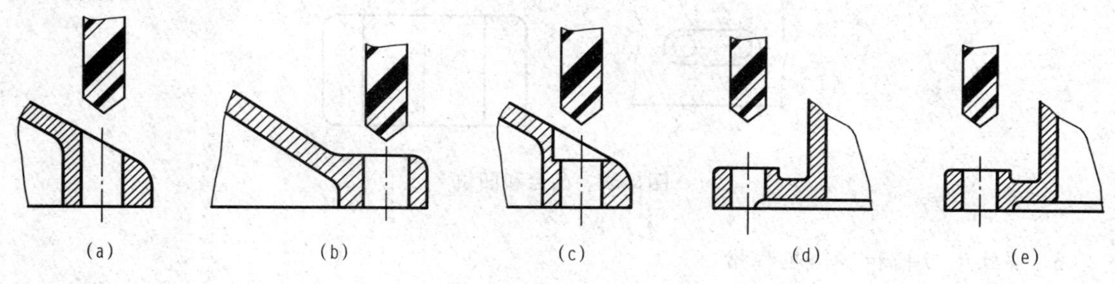

图 9-42　钻孔断面的结构

9.6 读零件图

在设计和制造零件过程中，都涉及读零件图，因此，工程技术人员必须具备读零件图的能力。读零件图的目的是根据已给的零件图想象出零件的结构形状，弄清楚零件各部分尺寸、技术要求等内容。下面阐述读零件图的一般方法与步骤。

9.6.1 读零件图的方法和步骤

1. 概括了解

首先看标题栏了解零件的名称、材料、画图的比例等。必要时还需要结合装配图或其他设计资料，弄清楚该零件在什么机器或部件上使用，并大致了解零件的功能和形状。

2. 视图分析

首先从主视图入手，确定各视图间的对应关系，并找到剖视图、断面图的剖切位置、投影方向等，然后分析各视图的表达重点。

3. 形体分析

根据零件的功用结合视图特征，利用组合体的看图方法，对零件进行形体分析，看懂零件的内外结构形状是读零件图的重点。

形体分析的一般顺序是：从基本视图开始，分析并看懂零件大体的内外形状（先外部后内部）；结合其他视图分析并看懂局部形状；从涉及加工方面的要求综合考虑，确定零件的整体结构形状。

4. 尺寸分析

根据零件图上标注尺寸的原则分析尺寸，首先找出各个方向的主要尺寸基准，再按形体分析法分析图样上标注的各个尺寸，分清楚哪些是零件的主要尺寸和一般尺寸。

5. 技术要求分析

首先从图中尺寸极限和几何公差的标注分析了解零件尺寸和形状位置方面的精度要求；其次从表面结构要求的标注了解零件的表面质量要求；最后分析了解零件图中所注写的其他技术方面的要求和说明。

9.6.2 读零件图举例

现以阀体（图9-43）为例，说明读零件图的方法和步骤。

1. 概括了解

由标题栏可知，该零件的名称是阀体，属箱体类零件，材料为ZG310-570（铸钢），画图比例为1∶2，是铸件。

2. 视图分析

该阀体的表达，采用了三个基本视图。主视图为单一的正平面剖切所得的全剖视图，表达阀体的内部结构形状；俯视图表达外形；左视图采用*A—A*半剖视图，补充表达内部形状及安装板等的形状。

3. 形体分析

该阀体是球阀的主要零件之一，阀体左端通过螺柱和螺母与阀盖连接，形成球阀内部容

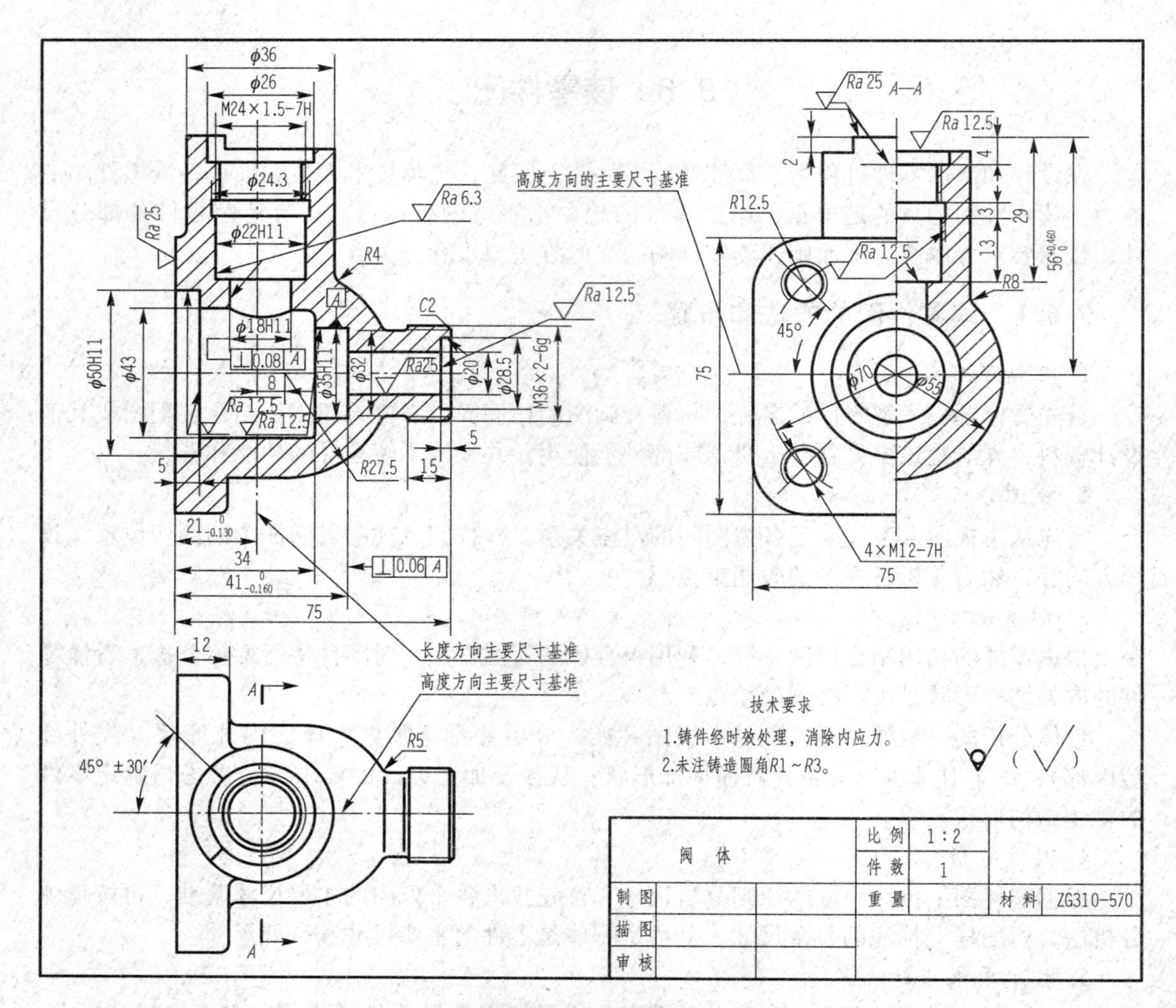

图 9-43　阀体零件图

纳阀芯 φ43 的空腔，左端的 φ50H11 圆柱形槽和阀盖的圆柱形凸缘相配合；阀体空腔右侧 φ35H11 圆柱形槽，用来放置在球阀关闭时防止泄漏流体的密封圈；阀体右侧有用于连接系统管道的外螺纹 M36×2，内部阶梯孔 φ28.5、φ20 与空腔相通；在阀体上部的 φ36 圆柱体中，有 φ26、φ22H11、φ18H11 的阶梯孔与空腔相通，在阶梯孔内部容纳阀杆和填料压紧套；阶梯孔顶端 90°扇形限位凸块，用来控制扳手和阀杆的旋转角度。

通过上述分析可知，球阀主体结构（球体）的左端是方形凸缘；右端和上部都是圆柱形凸缘，凸缘内部的阶梯孔和中间的球形空腔相通。

4. 尺寸分析

阀体的结构形状比较复杂，标注尺寸也较多，这里重点分析其中的主要尺寸，至于图中的其他尺寸请读者自行分析，便可以完全读懂壳体的形状和大小。

从阀体零件图上所注的尺寸可以看出，以阀体水平轴线为高度方向的尺寸基准，注出了水平方向的径向直径尺寸 φ50H11、φ35H11、φ20 和 M36×2，以及水平轴线到顶端的高度尺寸 $56_{0}^{+0.460}$。以阀体垂直孔的轴线为长度方向的尺寸基准，标注了铅垂方向的尺寸

ϕ36、ϕ22H11、ϕ18H11 和 M24×1.5 等。同时，还注出铅垂孔轴线与左端面的距离 $21_{-0.130}^{\ 0}$。以阀体前后对称面为宽度方向的尺寸基准，注出阀体的圆柱体外形 ϕ55、左端面方形凸缘外形尺寸 75×75，以及 4 个螺孔的定位尺寸 ϕ70。同时，还注出扇形限位块的角度定位尺寸 45°±30′。

5. 技术要求分析

该阀体是铸件，从毛坯到成品需要经车、钻、刨、镗、螺纹加工等工序，技术要求的内容较多。从图中可以看出，有公差要求的尺寸是阀体本体内部的水平方向阶梯孔 ϕ50H11、ϕ35H11，竖直方向的阶梯孔 ϕ18H11、ϕ22H11，其极限偏差值可由公差带代号 H11 查附表 5 获得。

表面结构要求有如下几个方面：上部阶梯孔 ϕ22H11 与填料压紧套有配合关系、ϕ18H11 与阀杆有配合关系，与此对应的表面结构要求也较高，R_a 值为 6.3 μm。阀体左端和空腔右端的阶梯孔 ϕ50H11、ϕ35H11 分别与密封圈有配合关系，因为密封圈的材料是塑料，所以相应的表面结构要求较低，R_a 值为 12.5 μm。零件上不太重要的加工表面的表面结构要求 R_a 值为 25 μm。

几何公差要求是：空腔右端 ϕ35H11 圆柱孔的右端面相对水平轴线的垂直度公差为 0.06 mm；ϕ18H11 圆柱孔的轴线相对 ϕ35H11 圆柱孔的轴线的垂直度公差为 0.08 mm。

综合上述各项内容的分析，便能得出阀体的总体概念。

知识拓展

1. 四类典型零件的视图选择分别有哪些特点？除这四类零件外，在电信、仪表工业中还有哪些常见的零件？它们有什么图示特点？

2. 在零件图上标注尺寸的基本要求是什么？“零件图上的尺寸还要注得合理”这句话的意义是什么？为什么说“在本课程中只能在可能范围内注得合理”？

3. 怎样按轴和孔的公称尺寸和公差带代号使用附表 4 和附表 5 确定优先配合中轴和孔的极限偏差数值？怎样确定非优先和非常用配合中轴和孔的极限偏差数值？

本章小结

本章主要介绍了零件图的作用和内容，零件上的常见结构，典型零件的结构特点和表达方法，零件图的标注尺寸、技术要求、读零件图。通过本章的学习，熟练掌握读零件图的方法和步骤，掌握查阅国家标准的方法。

思考题

1. 零件图在生产中起什么作用？它应该包括哪些内容？

2. 零件图的视图选择原则是什么？怎样选定主视图？视图选择的方法和步骤是什么？

3. 尺寸公差、偏差、基本偏差和标准公差的概念是什么？公差带代号由哪两个代号组成？

4. 配合分为哪三类？配合制度规定了哪两种基准制？这两种基准制是怎样定义的？

5. 零件上一般常见的工艺结构有哪些？试简述零件上的倒角、倒圆、螺纹退刀槽、砂轮越程槽以及凸台和凹坑等常见结构的作用、画法和尺寸注法。

6. 简述绘制零件图和读零件图的方法和步骤。

第10章

标准件和常用件

★本章知识点

1. 螺纹的形成、工艺结构、种类、规定画法、标记。
2. 常用螺纹紧固件的装配连接画法。
3. 齿轮的用途、结构、计算和画法。
4. 滚动轴承的基本代号和画法。
5. 键连接和销连接的画法和标记。
6. 圆柱螺旋压缩弹簧各部分名称、代号和规定画法。

在机械设备的装配和安装中，除一般零件外，还有广泛使用的螺栓、螺钉、螺母、垫圈、键、销、齿轮、滚动轴承等标准件和常用件。标准件是指对结构、形状、尺寸、技术要求、代号、图示画法和标记都标准化了的零部件，如螺栓、双头螺柱、螺钉、螺母、垫圈、键、销、滚动轴承等。常用件是指对其部分结构要素及尺寸参数标准化了的零件或部件，如齿轮、弹簧等。在工程上，由于标准件和常用件在机器、仪表、设备中使用最为广泛，为便于批量生产和使用，降低产品成本，提高设计绘图的速度和质量，在国家标准《机械制图》中，除规定它们的结构、形状和尺寸外，还规定了一系列画法、符号、代号和标记规则。

从绘图角度看，标准件和常用件中的标准结构要素有以下一些表达特点：

（1）在图样中对标准件的完整表达由视图、尺寸和规定的标注方法所组成，缺一不可。

（2）标准件和标准结构要素一般只给几个主要尺寸，其余尺寸要根据规定的标注方法根据所列标准编号查表获得。

（3）标准件或标准结构要素按规定的画法表达，非标准结构按正投影法画出。

10.1 螺纹

10.1.1 螺纹的形成和工艺结构

1. 螺纹的形成

螺纹是在圆柱或圆锥表面上沿着螺旋线形成的，具有相同断面的连续凸起和沟槽。在圆柱（或圆锥）外表面上所形成的螺纹称为外螺纹；在圆柱（或圆锥）内表面上形成的螺纹称为内螺纹。螺纹的加工方法很多，如车削、碾压及用板牙、钻头、丝锥等工具加工，各种螺纹都是根据螺旋线的原理加工而成的。图 10-1（a）、(b）表示在车床上车削螺纹的情况。加工时，卡盘夹持工件做等速旋转，当车刀沿径向进刀后，沿圆柱轴线方向匀速移动，就在工件表面加工出螺纹。对于加工直径较小的工件，可用板牙、钻头及丝锥手工加工内螺纹、外螺纹，如图 10-1（c）、(d）所示。

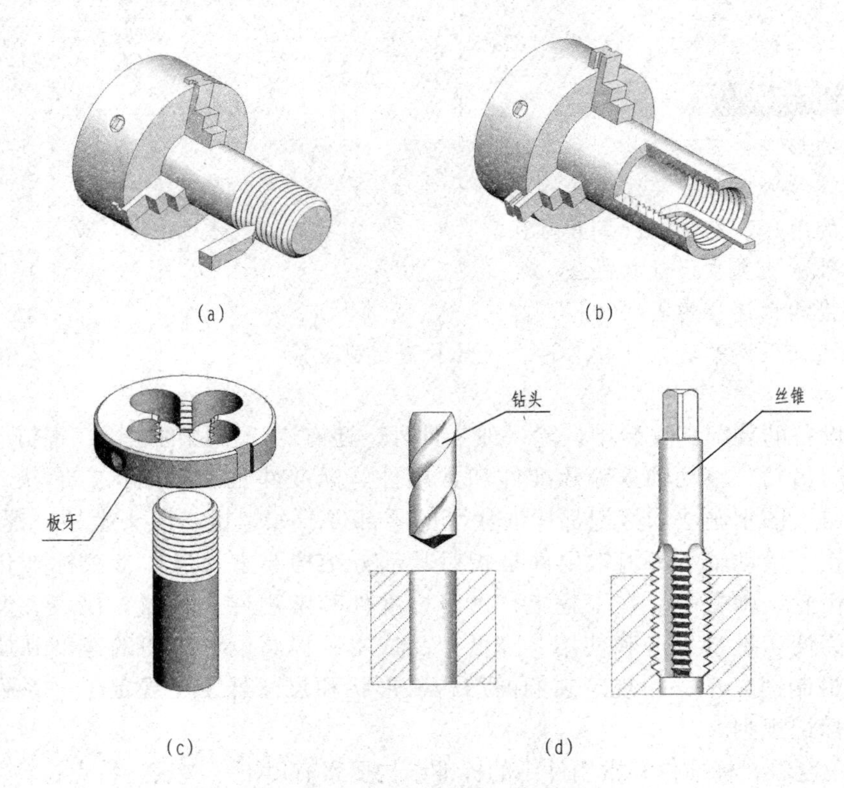

图 10-1 螺纹的加工方法

(a）车削加工外螺纹；(b）车削加工内螺纹；(c）套扣外螺纹；(b）攻内螺纹

2. 螺纹的工艺结构

（1）螺纹的末端。为了便于装配，防止螺纹起始圈损坏和保证操作安全，常把螺纹的起始处加工成一定形式，如倒角、倒圆等，如图 10-2（a）所示。

（2）螺纹的收尾和退刀槽。车削螺纹时，刀具接近螺纹末尾处要逐渐离开工件。因此，螺纹收尾部分的牙型是不完整的，这一段不完整的收尾部分称为螺尾，如图 10-2（b）所示。为了避免产生螺尾，可以预先在螺纹末尾处加工出退刀槽，然后再车削螺纹，如图 10-2（c）所示。

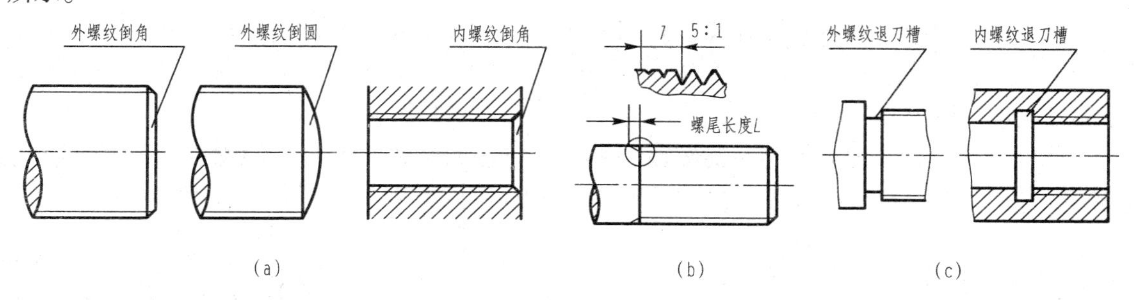

图 10-2　螺纹的工艺结构

（a）倒角与倒圆；（b）螺尾；（c）退刀槽

10.1.2　螺纹的种类与要素

1. 螺纹的种类

螺纹按照用途可分为连接螺纹和传动螺纹两大类。前者起连接作用；后者用于传递动力和运动。常用螺纹的种类如下：

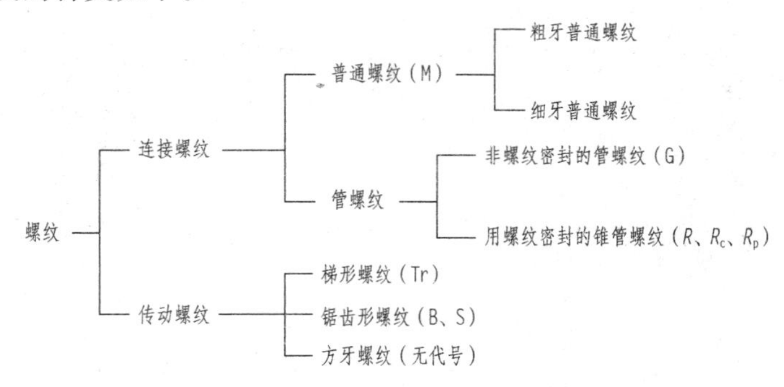

2. 螺纹的要素

螺纹有五个要素，内螺纹、外螺纹连接时，必须保证五个要素完全相同才能旋合在一起。

（1）牙型。在通过螺纹轴线的剖面上，螺纹断面的轮廓形状，称为螺纹牙型。常见的牙型有三角形、梯形、锯齿形和矩形等。不同的螺纹牙型（用不同的代号表示），有不同的用途，如图 10-3（a）所示。

（2）公称直径。指代表螺纹尺寸的直径。螺纹直径包括大径、小径、中径。大径是与外螺纹牙顶或内螺纹牙底相切的假想圆柱或圆锥的直径，用 d（外螺纹）或 D（内螺纹）表示；小径是与外螺纹牙底或内螺纹牙顶相切的假想圆柱或圆锥的直径，用 d_1（外螺纹）或 D_1（内螺纹）表示；中径是在大径与小径之间，其母线通过牙型上凸起宽度与沟槽宽度相等的假想圆柱的直径，用 d_2（外螺纹）或 D_2（内螺纹）表示。公制螺纹的大径为螺纹的公称直径。管螺纹的公称直径用尺寸代号表示，即管子通孔直径的近似值，如图 10-3（b）所示。

（3）线数（n）。螺纹有单线和多线之分，沿一条螺旋线形成的螺纹称为单线螺纹；沿两条或两条以上在轴向等距分布的螺旋线所形成的螺纹称为多线螺纹，如图 10-3（c）所示。

（4）螺距（P）和导程（P_h）。螺纹上相邻两牙在中径线上对应两点间的轴向距离，称为螺距，用 P 表示；同一条螺旋线上相邻两牙在中径线上对应两点间的轴向距离，称为导程，用 P_h 表示，如图 10-3（b）所示。单线螺纹的导程等于螺距，多线螺纹的导程等于螺距乘以线数，即 $P_h = nP$。

（5）旋向。螺纹分右旋和左旋两种。顺时针旋进的螺纹，称为右旋螺纹；逆时针旋进的螺纹，称为左旋螺纹。可用左右手判断，如图 10-3（d）所示。工程上常用右旋螺纹。

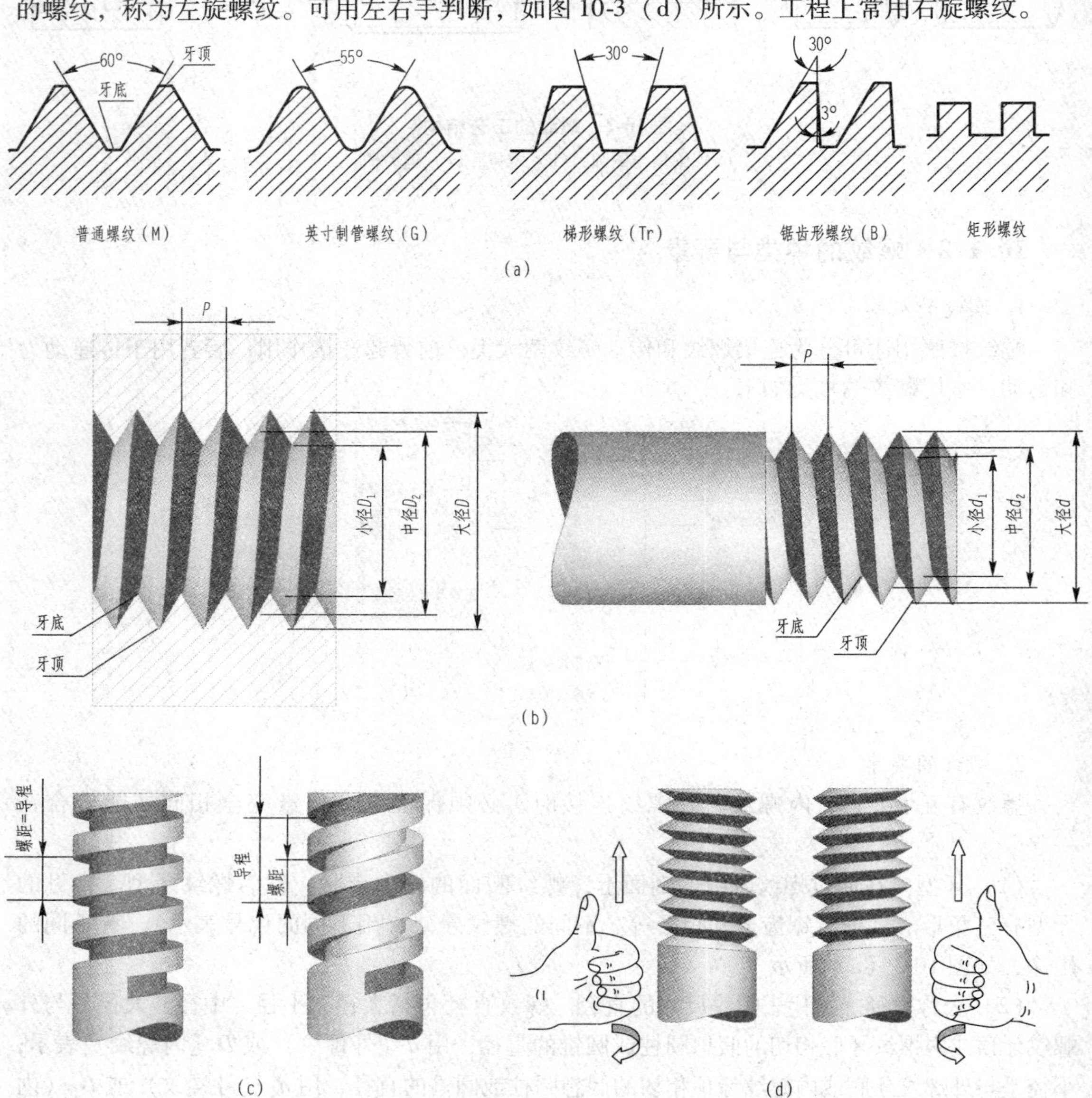

图 10-3　螺纹的要素

(a) 牙型；(b) 公称直径；(c) 线数、螺距、导程；(d) 旋向在这五个要素中，牙型、公称直径和螺距是最基本的要素，称为螺纹的三要素。凡是这三项符合标准的螺纹，称为标准螺纹。凡牙型符合标准，公称直径或螺距不符合标准的螺纹，称为特殊螺纹。对于牙型不符合标准的螺纹，称为非标准螺纹。

10.1.3　螺纹的规定画法（GB/T 4459.1—1995）

1. 内螺纹、外螺纹的规定画法

（1）外螺纹。国家标准规定螺纹牙顶轮廓线（即大径）画成粗实线，螺纹牙底轮廓线（即小径）画成细实线，在螺杆的倒角或倒圆部分也应画出，完整螺纹的终止线画粗实线。小径通常画成大径的 0.85 倍（但大径较大或画细牙螺纹时，小径数值可查阅有关标准）。在垂直于螺纹轴线的视图中，牙顶圆画成粗实线，牙底圆画成约 3/4 细实线圆，倒角圆省略不画。

（2）内螺纹。在剖视图中，螺纹牙顶轮廓线（即小径）画成粗实线，螺纹牙底轮廓线（即大径）画成细实线；在不可见的螺纹视图中，所有图线均按虚线绘制。在垂直于螺纹轴线的视图中，牙顶圆画成粗实线，牙底圆画成约 3/4 细实线圆，倒角圆省略不画。

（3）相关结构的规定画法。当需要表示螺纹收尾时，螺尾部分的牙底线与轴线成 30°画成细实线。对于不穿通的螺孔，钻孔深度比螺孔深度大 $0.2d \sim 0.5d$，绘制时，应将钻孔深度和螺孔深度分别画出，钻孔底部以下的圆锥坑的锥角应画成 120°。螺纹孔相交时，只画出钻孔的交线（即相贯线）。无论是外螺纹或内螺纹，在剖视或断面图中的剖面线都必须画到粗实线。单个内螺纹、外螺纹的规定画法见表 10-1。

表 10-1　单个内螺纹、外螺纹的规定画法

各种表达情况	外螺纹的画法	内螺纹的画法	
		穿通的螺纹孔	不穿通的螺纹孔
不剖时	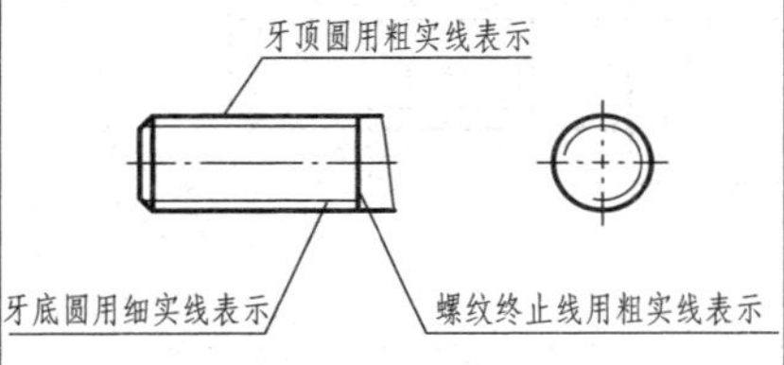 牙顶圆用粗实线表示 牙底圆用细实线表示 螺纹终止线用粗实线表示	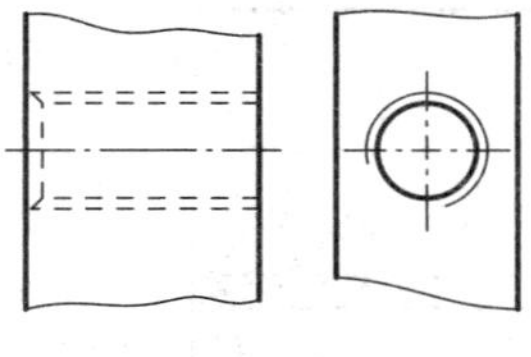	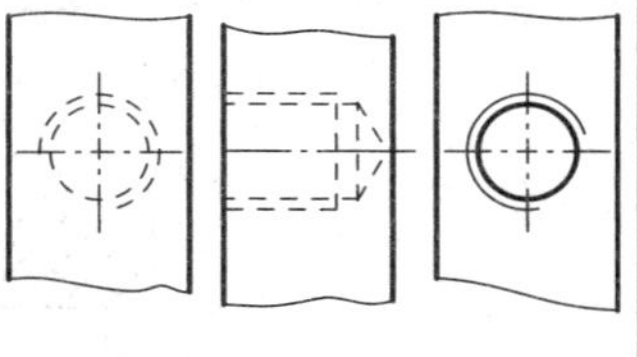
剖切时	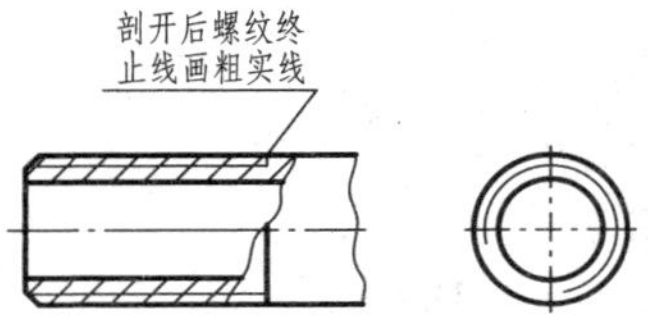 剖开后螺纹终止线画粗实线	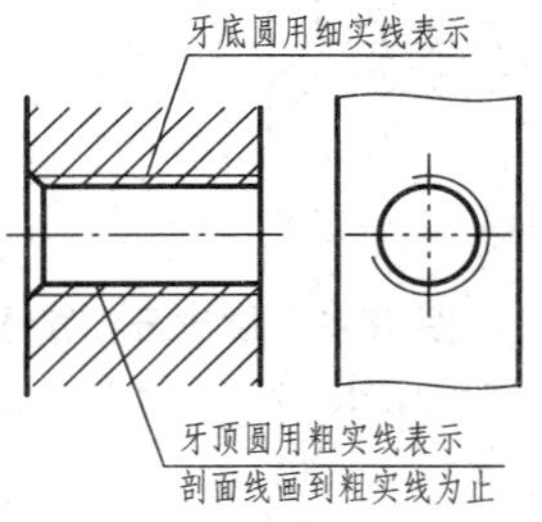 牙底圆用细实线表示 牙顶圆用粗实线表示 剖面线画到粗实线为止	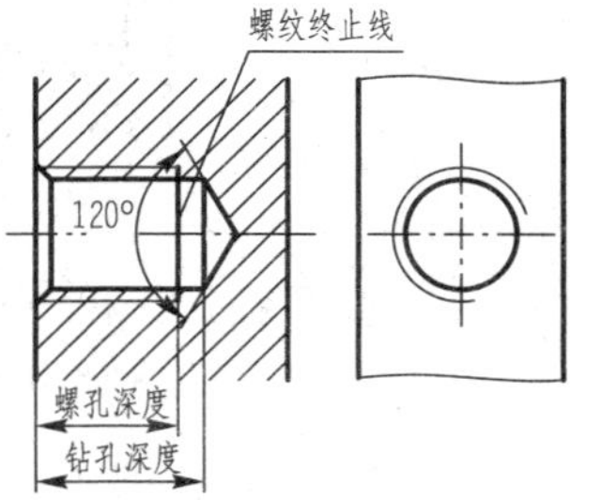 螺纹终止线 120° 螺孔深度 钻孔深度
	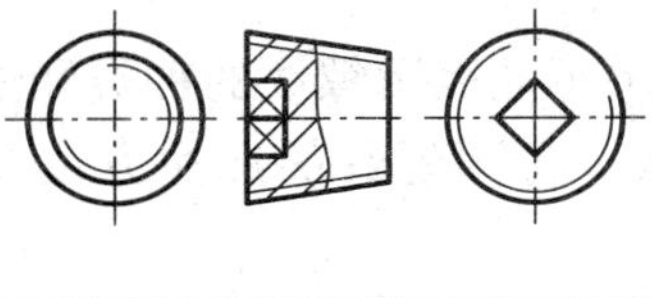	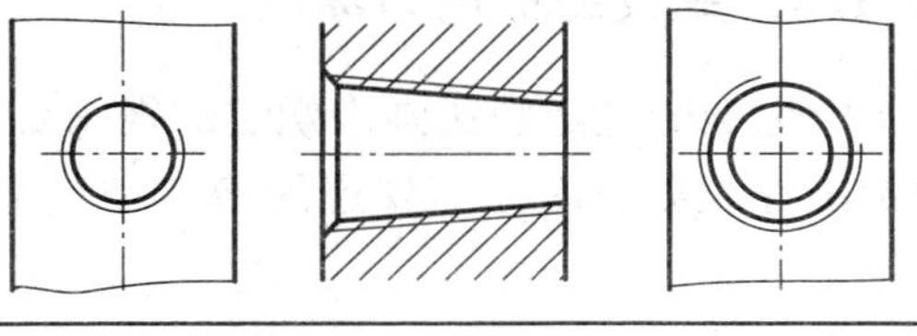	

2. 螺纹连接的规定画法

用剖视图表示内螺纹、外螺纹连接时，其旋合部分按外螺纹绘制，其余部分仍按各自的画法表示，如图 10-4 所示。画图时注意表示内螺纹、外螺纹大径、小径的粗实线和细实线应分别对齐，与倒角大小无关。

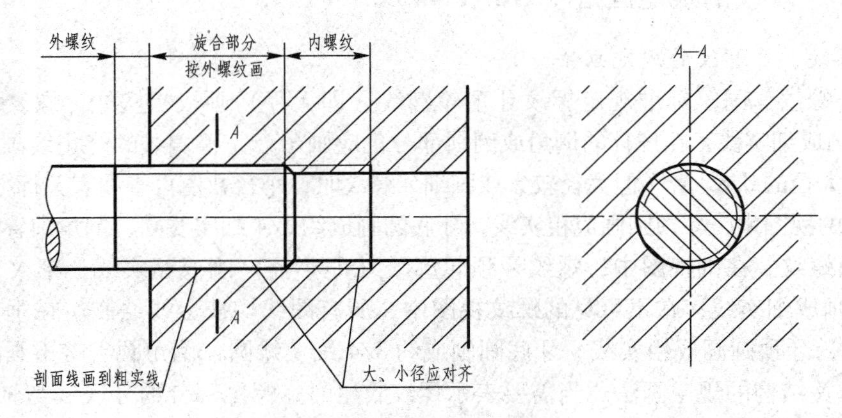

图 10-4 螺纹连接的规定画法

3. 螺纹牙型的图示法

标准螺纹一般不画牙型，当需要表示螺纹牙型时，可用局部剖视图或局部放大图表示，如图 10-5 所示。

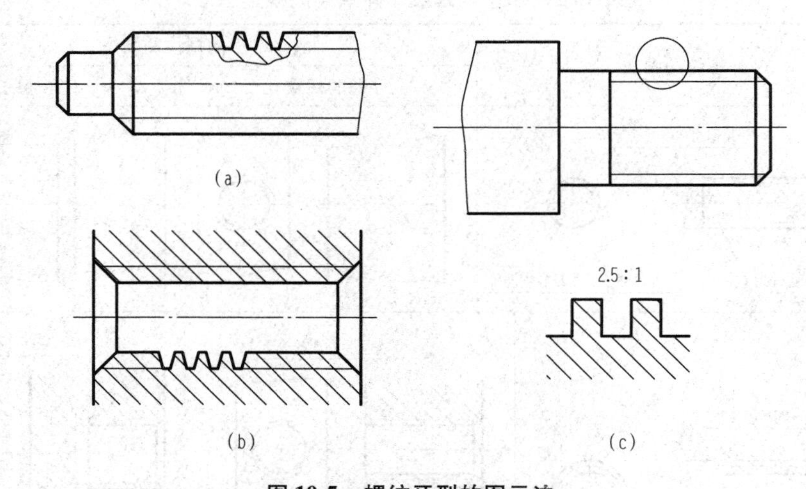

图 10-5 螺纹牙型的图示法

(a) 外螺纹局部剖视图；(b) 内螺纹全剖视图；(c) 局部放大图

10.1.4 螺纹的标记与标注

按国家标准的规定画法画出螺纹的视图后，由于图中不能表示螺纹的种类和要素，因此，对标准螺纹需要用标准规定的格式和代号进行标注。常用螺纹的标注方法及示例见表 10-2。

表 10-2　常用螺纹的标注方法及示例

螺纹类别		螺纹种类代号	标注方法	示例	说明
普通螺纹	粗牙普通螺纹	M	M12-6h-s 短旋合长度代号 外螺纹中径和顶径公差带代号 公称直径 螺纹种类代号	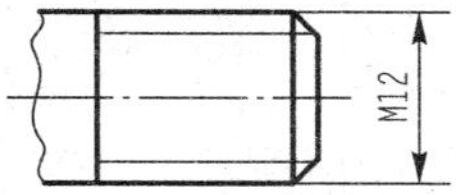 M12	粗牙普通螺纹不标注螺距
	细牙普通螺纹		M20x2-6H-LH 左旋 内螺纹中径和顶径公差带代号 螺距 公称直径（大径） 螺纹种类代号	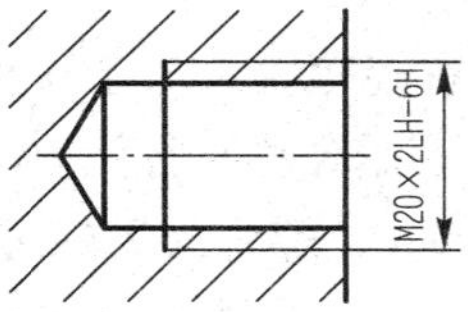 M20×2LH-6H	细牙普通螺纹必须标注螺距
	非螺纹密封的管螺纹	G	G1A 外螺纹公差等级代号 尺寸代号 螺纹种类代号	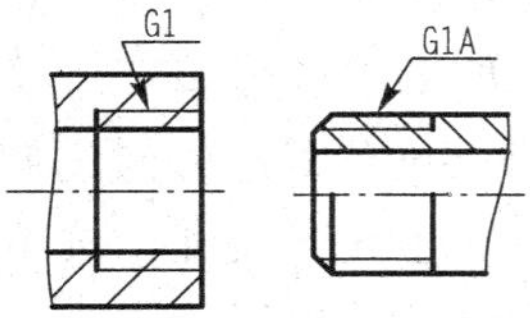 G1　G1A	外螺纹公差代号有 A、B 两种，内螺纹公差等级仅一种，不必标注其代号
连接螺纹	用螺纹密封的管螺纹	R_c R_p R	R1/2 尺寸代号 螺纹种类代号	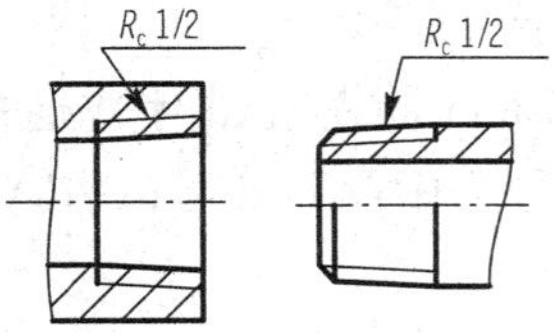 R_c1/2　R_c1/2	R_c—圆锥内螺纹； R_p—圆柱内螺纹； R—圆锥外螺纹
	60°圆锥管螺纹	NPT	NPT3/4 尺寸代号 螺纹种类代号	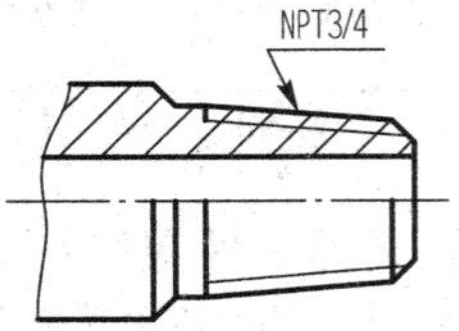 NPT3/4	
传动螺纹	梯形螺纹	Tr	Tr 22 x 10 (P5) - 7e - L 长旋合长度代号 外螺纹中径公差带代号 螺距 导程 公称直径（大径） 螺纹种类代号	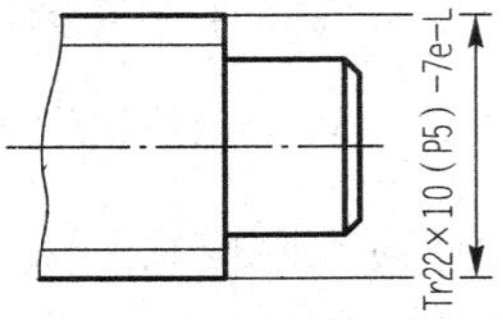 Tr22×10(P5)-7e-L	单线的梯形螺纹标注螺距，多线的梯形螺纹标注导程（P 螺距）

1. 普通螺纹

普通螺纹的标准直径和螺距的尺寸关系可查附表6。同一公称直径的普通螺纹，按螺距可分为粗牙和细牙两种。因此，在标注细牙螺纹时，必须注出螺距。

普通螺纹的标记格式如下：

[螺纹代号] - [中径公差带代号] [顶径公差带代号] - [旋合长度代号]

普通螺纹的完整标记由螺纹代号、螺纹公差带代号及螺纹旋合长度代号组成。

（1）螺纹代号（用来描述螺纹的五要素）。普通螺纹的特征代号为M，粗牙普通螺纹代号用特征代号“M”及“公称直径”表示；细牙普通螺纹代号用特征代号“M”及“公称直径×螺距”表示。当螺纹为左旋时，在螺纹代号中要加注“LH”。工程上常用的普通螺纹为粗牙、单线、右旋螺纹，对于这种螺纹只需要标注螺纹的特征代号“M”和公称直径。

例如，“M16”表示公称直径为16 mm，右旋的粗牙普通螺纹（螺距为2 mm）；“M20×2”表示公称直径为20 mm，螺距为2 mm，右旋的细牙普通螺纹；“M24×1.5LH”表示公称直径为24 mm，螺距为1.5 mm，左旋的细牙普通螺纹。

（2）螺纹公差带代号。说明螺纹允许的尺寸公差，包括中径公差带代号与顶径公差带代号，由数字和字母组成。数字表示公差等级，字母表示基本公差，小写字母指外螺纹，大写字母指内螺纹。如果中径公差带与顶径公差带代号相同，则只标注一个代号。

（3）螺纹旋合长度代号。螺纹的旋合长度分为短、中、长三种，分别用S、N、L表示。在一般情况下，不标注旋合长度，按中等旋合长度确定；必要时加注旋合长度代号S或L，也可以直接标注旋合长度数值。

例如；“M10-5g6g-S”表示公称直径为10 mm的右旋粗牙普通外螺纹，其中径公差带代号为5g，顶径公差带代号为6g，旋合长度代号为S；“M20×2LH-6H”表示公称直径为20 mm，螺距为2 mm的左旋细牙普通内螺纹，其中径公差带代号和顶径公差带代号均为6H，旋合长度代号为中等N（可以省略）。

2. 管螺纹

在液压系统、气动系统、润滑附件和仪表等管道连接中常用英制管螺纹。

（1）非螺纹密封的管螺纹（牙型角为55°）。标记格式如下：

[螺纹特征代号] [尺寸代号] [公差等级代号] - [旋向代号]

特征代号为G，其内、外螺纹均为圆柱螺纹，内外螺纹旋合后本身无密封能力，外螺纹需要标注公差等级代号，公差等级代号分A、B两个精度等级，左旋标“LH”。

例如，“G3/4-LH”表示非螺纹密封的左旋管螺纹，尺寸代号为3/4英寸。

（2）用螺纹密封的管螺纹（牙型角为55°）。标记格式如下：

[螺纹特征代号] [尺寸代号] - [旋向代号]

螺纹特征代号有圆锥内螺纹为R_c、圆柱内螺纹为R_p、圆锥外螺纹为R三种。内螺纹、外螺纹旋合后有密封能力，左旋标“LH”。

例如，“R1/2”表示用螺纹密封的圆锥右旋外螺纹，尺寸代号为1/2英寸；“R_c1”表示用螺纹密封的圆锥右旋内螺纹，尺寸代号为 1 英寸。

（3）60°圆锥管螺纹（牙型角为 60°）。特征代号为 NPT，右旋不标注旋合代号，左旋标“LH”。常用于汽车、拖拉机、航空机械、机床等燃料、油、水、气输送系统的管连接。

上述管螺纹中的尺寸代号近似为管子通孔直径，而不是管螺纹的大径。当螺纹为左旋时，应在最后加注“LH”，并用“ - ”隔开。非螺纹密封的管螺纹的大径、小径和螺距，可由尺寸代号从附表 7 中查出。英制管螺纹的尺寸标注采用由大径引出指引线的方式。

3. 梯形螺纹

梯形螺纹用来传递双向动力，如机床的丝杠。梯形螺纹直径和螺距系列基本尺寸，可查阅附表 8。

梯形螺纹的完整标记格式如下：

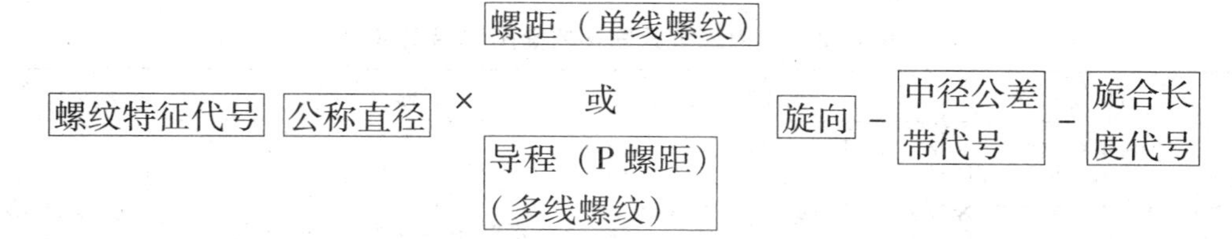

（1）螺纹特征代号。梯形螺纹的特征代号为“Tr”。单线螺纹的尺寸规格用“公称直径 × 螺距”表示；多线螺纹用“公称直径 × 导程（P 螺距）”表示，左旋螺纹标“LH”。

例如，“Tr40 × 7LH”表示公称直径为 40 mm，螺距为 7 mm 的单线左旋梯形螺纹；“Tr40 × 14（P7）”表示公称直径为 40 mm，导程为 14 mm（螺距为 7 mm）的双线右旋梯形螺纹。

（2）螺纹中径公差带代号和旋合长度代号。梯形螺纹只注中径公差带代号，按公称直径和螺距的大小将旋合长度分为中等旋合长度和长旋合长度两组，分别用 N 和 L 表示。当旋合长度为 N 组时，不标注旋合长度代号；当旋合长度为 L 组时，应将旋合的组别代号 L 写在公差带代号的后面，并用“ - ”隔开。

例如，“Tr36 × 6 - 7H - L”表示公称直径为 36 mm，螺距为 6 mm 的单线右旋梯形内螺纹，中径公差带代号为 7H，长旋合长度；“Tr36 × 12（P6）LH - 8e”表示公称直径为 36 mm，导程为 12 mm（螺距为 6 mm）的双线左旋梯形外螺纹，中径公差带代号为 8e，中等旋合长度。

10.2　螺纹紧固件及其装配连接画法

螺纹紧固件是利用内螺纹、外螺纹的旋合作用在机器中连接和紧固一些零部件，螺纹紧固件的种类较多。常用的螺纹紧固件有螺栓、双头螺柱、螺钉、螺母和垫圈等，如图 10-6 所示。螺纹紧固件是最常用的标准件，一般由专门的工厂生产，根据它们的规定标记，就能在相应的标准中查出有关尺寸，一般不需要画出它们的零件图。它们的简图和标记规则见表 10-3。

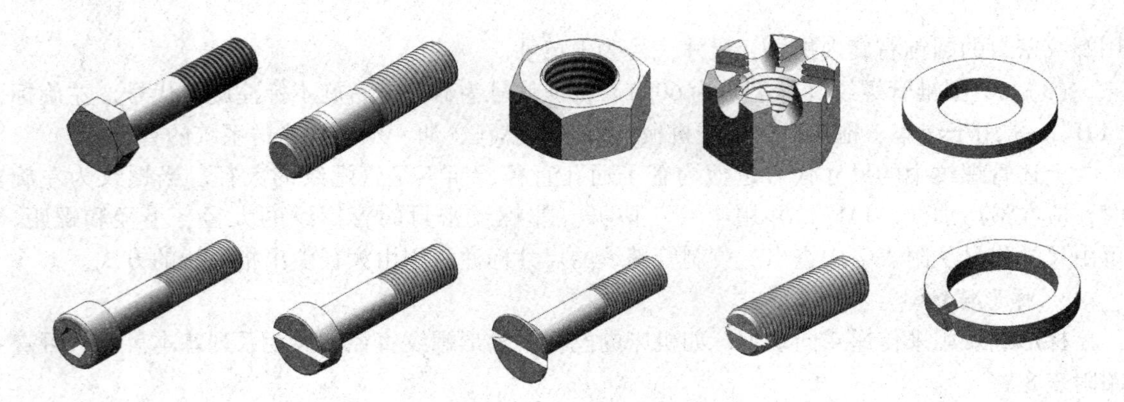

图 10-6　常用的螺纹紧固件

表 10-3　常用螺纹紧固件的简图和标记规则

名称及视图	规定标记示例	名称及视图	规定标记示例
六角头螺栓 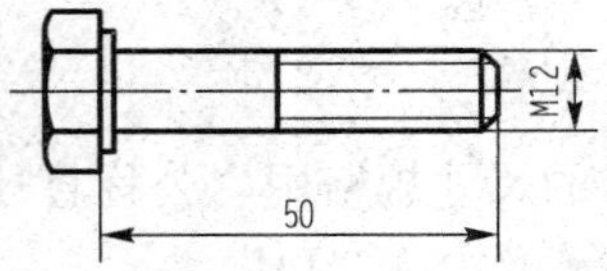	螺栓 GB/T 5782 M12×50	双头螺栓 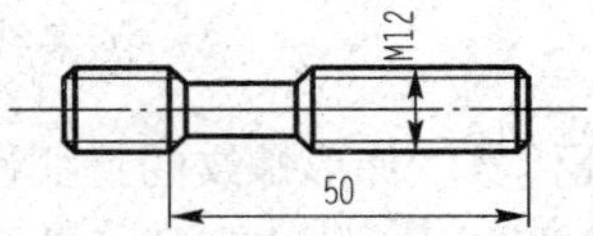	螺柱 GB/T 899 M12×50
内六角圆柱头螺钉 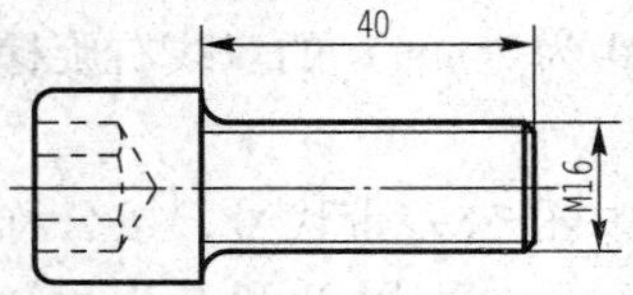	螺钉 GB/T 70.1 M16×40	1 型六角螺母 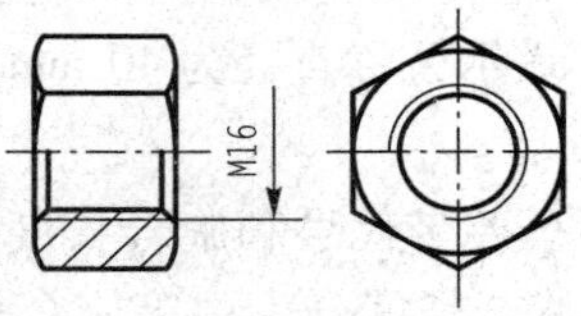	螺母 GB 6170 M16
十字槽沉头螺钉 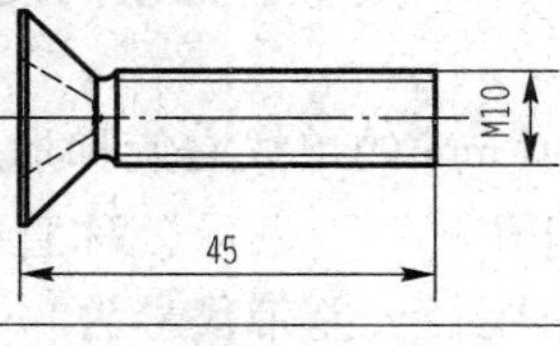	螺钉 GB/T 819.1 M10×45	1 型六角开槽螺母 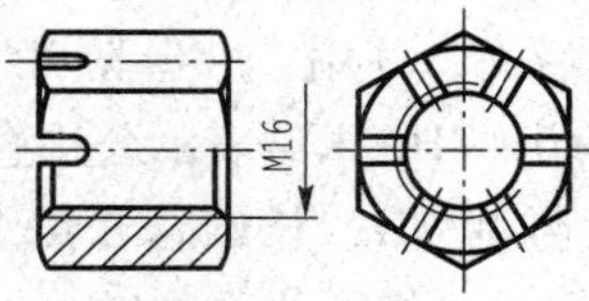	螺母 GB/T 6178 M16
开槽锥端紧定螺钉 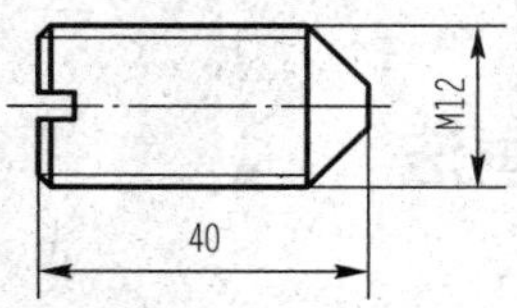	螺钉 GB/T 71 M12×40	平垫圈 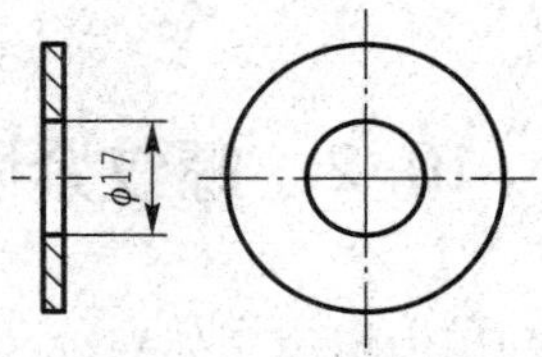	垫圈 GB/T 95 16
开槽盘头螺钉 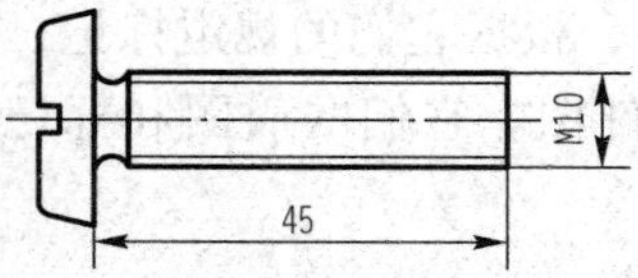	螺钉 GB/T 67 M10×45	弹簧垫圈 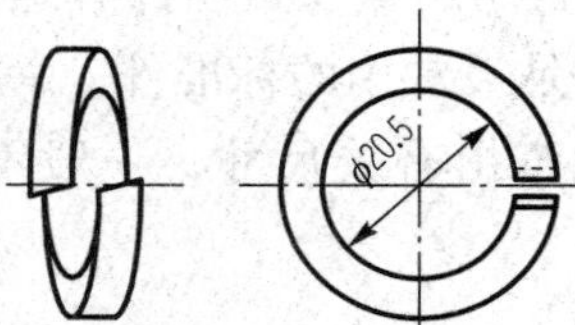	垫圈 GB/T 93 20

10.2.1　螺纹紧固件的标记

1. 螺纹紧固件的完整标记方法

螺纹紧固件完整标记格式如下：

名称 标准号 形式 规格、精度 形式与尺寸的其他要求 - 性能等级或材料及热处理 - 表面处理

【例 10-1】　公称直径为 12 mm，公称长度为 80 mm，性能等级为 10.9 级，表面氧化、产品等级为 A 级的六角头螺栓的完整标记为：

螺栓 GB/T 5783—2016 - M12 × 80 - 10.9 - A - O

【例 10-2】　螺纹规格 D = M12，性能等级为 10 级，不经表面处理、A 级的 1 型六角螺母，其简化标记为：

螺母 GB/T 6170　M12

【例 10-3】　标准系列、公称尺寸 d = 8 mm，性能等级为 140HV 级，倒角型、不经表面处理平垫圈的简化标记为：

垫圈 GB 97.2　8

2. 螺纹紧固件的装配连接画法

螺纹紧固件的连接方式通常有螺栓连接、双头螺柱连接和螺钉连接，如图 10-7 所示。无论采用哪种连接，其装配画法都应遵守下述有关规定：

(1) 两个零件接触表面画一条线，非接触面用两条线表示各自的轮廓。

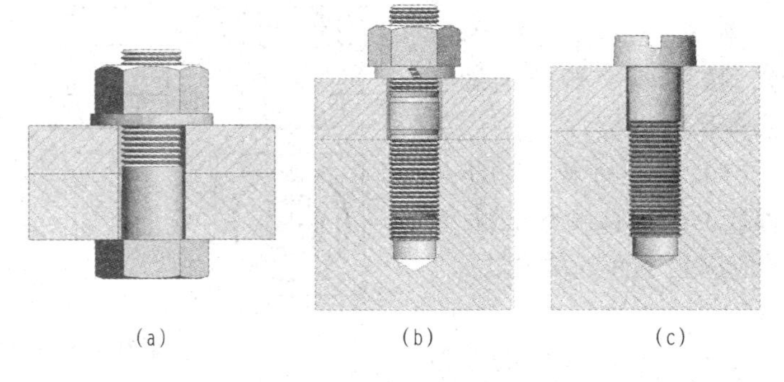

图 10-7　螺纹紧固件的连接方式

(a) 螺栓连接；(b) 双头螺柱连接；(c) 螺钉连接

(2) 两个零件相邻时，不同零件的剖面线方向应相反，或者方向一致、间隔不等，且同一零件在各个剖视图中的剖面线方向、间隔应相同。

(3) 对于紧固件和实心零件（如螺钉、螺栓、螺母、垫圈、键、销、球及轴等），若剖切平面通过它们的基本轴线，则这些零件按不剖绘制，仍画外形；需要时，可采用局部剖视来表达。

10.2.2　螺栓连接

螺栓用来连接两个或两个以上不太厚的、并能钻成通孔的零件。它与螺栓、螺母和垫圈一起用来紧固被连接零件。

螺栓、螺母和垫圈的全部尺寸可根据标记在标准中查出，如附表 9 ~ 附表 15 或有关标准得出各部分的尺寸，但为简化画图，通常采用比例画法，即绘制螺栓、螺母和垫圈时，各

部分尺寸通常按螺栓上的螺纹规格尺寸 d 进行比例折算，然后近似画出。

1. 螺栓

螺栓的种类很多，按其头部形状可分为六角头螺栓、方头螺栓等，其中六角头螺栓应用最广，它的规格尺寸为螺纹的公称直径 d 和公称长度 l。

2. 螺栓连接的画法

图 10-8 所示为用螺栓连接两块板的比例画法。被连接的两块板上钻有直径比螺栓大径略大的孔（画图时取孔径为 $1.1d$，设计时可按附表 26 选用）。连接时，先将螺栓杆身穿过两零件的通孔，以螺栓的头部抵住被连接板的下面为宜，然后套上垫圈，最后拧紧螺母。

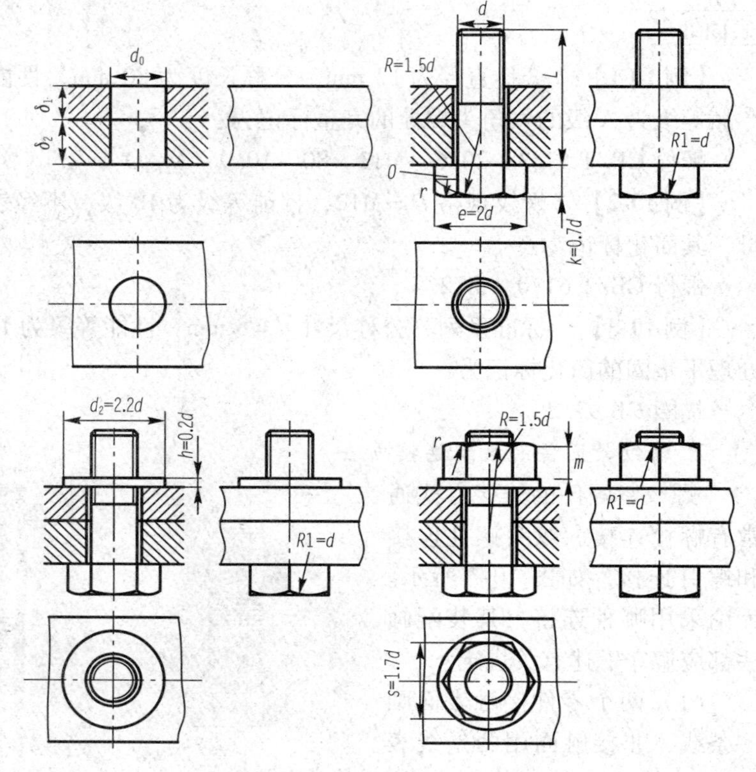

图 10-8　六角螺栓的连接画法

画图之前，首先根据各紧固件的形式、螺纹大径（d）和被连接零件的厚度（δ），按下列步骤确定螺栓的公称长度（l）：

（1）通过计算，初步确定螺栓的公称长度 l。公称长度 l 应满足下面的关系式：

$$l \geqslant (\delta_1 + \delta_2) + h + m + a$$

式中，若取被连接件的厚度 $\delta_1 = 10$ mm 和 $\delta_2 = 15$ mm；螺纹紧固件的公称直径为 12 mm，则可从附表 13 和附表 14 中查得垫圈厚度 $h = 2.5$ mm，螺母高度 $m = 10.8$ mm，a 一般取 $0.2d \sim 0.3d$，而不需要查表。

（2）根据公称长度 l 的计算值，在螺栓标准的公称长度系列值中，选用最接近的标准长度 l。$l \geqslant 10 + 15 + 2.5 + 10.8 + 0.3 \times 12 = 41.9$（mm），查附表 9 取 $l = 45$ mm。

10.2.3　双头螺柱连接

双头螺柱用于被连接件中一个零件较厚或不能安置螺栓的情况。这种连接的紧固件有双头螺柱、螺母和垫圈。连接时在较厚零件上加工不通的螺孔，把双头螺柱的旋入端旋紧在螺孔内，在另一被连接件上钻出通孔，并装在双头螺柱上，然后装上垫圈，旋紧螺母，如图 10-7（b）所示。

1. 双头螺柱

双头螺柱的两端都有螺纹，如图 10-9 所示。它的规格尺寸为螺纹的公称直径 d 和公称长度 l。根据旋入端长度 b_m 的不同，双头螺柱有四种标准。b_m 的大小由带螺孔的被连接零件的材料决定：青铜、钢制造的零件取 $b_m = d$（GB/T 897—1988）；铸铁制造的零件取 $b_m = 1.25d$（GB 898—1988）；材料强度在铸铁和铝之间的零件取 $b_m = 1.5d$（GB 899—1988）；非金属材料零件取 $b_m = 2d$（GB/T 900—1988）。双头螺柱的结构形式和标准系列尺寸见附表 10。

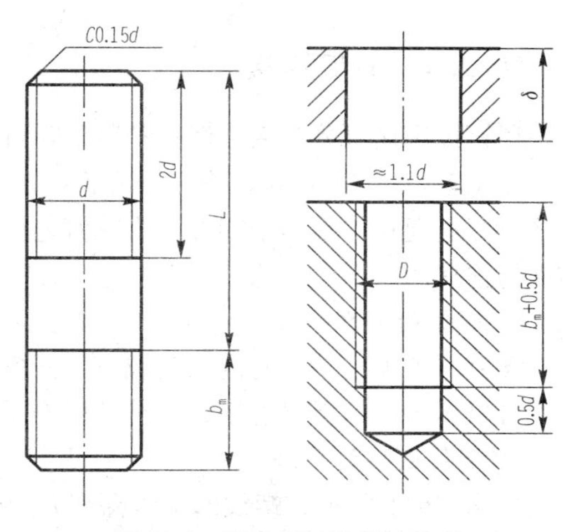

图 10-9　双头螺柱及被连接件

2. 双头螺柱连接的画法

绘图时，首先已知双头螺柱的形式、公称直径和被连接零件的厚度，然后从有关的标准中查出双头螺柱、螺母和垫圈的有关尺寸；再用下面的公式算出双头螺柱的公称长度 l；最后在双头螺柱标准公称长度系列尺寸中选取最接近的长度值满足下面的关系式：

$$l \geqslant \delta + s + m + (0.2 \sim 0.3)\ d$$

如图 10-10 所示，双头螺柱连接的画法与螺栓连接的画法基本相同，但旋入端的螺纹终止线应与被旋入零件上螺孔顶面的投影线重合，盲孔的相关尺寸按下式计算：

螺孔深度 $H_1 = b_m + 0.5d$

钻孔深度 $H_2 \approx H_1 + (0.2 \sim 0.5)\ d$

弹簧垫圈开口槽方向与水平线成 65° ~80°，从左上向右下倾斜。

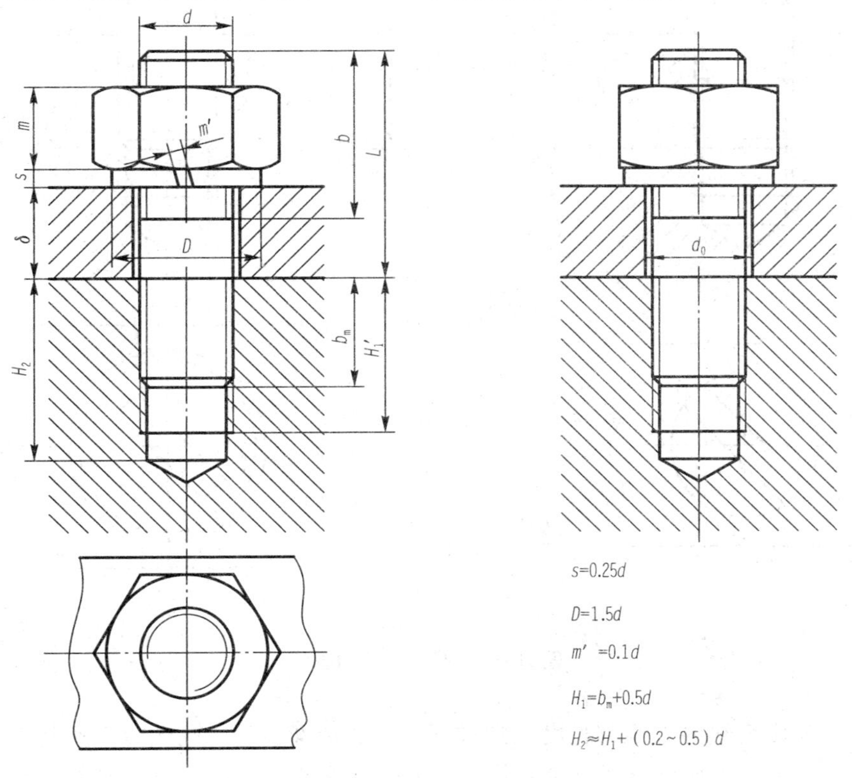

图 10-10　双头螺柱连接的画法

10.2.4 螺钉连接

螺钉按用途可分为连接螺钉和紧定螺钉两类。前者用来连接零件；后者主要用来固定零件。如图 10-7（c）所示，在较厚零件上加工出螺孔，而在另一个零件上加工成通孔，然后把螺钉穿过通孔拧紧两个零件即为螺钉连接。连接螺钉常用于不经常拆装、并且受力不大的零件的连接。

1. 螺钉的分类

螺钉的种类很多，有内六角螺钉、开槽圆柱头螺钉、开槽沉头螺钉、开槽平头紧定螺钉等，可根据不同的需要选用，螺钉的标准系列尺寸见附表 11 和附表 12。

2. 螺钉连接的画法

如图 10-11 所示，螺纹的旋入深度 b_m 与双头螺柱相同，可根据被旋入零件的材料确定。螺钉公称长度 l 的确定方法为

$$l = b_m + \delta$$

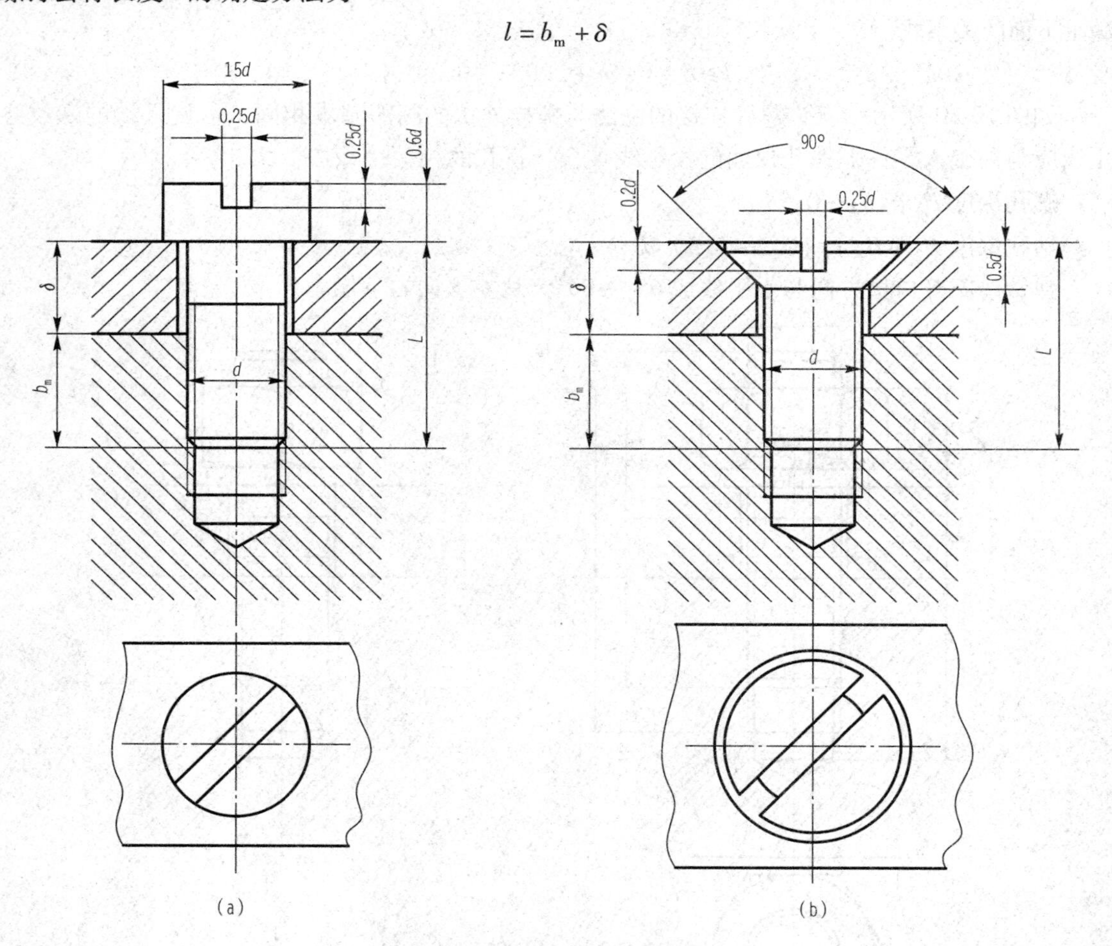

图 10-11 螺钉连接的画法

计算出的长度值还要按螺钉长度系列选择接近的标准长度。画图时注意其连接部分的画法与双头螺柱旋入端的画法接近，所不同的是螺钉的螺纹终止线应画在被旋入零件螺孔顶面

投影线之上。螺钉头部槽口在反映螺钉轴线的视图上，应画成垂直于投影面；在投影为圆的视图上则应画成与水平线成 45°。

在装配图中螺纹紧固件的工艺结构如倒角、退刀槽、缩颈、凸肩等均可省略不画。常用螺栓、螺钉的头部及螺母等也可采用表 10-4 所示的简化画法。

表 10-4　螺栓、螺钉的头部及螺母的简化画法

序号	形式	简化画法	序号	形式	简化画法
1	六角头	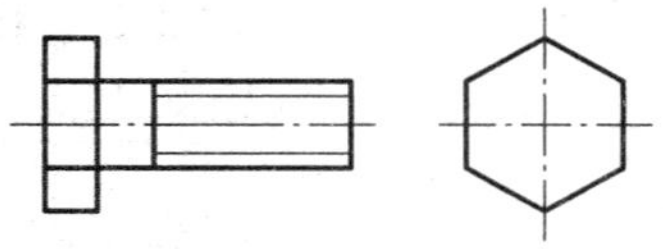	8	半沉头一字槽	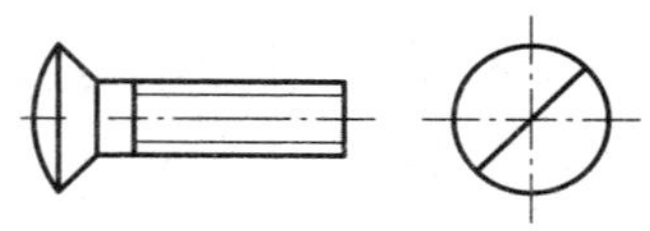
2	方头	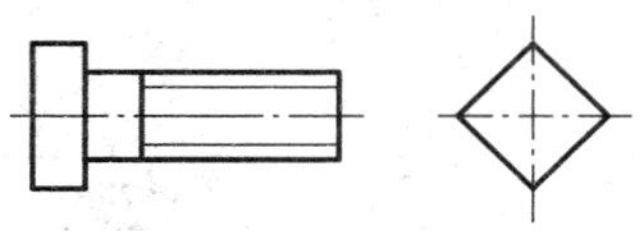	9	沉头十字槽	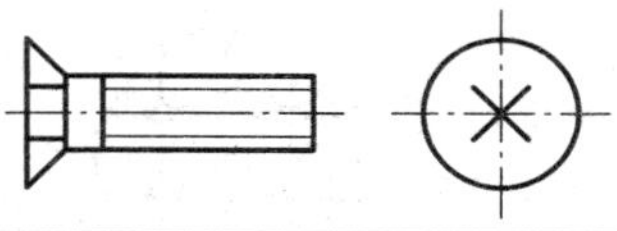
3	圆柱头内六角	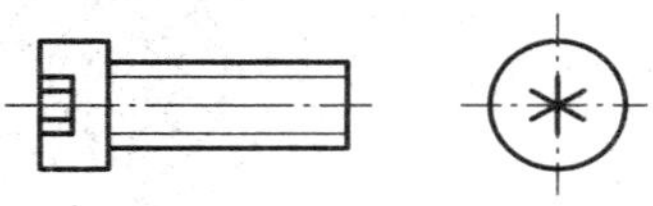	10	半沉头十字槽	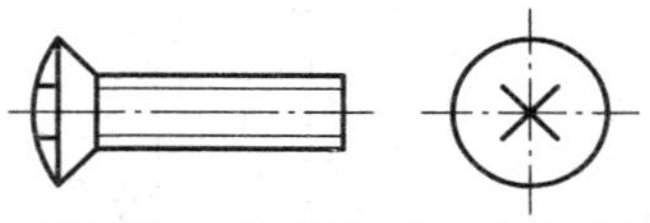
4	无头内六角	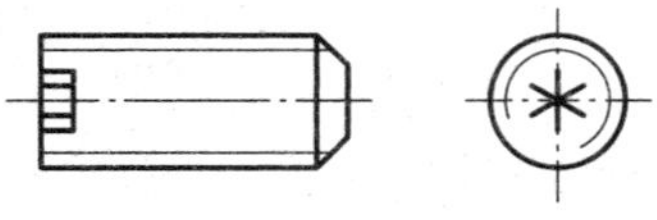	11	盘头十字槽	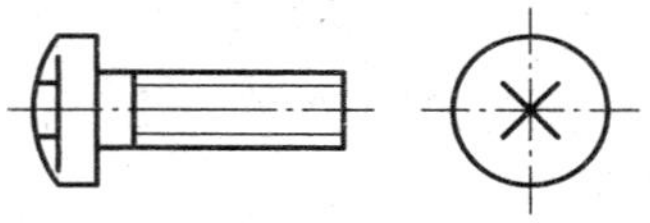
5	无头一字槽	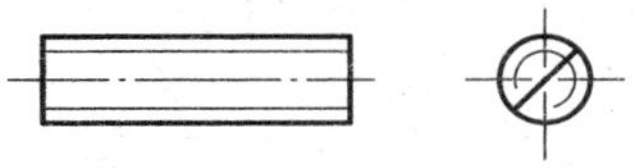	12	六角形	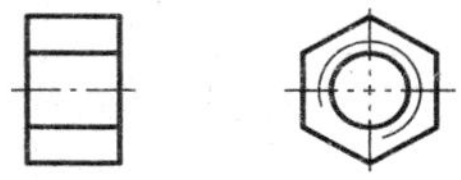
6	沉头一字槽	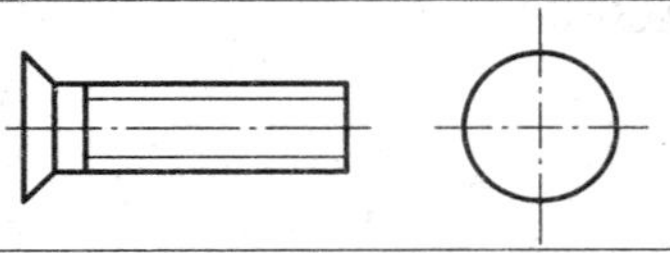	13	方形	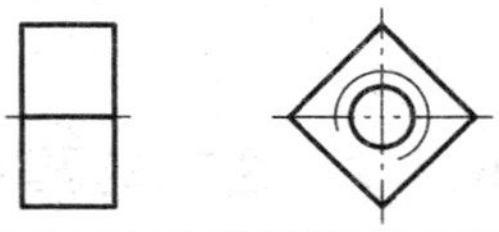
7	圆柱头一字槽	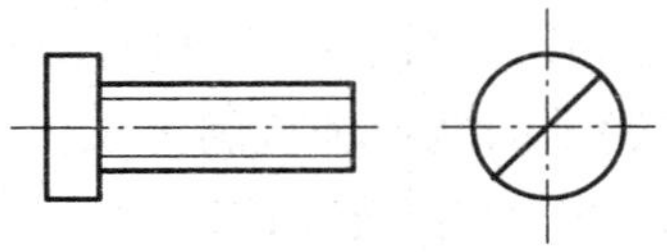	14	开槽六角形	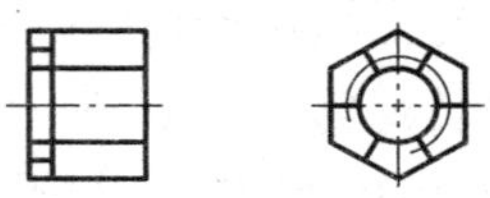
螺栓连接简化画法示例			螺钉连接简化画法示例		
双头螺柱连接简化画法示例					

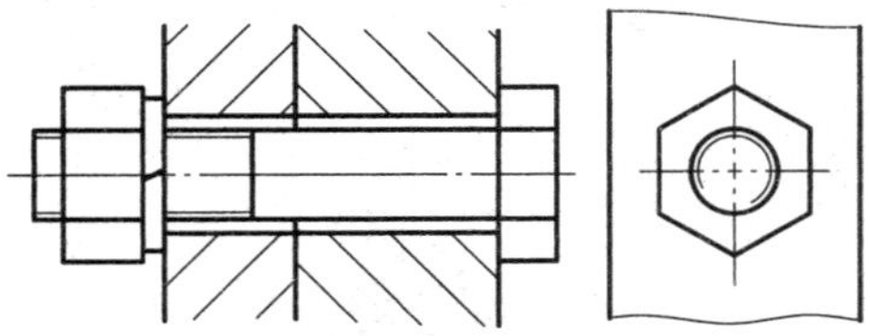

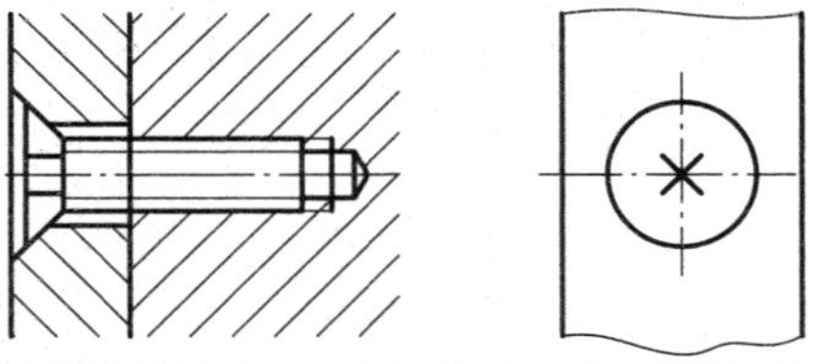

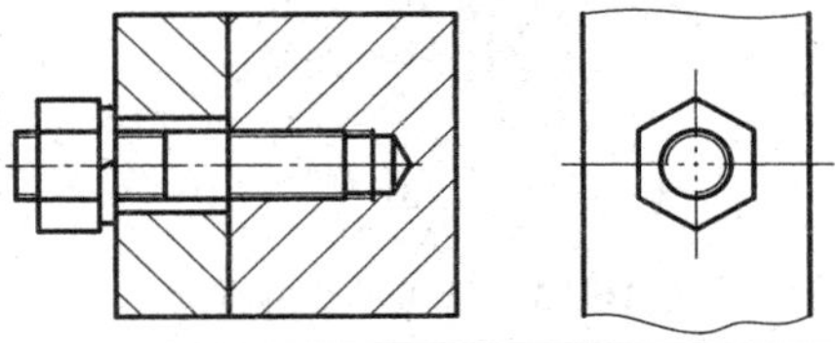

10.2.5 螺纹连接的防松装置

在螺纹连接中，螺母可以拧得很紧，但由于机器运转时，受到长期振动和冲击，螺母就会松动甚至脱落，影响机器的正常工作，有时会造成严重事故，因此需要防松装置。常用的防松装置有双螺母、弹簧垫圈、开口销与槽形螺母配合等，如图10-12所示。

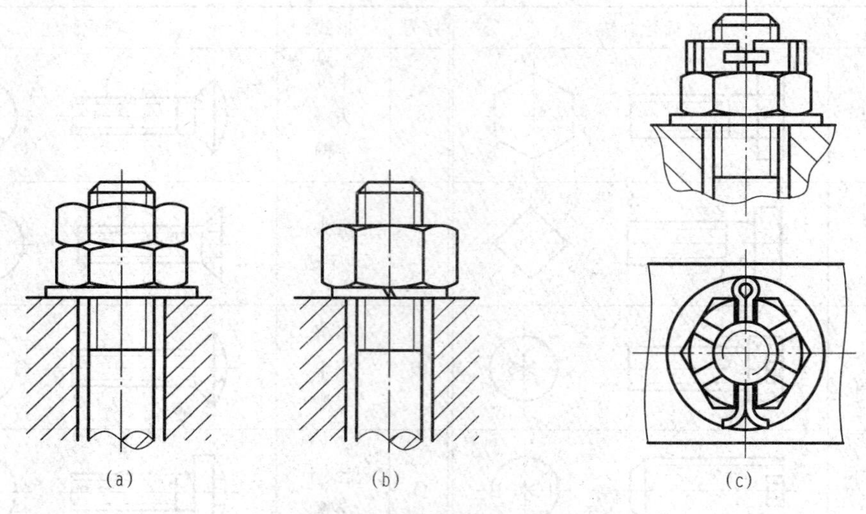

图10-12 螺纹连接的防松装置

(a) 双螺母；(b) 弹簧垫圈；(c) 开口销与槽形螺母配合

10.3 齿轮

10.3.1 齿轮的基本知识

齿轮是机械传动中广泛使用的传动零件。它是利用一对啮合的轮齿，把一个轴上的动力和运动传递给另一个轴，同时，还可根据需要改变轴的转速和旋转方向。齿轮一般成对使用，故又称为齿轮传动副。常见的齿轮传动分为以下三类（图10-13）：

（1）圆柱齿轮传动。一般用于平行轴间的传动。

（2）圆锥齿轮传动。一般用于相交轴间的传动。

（3）蜗轮蜗杆传动。一般用于垂直交叉轴间的传动。

图10-13 常见的齿轮传动

(a) 圆柱齿轮传动；(b) 圆锥齿轮传动；(c) 蜗轮蜗杆传动

10.3.2　圆柱齿轮

圆柱齿轮的轮齿是在圆柱体上切出的，单个齿轮一般具有轮齿、轮缘、辐板（或辐条）、轮毂、轴孔和键槽等结构；它的轮齿根据需要可制成直齿、斜齿等，结构尺寸已标准化；齿廓曲线多为渐开线，故又称为渐开线齿轮。

1. 标准直齿圆柱齿轮的各部分名称及尺寸关系

直齿圆柱齿轮的齿廓形状及尺寸在两端面上完全相同。直齿圆柱齿轮的各部分名称及尺寸如图 10-14 所示。

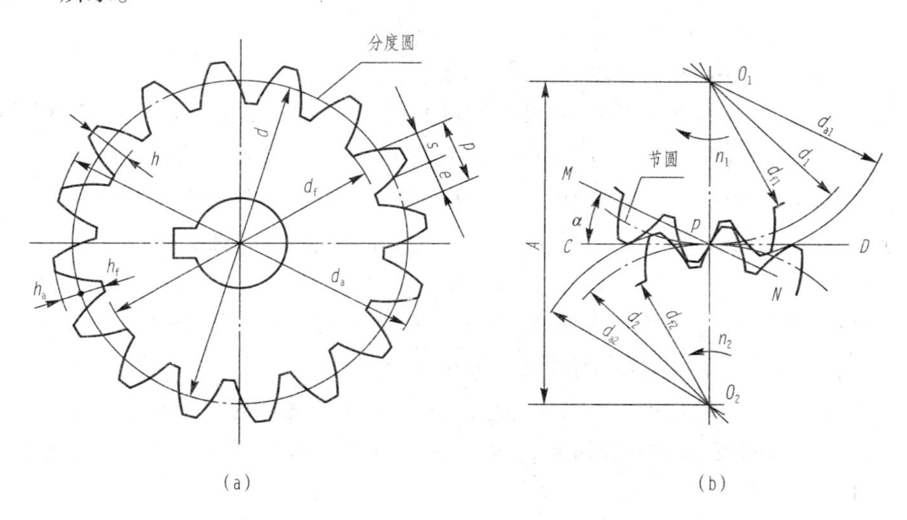

图 10-14　直齿圆柱齿轮的各部名称及尺寸

（a）单个齿轮；（b）一对啮合齿轮

（1）齿顶圆直径（d_a）。包含圆柱齿轮各个齿顶面的假想圆柱面的直径或该圆柱面与端平面的交线；相啮合的两齿轮，齿顶圆直径分别以 d_{a1}、d_{a2} 表示。

（2）齿根圆直径（d_f）。包含圆柱齿轮各个齿槽底面的假想圆柱面的直径或该圆柱面与端平面的交线；相啮合的两齿轮，齿根圆直径分别以 d_{f1}、d_{f2} 表示。

（3）分度圆直径（d）。圆柱齿轮上一个约定的假想圆柱面的直径或该圆柱面与端平面的交线；在分度圆上齿厚的弧长（s）等于齿槽的弧长（e）；相啮合的两齿轮，分度圆直径分别以 d_1、d_2 表示。

（4）分度圆齿距（p）。分度圆上相邻两齿对应齿廓之间的弧长；相啮合的两齿轮，分度圆齿距相等。

（5）齿数（z）。沿齿轮一周轮齿的总数；相啮合的两齿轮，齿数分别以 z_1、z_2 表示。

（6）模数（m）。分度圆齿距 p 除以圆周率 π 所得的商，其单位为 mm。

模数相同的两齿轮才能互相啮合。圆柱齿轮各部分的尺寸都与模数成正比，因此，模数是齿轮设计和制造的重要参数。为了便于设计和制造，国家标准规定了渐开线圆柱齿轮模数的标准系列值（表 10-5），供设计和制造齿轮时选用。

表 10-5　齿轮标准模数系列

第一系列	0.1　0.2　0.25　0.3　0.4　0.5　0.6　0.8　1　1.25　1.5　2　2.5　3　4　5　6　8　10　12　16　20　25　32　40　50
第二系列	0.35　0.7　0.9　1.75　2.25　2.75　(3.25)　3.5　(3.75)　4.5　5.5　(6.5)　7　9　(11)　14　18　22　28　(30)　36　45
注：在选用模数时，应优先选用第一系列；其次选用第二系列；括号内模数尽可能不选用。	

（7）全齿高（h）。齿顶圆和齿根圆之间的径向距离。全齿高又可分为两段，即

①齿顶高（h_a）：齿顶圆和分度圆之间的径向距离。

②齿根高（h_f）：齿根圆和分度圆之间的径向距离。

（8）节圆直径（d'）。齿轮副中两圆柱齿轮的假想节圆柱面的直径或该圆柱面与端平面的交线，两节圆相互外切，切点即齿廓曲线的接触点。如图 10-14 所示，两齿轮啮合时在中心线（O_1O_2）上齿廓曲线的接触点为 P，以 O_1、O_2 为中心过接触点 P 所作两圆即为两齿轮的节圆，分别以 $D_{节1}$、$D_{节2}$ 表示；一对正确安装的标准齿轮，其节圆与分度圆重合。

（9）压力角（α）。过接触点 P 作齿廓曲线的公法线 MN，该线与两节圆公切线 CD 所夹锐角称为压力角；标准直齿圆柱齿轮的压力角一般取 $\alpha=20°$；相啮合的两齿轮压力角相等。

（10）中心距（a）。齿轮副的两轴线之间的距离。

（11）传动比（i）。齿轮副两齿轮的转数之比，齿轮的转数比与齿数成反比。

设计齿轮时，应先确定模数和齿数，其他各部分尺寸都可由模数和齿数计算出来，其计算公式见表 10-6。

表 10-6　标准直齿圆柱齿轮的尺寸计算公式

名称	代号	计算公式
分度圆直径	d	$d=mz$
齿顶圆直径	d_a	$d_a=m(z+2)$
齿根圆直径	d_f	$d_f=m(z-2.5)$
齿顶高	h_a	$h_a=m$
齿根高	h_f	$h_f=1.25m$
全齿高	h	$h=2.25m$
分度圆齿距	p	$p=\pi m$
中心距	a	$a=(d_1+d_2)/2=m(z_1+z_2)/2$
传动比	i	$i=n_1/n_2=z_2/z_1$

2. 圆柱齿轮的画法（GB/T 4459.2—2003）

（1）单个圆柱齿轮的画法。一般用非圆和端面圆形视图来表达。如图 10-15 所示，齿轮的齿顶圆和齿顶线用粗实线绘制；分度圆和分度线用点画线绘制，齿根圆和齿根线用细实线绘制，也可以省略不画。

当剖切平面通过齿轮的轴线时，在剖视图中轮齿部分按不剖绘制，但齿根线应画成粗实线，如图 10-15（b）、（c）所示。当需要表示齿轮的轮齿方向时，可在其平行于轴线的视图

中画三条与齿向一致的细实线，但直齿不需表示。圆柱齿轮的其他结构仍按照视图、剖视图等有关画法绘图。

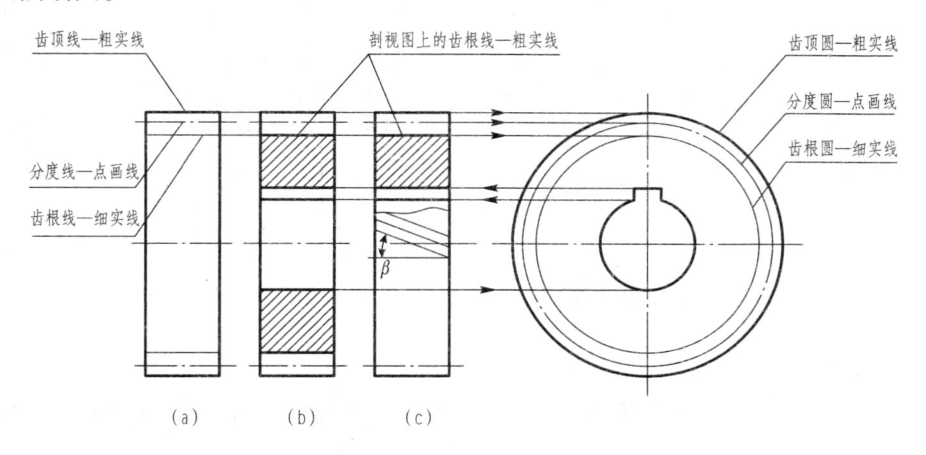

图 10-15 单个圆柱齿轮的画法

(a) 齿轮主视图；(b) 齿轮剖视图；(c) 斜齿轮

(2) 啮合圆柱齿轮的画法。两标准齿轮相互啮合时，两齿轮的分度圆恰好处于相切位置，此时的分度圆又称为节圆，如图 10-16 所示。在端面圆形的视图中，两节圆用点画线绘制并在啮合区内相切，齿顶圆用粗实线绘制，齿根圆省略不画。啮合区内齿顶圆也可省略不画。在非圆投影的外形图中，啮合区的齿顶线和齿根线不需要画出，而节线用粗实线绘制；其余各处的节线用点画线绘制，齿顶线用粗实线绘制，齿根线省略不画。

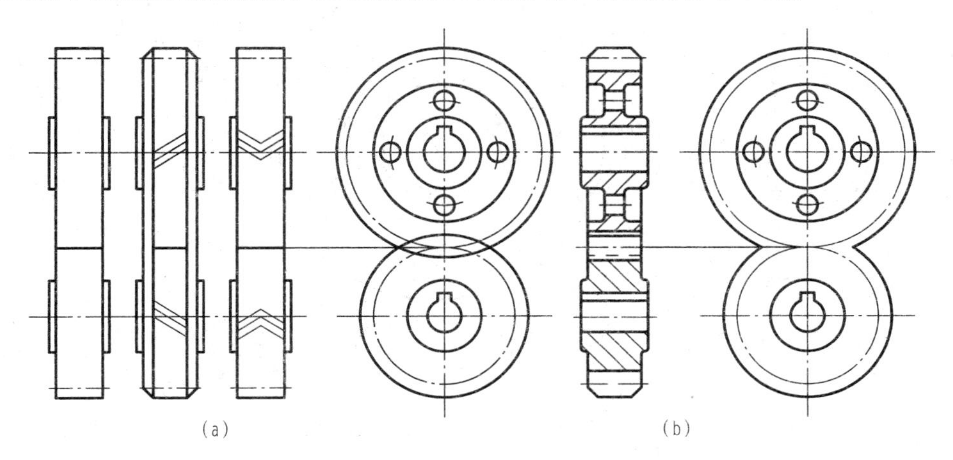

图 10-16 啮合圆柱齿的画法

(a) 视图；(b) 剖视图

在非圆投影的剖视图中，轮齿按不被剖切绘制，在啮合区主动齿轮的齿顶线画成粗实线，从动齿轮的齿顶线画成虚线，齿根线均用粗实线绘制，节线仍用点画线绘制。轮齿及啮合区以外的其他部分，仍按视图、剖视图等有关画法绘制。

两圆柱齿轮啮合区的放大图及其规定画法的投影关系如图 10-17 所示。

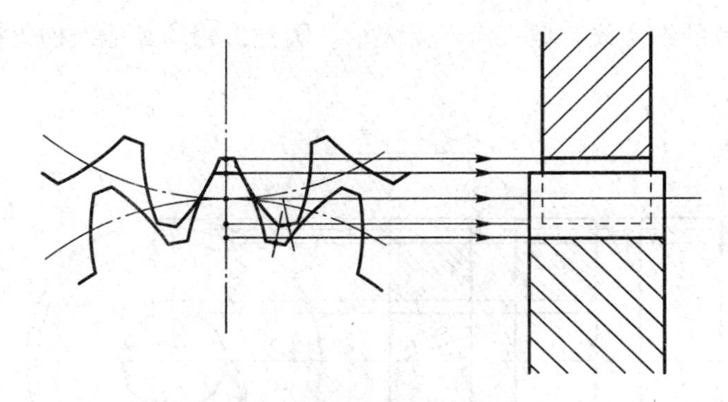

图 10-17　两圆柱齿轮啮合区的放大图及其规定画法的投影关系

3. 圆柱齿轮零件图示例

图 10-18 所示为直齿圆柱齿轮零件图。在图的右上角有一参数表。从参数表中得知，该齿轮的模数为 1，齿数为 40，由此可计算出齿轮的分度圆直径 $d = mz = 40$ mm，齿顶圆直径 $d_a = m\ (z+2) = 42$ mm，齿根圆直径 $d_f = m\ (z-2.5) = 37.5$ mm。

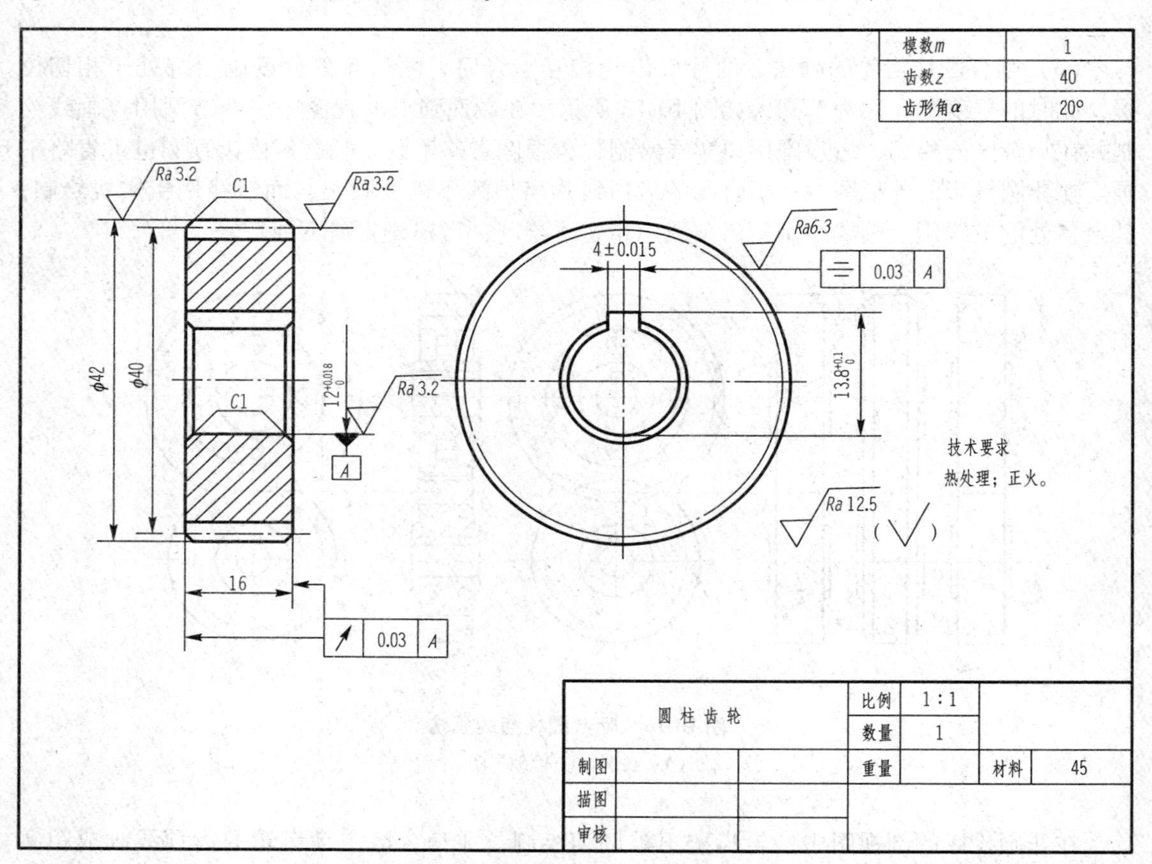

图 10-18　直齿圆柱齿轮零件图

10.4 滚动轴承

滚动轴承是支承轴的部件，由于摩擦力小，能承受轴向或径向负荷且互换性好，故在工业生产中得到广泛使用。滚动轴承的结构如图10-19所示。

（1）外圈。装在机座或轴承座的孔内，其最大直径为轴承的外径。

（2）内圈。装在轴颈上，其内孔直径为轴承的内径。

（3）滚动体。装在内圈、外圈之间的滚道中，其形状可为圆球、圆柱、圆锥等。

（4）隔离圈。用以将滚动体均匀隔开，有些滚动轴承无隔离圈。

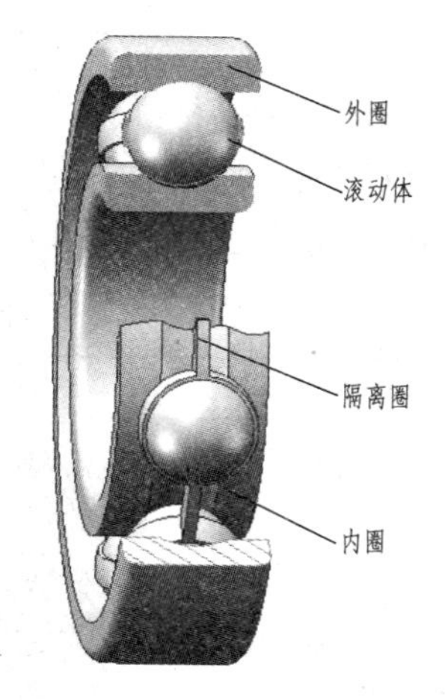

图10-19 滚动轴承的结构

10.4.1 滚动轴承的基本代号（GB/T 272—1993）

滚动轴承按内部结构和承受载荷方向的不同分为以下三类：

（1）向心轴承。主要承受径向载荷。

（2）推力轴承。主要承受轴向载荷。

（3）圆锥滚子轴承。能同时承受径向和轴向载荷，以径向载荷为主。

滚动轴承的结构及尺寸已标准化，常用规定代号表示。轴承代号由前置代号、基本代号和后置代号组成。其排列顺序为

前置代号 基本代号 后置代号

前置代号用字母表示；后置代号用字母（或加数字）表示。前置代号和后置代号是轴承在结构形状、尺寸、公差、技术要求等有改变时，在其基本代号的左、右添加的补充代号。需要时可查阅有关国家标准。

基本代号是轴承代号的基础，包括轴承类型代号、尺寸系列代号、内径代号。常用滚动轴承代号中的数字组仅由五位数字组成，对五位数字组所代表的意义说明如下：

（1）轴承类型代号用数字或字母表示。

①数字“3”代表圆锥滚子轴承（GB/T 297—2015）。

②数字“5”代表推力球轴承（GB/T 301—2015）。

③数字“6”代表深沟球轴承（GB/T 276—2013）。

（2）尺寸系列代号。尺寸系列代号由轴承宽（高）度系列代号和直径系列代号组成，用两位数字表示，左边的一位数字表示轴承宽（高）度系列代号，右边的一位数字表示直径系列代号，右起第四位为“（0）”可以省略。

（3）内径代号。当代号数字小于04时，即00、01、02、03分别表示轴承内径 $d=10$ mm、12 mm、15 mm、17 mm；代号数字为04~99时，代号数字乘以5，即为轴承公称内径。

【例10-4】 轴承型号为61805，它所表示的意义为

“6”表示该轴承为60000型深沟球轴承。

“18”表示该轴承尺寸系列（宽度系列代号为1，直径系列代号为8）。

“05”表示内径代号，由此可求出该轴承的内径：$d = 05 \times 5 = 25$（mm）。

10.4.2 滚动轴承的画法（GB/T 4459.7—1998）

滚动轴承是标准件，一般不画零件工作图。在装配图中可采用规定画法或简化画法绘制；画图时，应根据轴承代号查表确定外径 D、内径 d、宽度 B 等几个主要尺寸，再按表10-7所示的比例画法作图。

表 10-7 常用滚动轴承的结构形式和规定画法

轴承名称及代号	结构形式	简化画法	特征画法	应用
深沟球轴承 （GB/T 276—2013） 60000 型		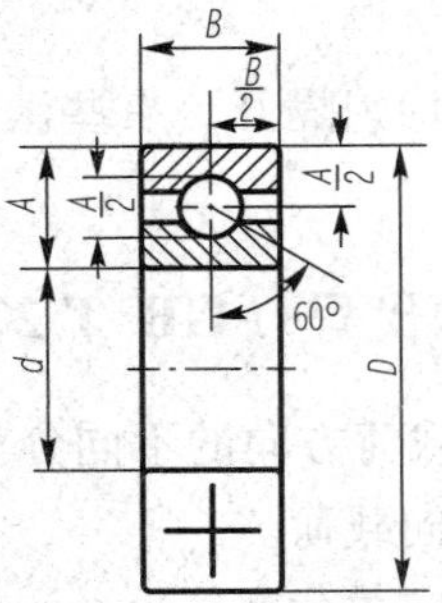	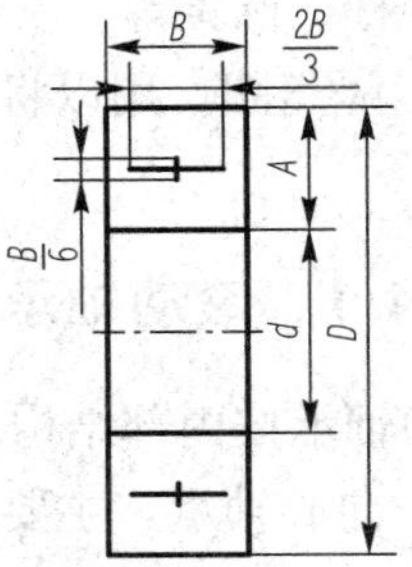	主要承受径向力
圆锥滚子轴承 （GB/T 297—2015） 30000 型		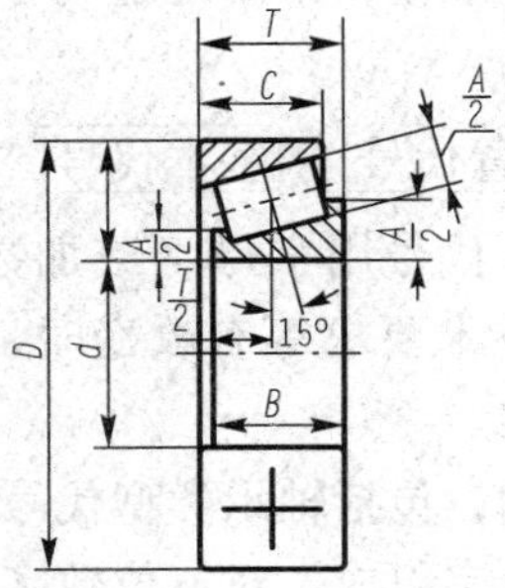	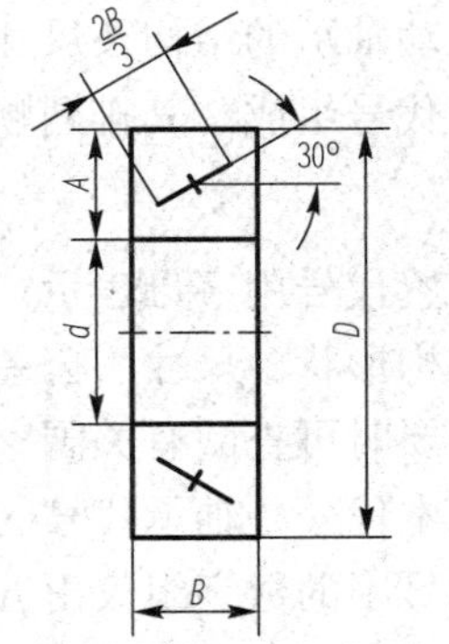	可同时承受径向力和轴向力
单向推力球轴承 （GB/T 301—2015） 51000 型		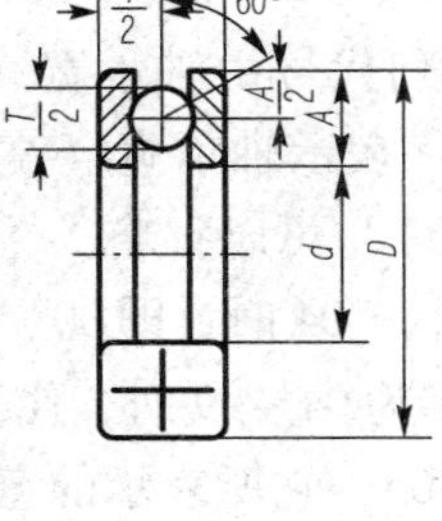	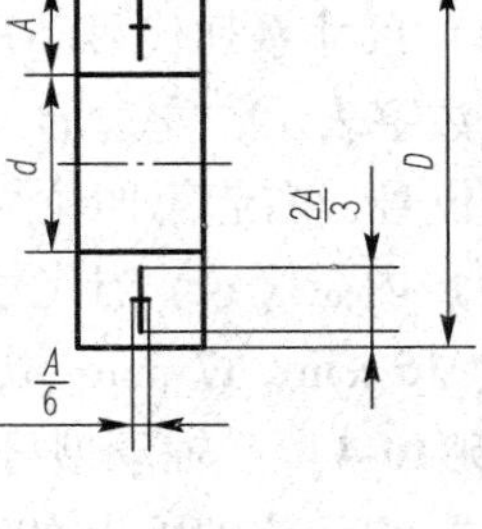	承受单方向的轴向力

1. 简化画法

需要在滚动轴承的剖视图中较详细地表达其主要结构形式时，可采用简化画法。滚动轴承的外轮廓形状及大小不能简化，要能正确地反映出与其相配合的零件的装配关系。简化画法分为通用画法和特征画法。在同一张图样中只采用一种画法。

（1）通用画法。在剖视图中，采用矩形框及位于线框中央的十字形符号表示，见表 10-7 中简化画法示例中轴线下方的图示画法。

（2）特征画法。在剖视图中，采用矩形框及在线框内画出滚动轴承的结构要素的画法，见表 10-7 中特征画法示例中的图示画法。

2. 规定画法

滚动轴承的规定画法见表 10-7 中简化画法示例中轴线上方的图示画法。在画滚动轴承的图形时，通常在轴线的一侧按照规定画法绘制，另一侧按照通用画法绘制。

同一图样中应采用一种画法，但无论采用哪种画法，在图样中都必须按规定注出滚动轴承的代号。在简化画法、规定画法中，滚动轴承的基本尺寸可查阅附表 16、附表 17 和附表 18 或有关手册。

10.5　键和销

键用于实现轴与轴上零件（如齿轮、带轮等）间轴向固定以传递动力和扭矩。这种连接称为键连接。键的种类很多，常用的有普通平键、半圆键、钩头楔键和花键等，如图 10-20所示，键是标准件。其中普通平键为最常见。普通平键、半圆键的断面尺寸、键槽尺寸等参见附表 19 和附表 20。

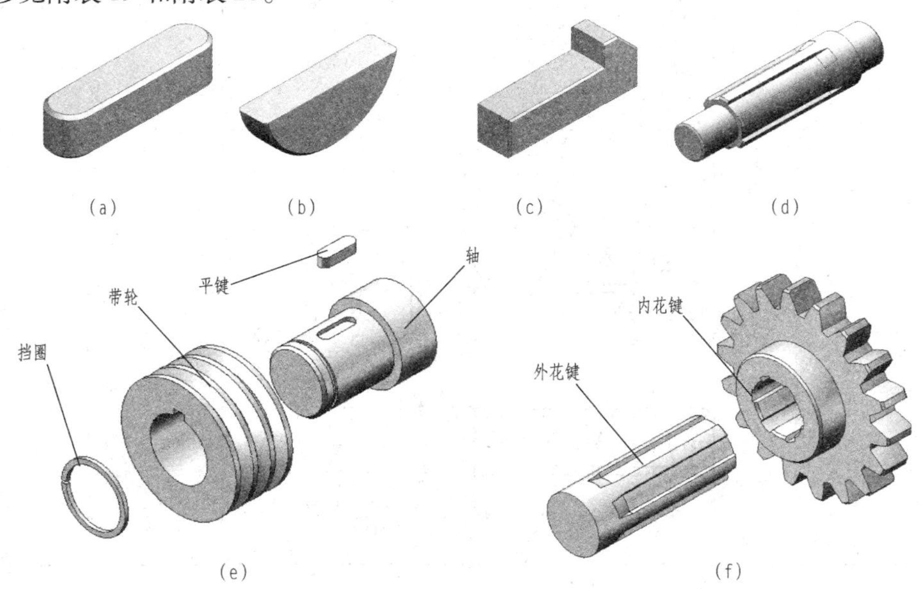

图 10-20　键的种类

（a）普通平键；（b）半圆键；（c）钩头楔键；（d）花键；（e）平键连接；（f）花键连接

10.5.1 普通平键连接

1. 键的画法和标记

表 10-8 所示为三种键的标准编号、画法及标记示例。未列入本表的其他各种键可参阅有关标准。

表 10-8 键的标准编号、画法和标记示例

名称	标准编号	图例	标记示例
普通平键	GB/T 1096—2003	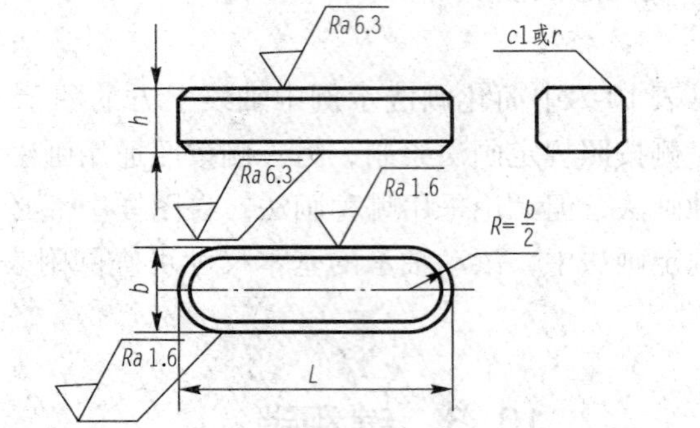 Ra 6.3; c1或r; h; Ra 6.3; Ra 1.6; $R=\frac{b}{2}$; b; Ra 1.6; L	$b=18$ mm，$h=11$ mm，$l=100$ mm 的 A 型普通平键： 键 18×11×100 GB/T 1096 （A 型平键可不标出 A 型，B 型和 C 型则必须在规格尺寸前标出 B 或 C）
半圆键	GB/T 1099.1—2003	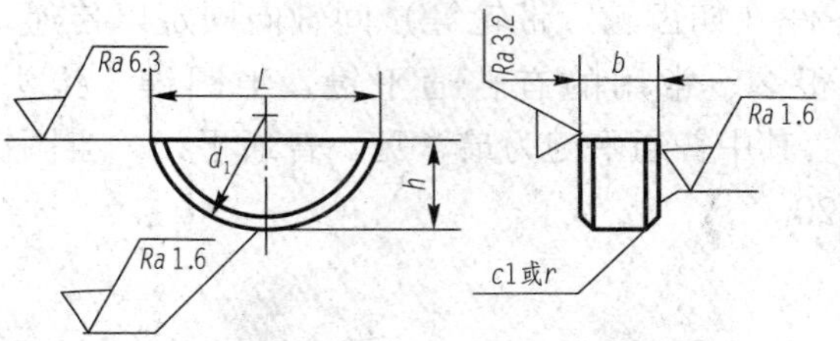 Ra 6.3; L; d_1; h; Ra 1.6; Ra 3.2; b; Ra 1.6; c1或r	$b=6$ m，$h=10$ mm，$d_1=25$ mm，$L=24.5$ mm 的半圆键： 键 6×10×25 GB/T 1099.1
钩头楔键	GB/T 1563—2003	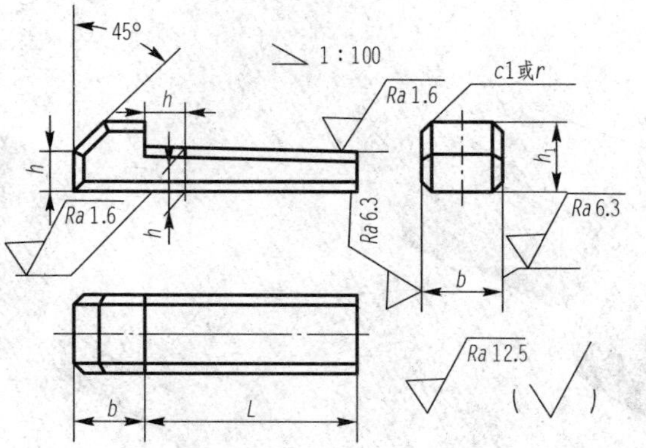 45°; 1:100; h; h; Ra 1.6; h; Ra 1.6; c1或r; h_1; Ra 6.3; Ra 6.3; b; b; L; Ra 12.5 (√)	$b=18$ mm，$h=11$ mm，$L=100$ mm 的钩头楔键： 键 18×100 GB/T 1563

2. 键连接的画法

画平键连接时，应已知轴的直径、键的形式、键的长度，然后根据轴的直径查阅相关标准选取键和键槽的断面尺寸，键的长度按轮毂长度在标准长度系列中选用。

如图 10-21 所示，平键连接与半圆键连接的画法相同，这两种键与被连接零件侧面接触，顶面留有一定间隙。在键连接图中，键的倒角或小圆角一般不画。

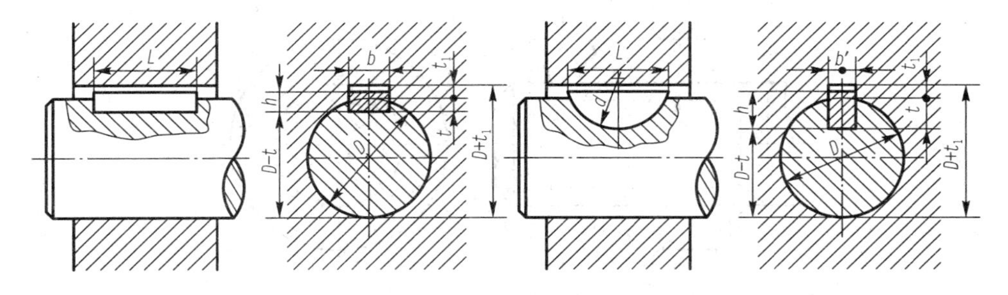

图 10-21　平键连接与半圆键连接的画法

图 10-22 所示为钩头楔键连接的画法。钩头楔键的顶面有 1∶100 的斜度，装配后楔键与被连接零件键槽顶面和底面都是接触的，这是与平键连接及半圆键连接画法的不同之处。

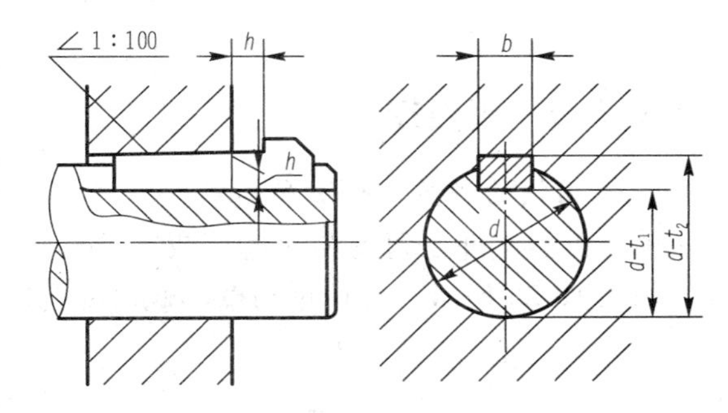

图 10-22　钩头楔键连接的画法

10.5.2　花键连接

花键通常与轴制成一体，连接可靠，对中性好，能传递较大的动力。花键的齿形有矩形、三角形、渐开线形等。其中矩形花键应用较广，它的结构和尺寸都已标准化，需要用专用机床和刀具加工。

矩形花键的画法和尺寸注法如图 10-23 所示。对外花键，在反映花键轴线的视图上，大径用粗实线、小径用细实线绘制，并在断面图中画出一部分齿形或全部齿形。花键工作长度的终止端和尾部长度的末端均用细实线绘制，并与轴线垂直，尾部则画成斜线，一般与轴线成 30°，必要时可按实际情况画出。对内花键，在反映花键轴线的剖视图中，大径及小径均用粗实线绘制，并在局部剖视图上画出一部分齿形或全部齿形。

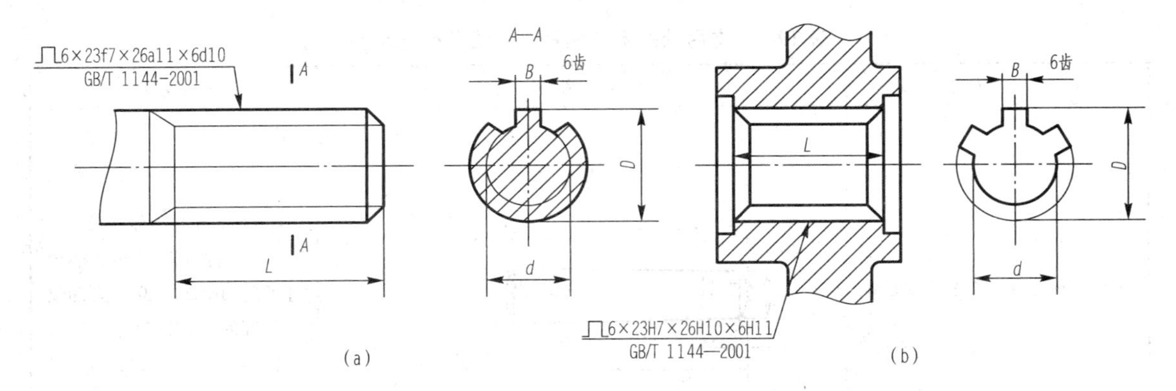

图 10-23　矩形花键的画法和尺寸注法

(a) 外花键；(b) 内花键

矩形花键连接用剖视图表示时，其连接部分按外花键的画法绘制，如图 10-24 所示。

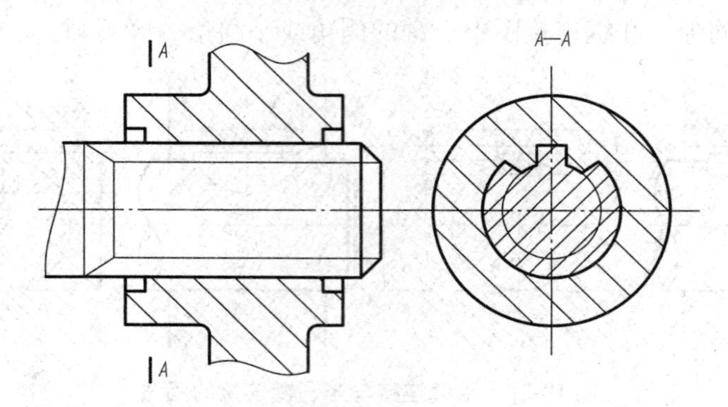

图 10-24　矩形花键连接的画法

10.5.3　销连接

1. 常用销的种类、画法和标记

销在机器零件之间主要起连接或定位作用。工程上常用的销有圆锥销、圆柱销和开口销，如图 10-25 所示。开口销与槽形螺母配合使用，可防止螺母松动。

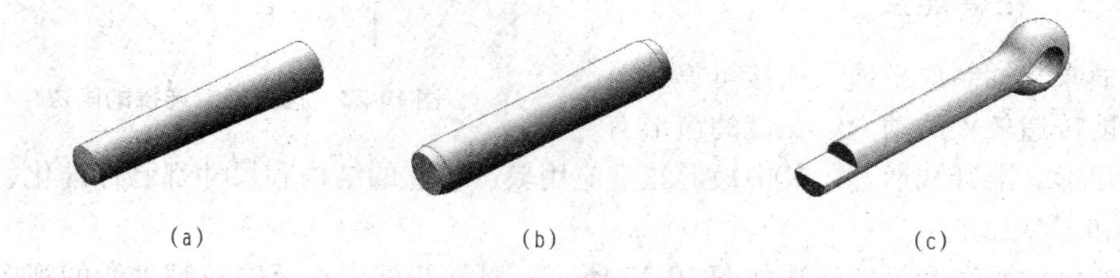

图 10-25　销的种类

（a）圆锥销；（b）圆柱销；（c）开口销

销是标准件，使用时应按相关标准选用，相关标准的摘录见附表 21 和附表 22。表 10-9 是常用销的标准编号、画法及标记示例，其他类型的销可参阅有关标准。

表 10-9　常用销的标准编号、画法及标记示例

名称	标准编号	图例	标记示例
圆锥销	GB/T 117—2000	A型 1:50　Ra 0.8 d　R_1　R_2　a　l Ra 6.3 (√)	$d=6$ mm，公称长度 $l=30$ mm，材料为 35 钢，热处理硬度 HRC28～38，表面氧化处理的 A 型圆锥销： 销 GB/T 117—2000 6×30

续表

名称	标准编号	图例	标记示例
圆柱销	GB/T 119.1—2000	A型　直径公差m6	公称直径 $d = 10$ mm，公称长度 $l = 60$ mm，材料为钢，热处理硬度 HRC28 ~ 38，不经处理，表面氧化处理的 A 型圆锥销： 销 GB/T 119.1 10 × 60
开口销	GB/T 91—2000		公称规格（开口销孔直径）d = 5 mm，公称长度 l = 50 mm，材料为 Q215 或 Q235，不经表面处理的开口销： 销 GB/T 91 5 × 50

2. 销连接的画法

常用销连接的画法如图 10-26 所示。圆柱销与圆锥销的装配要求高，销孔一般在两零件装配后统一加工，并在相应的零件图上注写“装配时配作”或“与××件配作”。

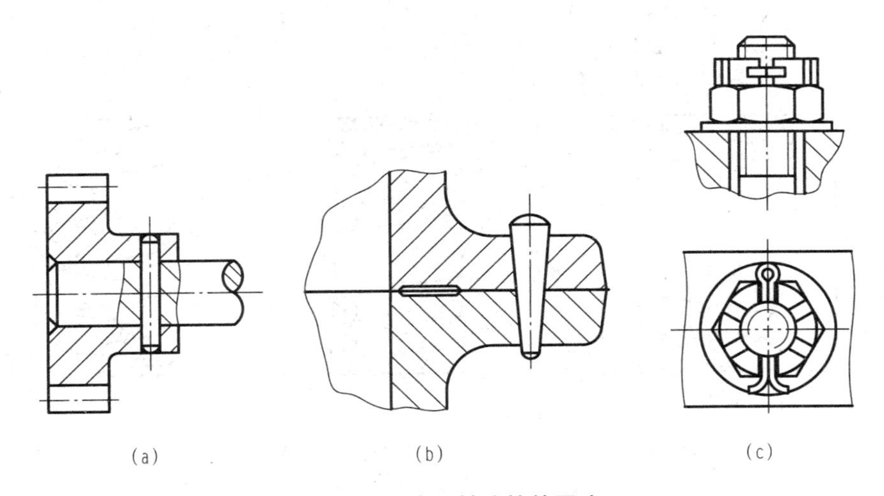

图 10-26　常用销连接的画法

(a) 圆柱销连接的画法；(b) 圆锥销连接的画法；(c) 开口销连接的画法

10.6　弹簧

10.6.1　概述

弹簧是一种用于减振、夹紧、测力和储存能量的零件，一般用弹簧钢制成。弹簧种类复杂多样，按受力性质，弹簧可分为压缩弹簧、拉伸弹簧、扭转弹簧等。普通圆柱弹簧由于制造简单，且可根据受载情况制成各种形式，结构简单，故应用最广，如图 10-27 所示。本节只介绍普通圆柱螺旋压缩弹簧的画法和尺寸计算。

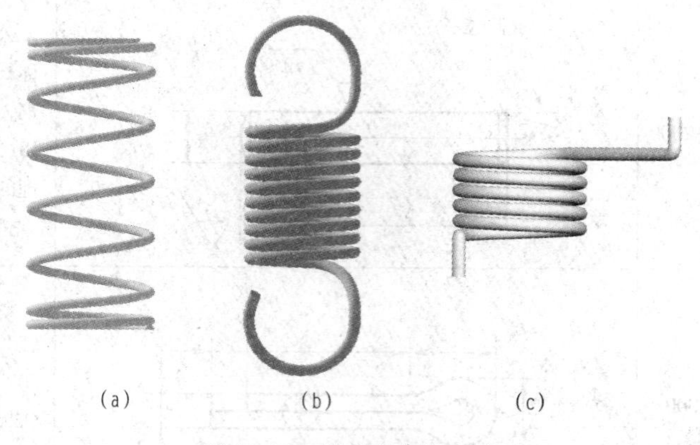

图 10-27　常用的螺旋弹簧

(a) 压缩弹簧；(b) 拉伸弹簧；(c) 扭转弹簧

10.6.2　圆柱螺旋压缩弹簧的各部分名称、代号与尺寸关系（GB/T 2089—2009）

圆柱螺旋压缩弹簧的各部分名称如下（图 10-28）：

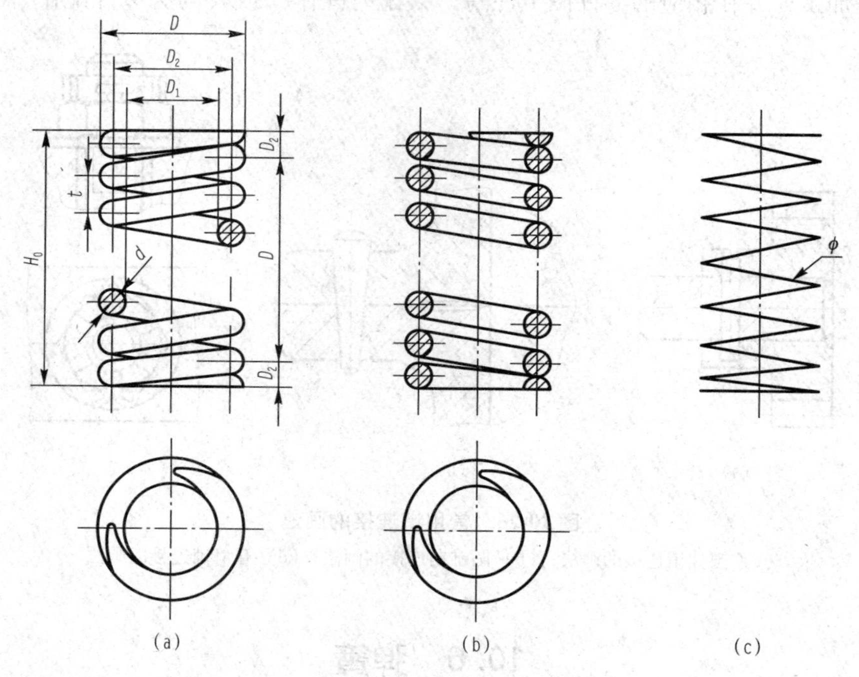

图 10-28　圆柱螺旋压缩弹簧

(a) 视图；(b) 剖视图；(c) 示意图

（1）弹簧钢丝（简称簧丝）直径 d：弹簧钢丝的直径。

（2）弹簧外径 D：弹簧的最大直径，$D=D_2+d$。

弹簧内径 D_1：弹簧的最小直径，$D_1=D-2d$。

弹簧中径 D_2：弹簧的内径和外径的平均值，$D_2=(D+D_1)/2=D-d$。

（3）节距 t，除支承圈外，相邻两圈对应两点之间的轴向距离。

（4）有效圈数 n、支承圈数 n_2 和总圈数 n_1。为使螺旋压缩弹簧工作时受力均匀，增加弹簧的平稳性，弹簧两端应并紧磨平。这部分仅起支承作用，称为支承圈数。支承圈数有 1.5 圈、2 圈、2.5 圈。保持相等节距的圈数，称为有效圈数。有效圈数与支承圈数之和，称为总圈数，即 $n_1=n+n_2$。

（5）自由高度 H_0。弹簧在不受外力作用时的高度（或长度）。

$$H_0=nt+(n_2-0.5)d$$

（6）弹簧展开长度 L。制造弹簧时坯料的长度。由螺旋线的展开可知：

$$L=n_1\sqrt{(\pi D_2)^2+t^2}$$

10.6.3　圆柱螺旋压缩弹簧的规定画法

圆柱螺旋压缩弹簧的规定画法如下：

（1）弹簧在平行于轴线的视图中，各圈的投影转向轮廓线画成直线。

（2）有效圈数在四圈以上的弹簧，中间各圈可省略不画。当中间部分省略后，可适当缩短图形的长度。

（3）在装配图中，弹簧被挡住的结构一般不画出，可见部分应从弹簧的外轮廓线或从弹簧钢丝剖面的中心线画起，如图 10-29（a）所示。

（4）在装配图中，弹簧被剖切时，若簧丝剖面的直径，在图形上小于或等于 2 mm 时，剖面可以涂黑表示［图 10-29（b）］，也可用示意画法［图 10-29（c）］。

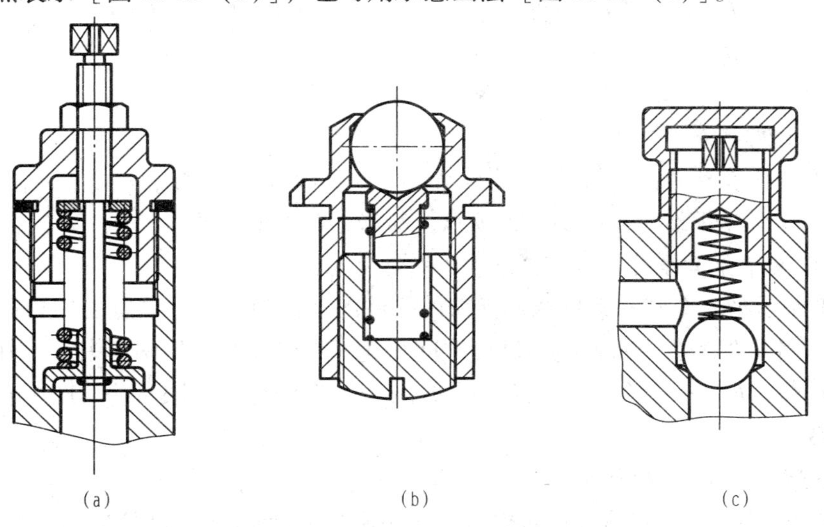

图 10-29　装配图中弹簧的规定画法

（a）不画挡住部分的零件轮廓；（b）簧丝剖面涂黑；（c）簧丝示意画法

（5）在图样上，螺旋弹簧均可画成右旋，但左旋螺旋弹簧，无论画成左旋或右旋，一律要加注“左”字。

1. 螺旋压缩弹簧画法举例

对于两端并紧且磨平的压缩弹簧，不论支承圈的圈数多少和端部贴紧情况如何，都可按图 10-30 所示的形式画出，即按支承圈数为 2.5、磨平圈数为 1.5 的形式表达。

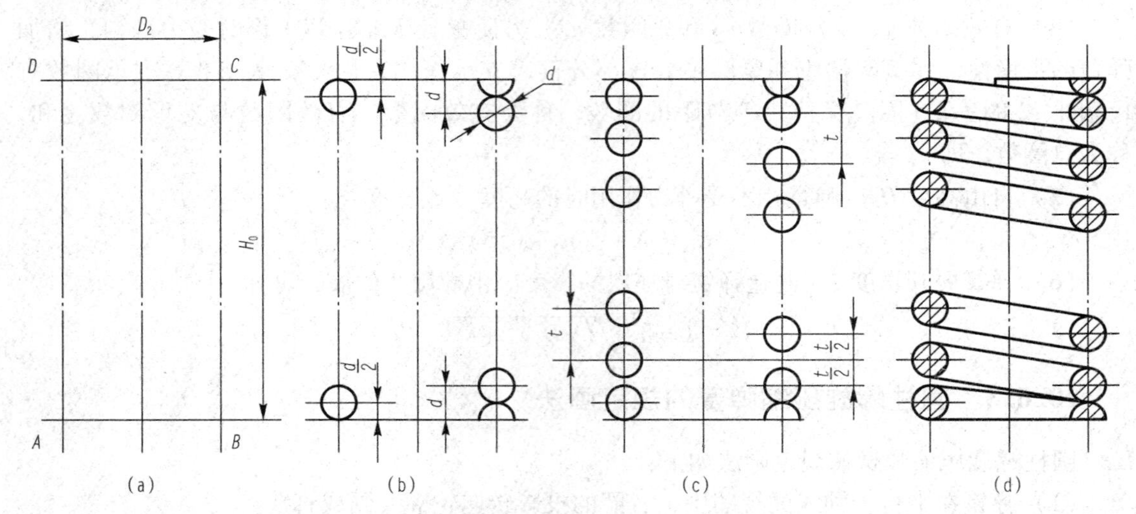

图 10-30　螺旋压缩弹簧的作图步骤

（a）作基准线；（b）画支承圈；（c）画簧丝断面；（d）完成全图

【例 10-5】　已知弹簧外径 $D=45$ mm，簧丝直径 $d=5$ mm，节距 $t=10$ mm，有效圈数 $n=8$，支承圈数 $n_2=2.5$ mm，右旋，试画出这个弹簧的剖视图。

解：（1）相关尺寸计算。

弹簧中径 $D_2=D-d=40$ mm，自由高度 $H_0=nt+(n_2-0.5)d=90$ mm

（2）作图，如图 10-30 所示。

①以自由高度 H_0 和弹簧中径 D_2 作矩形 $ABCD$。

②画出支承圈部分。

③根据节距作簧丝断面。

④按右旋方向作簧丝断面的切线，校核，加深，画剖面符号。

2. 螺旋压缩弹簧工作图

图 10-31 所示为一个圆柱螺旋压缩弹簧的零件图。在轴线水平放置的主视图上，注出了完整的尺寸；当需要表达弹簧负荷与高度之间变化关系时，必须用图解表示。其中，F_1——弹簧的预加负荷，F_2——弹簧的最大负荷，F_3——弹簧的允许极限负荷。图中右上角注明弹簧的主要参数。

3. 圆柱螺旋压缩弹簧的标记

普通圆柱螺旋压缩弹簧的标记由名称、尺寸与精度、旋向及表面处理组成，标记格式如下：

名称 $d \times D_2 \times H_0$—精度、旋向、标准编号、材料牌号—表面处理

例如，压簧 3×20×80—2 左 GB/T 2089—2009 · Ⅱ—D. Z。

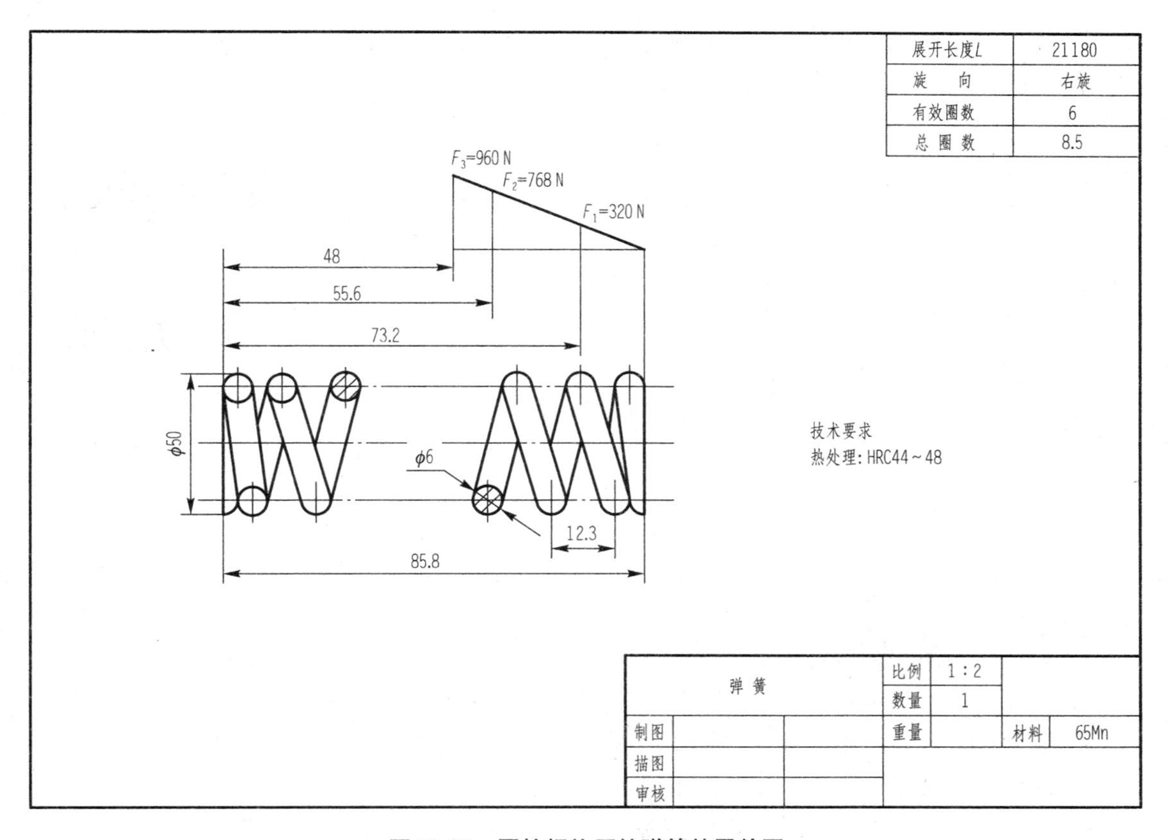

图 10-31　圆柱螺旋压缩弹簧的零件图

本章小结

本章介绍了螺纹及其紧固件、齿轮、滚动轴承、键、销、弹簧等标准件和常用件的基本知识、标记方法及连接画法。通过本章的学习，会查阅国家标准手册，选用标准件，掌握标准件及常用件的规定画法及标注方法，掌握齿轮、弹簧的计算和画法。

思考题

1. 内螺纹、外螺纹能正确旋合，应满足什么条件？螺纹的五要素包括哪些？
2. 常用的螺纹紧固件有哪些？
3. 直齿圆柱齿轮有哪些参数？齿轮各部分的尺寸如何计算？
4. 齿轮啮合图样中，对啮合区画法是如何规定的？
5. 画出滚动轴承的简化画法和规定画法。
6. 简述键、销规定的标记方法。
7. 画出圆柱螺旋压缩弹簧的剖视图。

第 11 章

装配图

★本章知识点

1. 装配图的作用和内容。
2. 装配图常用和特殊的表达方法。
3. 装配图的尺寸分类、标注和技术要求。
4. 装配图上的序号编写方法。
5. 装配结构的合理性。
6. 读装配图的方法和步骤。
7. 由装配图折画零件图的方法和过程介绍。

11.1　装配图的作用和内容

滑动轴承的组成如图 11-1 所示。

机器或部件都是由若干个零件按一定的装配关系和技术要求组装而成的。表示机器或部件装配关系的图样称为装配图。其中表示部件的图样称为部件装配图；表示一台完整机器的图样称为总装配图或总图。

装配图是生产中重要的技术文件，在设计产品时，通常是根据设计任务书，先画出符合设计要求的装配图，再根据装配图画出零件图；在制造产品的过程中，要根据装配图制定装配工艺规程来进行装配、调试和检验产品；在使用产品时，要从装配图上了解产品的结构、性能、工作原理及保养、维修的方法和要求。同时，装配图又是安装、调试、操作和检修机器或部件的重要参考资料。图 11-1 所示的滑动轴承是由轴承盖、轴承座、上轴衬、下轴衬、油杯、螺栓等零件组成的。图 11-2 所示为滑动轴承的装配图，从该图可以看出一张完整的装配图应具有下列内容：

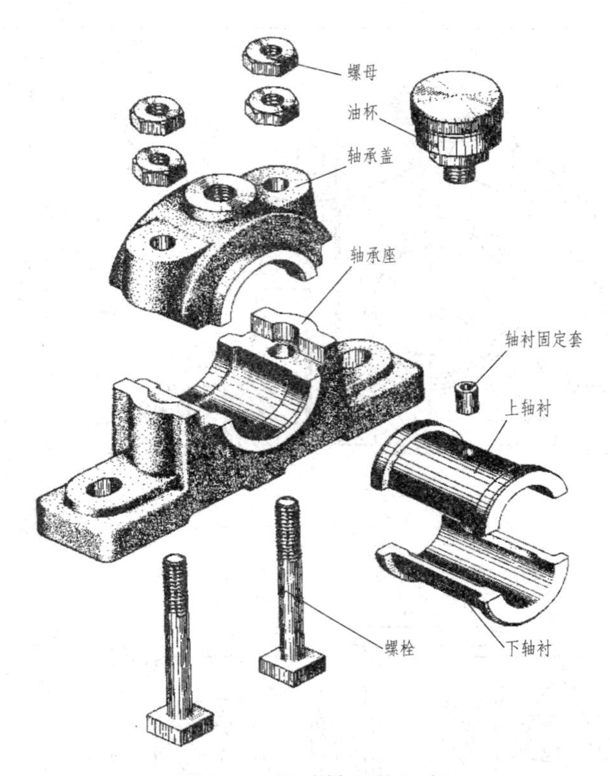

图 11-1　滑动轴承的组成

（1）一组视图。可采用前面学过的各种表达方法，正确、清晰地表达机器或部件的工作原理和结构、传动路线、各零件间的装配关系、连接方式和主要零件的结构形状等。图 11-2 所示的装配图选用了两个基本视图，均使用了半剖视图。

（2）必要尺寸。装配图上要注出表示机器或部件的规格（性能）尺寸、零件之间的配合尺寸、外形尺寸、机器或部件的安装尺寸及其他必要的尺寸等，如图 11-2 中的 240、160、80 为外形尺寸；180 和 $\phi17$ 为安装尺寸；$\phi50H8$ 为规格尺寸。

（3）技术要求。提出机器或部件性能、装配、调试、检验和运转等方面的技术要求，一般用文字写出，如图 11-2 中标题栏上方的文字说明。

（4）零件的编号和明细栏。对组成机器或部件的每一种零件（结构形状、尺寸规格及材料完全相同），按一定的顺序编上序号，并编制出明细栏。明细栏中注明各种零件的序号、代号、名称、数量、材料、重量、备注等内容，以便读图、图样管理及进行生产准备、生产组织工作。

（5）标题栏。说明机器或部件的名称、图样代号、比例、重量及设计、制图、审核人的签名和日期等内容。

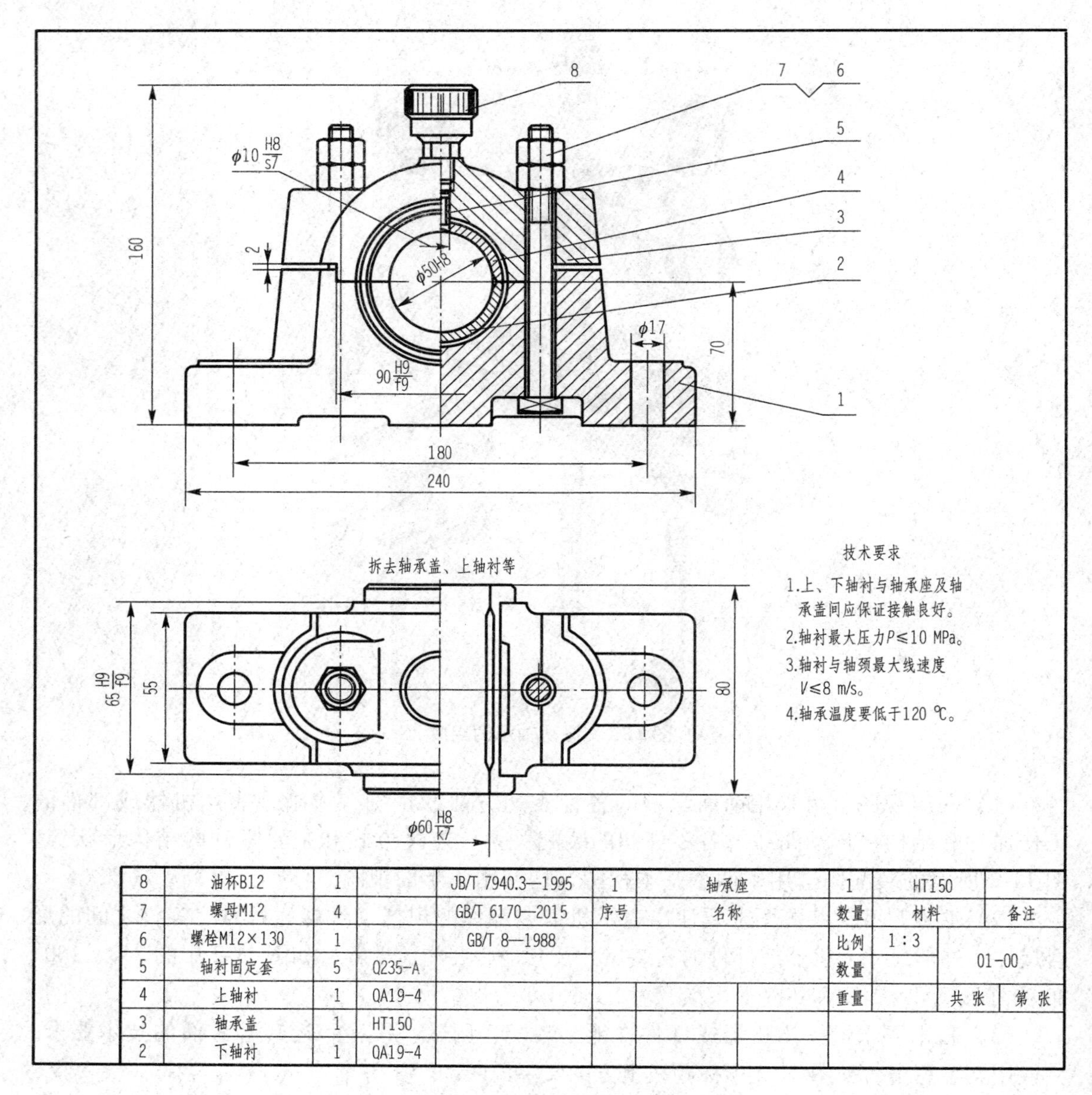

图 11-2　滑动轴承装配图

11.2　装配图的表达方法

装配图和零件图一样，也是按正投影的原理、方法和国家标准《机械制图》中的有关规定绘制的。零件图的表达方法（视图、剖视、断面等）及视图的选用原则，一般都适用于装配图。但由于装配图与零件图各自表达对象及在生产中使用的范围不同，因而，国家标准对装配图在表达方法上还有一些特殊的规定。

11.2.1　装配图的规定画法

（1）两相邻零件的接触面和配合面只画一条线。但当两相邻零件的基本尺寸不相同时，即使间隙很小，也必须画出两条线。如图 11-2 中主视图轴承盖与轴承座的接触面画一条线，而螺栓与轴承盖和轴承座的光孔是非接触面，画两条线。

（2）两相邻金属零件的剖面线的倾斜方向应相反，或者方向一致、间隔不等。在各视图上同一零件的剖面线倾斜方向和间隔应保持一致，如图 11-2 中轴承盖与轴承座的剖面线的画法。断面厚度在 2 mm 以下的图形允许以涂黑来代替剖面符号。

（3）对于紧固件以及轴、连杆、球、钩子、键、销等实心零件，若剖切平面通过其对称平面或轴线，则这些零件均按不剖绘制，如图 11-2 中的螺栓和螺母。当需要特别表明轴等实心零件上的凹坑、凹槽、键槽、销孔等结构时，可采用局部剖视来表达。

11.2.2　装配图的特殊画法

1. 沿零件间的结合面剖切和拆卸画法

在装配体上，当某些零件遮住了需要表达的结构与装配关系时，可采用沿结合面剖切和拆卸画法，需要说明时，可加注“拆去 × × 等”。如图 11-2 所示，俯视图采用了沿轴承盖与轴承座结合面剖切绘制的，即假想拆去轴承盖、上轴衬等零件后的投影。结合面上不画剖面符号，被剖切到的螺栓则必须画出剖面线。并标注了“拆卸轴承盖、上衬套等”。

2. 展开画法

为了表示传动机构的传动路线和零件间的装配关系，可假想按传动顺序沿轴线剖切，然后依次展开使剖切面摊平并与选定的投影面平行，再画出它的剖视图，这种画法称为展开画法，如图 11-3 所示。

3. 假想画法

（1）在装配图中，当需要表示某些零件的运动范围和极限位置时，可用双点画线画出这些零件的极限位置。如图 11-3 所示，当三星轮板在位置Ⅰ时，齿轮 2、3 都不与齿轮 4 啮合；当处于位置Ⅱ时，运动由齿轮 1 经 2 传至 4；当处于位置Ⅲ时，运动由齿轮 1 经 2、3 传至 4，这样齿轮 4 的转向与前一种情况相反，图中Ⅱ、Ⅲ位置用双点画线表示。

（2）在装配图中，当需要表达本部件与相邻零部件的装配关系时，可用双点画线画出相邻部分的轮廓线，如图 11-3 中主轴箱的画法。

4. 简化画法

（1）装配图中对于若干相同的零件组或螺栓连接等，可仅详细地画出一组或几组，其余只需要表示装配位置，如图 11-4 所示。

（2）装配图中的滚动轴承和密封圈等可采用特征画法，也可采用示意画法。如图 11-4（a）所示为滚动轴承的特征画法，图 11-4（b）所示为滚动轴承的示意画法。

（3）装配图中零件的工艺结构如倒角、退刀槽等允许不画。如螺栓头部、螺母的倒角及因倒角产生的交线允许省略（图 11-4）。

（4）在装配图中，当剖切平面通过某些组合件为标准产品（如油杯、油标、管接头等）或该组合件已有其他图形表示清楚时，则可以只画出其外形，如图 11-2 中的油杯。

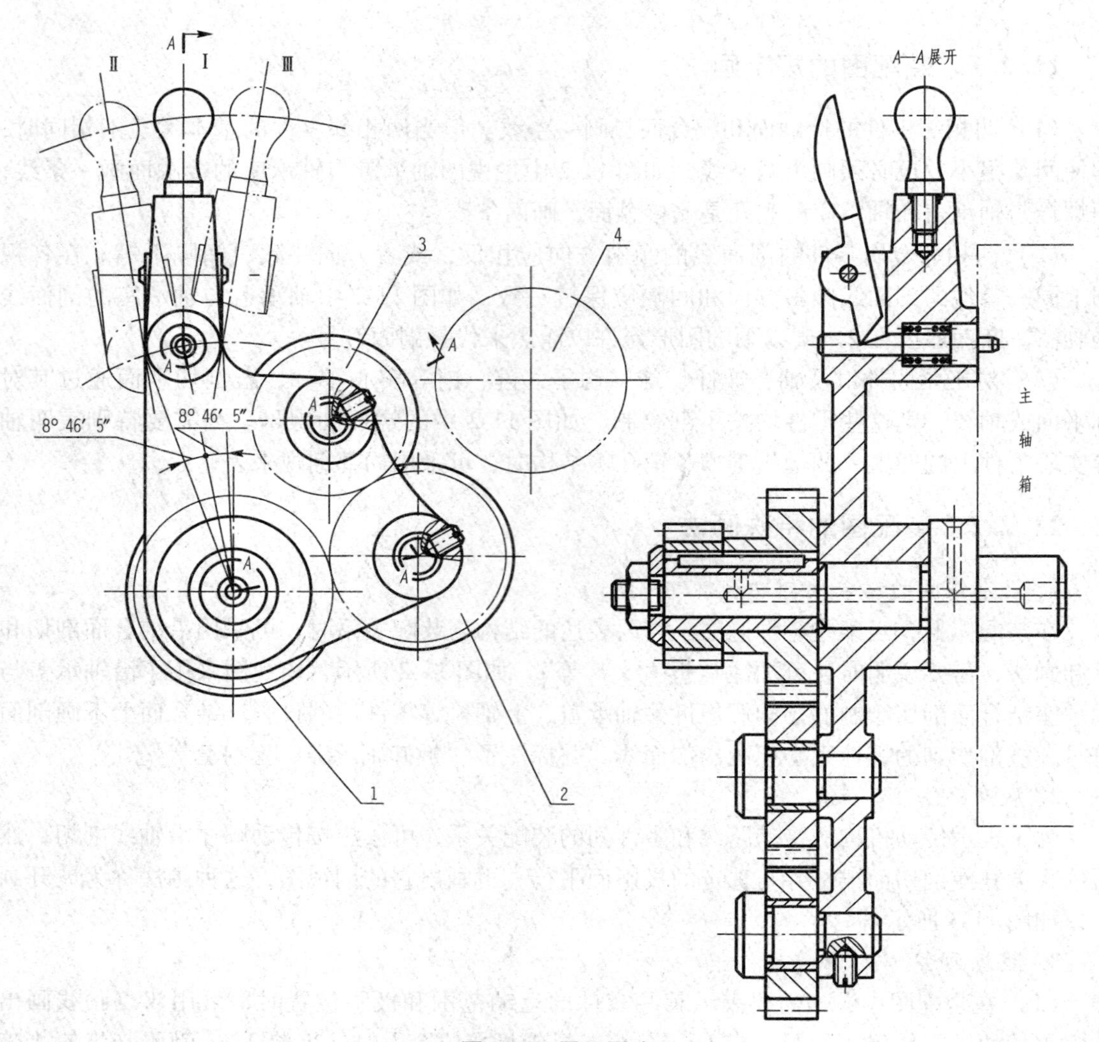

图 11-3　展开画法

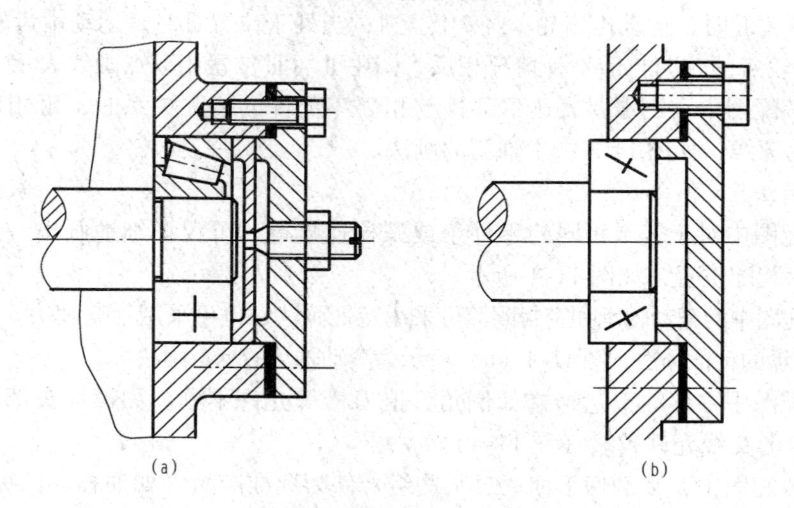

图 11-4　简化画法示例

（5）在装配剖视图中，当不致引起误解时，剖切平面后面不需要表达的部分可省略不画。

5. 夸大画法

在装配图中，如绘制直径或厚度小于 2 mm 的孔或薄片以及较小的斜度和锥度，允许该部分不按比例而夸大画出，如图 11-4（b）中垫片的画法。

11.3　装配图上的尺寸标注和技术要求

11.3.1　装配图上的尺寸标注

装配图与零件图不同，不是用来直接指导零件生产的，不需要、也不可能注出每一个零件的全部尺寸，而只需要标注出一些必要的尺寸，这些尺寸按其作用的不同，大致可分为以下几类。

1. 特性、规格（性能）尺寸

表示装配体的性能、规格或特征的尺寸。它常常是设计或选择使用装配体的依据，如图 11-2 所示的轴承孔 ϕ50H8。

2. 装配尺寸

表示机器或部件上有关零件间装配关系和工作精度的尺寸，主要包括以下几种：

（1）配合尺寸。表示零件间有配合要求的尺寸。如图 11-2 中轴衬固定套与轴承孔的配合尺寸 ϕ10H8/s7。

（2）相对位置尺寸。表示装配时需要保证的零件间较重要的距离、间隙等。如图 11-2 中轴承盖和轴承座间的间隙 2。

（3）装配时加工尺寸。有些零件要装配在一起后才能进行加工，装配图上要标注装配时的加工尺寸。

3. 安装尺寸

表示将部件安装在机器上，或机器安装在基础上所需的尺寸。如图 11-2 中安装孔尺寸 ϕ17 和它们的孔距尺寸 180。

4. 外形尺寸

表示机器或部件总体的长、宽、高。它是包装、运输、安装和厂房设计时所需的尺寸，如图 11-2 中外形尺寸 240、160、80。

5. 其他重要尺寸

经计算或选定的不包括在上述几类尺寸中的重要尺寸，如千斤顶调节极限尺寸。

必须指出，上述五种尺寸，并不是每张装配图上都全部具有，而且装配图上的一个尺寸有时兼有几种意义。因此，应根据装配体的具体情况来考虑装配图上的尺寸标注。

11.3.2　装配图上的技术要求

装配图上注写的技术要求，通常可以从以下几个方面考虑：

（1）装配体装配后应达到的性能要求，如装配后的密封、润滑等要求。

（2）装配体在装配过程中应注意的事项及特殊加工要求。例如，有的表面需装配后加工，有的孔需要将有关零件装好后配作等。

（3）有关试验或检验方法的要求。

（4）使用要求。如对装配体的维护、保养方面的要求及操作使用时应注意的事项等。

技术要求一般注写在明细栏的上方或图纸的右方下部空白处，如果内容很多，也可另外编写成技术文件作为图纸的附件。

11.4 装配图上的序号编写方法

为了便于读图，便于图样管理以及做好生产准备工作，装配图中所有零部件都必须编写序号。

1. 一般规定

（1）装配图中所有零部件都必须编写序号。

（2）同一装配图中，尺寸规格完全相同的零部件，应编写一个序号，如同一型号的滚动轴承就只编写一个序号。

（3）装配图中的零部件的序号应与明细栏中的序号一致。

2. 序号的编写方法

一个完整的序号，一般应有三个部分：指引线、水平线或圆圈及序号数字，如图11-5（a）~（c）所示。也可以不画水平线或圆，如图11-5（d）所示。

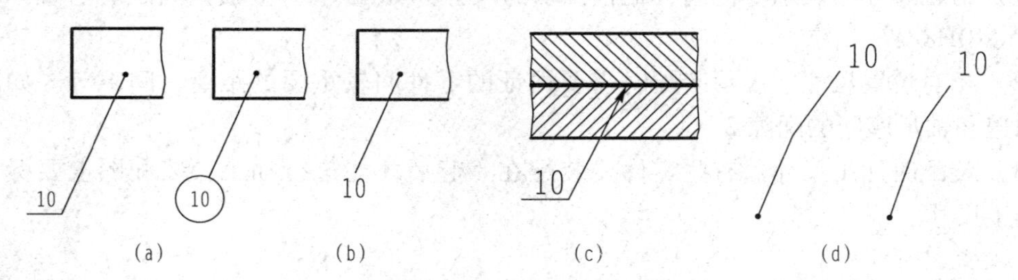

图11-5 零件序号的编写形式

（1）指引线。指引线用细实线绘制，应自所指部分的可见轮廓内引出，并在可见轮廓内的起始端画一圆点，如图11-5（a）所示。

（2）水平线或圆。水平线或圆用细实线绘制，用以注写序号数字，如图11-5（a）、（b）所示。

（3）序号数字。在指引线的水平线上或圆内注写序号时，其字号比该装配图中所注尺寸数字大一号或两号，如图11-5（a）、（b）所示。对于很薄的零件或断面，用箭头代替圆点，指向该部分轮廓，如图11-5（c）所示。当不画水平线或圆，在指引线附近注写序号时，序号字号必须比该装配图中所标注尺寸数字大两号，如图11-5（d）所示。

（4）序号的编写。序号按水平或垂直方向排列整齐，并尽可能均匀分布。序号数字可按顺时针或逆时针方向依次增大，以便查找，如图11-6所示。在一个视图上无法连续编写全部所需序号时，可在其他视图上按上述原则继续编写。

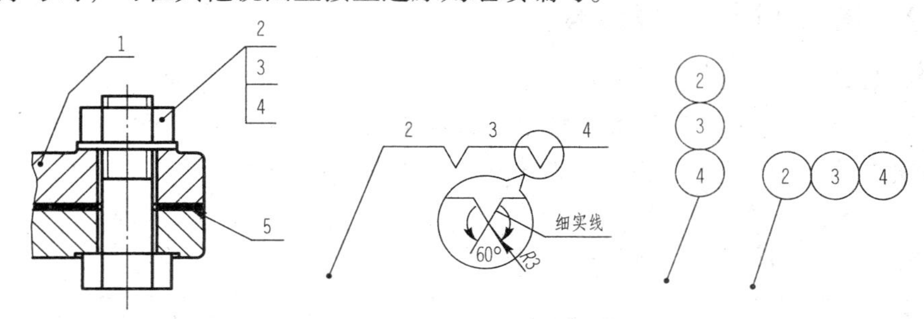

图 11-6　零件组的编号形式

3. 其他规定

（1）同一张装配图中，编写序号的形式应一致。

（2）一组紧固件以及装配关系清楚的零件组，可采用公共指引线，如图 11-6 所示。

（3）对于标准件，可以与非标准零件同样地编写序号；也可以不编写序号，而将标准件的数量与规格直接用指引线标明在图中。

（4）指引线可以画成折线，但只可折一次，指引线不能相交，当指引线通过有剖面线的区域时，指引线不应与剖面线平行，如图 11-6 所示。

11.5　装配结构

为了保证装配体的质量，在设计装配体时，必须考虑装配结构的合理性，以保证机器和部件的性能，并给零件的加工和装拆带来方便。在装配图上，除允许简化的情况外，都应尽量把装配工艺结构正确地表达出来。下面介绍几种常见的装配工艺结构。

11.5.1　接触面与配合面结构

在设计时，同方向的接触面或配合面一般只有一组，若因其他原因需要多于一组接触面时，则在工艺上要提高精度，增加制造成本，如图 11-7 所示。

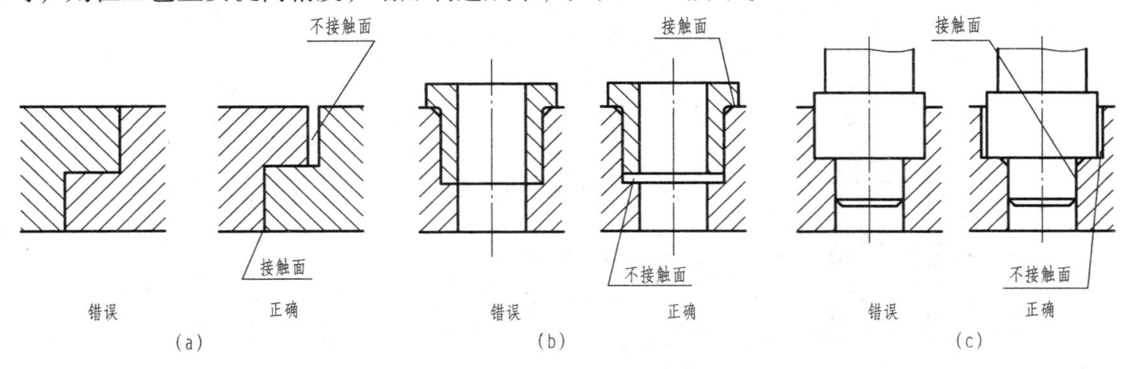

图 11-7　同方向接触面或配合面的数量

（a）平面接触；（b）端面接触；（c）径向接触

11.5.2 螺纹连接的合理结构

为了保证螺纹旋紧，应在螺纹尾部留出退刀槽或在螺孔端部加工出凹坑或倒角，如图 11-8 所示。为了保证连接件与被连接件之间接触良好，被连接件上应做成沉孔或凸台，被连接件通孔的直径应大于螺孔大径或螺杆直径，如图 11-9 所示。

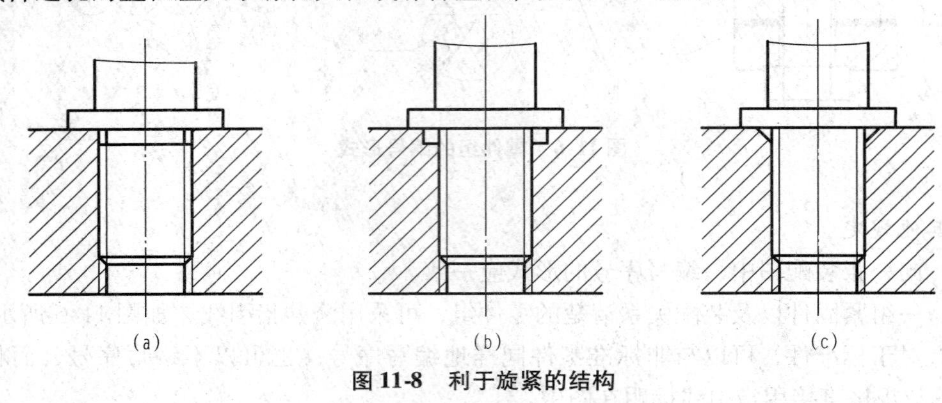

图 11-8 利于旋紧的结构

(a) 退刀槽；(b) 凹坑；(c) 倒角

11.5.3 轴向零件固定结构

在装配体上，应尽可能合理地减少零件与零件之间的接触面积。这样可使机械加工的面积减少，降低加工成本，并能保证良好的接触，如图 11-9、图 11-10 所示。

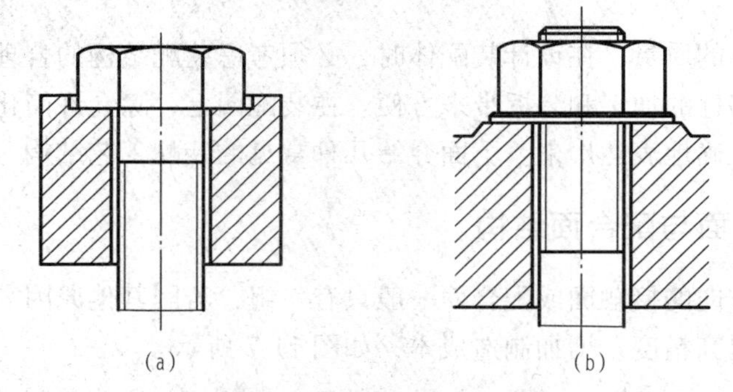

图 11-9 保证良好接触的结构

(a) 沉孔；(b) 凸台

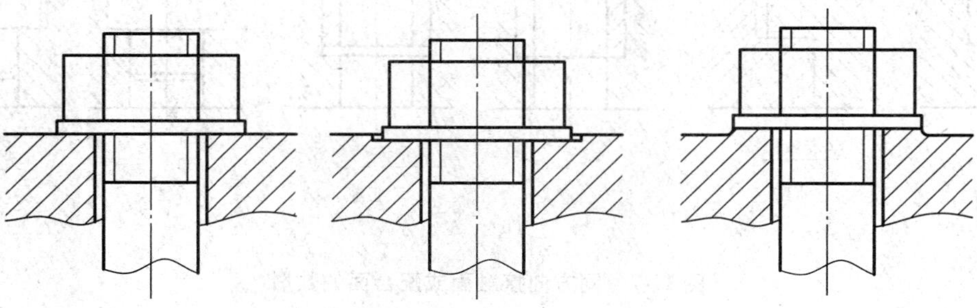

(a) (b) (c)

图 11-10 紧固件的合理装配

(a) 错误；(b)、(c) 正确

11.6　读装配图和拆画零件图

11.6.1　读装配图的要求

在设计、制造、使用、维修和技术交流等生产活动中，都会遇到读装配图。读装配图的主要要求如下：

（1）了解机器或部件的用途、工作原理、结构。

（2）了解零件间的装配关系以及它们的装拆顺序。

（3）弄清楚零件的主要结构形状和作用。

11.6.2　读装配图的方法和步骤

1. 概括了解并分析表达方法

（1）了解部件或机器的名称和用途，可以通过调查研究和查阅明细栏及说明书等获知。首先从标题栏入手，通过装配体的名称联系生产实践知识，往往可以知道装配体的大致用途。例如，阀，一般是用来控制流量并起开关作用的；虎钳，一般是用来夹持工件的；减速器则是在传动系统中起减速作用的；各种泵则是在气压、液压或润滑系统中产生一定压力和流量的装置。

（2）了解标准零部件和非标准零部件的名称、数量和材料；对照零部件的编号，在装配图上查找这些零部件的位置。

（3）对视图进行分析，根据装配图上视图的表达情况，找出各个视图、剖视、断面的配置及投影方向，从而搞清各视图的表达重点。

通过以上这些内容的初步了解，并参阅有关尺寸，可以对部件的大体轮廓与内容有一个概略的印象。

2. 了解装配关系和工作原理

对照视图仔细研究零部件的工作原理和装配关系，这是读装配图的一个重要环节。在概括了解的基础上，分析各条装配干线，弄清各零件间相互配合的要求，以及零件间的定位、连接方式、密封等问题。再进一步搞清楚运动零件与非运动零件的相对运动关系。经过这样的观察分析，就可以对机械或部件的工作原理和装配关系有所了解。

3. 分析零件的结构形状

分析零件，就是弄清楚每个零件的结构形状及其作用。一般先从主要零件着手，然后是其他零件。当零件在装配图中表达不完整时，可对有关的其他零件仔细观察和分析后，再进行结构分析，从而确定该零件的内外形状。在分离零件时，利用剖视图中剖面线的方向或间隔的不同及零件之间互相遮挡时的可见性规律来区分零件是十分有效的。对照投影关系时，借助三角板、分规等工具，往往能大大提高看图的速度和准确性。

4. 分析尺寸

分析装配图上所注的尺寸，有助于进一步了解部件的规格、外形大小、零件之间的装配关系、配合性质以及该部件的安装方法等。

5. 总结归纳

为了加深对所读装配图的全面认识，还需要从装拆顺序、安装方法、技术要求等方面综合考虑，加深对整个机械或部件的进一步认识，从而获得完整概念。

【例 11-1】 读球阀装配图，如图 11-11、图 11-12 所示。

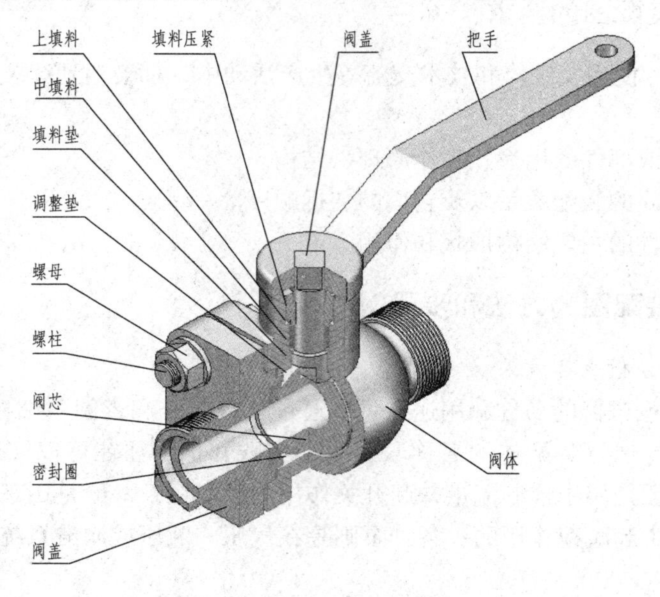

图 11-11 球阀的装配轴测图

（1）概括了解。要了解机器或部件的表达方法，如本例中，要了解在管道系统中，阀是用于启闭和调节流体流量的部件，球阀是阀的一种，它的阀芯是球形的。通常认为球阀最适宜直接作开闭使用，但近年来的发展已将球阀设计成使它具有节流和控制流量之用。球阀的主要特点是本身结构紧凑，易于操作和维修，适用于水、溶剂、酸和天然气等一般工作介质，而且还适用于工作条件恶劣的介质，如氧气、过氧化氢、甲烷和乙烯等。球阀阀体可以是整体式的，也可以是组合式的。

其装配关系是：如图 11-12 所示，阀体 1 和阀盖 2 均带有方形的凸缘，它们用四个螺柱 6 和螺母 7 连接（注意轴测图已剖去球阀左前方的一部分），并用合适的调整垫 5 调节阀芯 4 与密封圈 3 之间的松紧。在阀体上部有阀杆 12，阀杆下部有凸块，榫接阀芯 4 上的凹槽（轴测图中阀杆 12 未剖去，可以看出它与阀芯 4 的关系）。为了密封，在阀体与阀杆之间加进填料垫中填料 9 和上填料 10，并且旋入填料压紧套 11。

（2）了解装配关系和工作原理。从主视图观察可知，铅垂的轴线是主要装配干线。主要零件阀体 1 的右端具有和管路相接的凸缘，阀盖 2 的左端具有和管路相接的凸缘。在阀体的中心有阀芯 4 和密封垫圈 5，阀杆 12 穿过上填料 10、中填料 9、填料垫 8、阀体 1 与阀芯 4 的槽相连接与填料压紧套 11 配合，扳手 13 套在阀杆 12 上。

球阀的工作原理是：阀杆 12 上部的四棱柱与扳手 13 的方孔连接。当扳手处于如装配图中所示的位置时，阀门全部开启，管道畅通（对照轴测图）；当扳手按顺时针方向旋转 90° 时（扳手处于如装配图中俯视图的双点画线所示的位置），阀门全部关闭，管道断流。从俯

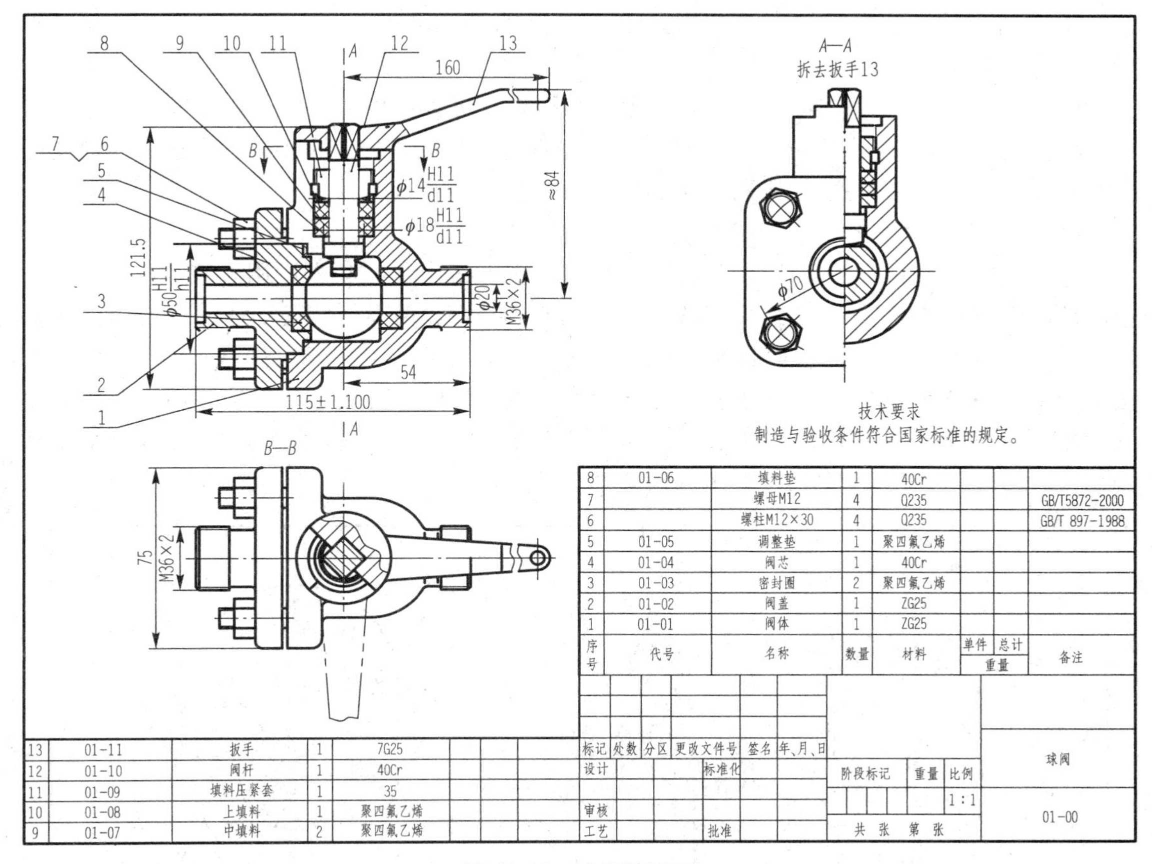

图 11-12　球阀装配图

视图的 *B—B* 局部剖视图中可以看到，阀体 1 顶部定位凸块的形状（为 90°的扇形），该凸块用以限制扳手 13 的旋转位置。

工作时，扳动扳手，使阀杆带动阀芯转动，当扳手 13 与阀体管道轴线平行时，流量最大，顺时针旋转，流量逐渐减少，当顺时针旋转到与管道轴线垂直位置时，管道关闭。

为了防止流体的泄漏，采用了密封垫圈、填料和垫片等。

（3）分析零件的结构。对于装配体中的典型零件进行结构分析，如图 11-12 中的阀盖 2，从主、俯视图可以看出，主要为同轴的柱面构成，内部有阶梯孔，头部有螺纹和倒角。从左视图可以看出，该零件有法兰盘，法兰盘带有圆角，并有四个均布的孔，为典型的阀盖类零件。

（4）分析尺寸。

① 特性、规格（性能）尺寸。图中 $\phi14$ 为该阀体的规格（性能）尺寸。

② 装配尺寸。阀杆 12 与填料压紧套 11 采用配合尺寸是 ϕ14H11/d11；阀杆 12 与阀体 1 的配合尺寸是 ϕ18H11/d1；阀盖 2 与阀体 1 采用配合尺寸是 ϕ50H11/h11；84 是把手 13 与阀体 1 的相对位置尺寸。

③ 安装尺寸。2 个 M36 ×2 尺寸是该球阀与管道的安装连接尺寸，要求阀体和管道为螺纹连接。

④ 外形尺寸。图中的 115 ± 1. 100、75、121. 5 为外形尺寸。

装配图中并不是五类尺寸都有。

（5）总结归纳。为了保证阀杆 12 运动的直线性，可以用填料压紧套将其固定，它不仅使阀杆得到了支承，还增加了刚度，并可使阀杆在运动中始终处于正中位置。还有其他装配关系和配合要求，请读者参照图 11-11、图 11-12 自行分析。

【例 11-2】 读齿轮油泵装配图。

（1）概括了解并分析表达方式。图 11-13 所示的齿轮油泵是机器中用来输送润滑油的一个部件。对照零件序号及明细栏可以看出，齿轮油泵由 17 种零件装配而成，主要零件包括泵体、左端盖、右端盖、传动齿轮、齿轮轴、传动齿轮轴等，其中标准件有 7 种。在表达方法上，主视图采用了 *A—A* 全剖视图，完全表达了各个零件之间装配和连接关系以及传动路线。左视图用的是 *B—B* 半剖视图，并有局部剖视图，主要表达了齿轮油泵的工作原理（吸、压油情况）以及主要零件泵体的内外部形状。

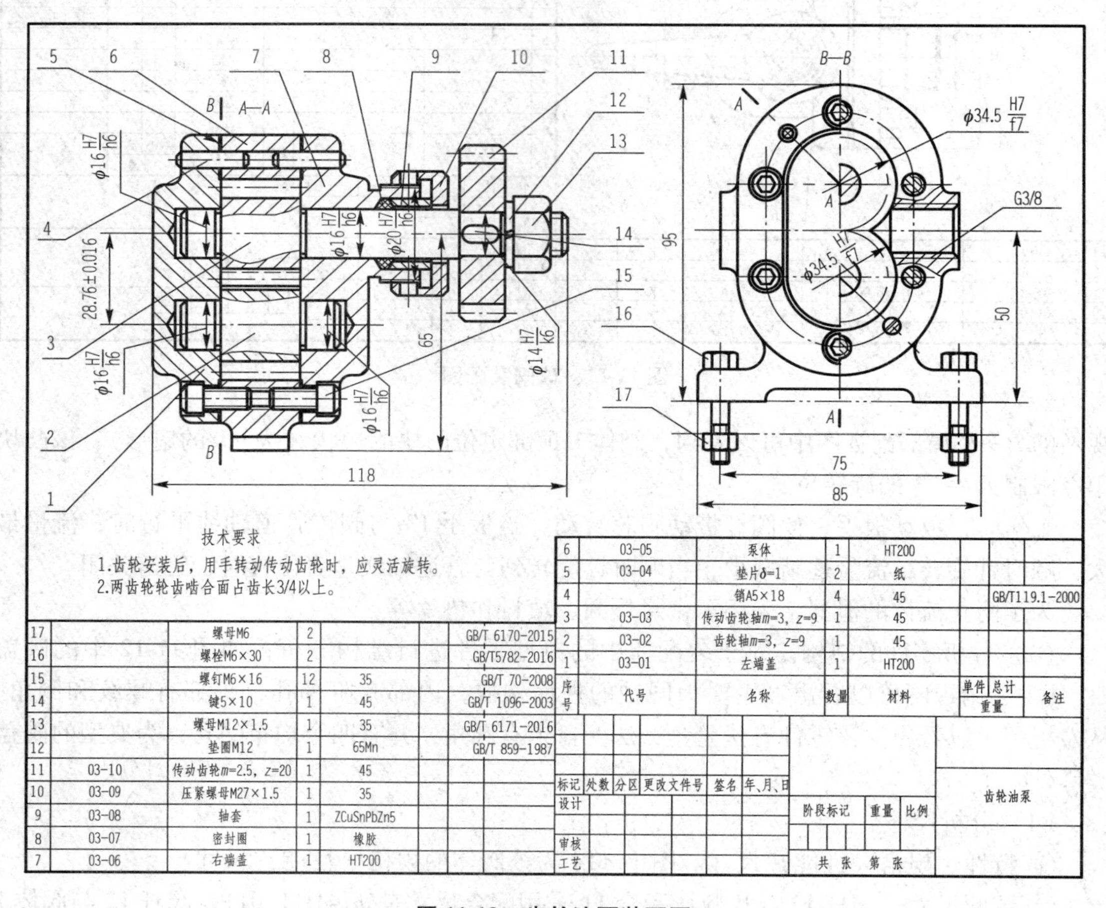

序号	代号	名称	数量	材料	单件重量	总计重量	备注
17		螺母M6	2				GB/T 6170-2015
16		螺栓M6×30	2				GB/T5782-2016
15		螺钉M6×16	12	35			GB/T 70-2008
14		键5×10	1	45			GB/T 1096-2003
13		螺母M12×1.5	1	35			GB/T 6171-2016
12		垫圈M12	1	65Mn			GB/T 859-1987
11	03-10	传动齿轮m=2.5，z=20	1	45			
10	03-09	压紧螺母M27×1.5	1	35			
9	03-08	轴套	1	ZCuSnPbZn5			
8	03-07	密封圈	1	橡胶			
7	03-06	右端盖	1	HT200			
6	03-05	泵体	1	HT200			
5	03-04	垫片δ=1	2	纸			
4		销A5×18	4	45			GB/T119.1-2000
3	03-03	传动齿轮轴m=3，z=9	1	45			
2	03-02	齿轮轴m=3，z=9	1	45			
1	03-01	左端盖	1	HT200			

图 11-13　齿轮油泵装配图

（2）了解装配关系及工作原理。泵体 6 是齿轮油泵中的主要零件之一，它的内腔容纳一对吸油和压油的齿轮。将齿轮轴 2、传动齿轮轴 3 装入泵体后，两侧有左端盖 1、右端盖 7 支承这一对齿轮轴的旋转运动。由销 4 将左、右端盖与泵体定位后，再用螺钉 15 将左、右端盖与泵体连接成整体。

为了防止泵体与端盖结合面处以及传动齿轮轴3伸出端漏油，分别用垫片5及密封圈8、轴套9、压紧螺母10密封。

齿轮轴2、传动齿轮轴3、传动齿轮11是油泵中的运动零件。当传动齿轮11按逆时针方向（从左视图观察）转动时，通过键14，将扭矩传递给传动齿轮轴3，经过齿轮啮合带动齿轮轴2，从而使后者做顺时针方向转动。如图11-14所示，当一对齿轮在泵体内做啮合传动时，啮合区内右边空间的压力降低而产生局部真空，油池内的油在大气压力作用下进入油泵低压区内的吸油口，随着齿轮的传动，齿槽中的油不断沿箭头方向被带至左边的压油口将油压出，送至机器中需要润滑的部分。

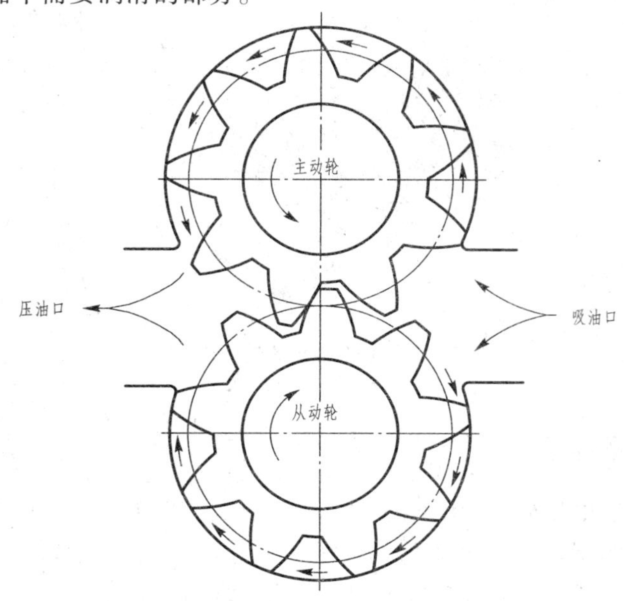

图11-14 齿轮油泵原理图

（3）尺寸分析。根据零件在部件中的作用和要求，应注出相应的公差与配合。例如，传动齿轮11要带动传动齿轮轴3一起转动，除了靠键把两者连成一体传递扭矩外，还需要定出相应的配合。在图中可以看到，它们之间的配合尺寸是$\phi 14H7/k6$，它属于基孔制的优先过渡配合，由附录（附表1～附表5）查得：

孔的尺寸是$\phi 14^{+0.018}_{0}$；轴的尺寸是$\phi 14^{+0.012}_{+0.001}$，即

$$配合的最大间隙 = 0.018 - 0.001 = +0.017$$

$$配合的最大过盈 = 0 - 0.012 = -0.012$$

齿轮与端盖在支承处的配合尺寸是$\phi 16H7/h6$；轴套与右端盖的配合尺寸是$\phi 20H7/h6$；齿轮轴的齿顶圆与泵体内腔的配合尺寸是$\phi 34.5H7/f7$。它们各是什么样的配合？请读者自行解答。

尺寸28.76 ± 0.016是一对啮合齿轮的中心距，这个尺寸准确与否将会直接影响齿轮的啮合传动。尺寸65是传动齿轮轴线离泵体安装面的高度尺寸。28.76 ± 0.016和65分别是设

计和安装所要求的尺寸。

吸、压油口的尺寸 G3/8″和两个螺栓 16 之间的尺寸 70，为什么要在装配图中注出，请读者思考。

图 11-15 所示是齿轮油泵的装配轴测图，供读图分析思考时参考。

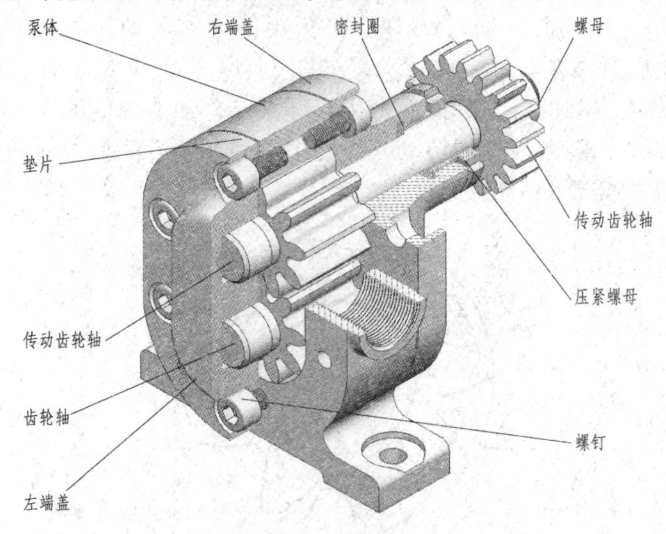

图 11-15　齿轮油泵的装配轴测图

11.6.3　拆画零件图

在设计过程中，根据装配图画出零件图，称为拆图。拆图时，要在全面看懂装配图的基础上，根据该零件的作用和与其他零件的装配关系，确定结构形状、尺寸和技术要求等内容。由装配图拆画零件图，是设计工作中的一个重要环节。

1. 构思零件形状和视图选择

装配图主要表达部件的工作原理、零件间的相对位置和装配关系，不一定把每一个零件的结构形状都表达完全。因此，在拆画零件图时，应对所拆零件的作用进行分析，然后分离该零件（即把该零件从与其组装的其他零件中分离出来），在各视图的投影轮廓中划分出该零件的范围，结合分析，补齐所缺的轮廓线。对那些尚未表达完全的结构，要根据零件的作用和装配关系进行设计。

在拆画零件图时，一般不能简单地照搬装配图中零件的表达方法。应根据零件的结构形状和零件图的视图表达要求，重新考虑确定最佳的表达方案。

另外，在装配图上可能省略的工艺结构，如拨模斜度、圆角、倒角和退刀槽等，在零件图上都应表达清楚。

2. 零件图的尺寸

标注零件图上的尺寸，方法一般有以下几种：

（1）抄注。在装配图中已标注出的尺寸，大多是重要尺寸，一般都是零件设计的依据。在拆画其零件图时，这些尺寸要完全照抄。对于配合尺寸，应根据其配合代号，按照偏差在零件图上的标注方法注在相应的零件图上。

（2）查找。与标准件螺栓、螺母、螺钉、键、销等相关的标准结构，如螺孔直径、螺孔深度、键槽、销孔等尺寸，应查阅相关标准来确定。

（3）计算。某些尺寸数值，应根据装配图所给定的参数等，通过计算确定。如齿轮轮齿部分的分度圆直径、齿顶圆直径等，应根据所给的模数、齿数及有关公式计算确定。

（4）量取。在装配图上没有标注出的其他尺寸，可从装配图中用比例尺量得，一般要取整数后注出。

另外，在标注尺寸时应注意，有装配关系的尺寸应相互协调，不要造成矛盾。如配合部分的轴、孔，其基本尺寸应相同。其他尺寸，也应相互适应，使之不致在零件装配或运动时产生矛盾或干涉、咬卡现象。在进行尺寸标注时，还要注意尺寸基准的选择。

3. 零件的技术要求

画零件工作图时，对零件的几何公差、表面粗糙度及其他技术要求，可根据零件在装配体的使用要求，用类比法参照同类产品的有关资料以及已有的生产经验进行综合确定。配合表面要选择恰当的公差等级和基本偏差。

最后，必须检查零件图是否齐全，必须对所拆画的零件图进行仔细校核。校核时应注意每张零件图的视图、尺寸、表面粗糙度和其他技术要求是否完整、合理，有装配关系的尺寸是否协调，零件的名称、材料、数量等是否与明细栏一致等。

【例 11-3】　拆画球阀（图 11-12）阀杆零件图。

由图 11-12 标题栏可以看出，该装配图是按 1 ∶ 1 比例画的，先从主视图上区分出阀杆的视图轮廓。如图 11-16（a）所示，考虑轴套类零件加工主要在车床、磨床上加工，加工时将轴线按照水平位置摆放进行加工，阀杆主视图选择如图 11-16（b）所示。

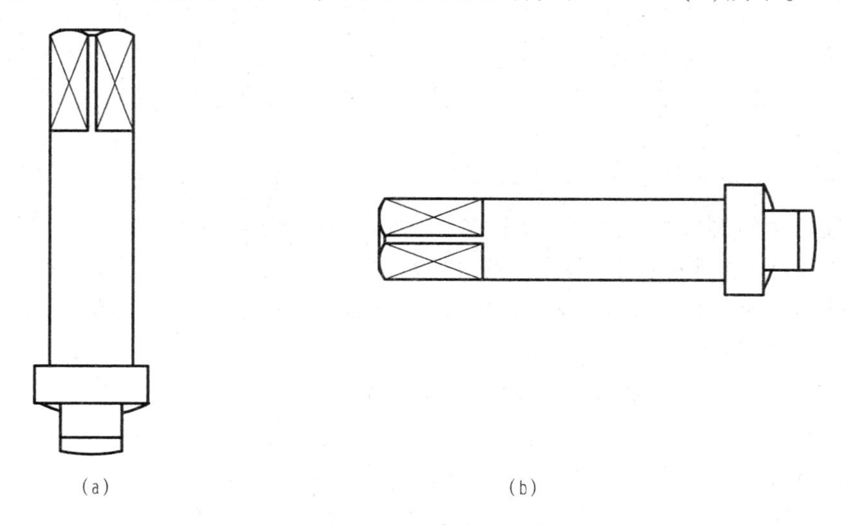

图 11-16　由球阀拆画的阀杆零件图

（a）从装配图中分离出的阀杆主视图；（b）根据轴套类零件表达方法选择的主视图

按照图 11-16（b）所示的主视图法，该零件还有左端放置扳手处的方形结构及右端面与阀芯连接处的凸块没有表达清楚，故分别采用断面图和 *A* 向视图表达，如图 11-17 所示。

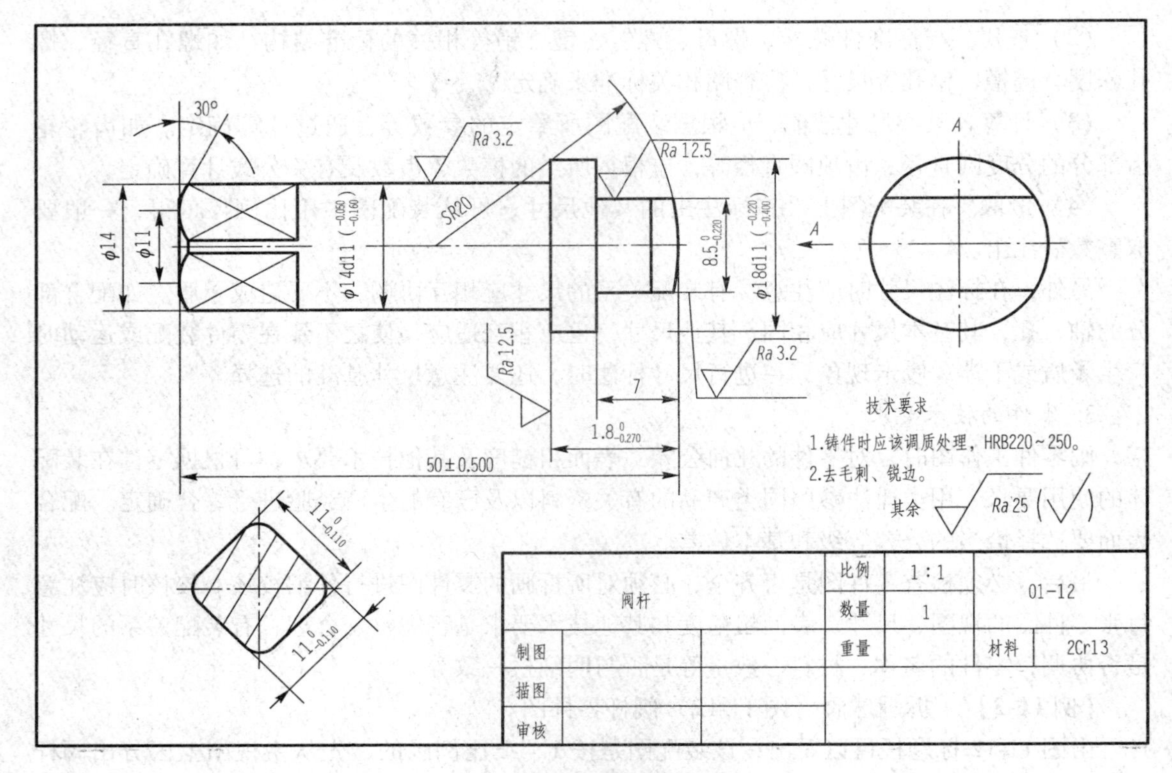

图 11-17　阀杆零件图

对装配图上的已标注出的尺寸进行抄注，配合尺寸 ϕ14H11/d11、ϕ18H11/d11，根据配合代号，按照公差在零件图上的标注方法之一，由 ϕ14d11、ϕ18d11 查出上、下偏差值，将 ϕ14d11（$\begin{smallmatrix}-0.050\\-0.160\end{smallmatrix}$）和 ϕ18d11（$\begin{smallmatrix}-0.220\\-0.400\end{smallmatrix}$）注出，其他尺寸按比例量取圆整后注出。技术要求参照相关轴类零件进行注写。

【例 11-4】　拆画齿轮油泵（图 11-13）右端盖零件图。

现以右端盖 7 为例拆画零件图。由主视图可见，右端盖上部有传动齿轮轴 3 穿过，下部有齿轮轴 2 轴颈的支承孔，在右端凸缘的外圆柱面上有外螺纹，用压紧螺母 10 通过轴套 9 将密封圈 8 压紧在轴的四周。由左视图可见，右端盖的外形为长圆形，沿周围分布有六个螺钉沉孔和两个圆柱销孔。

拆画此零件时，先从主视图上区分出右端盖的视图轮廓，由于在装配图的主视图上，右端盖的一部分可见投影被其他零件所遮盖，因而它是一幅不完整的图形，如图 11-18（a）所示。根据此零件的作用及装配关系，可以补全所缺的轮廓线。这样的盘盖类零件一般可用两个基本视图表达，从装配图的主视图中拆画右端盖的图形，表达了右端盖各部分的结构，仍可作为零件图的主视图，根据零件图的视图选择原则，将其调整为图 11-18 所示位置，补全所漏图线，再画出左视图。若用主、俯视图表达，则应将图 11-18（a）调整为图 11-18（b）所示的位置，并补全所漏图线，再画出俯视图。

图 11-19 所示为拆画后的右端盖零件图。图中的尺寸标注及技术要求的书写请读者自行分析。

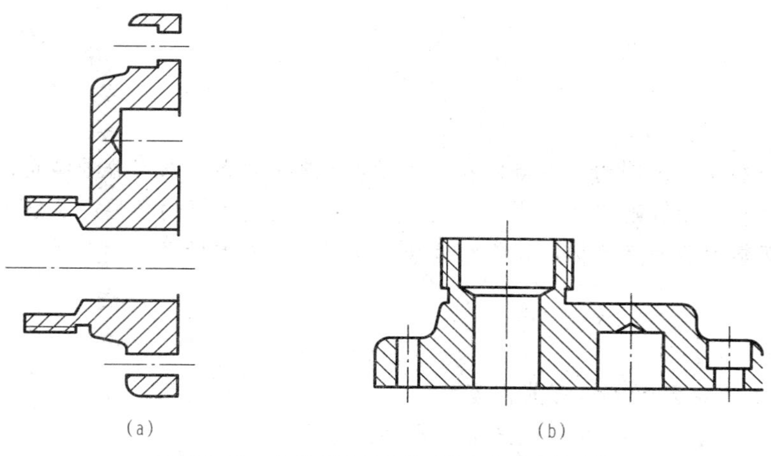

图 11-18　由齿轮油泵拆画的右端盖零件图

(a) 从装配图中分离出的右端盖主视图；(b) 补全图线并调整位置后的右端盖全剖主视图

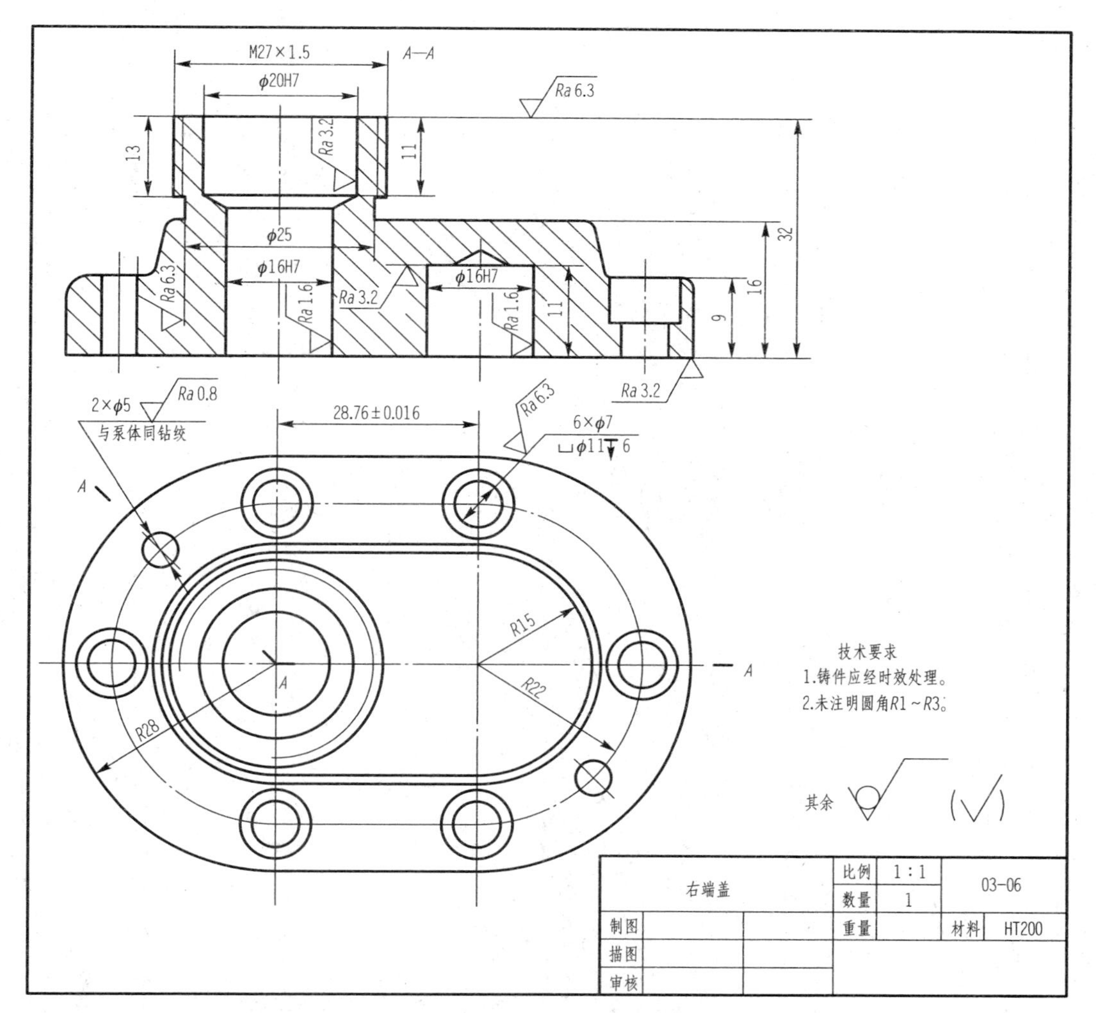

图 11-19　右端盖装配图

本章小结

本章主要介绍了装配图的作用与内容，装配体上常见表达方法与合理结构，读装配配图的方法与步骤，由装配图拆画零件图的作图过程与方法。通过本章的学习，了解装配图的作用和表达方法，掌握装配图的尺寸标注和明细编号标注规则，掌握拆画零件图的方法与步骤。

思考题

1. 一张完整的装配图包括哪些内容？
2. 装配图中常采用的特殊表达方法有哪些？
3. 装配图中的尺寸可分为哪几种？

实验实践

第12章

制图的基本知识和基本技能

★本章知识点

1. 国家标准《技术制图》与《机械制图》中的一些基本规定。
2. 常用的几何作图方法。
3. 平面图形的尺寸分析、线段分析和基本作图步骤。
4. 绘图仪器和绘图工具的使用方法。

12.1 制图国家标准的基本规定

工程图样是现代化工业生产中必不可少的技术资料，具有严格的规范性。为了适应现代化生产、管理的需要和便于技术交流，国家制定并颁布了一系列国家标准，简称“国标”。它包含三个标准：强制性国家标准（代号为“GB”）、推荐性国家标准（代号为“GB/T”）和国家标准化指导性技术文件（代号为“GB/Z”）。本节内容摘录了国家标准《技术制图》和《机械制图》中相关的基本规定。

需要说明的是，《技术制图》是对各行业制图中的共性、统一规定提出的要求，各行业在不违背国家标准《技术制图》的基础上，根据自身特点，补充细化，制定本行业的制图标准，如机械制图、建筑制图和船舶制图等。

12.1.1 图纸幅面和格式（GB/T 14689—2008）

1. 图纸幅面

图纸幅面是指图纸宽度与长度组成的图面。绘制技术图样时，应优先采用表12-1所规定的基本幅面。基本幅面共有五种，即A0、A1、A2、A3和A4。

图12-1中粗实线所示为基本幅面（第一选择），必要时允许按规定加长图纸的幅面，加

长幅面的尺寸由基本幅面的短边成整数倍增加后得出；细实线及虚线所示分别为加长幅面的第二选择和第三选择。

表 12-1　图纸幅面　　mm

幅面代号	A0	A1	A2	A3	A4
$B \times L$	841 ×1 189	594 ×841	420 ×594	297 ×420	210 ×297
e	20		10		
c	10			5	
a	25				

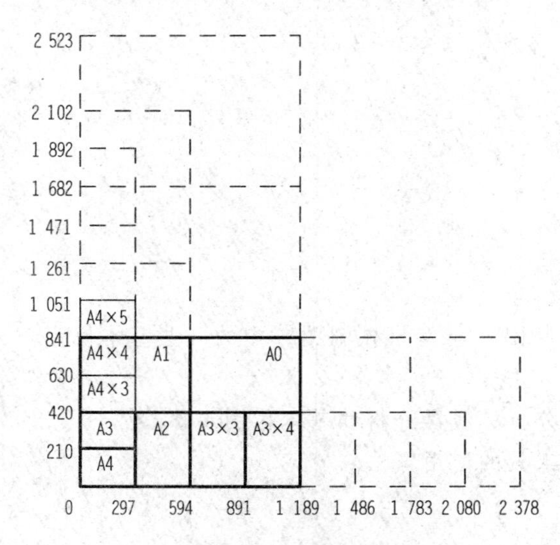

图 12-1　图纸幅面

2. 图框格式

图纸上限定绘图区域的线框称为图框。图框在图纸上必须用粗实线画出，其格式可分为不留装订边和留装订边两种，如图 12-2（a）、(b）所示。但同一产品的图样只能采用一种格式。

为使图样复制和微缩摄影时定位方便，应在图纸各边长的中点处绘制对中符号，如图 12-2（c)所示。对中符号用粗实线绘制，线宽不小于 0. 5 mm，长度从图纸边界开始至伸入图框内约 5 mm，如图 12-2（d）所示。

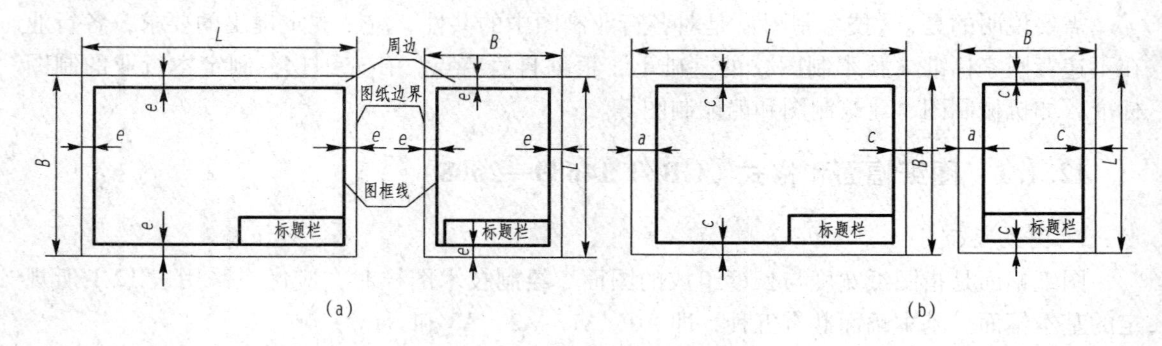

图 12-2　图框格式

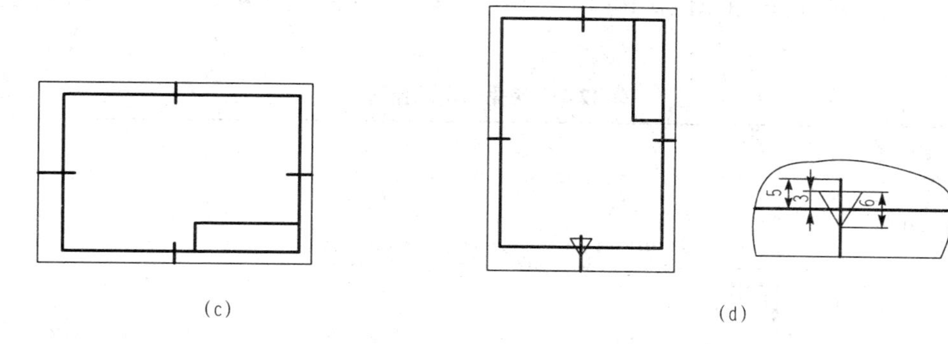

图12-2　图框格式（续）

3. 标题栏与明细栏（GB/T 10609. 1—2008 与 GB/T 10609. 2—2009）

每张图纸上都必须画出标题栏，用来填写图样上的综合信息。标题栏的位置应位于图纸的右下角。标题栏中的文字方向一般为看图方向。为了利用预先印制好的图纸画图，当需要明确看图方向时，应在图纸下边对中符号处画出一个方向符号，方向符号是细实线绘制的等边三角形，对中符号和方向符号的具体尺寸如图12-2（d）所示。

在装配图中，除了标题栏外，通常还有明细栏，一般配置在标题栏上方，按由下向上的顺序填写。当由下而上延伸位置不够时，可紧靠在标题栏的左边自下而上延续。明细栏描述了组成装配体的各种零部件的名称、数量、材料等信息。

国家标准规定的生产上用的标题栏、明细栏内容较多，格式较复杂，在学校的制图作业中可以简化，建议采用如图12-3所示的简化形式。

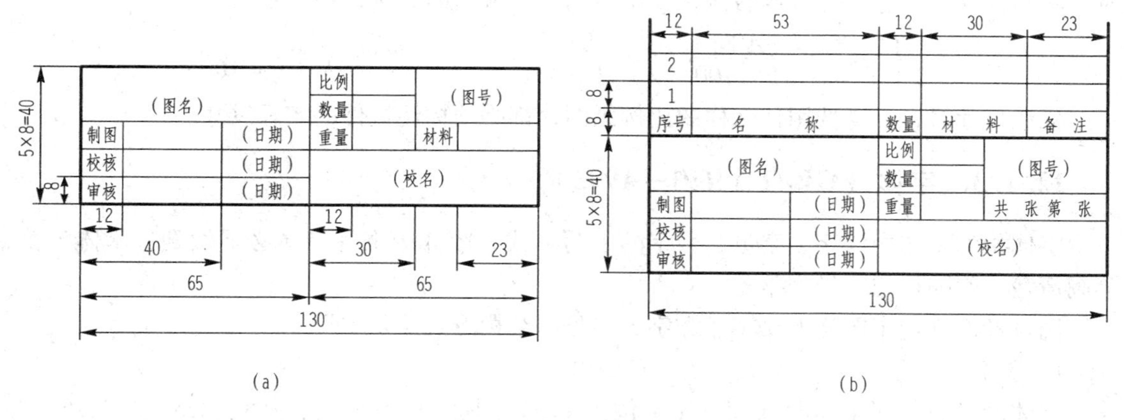

图12-3　简化标题栏和明细栏

（a）简化标题栏；（b）明细栏

12. 1. 2　比例（GB/T 14690—1993）

比例是指图中图形与其实物相应要素的线性尺寸之比。

绘制图样时，一般从表12-2规定的系列中选取适当的比例，必要时，也允许选取表12-3

中的比例。一般应尽量采用原值比例（1∶1）画图，以便能直接从图样上看出机件的真实大小。

表 12-2 优先选用的比例

原值比例	1∶1		
放大比例	5∶1 5×10^n∶1	2∶1 2×10^n∶1	1×10^n∶1
缩小比例	1∶2 1∶2×10^n	1∶5 1∶5×10^n	1∶10 1∶1×10^n
注：n 为正整数。			

表 12-3 可选用的比例

放大比例	4∶1 4×10^n∶1	2.5∶1 2.5×10^n∶1			
缩小比例	1∶1.5 1∶1.5×10^n	1∶2.5 1∶2.5×10^n	1∶3 1∶3×10^n	1∶4 1∶4×10^n	1∶6 1∶6×10^n
注：n 为正整数。					

一般情况下，比例应标注在标题栏中的“比例”一栏内。

在同一张图样上的图形一般采用相同的比例绘制；当某个图形需要采用不同的比例绘制时，必须在图形名称的下方或右侧标注出该图形所采用的比例，例如：

$$\frac{\mathrm{I}}{2:1} \qquad \frac{A\text{向}}{1:100} \qquad \frac{B—B}{2.5:1} \qquad \underline{\text{平面图例}}\ 1:100$$

标注尺寸时，无论选用什么样的比例画图，都必须标注机件的实际尺寸。

12.1.3 字体（GB/T 14691—1993）

字体指的是图中汉字、字母、数字的书写形式。图样中书写字体必须做到：字体工整、笔画清楚、间隔均匀、排列整齐。

国家标准规定了图样上汉字、数字、字母的结构形式及基本尺寸。

1. 字号

字体的号数，即字体的高度 h（单位为 mm），其工程系列为：1.8、2.5、3.5、5、7、10、14、20。若需要书写更大的字，则字体高度按$\sqrt{2}$的比率递增。

2. 汉字

汉字应写长仿宋体，并采用国家正式公布推行的简化字，汉字高度 h 不应小于 3.5 mm，其字宽一般为 $h/\sqrt{2}$（约 $0.7h$），如图 12-4 所示。

长仿宋体汉字的书写要领是：横平竖直、注意起落、结构均匀、填满方格，其基本笔画为点、横、竖、撇、捺、挑、折、钩，其笔法可参阅表 12-4。

10号字

字体工整　笔画清楚　间隔均匀

7号字

横平竖直　注意起落　结构均匀　填满方格

5号字

技术 制图 机械 电子 汽车　　航空 船舶 土木 建筑 矿山

3.5号字

螺纹 齿轮 端子 接线 驾驶 舱位 挖填 施工 引水 通风 闸阀 减速器

图 12-4　长仿宋体汉字示例

表 12-4　汉字的基本笔画

名称	点	横	竖	撇	捺	挑	折	钩
基本笔画及运笔法	尖点 垂点 撇点 上挑点	平横 斜横	竖	平撇 斜撇 直撇	斜捺 平捺	平挑 斜挑	左折 右折 斜折 双折	竖钩 左曲钩 右曲钩 平钩 竖弯钩 包钩 横折弯钩 竖折折钩
举例	方光 心活	左七 下代	十上	千月 八床	术分 建超	均公 技线	凹周 安及	牙子代买 孔力气码

3. 字母和数字

字母和数字分 A 型和 B 型。A 型字体的笔画宽度（d）为字高（h）的 1/14，B 型字体的笔画宽度（d）为字高（h）的 1/10。在同一图样上，只允许选用一种形式的字体。

字母和数字可写成斜体和直体，斜体字字头向右倾斜，与水平基准线成 75°。用作指数、分数、极限偏差、注脚等的数字及字母，一般应采用小一号的字体，如图 12-5 所示。

ABCDEFGHIJKLMNOPQRSTUVWXYZ

abcdefghijklmnopqrstuvwxyz

1234567890　Ⅰ Ⅱ Ⅲ Ⅳ Ⅴ

Q235　R3　M24-6H　$\phi 60H7$　$\phi 30g6$　$\phi 30^{-0.007}_{-0.020}$

图 12-5　字母和数字示例

12.1.4 图线（GB/T 4457.4—2002、GB/T 17450—1998）

1. 图线的形式及用途

绘制机械图样使用表12-5中规定的9种图线，表12-5及图12-6中给出了各种形式图线的主要用途，其他用途可查阅国家标准。

2. 图线的宽度

在机械图样中采用粗细两种线宽，它们之间的比例为2∶1。图线宽度在下列数系中选取：0.13、0.18、0.25、0.5、0.7、1、1.4、2（mm）。粗线的宽度（d）应按图形的大小和复杂程度，从0.5~2 mm选择，优先采用d=0.7 mm或0.5 mm。为了保证图样清晰易读，便于复制，尽量避免采用小于0.18 mm的图线。

表12-5 图线形式、宽度和主要用途

图线名称	图线形式	图线宽度	主要用途
粗实线		d	可见棱边线、可见轮廓线、螺纹牙顶线等
细实线		$d/2$	尺寸线、尺寸界线、剖面线、指引线、螺纹牙底线等
波浪线		$d/2$	断裂处的边界线，视图与剖视图的分界线
双折线	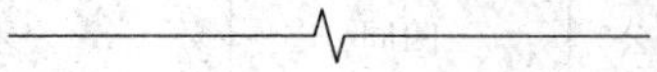	$d/2$	断裂处的边界线、视图与剖视图的分界线
细虚线	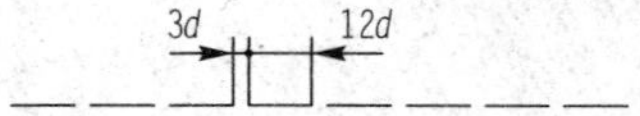 3d 12d	$d/2$	不可见棱边线、不可见轮廓线等
粗虚线	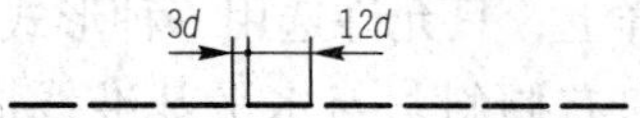 3d 12d	d	允许表面处理的表示线
细点画线	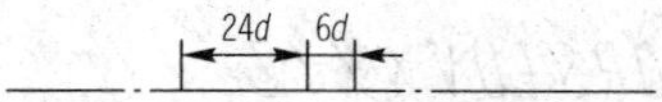 24d 6d	$d/2$	轴线、对称中心线等
粗点画线	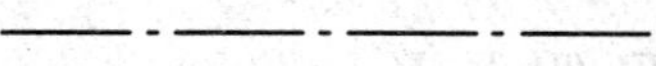	d	限定范围表示线
细双点画线	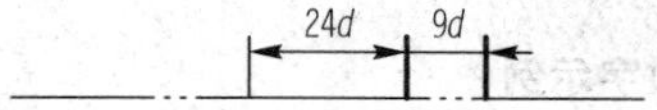 24d 9d	$d/2$	相邻辅助零件的轮廓线、轨迹线、中断线等

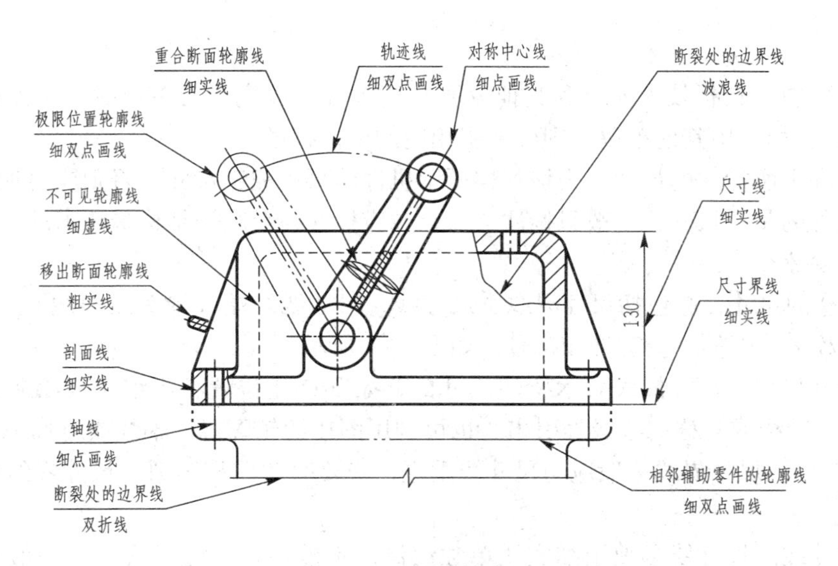

图12-6　图线的应用

3. 图线的画法

绘图时应注意以下几点（图12-7）：

（1）在同一图样中，同类图线的宽度应一致。虚线、点画线及双点画线的长画和间隔应各自相等，其长度可根据图形大小确定。

（2）两条平行线（包括剖面线）之间的间距应不小于粗实线的两倍宽度，其最小间隙不得小于0. 7 mm。

（3）细虚线、细点画线、细双点画线与其他图线相交时，应交于画或长画处。画圆的中心线时，圆心应为长画的交点。

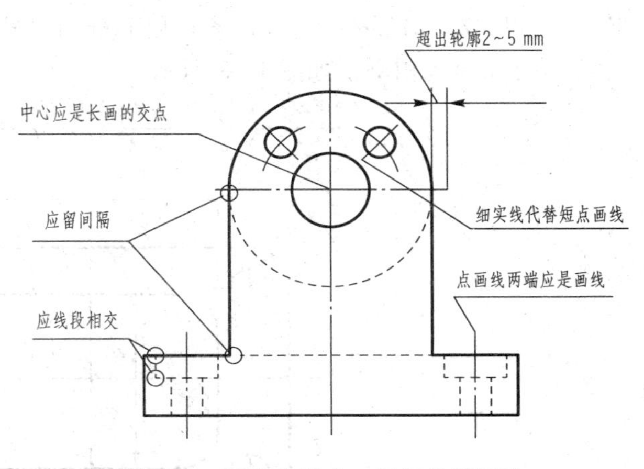

图12-7　图线在相交、相切处的画法

（4）点画线和双点画线的首末两端应是画而不是点，并应超出图形外2～5 mm。在较小的图形上绘制点画线或双点画线有困难时（线长 <8 mm），可用细实线代替。

（5）当虚线处于粗实线的延长线上时，粗实线和虚线之间应留有空隙。当虚线圆弧和虚线直线相切时，虚线圆弧的线段应画到切点，在与之相切的虚线、直线间应留有空隙。

（6）当几种图线重合时，应按粗实线、虚线、点画线优先的顺序画出。

12. 1. 5　尺寸注法（GB/T 4458. 4—2003）

图样中除表达零件的结构形状外，还需标注尺寸，以表达机件的大小和相对位置。标注尺寸时，应严格遵照国家标准有关尺寸注法的规定，做到正确、完整、清晰、合理。

1. 基本规则

（1）机件的真实大小以图样上所注的尺寸数值为依据，与图形的大小及绘图的准确程度无关。

（2）图样中（包括技术要求和其他说明）的尺寸，以毫米为单位时，不需标注单位符号（或名称），如采用其他单位，则应注明相应的单位符号。

（3）图样中所标注的尺寸，为该图样所示机件的最后完工尺寸，否则应另加说明。

（4）机件的每一尺寸，一般只标注一次，并应标注在反映该结构最清晰的图形上。

2. 尺寸要素

一个完整的尺寸，应包括尺寸界线、尺寸线、尺寸线终端（箭头或斜线）、尺寸数字及注写在尺寸数字周围的一些字母和符号，如图 12-8 所示。

（1）尺寸界线。尺寸界线表示所注尺寸的起始和终止位置，用细实线绘制，并应由图形的轮廓线、轴线或对称中心线处引出。也可利用图形的轮廓线、轴线或对称中心线作尺寸界线（图 12-8）。尺寸界线一般应与尺寸线垂直，必要时才允许倾斜。尺寸界线应超出尺寸线 2 ~ 5 mm。

（2）尺寸线。尺寸线必须用细实线单独绘制，不能用其他图线代替，一般也不得与其他图线重合或画在其延长线上，并应尽量避免与其他的尺寸线或尺寸界线相交。

标注线性尺寸时，尺寸线必须与所标注的线段平行，相同方向的各尺寸线之间的距离要均匀，间隔 7 ~ 10 mm；当有几条互相平行的尺寸线时，大尺寸要注在小尺寸外面，以免尺寸线与尺寸界线相交，如图 12-8 所示。

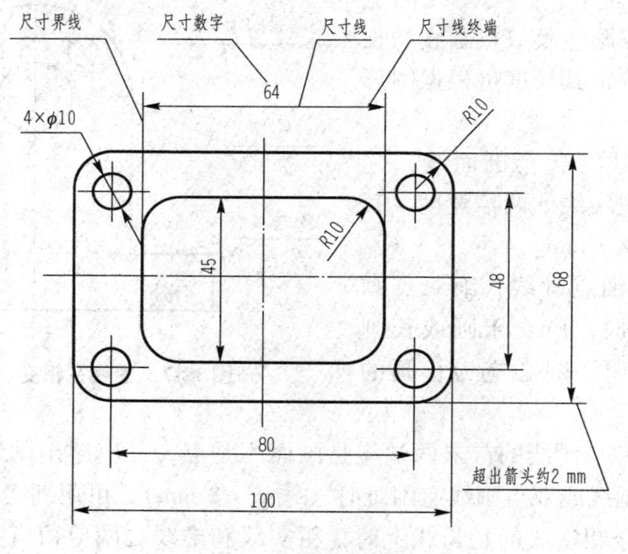

图 12-8　尺寸的组成

（3）尺寸线终端。尺寸线终端可以有箭头和斜线两种形式。

箭头适用于各类图样，如图 12-9（a）所示，d 为粗实线宽度，箭头的尖端与尺寸界线接触，不得超出或离开。当尺寸线与尺寸界线垂直时，尺寸线终端可用斜线形式，斜线用细实线绘制，其方向和画法如图 12-9（b）所示。

同一图样中只能采用一种尺寸线终端形式，机械图样中一般采用箭头作为尺寸线的终端，当箭头作为尺寸线终端位置不够时，允许用圆点或斜线代替箭头。

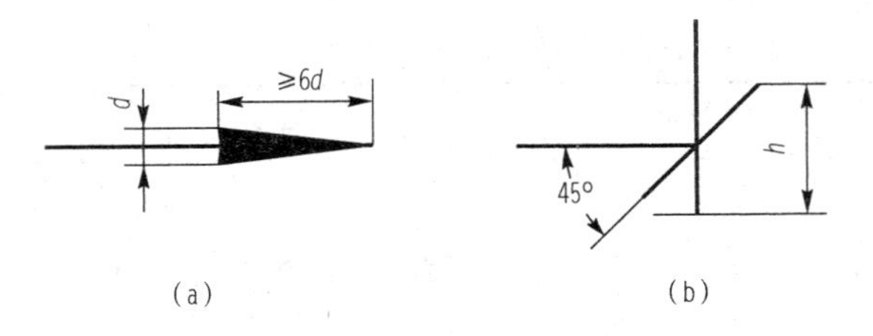

图 12-9　尺寸终端的两种形式

（a）箭头；（b）斜线

d—粗实线的宽度；h—字体高度

（4）尺寸数字及相关符号。尺寸数字用标准字体书写，在同一张图上应采用相同的字号。水平方向的线性尺寸数字一般应注写在尺寸线的上方居中，且字头向上；竖直方向的线性尺寸数字应注写在尺寸线的左方居中，且字头向左。倾斜方向的线性尺寸数字，字头保持向上的趋势，并尽量避免在如图 12-10 所示的 30°范围内标注尺寸，当无法避免时，可按图 12-11 的形式标注。

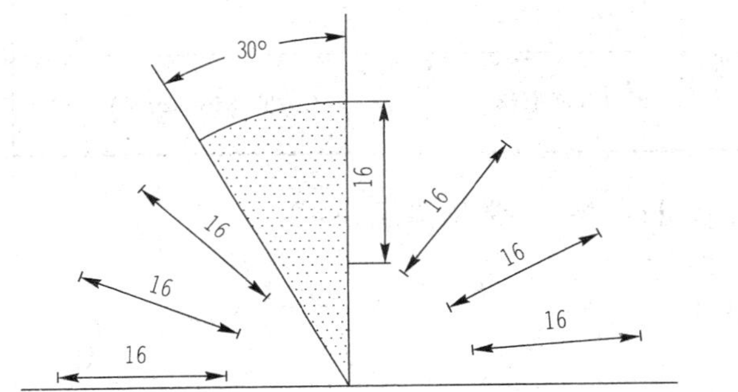

图 12-10　线性尺寸数字的方向

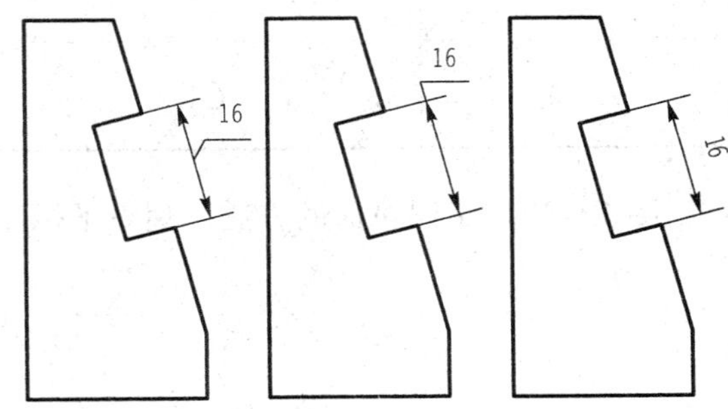

图 12-11　在 30°范围内的尺寸标注形式

尺寸数字不可被任何图线穿越，当无法避免时，应将该图线断开。

表 12-6 给出了不同类型的尺寸符号。

表 12-6　尺寸符号（摘自 GB/T 4458. 4—2003）

含义	符号	含义	符号
直径	ϕ	深度	↧
半径	R	沉孔或锪平	⊔
球直径	$S\phi$	埋头孔	∨

续表

含义	符号	含义	符号
球半径	*SR*	弧长	⌒
厚度	*t*	斜度	∠
均布	*EQS*	锥度	◁
45°倒角	*C*	展开长	○→
正方形	□	型材截面形状	（GB/T 4656—2008）

图 12-12 用正误对比的方法，列举了标注尺寸时的一些常见错误。

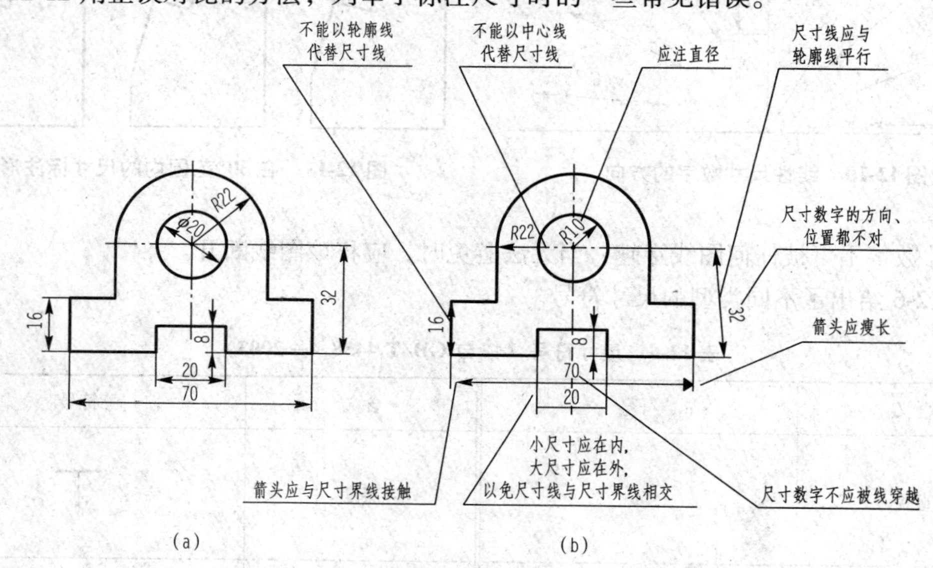

图 12-12　尺寸标注的正误对比示例

（a）正确；（b）错误

3. 尺寸注法示例

表 12-7 中列出了国家标准规定的尺寸注法。

表 12-7　尺寸注法示例

标注内容	示　　例	说　　明
角度	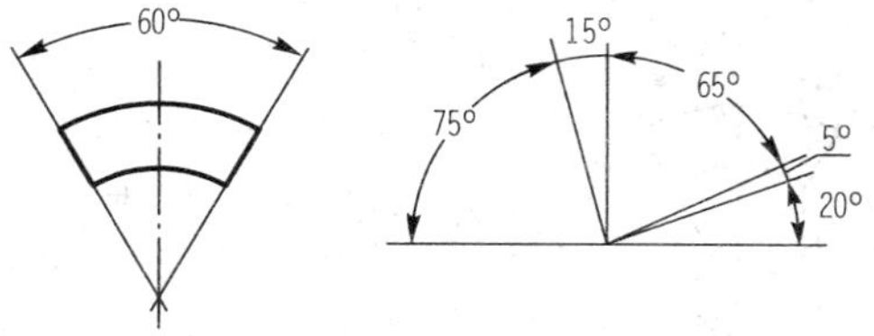 60°　15°　65°　75°　5°　20°	尺寸界线应沿径向引出，尺寸线画成圆弧，圆心是角的顶点。尺寸数字应一律水平书写，一般注在尺寸线的中断处，必要时也可按右图的形式标注
圆	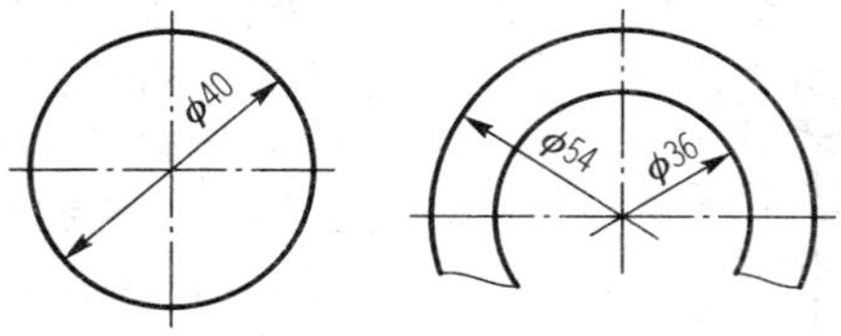 φ40　φ54　φ36	圆的直径尺寸数字前面加注“φ”；尺寸线应通过圆心或指向圆心，尺寸终端画成箭头；整圆或大于半圆的圆弧标注直径
圆弧	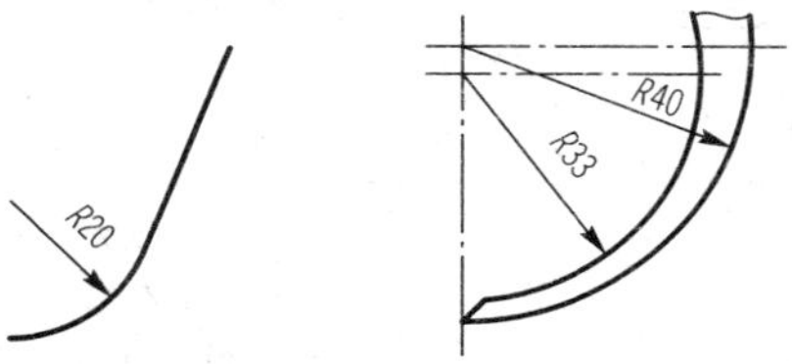 R20　R40　R33	半圆或小于半圆的圆弧标注半径；半径尺寸数字前加注符号 *R*；半径尺寸必须标注在投影为圆弧的图形上，且尺寸线应通过圆心
大圆弧	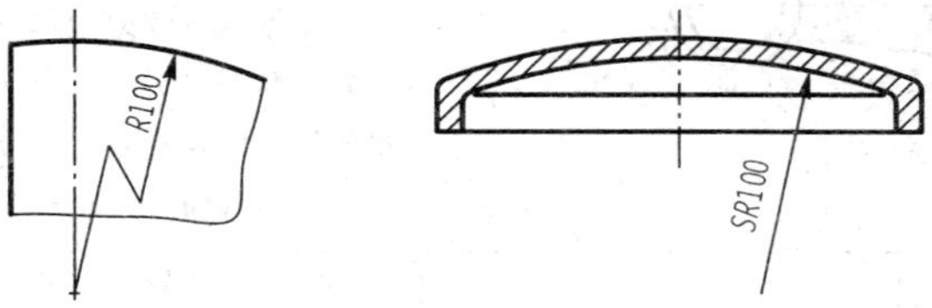 R100　SR100	在图纸范围内无法标出圆心位置时，可按左图标注；不需标出圆心位置时，可按右图标注
小尺寸	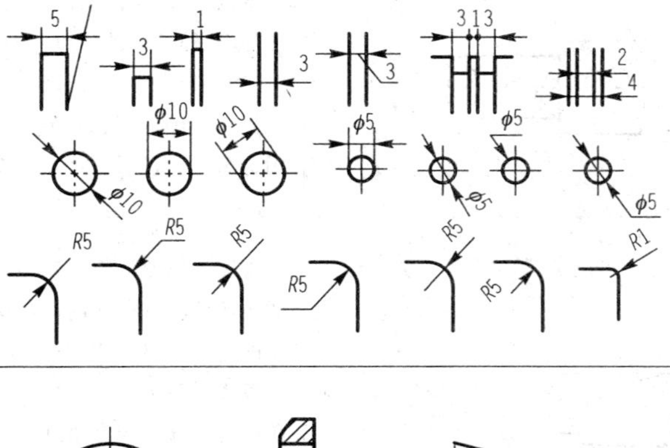 5　3　1　3　3　3 1 3　2　4　φ10　φ10　φ10　φ5　φ5　φ5　φ5　R5　R5　R5　R5　R5　R5　R1	如上排例图所示，没有足够地位时，箭头可画在外面，或用小圆点代替两个箭头；尺寸数字也可以写在外面或引出标注。圆或圆弧的小尺寸，可按下两排例图标注
球面	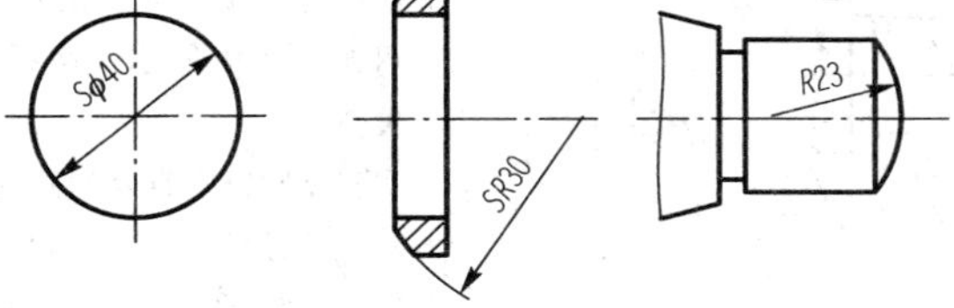 Sφ40　SR30　R23	标注球面的尺寸，如左侧两图所示，应在前加注“*S*”。不致引起误解时，可省略，如右图中的右端球面

续表

标注内容	示例	说明
弦长和弧长	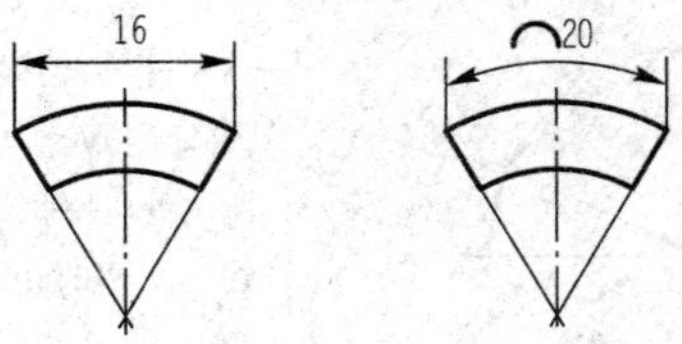 16　⌒20	标注弦长和弧长时，如这两个例图所示，尺寸界线应平行于弦的垂直平分线，标注弧长尺寸时，尺寸线用圆弧，并应在尺寸数字前加注符号“⌒”
只画出一半或大于一半时的对称机件	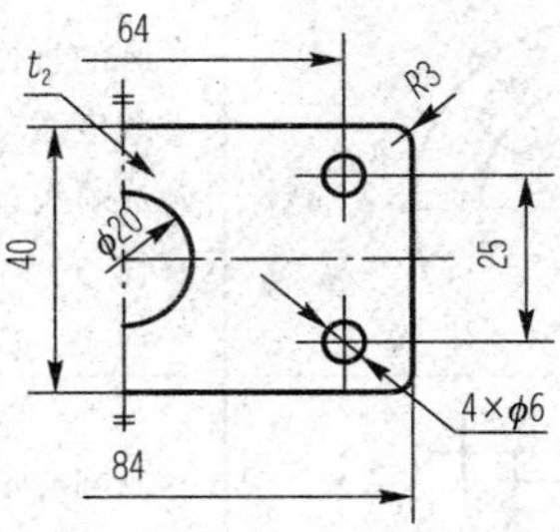 64　t_2　R3　40　ϕ20　25　4×ϕ6　84	图上尺寸 84 和 64，它们的尺寸线应略超过对称中心线或断裂处的边界线，仅在尺寸线的一端画出箭头。在对称中心线两端分别画出的两条与其垂直的平行细实线（对称符号）
板状零件		标注板状零件的尺寸时，可如例图中所示，在厚度的尺寸数字前加注符号“t”
光滑过渡处的尺寸	10　20	如例图所示，在光滑过渡处，必须用细实线将轮廓线延长，并从它们的交点引出尺寸界线
允许尺寸界线倾斜		尺寸界线一般应与尺寸线垂直，必要时允许倾斜。仍如这个例图所示，若这里的尺寸界线垂直于尺寸线，则图线很不清晰，因而允许倾斜
正方形结构	□14　14×14	如例图所示，标注机件的剖面为正方形结构的尺寸时，可在边长尺寸数字前加注符号“□”，或用 14 × 14 代替“□14”。图中相交的两条细实线是平面符号（当图形不能充分表达平面时，可用这个符号表示平面）
斜度和锥度	1∶100　1∶15　($\frac{\alpha}{2}$=1° 54′ 33″)　30°　h　30°　h	斜度、锥度可用左侧两个例图中所示的方法标注，符号的方向应与斜度、锥度的方向一致。锥度也可注在轴线上，一般不需在标注锥度的同时，再注出其角度值（α 为圆锥角）；如有必要，则可如例图中所示，在括号中注出其角度值。 斜度和锥度符号的画法，见右两图所示，符号的线宽为 $h/10$（h 为字高）。斜度、锥度及其画法将在 12.2 节中介绍

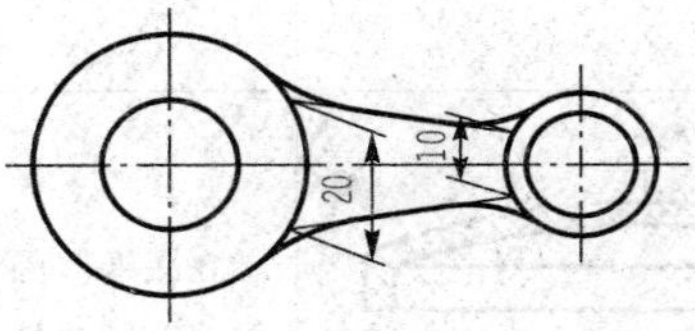

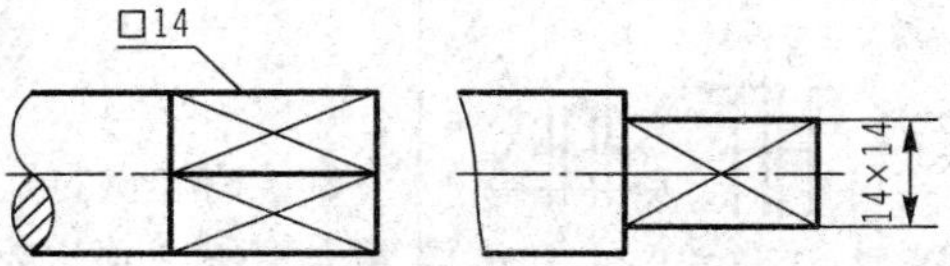

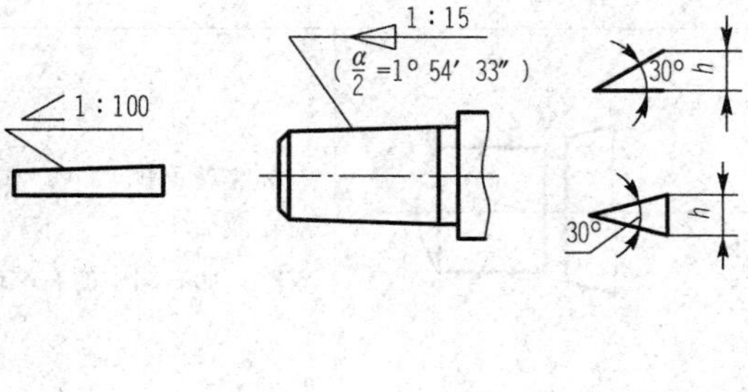

续表

标注内容	示　　例	说　　明
图线通过尺寸数字时的处理		尺寸数字不可被任何图线通过。当尺寸数字无法避免被图线通过时，图线必须断开，如例图所示

12.2　制图基本技能

12.2.1　尺规工具绘图

尺规绘图是指用铅笔、丁字尺、三角板、圆规等为主要工具来绘制图样。虽然目前技术图样已广泛使用计算机绘制，但尺规作图仍然是工程技术人员应掌握的基本技能。

1. 普通绘图工具及用品

要准确而又迅速地绘制图样，必须正确合理地使用绘图工具，经常进行绘图实践，不断总结经验，才能逐步提高绘图的基本技能。

绘图时常用的普通绘图工具主要有图板、丁字尺、三角板（图 12-13）、绘图仪器（主要是圆规、分规、直线笔等）、比例尺、曲线板、量角器。另外，还要有铅笔、橡皮、胶带纸、削笔刀、擦图片等绘图用品。

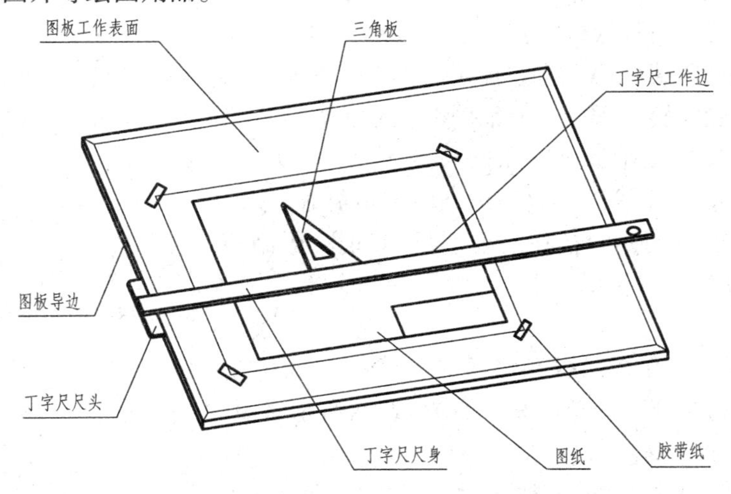

图 12-13　图板、丁字尺、三角板与图纸

2. 尺规绘图步骤

(1) 准备工作。绘图前应将绘制不同图线的铅笔及圆规准备好，图板、丁字尺和三角板等擦拭干净，将图纸固定在图板的适当位置，保证丁字尺和三角板移动比较方便。

(2) 图形布局。熟悉和了解所画的图形，图形在图纸上的布局应匀称、美观，并考虑留出标题栏、标注尺寸和其他说明的位置。

（3）轻画底稿。用较硬的铅笔（如 H 或 2H）准确地、轻轻地画出底稿。画底稿应从各图形的中心线或主要轮廓线开始。底稿画好后应仔细校核，修改和清理底稿作图线。

（4）描深。常选用 HB 或 B 铅笔描深粗实线和写字，用 H 铅笔描各种细线。圆规的铅芯要选得比铅笔的铅芯软一些。按先曲线后直线、先实线后其他线型的顺序描深。尽量使同一类型图线的粗细、浓淡一致。

（5）绘制尺寸界线、尺寸线及箭头，注写尺寸数字，书写其他文字、符号，填写标题栏等。

（6）仔细检查，改正错误，清洁图面，完成作图。

在描图纸上描图的顺序与上述类似。

12.2.2　徒手绘图

徒手绘图是指不用绘图仪器，靠目测估计比例徒手画出图样的方法。在机器测绘、讨论设计方案、技术交流、现场参观时，受现场条件或时间的限制，经常绘制草图（即徒手图），草图并非潦草的图。徒手绘制草图的要求：目测尺寸尽量准确，各部分比例匀称；画线要稳，图线清晰；尺寸无误，字体工整；绘图速度要快，图面要整洁。

1. 直线

画草图时所用铅笔的铅芯需要稍软些，并削成圆锥状；手握笔的位置要比画仪器图稍高些，以利运笔和观察图线方向，笔杆与纸面成 45°～60°，执笔稳而有力。

徒手绘图是工程技术人员一项重要的基本技能，要经过不断实践才能逐步提高。各种图线的徒手画法如下。

徒手画直线时，目视线段终点，手腕抬起，将小手指靠着纸面，以保证图线画得平直。徒手绘图时，图纸不必固定，因此可以随时转动图纸，使欲画的直线正好是顺手方向。图 12-14（a）表示欲画一条较长的水平线 AB，在画线过程中眼睛应盯住线段的终点 B，而不应盯住笔尖，以保证所画直线的方向；同样在画垂直线 AC 时，眼睛应注意终点 C，如图 12-14（b）所示。

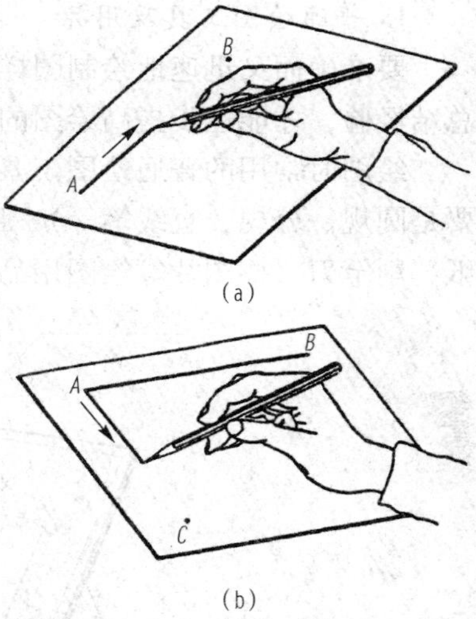

(a)

(b)

图 12-14　徒手画直线的姿势与方法

2. 角度线

当画 30°、45°、60°等特殊角度线时，可根据两直角边的近似比例关系，定出两端点，然后连接两点即得到所画的角度线，如图 12-15 所示。

3. 圆及圆角的画法

徒手画圆时，应先定圆心，画出中心线，再根据直径大小，在中心线上目测定出四点，然后徒手过四点画圆［图 12-16（a）］。对于较大的圆，可过圆心增画两条 45°的斜线，在中心线和斜线上按目测定出 8 个点后，再徒手连

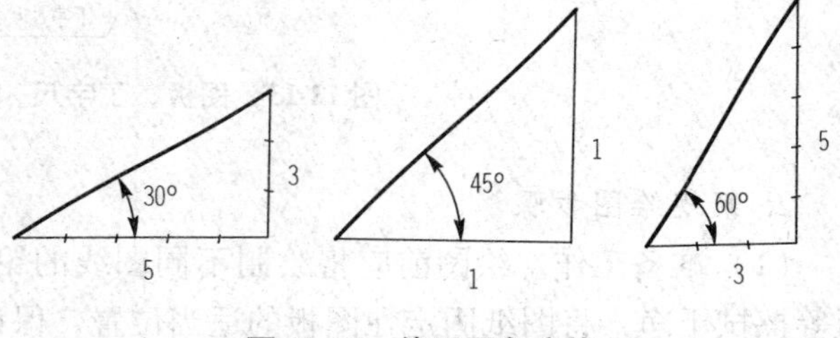

图 12-15　徒手画角度线

接成圆，如图 12-16（b）所示。

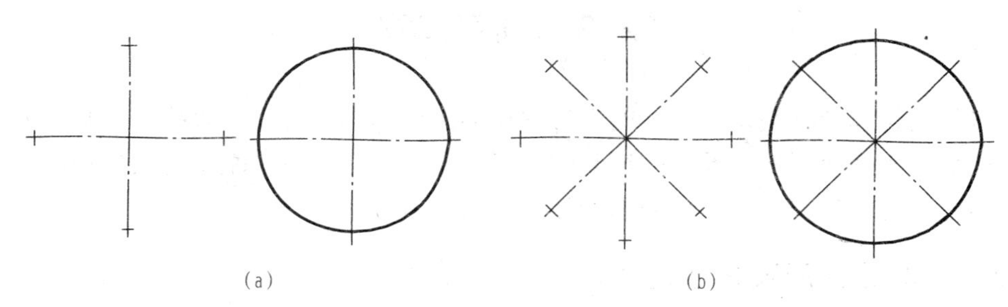

图 12-16　徒手画圆

画圆角时，先通过目测在角分线上定出圆心的位置，使其与角的两边距离等于圆角半径的大小，然后过圆心分别向两边引垂线定出圆弧的起点和终点，同时，在角分线上也定一圆弧上的点，最后过这三点徒手画圆弧，如图 12-17 所示。用类似方法可画圆弧连接。

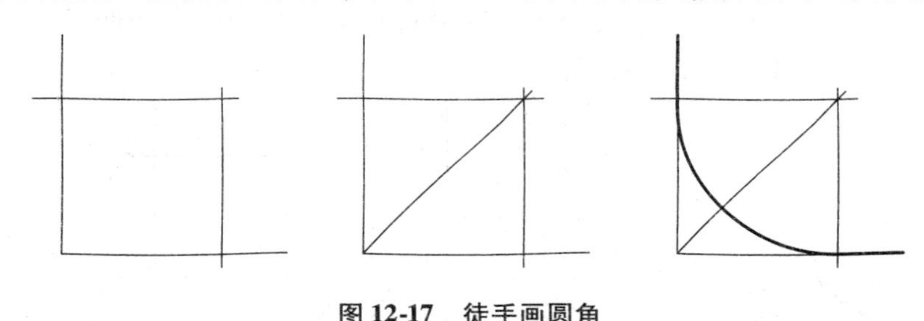

图 12-17　徒手画圆角

4. 利用方格纸徒手画草图

在方格纸（也称为坐标纸）上徒手画草图，可大大提高绘图的质量。利用方格纸可以很方便地控制图形各部分的大小比例，并保证各个视图之间的投影关系。图 12-18 所示为在方格纸上徒手画出物体的三个视图的示例。画图时，应尽可能使图形上主要的水平、垂直轮廓线以及圆的中心线与方格纸上的线条重合，这样有利于提高图形的准确度。

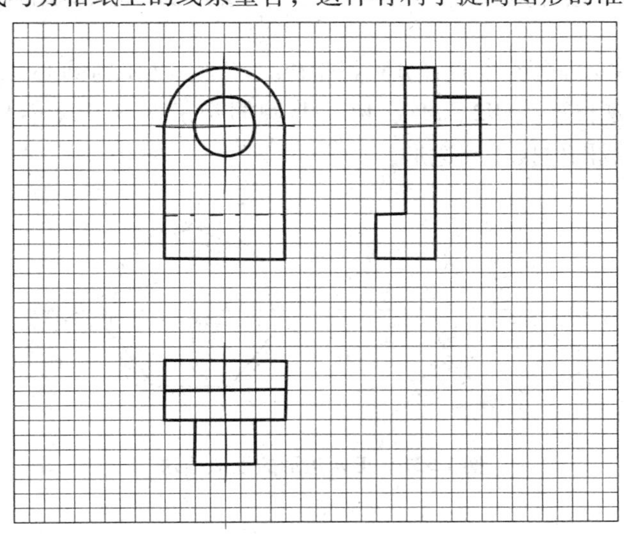

图 12-18　在方格纸上徒手画草图

12.3 几何作图

虽然机件的轮廓形状是多种多样的，但它们的图样基本上都是由直线、圆弧和其他一些曲线所组成的平面几何图形，因而在绘制图样时，要熟练运用一些基本的几何作图方法。下面介绍几种常见的几何作图和平面图形的作图方法和步骤。

12.3.1 等分圆周及正多边形

正多边形一般采用等分其外接圆，连接各等分点的方法作图。下面分别介绍正五、六、七边形的作法，并以正七边形为例，介绍了正 n 边形的近似作图法。

如图 12-19 所示，取水平半径 ON 的中点 M，以 M 为圆心，MA 为半径画弧，交水平中心线于 H。以 AH 为边长，即可作出圆的内接正五边形。

如图 12-20 所示，用 60°三角板配合丁字尺通过水平直径的端点作四条边，再用丁字尺作上、下水平边，即得圆内接正六边形。

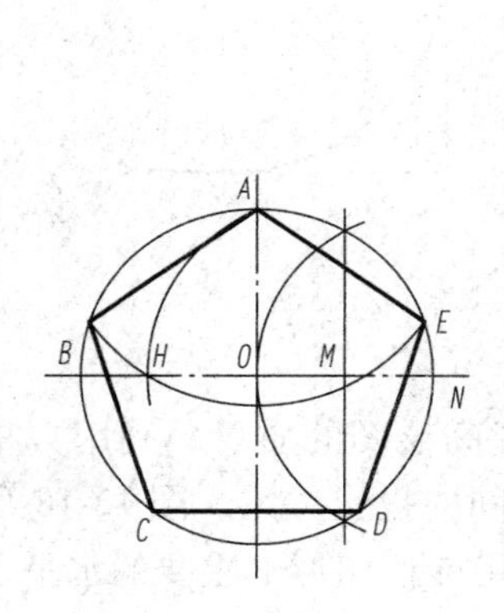

图 12-19 正五边形的画法

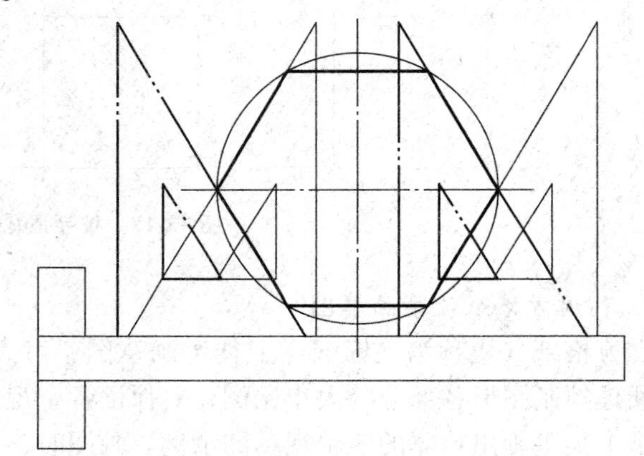

图 12-20 正六边形的画法

如图 12-21 所示，n 等分铅垂直径 AN（图中 $n=7$）。以 A 为圆心，AN 为半径画弧，交水平中心线于点 M。延长连线 $M2$、$M4$、$M6$，与圆周交于点 B、C、D。再作出它们的对称点 G、F、E，即可连成圆内接正 n 边形。

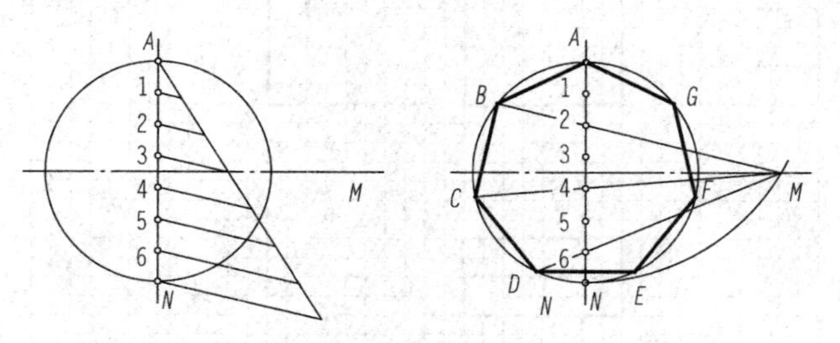

图 12-21 正 n 边形的近似画法

12.3.2　斜度和锥度（GB/T 4458.4—2003）

1. 斜度

斜度是指一直线或平面相对另一直线或平面的倾斜程度，其大小用两者之间夹角的正切值表示，在图样中以 1 ∶ n 的形式标注，并在前面加注符号“∠”。图 12-22 所示为斜度 1 ∶ 6 的作法：由 A 在水平线 AB 上取 6 个单位长得 D。由 D 作 AB 的垂线 DE，取 DE 为一个相同的单位长。连接 A 和 E，即得斜度为 1 ∶ 6 的直线。标注时要注意斜度符号的斜线方向应与斜度方向一致。

2. 锥度

锥度是指正圆锥的底圆直径与圆锥高度之比，在图样中常以 1 ∶ n 的形式标注。图 12-23 所示为锥度 1 ∶ 6 的作法：由 S 在水平线上取 6 个单位长得 O。过 O 作 SO 的垂线，分别向上和向下量取半个相同的单位长得 A 和 B。过 A 和 B 分别与 S 相连，即得锥度为 1 ∶ 6 的正圆锥。标注时要注意锥度符号的顶角方向应与锥度方向一致。

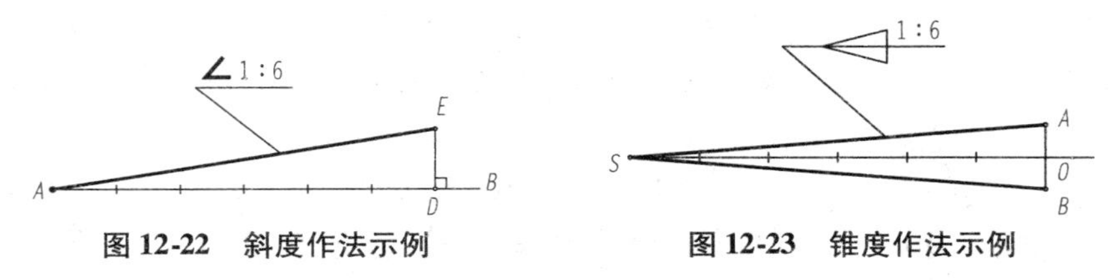

图 12-22　斜度作法示例　　图 12-23　锥度作法示例

12.3.3　椭圆的画法

已知长轴 AB、短轴 CD，作椭圆的方法有同心圆法和四心法。

1. 同心圆法（准确画法）

作图步骤如下（图 12-24）：

（1）分别以长、短轴为直径作两同心圆。

（2）过圆心 O 作一系列放射线，分别与大圆和小圆相交，得若干交点。

（3）过同一条放射线与大圆上的交点引竖直线，与小圆上的交点引水平线，竖直线和水平线相交，如此可得一系列交点。

（4）光滑连接各交点及 A、B、C、D 点即完成椭圆作图。

2. 四心法（近似画法）

作图步骤如下（图 12-25）：

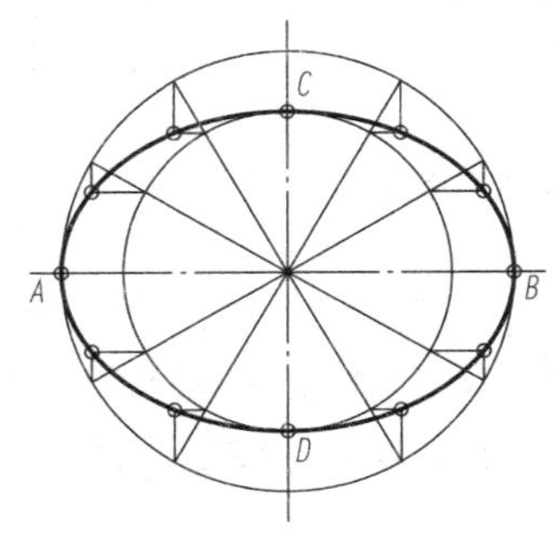

图 12-24　同心圆法画椭圆

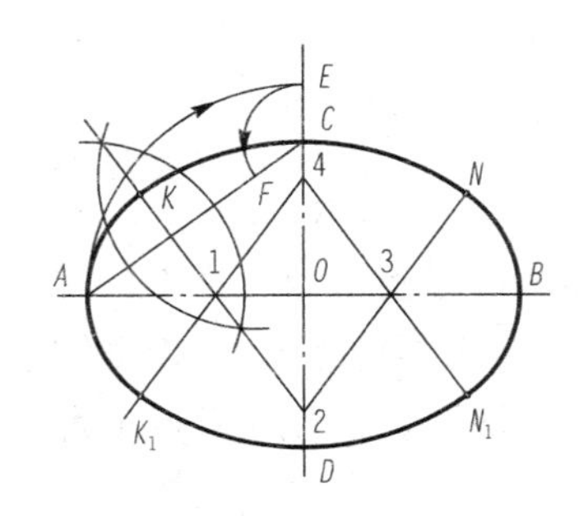

图 12-25　四心法画椭圆

（1）过 O 分别作长轴 AB 及短轴 CD。

（2）连接 A、C 两点，以 O 点为圆心，OA 为半径画圆弧与 CD 的延长线交于点 E，以 C 点为圆心，CE 为半径画圆弧交 AC 于点 F。

（3）作 AF 的垂直平分线，与长、短轴分别交于 1、2 两点，再作出其对称点 3、4；1、2、3、4 点即为四个弧心。

（4）分别以 2、4 点为圆心，$2C$（$4D$）为半径画两段大圆弧，分别以 1、3 点为圆心，$1A$（$3B$）为半径画两段小圆弧，四段圆弧相切于 K、K_1、N、N_1 点而构成一近似椭圆。

12.3.4 圆弧连接

绘图时经常遇到用已知半径的圆弧将两个几何元素（直线、圆、圆弧）光滑地连接起来，属于几何元素间的相切问题，其中连接点就是切点，将不同几何元素连接起来的圆弧称为连接圆弧。

为了保证相切，必须准确地求出连接圆弧的圆心和切点，可以根据与已知圆弧光滑相切的条件，用几何作图的方法求出这些圆弧的圆心位置以及它们与已知圆弧相切的切点。

1. 圆弧连接的作图原理

（1）半径为 R 的圆弧与已知直线 AB 相切，其圆心轨迹是一条与已知直线平行的直线 L，距离为 R。当圆心为 O 时，由 O 向直线 AB 作垂线，垂足 T 即为切点，如图 12-26（a）所示。

（2）半径为 R 的圆弧与已知圆弧（圆心为 O_A，半径为 R_A）相切，其圆心轨迹是已知圆弧的同心圆，此同心圆半径 R_L 要根据相切情况（外切或内切）而定。

当两圆外切时，$R_L = R_A + R$，切点 T 为连心线 O_AO 与圆弧 A 的交点，如图 12-26（b）所示。

当两圆内切时，$R_L = R_A - R$，切点 T 为连心线 O_AO 的延长线与圆弧 A 的交点，如图 12-26（c）所示。

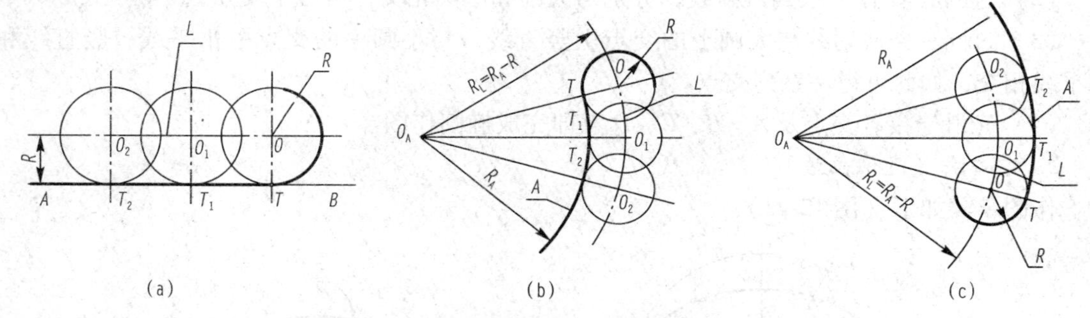

图 12-26 圆弧连接的作图原理

2. 圆弧连接的作图示例

【例 12-1】 用半径为 R 的圆弧连接两已知直线 AB 与 AC，如图 12-27 所示。

（1）作两条辅助直线分别平行于直线 AB、AC，并使两平行线之间的距离都等于 R。两条辅助直线的交点 O 即为连接圆弧的圆心。

（2）由 O 点向两已知直线 AB 与 AC 分别作垂线，垂足 T_1、T_2 即为直线与连接圆弧

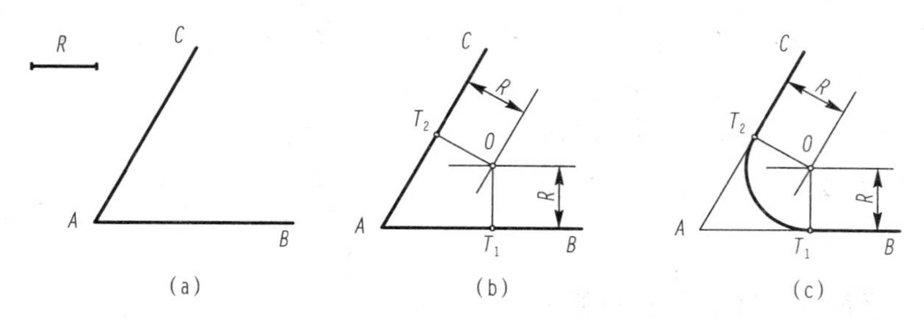

图 12-27　用圆弧连接两已知直线

的切点。

(3) 以 O 点为圆心，R 为半径画圆弧 T_1T_2，即完成连接。

【例 12-2】　用半径为 R 的圆弧连接两已知圆弧，如图 12-28 所示。

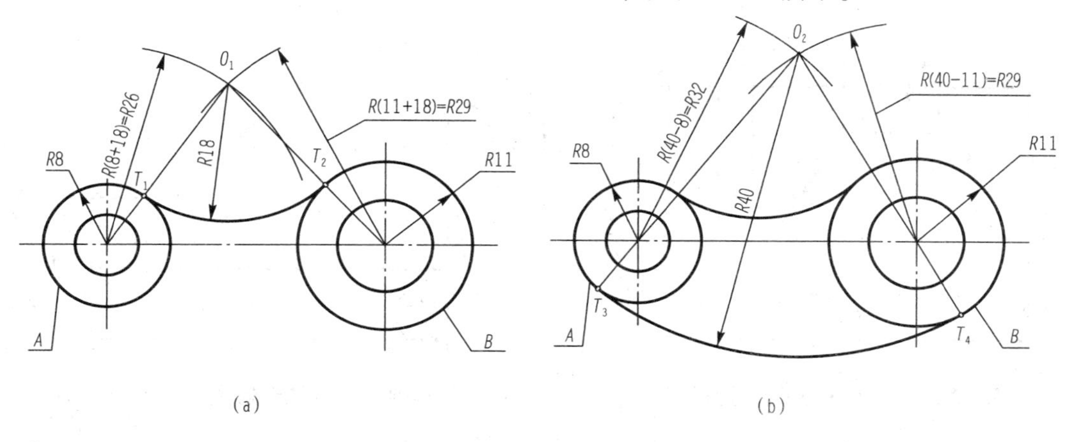

图 12-28　连杆上的圆弧连接作图

图 12-28 (a) 所示为连杆上部 $R18$ 处的作图法，该连接圆弧与已知圆弧 A 和 B 同时外切；图 12-28 (b) 所示为该连杆下部 $R40$ 处的作图法，该连接圆弧与已知圆弧 A 和 B 同时内切。根据图 12-28 所示的作图原理，可分别求得两连接圆弧的圆心 O_1 和 O_2 以及切点 T_1、T_2、T_3、T_4，读者可自行分析。

12.4　平面图形的尺寸分析和作图方法

平面图形是由许多线段连接而成的，这些线段之间的相对位置和连接关系靠给定的尺寸来确定。画平面图形时，只有通过分析尺寸，确定线段性质，明确作图顺序，才能正确画出图形。

12.4.1　平面图形的尺寸分析

平面图形中的尺寸按其作用，可分为定形尺寸和定位尺寸。

(1) 定形尺寸。确定图形几何元素形状和大小的尺寸，如线段的长度、圆及圆弧的直径、半径、角度大小等，如图 12-29 所示的 70、40、$2\times\phi12$。

（2）定位尺寸。确定图形上几何元素之间相对位置的尺寸，如圆心的位置尺寸，如图 12-30 所示的 38、24 即为 $2\times\phi12$ 两个圆的定位尺寸。

标注尺寸的起点称为基准。平面图形至少有两个基准，如直角坐标 X、Y 方向基准。一般平面图形中常用较大圆的中心线或较长的直线作为基准线；对于对称图形，常将其对称中心线作为基准。

12.4.2 平面图形的线段分析

平面图形中的线段按其所注尺寸和线段间的连接关系可分为以下三种：

（1）已知线段。定形尺寸和定位尺寸齐全，可直接画出的线段称为已知线段。如图 12-30 所示 $R13$ 和 $\phi12$ 的圆弧和圆，48 和 10 的直线段。

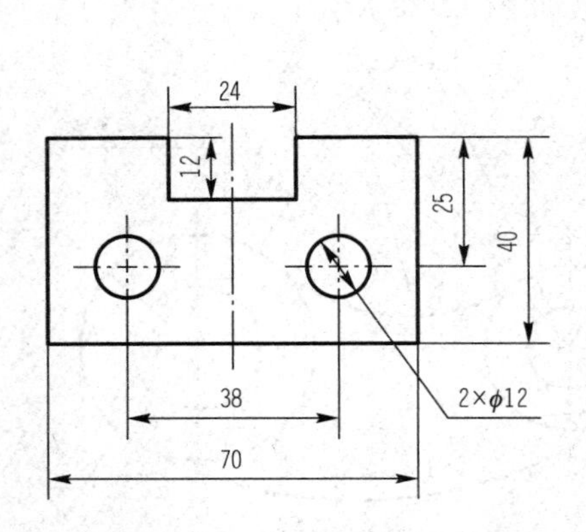

图 12-29 平面图形的尺寸分析

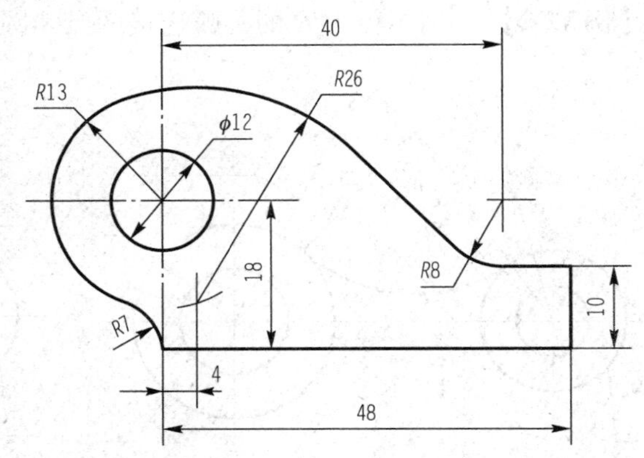

图 12-30 平面图形的线段分析

（2）中间线段。只有定形尺寸和一个方向的定位尺寸，缺少另一个方向定位尺寸，必须根据与其有关的线段按几何作图的方法画出的线段。如图 12-30 所示的 $R26$、$R8$ 两段圆弧。

（3）连接线段。只有定形尺寸而无定位尺寸，定位尺寸要根据与其相邻的两个线段的连接关系才能画出的线段。如图 12-30 所示 $R7$ 的圆弧和与 $R8$ 和 $R26$ 两圆弧相切的直线。

12.4.3 平面图形的作图方法

绘制平面图形时，应分析图中的尺寸基准，分析哪些是定形尺寸，哪些是定位尺寸，然后，进行线段分析，以便确定画图步骤。下面以图 12-31 所示的平面图形为例，说明平面图形的作图步骤。

（1）分析。由平面图形及尺寸分析可知，该图形上、下、左、右都不对称，$\phi18$ 的水平中心线是上、下方向的尺寸基准，垂直中心线是左、右方向的尺寸基准。

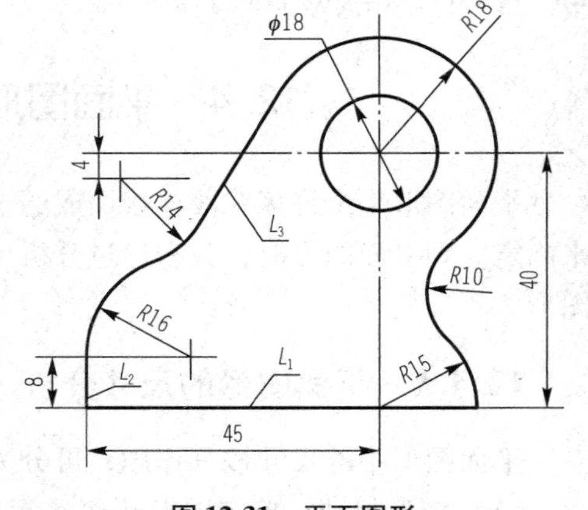

图 12-31 平面图形

定形尺寸：$\phi18$、$R18$、$R15$、45、8 等。

定位尺寸：40、8、4 等。

已知线段：$\phi18$ 的圆，$R18$、$R15$ 的圆弧及直线 L_1 与 L_2。

中间线段：$R16$ 与 $R14$ 的圆弧。

连接线段：圆弧 $R10$ 及直线 L_3。

（2）作图步骤如下（图 12-32）：

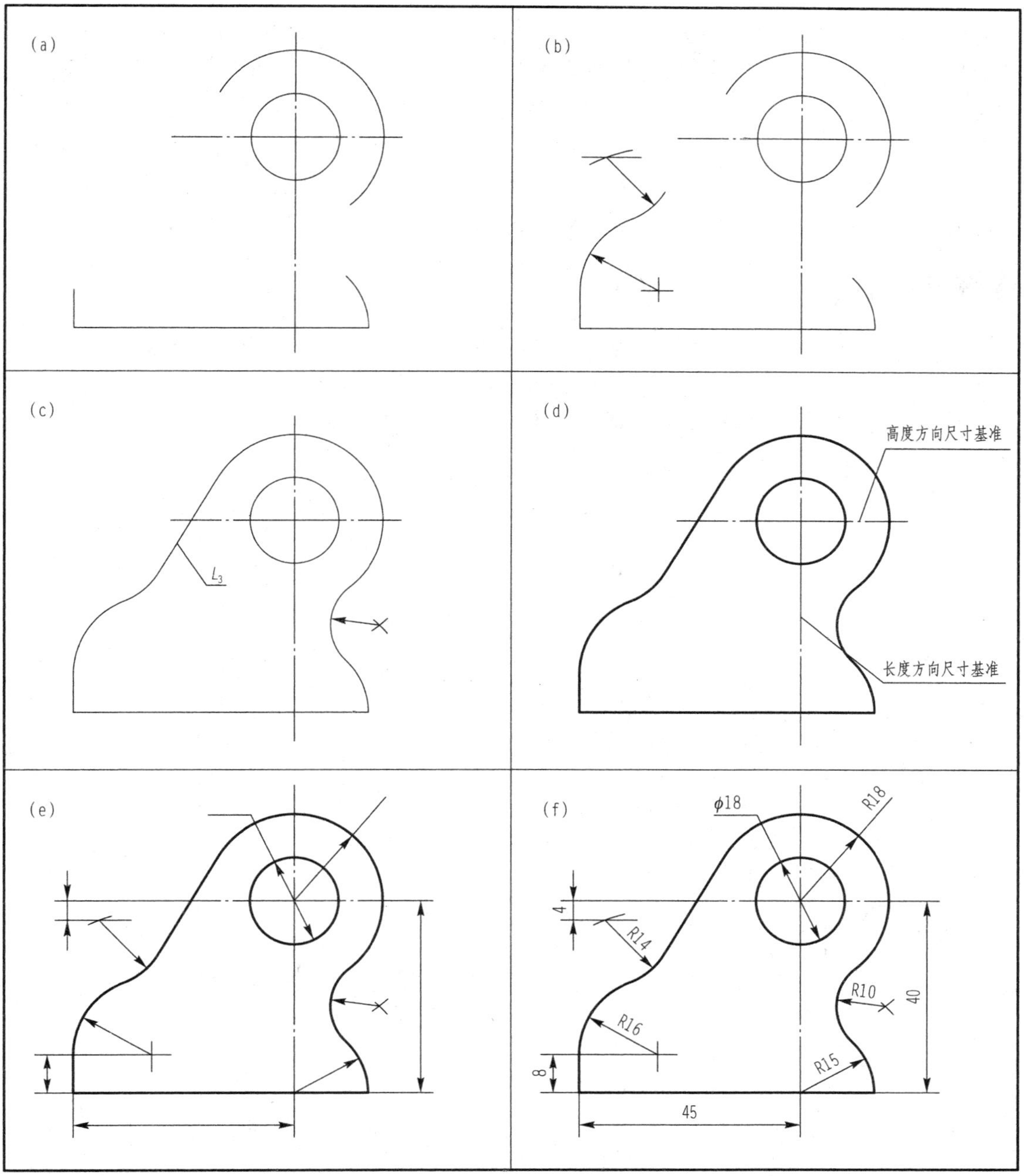

图 12-32　平面图形的作图步骤及尺寸标注

①确定图形的基准线，画已知线段，如图 12-32（a）所示。

②画中间线段，如图 12-32（b）所示。

③画连接线段，如图 12-32（c）所示。

④擦去多余的作图线，按线型要求加深图线，如图 12-32（d）所示。

本章小结

本章介绍了国家标准《技术制图》《机械制图》的有关规定，基本的几何作图方法以及平面图形的画法、尺寸标注。制图的基本技能包括尺规绘图技能、徒手绘图技能和计算机绘图技能。本章主要介绍了前两种技能，计算机绘图技能将在第 13 章介绍。通过本章的学习，应掌握国家标准《技术制图》《机械制图》中关于图幅、图框格式、常用比例、写字要求及字形、图线宽度等基本内容。应掌握常用绘图工具的使用，以及正六边形、椭圆等作图方法，对平面图形能进行正确的分析与作图，还应掌握徒手绘制草图的方法。

思考题

1. 图纸的基本幅面有哪几种？每种的长、宽各为多少？
2. 1∶2 和 2∶1 哪一个是放大比例，哪一个是缩小比例？
3. 机械制图用到的图线有哪几种？各种图线的主要用途是什么？
4. 试述尺规作图的一般步骤。

第 13 章

计算机绘图

★本章知识点

1. AutoCAD 2008 绘图、编辑、工程标注等基本命令。
2. AutoCAD 2008 绘制二维平面图的基本步骤、方法和技巧。
3. AutoCAD 2008 图块的创建及应用。
4. AutoCAD 2008 绘制零件图、装配图的方法和步骤。

13.1 AutoCAD 基础知识

13.1.1 AutoCAD 2008 简介

AutoCAD 是由美国 Autodesk 公司于 1982 年开发的自动计算机辅助设计软件，它是计算机领域中最有影响力的软件包之一，也是我国目前应用最广泛的绘图软件。主要用于二维绘图、设计文档和基本三维设计。因为其界面简单、实践性强并且不需要专业人员操作的特性，一直深受广大技术人员的青睐。AutoCAD 也在不断更新和完善，使之功能更全面，操作更简单。目前，AutoCAD 已广泛应用于工程设计、土木建筑、装饰装潢、电工电子等多个领域。

13.1.2 AutoCAD 2008 基本功能和新增功能

1. 基本功能

AutoCAD 软件能够以多种方式创建点、直线、圆、圆弧、轨迹、多义线、椭圆、多边形、样条曲线、三维面、填充物体、三维实心体等基本图形对象，并且 AutoCAD 还提供了强大的绘图辅助工具，利用正交、极轴、对象捕捉、对象追踪、光栅等辅助绘图。另外，允许以多种方式来修改和标注图形。不仅可以绘制二维平面图形，还可以创建 3D 实体及表面模型，能对实体进行编辑。除此之外，AutoCAD 提供了多种图形图像交换格式及相应命令，允许用户定制菜单栏和工具栏，并能利用内嵌语言 Autolisp、Visual Lisp、VBA、ADS、ARX 等进行二次开发。

2. 新增功能

AutoCAD 2008 是 Autodesk 公司推出的较新绘图软件版本，对计算机的硬件、软件系统要求较低。AutoCAD 2008 版本相比以前的版本在缩放注释、标注以及表格等内容的创建和修改方面都有了很大改进，可以使用户绘图的速度更快、精确度更高。

13.2 AutoCAD 2008 图形的绘制和编辑

熟练掌握 AutoCAD 图形绘制和编辑的基本命令、操作方法与技巧是学习掌握 AutoCAD 的关键，另外，还需要注意的一点就是绘图的技巧，有效运用这些技巧可以快速、准确地完成设计。

13.2.1 AutoCAD 2008 工作界面

启动 AutoCAD 2008 后，进入工作界面，如图 13-1 所示。

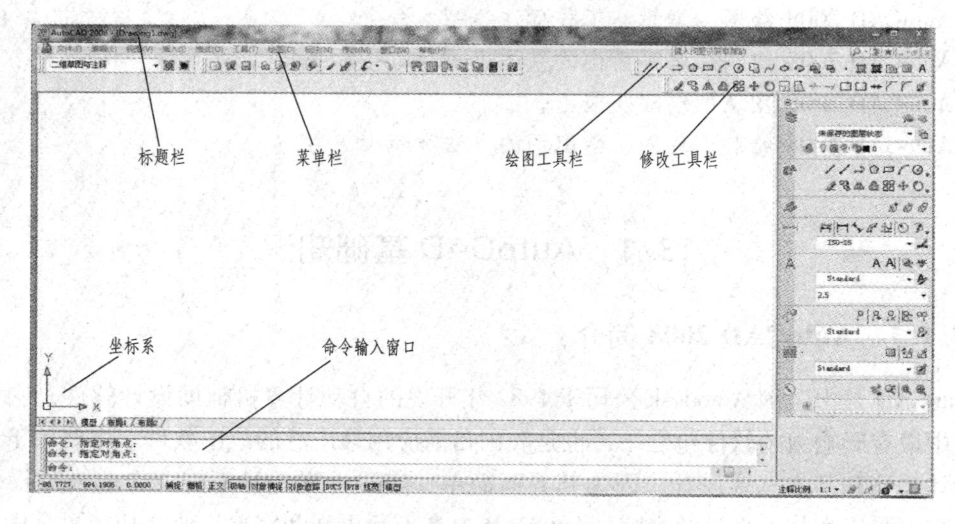

图 13-1 AutoCAD 2008 工作界面

1. 标题栏

标题栏显示了软件的名称（AutoCAD 2008），后跟当前打开的图形文件名称。如果刚刚启动了 AutoCAD 或当前图形文件尚未保存，系统默认为 Drawing1。在标题栏的左侧，是标准 Windows 应用程序的控制按钮。在标题栏的右侧，有一个“缩小窗口”按钮、一个“还原窗口”按钮和一个“关闭应用程序”按钮。这三个按钮与 Windows 其他应用程序相似。

2. 菜单栏

菜单栏位于标题栏下方，共有文件、编辑、视图、插入、格式、工具、绘图、标注、修改、窗口、帮助 11 个菜单，每个下拉菜单包含若干工具，如文件下拉菜单中有用于管理图形的文件，如新建、打开、保存、打印、输入和图形特性等。

3. 绘图工具栏

绘图工具栏包括直线、多段线、构造线、正多边形、矩形、圆弧、圆、样条曲线等基本绘图命令。

4. 修改工具栏

修改工具栏包括删除、复制、镜像、偏移、阵列、移动、旋转等命令。

5. 绘图区

绘图区无边界，利用缩放功能，可使绘图区无限增大或减小。

6. 坐标系

坐标系是为用户提供精确定位的辅助工具。

7. 命令输入窗口

命令输入窗口位于绘图区的下方。该窗口由命令历史窗口和命令行两部分组成，在命令行中输入命令按 Enter 键后即可执行相关的动作。

13.2.2 绘图工具条

AutoCAD 软件中，当鼠标在某个图标（菜单）上停留时间达 2 s 时，系统会自动弹出浅黄色的对话框，提示当前图标的名称。图 13-2 所示为绘图工具条，共有 19 种命令。

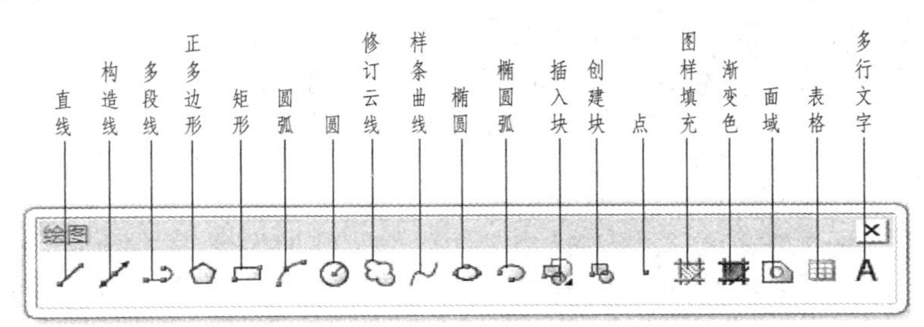

图 13-2 绘图工具条

1. 直线

命令：LINE；图标：。

简捷命令是 L。执行画线命令 LINE，给出起点和终点来绘出直线段，一次可画一条线段，也可以连续画多条线段，其中每一条线段都彼此相互独立。

AutoCAD 中命令调用：可通过在“命令行”中输入命令单词、单击“工具栏”中的相应图标或在下拉菜单中单击相应菜单三种方法之一来启动命令，如绘制直线来启动命令的三种方法：

（1）在屏幕下方的命令行中下输入“LINE（简捷命令 L）”，按 Enter 键。

（2）工具栏：绘图 → 直线——在“绘图”工具栏上单击直线按钮。

（3）菜单：绘图 → 直线——单击“绘图”菜单中的“直线”命令。

【例 13-1】 用画线 LINE 命令绘出长为 200、宽为 100 的长方形。

（1）工具栏：绘图 →“直线”按钮

(2) 命令：_ line 指定第一点： 确定起点，在屏幕任意位置点取一点作为 A 点。

(3) 指定下一点或［放弃（U）］：@200，0 输入相对坐标，确定 B 点。

(4) 指定下一点或［放弃（U）］：@0，100 输入相对坐标，确定 C 点。

(5) 指定下一点或［闭合（C）/放弃（U）］：@ -200，0 输入相对坐标，确定 D 点。

(6) 指定下一点或［闭合（C）/放弃（U）］：c 输入 C（Close）将最后端点和最初起点连接形成一闭合的折线

绘图结果如图 13-3 所示。

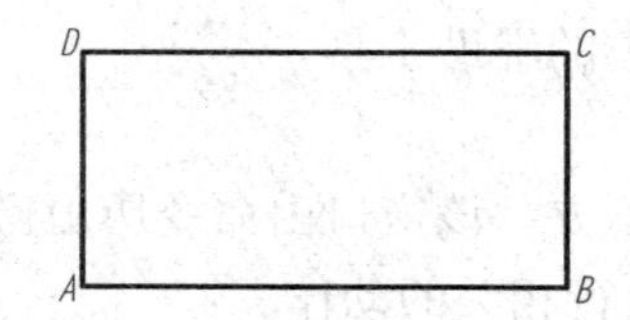

图 13-3 用 LINE 命令绘制长方形

2. 构造线

命令：XLINE；图标：。

简捷命令是 XL。构造线是向两端无限延伸的直线。一般用来作为三视图中长对正、高平齐、宽相等的辅助线。具体操作方法有多种，用户可根据情况自行选择。

3. 多段线

命令：PLINE；图标：。

简捷命令是 PL。多段线是由多个直线段和圆弧相连而成的单一的对象。整条多段线是一个实体，可以统一对其进行编辑。另外，多段线中各段线条还可以有不同的线宽，这对于绘图非常有利。

4. 正多边形

命令：POLYGON；图标：。

简捷命令是 POL。使用此命令最多可以绘出具有1 024条边的正多边形。注意：在绘制多边形时要先输入边数，然后再选择按边或按中心来画。绘制正多边形有以下三种方式：

(1) 用内接法画正多边形。用内接法画正多边形是假想有一个圆，要绘制的正多边形内接于其中，即正多边形的每一个顶点都落在这个圆周上。操作完毕后，圆本身并不画出来。这种方法要提供正多边形的三个参数，即边数；正多边形中心点；外接圆半径，即正多边形中心至每个顶点的距离。

(2) 用外切法画正多边形。用外切法画正多边形是假想有一个圆，要绘制的正多边形与之外接，即正多边形的各边均在假想圆之外，且各边与假想圆相切。这种方法要提供正多边形的三个参数，即正多边形边数、内切圆圆心、内切圆半径。

(3) 由边长确定正多边形。如果需要画一个正多边形，使之一角通过某一点，则适合采用由边长确定正多边形这种方式。如果正多边形的边长是已知的，用这种方法就非常方便。这种方法需要提供两个参数，即正多边形边数和边长。

5. 矩形

命令：RECTANG；图标：▭。

简捷命令是 REC。确定矩形的两个对角点便可绘出矩形。对角点的确定，可以通过十字光标直接在屏幕上点取，也可输入坐标。对角点的选择没有顺序，即用户可以从左到右，也可以从右到左选取。如图 13-2 所示的图形采用 RECTANG（矩形）命令绘制，只需要三步即可，单击图标▭后，在屏幕上选一点作为 *A* 点，再输入相对坐标@ 200，100 作为对角点 *C* 点按 Enter 键即可完成矩形绘制。采用直线命令和矩形命令绘制的矩形大小一样，不过在 AutoCAD 系统中，用直线命令绘制的矩形四条边各为独立的对象，要分别对其进行操作，而采用矩形命令绘制的矩形四条边为一个对象，没有分解前，对其中一条边进行操作编辑，系统认为对整个矩形进行操作。

6. 圆弧

命令：ARC；图标：⌒。

简捷命令是 A。绘制圆弧时需要注意 AutoCAD 提供了三点画弧（3 Point），用起点、中心点、终点方式画弧（Start、Center、End）；用起点、中心点、包角方式画弧（Start、Center、Angle）；用起点、中心点、弦长方式画弧（Start、Center、Length）；用起点、终点、包角方式画弧（Start、End、Angle）；用起点、终点、半径方式画弧（Start、End、Radius）；用起点、终点、方向方式画弧（Start、End、Direction）；用中心点、起点、终点方式画弧（Center、Start、End）；用中心点、起点、包角方式画弧（Center、Start、Angle）；用中心点、起点、弦长方式画弧（Center、Start、Length）；从一段已有的弧开始继续画弧（Continue）等 11 种绘制圆弧的方法，用户可根据自己的需求选择合适的方式，在实际绘图时，为了绘图更为快捷、方便，在绘制时往往采用绘制圆来代替圆弧。

7. 圆

命令：CIRCLE；图标：⊙。

简捷命令是 C。圆在工程图中可以用来表示柱、轴、轮、孔等。AutoCAD 2008 提供了 6 种画圆方式，这些方式是根据圆心、半径、直径和圆上的点等参数来控制的。以下是 6 种绘制圆的方式：

（1）用圆心和半径画圆（Center、Radius）。这种方式要求用户输入圆心的位置和半径，圆心的位置可以采用捕捉屏幕点或输入圆心坐标的方式确定，半径也可以采用捕捉屏幕点，即系统自动以捕捉点到圆心的距离作为半径绘制圆。

（2）用圆心和直径画圆（Center、Diameter）。这种方式要求用户输入圆心和直径，圆心和直径的确定同用圆心和半径画圆，只不过输入的值为圆的直径。

（3）两点画圆（2 Points）。这种方式要求用户输入圆周上的两点，这两点将作为圆的直径的两端点，这两点连线的中点将作为绘制圆的圆心。

（4）三点画圆（3 Points）。这种方式要求用户输入圆周上的任意三点，也相当于绘制的圆外接于以这三点为顶点的三角形。

（5）用切点、切点、半径方式画圆（Tan、Tan、Radius）。这种方式可画两个实体的公切圆，要求用户确定和公切圆相切的两个实体以及公切圆的半径大小。

（6）用切点、切点、切点方式画圆（Tan、Tan、Tan）。这种方式可画三个实体的公切圆，要求用户确定与这三个实体相切的公切圆的相切点。

8. 样条曲线

命令：SPLINE；图标：。

简捷命令是 SPL。样条曲线是根据给定的一些点拟合生成的光滑曲线，它可以是二维曲线，也可以是三维曲线。样条曲线最少有三个顶点，在机械图样中常用来绘制波浪线、凸轮曲线等。

9. 修订云线

命令：REVCLOUD；图标：。

无简捷命令。修订云线命令用来创建由连续圆弧组成的多段线。在检查或者用红线圈阅图形时，可以使用修订云线功能亮显标记，以提高工作效率。

10. 椭圆

命令：ELLIPSE；图标：。

简捷命令是 EL。椭圆是一种圆锥曲线（也有叫圆锥截线的）。它的形状是由长轴和短轴的长度决定的，因此绘制椭圆时需要设置的参数也与此相关。在 AutoCAD 的绘图中，椭圆的形状主要用中心、长轴和短轴三个参数来描述。

（1）通过定义中心和两轴端点绘制椭圆（Center）。当用户定义椭圆的中心点后，椭圆的位置便随之确定，再为椭圆两轴各定义一个端点，来确定椭圆的形状。

（2）通过定义两轴绘制椭圆。用户要先定义一个轴的两端点，即确定椭圆的一根轴，再定义第三点，来确定椭圆的第二根轴的长度。

13.2.3 修改工具条介绍

前面介绍了一些基本绘图命令与使用方法，在绘图中还经常需要对已有的图形进行修改。通过人机对话，对图形进行编辑与修改会给绘图、设计带来很多方便，并可大大提高绘图速度和质量。AutoCAD 提供了方便、实用、丰富的编辑与修改功能。修改工具条由删除、复制、镜像、偏移、阵列、移动、旋转、缩放、拉伸、修剪、延伸、打断于点、打断、合并、倒角、倒圆角、分解等命令组成，如图 13-4 所示。

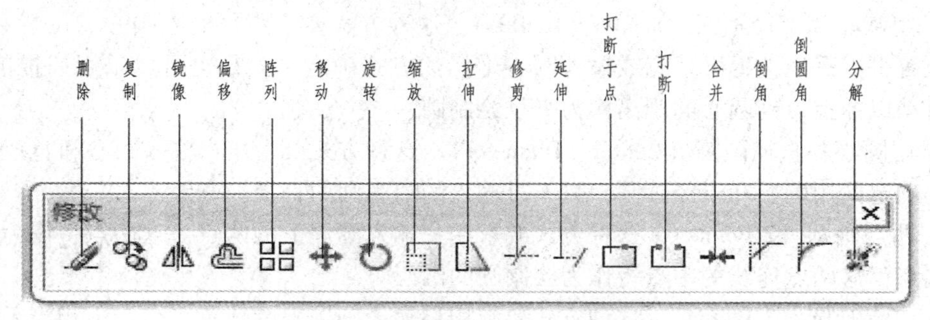

图 13-4　修改工具条

1. 删除

命令：ERASE；图标：。

简捷命令是 E。删除对象是一个基本操作，基本操作是在激活命令之后，需要选择删除对象，然后按 Enter 键结束对象选择，同时也完成了对象删除。

2. 复制

命令：COPY；图标：。

简捷命令是 CO。复制命令可以将一个对象进行一次或多次复制，并且复制生成的每个对象都是独立的。

3. 镜像

命令：MIRROR；图标：。

简捷命令是 MI。镜像命令是将目标对象按照指定的轴线做对称复制，原目标对象可保留也可删除。

4. 偏移

命令：OFFSET；图标：。

简捷命令是 O。偏移命令能够对直线、圆、圆弧或曲线做等距离偏移。

5. 阵列

命令：ARRAY；图标：。

简捷命令是 AR。阵列复制是用阵列形式复制多个对象，有矩形阵列和环形阵列两种方式。矩形阵列是行列形式，有 M 行和 N 列，可以复制 M × N 个对象。矩形阵列操作可以控制行和列的数目以及它们之间的距离。环形阵列是圆周形式。对于环形阵列，可以控制对象副本的数目并决定是否旋转副本。对于创建多个定间距的对象，阵列比复制要快。复制后原对象也成为复制阵列中的一员。

6. 移动

命令：MOVE；图标：。

简捷命令是 M。移动命令能在指定方向上按指定距离移动对象。

7. 旋转

命令：ROTATE；图标：。

简捷命令是 RO。旋转命令能够将对象在平面上绕指定基点旋转一个角度。

8. 缩放

命令：SCALE；图标：。

简捷命令是 SC。缩放命令能够将被选择对象相对于基点比例放大或缩小。

9. 拉伸

命令：STRETCH；图标：。

简捷命令是 S。拉伸命令可以拉伸或移动对象。注意：在拉伸对象时，选择窗口内的部分被移动，窗口外的部分原地不动，但移动部分和不移动部分依然相连。若选择对象全部都在窗口内，则对象整体被移动。

10. 修剪

命令：TRIM；图标：。

简捷命令是 TR。修剪命令与延伸命令类似，只是边界不用于延伸而用于剪切。剪切边界可以是直线、圆弧、圆、多义线、椭圆、样条曲线等。

被修剪的对象可以是圆弧、圆、椭圆弧、直线、开放的二维和三维多义线、射线和样条曲线等。选择被修剪对象时要注意拾取位置，靠近拾取位置一侧的部分被剪切掉。使用修剪命令，可以修剪对象，使它们精确地终止于由其他对象定义的边界。

11. 延伸

命令：EXTEND；图标：--/。

简捷命令是EX。延伸命令能延伸对象，使它们精确地延伸至其他对象的边界，或将对象延伸到它们将要相交的某个边界上。

12. 打断

命令：BREAK；图标：[]。

简捷命令是BR。打断命令提示用户在对象上指定两个点，然后删除两点之间的部分，如果两点距离很近或者位置相同，则在该位置将对象切开成两个对象。打断是指删除对象的一部分或将对象分成两部分。能够打断的对象有直线、圆弧、圆、多段线、椭圆、样条曲线、圆环等。

13. 合并

命令：JOIN；图标：→←。

简捷命令是J。将对象合并形成一个完整的对象。注意：源对象的选择可以是一条直线、多义线、圆弧、椭圆弧、样条曲线或螺旋线。

14. 倒角

命令：CHAMFER；图标：◸。

简捷命令是CHA。倒角是在两条不平行的直线相交处倒出斜角。

两条直线不相交时，AutoCAD延伸直线倒出斜角。倒角的对象只能是直线、多义线，执行倒角操作，也可以为三维实体倒角。

15. 倒圆角

命令：FILLET；图标：◜。

简捷命令是F。倒圆角命令是用一条圆弧光滑地连接两个对象。进行圆角处理的对象可以是直线、多义线的直线段、样条曲线、构造线、射线、圆、圆弧和椭圆，还可以为三维实体倒圆角。

16. 分解

命令：EXPLODE；图标：◈。

简捷命令是X。分解对象是将多义线、标注、图案填充、图块、三维实体等有关联性的合成对象分解为单个元素，又称“炸开对象”。

其他相关的命令请读者自行学习。

13.3 工程标注

图纸或屏幕上的图形，用来表达零件的形状，而零件上各部分的真实大小及相对位置，则靠标注尺寸来确定。标注是向图形中添加测量注释的过程。AutoCAD提供许多标注对象及设置标注格式的方法，可以在各个方向上为各类对象创建标注，也可以方便快速地以一定格式创建符合行业或项目标准的标注。

标注显示了对象的测量值、对象之间的距离、角度或特征与指定原点的距离。AutoCAD 提供了三种基本的标注类型：线性、半径和角度。标注可以是水平、垂直、对齐、旋转、坐标、基线或连续，如图 13-5 所示。

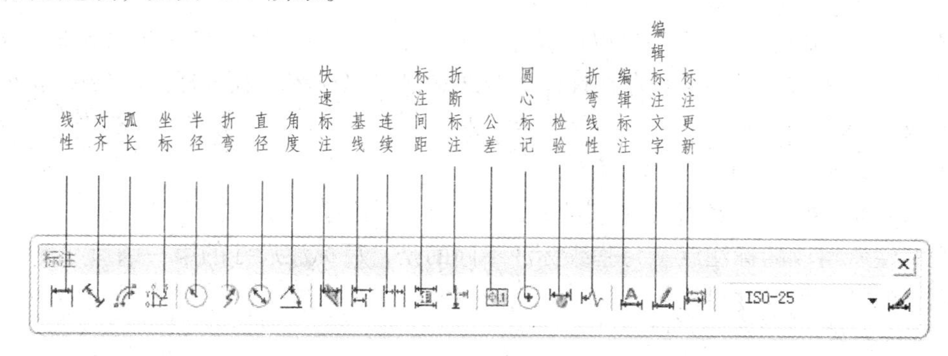

图 13-5　标注工具条

1. 线性尺寸标注

命令：DIMLINEAR；图标：。

简捷命令是 DLI。线性标注用于标注水平两点间的尺寸和垂直两点间的尺寸。

2. 对齐标注

命令：DIMALIGNED；图标：。

简捷命令是 DAL。对齐标注的尺寸线平行于由两条尺寸界线起点确定的直线。

3. 坐标标注

命令：DIMORDINATE；图标：。

简捷命令是 DOR。坐标标注就是标注指定点的坐标值，是沿着一条简单的引线显示点的 X 或 Y 坐标。

4. 半径标注

命令：DIMRADIUS；图标：。

简捷命令是 DRA。半径标注用于标注圆或圆弧的半径。

5. 直径标注

命令：DIMDIAMETER；图标：。

简捷命令是 DDI。直径标注用于标注圆或圆弧的直径。

6. 角度标注

命令：DIMANGULAR；图标：。

简捷命令是 DAN。角度标注用于标注两条直线之间的夹角、圆弧的弧度或三点间的角度。

7. 快速标注

命令：QDIM；图标：。

无简捷命令。快速标注命令可以实现尺寸的交互式、动态标注。使用 QDIM 快速创建或编辑一系列标注。创建系列基线或连续标注又或者为一系列圆或圆弧创建标注时，此命令特别有用。

8. 基线标注

命令：DIMBASELINE；图标：。

简捷命令是 DBA。基线标注是以已经标注的一个尺寸界线为公共基准生成的多次标注，因此在基线标注之前，必须已经存在标注。基线标注可以应用于线性标注、角度标注。

9. 连续标注

命令：DIMCONTINUE；图标：。

简捷命令是 DCO。连续标注和基线标注一样，不是基本的标注类型，是一个由线性标注或角度标注所组成的标注族。与基线标注不同的是，后标注尺寸的第一条尺寸界线为上一个标注尺寸的第二条尺寸界线。

10. 多重引线

命令：MLEADER；图标：。

简捷命令是 MLD。AutoCAD 2008 新增了多重引线标注，该操作可以通过“标注”工具栏上的工具或命令来实现，或者通过“多重引线”工具栏上的工具或命令来实现。

11. 形位公差

命令：TOLERANCE；图标：。

简捷命令是 TOL。形位公差包括形状公差和位置公差，是指导生产、检验产品、控制质量的技术依据。AutoCAD 提供了 Tolerance 命令，用户使用它可以方便地标注形位公差。

12. 圆心标记

命令：DIMCENTER；图标：。

简捷命令是 DCE。创建圆和圆弧的圆心标记或中心线。注意：圆心标记有小十字和中心线两种。

13. 编辑标注

命令：DIMEDIT；图标：。

简捷命令是 DED。对标注对象上的尺寸文本、尺寸线及尺寸界限进行编辑。

14. 编辑标注文字

命令：DIMTEDIT 或 DIMTED；图标：。

无简捷命令。用来移动和旋转标注文字。

15. 标注更新

命令：DIMSTYLE；图标：。

简捷命令是 DST。使用当前的标注样式更新所选标注原有的标注样式。

13.4 图块与图库

应用 AutoCAD 进行设计和绘图时，常用的图形符号做成块可以大幅度提高设计效率，节省图形存储空间。熟练掌握图块特性和使用图块绘图，提高计算机绘图与设计的效率很有意义。

13.4.1 图块的特点

图块具有如下特点：

（1）图块是一个复杂的图形对象，它有名字、基点和成员。成员可以是直线、圆、圆弧等简单图形对象，也可以是多义线、文本等复杂图形对象，还可以是其他图块。

（2）用“INSERT”命令可以调用内部或外部图块，可以根据实际需要将图块按给定的比例和旋转角度方便地插入指定的位置。

（3）图块可以保存为单独的块文件，作为文件处理。图块可分为内部图块和外部图块，内部图块只能够在当前文件中使用，而外部图块可以被任何 AutoCAD 文件调用，外部图块以“. dwg”类型的图形文件保存。

（4）利用图块可节省存储空间，插入图块与复制（Copy）命令很相似，它们的根本区别在于，每复制一次，AutoCAD 会将复制对象的全部实体信息都复制一遍，相同部件很多时复制将占用大量的存储空间；而插入图块仅仅增加一些引用信息，大大减小了文件大小。

（5）可以给图块附加属性，属性是附加在图块上的文本说明，用于表示图块的非图形信息。

（6）在工程绘图中，大量使用图块来生成各种标准原件库、符号库等，可大幅度提高作图效率。

（7）图块具有组成对象图层的继承性，在图块插入时，图块中 0 层上的对象改变到图块的插入层，图块中非 0 层上的对象图层不变。

（8）图块组成对象颜色、线型和线宽的继承性，在 Bylayer（强制对象的属性转换为“ByLayer”）块插入后，图块中各对象的颜色、线型和线宽与图块插入后各对象所在图层的设置，即图层颜色、图层线型和图层线宽一致，而不是与图块插入后各对象所在图层的当前设置，即当前颜色、当前线型和当前线宽一致。

13.4.2 块的属性定义

在 AutoCAD 中，使用块可以提高绘图速度、节省存储空间、便于修改图形，并且还能够为块添加属性。

图 13-6 所示的国家标准（GB/T 14689—2008）机械图纸标题栏，标题栏中有一些内容是要填写的，如图纸的名称、设计者的名称、设计日期等，这些内容也是经常变化的。

要将标题栏图形定义为图块。以此为例介绍图块的创建方法。

首先绘制并设置好图 13-6 所示的线及线型，在命令行中输入 text 或 mtext 命令（单击绘图工具条中的“多行文字”图标），输入标题栏中如“设计”等汉字，再在设计者名称等位置进行属性定义。

要创建属性，首先要创建包含属性特征的属性定义。特征包括标记（标识属性的名称）、插入块时显示的提示、值的信息、文字格式、块中的位置和所有可选模式（不可见、常数、验证、预置、锁定位置和多线）。如果计划提取属性信息在零件列表中使用，可能需要保留所创建的属性标记列表。以后创建属性样板文件时，将需要此标记信息。

命令调用：顺序单击“绘图”下拉菜单—“块”—“定义属性...”，或在命令行中输

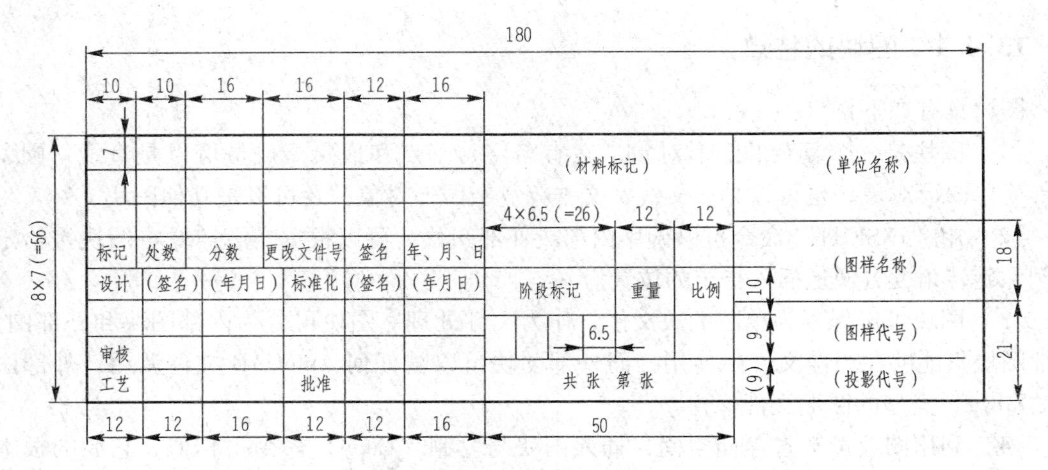

图 13-6 标题栏

入 attdef 命令，弹出如图 13-7 所示对话框，可以给块属性特征的属性定义。“属性定义”对话框中各选项如下：

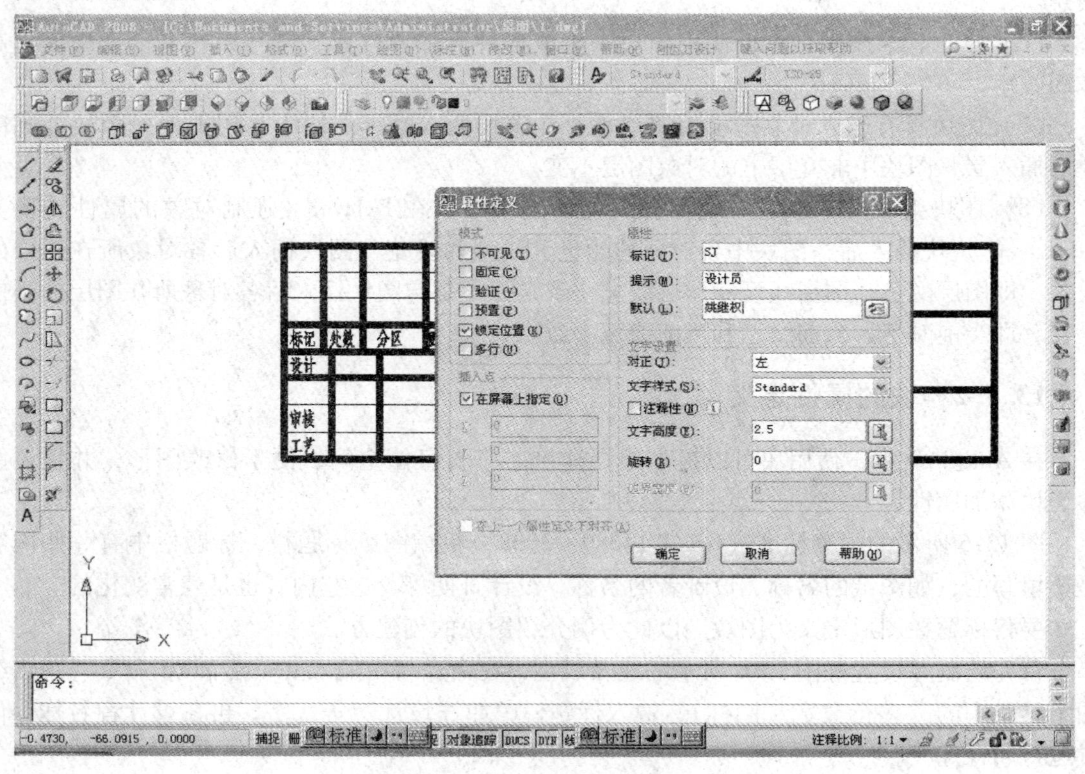

图 13-7 属性特征的属性定义

（1）不可见：指定插入块时不显示或打印属性值。

（2）固定：在插入块时赋予属性固定值。

（3）验证：插入块时提示验证属性值是否正确。

（4）预置：插入包含预置属性值的块时，将属性设置为默认值。

（5）锁定位置：锁定块参照中属性的位置。解锁后，属性可以相对于使用夹点编辑的块的其他部分移动，并且可以调整多行属性的大小。

（6）多行：指定属性值可以包含多行文字。选定此选项后，可以指定属性的边界宽度。

注意：在动态块中，由于属性的位置包括在动作的选择集中，因此必须将其锁定。

（7）属性：设置属性数据。

（8）标记：标识图形中每次出现的属性。使用任何字符组合（空格除外）输入属性标记，小写字母会自动转换为大写字母。如图13-7所示文本框中的字母“SJ”。

（9）提示：指定在插入包含该属性定义的块时显示的提示。如果不输入提示，属性标记将用作提示。如果在“模式”区域选择“常数”模式，“属性提示”选项将不可用。如图13-7所示文本框中的“设计者”提示输入设计者的名字。

（10）默认：指定默认属性值。如图13-7所示文本框中的“姚继权”，若不做修改，设计者的名字就为默认的名字。

（11）“插入字段”按钮：显示“字段”对话框。可以插入一个字段作为属性的全部或部分值。

（12）插入点：指定属性位置。输入坐标值或者选择“在屏幕上指定”，并使用定点设备根据与属性关联的对象指定属性的位置。

（13）在屏幕上指定。关闭对话框后将显示“起点”提示。使用定点设备相对于要与属性关联的对象指定属性的位置。X指定属性插入点的X坐标；Y指定属性插入点的Y坐标；Z指定属性插入点的Z坐标。

（14）文字设置：设置属性文字的对正、样式、高度和旋转。

（15）对正：指定属性文字的对正。关于对正选项的说明，请参见TEXT。

（16）文字样式：指定属性文字的预定义样式。显示当前加载的文字样式。要加载或创建文字样式，请参见STYLE。

（17）注释性：指定属性为annotative。如果块是注释性的，则属性将与块的方向相匹配。单击信息图标以了解有关注释性对象的详细信息。

（18）文字高度：指定属性文字的高度。输入值或选择“高度”用定点设备指定高度。此高度为从原点到指定位置的测量值。如果选择有固定高度（任何非0.0值）的文字样式，或者在“对正”列表中选择了“对齐”，“高度”选项不可用。

（19）旋转：指定属性文字的旋转角度。输入值或选择“旋转”用定点设备指定旋转角度。此旋转角度为从原点到指定位置的测量值。如果在“对正”列表中选择了“对齐”或“调整”，“旋转”选项不可用。

（20）边界宽度：换行前请指定多行属性中文字行的最大长度。0.000值表示对文字行的长度没有限制。此选项不适用于单行属性。

（21）在上一个属性定义下对齐：将属性标记直接置于定义的上一个属性的下面。如果之前没有创建属性定义，则此选项不可用。

可以多次对标题栏中不同的单元格里面的内容进行属性定义，形成块库。定义完的标题栏如图13-8所示。图中的字母部分即为块的属性定义部分，在定义属性时，可以给经常不变的填写内容项预先赋值，避免设计时的重复工作。

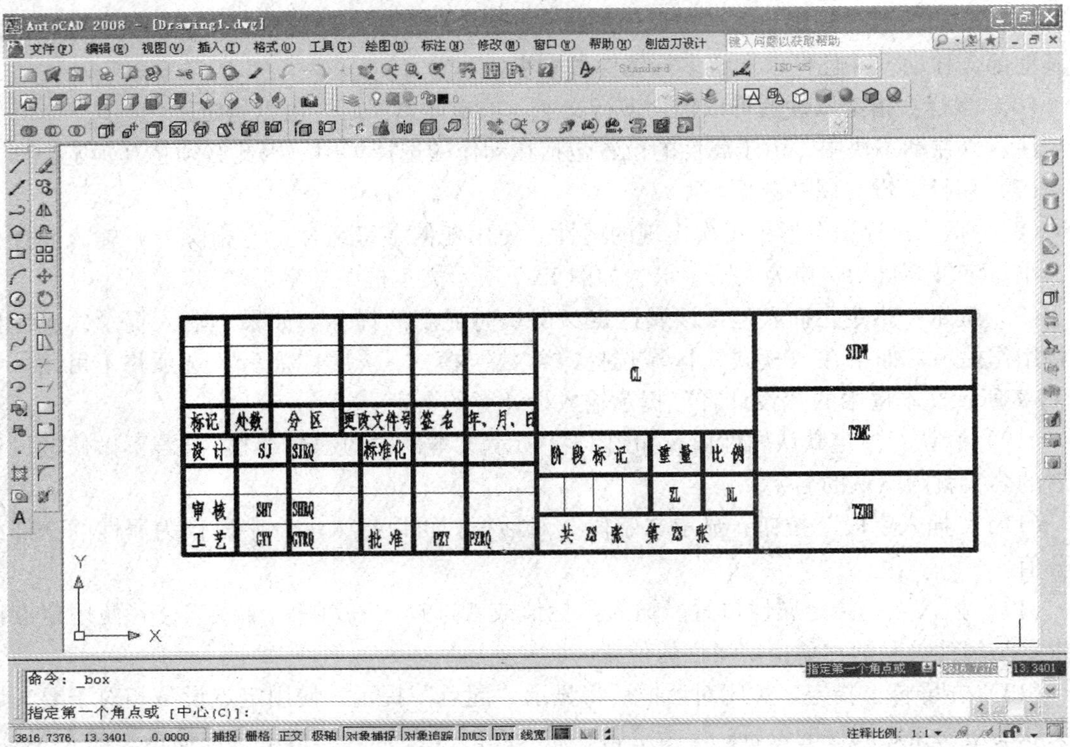

图 13-8　标题栏块的属性定义

13.4.3　图块的保存（Wblock）

命令说明：Block 命令所定义的图块如果在其他 AutoCAD 文件中也要用到，或者是交给其他人使用，就需要将定义的图块作为单独的文件保存下来，要达到这个目的，就应该使用 Wblock 命令，将已经定义的图块以单个文件的形式保存，或新定义图块并将其以文件形式保存到磁盘上。

在命令行中输入 Wblock 命令并按 Enter 键，此时弹出“写块”对话框，如图 13-9 所示。“写块”对话框将显示不同的默认设置，这取决于是否选定了对象、单个块或非块的其他对象。该对话框的一些说明如下：

（1）源：指定块和对象，将其保存为文件并指定插入点。

（2）块：指定要保存为文件的现有块。从列表中选择名称。

（3）整个图形：选择当前图形作为一个块。

（4）对象：可指定块的基点和选择作为块的对象。

（5）基点：指定块的基点。默认值是（0，0，0）。

（6）拾取点：暂时关闭对话框以使用户能在当前图形中拾取插入基点。X 指定基点的 *X* 坐标值；Y 指定基点的 *Y* 坐标值；Z 指定基点的 *Z* 坐标值。

（7）对象：设置用于创建块的对象上的块创建的效果。

图 13-9　“写块”对话框

（8）保留：将选定对象保存为文件后，在当前图形中仍保留它们。

（9）转换为块：将选定对象保存为文件后，在当前图形中将它们转换为块。块指定为“文件名”中的名称。

（10）从图形中删除：将选定对象保存为文件后，从当前图形中删除它们。

（11）“选择对象”按钮：临时关闭该对话框以便可以选择一个或多个对象保存至文件。

（12）选定的对象：指示选定对象的数目。

（13）目标：指定文件的新名称和新位置以及插入块时所用的测量单位。

文件名和路径：指定文件名和保存块或对象的路径。显示标准文件选择对话框。

（14）插入单位：指定从 DesignCenter™（设计中心）拖动新文件或将其作为块插入使用不同单位的图形中时用于自动缩放的单位值。如果希望插入时不自动缩放图形，请选择“无单位”。

先选择图 13-9 所示“写块”对话框中的“对象”按钮，单击“拾取点”图标，AutoCAD 软件暂时关闭“写块”对话框，用鼠标捕捉图 13-8 所示标题栏的右下角点作为插入图块的基点。AutoCAD 软件再次返回到“写块”对话框，单击“选择对象”图标，软件暂时关闭“写块”对话框，将图 13-8 所示标题栏的图线及文字、属性定义标记等都选上，右击返回到“写块”对话框。在文件名和路径的文本框中输入保存块的路径及块的名称，也可单击“标准文件选择”图标选择保存块的路径。“插入单位”设置为毫米，再单击“确定”按钮，完成 Wblock 命令创建的块。

13.4.4　图块的使用

命令说明：定义好图块后，单击“绘图”工具条下的“插入块”图标，在命令行中输入 insert 命令并按 Enter 键，或顺序单击“插入”下拉菜单中的“块...”。可将图块或整个图形文件插入当前图形中，并可指定插入点、缩放比例和旋转角度。执行此命令后，将弹出

图 13-10 所示对话框，说明如下：

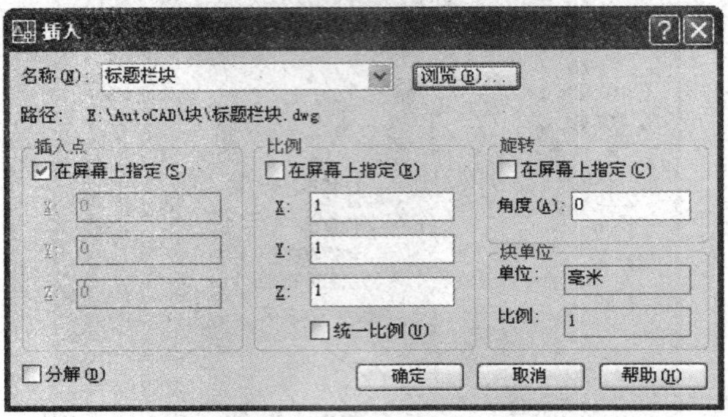

图 13-10 “插入”对话框

（1）名称：指定要插入块的名称，或指定要作为块插入的文件的名称。

（2）浏览：打开“选择图形文件”对话框（标准文件选择对话框），从中可选择要插入的块或图形文件。

（3）路径：指定块的路径。

（4）插入点：指定块的插入点。

在屏幕上指定：用定点设备指定块的插入点。X 设置 *X* 坐标值，Y 设置 *Y* 坐标值，Z 设置 *Z* 坐标值。

（5）比例：指定插入块的缩放比例。如果指定负的 *X*、*Y* 和 *Z* 缩放比例因子，则插入块的镜像图像。

在屏幕上指定：用定点设备指定块的比例。X 设置 *X* 比例因子，Y 设置 *Y* 比例因子，Z 设置 *Z* 比例因子。

（6）统一比例：为 *X*、*Y* 和 *Z* 坐标指定单一的比例值。为 *X* 指定的值也反映在 *Y* 和 *Z* 的值中。

（7）旋转：在当前 UCS 中指定插入块的旋转角度。

在屏幕上指定：用定点设备指定块的旋转角度。

（8）角度：设置插入块的旋转角度。

（9）块单位：显示有关块单位的信息。

（10）单位 ：指定插入块的 INSUNITS 值。

（11）因子：显示单位比例因子，该比例因子是根据块的 INSUNITS 值和图形单位计算的。

（12）分解：分解块并插入该块的各个部分。选定“分解”时，只可以指定统一比例因子。

本例中，浏览并确定“标题栏”块文件后，单击“确定”按钮，AutoCAD 软件命令行提示插入块的基点。对于标题栏来说，一般选择图纸中的图框线右下角点，命令行中顺序提示要输入“标题栏”块的各属性值，也可以将块文件复制到工具选项板中，直接拖拉至绘图区即可，如图 13-11 所示。

粗糙度、零件序号、明细表等都可以通过创建块、插入块等命令完成。

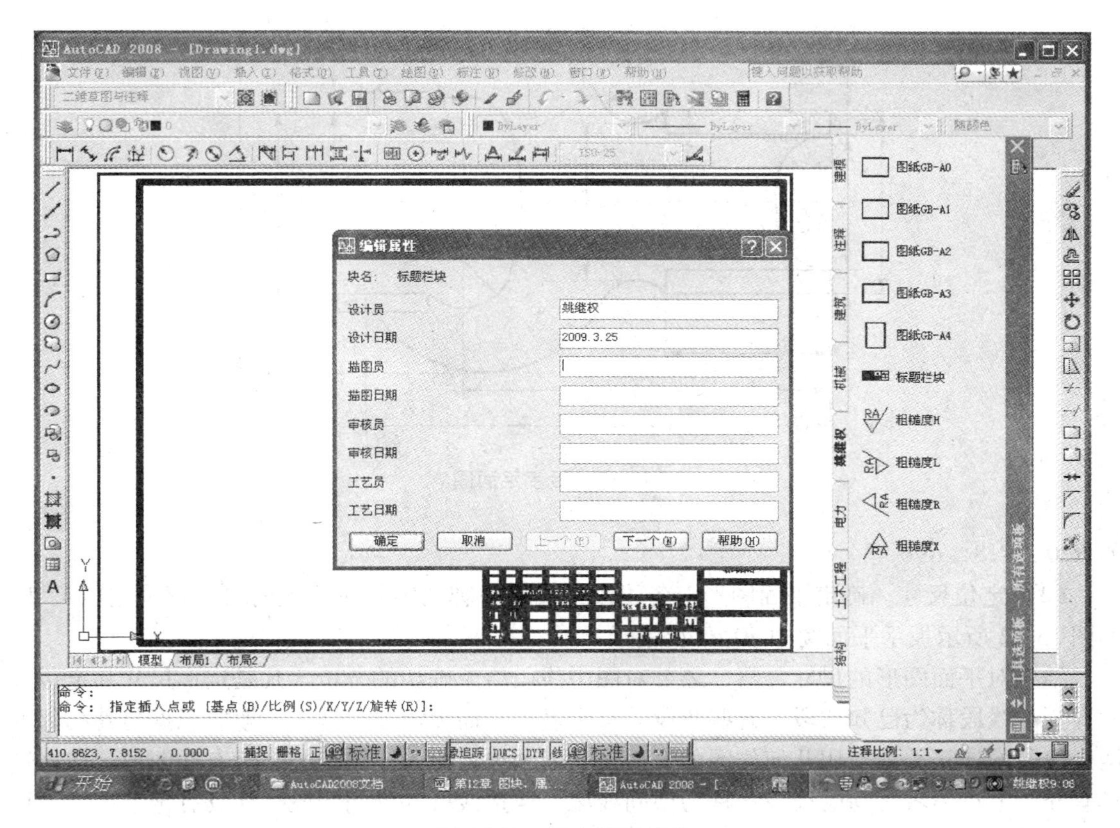

图 13-11　插入标题栏块

13.5　平面图的绘制

通过前面的学习，读者已对 AutoCAD 2008 进行绘图有了初步的了解。但各章节知识相对独立，各有侧重，因此比较零散。由于实际工程图形千差万别，人们使用 AutoCAD 的方式和目标也各不相同，所以运用 AutoCAD 软件进行绘图时具体的操作顺序和技巧也不尽相同。但不论是哪个专业的图形，要达到高效、准确绘制的目的，必须掌握使用 AutoCAD 2008 软件进行绘图的常用方法、作图流程、步骤规范。本章将通过绘图实例，详细介绍使用 AutoCAD 绘制二维图形的方法和技巧，让读者了解使用 AutoCAD 2008 绘图的整体概念，并掌握绘图技巧，提高实际绘图能力。

13.5.1　平面图的尺寸和线段分析

如图 13-12 所示，绘制平面图形时，先要对平面图形进行尺寸分析和线段分析。

平面图形的画法与其尺寸标注是密切相关的。尺寸按其在平面图形中所起的作用，可分为定形尺寸和定位尺寸两类。

（1）定形尺寸。确定平面图形上各线段或线框形状大小的尺寸称为定形尺寸，如矩形块的长度和宽度、圆及圆弧的半径或直径以及角度的大小等，如图 13-12 所示扳手平面图中

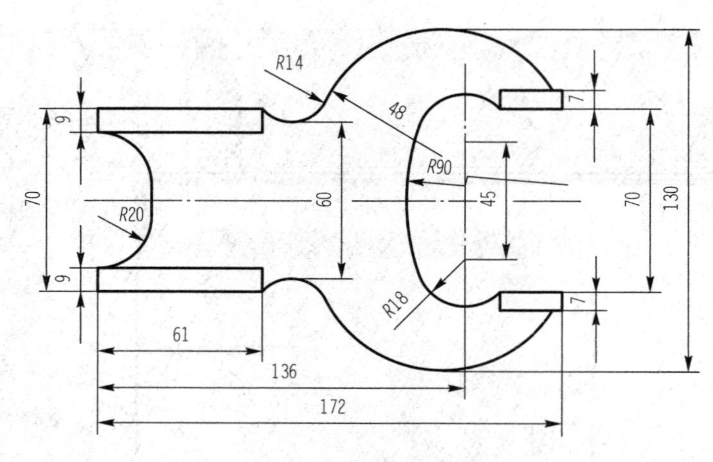

图 13-12　扳手平面图

的 *R*20、*R*18、*R*90 等。

（2）定位尺寸。确定平面图形上各线段或线框品牌之间相对位置的尺寸称为定位尺寸。如图 13-12 所示扳手平面图中 70、172 等。

结合对平面图形的尺寸分析，还要对图中线段给予确切的分析。凡是定形尺寸和定位尺寸齐全的线段称为已知线段；有些线段只有定形尺寸而无定位尺寸，一般要根据与其相邻的两个线段的连接关系，用几何作图的方法将它们画出，称为连接线段。对有些图形，往往还具有介于上述两者之间的线段，称为中间线段。连接线段和中间线段往往具有定形尺寸，但定位尺寸未知或不全，画图时应根据与其相邻的一个线段的连接关系画出。绘图时经常遇到用圆弧来光滑连接已知直线或圆弧的问题，光滑连接也就是相切连接。AutoCAD 2008 绘图时也应先画出这些已知线段，再画中间线段、连接线段。

13.5.2　平面图形的绘图顺序

AutoCAD 2008 绘图一般按照以下顺序进行：

（1）环境设定。它包括图形图限、新建图层（含颜色、线型、线宽等）、设置绘图单位和精度、草图设置、设置尺寸样式、文字样式的设定。对于单张图纸，其中文字和尺寸样式的设定也可以放在要用的时候设定。对于整套图纸应当全部设定完后，保存成图形样板文件（*.dwt 格式），以后绘制新图时套用该模板。

（2）绘制图形。一般先绘制定位线，用来确定图形绘图的基准位置，对于计算机绘图来说，也可以在任何位置绘出，最后通过移动命令将图形移动到需要的位置；应充分利用计算机的优点，让 AutoCAD 完成重复劳动，充分发挥每条编辑命令和辅助绘图命令的优势，对同样的操作尽可能一次完成。采用必要的捕捉、追踪等草图设置功能进行精确绘图。

（3）设置和选择好含颜色、线型、线宽等的图层，绘制或修改该层的图线。

（4）标注尺寸。标注图样中必需的尺寸，具体应根据图形的种类和要求来标注。

（5）保存图形、输出图形。将图形保存起来备用，需要时在布局中设置好后进行输出。

13.5.3　平面图形绘制举例

本节一般使用缺省环境设置，先绘制图 13-12 所示扳手平面图形，然后再进行图形的后处理。其中图线等可以采用多种方法来完成。这些方法已经分别在前面章节中介绍过，这里侧重从绘图的步骤与技巧入手。

1. 开始一副新图及保存环境

单击“开始 → 程序 → Autodesk → AutoCAD 2008 Simplified Chinese → AutoCAD 2008”或桌面上的“AutoCAD 2008 Simplified Chinese”图标，进入 AutoCAD 2008。在 AutoCAD 2008 软件中，单击标准工具条上的“新建”图标开始一幅新图，单击标准工具条上的“保存”图标将图形保存到指定的位置上，以后在绘图过程中也要随时保存图形。

2. 设置图层界限

图形界限一般不需要设置，如果进行了设置，在此范围外将不能够绘制任何图形和写字。如果要设置图形界限的话，首先要根据图形大小设置合适的图形界限。根据图 13-2 所示的图形尺寸大小，图层界限应设置成横向 A4（297 mm × 210 mm）大小。设置图层界限步骤如下：

单击“格式”下拉菜单下的“图形界限”或在命令行中输入 limits 命令并按 Enter 键。命令：↙ limits。

重新设置模型空间界限：

指定左下角点或［开（ON）/关（OFF）］<0.0000，0.0000>：↙（↙为按 Enter 键，下同）

指定右上角点 <420.0000，297.0000>：297，210↙

设置图形界限后，计算机屏幕显示没有变化，但是单击状态栏上草图设置中的“删格”按钮打开删格，计算机平面将显示绘图区域，再单击“视图”→“缩放”→“全部”菜单或在命令行中输入字母 Z（zoom 的第一个字母）并按 Enter 键。

命令：<栅格 开>

命令：Z↙

ZOOM

指定窗口的角点，输入比例因子（nX 或 nXP），或者

［全部（A）/中心（C）/动态（D）/范围（E）/上一个（P）/比例（S）/窗口（W）/对象（O）］<实时>：a↙

正在重新生成模型。

显示的带删格点的绘图区域如图 13-13 所示。

3. 草图设置

绘制该平面图形，要用到多种点设置，在状态栏“对象捕捉”按钮上右击，选择快捷菜单中的“设置...”将弹出“草图设置”对话框，如图 13-14所示。

在“捕捉和删格”选项中，可以选择“捕捉”和“删格”并可以设置“捕捉”和“删格”的间距等。在“对象捕捉模式”选项卡中选择“端点”“中点”“交点”和“切点”等，并启用对象捕捉模式，也可以启用“极轴追踪”等方式，根据绘图过程需要来进行选择。最后单击“确定”按钮退出“草图设置”对话框。

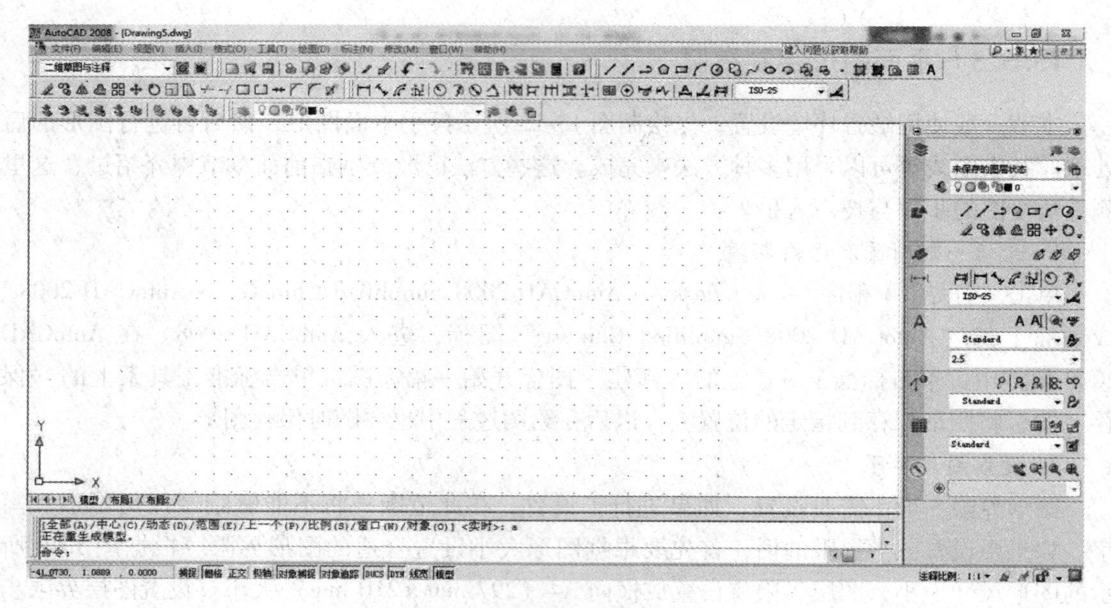

图 13-13　绘图区域设置

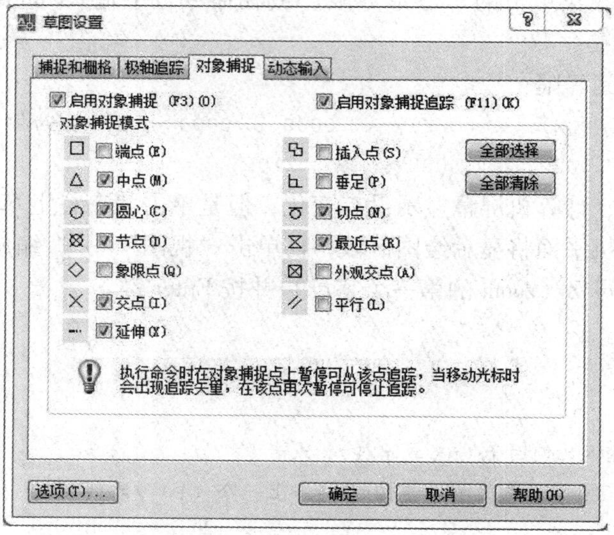

图 13-14　“草图设置”对话框

4. 图层设置

如图 13-15 所示，在绘图中，将不同种类和用途的图形分别放在不同的图层，可方便管理和控制复杂图形。形象地说，一个图层就像一张透明的图纸，可以在上面分别绘制不同的实体，最后再将这些透明纸叠加起来，从而得到最终的复杂图纸。

在 AutoCAD 中，图层的功能和用途要比“透明纸”强大得多，用户可以根据需要建立很多个图层，并为每个图层指定相应的名称、线型、颜色。用户可以为每个图层定义一种颜色、一种线型、一种线宽等属性，可根据不同需要为图层设置不同颜色、线型和线宽等属性。当前正在使用的图层称为当前层。用户只能在当前层中创建新的图形实体。

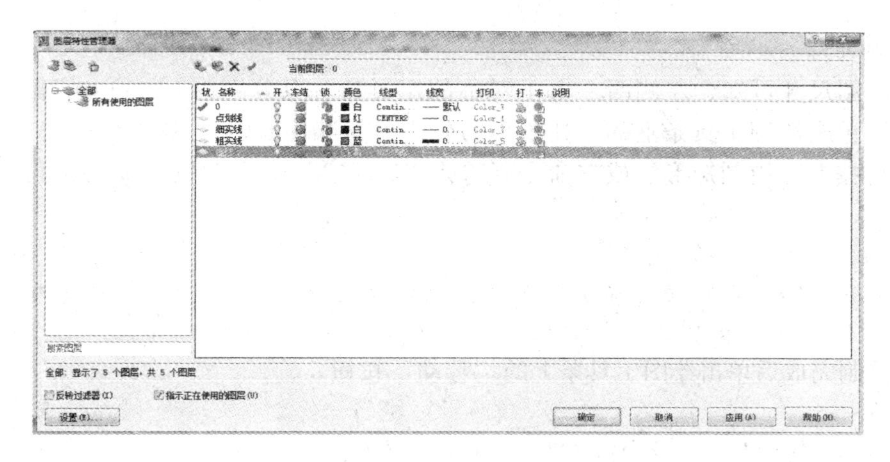

图 13-15　图层设置

5. 绘制基准线

观察图形为上下对称，所以可先绘制上半部分图形，再利用镜像直接得到整个图形。本例中，为了绘图更为方便，采用从左向右绘图顺序。先在绘图区域大致正中间绘制水平基准线，因为采用从左向右绘图顺序并考虑尺寸标注，垂直基准线定在绘图区域左侧。先选择“点划线”图层为当前图层，再单击绘图工具条上的“直线”图标，或单击“绘图”下拉菜单中的“直线”菜单，或在命令行中输入 LINE 命令并按 Enter 键可执行绘制直线命令。

命令：LINE

指定第一点：

指定下一点或［放弃（U）］：↙

经过上述命令操作后，可绘制水平基准线，再按 Enter 键，可重复直线命令，绘制垂直基准线。

绘制结果如图 13-16 所示。

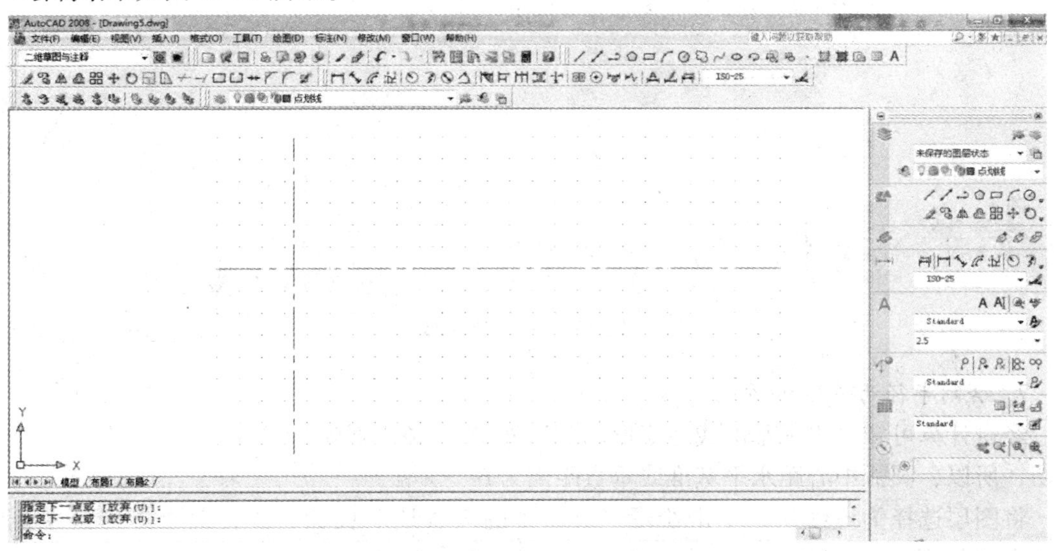

图 13-16　绘制基准线

6. 绘制矩形

根据原图尺寸可知，左侧两个上下对称的矩形长、宽分别为 61、9。依据尺寸 70 可定位矩形。单击绘图工具条上的“矩形”按钮，并且指定原点（基准线的交点）为第一点，然后再按尺寸绘制矩形。或在命令行输入 RECTANG 命令并按 Enter 键可执行绘制矩形命令。

命令：RECTANG

指定第一个角点或［倒角（C）/标高（E）/圆角（F）/厚度（T）/宽度（W）］：(以原点为第一个角点)

指定另一个角点或［面积（A）/尺寸（D）/旋转（R）］：D（输入矩形的长，宽：61，9）

矩形绘制完成后单击绘图工具条上的“移动”按钮。

选择对象：↙

指定基点或［位移（D）］〈位移〉：(以左下角点为基点)

指定第二个点或〈使用第一个点作为位移〉：26↙

矩形移动完成后，再单击绘图工具条中的“镜像”按钮。

选择对象：↙

指定镜像第一点：指定镜像第二点：(镜像线为水平基准线)

要删除源对象吗？［是（Y）/否（N）］：N↙

矩形也可以采用相对坐标，先选屏幕任意一点作为一个对角点，再输入另外一个对角点，绘制矩形。结果如图 13-17 所示。

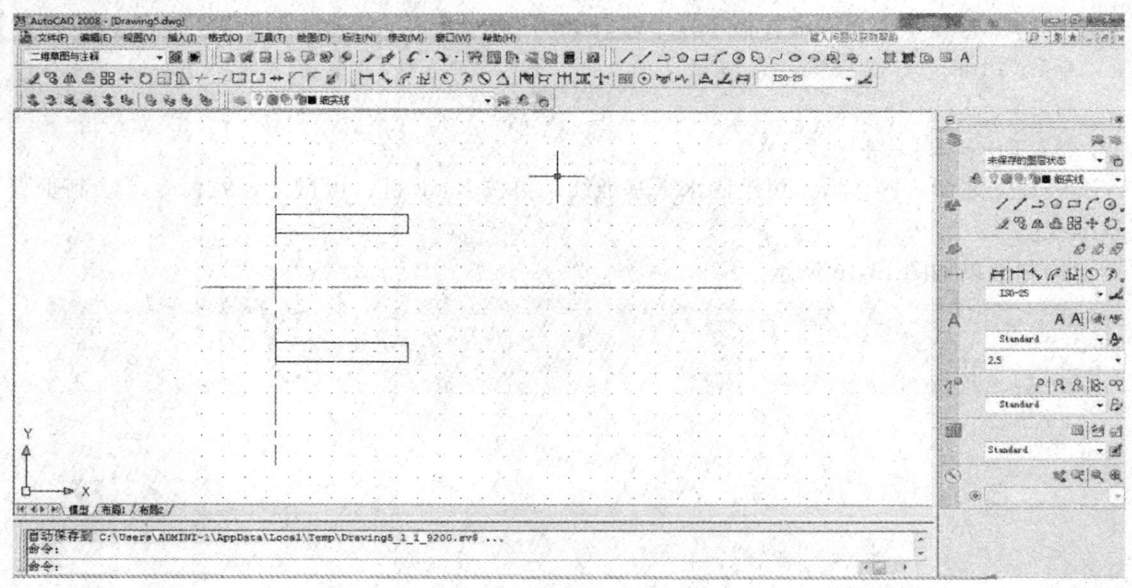

图 13-17　绘制矩形

7. 绘制半径为 $R20$ 的圆弧

经过计算可知，水平基准线与矩形的底边距离为 26，圆弧半径为 20，且与上下矩形边相切，所以，圆弧中心距水平基准线垂直距离为 6。

将图层选择为虚线层，单击绘图工具条中的“直线”按钮，连接两个矩形最左边线，或单击“绘图”→“直线”菜单，或在命令行中输入 LINE 命令并按 Enter 键执行命令。

命令：LINE

指定第一点：

指定下一点或［放弃（U）］：

单击绘图工具条中的“偏移”按钮，将水平基准线上下偏移 6 个单位长度。命令行中输入 OFFSET，执行偏移命令。

命令：OFFSET

指定偏移距离或［通过（T）/删除（E）/图层（L）］：6 ↙

选择要偏移的对象：　　　　　　　　　（选择对象即为水平基准线）

指定要偏移的那一侧上的点：

偏移完成后的水平基准线和虚线的交点即为圆弧中心。将图层改为细实线层。最后单击绘图工具栏上的“圆”按钮，或者命令行中输入 CIRCLE，执行绘制圆命令。

命令：CIRCLE

指定圆的圆心或［三点（3P）/两点（2P）/相切、相切、半径（T）］：

指定圆的半径或［直径（D）］：20 ↙

重复上述操作可继续绘制出下半部分圆，注意：偏移后的水平基准线与绘制的两个圆弧均有交点，利用直线将其连接。绘制后的图形如图 13-18 所示。

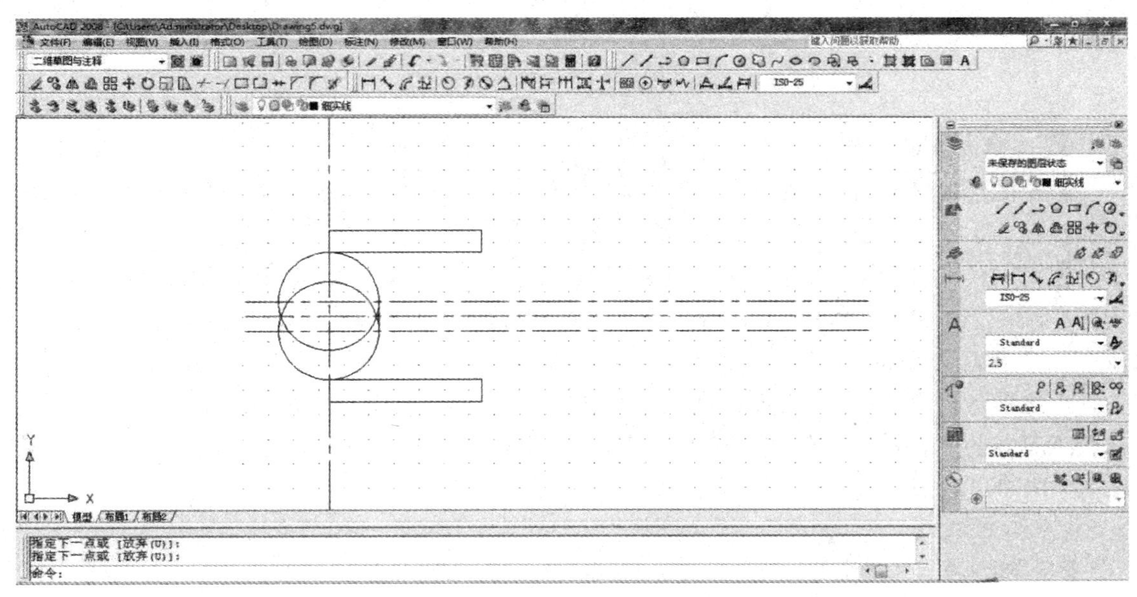

图 13-18　绘制圆弧

8. 修剪多余圆弧

绘制完圆之后，要修剪多余的圆弧，单击修改工具条上的“修剪”图标，或单击“修改”下拉菜单中的“修剪”菜单，或在命令行中输入 TRIM 命令并按 Enter 键，执行修剪命令。

命令：TRIM

当前设置：投影 = UCS，边 = 无

选择剪切边为...

选择对象或〈全部选择〉：　　（选择虚线和连接两圆切点得到的直线段为修剪边界）

选择要修剪的对象，或按住 Shift 键选择要延伸的对象：

修剪结果如图 13-19 所示。

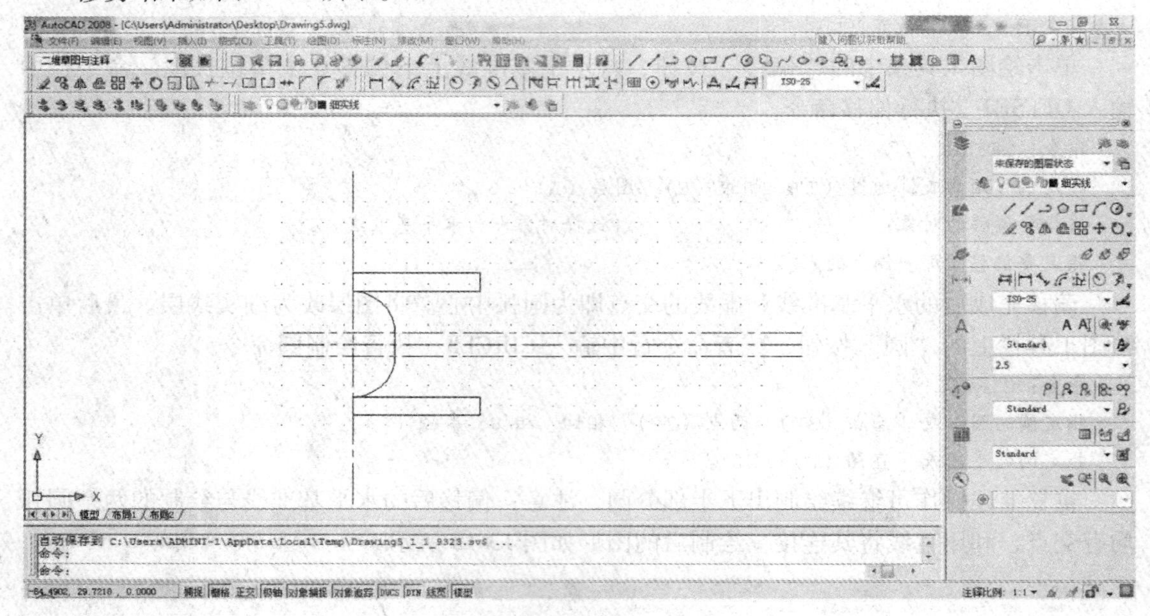

图 13-19　修剪多余圆弧

9. 绘制 *R*14 的圆弧

根据图形尺寸分析，若将水平基准线往上偏移 30 个单位长度，则与圆弧最低点相切。圆弧半径为 14，再将偏移后的水平线往上偏移 14 个单位长度，则可知圆心就在这条水平线上。但此时还找不到圆心的具体位置，由于圆弧还与矩形于右上角点相交，所以再以该交点为圆心画一个半径为 14 的圆，该圆与第二次偏移后的水平线有两个交点，但很容易可得知仅有一个点满足圆弧中心条件。得到具体圆心位置之后便可绘制半径为 14 的圆。

由之前分析可知，需要先将水平基准线向上偏移两次，偏移距离分别为 30、14。单击修改工具条的“偏移”按钮，或单击“修改”下拉菜单中的“偏移”命令，或在命令行中输入 OFFSET 后按 Enter 键，执行偏移命令。

命令：OFFSET

指定偏移距离或［通过（T）/删除（E）/图层（L）］：30 ↙

选择要偏移的对象，或［退出（E）/放弃（U）］：偏移的对象即为水平基准线

指定要偏移的那一侧上的点，或［退出（E）/多个（M）/放弃（U）］：

偏移上下侧都可以，此处偏移上侧，按 Enter 键后，重复操作，继续向上偏移，且偏移距离为 14。若要确定圆心，则还需要以上方矩形的右上角点为圆心绘制半径为 14 的圆来确定圆心。单击绘图工具栏中的“圆”按钮，或“绘图”→“圆”→“圆心，半径”，或在命令行中输入 CIRCLE 后按 Enter 键，执行绘制圆命令。

命令：CIRCLE

指定圆的圆心或［三点（3P）/两点（2P）/相切，相切，半径（T）］：

绘制这个圆的圆心为交点处指定圆的半径或［直径（D）］：14

圆心确定之后可根据上述操作继续绘制半径为 14 的圆，圆绘制结束之后，考虑到上下图形对称问题，则可单击修改工具条中的“镜像”按钮，或单击“修改”工具条中的“镜像”，或命令行中输入 MIRROR 再按 Enter 键，执行镜像命令。

命令：MIRROR

选择对象：↙　　　　　（选择的对象即为半径为 14 的圆弧所在的圆）

指定镜像线的第一点：指定镜像线的第二点：　　　　（镜像线选择水平基准线 ）

要删除源对象吗？[是（Y）/否（N）]：N↙

绘制结果如图 13-20 所示。

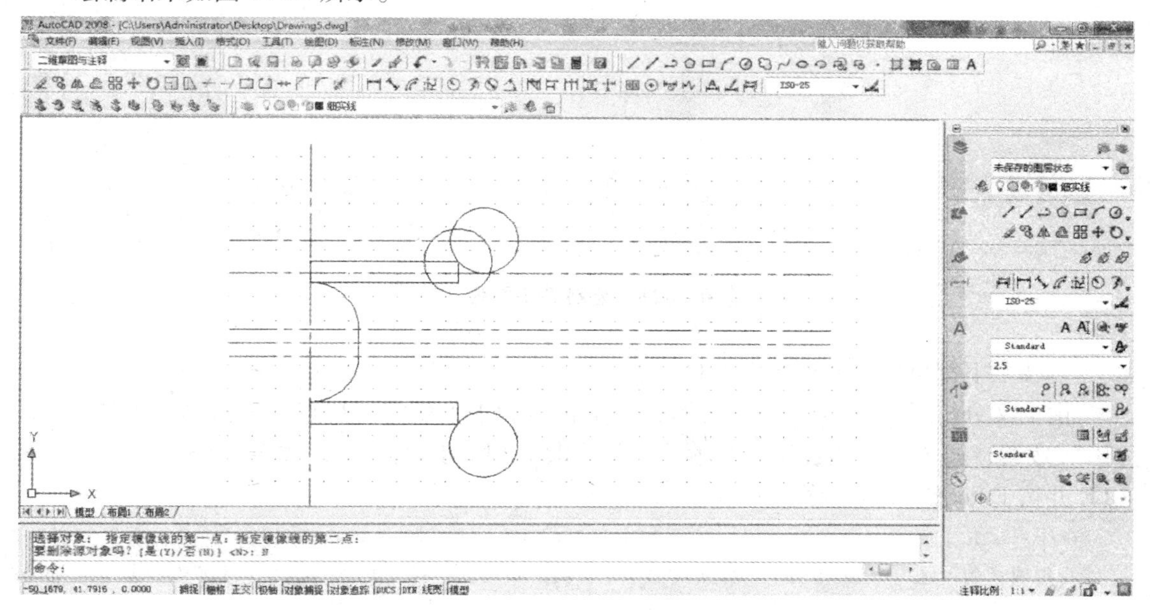

图 13-20　绘制 *R*14 圆弧（1）

由图 13-20 可知，圆绘制完成后还需删除多余的辅助线和圆，单击修改工具栏中的“删除”按钮，或单击“修改”工具栏中的“删除”，或在命令行中输入 ERASE 并按 Enter 键，执行删除命令。

命令：ERASE

选择对象：↙　　　　　　　（将多余辅助线和辅助圆删除）

绘制的图形如图 13-21 所示。

10. 绘制 *R*48 圆弧

根据图形尺寸分析，若是将水平基准线向上平移 65 个单位长度，则与半径为 48 的圆弧最高点相切，并且该圆弧还与半径为 14 的圆弧相切，所以可利用绘制圆命令来绘制出所需圆弧所在的圆。单击修改工具栏中的“偏移”按钮，或单击“修改”工具栏中的“偏移”，或在命令行中输入 OFFSET 并按 Enter 键，执行偏移命令。

命令：OFFSET

指定偏移距离或［通过（T）/删除（E）/图层（L）]：65↙

选择要偏移的对象，或［退出（E）/放弃（U）]：

此处偏移对象仍是水平基准线，指定要偏移的那一侧上的点，或［退出（E）/多个（M）/放弃（U）]：

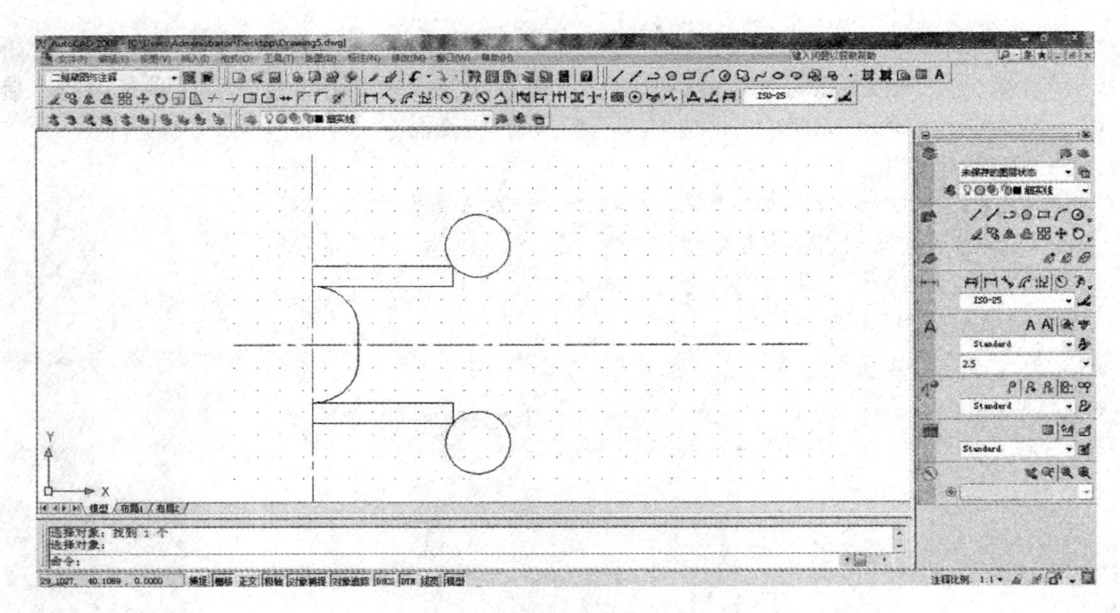

图 13-21　绘制 *R*14 圆弧（2）

偏移上下都可以，此处向上偏移。

由上文分析可知，半径为 48 的圆弧与偏移后的水平线有一切点，单击绘图工具条中的“圆”按钮，或单击“绘图”→“圆”→“相切，相切，半径”，或在命令行中输入 CIRCLE 并按 Enter 键，执行绘制圆命令。

命令：CIRCLE

指定圆的圆心或［三点（3P）/两点（2P）/相切，相切，半径（T）］：T↙（根据已知条件绘制*R*48 圆的方法）

指定对象与圆的第一个切点：

指定对象与圆的第二个切点：

指定圆的半径：48↙

绘制结果如图 13-22 所示。

11. 绘制 *R*18 圆弧

根据图形尺寸分析，*R*18 圆弧中心可确定，只需将垂直基准线向右偏移 136 个单位长度，然后再将水平基准线向上偏移 22.5 个单位绘制平行线，两线交点即为 *R*18 圆弧的圆心。单击修改工具条中的“偏移”按钮，或单击“修改”下拉菜单中的“偏移”，或在命令行中输入 OFFSET 并按 Enter 键，执行偏移命令。

命令：OFFSET

指定偏移距离或［通过（T）/删除（E）/图层（L）］：136↙

选择要偏移的对象，或［退出（E）/放弃（U）］：（选偏移垂直基准线，后偏移水平基准线）

指定要偏移的那一侧上的点，或［退出（E）/多个（M）/放弃（U）］：

偏移完成后，按 Enter 键重复操作，向上偏移水平基准线，距离为 22.5。交点即为圆心，单击绘制工具栏中的“圆”按钮，或单击“绘图”下拉菜单中的“圆”，或命令行中输入 CIRCLE 并按 Enter 键绘制圆命令。

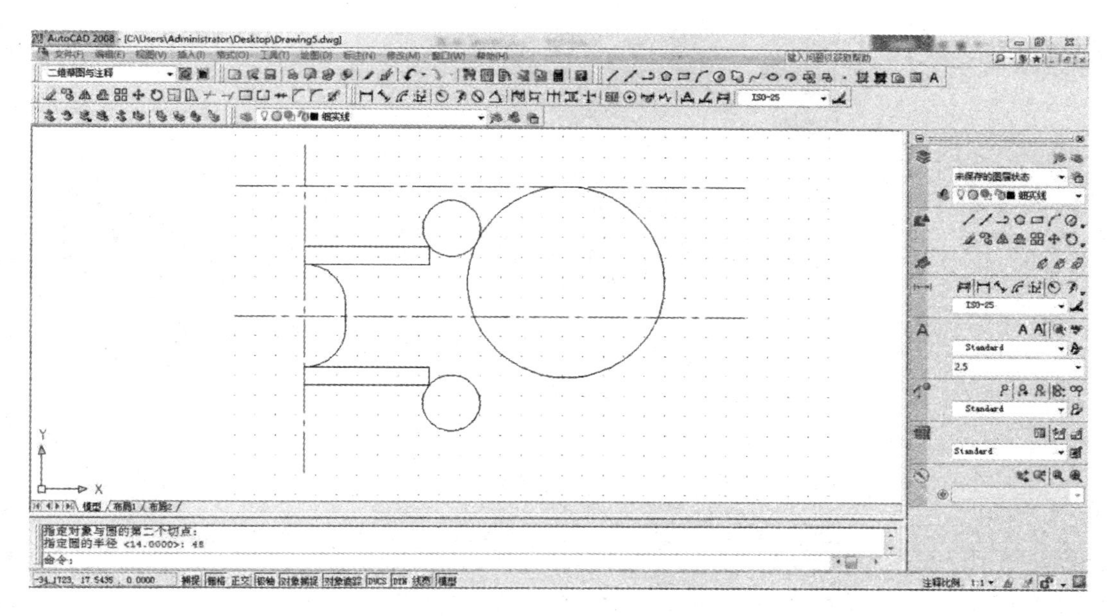

图 13-22　绘制 *R*48 圆弧

命令：CIRCLE

指定圆的圆心或［三点（3P）/两点（2P）/相切，相切，半径（T）］：

指定圆的半径或［直径（D）］：18↙

观察图形可知，*R*18 圆弧为上下对称图形，此时可利用镜像命令绘制另一半图形。单击修改工具条中的“镜像”按钮，或单击“修改”下拉菜单中的“镜像”，或命令行中输入 MIRROR 并按 Enter 键，执行镜像命令。

命令：MIRROR

选择对象：指定镜像线的第一点：指定镜像线的第二点：（镜像线选水平基准线）

要删除源对象吗？［是（Y）/否（N）］：N↙

绘制结果如图 13-23 所示。

12. 绘制 *R*90 圆弧

根据图形尺寸分析，*R*90 圆弧所在圆与两个对称的 *R*18 的弧相切，所以可直接通过圆绘制，然后修剪得到圆弧。单击绘图工具条的“圆”按钮，或单击“绘图”下拉菜单→“圆”→“相切，相切，半径”，或在命令行中输入 CIRCLE 并按 Enter 键，执行绘制圆命令。

命令：CIRCLE

指定圆的圆心或［三点（3P）/两点（2P）/相切，相切，半径（T）］：T↙

指定对象与圆的第一个切点：

指定对象与圆的第二个切点：

指定圆的半径：90↙

绘制结果如图 13-24 所示。

绘制结束之后进行修剪，单击修改工具条中的“修剪”按钮，或单击“修改”下拉菜单中的“修剪”，或在命令行中输入 TRIM 并按 Enter 键，执行修剪命令。

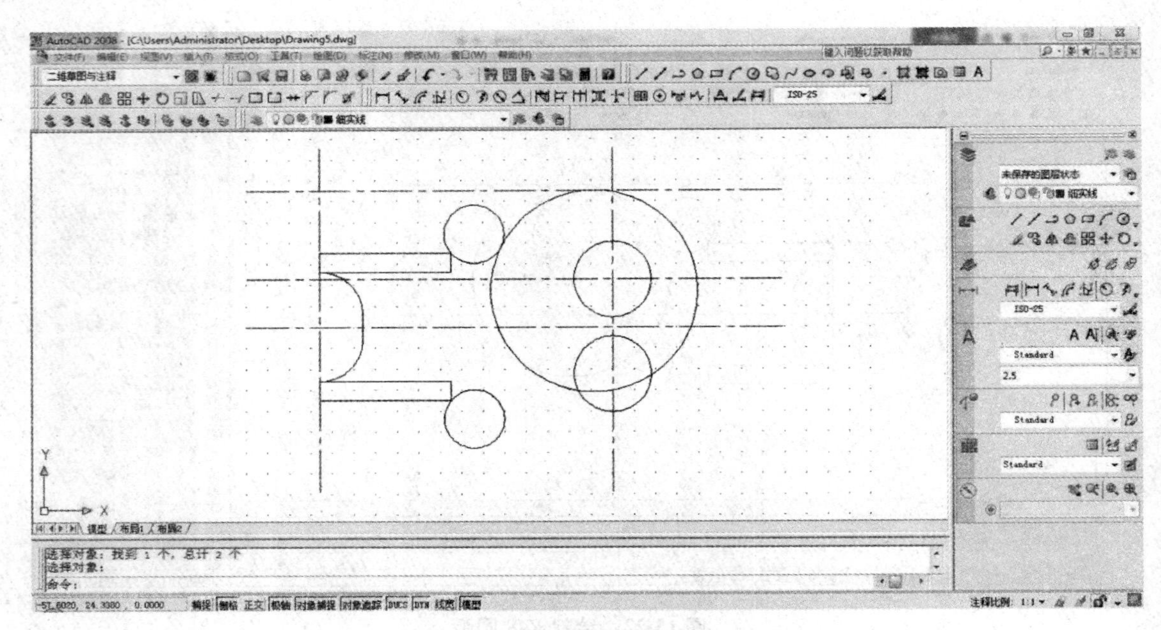

图 13-23　绘制 *R*18 圆弧

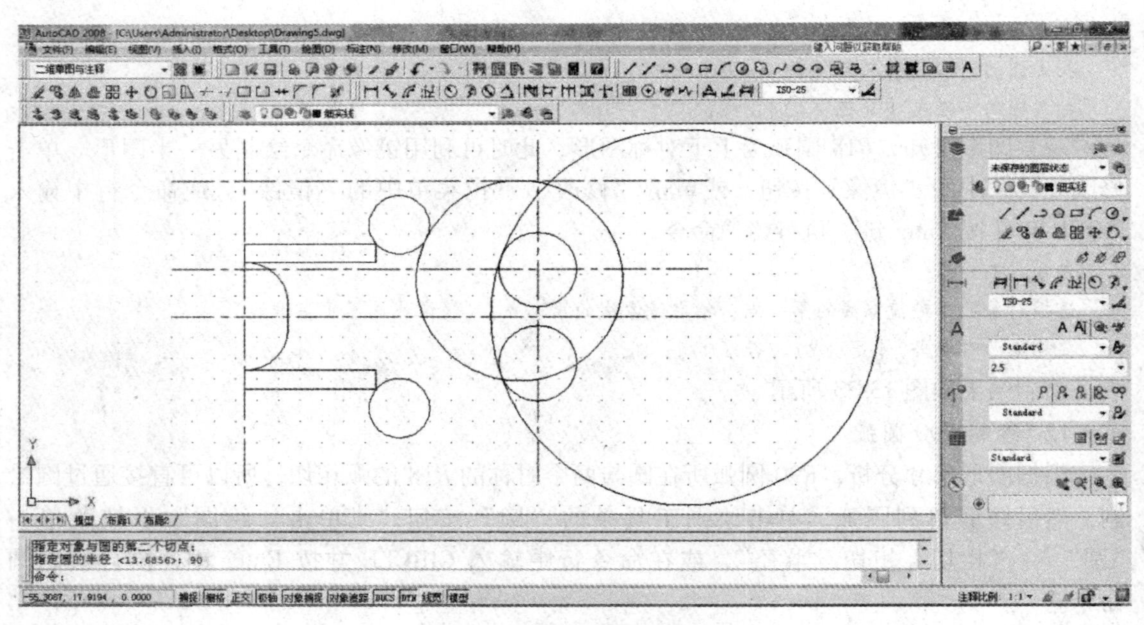

图 13-24　绘制 *R*90 圆弧

命令：TRIM

当前设置：投影＝UCS，边＝无

选择剪切边...

选择对象或〈全部选择〉：

选择要修剪的对象，或按住 Shift 键选择要延伸的对象，或［栏选（F）/窗交（C）/投影（P）/边（E）/删除（R）/放弃（U）］：

13. 绘制矩形

最后绘制两个矩形，根据图形尺寸分析，矩形的长未直接给出，只给了矩形的宽，为 7 个单位长度。但是根据定位尺寸还是可以固定矩形的长边。只需将垂直基准线向右偏移 172 个单位长度，再将水平基准线向上偏移 35 个单位长度，便可得到长边。单击修改工具栏中的“偏移”按钮，或单击“修改”下拉菜单中的“偏移”，或在命令行中输入 OFFSET 并按 Enter 键，执行偏移命令。

命令：OFFSET

指定偏移距离或［通过（T）/删除（E）/图层（L）］：172 ↙

选择要偏移的对象，或［退出（E）/放弃（U）］：

重复此操作，再将水平基准线向上偏移 35 个单位长度和 42 个单位长度。此时在绘图区可得到矩形三个顶点，所以还需要找出另一个顶点，可利用“复制”命令，单击修改工具条中的“复制”按钮，或单击“修改”下拉菜单中的“复制”，或在命令行中输入 COPY 并按 Enter 键，执行复制命令。

命令：COPY

选择对象：（选择矩形右边两顶点所在垂直线）

指定基点或［位移（D）/模式（o）］：（基点选择矩形右下角顶点）

指定第二个点或〈使用第一个点作为位移〉：

绘制结果如图 13-25 所示。

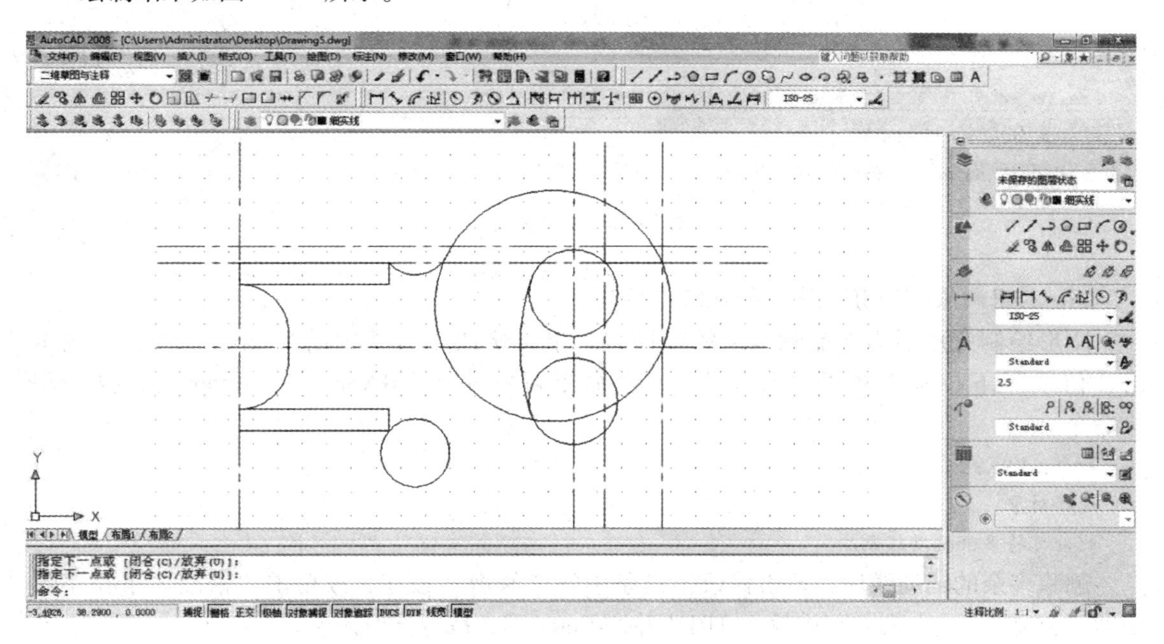

图 13-25　绘图矩形四个顶点

由上文分析可知，矩形长边长度不知，但根据定位尺寸可确定，所以，绘制此矩形可利用“直线”绘制，连接各个顶点即可。单击绘图工具条中的“直线”按钮，或单击“绘图”下拉菜单中的“直线”，或在命令行中输入 LINE 并按 Enter 键执行绘制直线命令。

命令：LINE

指定第一点：

指定下一点或［放弃（U）］：

指定下一点或［放弃（U）］：

指定下一点或［闭合（C）/放弃（U）］：

指定下一点或［闭合（C）/放弃（U）］：

定点为矩形四个点

绘制结果如图 13-26 所示。

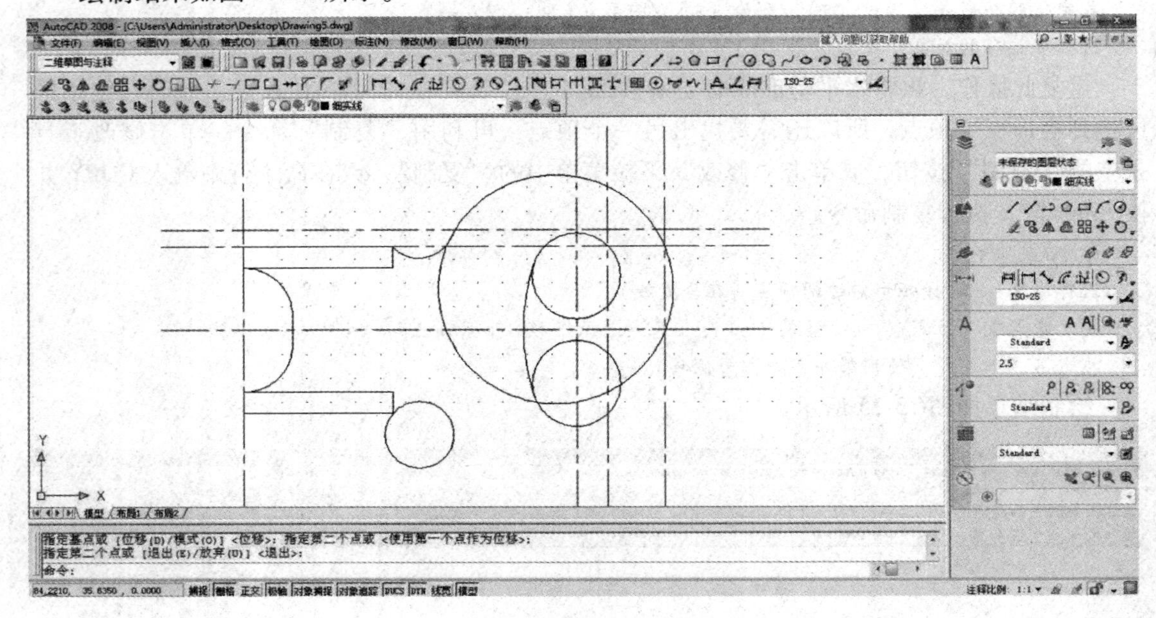

图 13-26　绘制矩形

14. 利用删除、修剪、镜像命令完善图形

图形绘制完成后需要删除多余的辅助线，单击修改工具条中的“删除”按钮，或单击“修改”下拉菜单中的“删除”，或在命令行中输入 ERASE 并按 Enter 键，执行删除命令。

命令：ERASE

选择对象：

此处可将多余辅助线删除

删除多余的辅助线后，单击修改工具条中的“修剪”按钮，或单击“修改”下拉菜单中的“修剪”，或在命令行中输入 TRIM 并按 Enter 键，执行修剪命令。

命令：TRIM

当前设置：投影 = UCS，边 = 无

选择剪切边...

选择对象或〈全部选择〉：

此时需要根据图形要求进行修剪

由于图形关于水平基准线对称，则可利用镜像命令完成下半部分图形。单击修改工具条中的“镜像”按钮，或单击“修改”下拉菜单中的“镜像”，或在命令行中输入 MIRROR 并按 Enter 键，执行镜像命令。

命令：MIRROR

选择对象：

（此时需根据图形要求选择对象）

指定镜像线的第一点：

指定镜像线的第二点：

镜像线依旧选择水平基准线

要删除源对象吗？[是（Y）/否（N）]：N↙

完善后的图形如图 13-27 所示。

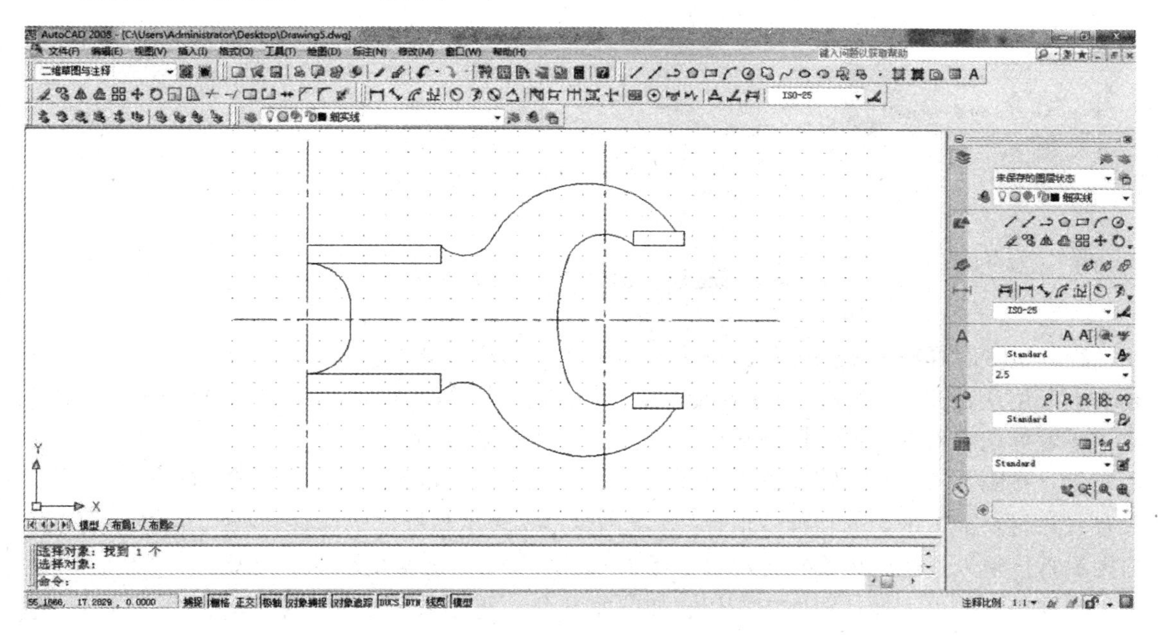

图 13-27　完善图形

15. 标注尺寸

在图形设计中，尺寸标注是绘图设计工作中的一项重要内容，因为绘制图形的根本目的是反映对象的形状，而图形中各个对象的真实大小和相互位置只有通过尺寸标注后才能确定，AutoCAD 软件提供了十余种标注工具对图形对象进行尺寸标注，分别位于“标注”菜单或“标注”工具栏中。使用它们可以进行角度、直径、半径、线性、对齐、连续、圆心及基线等标注。在 AutoCAD 2008 软件中，将鼠标指针放在任何一个图标上，右击，在弹出的快捷下拉菜单上单击“标注”，弹出“标注”工具条。本平面图采用单击“线性”“半径”“直径”“多行文字”等图标就可以完成尺寸标注。标注完尺寸的图形如图 13-28 所示。

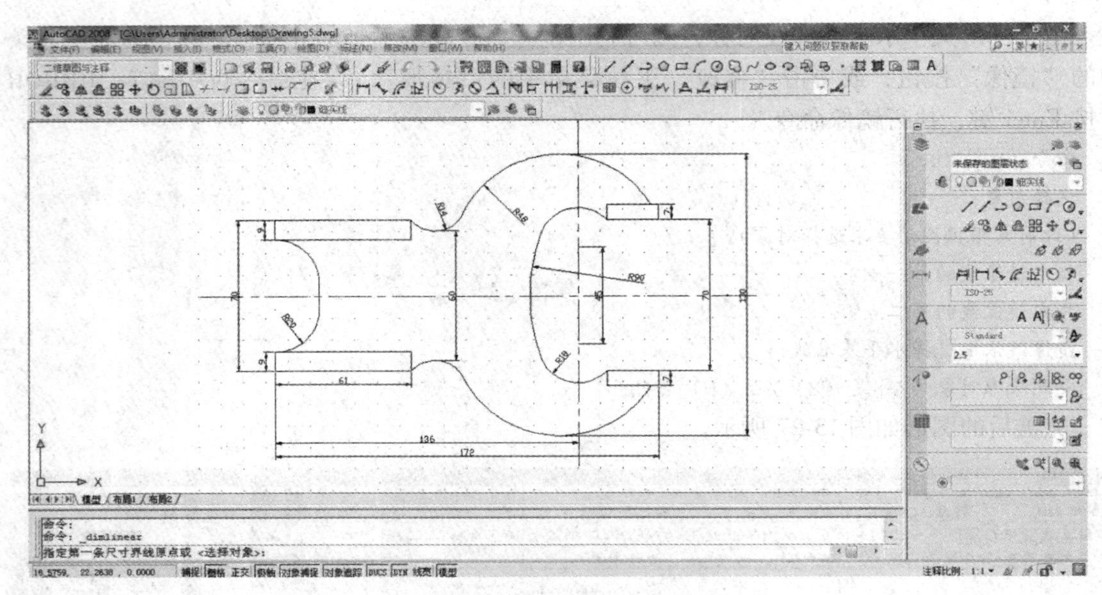

图 13-28　标注尺寸

13.6　绘制机械零件图方法简介

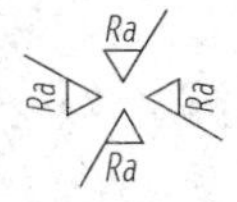

图 13-29　粗糙度符号图

绘制机械图样时，机械零件图样中有粗糙度、形位公差等技术要求也采用块的形式完成，对于粗糙度，也可以采用块的方式完成，随着标记表面的方向不同，粗糙度值的大小及文字方向也在发生变化。在图 13-29 中，分别做成四种方向的四个块，就可以完成所有去除材料加工的表面粗糙度值标注；图中的 *Ra* 表示粗糙度的属性特征，在插入块时根据提示直接输入具体的表面粗糙度值。不去除材料加工的表面粗糙度单独做成一个块。

标准件有些可直接从图库中调用，如图库没有，可创建图块直接调用。

13.7　绘制机械装配图方法简介

AutoCAD 采用外部参照绘制机械装配图是比较快捷的方法。在 AutoCAD 软件中，外部参照提供了另一种更为灵活的图形引用方法。使用外部参照可以将多个图形链接到当前图形中，作为外部参照的图形会随着原图形的修改而更新。不同于块，在插入图块时，插入的图形对象作为一个独立的部分存在于当前图形中，与原来的图形文件没有关联；而在使用外部参照的过程中，这些被插入的图形文件信息并不直接加入当前的图形文件中，而只是记录引用的关系，对当前图形的操作也不会改变外部引用图形文件的内容。只有用户打开有外部引用的图形文件时，系统才自动地把各外部引用图形文件重新调入内存。此外，外部参照不会明显地增加当前图形的文件大小，从而可以节省磁盘空间，也利于保持系统的性能。当一个图形文件被作为外部参照插入当前图形中时，外部参照中每个图形的数据仍然分别保存在各自的原图形文件中，当前图形中所保存的只是外部参照的名称和路径。无论一个外部参照文件多么复杂，AutoCAD

都会把它作为一个单一对象来处理，而不允许进行分解。使用设计中心可以进行简单附着、预览外部参照、描述以及通过拖动快速地放置。Xbind 命令可以将指定的外部参照断开与原图形文件的链接，绑定到当前文件并转换为块对象，成为当前图形的永久组成部分。

下面举例应用外部参照绘制千斤顶装配图，在 AutoCAD 软件中，先建立一个新文件，单击“插入”下拉菜单“DWG 参照（R）...”或在命令行中输入“xattach”命令，都会弹出如图 13-30 所示的对话框，选择千斤顶各零件图文件后单击“打开”，确定插入的定位点，将千斤顶各零件图插入新文件中，如图 13-31 所示。

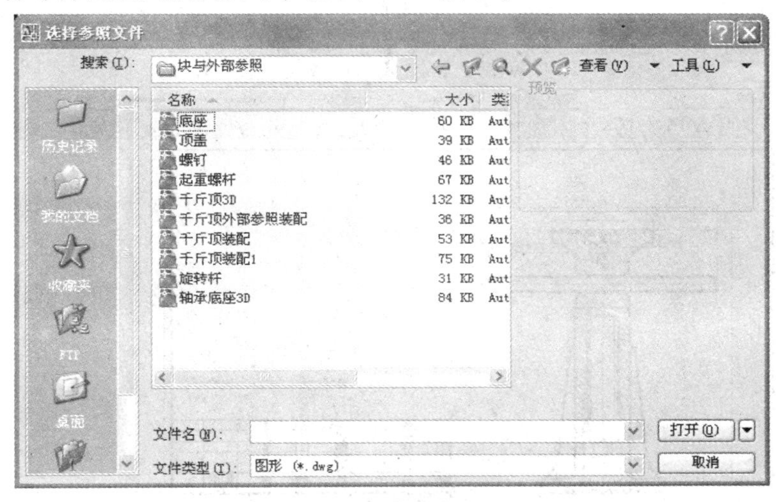

图 13-30　“选择参照文件”对话框

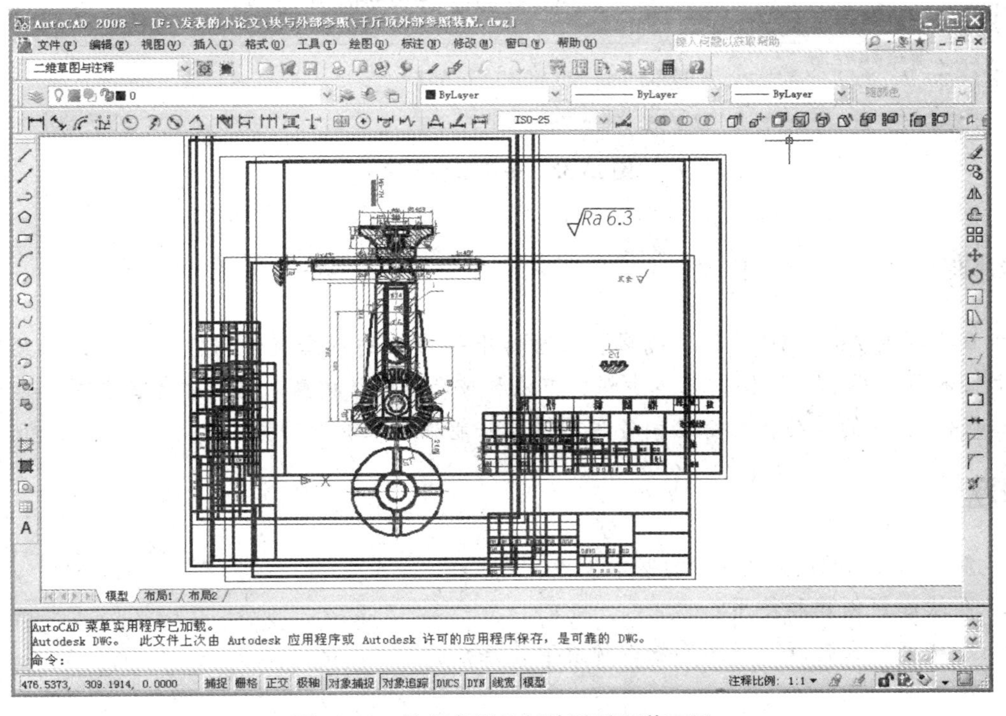

图 13-31　外部参照绘制的千斤顶装配图

运用外部参照绘制的装配图，不可以用分解、删除、修剪等命令进行图形修改。若需要修改图形，去除各零件图中的图框、标题栏等，只能够在引用的图形原文件中进行删除，引用的图形原文件修改后保存，AutoCAD 软件系统提示参照文件已修改，需要重新加载，通过重新加载将千斤顶装配图进行更新，如果参照的文件没有打开，只有用户打开有外部引用的图形文件时，系统才自动地把各外部引用图形文件重新调入内存，且前文件能随时反映引用文件的最新变化。通过修改，标注尺寸，添加图框、标题栏、明细栏等完成装配图的绘制，最后绘制的装配图如图 13-32 所示。

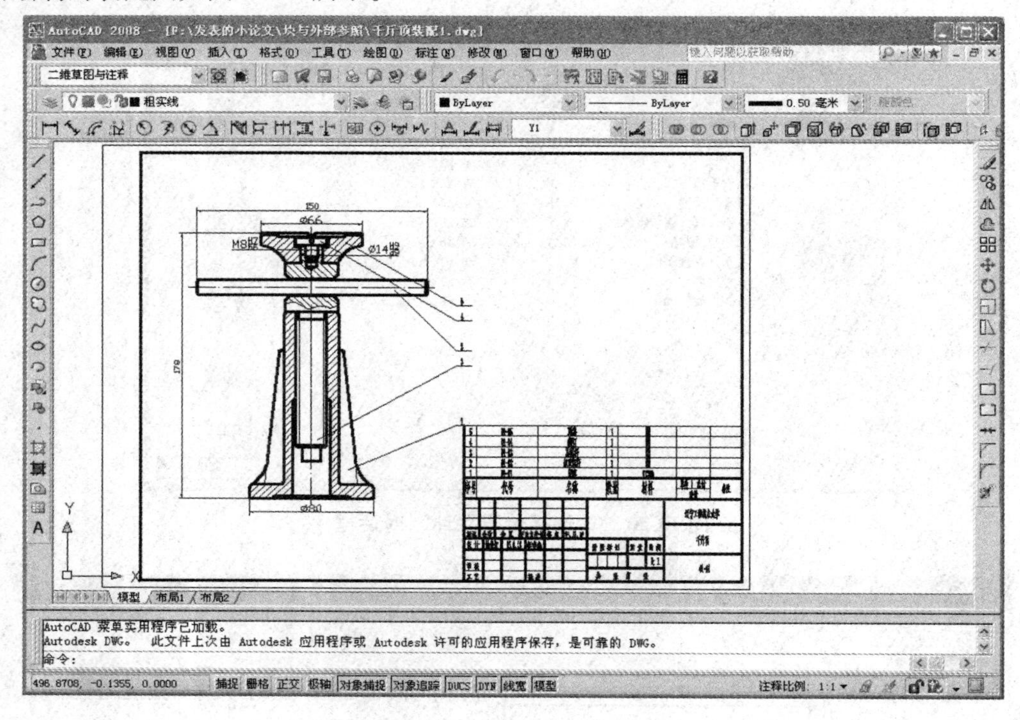

图 13-32　千斤顶装配图

本章小结

本章主要对 AutoCAD 绘图、编辑、工程标准等命令的概念及使用做了介绍，对绘制二维平面图和零件图、装配图的基本步骤、方法和技巧进行了讲解。通过本章的学习，能够掌握 AutoCAD 制图的技巧，熟练绘制各种图样，并能独立准确地绘制。

思考题

1. 简述 AutoCAD 绘制图形的基本步骤。
2. 图块如何创建和使用？
3. 图块有什么特点？使用图块的优点有哪些？

第14章

零部件测绘和画装配图

★本章知识点

1. 常用测量工具及测量尺寸的方法。
2. 零件测绘的方法和步骤。
3. 部件测绘的方法和步骤。
4. 装配图绘制的方法和步骤。

测绘在生产中的应用比较广泛，主要用来仿制机器或部件，推广学习先进技术，修复和改造陈旧设备，进行技术资料存档与技术交流等。通过零部件测绘应达到以下目的：

（1）全面、系统地复习已学知识，并在测绘中综合应用。

（2）进一步培养分析问题和解决问题的能力，继续提高绘图技能和技巧。

（3）熟悉零部件测绘的方法和步骤，掌握简单工具的使用；培养学生初步的整机或部件测绘技能。

（4）进一步提高对典型零件的表达能力，掌握装配图的表达方法和技巧，加强作图能力，为今后专业课的学习和工程实践打下坚实的基础。

14.1 测绘工具简介

14.1.1 常用的测绘工具

测绘工具可分为拆卸工具和测量工具。拆卸工具有扳手、手钳、螺钉旋具类、铜棒、木棒等。拆卸工具使用要得当，对装配体不得盲目拆卸，以免造成损伤，影响其精度和性能。

一般测绘图上的尺寸，都是用量具在零、部件的各个表面上测量出来。测量尺寸时，需要使用多种不同的测量工具和仪器，才能比较准确地确定各种复杂程度和精度要求不同的零件尺寸。常用的测量工具有钢板尺、游标卡尺、外卡钳、内卡钳、螺纹规和圆角规等，如图 14-1 所示。

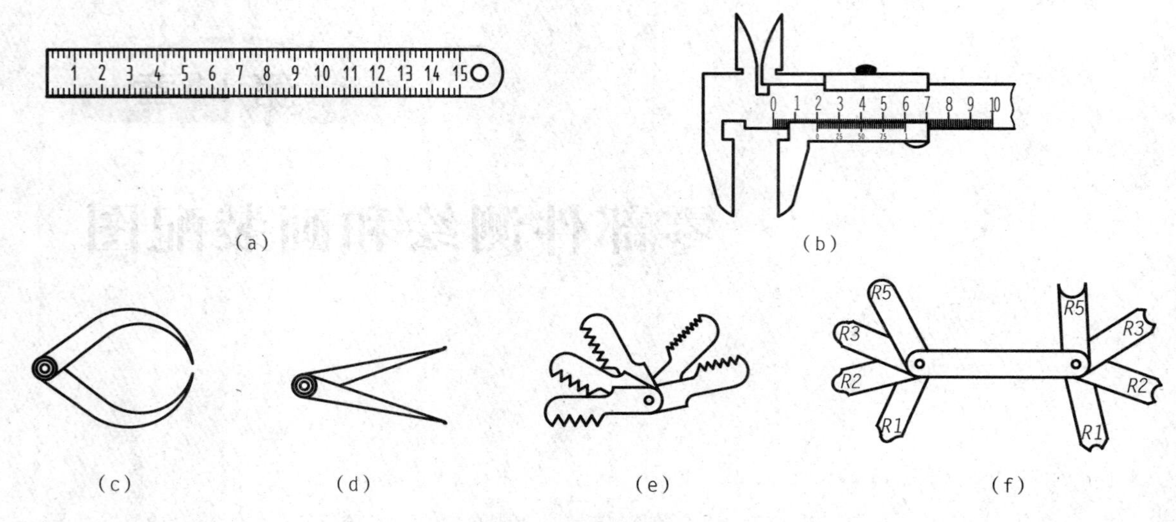

图 14-1 常用的测量工具

(a) 钢板尺；(b) 游标卡尺；(c) 外卡钳；(d) 内卡钳；(e) 螺纹规；(f) 圆角规

14.1.2 常用测量尺寸的方法

在测绘零部件时，正确测量零件上各部分的尺寸，对确定零件的形状大小非常重要。表 14-1 介绍了几种常用测量尺寸的方法，可供学习时参考。

表 14-1 常用测量尺寸的方法

项目	例图与说明	项目	例图与说明
线性尺寸	94 (L_1) 13 (L_2) 28 (L_3) 线性尺寸可以用直尺直接测量读数，如图中的长度 L_1 (94)、L_2 (13) 和 L_3 (28)	直径尺寸	直径尺寸可以用游标卡尺直接测量读数，如图中的直径 d ($\phi 20$)

续表

项目	例图与说明	项目	例图与说明
壁厚尺寸	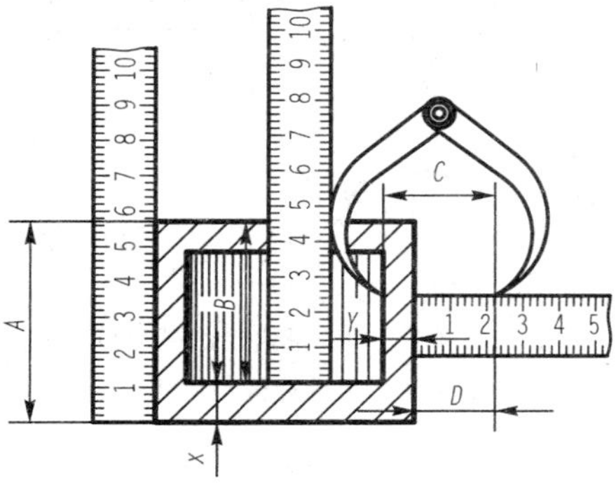 壁厚尺寸可以用直尺测量，如图中底壁厚度 $X=A-B$，或用卡钳和直尺测量，如图中侧壁厚度 $Y=C-D$	孔间距	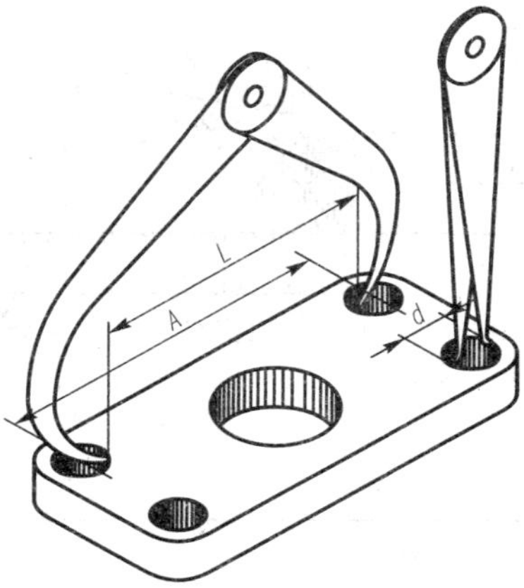 孔间距可以用外卡钳结合内卡钳测出，或用游标卡尺测出如图中两孔中心距 $A=L+d$
中心高	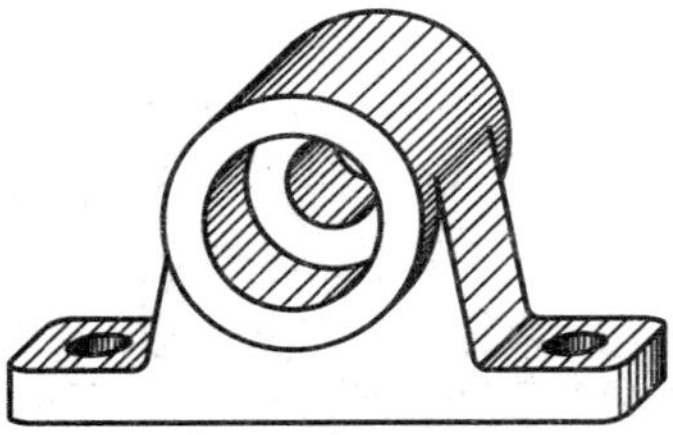 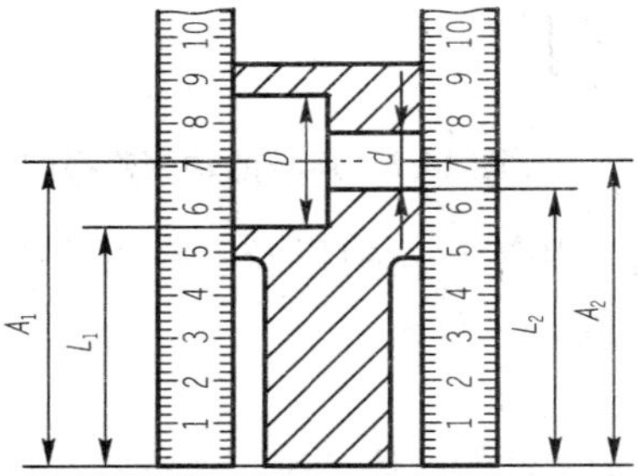 中心高可以用直尺和卡钳（或游标卡尺）测出，如图中左侧 $\phi50$ 孔的中心高 $A_1=L_1+1/2D$，右侧 $\phi18$ 孔的中心高 $A_2=L_2+1/2d$	曲面轮廓	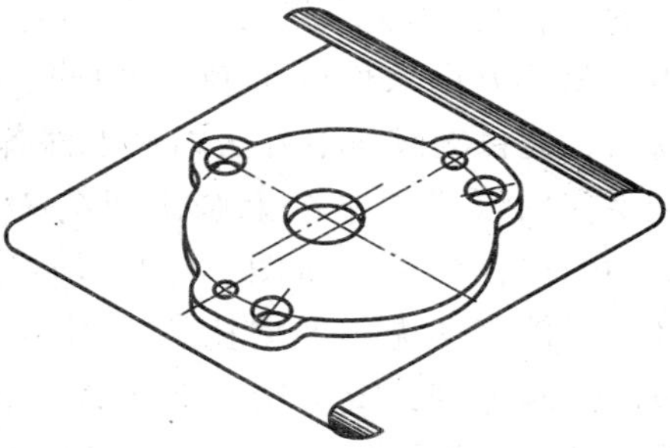 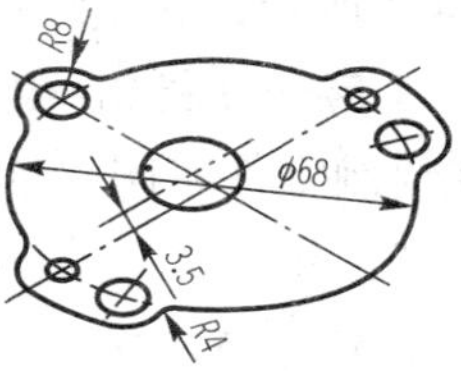 对精度要求不高的曲面轮廓，可以用拓印法在纸上拓出它的轮廓形状，然后用几何作图求出圆弧的尺寸和中心位置，如图中 $\phi68$、$R8$、$R4$ 和3.5

续表

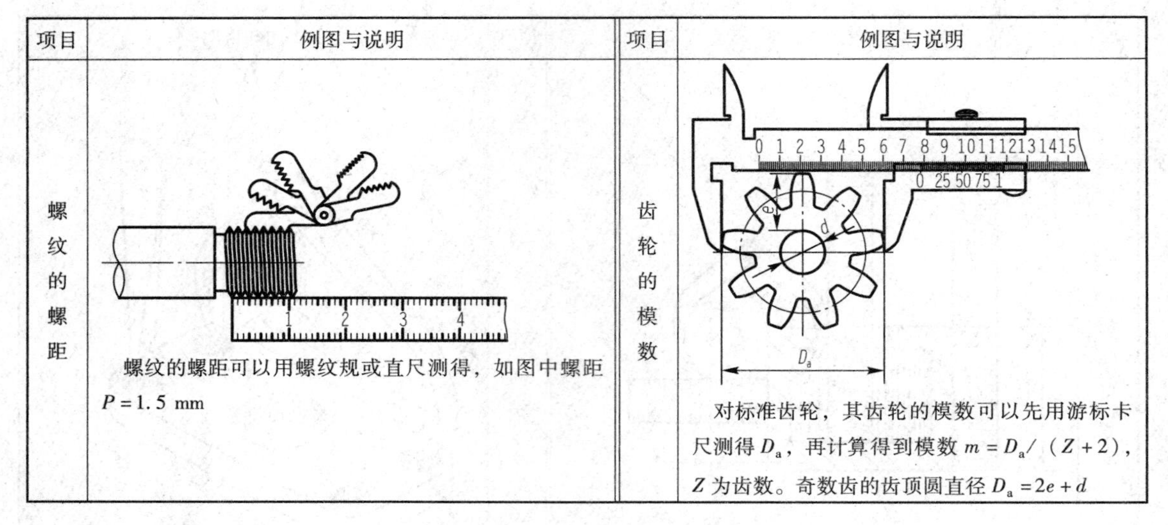

项目	例图与说明	项目	例图与说明
螺纹的螺距	螺纹的螺距可以用螺纹规或直尺测得，如图中螺距 $P=1.5$ mm	齿轮的模数	对标准齿轮，其齿轮的模数可以先用游标卡尺测得 D_a，再计算得到模数 $m=D_a/(Z+2)$，Z 为齿数。奇数齿的齿顶圆直径 $D_a=2e+d$

14.2 零件测绘的方法与步骤及注意事项

14.2.1 零件测绘的方法与步骤

对现有零件实物进行绘图、测量和确定技术要求的过程称为零件测绘。零件测绘常在现场进行，由于受各方面条件的限制，工程技术人员不用绘图仪器，凭目测或简单方法确定零件各部分比例关系，徒手在白纸或方格纸上画出所需表达零件的图样，这种图样称为零件草图。它与零件工作图的不同之处是零件草图无须严格比例及不用仪器绘制。零件草图绘制不好，就会给绘制零件工作图带来很大困难，甚至使工作无法进行。现以绘制连杆零件为例，如图 14-2 所示，介绍零件测绘的方法和步骤。

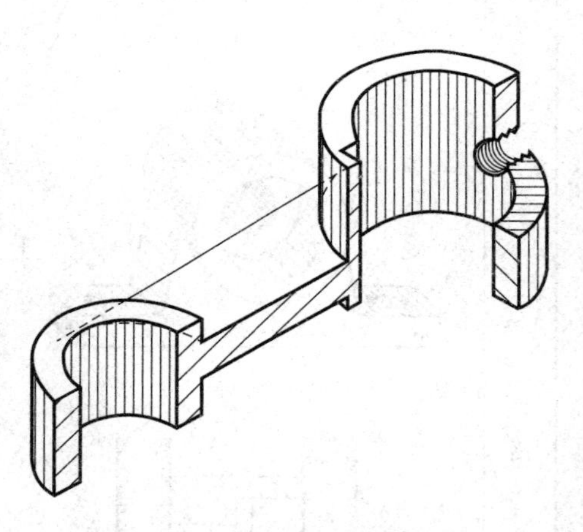

图 14-2 连杆的轴测剖视图

1. 了解和分析测绘对象

在绘制零件草图之前，首先了解所测绘零件的名称、用途、材料以及它在机器或部件中的位置和作用，然后对该零件进行形体分析和制造方法的大致分析。

2. 拟订表达方案

根据零件图的视图选择原则和各种表达方法，结合被测零件的具体情况，选择恰当的视图表达方案。

3. 徒手绘制零件草图

零件草图绝不可以潦草从事，它必须包括零件图上所要求的全部内容。画零件草图的要求是：视图正确，表达清晰，尺寸完整，线型分明，字体清楚，图面整洁，技术要求齐备，并有图框、号签、标题栏等内容。绘制连杆零件草图的步骤如图 14-3 所示。

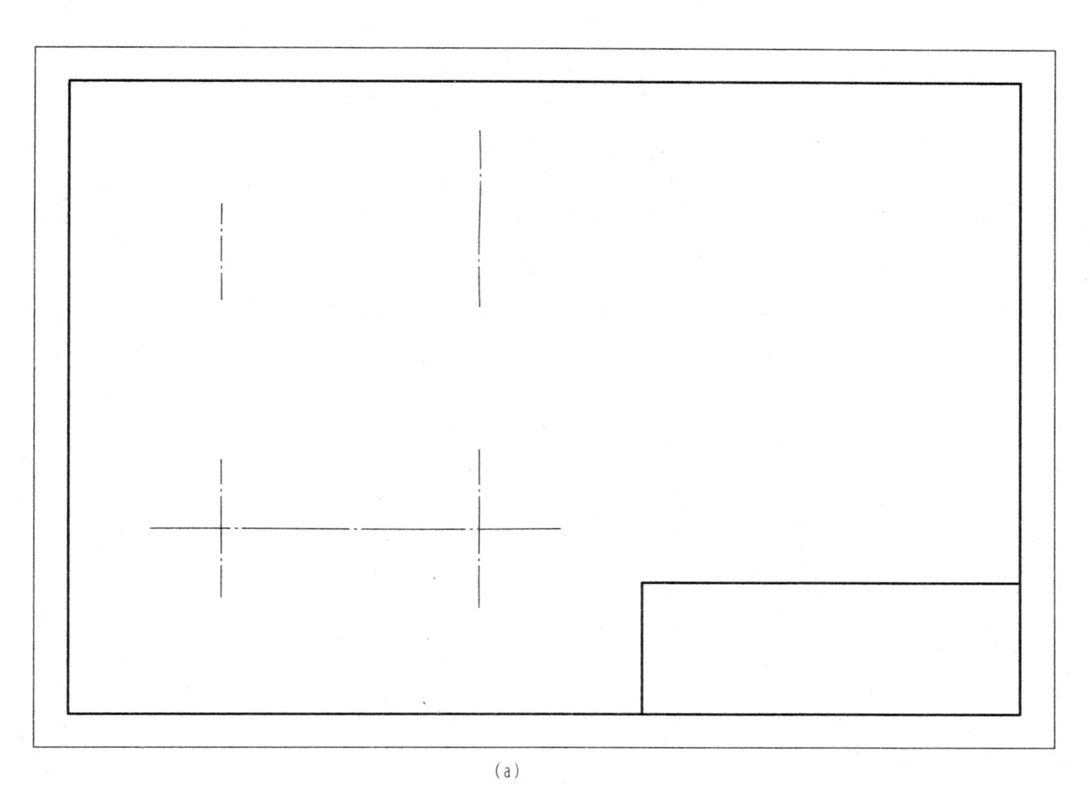

(a)

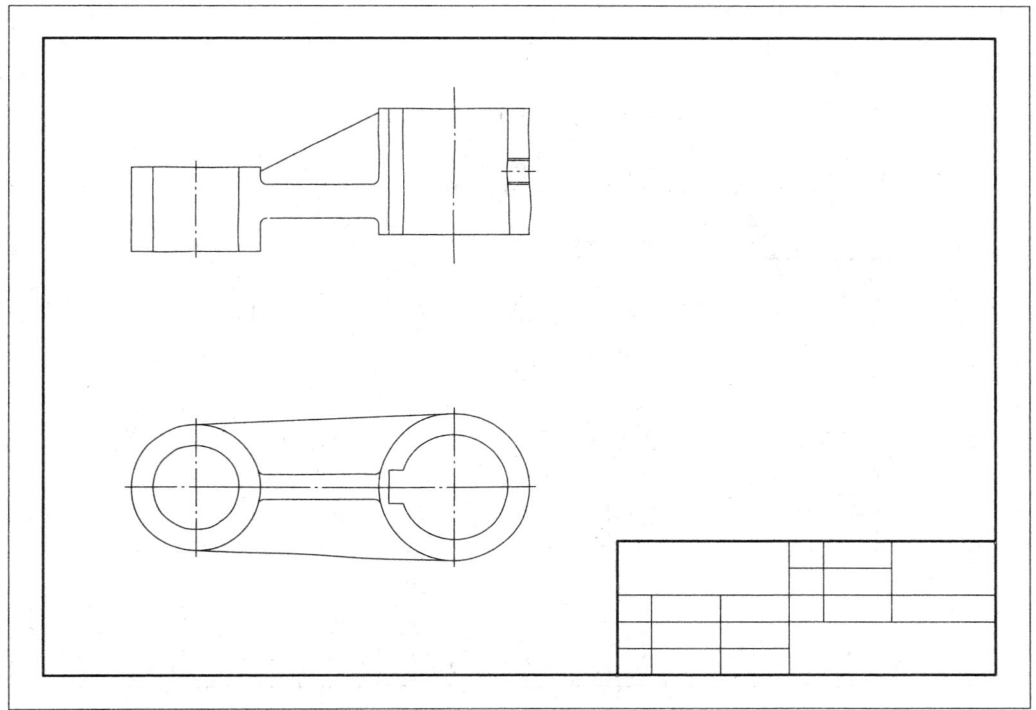

(b)

图 14-3　连杆的零件草图

(a) 画图框、标题栏等；布置视图，画各视图的定位基准线；(b) 目测比例，用细实线绘制主视图和俯视图

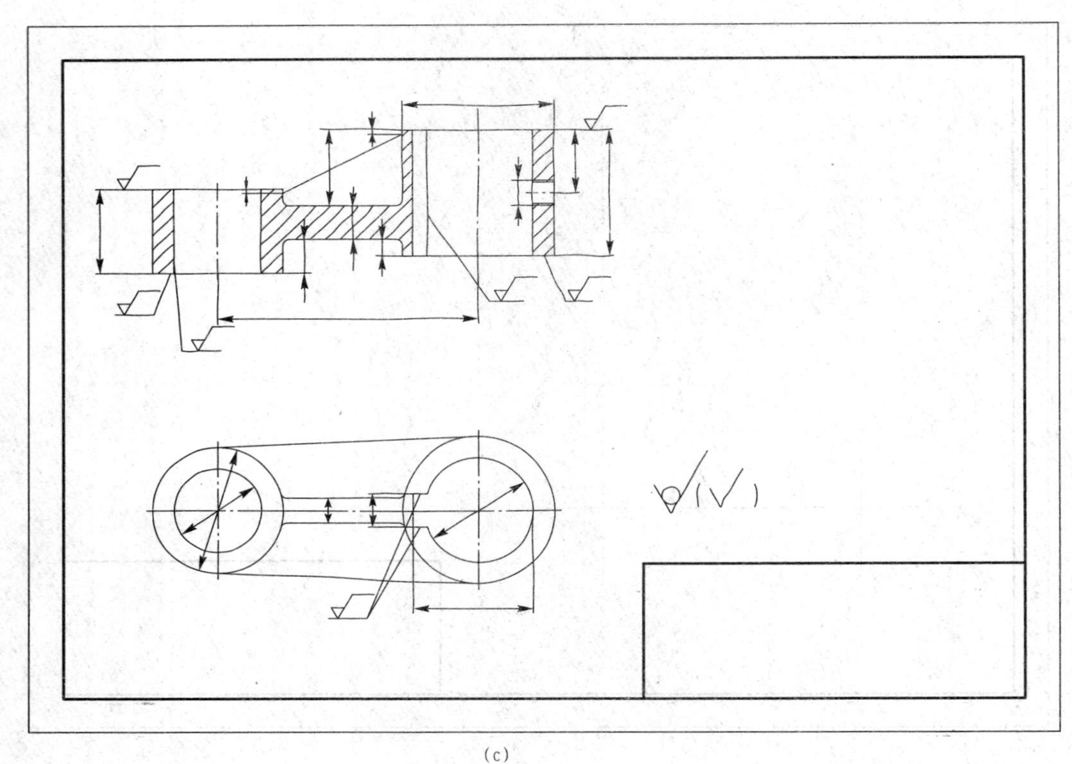

(c)

未注圆角R3

连杆

(d)

图 14-3　连杆的零件草图（续）

(c) 画剖面线、尺寸界线、尺寸线和尺寸线终端；

(d) 加深图线，测量并书写尺寸数字，标注表面粗糙度和尺寸公差，填写技术要求和标题栏

（1）画作图基准线，以确定各视图的位置，如图14-3（a）所示。布置视图时，要考虑到各视图间应留有足够的空间以便标注尺寸。

（2）目测比例，用细实线画出表达零件内外结构形状的视图、剖视和剖面等，如图14-3（b）所示。画图时，注意按照投影关系绘制。另外，不要把零件毛坯或机加工中的缺陷及使用过程中的磨损和破坏反映在图样中。

（3）选定尺寸基准，画出尺寸线、尺寸界线及尺寸线终端，并加注有关符号（如“ϕ”“R”等），同时画出剖面线，如图14-3（c）所示。

（4）仔细检查，按规定线型徒手将图线加深，然后量取和标注尺寸数值，标注各表面粗糙度代号，注写其他技术要求，填写标题栏，完成草图，如图14-3（d）所示。

画零件草图中，要注意以下几点：

（1）零件间有连接关系或配合关系的部分，它们的基本尺寸应相同。测绘时，只需测出其中一个零件的有关基本尺寸，即可分别标注在两个零件的对应部分上，以确保尺寸的协调。

（2）标准件虽不画零件草图，但要测出其规格尺寸，并根据其结构和外形，从有关标准中查出它的标准代号，把名称、代号、规格尺寸等填入装配图的明细栏中。

（3）零件的各项技术要求（包括尺寸公差、形状和位置公差、表面粗糙度、材料、热处理及硬度要求等）应根据零件在装配体中的位置、作用等因素来确定。也可参考同类产品的图纸，用类比的方法来确定。

4. 根据零件草图绘制零件工作图

一般情况下，零件草图绘出之后要画出机器或部件的装配图，然后再经过整理绘出零件工作图，按零件工作图生产和检验零件。因此，在绘制零件工作图之前，要对零件草图进行审核。审核零件草图包括以下几项内容：

（1）表达方案是否完整、清晰和简便，是否需要调整。

（2）尺寸标注是否完整、清晰和合理，尺寸间是否协调。

（3）技术要求是否满足零件的性能和加工要求。

（4）图中各项内容是否符合标准规定。

如果在审核中发现问题，在绘制零件工作图时予以修改更正。完成后的连杆零件工作图如图14-4所示。

14.2.2　零件测绘时的注意事项

（1）零件的制造缺陷和长期使用造成的磨损不应画出。

（2）零件因制造、装配的需要形成的工艺结构，如铸造圆角、退刀槽、凹坑等，都必须画出，不能忽略。

（3）两零件相互配合的尺寸，测量其中一个即可，如相互配合的轴和孔的直径，相互旋合的内外螺纹的大径等。

（4）零件上已标准化的结构尺寸，如倒角、圆角、键槽、螺纹退刀槽等结构尺寸，应将测量结果与标准值核对，采用标准结构尺寸；零件上与标准部件如与滚动轴承相配合的轴和孔的尺寸，可通过标准部件的型号查表确定；对于无配合关系或不重要的尺寸，如为小数

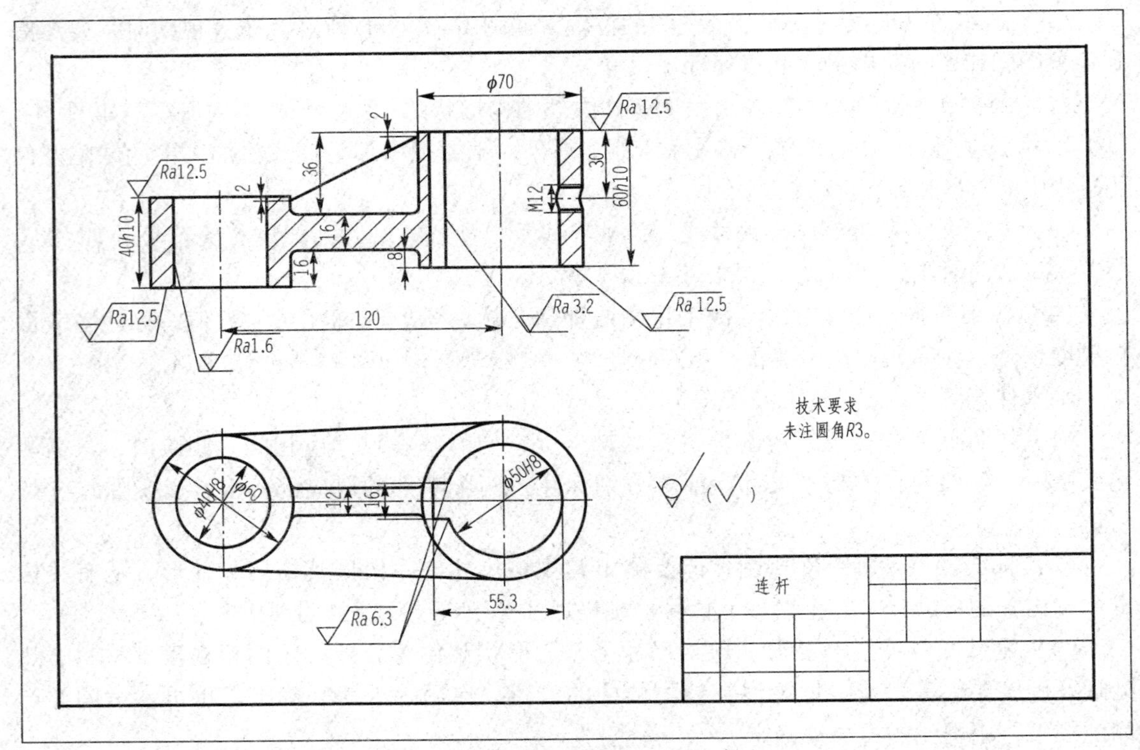

图 14-4　连杆零件工作图

时，可圆整成整数。

(5) 在标注表面粗糙度代号时，要按零件各表面的作用和加工情况标注。在注写公差代号时，根据零件的设计要求和作用确定。初学者可参阅同类型或用途相近的零件图及有关资料确定。若以文字形式说明有关技术要求，一般注写在标题栏的上方。

14.3　部件测绘的方法和步骤

在生产实践中，对现有的机器或设备进行测量，绘出草图，然后整理绘制出零件图及装配图的过程称为部件测绘。部件测绘是工程技术人员应该掌握的一项基本技能。现以图 14-5 为例，说明部件测绘的方法和步骤。

1. 测绘准备工作

测绘部件之前，一般应根据部件的复杂程度编制测绘进度和计划，编组分工，准备必要的拆卸工具、量具如扳手、锤子、螺钉旋具、铜棒、钢直尺、卡尺、细铅丝等，还应准备好标签及绘图用品等。

图 14-5　机用平口钳

2. 了解和分析部件

全面了解和分析测绘对象是测绘工作的

第一步。测绘前先要对部件进行必要的分析研究，了解部件的用途、性能、工作原理、结构特点和零件间的装配关系。将分析了解测绘对象贯穿于拆前、拆中、拆后的全过程。

机用平口钳安装在机床工作台上，用钳口来夹紧被加工零件以便加工。图 14-6 所示为机用平口钳零件分解图。它由固定钳身、活动钳身、螺杆、导螺母等 9 种零件组成。导螺母与活动钳身用螺钉连成一体，导螺母下方凸出的台阶与固定钳身接触。当螺杆转动时，导螺母只做直线运动。钳口板用螺钉分别固定在活动钳身和固定钳身上。螺杆一端用两个螺母固定。

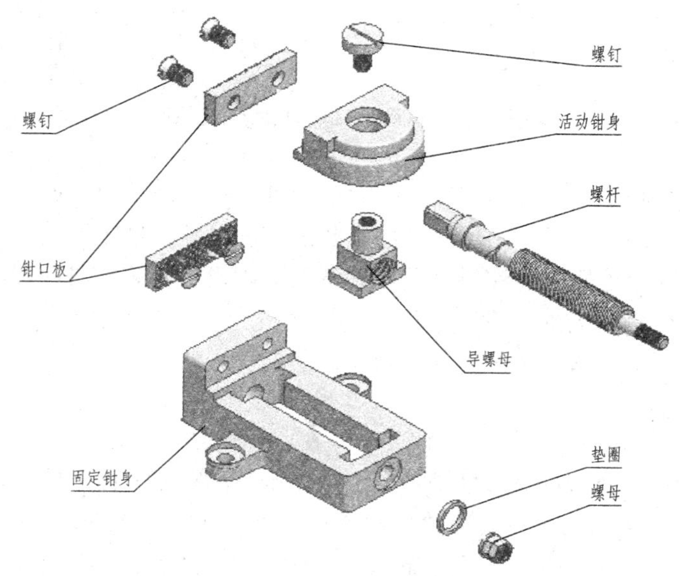

图 14-6　机用平口钳零件分解图

使用时，用手柄转动螺杆，使螺杆带动导螺母，进而带动活动钳身沿着固定钳身移动，从而使钳口张开或闭合，即可夹紧或卸下零件。

3. 画装配示意图

为使装配体被拆后仍能顺利装配复原，对于较复杂的装配体，在拆卸过程中应尽量做好记录。最简便常用的方法是绘制出装配示意图，用以记录各种零件的名称、数量及其在装配体中的相对位置及装配连接关系，同时也为绘制装配图做好准备。条件允许，还可以用照相乃至录像等手段做记录。

图 14-7 所示为机用平口钳的装配示意图。它是通过目测，徒手用简单的线条示意性画出部件或机器的图样。画装配示意图时，将装配体看作透明体来画，在画出外形轮廓的同时，又画出其内部结构。装配示意图可参照国家标准《机械制图　机构运动简图用图形符号》（GB/T 4460—2013）绘制，一般只画一两个视图。画装配示意图一般可以从主要零件着手，由内向外扩展，按装配顺序把其他零件逐个画出。图形画好后，给各零件编上序号，并列表注明各零件名称、数量、材料等。对于标准件要及时确定其尺寸规格，连同数量直接注写在装配示意图上。

4. 拆卸零件

拆卸零件的过程也是进一步了解部件中各零件的作用、结构、装配关系的过程。拆卸前

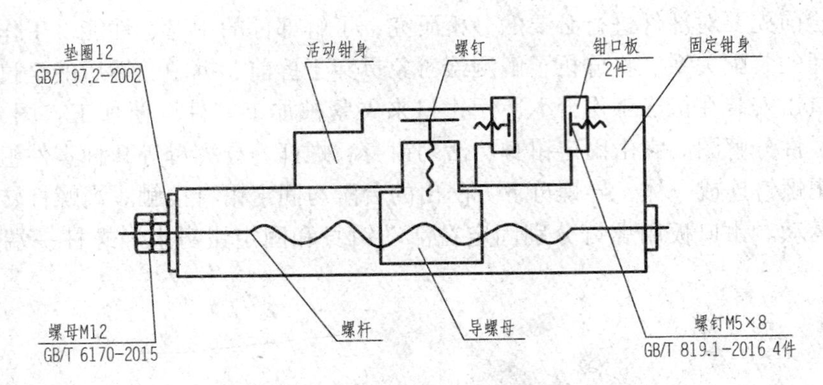

图 14-7　机用平口钳的装配示意图

应仔细研究拆卸顺序和方法，合理选用工具，严防乱敲打、硬撬拉，避免损伤零件，对不可拆的连接和过盈配合的零件尽量不拆。一些重要的装配尺寸，如零件间的相对位置尺寸、极限位置尺寸、装配间隙等要进行测量，并做好记录，以便重新装配时能保持原来的要求。拆卸后要将各零件编号（与装配示意图上编号一致）扎上标签，妥善保管，避免散失、错乱，还要防止生锈、丢失。对精度高的零件应防止碰伤和变形，以便测绘后重新装配时仍能保证部件的性能和要求。

5. 画零件草图

装配体的零件中，除去标准件，其余均应画出零件草图及工作图。零件草图绘制应按 14.2 节零件测绘的有关内容进行。画零件草图时，要注意以下几点：

（1）零件间有连接关系或配合关系的部分，它们的基本尺寸应相同。测绘时，只需测出其中一个零件的有关基本尺寸，即可分别标注在两个零件的对应部分上，以确保尺寸的协调。

（2）标准件虽不画零件草图，但要测出其规格尺寸，并根据其结构和外形，从有关标准中查出它的标准代号，将名称、代号、规格尺寸等填入装配图的明细栏中。

（3）零件的各项技术要求（包括尺寸公差、形状和位置公差、表面粗糙度、材料、热处理及硬度要求等）应根据零件在装配体中的位置、作用等因素来确定。也可参考同类产品的图纸，用类比的方法来确定。

6. 画装配草图和装配图

根据零件草图和装配示意图画出装配图。在画装配图时，应对零件草图上可能出现的差错，予以纠正。画装配图的过程，是一次检验、校对零件形状、尺寸的过程。

7. 画零件工作图

根据画好的装配图及零件草图再画零件工作图。画零件工作图时，对零件草图中的表达方案、尺寸标注等，可做适当的调整。

8. 审查、整理、装订、交图

审查绘制的图样是否正确、标注的尺寸及撰写的技术要求等必须符合国家标准，然后输出图纸、按照图号顺序排列图纸、装订成册、上交图纸。

14.4　装配图的画法

部件由若干零件组成，根据部件所属零件图（或零件草图）就可以拼画成部件的装配图。

以图 14-5 机用平口钳为例，介绍绘制装配图的方法和步骤。

1. 选择表达方案

确定表达方案的原则是能正确、完整、清楚地表达部件的工作原理、零件间的装配连接关系和零件的主要结构形状。在选择表达方案时，首先要选好主视图，然后选择其他视图。

（1）主视图的选择。

①应按部件的工作位置放置。当工作位置倾斜时，则将它放正，使主要装配干线、主要安装面等处于特殊位置。

②应较好地表达部件的工作原理和结构特征。

③应较好地表达主要零件间的相对位置和装配连接关系。

（2）其他视图的选择。其他视图的选择是为了能够对主视图中尚未表达或表达不够清楚的部分进行补充表达。重点突出，避免重复。

最后，对不同的表达方案进行分析、比较、调整，使确定的方案既满足上述基本要求，又达到在便于看图的前提下，绘图简便。

如图 14-8（e）所示，机用平口钳按钳口工作位置放置，主视图为通过主要装配干线进行剖切的全剖视图，较好地反映了各零件间的相对位置和装配关系。其他视图，采用了局部剖的俯视图补充表达固定钳身、底座和活动钳身等零件的外部结构形状和相对位置；半剖的左视图一半表达外形，一半表达固定钳身与活动钳身的装配关系及螺母块的结构特点。另外，一半的外形图中画了局部剖表达固定钳身上孔的结构形状，移出断面图表达螺杆右端的四个平面。上述表达方案较好地反映了机用平口钳的工作原理、零件间的装配关系及零件的主要结构形状。

2. 画图步骤

根据部件的大小、复杂程度和选好的视图，并考虑标注必要的尺寸、零件序号、标题栏、明细栏和技术要求等所需的空间和位置，确定绘图比例和图幅的大小，然后按下述步骤画图（图 14-8）：

（1）画图框和标题栏、明细栏外框。

（2）布置视图，画出各视图的作图基线。在布置视图时，要注意为标注尺寸和编号留出足够的位置。

（3）画底稿。一般从主视图入手，先画基本视图，后画其他视图；先画主要零件，后画其余零件。按照各零件的连接关系，从相邻零件开始，依次画出其他零件。

（4）标注尺寸，完成装配图的底稿，检查加深图线后编排零件序号，填写明细栏、标题栏和技术要求，完成装配图。

画图时，由主视图开始，几个视图配合进行。画剖视图时，以装配干线为准，由内向外逐个画出各个零件的投影（也可由外向内，考虑作图的方便）。

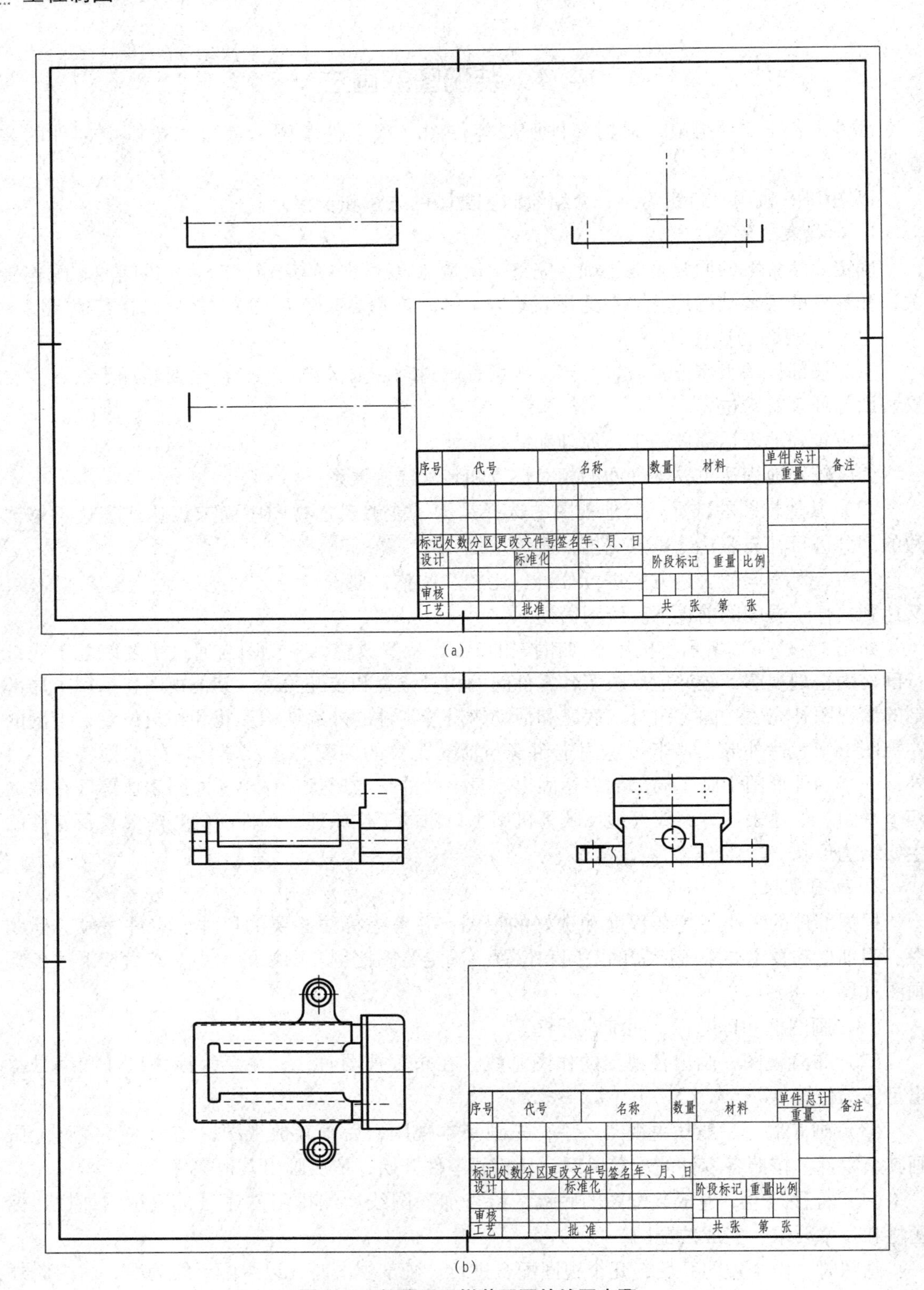

图 14-8　机用平口钳装配图的绘图步骤

(a) 画出各视图的主要轴线、对称中心线和作图基准线；(b) 画出固定钳身的轮廓线

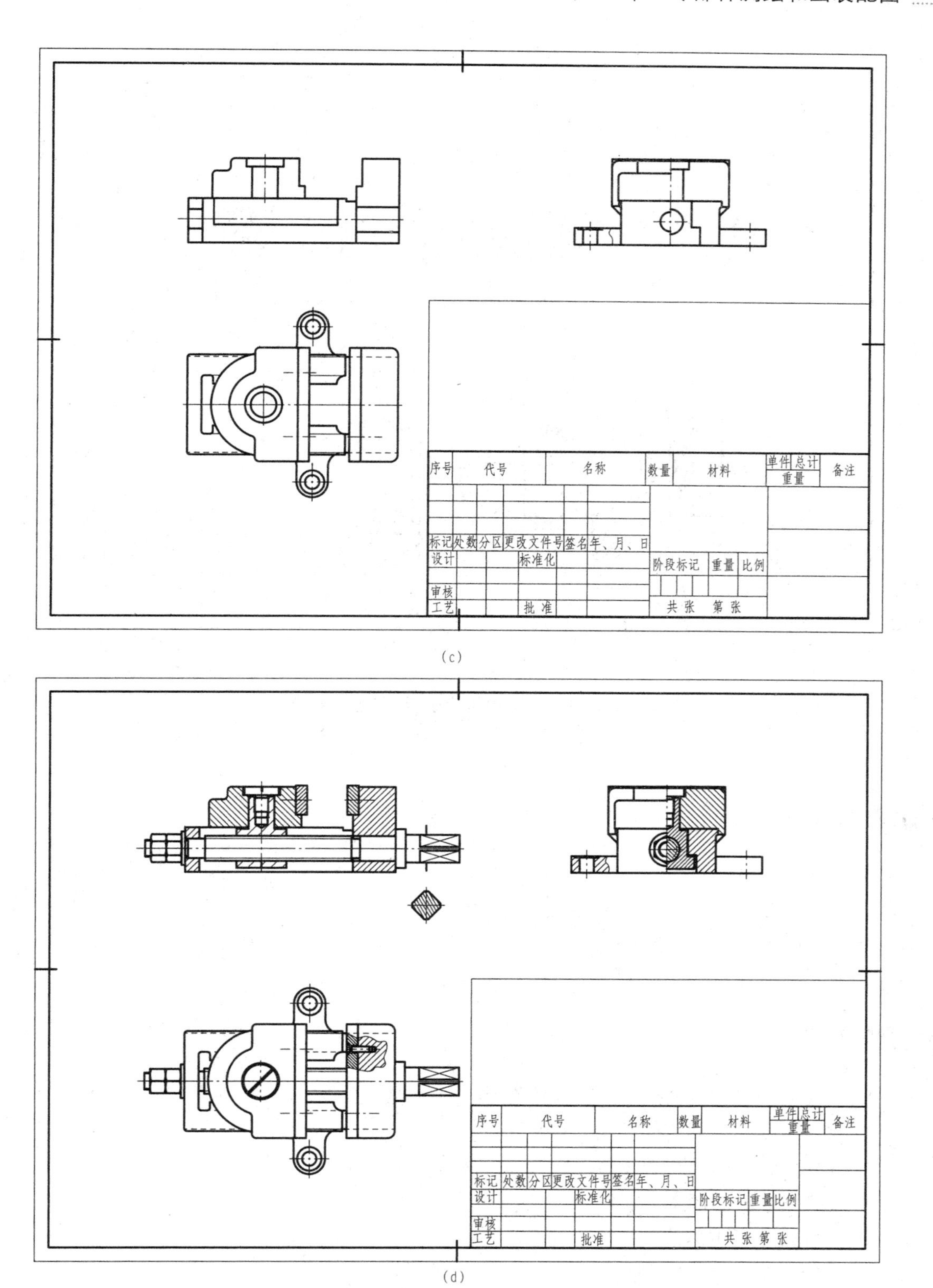

图 14-8　机用平口钳装配图的绘图步骤（续）

(c) 画活动钳身的轮廓线；(d) 画出其他零件的轮廓线

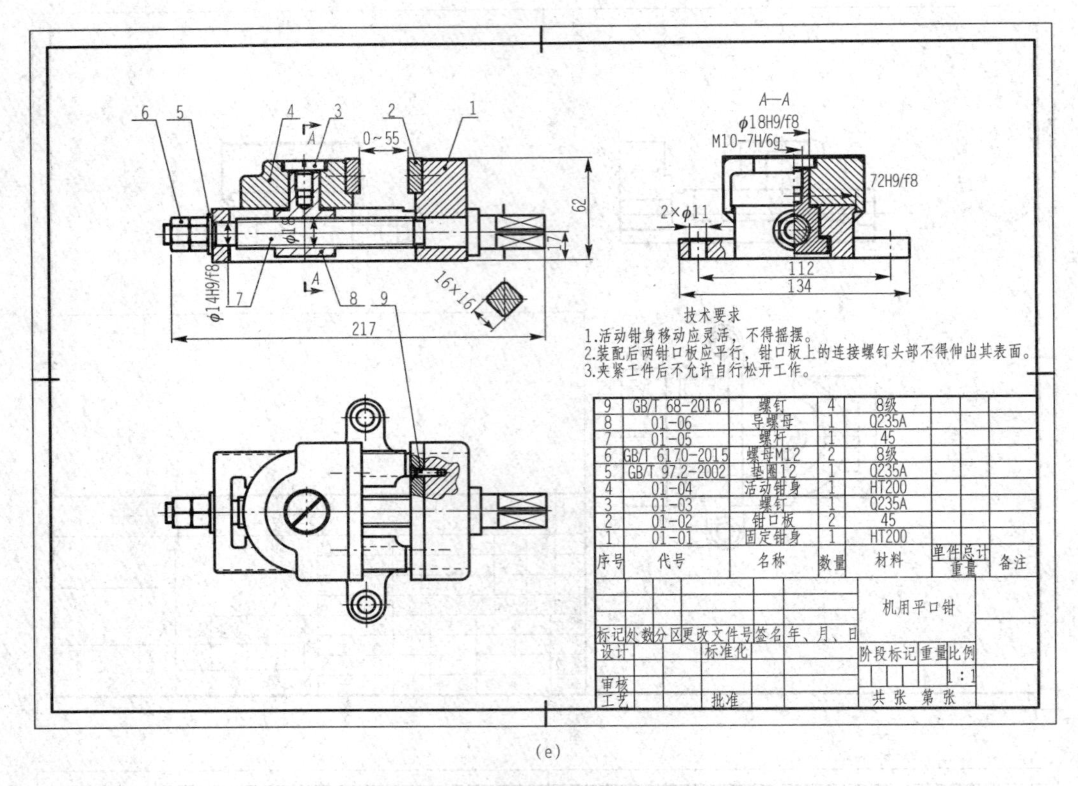

(e)

图 14-8　机用平口钳装配图的绘图步骤（续）

（e）标注尺寸，加深图线，编排零件序号，填写明细栏、标题栏和技术要求，完成装配图

本章小结

本章主要介绍了测绘工具的种类和测量尺寸的方法，零部件的测绘方法与步骤，装配图的画法。通过本章的学习，掌握测绘工具的使用与测量方法，掌握零部件测绘的全过程，能够绘制零部件草图和工作图以及装配示意图和装配图，能够标注被测零部件的尺寸和技术要求。

思考题

1. 常用的测量工具有哪些？简述它们的使用方法。
2. 尺寸测量的方法有哪些？
3. 零件测绘中，零件草图表达方案确定的原则是什么？
4. 零件测绘的步骤如何？
5. 什么是装配示意图？
6. 部件测绘的步骤如何？
7. 装配图表达方案选择的原则是什么？
8. 简述装配图的绘图步骤。

附　录

一、极限与配合

1. 标准公差数值（GB/T 1800.2—2009）（附表 1）

附表 1　标准公差数值（GB/T 1800.2—2009）

公称尺寸/mm		标准公差等级																	
		IT1	IT2	IT3	IT4	IT5	IT6	IT7	IT8	IT9	IT10	IT11	IT12	IT13	IT14	IT15	IT16	IT17	IT18
大于	至	μm											mm						
—	3	0.8	1.2	2	3	4	6	10	14	25	40	60	0.1	0.14	0.25	0.4	0.6	1	1.4
3	6	1	1.5	2.5	4	5	8	12	18	30	48	75	0.12	0.18	0.3	0.48	0.75	1.2	1.8
6	10	1	1.5	2.5	4	6	9	15	22	36	58	90	0.15	0.22	0.36	0.58	0.9	1.5	2.2
10	18	1.2	2	3	5	8	11	18	27	43	70	110	0.18	0.27	0.43	0.7	1.1	1.8	2.7
18	30	1.5	2.5	4	6	9	13	21	33	52	84	130	0.21	0.33	0.52	0.84	1.3	2.1	3.3
30	50	1.5	2.5	4	7	11	16	25	39	62	100	160	0.25	0.39	0.62	1	1.6	2.5	3.9
50	80	2	3	5	8	13	19	30	46	74	12	190	0.3	0.46	0.74	1.2	1.9	3	4.6
80	120	2.5	4	6	10	15	22	35	54	87	140	220	0.35	0.54	0.87	1.4	2.2	3.5	5.4
120	180	3.5	5	8	12	18	25	40	63	100	160	250	0.4	0.63	1	1.6	2.5	4	6.3
180	250	4.5	7	10	14	20	29	46	72	115	185	290	0.46	0.72	1.15	1.85	2.9	4.6	7.2
250	315	6	8	12	16	23	32	52	81	130	210	320	0.52	0.81	1.3	2.1	3.2	5.2	8.1
315	400	7	9	13	18	25	36	57	89	140	230	360	0.57	0.89	1.4	2.3	3.6	5.7	8.9
400	500	8	10	15	20	27	40	63	97	155	250	400	0.63	0.97	1.55	2.5	4	6.3	9.7
500	630	9	11	16	22	32	44	70	110	175	280	440	0.7	1.1	1.75	2.8	4.4	7	11
630	800	10	13	18	25	36	50	80	125	200	320	500	0.8	1.25	2	3.2	5	8	12.5
800	1 000	11	15	21	28	40	56	90	140	230	360	560	0.9	1.4	2.3	3.6	5.6	9	14
1 000	1 250	13	18	24	33	47	66	105	165	260	420	660	1.05	1.65	2.6	4.2	6.6	10.5	16.5
1 250	1 600	15	21	29	39	55	78	125	195	310	500	760	1.25	1.95	3.1	5	7.8	12.5	19.5
1 600	2 000	18	25	35	46	65	92	150	230	370	600	920	1.5	2.3	3.7	6	9.2	15	23
2 000	2 500	22	30	41	55	78	110	175	280	440	700	1 100	1.75	2.8	4.4	7	11	17.5	28
2 500	3 150	26	36	50	68	96	135	210	330	540	860	1 350	2.1	3.3	5.4	8.6	13.5	21	33

注：1. 公称尺寸大于 500 mm 的 IT1 ~ IT5 的标准公差数值为试行。

2. 公称尺寸小于或等于 1 mm 时，无 IT14 ~ IT18。

2. 轴的基本偏差数值（GB/T 1800.1—2009）（附表 2）

附表 2　轴的基本偏差数值（GB/T 1800.1—2009）　　μm

基本偏差		上极限偏差（*es*）												下极限偏差（*ei*）		
		a	b	c	cd	d	e	ef	f	fg	g	h	js	j		
基本尺寸/mm		公差														
大于	至	所有标准公差等级												IT5 和 IT6	IT7	IT8
—	3	-270	-140	-60	-34	-20	-14	-10	-6	-4	-2	0	偏差 = $\pm\frac{ITn}{2}$，式中，ITn 是 IT 值数	-2	-4	-6
3	6	-270	-140	-70	-46	-30	-20	-14	-10	-6	-4	0		-2	-4	—
6	10	-280	-150	-80	-56	-40	-25	-18	-13	-8	-5	0		-2	-5	—
10	14	-290	-150	-95	—	-50	-32	—	-16	—	-6	0		-3	-6	—
14	18															
18	24	-300	-160	-110	—	-65	-40	—	-20	—	-7	0		-4	-8	—
24	30															
30	40	-310	-170	-120	—	-80	-50	—	-25	—	-9	0		-5	-10	—
40	50	-320	-180	-130												
50	65	-340	-190	-140	—	-100	-60	—	-30	—	-10	0		-7	-12	—
65	80	-360	-200	-150												
80	100	-380	-220	-170	—	-120	-72	—	-36	—	-12	0		-9	-15	—
100	120	-410	-240	-180												
120	140	-460	-260	-200	—	-145	-85	—	-43	—	-14	0		-11	-18	—
140	160	-520	-280	-210												
160	180	-580	-310	-230												
180	200	-660	-340	-240	—	-170	-100	—	-50	—	-15	0		-13	-21	—
200	225	-740	-380	-260												
225	250	-820	-420	-280												
250	280	-920	-480	-300	—	-190	-110	—	-56	—	-17	0		-16	-26	—
280	315	-1 050	-540	-330												
315	355	-1 200	-600	-360	—	-210	-125	—	-62	—	-18	0		-18	-28	—
355	400	-1 350	-680	-400												
400	450	-1 500	-760	-440	—	-230	-135	—	-68	—	-20	0		-20	-32	—
450	500	-1 650	-840	-480												

续表

下极限偏差（*ei*）															
k		m	n	p	r	s	t	u	v	x	y	z	za	zb	zc
等级															
IT4至IT7	≤IT3 >IT7	所有标准公差等级													
0	0	+2	+4	+6	+10	+14	—	+18	—	+20	—	+26	+32	+40	+60
+1	0	+4	+8	+12	+15	+19	—	+23	—	+28	—	+35	+42	+50	+80
+1	0	+6	+10	+15	+19	+23	—	+28	—	+34	—	+42	+52	+67	+97
+1	0	+7	+12	+18	+23	+28	—	+33	—	+40	—	+50	+64	+90	+130
									+39	+45	—	+60	+77	+108	+150
+2	0	+8	+15	+22	+28	+35	—	+41	+47	+54	+63	+73	+98	+136	+188
							+41	+48	+55	+64	+75	+88	+118	+160	+218
+2	0	+9	+17	+26	+34	+43	+48	+60	+68	+80	+94	+112	+148	+200	+274
							+54	+70	+81	+97	+114	+136	+180	+242	+325
+2	0	+11	+20	+32	+41	+53	+66	+87	+102	+122	+144	+172	+226	+300	+405
					+43	+59	+75	+102	+120	+146	+174	+210	+274	+360	+480
+3	0	+13	+23	+37	+51	+71	+91	+124	+146	+178	+214	+258	+335	+445	+585
					+54	+79	+104	+144	+172	+210	+254	+310	+400	+525	+690
+3	0	+15	+27	+43	+63	+92	+122	+170	+202	+248	+300	+365	+470	+620	+800
					+65	+100	+134	+190	+228	+280	+340	+415	+535	+700	+900
					+68	+108	+146	+210	+252	+310	+380	+465	+600	+780	+1 000
+4	0	+17	+31	+50	+77	+122	+166	+236	+284	+350	+425	+520	+670	+880	+1 150
					+80	+130	+180	+258	+310	+385	+470	+575	+740	+960	+1 250
					+84	+140	+196	+284	+340	+425	+520	+640	+820	+1 050	+1 350
+4	0	+20	+34	+56	+94	+158	+218	+315	+385	+475	+580	+710	+920	+1 200	+1 550
					+98	+170	+240	+350	+425	+525	+650	+790	+1 000	+1 300	+1 700
+4	0	+21	+37	+62	+108	+190	+268	+390	+475	+590	+700	+900	+1 150	+1 500	+1 900
					+114	+208	+294	+435	+530	+660	+820	+1 000	+1 300	+1 650	+2 100
+5	0	+23	+40	+68	+126	+232	+330	+490	+595	+740	+920	+1 100	+1 450	+1 850	+2 400
					+132	+252	+360	+540	+660	+820	+1 000	+1 250	+1 600	+2 100	+2 600
注：基本尺寸小于或等于 1 mm 时，基本偏差 a 和 b 均不采用。															

3. 孔的基本偏差数值（GB/T 1800.1—2009）（附表3）

附表3　孔的基本偏差数值（GB/T 1800.1—2009）　μm

基本偏差		下极限偏差（*EI*）												上极限偏差（*ES*）							
		A	B	C	CD	D	E	EF	F	FG	G	H	JS	J			K		M		
基本尺寸/mm		公差																			
大于	至	所有标准公差等级												IT6	IT7	IT8	≤IT8	>IT8	≤IT8	>IT8
—	3	+270	+140	+60	+34	+20	+14	+10	+6	+4	+2	0	偏差 = $\pm\frac{ITn}{2}$，式中，ITn 是IT值数	+2	+4	+6	0	0	−2	−2
3	6	+270	+140	+70	+46	+30	+20	+14	+10	+6	+4	0		+5	+6	+10	−1+Δ	—	−4+Δ	−4
6	10	+280	+150	+80	+56	+40	+25	+18	+13	+8	+5	0		+5	+8	+12	−1+Δ	—	−6+Δ	−6
10	14	+290	+150	+95	—	+50	+32	—	+16	—	+6	0		+6	+10	+15	−1+Δ	—	−7+Δ	−7
14	18																			
18	24	+300	+160	+110	—	+65	+40	—	+20	—	+7	0		+8	+12	+20	−2+Δ	—	−8+Δ	−8
24	30																			
30	40	+310	+170	+120	—	+80	+50	—	+25	—	+9	0		+10	+14	+24	−2+Δ	—	−9+Δ	−9
40	50	+320	+180	+130																
50	65	+340	+190	+140	—	+100	+60	—	+30	—	+10	0		+13	+18	+28	−2+Δ	—	−11+Δ	−11
65	80	+360	+200	+150																
80	100	+380	+220	+170	—	+120	+72	—	+36	—	+12	0		+16	+22	+34	−3+Δ	—	−13+Δ	−13
100	120	+410	+240	+180																
120	140	+460	+260	+200	—	+145	+85	—	+43	—	+14	0		+18	+26	+41	−3+Δ	—	−15+Δ	−15
140	160	+520	+280	+210																
160	180	+580	+310	+230																
180	200	+660	+340	+240	—	+170	+100	—	+50	—	+15	0		+22	+30	+47	−4+Δ	—	−17+Δ	−17
200	225	+740	+380	+260																
225	250	+820	+420	+280																
250	280	+920	+480	+300	—	+190	+110	—	+56	—	+17	0		+25	+36	+55	−4+Δ	—	−20+Δ	−20
280	315	+1 050	+540	+330																
315	355	+1 200	+600	+360	—	+210	+125	—	+62	—	+18	0		+29	+39	+60	−4+Δ	—	−21+Δ	−21
355	400	+1 350	+680	+400																
400	450	+1 500	+760	+440	—	+230	+135	—	+68	—	+20	0		+33	+43	+66	−5+Δ	—	−23+Δ	−23
450	500	+1 650	+840	+480																

续表

上极限偏差（ES）															Δ					
N		P—ZC	P	R	S	T	U	V	X	Y	Z	ZA	ZB	ZC						
等级																				
≤IT8	>IT8	≤IT7	>IT7												IT3	IT4	IT5	IT6	IT7	IT8
-4	0	在大于IT7的相应数值上增加一个Δ值	-6	-10	-14	—	-18	—	-20	—	-26	-32	-40	-60	0					
-8+Δ	0		-12	-15	-19	—	-23	—	-28	—	-35	-42	-50	-80	1	1.5	1	3	4	6
-10+Δ	0		-15	-19	-23	—	-28	—	-34	—	-42	-52	-67	-97	1	1.5	2	3	6	7
-12+Δ	0		-18	-23	-28	—	-33	—	-40	—	-50	-64	-90	-130	1	2	3	3	7	9
								-39	-45	—	-60	-77	-108	-150						
-15+Δ	0		-22	-28	-35	—	-41	-47	-54	-63	-73	-98	-136	-188	1.5	2	3	4	8	12
						-41	-48	-55	-64	-75	-88	-118	-160	-218						
-17+Δ	0		-26	-34	-43	-48	-60	-68	-80	-94	-112	-148	-200	-274	1.5	3	4	5	9	14
						-54	-70	-81	-97	-114	-136	-180	-242	-325						
-20+Δ	0		-32	-41	-53	-66	-87	-102	-122	-144	-172	-226	-300	-405	2	3	5	6	11	16
				-43	-59	-75	-102	-120	-146	-174	-210	-274	-360	-480						
-23+Δ	0		-37	-51	-71	-91	-124	-146	-178	-214	-258	-335	-445	-585	2	4	5	7	13	19
				-54	-79	-104	-144	-172	-210	-254	-310	-400	-525	-690						
-27+Δ	0		-43	-63	-92	-122	-170	-202	-248	-300	-365	-470	-620	-800	3	4	6	7	15	23
				-65	-100	-134	-190	-228	-280	-340	-415	-535	-700	-900						
				-68	-108	-146	-210	-252	-310	-380	-465	-600	-780	-1 000						
-31+Δ	0		-50	-77	-122	-166	-236	-284	-350	-425	-520	-670	-880	-1 150	3	4	6	9	17	26
				-80	-130	-180	-258	-310	-385	-470	-575	-740	-960	-1 250						
				-84	-140	-196	-284	-340	-425	-520	-640	-820	-1 050	-1 350						
-34+Δ	0		-56	-94	-158	-218	-315	-385	-475	-580	-710	-920	-1 200	-1 550	4	4	7	9	20	29
				-98	-170	-240	-350	-425	-525	-650	-790	-1 000	-1 300	-1 700						
-37+Δ	0		-62	-108	-190	-268	-390	-475	-590	-700	-900	-1 150	-1 500	-1 900	4	5	7	11	21	32
				-114	-208	-294	-435	-530	-660	-820	-1 000	-1 300	-1 650	-2 100						
-40+Δ	0		-68	-126	-232	-330	-490	-595	-740	-920	-1 100	-1 450	-1 850	-2 400	5	5	7	13	23	34
				-132	-252	-360	-540	-660	-820	-1 000	-1 250	-1 600	-2 100	-2 600						

注：1. 公称尺寸小于或等于1 mm时，基本偏差A和B及大于IT8的N均不采用。

2. 一个特殊情况：250～315 mm段的M6，$ES = -9$ μm（代替 -11 μm）。

4. 优先配合中轴的极限偏差（GB/T 1800. 2—2009）（附表 4）

附表 4　优先配合中轴的极限偏差（GB/T 1800. 2—2009）　μm

公称尺寸/mm		公差带												
		c	d	f	g	h				k	n	p	s	u
大于	至	11	9	7	6	6	7	9	11	6	6	6	6	6
—	3	-60 -120	-20 -45	-6 -16	-2 -8	0 -6	0 -10	0 -25	0 -60	+6 0	+10 +4	+12 +6	+20 +14	+24 +18
3	6	-70 -145	-30 -60	-10 -22	-4 -12	0 -8	0 -12	0 -30	0 -75	+9 +1	+16 +8	+20 +12	+27 +19	+31 +23
6	10	-80 -170	-40 -76	-13 -28	-5 -14	0 -9	0 -15	0 -36	0 -90	+10 +1	+19 +10	+24 +15	+32 +23	+37 +28
10	14	-95 -205	-50 -93	-16 -34	-6 -17	0 -11	0 -18	0 -43	0 -110	+12 +1	+23 +12	+29 +18	+39 +28	+44 +33
14	18													
18	24	-100 -240	-65 -117	-20 -41	-7 -20	0 -13	0 -21	0 -52	0 -130	+15 +2	+28 +15	+35 +22	+48 +35	+54 +41
24	30													+61 +48
30	40	-120 -280	-80 -142	-25 -50	-9 -25	0 -16	0 -25	0 -62	0 -160	+18 +2	+33 +17	+42 +26	+59 +43	+76 +60
40	50	-130 -290												+86 +70
50	65	-140 -330	-100 -174	-30 -60	-10 -29	0 -19	0 -30	0 -74	0 -190	+21 +2	+39 +20	+51 +32	+72 +53	+106 +87
65	80	-150 -340											+78 +59	+121 +102
80	100	-170 -390	-120 -207	-36 -71	-12 -34	0 -22	0 -35	0 -87	0 -220	+25 +3	+45 +23	+59 +37	+93 +71	+146 +124
100	120	-180 -400											+101 +79	+166 +144
120	140	-200 -450	-145 -245	-43 -83	-14 -39	0 -25	0 -40	0 -100	0 -250	+28 +3	+52 +27	+68 +43	+117 +92	+195 +170
140	160	-210 -460											+125 +100	+215 +190
160	180	-230 -480											+133 +108	+235 +210

续表

公称尺寸/mm		公差带												
		c	d	f	g	h				k	n	p	s	u
180	200	−240 −530	−170 −285	−50 −96	−15 −44	0 −29	0 −46	0 −115	0 −290	+33 +4	+60 +31	+79 +50	+151 +122	+265 +236
200	225	−260 −550											+159 +130	+287 +258
225	250	−280 −570											+169 +140	+313 +284
250	280	−300 −620	−190 −320	−56 −108	−17 −49	0 −32	0 −52	0 −130	0 −320	+36 +4	+66 +34	+88 +56	+190 +158	+347 +315
280	315	−330 −650											+202 +170	+382 +350
315	355	−360 −720	−210 −350	−62 −119	−18 −54	0 −36	0 −57	0 −140	0 −360	+40 +4	+73 +37	+98 +62	+226 +190	+426 +390
355	400	−400 −760											+244 +208	+471 +435
400	450	−440 −840	−230 −385	−68 −131	−20 −60	0 −40	0 −63	0 −155	0 −400	+45 +5	+80 +40	+108 +68	+272 +232	+530 +490
450	500	−480 −880											+292 +252	+580 +540

5. 优先配合中孔的极限偏差（GB/T 1800.2—2009）（附表5）

附表5　优先配合中孔的极限偏差（GB/T 1800.2—2009）　μm

公称尺寸/mm		公差带												
		C	D	F	G	H				K	N	P	S	U
大于	至	11	9	8	7	7	8	9	11	7	7	7	7	7
—	3	+120 +60	+45 +20	+20 +6	+12 +2	+10 0	+14 0	+25 0	+60 0	0 −10	−4 −14	−6 −16	−14 −24	−18 −28
3	6	+145 +70	+60 +30	+28 +10	+16 +4	+12 0	+18 0	+30 0	+75 0	+3 −9	−4 −16	−8 −20	−15 −27	−19 −31
6	10	+170 +80	+76 +40	+35 +13	+20 +5	+15 0	+22 0	+36 0	+90 0	+5 −10	−4 −19	−9 −24	−17 −32	−22 −37
10	14	+205 +95	+93 +50	+43 +16	+24 +6	+18 0	+27 0	+43 0	+110 0	+6 −12	−5 −23	−11 −29	−21 −39	−26 −44
14	18													
18	24	+240 +110	+117 +65	+53 +20	+28 +7	+21 0	+33 0	+52 0	+130 0	+6 −15	−7 −28	−14 −35	−27 −48	−33 −54
24	30													−40 −61

续表

公称尺寸/mm		公差带												
		C	D	F	G	H				K	N	P	S	U
30	40	+280 +120	+142 +80	+64 +25	+34 +9	+25 0	+39 0	+62 0	+160 0	+7 −18	−8 −33	−17 −42	−34 −59	−51 −76
40	50	+290 +130												−61 −86
50	65	+330 +140	+174 +100	+76 +30	+40 +10	+30 0	+46 0	+74 0	+190 0	+9 −21	−9 −39	−21 −51	−42 −72	−76 −106
65	80	+340 +150											−48 −78	−91 −121
80	100	+390 +170	+207 +120	+90 +36	+47 +12	+35 0	+54 0	+87 0	+220 0	+10 −25	−10 −45	−24 −59	−58 −93	−111 −146
100	120	+400 +180											−66 −101	−131 −166
120	140	+450 +200	+245 +145	+106 +43	+54 +14	+40 0	+63 0	+100 0	+250 0	+12 −28	−12 −52	−28 −68	−77 −117	−155 −195
140	160	+460 +210											−85 −125	−175 −215
160	180	+480 +230											−93 −133	−195 −235
180	200	+530 +240	+285 +170	+122 +50	+61 +15	+46 0	+72 0	+115 0	+290 0	+13 −33	−14 −60	−33 −79	−105 −151	−219 −265
200	225	+550 +260											−113 −159	−241 −287
225	250	+570 +280											−123 −169	−267 −313
250	280	+620 +300	+320 +190	+137 +56	+69 +17	+52 0	+81 0	+130 0	+320 0	+16 −36	−14 −66	−36 −88	−138 −190	−295 −347
280	315	+650 +330											−150 −202	−330 −382
315	355	+720 +360	+350 +210	+151 +62	+75 +18	+57 0	+89 0	+140 0	+360 0	+17 −40	−16 −73	−41 −98	−169 −226	−369 −426
355	400	+760 +400											−187 −244	−414 −471
400	450	+840 +440	+385 +230	+165 +68	+83 +20	+63 0	+97 0	+155 0	+400 0	+18 −45	−17 −80	−45 108	−209 −272	−467 −530
450	500	+880 +480											−229 −292	−517 −580

二、螺纹

1. 普通螺纹直径、螺距和基本尺寸（GB/T 193—2003、GB/T 196—2003）（附表 6）

附表 6　普通螺纹直径、螺距和基本尺寸（GB/T 193—2003、GB/T 196—2003）　mm

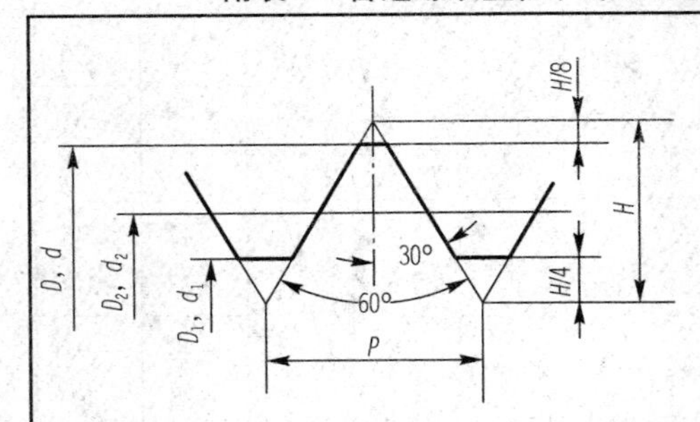

$D_2 = D - 2 \times 3/8H$;
$d_2 = d - 2 \times 3/8H$;
$D_1 = D - 2 \times 5/8H$;
$d_1 = d - 2 \times 5/8H$;
$H = \sqrt{3}/2P$

D——内螺纹的基本大径（公称直径）；
d——外螺纹的基本大径（公称直径）；
D_2——内螺纹的基本中径；
d_2——外螺纹的基本中径；
D_1——内螺纹的基本小径；
d_1——外螺纹的基本小径；
H——原始三角形高度；
P——螺距

公称直径 D、d	螺距 P		中径 D_2、d_2		小径 D_1、d_1	
	粗牙	细牙	粗牙	细牙	粗牙	细牙
3	0.5	0.35	2.675	2.773	2.459	2.621
(3.5)	(0.6)	0.35	3.110	3.273	2.850	3.121
4	0.7	0.5	3.545	3.675	3.242	3.459
(4.5)	(0.75)	0.5	4.013	4.175	3.688	3.959
5	0.8	0.5	4.480	4.675	4.134	4.459
[5.5]		0.5		5.175		4.959
6	1	0.75	5.350	5.513	4.917	5.188
		(0.5)		5.675		5.459
[7]	1	0.75	6.350	6.513	5.917	6.188
		(0.5)		6.675		6.459
8	1.25	1	7.188	7.350	6.647	6.917
		0.75		7.513		7.188
		(0.5)		7.675		7.459
[9]	(1.25)	1	8.188	8.350	7.647	7.917
		0.75		8.513		8.188
		(0.5)		8.675		8.495
10	1.5	1.25	9.026	9.188	8.376	8.647
		1		9.350		8.917
		0.75		9.513		9.188
		(0.5)		9.675		9.459
[11]	(1.5)	1	10.026	10.350	9.376	9.917
		0.75		10.513		10.188
		(0.5)		10.675		10.459
12	1.75	1.5	10.863	11.026	10.106	10.376
		1.25		11.188		10.647
		1		11.350		10.917
		(0.75)		11.513		11.188
		0.5		11.675		11.459

公称直径 D、d	螺距 P		中径 D_2、d_2		小径 D_1、d_1	
	粗牙	细牙	粗牙	细牙	粗牙	细牙
(14)	2	1.5	12.701	13.026	11.835	12.376
		1.25		13.188		12.647
		1		13.350		12.917
		(0.75)		13.513		13.188
		(0.5)		13.675		13.459
[15]		1.5		14.026		13.376
		(1)		14.350		13.917
16	2	1.5	14.701	15.026	13.835	14.376
		1		15.350		14.917
		(0.75)		15.513		15.188
		(0.5)		15.675		15.459
[17]		1.5		16.026		15.376
		(1)		16.350		15.917
(18)	2.5	2	16.376	16.701	15.294	15.835
		1.5		17.026		16.376
		1		17.350		16.917
		(0.75)		17.513		17.188
		(0.5)		17.675		19.459
20	2.5	2	18.376	18.701	17.294	17.835
		1.5		19.026		18.376
		1		19.350		18.917
		(0.75)		19.513		19.188
		(0.5)		19.675		19.459
(22)	2.5	2	20.376	20.701	19.294	19.835
		1.5		21.026		20.376
		1		21.350		20.917
		(0.75)		21.513		21.188
		(0.5)		21.675		21.459

续表

公称直径 D、d	螺距 P 粗牙	螺距 P 细牙	中径 D_2、d_2 粗牙	中径 D_2、d_2 细牙	小径 D_1、d_1 粗牙	小径 D_1、d_1 细牙
24	3	2	22.051	22.701	20.752	21.835
		1.5		21.026		22.376
		1		21.350		22.917
		(0.75)		21.675		23.188
[25]		2		23.701		22.835
		1.5		24.026		23.376
		(1)		24.350		23.917

公称直径 D、d	螺距 P 粗牙	螺距 P 细牙	中径 D_2、d_2 粗牙	中径 D_2、d_2 细牙	小径 D_1、d_1 粗牙	小径 D_1、d_1 细牙
[26]	3	1.5		25.026		24.376
(27)		2	25.051	25.701	23.752	24.835
		1.5		26.026		25.376
		1		26.350		25.917
		(0.75)		26.513		26.188
[28]		2		26.701		25.835
		1.5		27.026		26.376
		1		27.350		26.917

注：1. 公称直径栏中不带括号的为第一系列，带圆括号的为第二系列，带方括号的为第三系列。应优先选用第一系列，第三系列尽可能不用。

2. 圆括号内的螺距尽可能不用。

3. M14×1.25 仅用于火花塞。

2. 55°非螺纹密封的管螺纹的基本尺寸（GB/T 7307—2001）（附表 7）

附表 7　55°非螺纹密封的管螺纹的基本尺寸（GB/T 7307—2001）

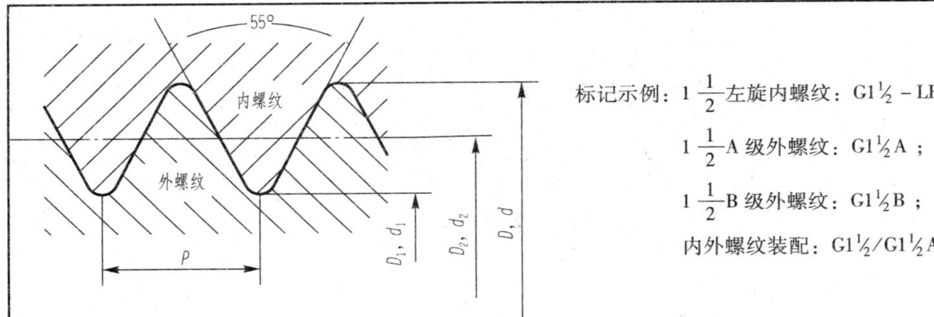

标记示例：$1\frac{1}{2}$左旋内螺纹：G1½－LH（右旋不标）；

$1\frac{1}{2}$A 级外螺纹：G1½A；

$1\frac{1}{2}$B 级外螺纹：G1½B；

内外螺纹装配：G1½/G1½A

尺寸代号	每 25.4 mm 内的牙数 n	螺距 P	牙高 h	圆弧半径 r≈	基本直径 大径 d＝D	基本直径 中径 $d_2=D_2$	基本直径 小径 $d_1=D_1$
1/16	28	0.907	0.581	0.125	7.723	7.142	6.561
1/8	28	0.907	0.581	0.125	9.728	9.147	8.566
1/4	19	1.337	0.856	0.184	13.157	12.301	11.445
3/8	19	1.337	0.856	0.184	16.662	15.806	14.950
1/2	14	1.814	1.162	0.249	20.955	19.793	18.631
5/8	14	1.814	1.162	0.249	22.911	21.749	20.587
3/4	14	1.814	1.162	0.249	26.441	25.279	24.117
7/8	14	1.814	1.162	0.249	30.201	29.039	27.877
1	11	2.309	1.479	0.317	33.249	31.770	30.291
1⅓	11	2.309	1.479	0.317	37.897	36.418	34.939
1½	11	2.309	1.479	0.317	41.910	40.431	38.952
1⅔	11	2.309	1.479	0.317	47.803	46.324	44.485
1¾	11	2.309	1.479	0.317	53.746	52.267	50.788
2	11	2.309	1.479	0.317	59.614	58.135	56.656

续表

尺寸代号	每 25.4 mm 内的牙数 n	螺距 P	牙高 h	圆弧半径 $r\approx$	基本直径		
					大径 $d=D$	中径 $d_2=D_2$	小径 $d_1=D_1$
$2\frac{1}{4}$	11	2.309	1.479	0.317	65.710	64.231	62.752
$2\frac{1}{2}$	11	2.309	1.479	0.317	75.184	73.705	72.226
$2\frac{3}{4}$	11	2.309	1.479	0.317	81.534	80.055	78.576
3	11	2.309	1.479	0.317	87.884	86.405	84.926
$3\frac{1}{2}$	11	2.309	1.479	0.317	100.330	98.851	97.372
4	11	2.309	1.479	0.317	113.030	111.551	110.072
$4\frac{1}{2}$	11	2.309	1.479	0.317	125.730	124.251	122.772
5	11	2.309	1.479	0.317	138.430	136.951	135.472
$5\frac{1}{2}$	11	2.309	1.479	0.317	151.130	149.651	148.172
6	11	2.309	1.479	0.317	163.830	162.351	160.872

注：本标准适用于管接头、旋塞、阀门及其附件。

3. 梯形螺纹直径与螺距系列基本尺寸（GB/T 5796.2—2005、GB/T 5796.3—2005）（附表 8）

附表 8 梯形螺纹直径与螺距系列基本尺寸（GB/T 5796.2—2005、GB/T 5796.3—2005） mm

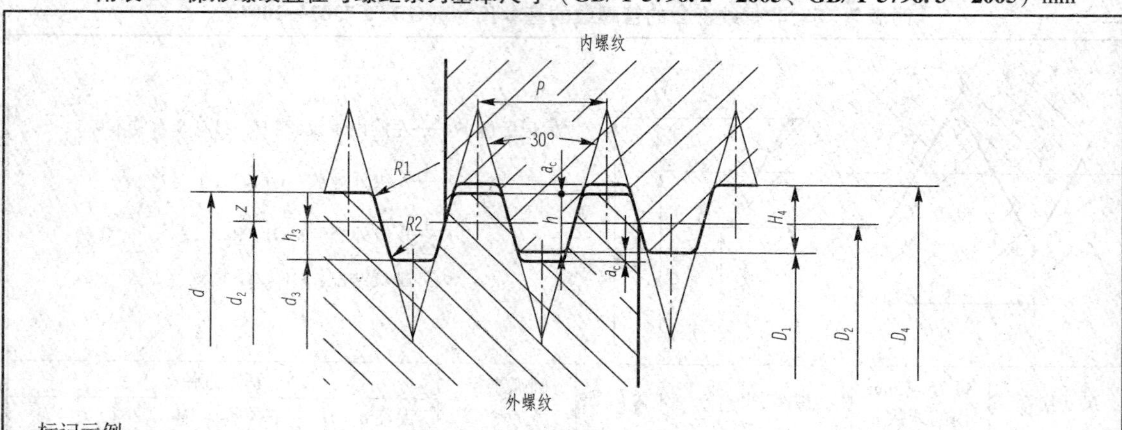

标记示例：

公称直径 40 mm、导程 14 mm、螺距为 7 mm 的左旋双线梯形螺纹标记为：

T_r40 × 14（P7）LH

公称直径 d 第一系列	公称直径 d 第二系列	螺距 P	中径 $d_2=D_2$	大径 D_4	小径 d_3	小径 D_1
8		1.5	7.25	8.30	6.20	6.50
	9	1.5	8.25	9.30	7.20	7.50
		2	8.00	9.50	6.50	7.00
10		1.5	9.25	10.30	8.20	8.50
		2	9.00	10.50	7.50	8.00
	11	2	10.00	11.50	8.50	9.00
		3	9.50	11.50	7.50	8.00
12		2	11.00	12.50	9.50	10.00
		3	10.50	12.50	8.50	9.00

公称直径 d 第一系列	公称直径 d 第二系列	螺距 P	中径 $d_2=D_2$	大径 D_4	小径 d_3	小径 D_1
	14	2	13.00	14.50	11.50	12.00
		3	12.50	14.50	10.50	11.00
16		2	15.00	16.50	13.50	14.00
		4	14.00	16.50	11.50	12.00
	18	2	17.00	18.50	15.50	16.00
		4	16.00	18.50	13.50	14.00
20		2	19.00	20.50	17.50	18.00
		4	18.00	20.50	15.50	16.00

续表

公称直径 d		螺距	中径	大径	小径		公称直径 d		螺距	中径	大径	小径	
第一系列	第二系列	P	$d_2=D_2$	D_4	d_3	D_1	第一系列	第二系列	P	$d_2=D_2$	D_4	d_3	D_1
	22	3	20. 50	22. 50	18. 50	19. 00	32		3	30. 50	32. 50	28. 50	29. 00
		5	19. 50	22. 50	16. 50	17. 00			6	29. 00	33. 00	25. 00	26. 00
		8	18. 00	23. 00	13. 00	14. 00			10	27. 00	33. 00	21. 00	22. 00
24		3	22. 50	24. 50	20. 50	21. 00		34	3	32. 50	34. 50	30. 50	31. 00
		5	21. 50	24. 50	18. 50	19. 00			6	31. 00	35. 00	27. 00	28. 00
		8	20. 00	25. 00	15. 00	16. 00			10	29. 00	35. 00	23. 00	24. 00
	26	3	24. 50	26. 50	22. 50	23. 00	36		3	34. 50	36. 50	32. 50	33. 00
		5	23. 50	26. 50	20. 50	21. 00			6	33. 00	37. 00	29. 00	30. 00
		8	22. 00	27. 00	17. 00	18. 00			10	31. 00	37. 00	25. 00	26. 00
28		3	26. 50	28. 50	24. 50	25. 00		38	3	36. 50	38. 50	34. 50	35. 00
		5	25. 50	28. 50	22. 50	23. 00			7	34. 50	39. 00	30. 00	31. 00
		8	24. 00	29. 00	19. 00	20. 00			10	33. 00	39. 00	27. 00	28. 00
	30	3	28. 50	30. 50	26. 50	29. 00	40		3	38. 50	40. 50	36. 50	37. 00
		6	27. 00	31. 00	23. 00	24. 00			7	36. 50	41. 00	32. 00	33. 00
		10	25. 00	31. 00	19. 00	20. 50			10	35. 00	41. 00	29. 00	30. 00

三、常用的标准件

1. 六角头螺栓—A 和 B 级（GB/T 5782—2016）、六角头螺栓—全螺纹（GB/T 5783—2016）（附表 9）

附表 9　六角头螺栓—A 和 B 级（GB/T 5782—2016）、六角头螺栓—全螺纹（GB/T 5783—2016）

mm

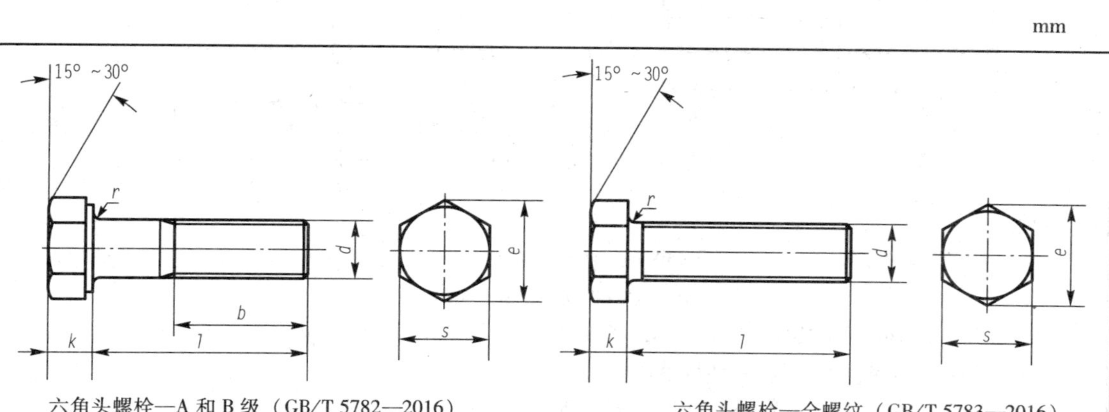

六角头螺栓—A 和 B 级（GB/T 5782—2016）　　六角头螺栓—全螺纹（GB/T 5783—2016）

标记示例：

螺纹规格 d = M12、公称长度 l = 80 mm、性能等级为 8. 8 级、表面氧化、产品等级为 A 级的六角头螺栓的标记：

螺栓　GB/T 5782　M12 × 80

螺纹规格 d	M3	M4	M5	M6	M8	M10	M12	M16	M20	M24	M30	M36	M42	M48	M56	M64
s	5. 5	7	8	10	13	16	18	24	30	36	46	55	65	75	85	95
k	2	2. 8	3. 5	4	5. 3	6. 4	7. 5	10	12. 5	15	18. 7	22. 5	26	30	35	40

续表

螺纹规格 *d*		M3	M4	M5	M6	M8	M10	M12	M16	M20	M24	M30	M36	M42	M48	M56	M64
r		0.1	0.2	0.2	0.25	0.4	0.4	0.6	0.6	0.8	0.8	1	1	1.2	1.6	2	2
e		6.01	7.66	8.79	11.05	14.38	17.77	20.03	26.75	33.53	39.98	—	—	—	—	—	—
b 参数	$l \leqslant 125$	12	14	16	18	22	26	30	38	46	54	65	—	—	—	—	—
	$125 \leqslant l \leqslant 200$	18	20	22	24	28	32	36	44	52	60	72	84	96	108	—	—
	$l > 200$	31	33	35	37	41	45	49	57	65	73	85	97	109	121	137	153
l（GB/T 5782）		20 ~ 30	25 ~ 40	25 ~ 50	30 ~ 60	40 ~ 80	45 ~ 100	50 ~ 120	65 ~ 160	80 ~ 200	90 ~ 240	110 ~ 300	140 ~ 360	160 ~ 440	180 ~ 480	220 ~ 500	260 ~ 500
l（GB/T 5783）		6 ~ 30	8 ~ 40	10 ~ 50	12 ~ 60	16 ~ 80	20 ~ 100	25 ~ 120	30 ~ 100	40 ~ 150	50 ~ 150	60 ~ 200	70 ~ 200	80 ~ 200	100 ~ 200	110 ~ 200	120 ~ 200
l		12、16、20、25、30、35、40、45、50、55、60、65、70、80、90、100、110、120、130、140、150、160、180、200、220、240、260、280、300、320、340、360、380、400、420、440、460、480、500															

2. 双头螺柱 $b_m = d$（GB/T 897—1988）、$b_m = 1.25d$（GB 898—1988）、$b_m = 1.5d$（GB 899—1988）、$b_m = 2d$（GB/T 900—1988）（附表 10）

附表 10　双头螺柱 $b_m = d$（GB/T 897—1988）、$b_m = 1.25d$（GB 898—1988）、$b_m = 1.5d$（GB 899—1988）、$b_m = 2d$（GB/T 900—1988）

mm

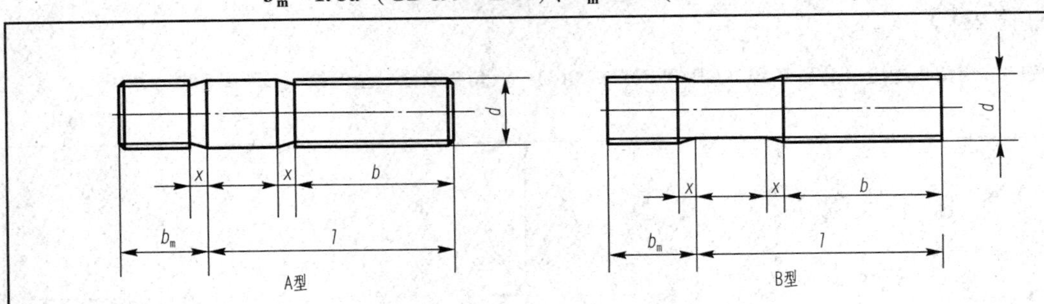

标记示例：

1. 两端均为粗牙普通螺纹，$d = 10$ mm、$l = 50$ mm、性能等级为 4.8 级、不经表面处理、B 型、$b_m = d$ 的双头螺柱：

螺柱　GB/T 897—1988　M10 × 50

2. 旋入机体一端为粗牙普通螺纹，旋螺母一端为螺距 $P = 1$ mm 的细牙普通螺纹，$d = 10$ mm、$l = 50$ mm、性能等级为 4.8 级，不经表面处理、A 型、$b_m = d$ 的双头螺柱：

螺柱　GB/T 897—1988　AM10 – M10 × 1 × 50

3. 旋入机体一端为过渡配合螺纹的第一种配合，旋螺母一端为粗牙普通螺纹，$d = 10$ mm、$l = 50$ mm、性能等级为 8.8 级、镀锌钝化、B 型、$b_m = d$ 的双头螺柱：

螺柱　GB/T 897—1988　GM10 – M10 × 50 – 8.8 – Zn · D

螺纹规格 *d*	b_m				*l*/*b*
	GB/T 897	GB 898	GB 899	GB/T 900	
M2			3	4	（12 ~ 16）/6、（18 ~ 25）/10
M2.5			3.5	5	（14 ~ 18）/8、（20 ~ 30）/11

续表

螺纹规格 d	b_m				l/b
	GB/T 897	GB 898	GB 899	GB/T 900	
M3			4.5	6	(16~20)/6、(22~40)/12
M4			6	8	(16~22)/8、(25~40)/14
M5	5	6	8	10	(16~22)/10、(25~50)/16
M6	6	8	10	12	(18~22)/10、(25~30)/14、(32~75)/18
M8	8	10	12	16	(18~22)/12、(25~30)/16、(32~90)/22
M10	10	12	15	20	(25~28)/14、(30~38)/16、(40~120)/30、130/32
M12	12	15	18	24	(25~30)/16、(32~40)/20、(45~120)/30、(130~180)/36
(M14)	14	18	21	28	(30~35)/18、(38~45)/25、(50~120)/34、(130~180)/40
M16	16	20	24	32	(30~38)/20、(40~55)/30、(60~120)/38、(130~200)/44
(M18)	18	22	27	36	(35~40)/22、(45~60)/35、(65~120)/42、(130~200)/48
M20	20	25	30	40	(35~40)/25、(45~65)/38、(70~120)/46、(130~200)/52
(M22)	22	28	33	44	(40~45)/30、(50~70)/40、(75~120)/50、(130~200)/56
M24	24	30	36	48	(45~50)/30、(55~75)/45、(80~120)/54、(130~200)/60
(M27)	27	35	40	54	(50~60)/35、(65~85)/50、(90~120)/60、(130~200)/66
M30	30	38	45	60	(60~65)/40、(70~90)/50、(95~120)/66、(130~200)/72、(210~250)/85
M36	36	45	54	72	(65~75)/45、(80~110)/60、120/78、(130~200)/84、(210~300)/97
M42	42	52	63	84	(70~80)/50、(85~110)/70、120/90、(130~200)/96、(210~300)/109
M48	48	60	72	96	(80~90)/60、(95~110)/80、120/102、(130~200)/108、(210~300)/121
t 系列	12、(14)、16、(18)、20、(22)、25、(28)、30、(32)、35、(38)、40、45、50、55、60、65、70、75、80、85、90、95、100、110、120、130、140、150、160、170、180、190、200、210、220、230、240、250、260、280、300				

注：1. $b_m=d$，一般用于旋入机体为钢的场合；$b_m=(1.25\sim1.5)d$，一般用于旋入机体为铸铁的场合；$b_m=2d$，一般用于旋入机体为铝的场合。

2. 不带圆括号的为优选系列，仅 GB 898—1988 有优选系列。

3. b 不包括螺尾。

3. 开槽圆柱头螺钉（GB/T 65—2016）、开槽沉头螺钉（GB/T 68—2016）（附表 11）

附表 11　开槽圆柱头螺钉（GB/T 65—2016）、开槽沉头螺钉（GB/T 68—2016）　mm

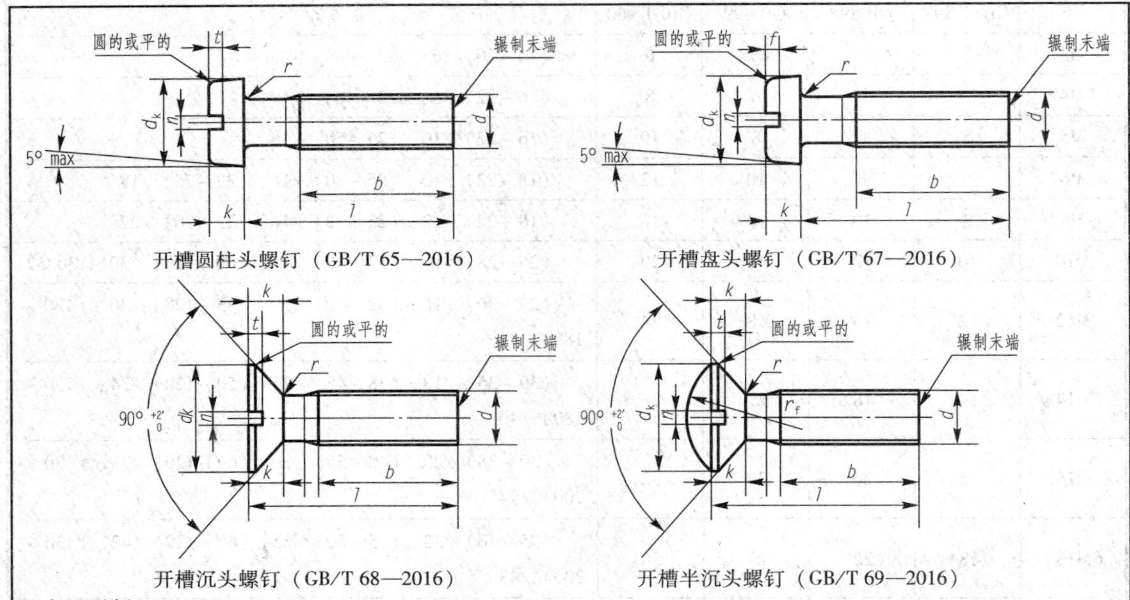

开槽圆柱头螺钉（GB/T 65—2016）　开槽盘头螺钉（GB/T 67—2016）

开槽沉头螺钉（GB/T 68—2016）　开槽半沉头螺钉（GB/T 69—2016）

标记示例：

螺纹规格 d = M5，公称长度 l = 20 mm、性能等级为 4.8 级、不经表面处理的 A 级开槽圆柱头螺钉的标记：

螺钉　GB/T 65　M5 × 20

螺纹规格 d = M5，公称长度 l = 20 mm、性能等级为 4.8 级、不经表面处理的 A 级开槽沉头螺钉的标记：

螺钉　GB/T 68　M5 × 20

螺纹规格 d		M1.6	M2	M2.5	M3	M4	M5	M6	M8	M10
P		0.35	0.4	0.45	0.5	0.7	0.8	1	1.25	1.5
a_{max}		0.7	0.8	0.9	1	1.4	1.6	2	2.5	3
b_{min}		25				38				
n 公称		0.4	0.5	0.6	0.8	1.2		1.6	2	2.5
d_{amax}		2.1	2.6	3.1	3.6	4.7	5.7	6.8	9.2	11.2
x_{max}		0.9	1	1.1	1.25	1.75	2	2.5	3.2	3.8
GB/T 65—2016	d_{kmax}	3	3.8	3	3	7	8.5	10	13	16
	k_{max}	1.1	1.4	1.1	1.1	2.6	3.3	3.9	5	6
	t_{min}	0.45	0.6	0.45	0.45	1.1	1.3	1.6	2	2.4
	r_{min}	0.1				0.2		0.25	0.4	0.4
	l 范围公称	2 ~ 16	3 ~ 20	3 ~ 25	4 ~ 30	5 ~ 40	6 ~ 50	8 ~ 60	10 ~ 80	12 ~ 80
	全螺纹时最大长度	30				40				
GB/T 67—2016	d_{kmax}	3.2	4	6	5.6	8	9.5	12	16	20
	k_{max}	1	1.3	1.5	1.8	2.4	3	3.6	4.8	6
	t_{min}	0.35	0.5	0.6	0.7	1	1.2	1.4	1.9	2.4
	r_{min}	0.1				0.2		0.25	0.4	
	r_f 参考	0.5	0.6	0.8	0.9	1.2	1.5	1.8	2.4	3
	l 范围公称	2 ~ 16	2.5 ~ 20	3 ~ 25	4 ~ 30	5 ~ 40	6 ~ 50	8 ~ 60	10 ~ 80	12 ~ 80
	全螺纹时最大长度	30				40				

续表

螺纹规格 d			M1.6	M2	M2.5	M3	M4	M5	M6	M8	M10
GB/T 68—2016 GB/T 69—2016	d_{kmax}		3	3.8	4.7	5.5	8.4	9.3	11.3	15.8	18.3
	k_{max}		1	1.2	1.5	1.65	2.7	2.7	3.3	4.65	5
	t_{min}	GB/T 68—2016	0.32	0.4	0.5	0.6	1	1.1	1.2	1.8	2
		GB/T 69—2016	0.64	0.8	1	1.2	1.6	2	2.4	3.2	3.8
	r_{max}		0.4	0.5	0.6	0.8	1	1.3	1.5	2	2.5
	r_f		3	4	5	6	9.5	9.5	1.2	16.5	19.5
	f		0.4	0.5	0.6	0.7	1	1.2	1.4	2	2.3
	l 范围公称		2.5~16	3~20	4~25	5~30	6~40	8~50	8~60	10~80	12~80
	全螺纹时最大长度		30				45				
l 系列（公称）			2、2.5、3、4、5、6、8、16、12、(14)、16、20、25、30、35、40、45、50、(55)、60、(65)、70、(75)、80								

4. 内六角圆柱头螺钉（GB/T 70.1—2008）（附表 12）

附表 12　内六角圆柱头螺钉（GB/T 70.1—2008）　　mm

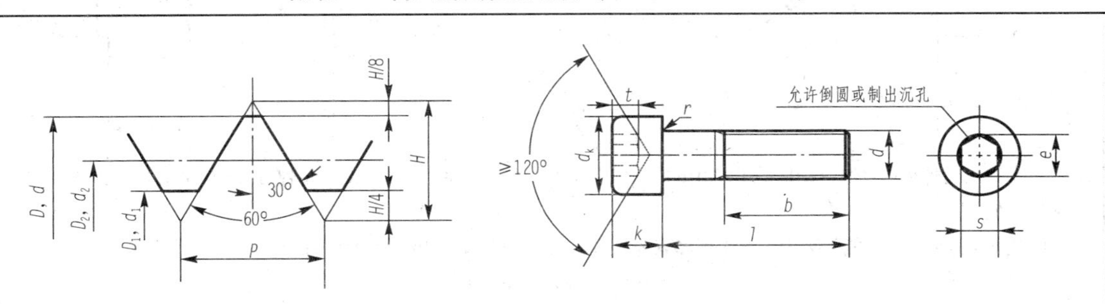

标记示例：

螺纹规格 d = M5、公称长度 l = 20 mm，性能等级为 8.8 级、表面氧化的 A 级内六角圆柱头螺钉的标记：

螺钉　GB/T 70.1　M5×20

螺纹规格 d	M1.6	M2	M2.5	M3	M4	M5	M6	M8	M10	M12	(M14)	M16	M20	M24	M30	M36
d_k	3	3.8	4.5	5.5	7	8.5	10	13	16	18	21	24	30	36	45	54
k	1.6	2	2.5	3	4	5	6	8	10	12	14	16	20	24	30	36
t	0.7	1	1.1	1.3	2	2.5	3	4	5	6	7	8	10	12	15.5	19
r	0.1	0.1	0.1	0.1	0.2	0.2	0.25	0.4	0.4	0.6	0.6	0.6	0.8	0.8	1	1
s	1.5	1.5	2	2.5	3	4	5	6	8	10	12	14	17	19	22	27
e	1.73	1.73	2.3	2.9	3.4	4.6	5.7	6.9	9.2	11.4	13.7	16	19	21.7	25.2	30.9
b（参考）	15	16	17	18	20	22	24	28	32	36	40	44	52	60	72	84
l	2.5~16	3~20	4~25	5~30	6~40	8~50	10~60	12~80	16~100	20~120	25~140	25~160	30~200	40~200	45~200	55~200
全螺纹时最大长度	16	16	20	20	25	25	30	35	40	45	55	55	65	80	90	110

续表

l 系列	2.5、3、4、5、6、8、10、12、(14)、16、20、25、30、35、40、45、50、(55)、60、(65)、70、80、90、100、110、120、130、140、150、160、180、200
注：1. 尽可能不采用括号内的规格。 2. b 不包括螺尾。	

5. 六角螺母—C 级（GB/T 41—2016）、1 型六角螺母（GB/T 6170—2015）（附表 13）

附表 13　六角螺母—C 级（GB/T 41—2016）、1 型六角螺母（GB/T 6170—2015）

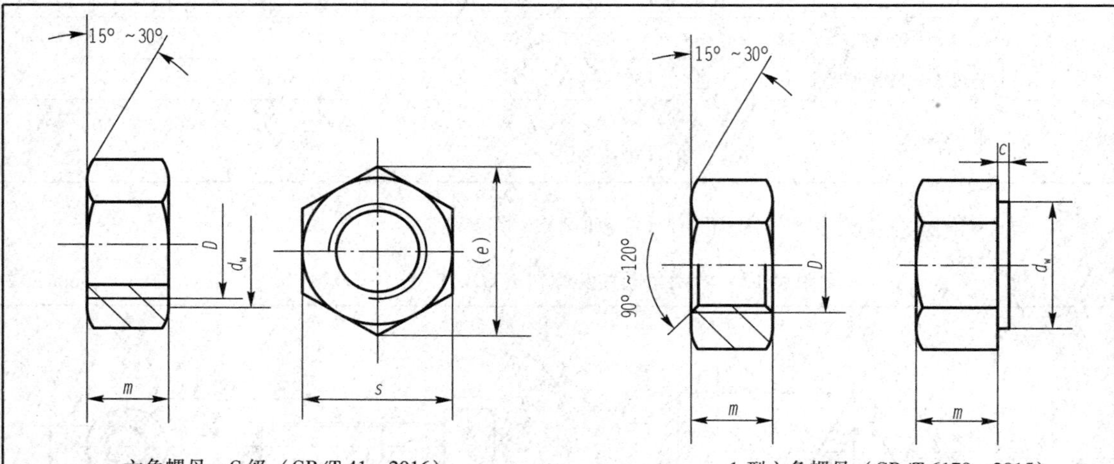

六角螺母—C 级（GB/T 41—2016）　　1 型六角螺母（GB/T 6170—2015）

标记示例：

螺纹规格 D = M12、性能等级为 5 级，不经表面处理、产品等级为 C 级的六角螺母的标记：

螺母　GB/T 41　M12

螺纹规格 D = M12、性能等级为 8 级、不经表面处理、产品等级为 A 级的 1 型六角螺母的标记：

螺母　GB/T 6170　M12

螺纹规格 D		M4	M5	M6	M8	M10	M12	M16		M20	M30	M36	M42	M48
c_{max}		0.4	0.5	0.5		0.6				0.8			1	
s_{max}		7	8	10	13	16	18	24	30	36	46	55	65	75
e_{min}	A、B 级	7.66	8.79	11.05	14.38	17.77	20.03	26.75	32.95	39.55	50.85	60.79	71.3	82.6
	C 级	—	8.63	10.89	14.2	17.59	19.85	26.17	32.95	39.55	50.85	60.79	71.3	82.6
m_{max}	A、B 级	3.2	4.7	5.2	6.8	8.4	10.8	14.8	18	21.5	25.6	31	34	38
	C 级	—	5.6	6.4	7.9	9.5	12.2	15.9	19	22.3	26.4	31.9	34.9	38.9
d_{wmin}	A、B 级	5.9	6.9	8.9	11.6	14.6	16.6	22.5	27.7	33.3	42.8	51.1	60	69.5
	C 级	—	6.7	8.7	11.5	14.5	16.5	22	27.7	33.3	42.8	51.1	60	69.5

注：1. A 级用于 $D \leqslant 16$ 的螺母；B 级用于 $D > 16$ 的螺母；C 级用于 $D \geqslant 5$ 的螺母。

2. 螺纹公差：A、B 级为 6H，C 级为 7H；力学性能等级：A、B 级为 6、8、10 级，C 级为 4、5 级。

6. 平垫圈—C 级（GB/T 95—2002）、大垫圈—A 级（GB/T 96.1—2002）、大垫圈—C 级（GB/T 96.2—2002）、平垫圈—A 级（GB/T 97.1—2002）、平垫圈　倒角型—A 级

（GB/T 97.2—2002）、小垫圈—A 级（GB/T 848—2002）（附表 14）

附表 14　平垫圈—C 级（GB/T 95—2002）、大垫圈—A 级（GB/T 96.1—2002）、大垫圈—C 级（GB/T 96.2—2002）、平垫圈—A 级（GB/T 97.1—2002）、平垫圈　倒角型—A 级（GB/T 97.2—2002）、小垫圈—A 级（GB/T 848—2002）

mm

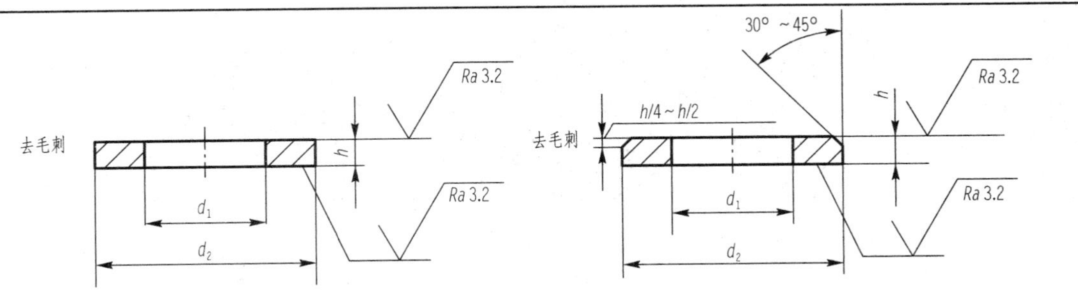

平垫圈—C 级（GB/T 95—2002）；平垫圈—A 级（GB/T 97.1—2002）；大垫圈—A 级（GB/T 96.1—2002）；
大垫圈—C 级（GB/T 96.2—2002）；平垫圈倒角型—A 级（GB/T 97.2—2002）；小垫圈—A 级（GB/T 848—2002）

*垫圈两端面无粗糙度符号

标记示例：

标准系列、公称规格 8 mm、硬度等级为 100HV 级、不经表面处理、产品等级为 C 级的平垫圈的标记：

垫圈　GB/T 95　8

标准系列、公称规格 8 mm、由钢制造的硬度等级为 200HV 级、不经表面处理、产品等级为 A 级、倒角型平垫圈的标记：

垫圈　GB/T 97.2　8

公称规格（螺纹大径）d	标准系列									大系列				小系列		
	GB/T 95			GB/T 97.1			GB/T 97.2			GB/T 96.1	GB/T 96.2			GB/T 848		
	d_1	d_2	h	d_1	d_2	h	d_1	d_2	h	d_1	d_1	d_2	h	d_1	d_2	h
1.6	—	—	—	1.7	4	0.3	—	—	0.3	—	—	—	—	1.7	3.5	0.3
2	—	—	—	2.2	5	0.3	—	—	0.3	—	—	—	—	2.2	4.5	
2.5	—	—	—	2.7	6	0.5	—	—	0.5	—	—	—	—	2.7	5	0.5
3	—	—	—	3.2	7	0.5	—	—	0.5	3.2	3.4	9	0.8	3.2	6	
4	—	—	—	4.3	9	0.8	—	—	0.8	4.3	4.5	12	1	4.3	8	
5	5.5	10	1	5.3	10	1	5.3	10	10	5.3	5.5	15	1	5.3	9	1
6	5.6	12	1.6	6.4	12	1.6	6.4	12	12	6.4	6.6	18	1.6	6.4	11	1.6
8	9	16	1.6	8.4	16	1.6	8.4	16	16	8.4	9	24	2	8.4	15	
10	11	20	20	2	20	2	20	2	2	10.5	11	30	2.5	10.5	18	
12	13.5	24	2.5	13	24	2.5	13	24	24	13	13.5	37	3	13	20	2
16	17.5	30	3	17	30	3	17	30	30	17	17.5	50	3	17	28	2.5
20	22	37	3	21	37	3	21	37	37	21	22	60	4	21	34	3
24	26	44	4	25	44	4	25	44	44	25	26	72	5	25	39	4
30	33	56	4	31	56	4	31	56	56	33	33	92	6	31	50	4
36	39	66	5	37	66	5	37	66	66	39	39	110	8	37	60	5

注：1. A 级适用于精装配系列，C 级适用于中等装配系列，C 级垫圈没有 Ra3.2 和去毛刺的要求。

2. GB/T 848 主要用于带圆柱头的螺钉，其他用于标准的六角螺栓、螺钉和螺母。

7. 标准型弹簧垫圈（GB/T 93—1987）、轻型弹簧垫圈（GB/T 859—1987）（附表 15）

附表 15　标准型弹簧垫圈（GB/T 93—1987）、轻型弹簧垫圈（GB/T 859—1987）　mm

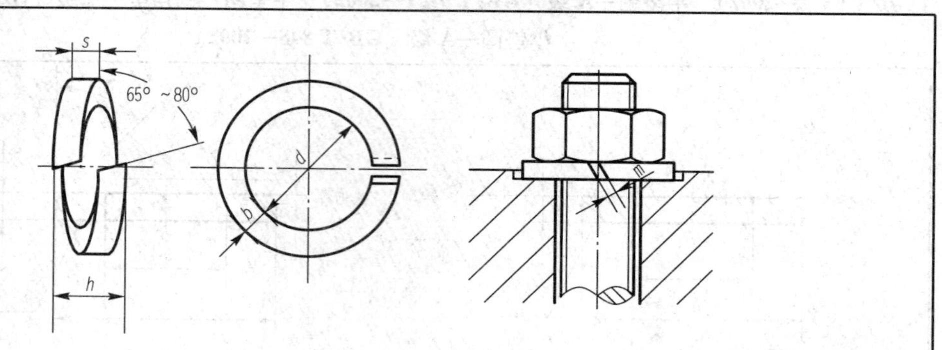

标记示例：

规格 16 mm、材料为 65Mn，表面氧化的标准型弹簧垫圈：

垫圈　GB/T 93—1987　16

规格（螺纹大径）	d_{min}	GB/T 93—1987			GB/T 859—1987			
		$S=b$	H_{max}	$0<m\leqslant$	S	b	H_{max}	$0<m\leqslant$
2	2.1	0.5	1.25	0.25	0.5	0.8	—	
2.5	2.6	0.65	1.63	0.33	0.6	0.8	—	0.3
3	3.1	0.8	2	0.4	0.8	1	1.5	0.4
4	4.1	1.1	2.75	0.55	0.8	1.2	2	0.55
5	5.1	1.3	3.25	0.65	1	1.2	2.75	
6	6.2	1.6	4	0.8	1.2	1.6	3.25	0.65
8	8.2	2.1	5.25	1.05	1.6	2	4	0.8
10	10.2	2.6	6.5	1.3	2	2.5	5	1
12	12.3	3.1	7.75	1.55	2.5	3.5	6.25	1.25
(14)	14.3	3.6	9	1.8	3	4	7.5	1.5
16	16.3	4.1	10.25	2.05	3.2	4.5	8	1.6
(18)	18.3	4.5	11.25	2.25	3.5	5	9	1.8
20	20.5	5	12.5	2.5	4	5.5	10	2
(22)	22.5	5.5	13.75	2.75	4.5	6	11.25	2.25
24	24.5	6	15	3	4.8	6.5	12.5	2.5
(27)	27.5	6.8	17	3.4	5.5	7	13.75	2.75
30	30.5	7.5	18.75	3.75	6	8	15	3
36	36.6	9	22.5	4.5	—	—	—	—
42	42.6	10.5	26.25	5.25	—	—	—	—
48	49	12	30	6	—	—	—	—

8. 深沟球轴承（GB/T 276—2013） 60000 型（附表 16）

附表 16 深沟球轴承（GB/T276—2013） 60000 型

mm

类型代号6

轴承型号	尺寸/mm		
	d	D	B
10 系列			
6000	10	26	8
6001	12	28	8
6002	15	32	9
6003	17	35	10
6004	20	42	12
6005	25	47	12
6006	30	55	13
6007	35	62	14
6008	40	68	15
6009	45	75	16
6010	50	80	16
6011	55	90	18
6012	60	95	18
6013	65	100	18
6014	70	110	20
6015	75	115	20
6016	80	125	22
6017	85	130	22
6018	90	140	24
6019	95	145	24
6020	100	150	24
6021	105	160	26
6022	110	170	28
6024	120	180	28
6026	130	200	33
6028	140	210	33
6030	150	225	35
02 系列			
6200	10	30	9
6201	12	32	10
6202	15	35	11
6203	17	40	12
6204	20	47	14
6205	25	52	15
6206	30	62	16
6207	35	72	17
6208	40	80	18
6209	45	85	19
6210	50	90	20
6211	55	100	21
6212	60	110	22
6213	65	120	23
6214	70	125	24
6215	75	130	25
6216	80	140	26
6217	85	150	28
6218	90	160	30
6219	95	170	32
6220	100	180	34
6221	105	190	36
6222	110	200	38
6224	120	215	40
6226	130	230	40
6228	140	250	42
6230	150	270	45
03 系列			
6300	10	35	11
6301	12	37	12
6302	15	42	13
6303	17	47	14
6304	20	52	15
6305	25	62	17
6306	30	72	19
6307	35	80	21
6308	40	90	23
6309	45	100	25
6310	50	110	27
6311	55	120	29
6312	60	130	31
6313	65	140	33
6314	70	150	35
6315	75	160	37
6316	80	170	39
6317	85	180	41
6318	90	190	43
6319	95	200	45
6320	100	215	47
04 系列			
6403	17	62	17
6404	20	72	19
6405	25	80	21
6406	30	90	23
6407	35	100	25
6408	40	110	27
6409	45	120	29
6410	50	130	31
6411	55	140	33
6412	60	150	35
6413	65	160	37
6414	70	180	42
6415	75	190	45
6416	80	200	48
6417	85	210	52
6418	90	225	54

9. 圆锥滚子轴承（GB/T 297—2015）　30000 型（附表 17）

附表 17　圆锥滚子轴承（GB/T297—2015）　30000 型　　mm

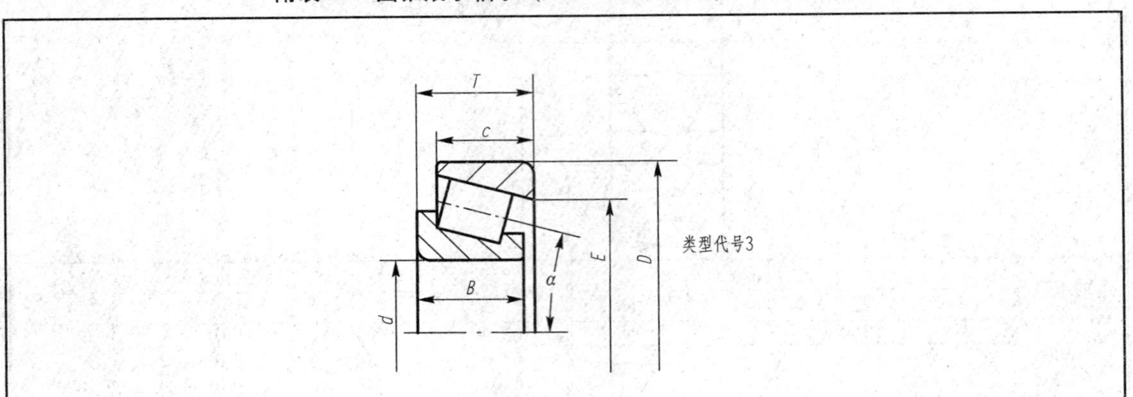

轴承型号	尺寸/mm						
	d	*D*	*B*	*C*	*T*	*E*	*α*
20 系列							
32005	25	47	15	11.5	15	37.393	16°
32006	30	55	17	13	17	44.438	16°
32007	35	62	18	14	18	50.510	16°50′
32008	40	68	19	14.5	19	56.897	14°10′
32009	45	75	20	15.5	20	63.248	14°40′
32010	50	80	20	15.5	20	67.841	15°45′
32011	55	90	23	17.5	23	76.505	15°10′
32012	60	95	23	17.5	23	80.634	16°
32013	65	100	23	17.5	23	85.567	17°
32014	70	110	25	19	25	93.633	16°10′
32015	75	115	25	19	25	98.358	17°
02 系列							
30202	15	35	11	10	11.75	—	—
30203	17	40	11	11	13.25	31.408	12°57′10″
30204	20	47	14	12	15.25	37.304	12°57′10″
30205	25	52	15	13	16.25	41.135	14°02′10″
30206	30	62	16	14	17.25	49.990	14°02′10″
30207	35	72	17	15	18.25	58.844	14°02′10″
30208	40	80	18	16	19.75	65.730	14°02′10″
30209	45	85	19	16	20.75	70.440	15°06′34″
30210	50	90	20	17	21.75	75.078	15°38′32″
30211	55	100	21	18	22.75	84.197	15°06′34″
30212	60	110	22	19	23.75	91.876	15°06′34″
30213	65	120	23	20	24.75	101.934	15°06′34″
30214	70	125	24	21	26.25	105.748	15°38′32″
30215	75	130	25	22	27.25	110.408	16°10′20″
30216	80	140	26	22	28.25	119.169	15°38′32″
30217	85	150	28	22	30.50	126.685	15°38′32″

轴承型号	尺寸/mm						
	d	*D*	*B*	*C*	*T*	*E*	*α*
30218	90	160	30	26	32.50	134.901	15°38′32″
30219	95	170	32	27	34.50	143.385	15°38′32″
30220	100	180	34	29	37	151.310	15°38′32″
03 系列							
30302	15	42	13	11	14.25	33.272	10°45′29″
30303	17	47	14	12	15.25	37.420	10°45′29″
30304	20	52	15	13	16.25	41.318	11°18′36″
30305	25	62	17	15	18.25	50.637	11°30′
30306	30	72	19	16	20.75	58.287	11°51′35″
30307	35	80	21	18	22.75	65.769	11°51′35″
30308	40	90	23	20	25.25	72.703	12°57′10″
30309	45	100	25	22	27.25	81.780	12°57′10″
30310	50	110	27	23	29.25	90.633	12°57′10″
30311	55	120	29	25	31.50	99.146	12°57′10″
30312	60	130	31	26	33.50	107.769	12°57′10″
30313	65	140	33	28	36	116.846	12°57′10″
30314	70	150	35	30	38	125.244	12°57′10″
30315	75	160	37	31	40	134.097	12°57′10″
30316	80	170	39	33	42	143.174	12°57′10″
30317	85	180	41	34	44.50	150.433	12°57′10″
30318	90	190	43	36	46.50	159.061	12°57′10″
30319	95	200	45	38	49.50	165.861	12°57′10″
30320	100	215	47	39	51.50	178.578	12°57′10″
30321	105	225	49	41	53.50	186.752	12°57′10″
30322	110	240	50	42	54.50	199.925	12°57′10″
30324	120	260	55	46	59.50	214.892	12°57′10″
30326	130	280	58	49	63.75	232.028	12°57′10″
30328	140	300	62	53	67.75	247.910	12°57′10″
30330	150	320	65	55	72	265.955	12°57′10″

10. 推力球轴承（GB/T 301—2015）51000 型（附表 18）

附表 18　推力球轴承（GB/T 301—2015）51000 型　　mm

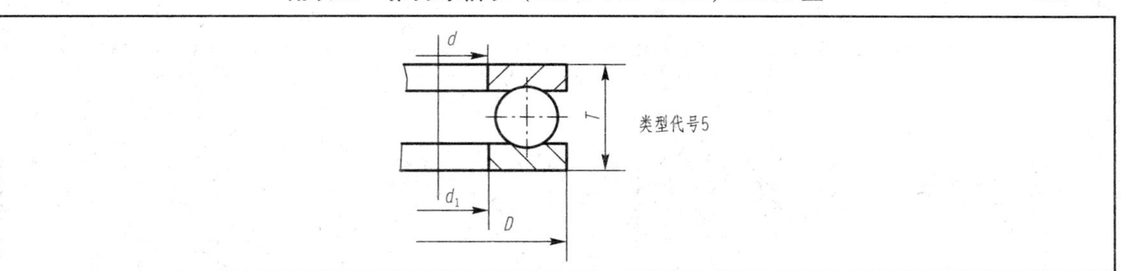

轴承型号	尺寸/mm			
	d	d_1 最小	D	T
11 系列				
51100	10	10. 2	24	9
51101	12	12. 2	26	9
51102	15	15. 2	28	9
51103	17	17. 2	30	9
51104	20	20. 2	35	10
51105	25	25. 2	42	11
51106	30	30. 2	47	11
51107	35	35. 2	52	12
51108	40	40. 2	60	13
51109	45	45. 2	65	14
51110	50	50. 2	70	14
51111	55	55. 2	78	16
51112	60	60. 2	85	17
51113	65	65. 2	90	18
51114	70	70. 2	95	18
51115	75	75. 2	100	19
51116	80	80. 2	105	19
51117	85	85. 2	110	19
51118	90	90. 2	120	22
51120	100	100. 2	135	25
51122	110	110. 2	145	25
51124	120	120. 2	155	25
51126	130	130. 2	170	30
51128	140	140. 3	180	31
51130	150	150. 3	190	31
12 系列				
51200	10	10. 2	26	11
51201	12	12. 2	28	11
51202	15	15. 2	32	12
51203	17	17. 2	35	12
51204	20	20. 2	40	14
51205	25	25. 2	47	15
51206	30	30. 2	52	16
51207	35	35. 2	62	18
51208	40	40. 2	68	19
51209	45	45. 2	73	20
51210	50	50. 2	78	22
51211	55	55. 2	90	25
51212	60	60. 2	95	26
51213	65	65. 2	100	27
51214	70	70. 2	105	27
51215	75	75. 2	110	27
51216	80	80. 2	115	28

轴承型号	尺寸/mm			
	d	d_1 最小	D	T
51218	90	90. 2	135	36
51220	100	100. 2	150	38
51222	110	110. 2	160	38
51224	120	120. 2	170	39
51226	130	130. 3	190	45
51228	140	140. 3	200	46
51230	150	150. 3	215	50
13 系列				
51305	25	25. 2	52	18
51306	30	30. 2	60	21
51307	35	35. 2	68	24
51308	40	40. 2	78	26
51309	45	45. 2	85	28
51310	50	50. 2	95	31
51311	55	55. 2	105	35
51312	60	60. 2	110	35
51313	65	65. 2	115	36
51314	70	70. 2	125	40
51315	75	75. 2	135	44
51316	80	80. 2	140	44
51317	85	85. 2	150	49
51318	90	90. 2	155	52
51320	100	100. 2	170	55
51322	110	110. 2	190	63
51324	120	120. 2	210	70
51326	130	130. 3	225	75
51328	140	140. 3	240	80
51330	150	150. 3	250	80
14 系列				
51405	25	25. 2	60	24
51406	30	30. 2	70	28
51407	35	35. 2	80	32
51408	40	40. 2	90	36
51409	45	45. 2	100	39
51410	50	50. 2	110	43
51411	55	55. 2	120	48
51412	60	60. 2	130	51
51413	65	65. 2	140	56
51414	70	70. 2	150	60
51415	75	75. 2	160	65
51416	80	80. 2	170	68

11. 平键　键槽的剖面尺寸（GB/T 1095—2003）、普通型　平键（GB/T 1096—2003）（附表 19）

附表 19　平键　键槽的剖面尺寸（GB/T1095—2003）、普通型　平键（GB/T 1096—2003）mm

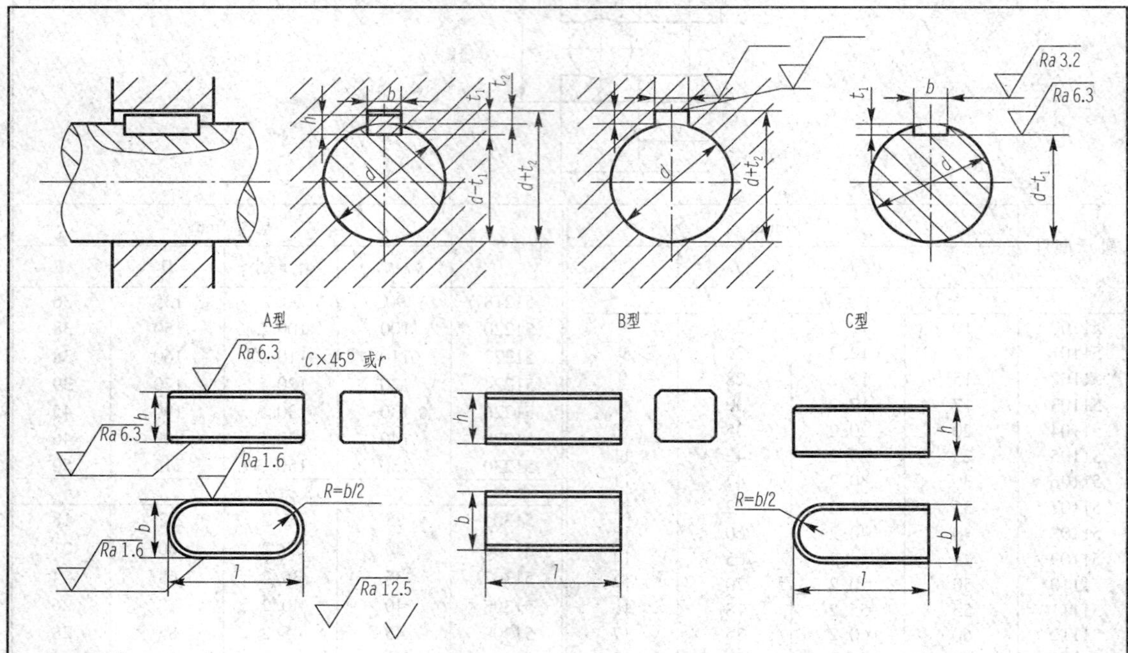

标记示例：

宽度 $b=16$ mm、高度 $h=10$ mm、长度 $l=100$ mm 普通 A 型平键的标记为：GB/T 1096　键 A 16×10×100

宽度 $b=16$ mm、高度 $h=10$ mm、长度 $l=100$ mm 普通 B 型平键的标记为：GB/T 1096　键 B 16×10×100

宽度 $b=16$ mm、高度 $h=10$ mm、长度 $l=100$ mm 普通 C 型平键的标记为：GB/T 1096　键 C 16×10×100

键尺寸 $b\times h$	长度 l	键槽											
		宽度 b						深度				半径	
		基本尺寸 b	极限偏差					轴 t_1		毂 t_2			
			松连接		正常连接		紧密连接						
			轴 H9	毂 D10	轴 N9	毂 Js9	轴和毂 P9	基本尺寸	极限偏差	基本尺寸	极限偏差	min	max
2×2	6 ~ 20	2	+0.025 0	+0.060	−0.004	±0.012 5	−0.006	1.2	+0.10	1	+0.10	0.08	0.16
3×3	6 ~ 36	3		0.020	−0.029		−0.031	1.8		1.4			
4×4	8 ~ 45	4	+0.030 0	+0.078	0	±0.015	−0.012	2.5		1.8			
5×5	10 ~ 56	5		+0.030	−0.030		−0.042	3.0		2.3			
6×6	14 ~ 70	6						3.5		2.8			

续表

键尺寸 $b \times h$	长度 l	键槽											
		宽度 b						深度				半径 r	
		基本尺寸 b	极限偏差					轴 t_1		毂 t_2			
			松连接		正常连接		紧密连接						
			轴 H9	毂 D10	轴 N9	毂 Js9	轴和毂 P9	基本尺寸	极限偏差	基本尺寸	极限偏差	min	max
8×7	18~90	8	+0.036 0	+0.098	0	±0.018	−0.015	4.0	+0.20	3.3	+0.20	0.16	0.25
10×8	22~110	10		+0.040	−0.036		−0.051	5.0		3.3			
12×8	28~140	12	+0.043 0	+0.120 +0.050	0 −0.043	±0.021 5	−0.018 −0.061	5.0		3.3			
14×9	36~160	14						5.5		3.8		0.25	0.40
16×10	45~180	16		+0.149 +0.065	0 −0.052			6.0		4.3			
18×11	50~200	18						7.0		4.4			
20×12	56~220	20	+0.052 0	+0.180 +0.080	0 −0.062	±0.026	−0.022 −0.074	7.5	+0.30	4.9	+0.30		
22×14	63~250	22						9.0		5.4		0.40	0.60
25×14	70~280	25						9.0		5.4			
28×16	80~320	28						10.0		6.4			
32×18	80~360	32	+0.062 0			±0.031	−0.026 −0.088	11.0		7.4			
36×20	100~400	36						12.0		8.4		0.70	1.0
40×22	100~400	40						13.0		9.4			
45×25	110~450	45						15.0		10.4			

注：l 系列：6、8、10、12、14、16、18、20、22、25、28、32、36、40、45、50、56、63、70、80、90、100、110、125、140、160、180、200、220、250、280、320、330、400、450。

12. 半圆键　键槽的剖面尺寸（GB/T 1098—2003）、普通型　半圆键（GB/T 1099.1—2003）（附表 20）

附表 20　半圆键　键槽的剖面尺寸（GB/T 1098—2003）、普通型　半圆键（GB/T 1099.1—2003）

mm

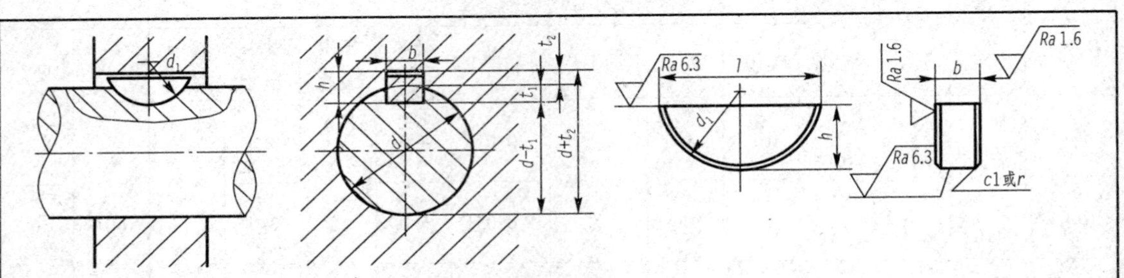

注：在工作图中，轴槽深用 t_1 或（$d-t_1$）标注，轮毂槽深用（$d+t_2$）标注。

标记示例：

宽度 $b=6$ mm、高度 $h=10$ mm、直径 $D=25$ mm 普通型半圆键的标记为：GB/T 1099.1　键 6×10×25

轴径 d		键		键槽									
				宽度 b				深度				半径 r	
					极限偏差			轴 t		毂 t_1			
					一般键连接		较紧键连接						
键传递扭矩	键定位用	公称尺寸 $b\times h\times d_1$	长度 $L\approx$	公称尺寸 b	轴 N9	毂 Js9	轴和毂 P9	公称尺寸	极限偏差	公称尺寸	极限偏差	最小	最大
自 3~4	自 3~4	1.0×1.4×4	3.9	1.0	-0.004 -0.029	±0.012	-0.006 -0.031	1.0	+0.1 0	0.6	+0.1 0	0.08	0.16
>4~5	>4~6	1.5×2.6×7	6.8	1.5				2.0		0.8			
>5~6	>6~8	2.0×2.6×7	6.8	2.0				1.8		1.0			
>6~7	>8~10	2.0×3.7×10	9.7	2.0				2.9		1.0			
>7~8	>10~12	2.5×3.7×10	9.7	2.5				2.7		1.2			
>8~10	>12~15	3.0×5.0×13	12.7	3.0				3.8	+0.20 0	1.4			
>10~12	>15~18	3.0×6.5×16	15.7	3.0				5.3		1.4		0.16	0.25
>12~14	>18~20	4.0×6.5×16	15.7	4.0	0 -0.030	±0.015	-0.012 -0.042	5.0		1.8			
>14~16	>20~22	4.0×7.5×19	18.6	4.0				6.0		1.8			
>16~18	>22~25	5.0×6.5×16	15.7	5.0				4.5		2.3			
>18~20	>25~28	5.0×7.5×19	18.6	5.0				5.5		2.3			
>20~22	>28~32	5.0×9.0×22	21.6	5.0				7.0		2.3			
>22~25	>32~36	6.0×9.0×22	21.6	6.0				6.5	+0.30 0	2.8			
>25~28	>36~40	6.0×10.0×25	24.5	6.0				7.5		2.8	+0.2 0	0.25	0.40
>28~32	40	8.0×11.0×28	27.4	8.0	0 -0.036	±0.018	-0.015 -0.51	8.0		3.3			
>32~38	—	10.0×13.0×32	31.4	10.0				10.0		3.3			

注：（$d-t$）和（$d+t_1$）两个组合尺寸的极限偏差按相应的 t 和 t_1 的极限偏差选取，但（$d-t$）极限偏差值应取负号（-）。

13. 圆柱销　不淬硬钢和奥氏体不锈钢（GB/T 119.1—2000）（附表21）

附表21　圆柱销　不淬硬钢和奥氏体不锈钢（GB/T 119.1—2000）　　mm

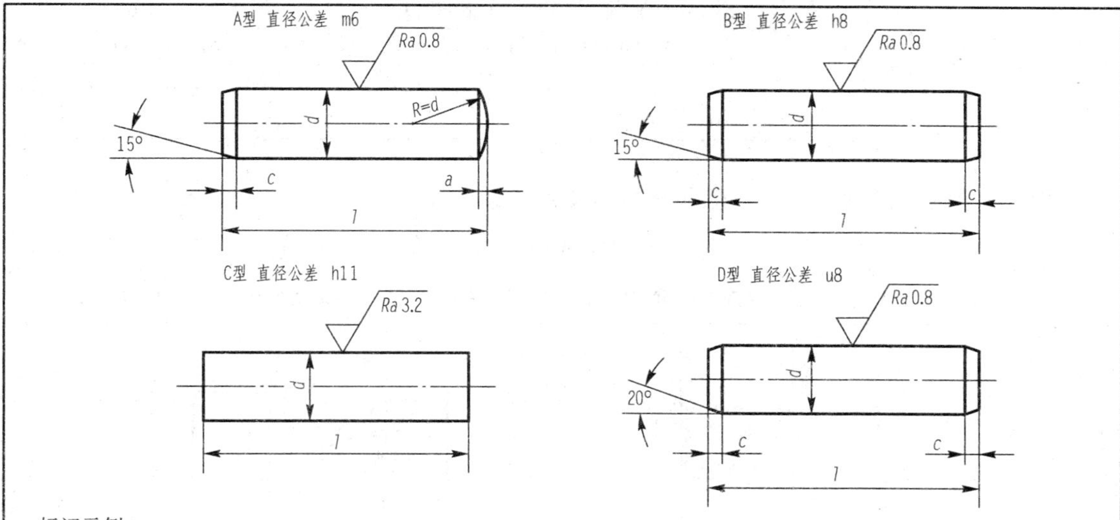

标记示例：

公称直径 $d=6$ mm、公差为 m6、公称长度 $l=30$ mm、材料为钢、不经淬火、不经表面处理的圆柱销的标记：

销　GB/T 119.1　6m6×30

公称直径 $d=6$ mm、公差为 m6、公称长度 $l=30$ mm、材料为 A_1 组奥氏体不锈钢、表面简单处理的圆柱销的标记：

销　GB/T 119.1　6m6×30－A_1

d(公称)	2.5	3	4	5	6	8	10	12	16	20	25	30
a≈	0.3	0.4	0.05	0.63	0.80	1.0	1.2	1.6	2.0	2.5	3.0	4.0
c≈	0.4	0.5	0.63	0.80	1.2	1.6	2.0	2.5	3.0	3.5	4.0	5.0
l	6～24	8～30	8～40	10～50	12～60	14～80	18～95	22～140	26～180	35～200	50～200	60～200
l 系列	6、8、10、12、14、16、18、20、22、24、26、28、30、32、35、40、45、50、55、60、65、70、75、80、85、90、95、100、120、140、160、180、200											

注：1. 其他公差由供需双方协议。

2. 公称长度大于 200 mm，按 20 mm 递增。

14. 圆锥销（GB/T 117—2000）（附表22）

附表22　圆锥销（GB/T 117—2000）　　mm

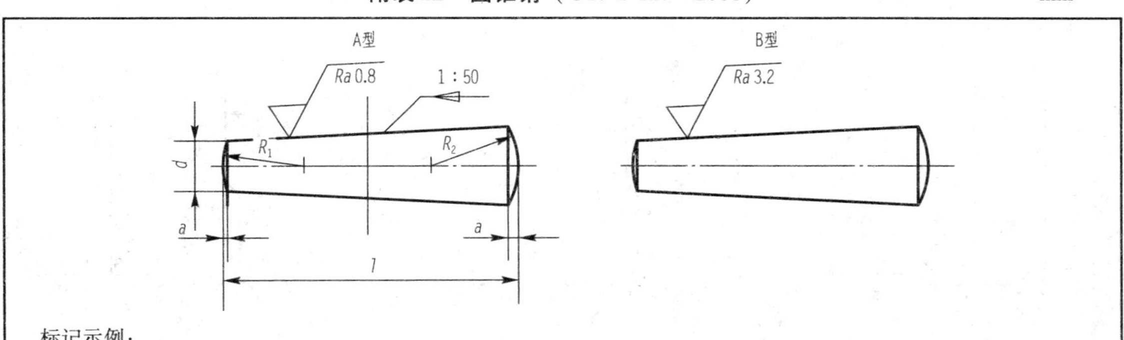

标记示例：

公称直径 $d=6$ mm、公称长度 $l=30$ mm、材料为 35 钢、热处理硬度 HRC28～38、表面氧化处理的 A 型圆锥销的标记：销　GB/T 117　6×30

续表

d(公称)	2.5	3	4	5	6	8	10	12	16	20	25	30
$a\approx$	0.3	0.4	0.5	0.63	0.8	1.0	1.2	1.6	2	2.5	3.0	4.0
l	10~35	12~45	14~55	18~60	22~90	22~120	26~160	32~180	40~200	45~200	50~200	55~200
l系列	10、12、14、16、18、20、22、24、26、28、30、32、35、40、45、50、55、60、65、70、75、80、85、90、95、100、120、140、160、180、200											

四、常用的机械加工一般规范和零件的结构要素

1. 与直径 ϕ 相对应的倒角 C、倒圆半径 R 的推荐值（GB/T 6403.4—2008）（附表23）

附表23　与直径 ϕ 相对应的倒角 C、倒圆半径 R 的推荐值（GB/T 6403.4－2008）　mm

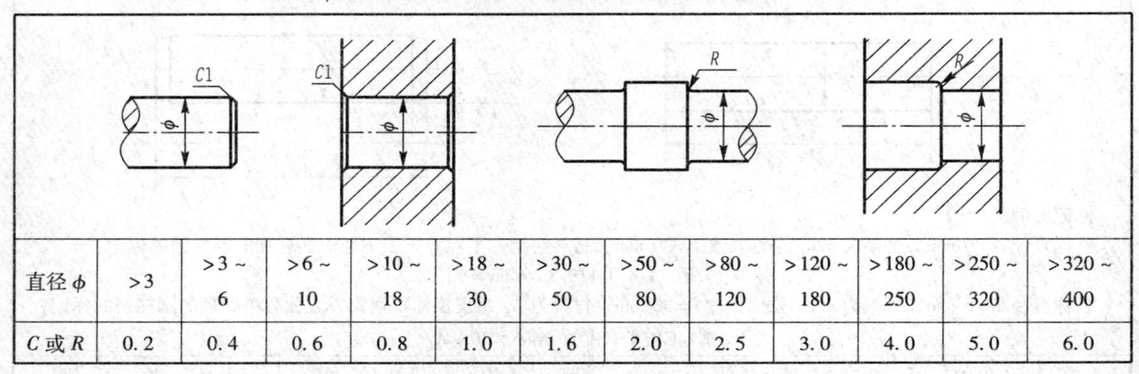

直径 ϕ	>3	>3~6	>6~10	>10~18	>18~30	>30~50	>50~80	>80~120	>120~180	>180~250	>250~320	>320~400
C 或 R	0.2	0.4	0.6	0.8	1.0	1.6	2.0	2.5	3.0	4.0	5.0	6.0

2. 回转面及端面砂轮越程槽形式及尺寸（GB/T 6403.5—2008）（附表24）

附表24　回转面及端面砂轮越程槽形式及尺寸（GB/T 6403.5—2008）　mm

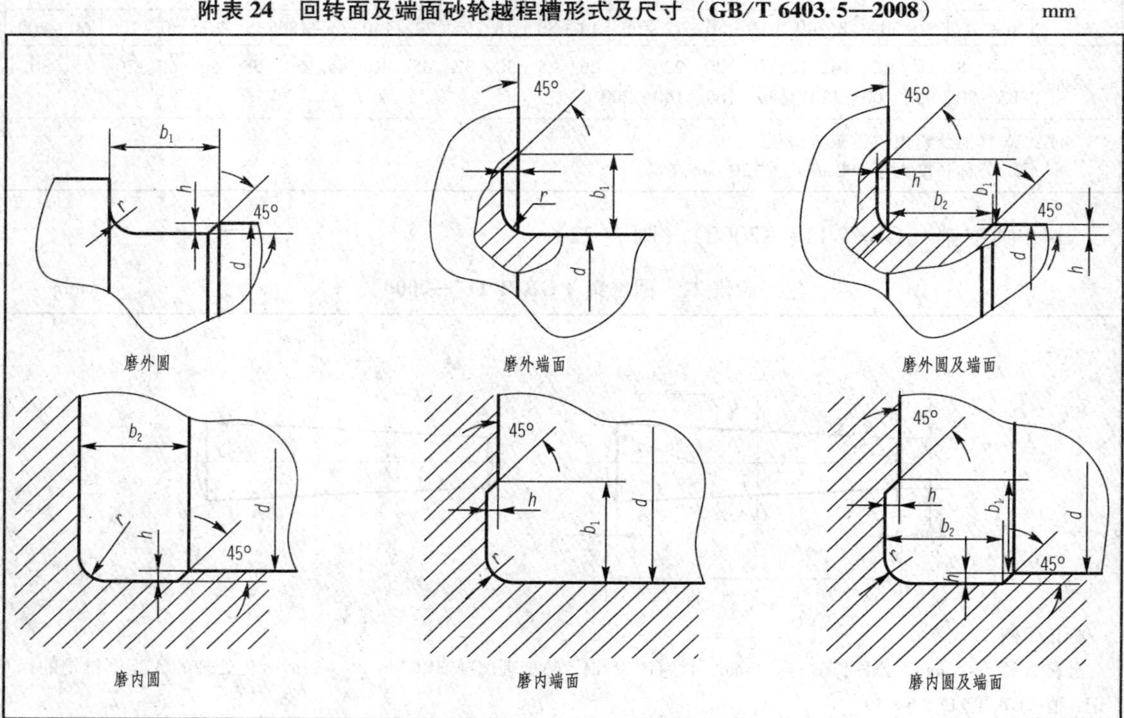

磨外圆　磨外端面　磨外圆及端面

磨内圆　磨内端面　磨内圆及端面

续表

d	-10		>10~50		>10~50		>100		
b_1	0.6	1.0	1.6	2.0	3.0	4.0	5.0	8.0	10
b_2	2.0	3.0		4.0		5.0		8.0	10
h	0.1	0.2		0.3	0.4		0.6	0.8	1.2
r		0.5		0.8	1.0		1.6	2.0	3.0

注：1. 越程槽内与直线相交处，不允许产生尖角。
2. 越程槽深度 h 与圆弧半径 r，要满足 $r \leqslant 3h$。

3. 普通螺纹的螺纹收尾、肩距、退刀槽和倒角（GB/T 3—1997）（附表 25）

附表 25 普通螺纹的螺纹收尾、肩距、退刀槽和倒角（GB/T 3—1997） mm

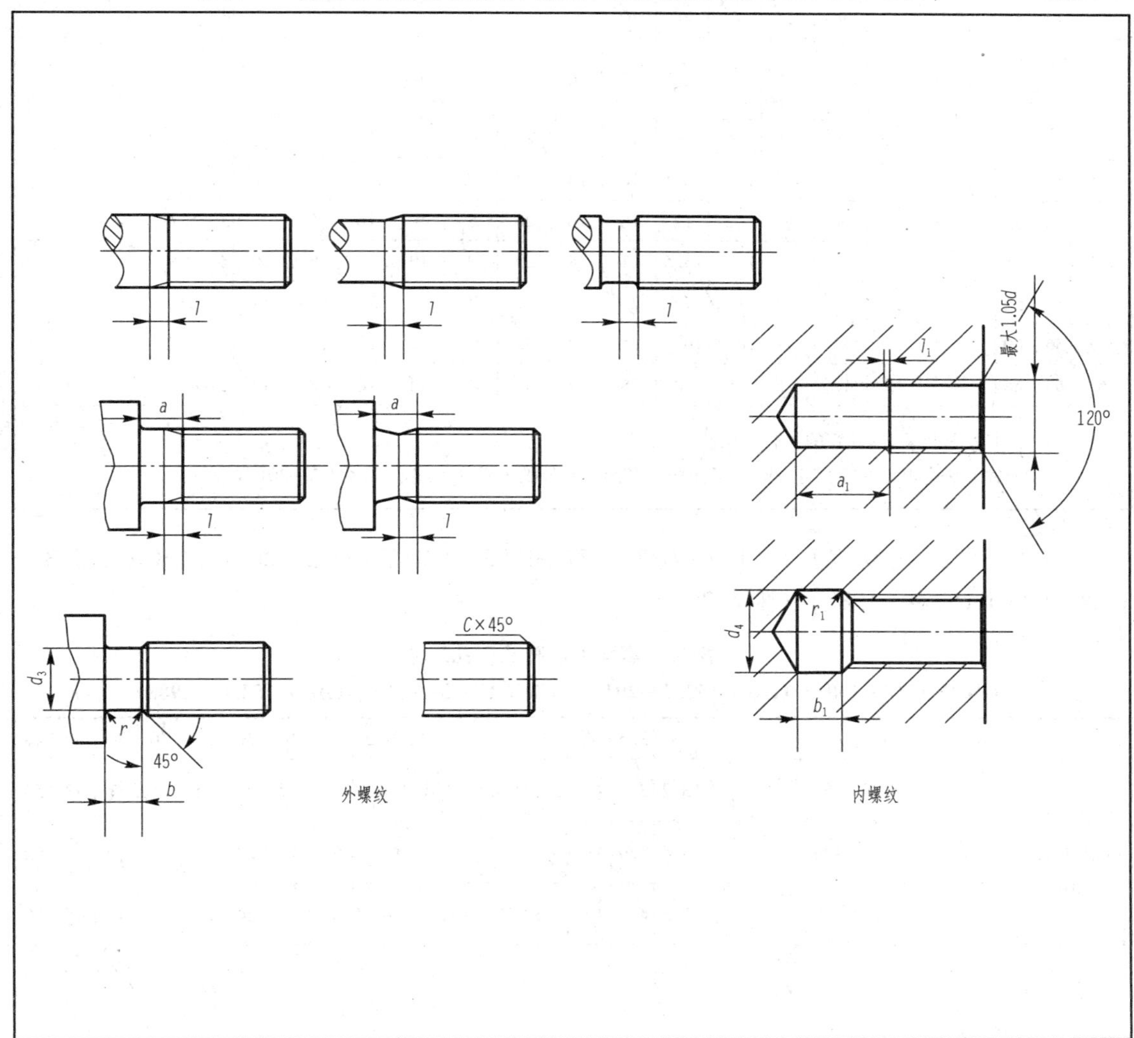

续表

螺距 P	粗牙螺纹直径	细牙螺纹直径	螺纹收尾，≤				肩距，≤					退刀槽							倒角 C
			一般	短的	长的		一般		长的		短的	一般		窄的		d_3	d_4	r 或 r_1 ≈	
	D		l	l_1	l	l_1	a	a_1	a	a_1	a	b	b_1	b	b_1				
0.5	3	根据螺距查表	1.25	1	0.7	1.5	1.5	3	2	4	1	1.5	2	1	1.5	$d-0.8$	$d+0.3$	0.5P	0.5
0.6	3.5		1.5	1.2	0.75	1.8	1.8	3.2	2.4	4.8	1.2			1.5		$d-1$			
0.7	4		1.75	1.4	0.9	2.1	2.1	3.5	2.8	5.6	1.4	2	3			$d-1.1$			0.6
0.75	4.5		1.9	1.5	1	2.3	2.25	3.8	3	6	1.5				2	$d-1.2$			
0.8	5		2	1.6	1	2.4	2.4	4	3.2	6.4	1.6					$d-1.3$			0.8
1	6、7		2.5	2	1.25	3	3	5	4	8	2	2.5	4		2.5	$d-1.6$	$d+0.5$		1
1.25	8		3.2	2.5	1.6	3.8	4	6	5	10	2.5	3	5		3	$d-2$			1.2
1.5	10		3.8	3	1.9	4.5	4.5	7	6	12	3	4	6	2.5	4	$d-2.3$			1.5
1.75	12		4.3	3.5	2.2	5.2	5.3	9	7	14	3.5	5	7			$d-2.6$			2
2	14、16		5	4	2.5	6	6	10	8	16	4		8	3.5	5	$d-3$			
2.5	18、20、22		6.3	5	3.2	7.5	7.5	12	10	18	5	6	10		6	$d-3.6$			2.5
3	24、27		7.5	6	3.8	9	9	14	12	22	6	7	12	4.5	7	$d-4.4$			
3.5	30、33		9	7	4.5	10.5	10.5	16	14	24	7	8	14		8	$d-5$			3
4	36、39		10	8	5	12	12	18	16	26	8	9	16	5	9	$d-5.7$			
4.5	42、45		11	9	5.5	13.5	13.5	21	18	29	9	10	18	6	10	$d-6.4$			4
5	48、52		12.5	10	6.3	15	15	23	20	32	10	11	20	6.5	11	$d-7$			
5.5	56、60		14	11	7	16.5	16.5	25	22	35	11	12	22	7.5	12	$d-7.7$			5
6	64、68		15	12	7.5	18	18	28	24	38	12	14	24	8	14	$d-8.3$			

注：1. 本表未摘录 $P<0.5$ 的各有关尺寸。

2. 对于其他相关内容，可查阅国家标准《紧固件　外螺纹零件末端》（GB/T 2—2016）。

4. 紧固件通孔及沉孔尺寸（GB/T 5277—1985、GB/T 152.2—2014、GB/T 152.3—1988、GB/T 152.4—1988）（附表26）

附表26　紧固件通孔及沉孔尺寸

（GB/T 5277—1985、GB/T 152.2—2014、GB/T 152.3—1988、GB/T 152.4—1988） mm

螺栓或螺钉直径 d		3	3.5	4	5	6	8	10	12	14	16	20	24	30	36	42	48
通孔直径 d_h（GB/T 5277—1985）	精装配	3.2	3.7	4.3	5.3	6.4	8.4	10.5	13	15	17	21	25	31	37	43	50
	中等装配	3.4	3.9	4.5	5.5	6.6	9	11	13.5	15.5	17.5	22	26	33	39	45	52
	粗装配	3.6	4.2	4.8	5.8	7	10	12	14.5	16.5	18.5	24	28	35	42	48	56

续表

<table>
<tr><td colspan="3">螺栓或螺钉直径 d</td><td>3</td><td>3.5</td><td>4</td><td>5</td><td>6</td><td>8</td><td>10</td><td>12</td><td>14</td><td>16</td><td>20</td><td>24</td><td>30</td><td>36</td><td>42</td><td>48</td></tr>
<tr><td rowspan="2">六角头螺栓和六角螺母用沉孔（GB/T 152.4—1988）</td><td rowspan="2">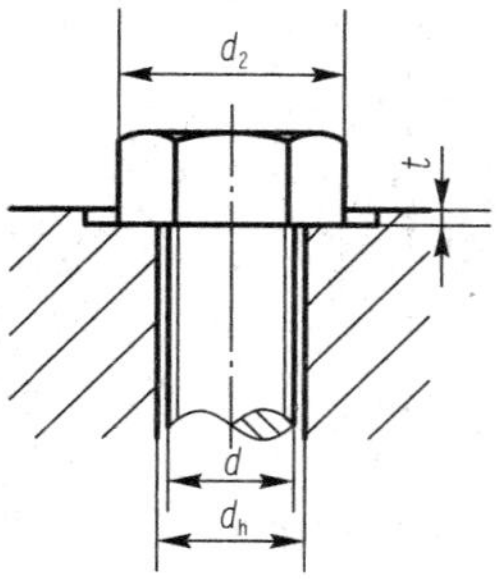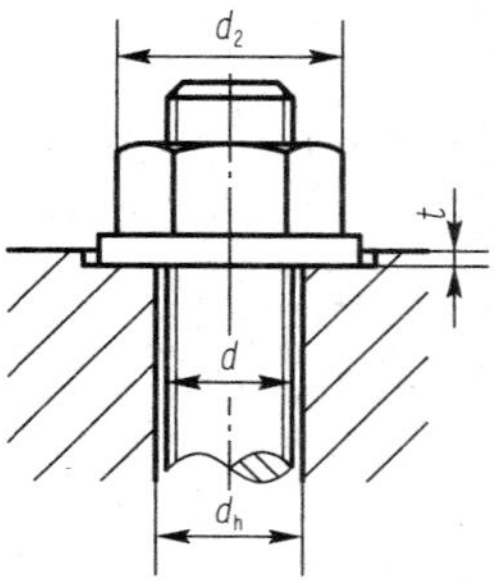</td><td>d_2</td><td>9</td><td>—</td><td>10</td><td>11</td><td>13</td><td>18</td><td>22</td><td>26</td><td>30</td><td>33</td><td>40</td><td>48</td><td>61</td><td>71</td><td>82</td><td>98</td></tr>
<tr><td>t</td><td colspan="16">只要能制出与通孔轴线垂直的圆平面即可</td></tr>
<tr><td>沉头用沉孔（GB/T 152.2—2014）</td><td>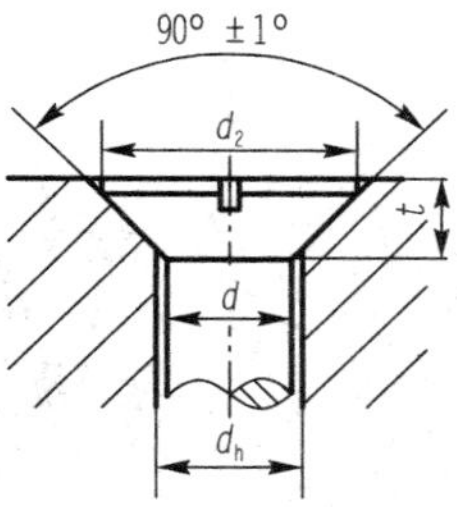</td><td>d_2</td><td>6.5</td><td>8.4</td><td>9.6</td><td>10.65</td><td>12.85</td><td>17.55</td><td>20.3</td><td>—</td><td>—</td><td>—</td><td>—</td><td>—</td><td>—</td><td>—</td><td>—</td><td>—</td></tr>
<tr><td rowspan="2">开槽圆柱头用沉孔（GB/T 152.3—1988）</td><td rowspan="2">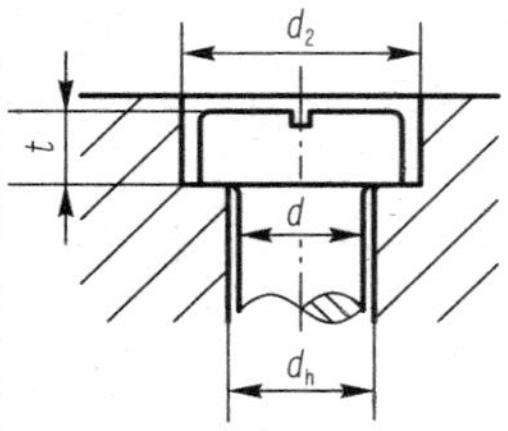</td><td>d_2</td><td>—</td><td>—</td><td>8</td><td>10</td><td>11</td><td>15</td><td>18</td><td>20</td><td>24</td><td>26</td><td>33</td><td>—</td><td>—</td><td>—</td><td>—</td><td>—</td></tr>
<tr><td>t</td><td>—</td><td>—</td><td>3.2</td><td>4</td><td>4.7</td><td>6</td><td>7</td><td>8</td><td>9</td><td>10.5</td><td>12.5</td><td>—</td><td>—</td><td>—</td><td>—</td><td>—</td></tr>
<tr><td rowspan="2">内头角圆柱头用沉孔（GB/T 152.4—1988）</td><td rowspan="2">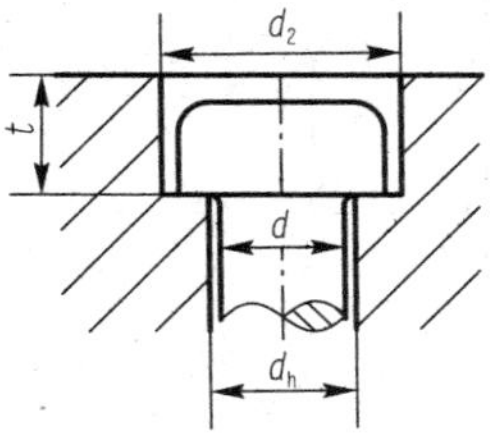</td><td>d_2</td><td>6</td><td>—</td><td>8</td><td>10</td><td>11</td><td>15</td><td>18</td><td>20</td><td>24</td><td>26</td><td>33</td><td>40</td><td>48</td><td>57</td><td>—</td><td>—</td></tr>
<tr><td>t</td><td>3.4</td><td>—</td><td>4.6</td><td>5.7</td><td>6.8</td><td>9</td><td>11</td><td>13</td><td>15</td><td>17.5</td><td>21.5</td><td>25.5</td><td>32</td><td>38</td><td>—</td><td>—</td></tr>
</table>

5. 中心孔表示法（GB/T 4459. 5—1999、GB/T145—2001）（附表 27）

附表 27　中心孔表示法（GB/T 4459. 5—1999、GB/T 145—2001） mm

	A型	B型	C型	R型
型式及标记示例	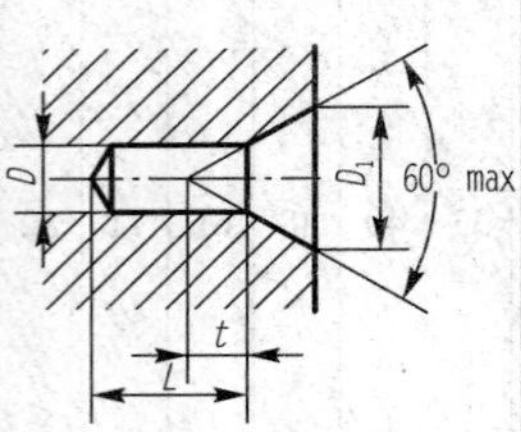 GB/T 4459. 5—A4/8. 5 （$D=4$，$D_1=8.5$）	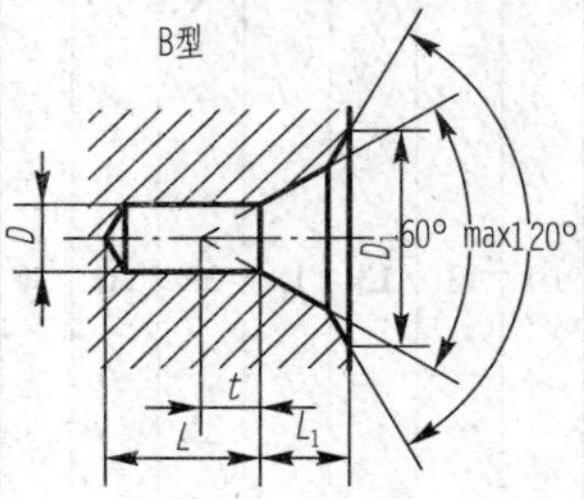 GB/T 4459. 5—B2. 5/8 （$D=2.5$，$D_1=8$）	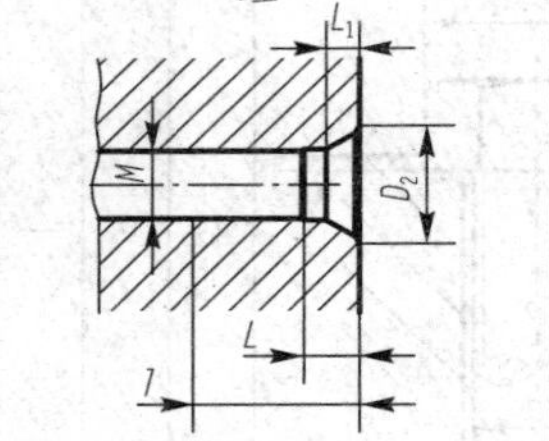 GB/T 4459. 5—CM10L30/16. 3 （$D=$M10，$L=30$，$D_2=16.3$）	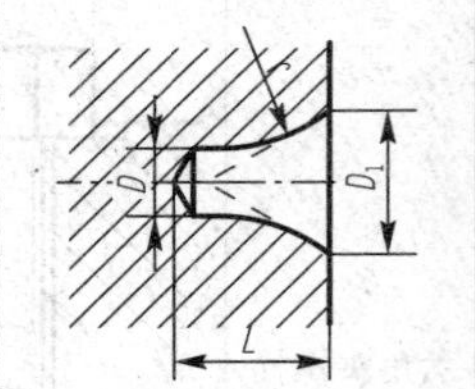 GB/T 4459. 5—R3. 15/6. 7 （$D=3.15$，$D_1=6.7$）
用途	通常用于加工后可以保留的场合（此种情况占绝大多数）	通常用于加工后必须保留的场合	通常用于一些需要带压紧装置的场合	通常用于需要提高加工精度的场合

	要求	规定表示法	简化表示法	说明
中心孔表示法	在完工的零件上要求保留中心孔	 GB/T 4459.5—B4/12.5	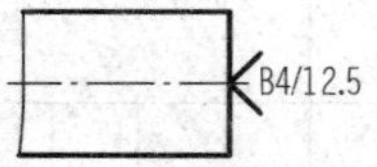 B4/12.5	采用 B 型中心孔 $D=4$，$D_1=12.5$
	在完工的零件上可以保留中心孔（是否保留都可以，多数情况如此）	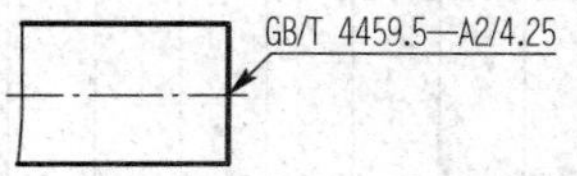 GB/T 4459.5—A2/4.25	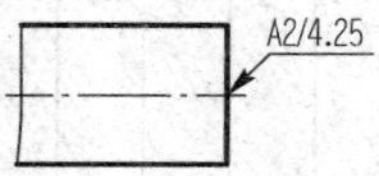 A2/4.25	采用 A 型中心孔 $D=2$，$D_1=4.25$， 一般情况下，均采用这种方式
		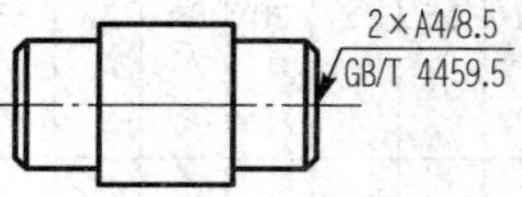 2×A4/8.5 GB/T 4459.5	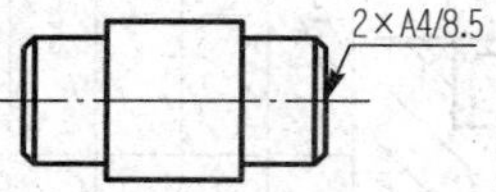 2×A4/8.5	采用 A 型中心孔 $D=2$，$D_1=8.5$， 轴的两端中心孔相同，可只在一端注出
	在完工的零件上允许保留中心孔	 GB/T 4459.5—A1.6/3.35	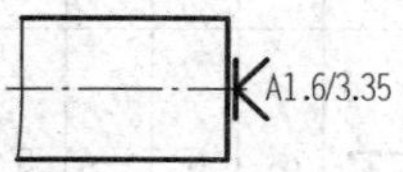 A1.6/3.35	采用 A 型中心孔 $D=1.6$，$D_1=3.35$

注：1. 对标准中心孔，在图样中可不绘制其详细结构。
2. 简化标注时，可省略标准编号。
3. 尺寸 L 取决于零件的功能要求。

续表

中心孔的尺寸参数							
导向孔直径 D（公称直径）	R 型	A 型		B 型		C 型	
	锥孔直径 D_1	锥孔直径 D_1	参照尺寸 t	锥孔直径 D_1	参照尺寸 t	公称尺寸 M	锥孔直径 D_2
1	2. 12	2. 12	0. 9	3. 15	0. 9	M3	5. 8
1. 6	3. 35	3. 35	1. 4	5	1. 4	M4	7. 4
2	4. 25	4. 25	1. 8	6. 3	1. 8	M5	8. 8
2. 5	5. 3	5. 3	2. 2	8	2. 2	M6	10. 5
3. 15	6. 7	6. 7	2. 8	10	2. 8	M8	13. 2
4	8. 5	8. 5	3. 5	12. 5	3. 5	M10	16. 3
(5)	10. 6	10. 6	4. 4	16	4. 4	M12	19. 8
6. 3	13. 2	13. 2	5. 5	18	5. 5	M16	25. 3
(8)	17	17	7	22. 4	7	M20	31. 3
10	21. 2	21. 2	8. 7	28	8. 7	M24	38
注：尽量避免选用括号中的尺寸。							

五、常用材料及热处理

1. 热处理的方法及应用（附表 28）

附表 28　热处理的方法及应用

名称	处理方法	应用
退火（5111）	将钢件加热到临界温度以上，保温一段时间，然后缓慢地冷却下来（如在炉中冷却）	用来消除铸、锻、焊零件的内应力，降低硬度，改善加工性能，增加塑性和韧性，细化金属晶粒，使组织均匀。适用于含碳量在 0. 8% 以下的铸、锻、焊件
正火（5121）	将钢件加热到临界温度以上，保温一段时间，然后在空气中冷却下来，冷却速度比退火快	用来处理低碳和中碳结构钢件及渗碳零件，使其晶粒细化，增加强度与韧性，改善切削加工性能
淬火（5131）	将钢件加热到临界温度以上，保温一段时间，然后在水、盐水或油中急速冷却下来	用来提高钢的硬度、强度和耐磨性。但淬火后会引起内应力及脆性，因此淬火后的钢件必须回火
回火（5141）	将淬火后的钢件，加热到临界温度以下的某一温度，保温一段时间，然后在空气或油中冷却下来	用来消除淬火时产生的脆性和内应力，以提高钢件的韧性和强度
调质（5151）	淬火后进行高温回火（450 ~ 650 ℃）	可以完全消除内应力，并获得较高的综合力学性能。一些重要零件淬火后都要经过调质处理

续表

名称	处理方法	应用
表面淬火（5210）	用火焰或高频电流将零件表面迅速加热至临界温度以上，急速冷却	使零件表层有较高的硬度和耐磨性。但淬火后会引起内应力及脆性，因此淬火后的钢件必须回火
渗碳（5310）	将低碳、中碳（<0.4%C）钢零件在渗碳剂中加热到900～950 ℃，停留一段时间，使零件表面增加0.4～0.6 mm，然后淬火	增加零件表面硬度、耐磨性、抗拉强度及疲劳极限。适用于低碳、中碳结构钢的中小型零件及大型重负荷、受冲耐磨的零件
液体碳氮共渗	使零件表面增加碳和氮，其扩散层深度较浅（0.2～0.5 mm）。在0.2～0.4 mm层具有HRC66～70的高硬度	增加结构钢、工具钢件的表面硬度、耐磨性及疲劳极限，提高刀具切削性能和使用寿命。适用于要求硬度高、耐磨的中小型及薄片的零件和刀具
渗氮（5330）	使零件表面增氮，氮化层为0.025～0.8 mm。氮化层硬度极高（达HV1 200）	增加零件的表面硬度、耐磨性、疲劳极限及抗蚀能力。适用于含铝、铬、钼、锰等合金钢，如要求耐磨的主轴、量规、样板、水泵轴、排气门等零件
冰冷处理	将淬火钢件继续冷却至室温以下的处理方法	进一步提高零件的硬度、耐磨性，使零件尺寸趋于稳定，如用于滚动轴承的钢球
发蓝发黑	用加热办法使零件工作表面形成一层氧化铁组成的保护性薄膜	防腐蚀、美观，用于一般紧固件
时效处理	天然时效：指在空气中存放半年到一年以上 人工时效，加热到200 ℃左右，保温10～20 h或更长时间	使铸件或淬火后的钢件慢慢消除其内应力，而达到稳定其形状和尺寸的目的

2. 常用的金属材料（附表29）

附表29　常用的金属材料

标准	名称	牌号	说明	应用举例
GB/T 700—2006	碳素结构钢	Q215－A	Q为钢材屈服点字母，“屈”字汉语拼音首位字母，数字表示屈服强度（MPa），A、B、C、D为质量等级	金属结构构件，拉杆、套圈、铆钉、螺栓、短轴、心轴、凸轮（载荷不大的）、吊钩、垫圈；渗碳零件及焊接件
		Q235		金属结构构件，心部强度要求不大高的渗碳或氰化零件：吊钩、拉杆、车钩、套圈、汽缸、齿轮、螺栓、螺母、连杆、轮轴、楔、盖及焊接件
		Q275		转轴、心轴、销轴、链轮、刹车杆、螺栓、螺母、垫圈、连杆、吊钩、楔、齿轮、键以及其他强度要求较高的零件。这种钢焊接性尚可

续表

标准	名称	牌号	说明	应用举例
GB/T 699—2015	优质碳素结构钢	15	牌号的两位数字表示钢中平均含碳量。如“45”表示平均含碳量为0.45%	塑性、韧性、焊接性能和冷冲性能均极好，但强度低。用于制造受力不大、韧性要求较高的零件，紧固件、冲模锻件及不需热处理的低负荷零件，如螺钉、螺母、法兰盘、渗碳零件等
		20		用于不经受很大应力而要求很大韧性的各种零件，如杠杆、轴套、拉杆等。还可用制造压力 <6 MPa、温度 <450 ℃非腐蚀介质中使用的零件，如管子、导管等
		35		性能和30钢相似，用于制作曲轴、转轴、销轴、杠杆、连杆、横梁、星轮、圆盘、套筒、钩环、垫圈、螺钉、螺母等。一般不作焊接用
		45		用于强度要求较高的零件。通常在调质或正火后使用，用于制造齿轮、机床主轴、花键轴、联轴器等。由于它的淬透性差，因此截面大的零件很少采用
		60		这是一种强度和弹性相当高的钢。用于制造连杆、轧辊、弹簧、轴等
		75		用于板弹簧、螺旋弹簧以及受磨损的零件
		15Mn		它的性能与15号钢相似，但淬透性及强度和塑性比15号都高些。用于制造中心部分的力学性能要求较高，且须渗碳的零件。焊接性好
		45Mn		用于受磨损的零件，如转轴、心轴、齿轮、叉等。焊接性差。还可用作受较大载荷的离合器盘、花键盘、凸轮轴、曲轴等
		65Mn		钢的强度高，淬透性较大，脱碳倾向小，但有过热敏感性，易生淬火裂纹，并有回火脆性。适用于较大尺寸的各种扁、圆弹簧，以及其他经受摩擦的农机具零件

续表

标准	名称	牌号	说明	应用举例
GB/T 3077—2015	合金结构钢	15Cr	合金钢牌号前两位数字表示钢中含碳量的万分数。合金元素以化学符号表示，含碳量小于1.5%时仅注出元素符号	渗碳后用于制造小齿轮、凸轮、活塞环、衬套、螺钉
		30Cr		用于制造重要调质零件、轴、杠杆、连杆、齿轮、螺栓
		45Cr		用于制造强度和耐磨性要求高的轴、齿轮、螺栓等
		20CrMnTi 30CrMnTi		渗碳后用于制造受冲击、耐磨要求高的零件，如齿轮、齿轮轴、十字轴、蜗杆、离合器
GB/T 11352—2009	工程铸钢	ZG 200-400	“ZG”表示铸钢，是铸、钢两字汉语拼音的首位字母。ZG后两组数字是屈服强度（MPa）和最低抗拉强度（MPa）值	用于制造受力不大、韧性要求高的零件，如齿轮、齿轮轴、十字轴、蜗杆、离合器
		ZG 310-570		用于制造重负荷零件，如联轴器、大齿轮、缸体、机架、轴
GB/T 9439—2010	灰铸铁	HT100	“HT”是灰、铁两字汉语拼音的首位字母，数字表示最低抗拉强度值	属低强度铸铁。用于盖、罩、把手、手轮、底板等要求不高的零件
		HT150		属中等强度铸铁。用于制造机床床身、工作台、轴承座、齿轮、箱体、阀体、泵体
		HT200 HT250		属高强度铸铁。用于制造齿轮、齿轮箱体、机座、床身、阀体、汽缸、联轴器盘、凸轮、带轮等
		HT300 HT350		属高强度、高耐磨铸铁。用于制造床身、床身导轨、机座、主轴箱、曲轴、液压泵体、凸轮、带轮等
GB/T 1348—2009	球墨铸铁	QT400－15 QT450－10 QT500－7	“QT”表示球墨铸铁，它后面的第一组数值表示抗拉强度值（MPa），“－”后面的数值为最小伸长率（%）	具有中等强度和韧性。用于制造油泵齿轮、轴瓦、壳体、阀体、汽缸、轮毂
		QT600－3 QT700－2 QT800－2		具有较高的强度，用于制造曲轴、缸体、滚轮、凸轮、汽缸套、连杆、小齿轮

续表

标准	名称	牌号	说明	应用举例
GB/T 9440—2010	可锻铸铁	KTH300－06	“KHT”“KTZ”“KTB”分别表示黑心、珠光体和白心可锻铸铁，第一组数字表示抗拉强度值（MPa），“－”后面的数值为最小伸长率（%）。	具有较高的强度，用于制造受冲击、振动及扭转负荷的汽车、机床等零件
		KTZ550－04 KTB350－04		具有较高强度，耐磨性好，韧性较差，用于制造轴承座、轮毂、箱体、履带、齿轮、连杆、轴、活塞环
GB/T 1176—2013	38黄铜	ZCuZn38	铸黄铜，含锌38%	一般用于制造耐蚀零件，如阀座、手柄、螺钉、螺母、垫圈等
	5-5-5锡青铜	ZCuSn5Pb5 Zn5	铸锡青铜、锡、铅、锌各5%	耐磨性和耐腐蚀性能好，用于制造在中等和高速滑动速度下工作的零件，如轴瓦、衬套、缸套、齿轮、蜗轮等
	10-1锡青铜	ZCuSn10P1	铸锡青铜，含锡10%，含铅1%	
	9-2铝青铜	ZCuA19Mn2	铸铝青铜，含铝9%，含锰2%	强度高、耐蚀性好，用于制造衬套、齿轮、蜗轮和气密性要求高的铸件
GB/T 1173—2013	铸造铝合金	ZAlSi7Mg	铸造铝合金，含硅约7%，含镁约0.35%	适用于制造承受中等负荷、形状复杂的零件，如水泵体、汽缸体、抽水机和电器、仪表的壳体

3. 常用的非金属材料（附表30）

附表30　常用的非金属材料

标准	名称	牌号	说明	应用举例
GB/T 5574—2008	普通橡胶板	1612		中等硬度，具有较好的耐磨性和弹性，适于制作具有耐磨、耐冲击及缓冲性能好的垫圈、密封条、垫板
	耐油橡胶板	3707 3807		较高硬度，较好的耐熔剂膨胀性，可在－30 ℃～＋100 ℃机油、汽油等介质中工作，可制作垫圈
FZ/T25001—2012	工业用毛毡	T112 T122 T132		用作密封、防漏油、防震、缓冲衬垫等
QB/T 2200—1996	软钢纸板		纸板厚度0.5～3.0 mm	供汽车、拖拉机的发动机及其他工业设备上制作密封垫片

续表

标准	名称	牌号	说明	应用举例
JB/T 8149.2—2000	酚醛层压布板	3025 3026 3027 3028	3025、3026 用于机械；3027、3028 用于机械及电器	力学性能很好，刚性大，耐热性高。可用作密封件、轴承、轴瓦、皮带轮、齿轮、离合器、摩擦轮、电器绝缘零件等
QB/T 3625—1999	聚四氟乙烯板材	SFB－1	化学稳定性好，高耐热耐寒性，自润滑好	主要作电器绝缘之用
		SFB－2		主要作腐蚀介质中衬垫密封件及润滑材料之用
		SFB－3		主要作腐蚀介质中隔膜与视镜之用
GB/T 7134—2008	浇铸型工业有机玻璃板材	PMMA	有色和无色，厚度为 1.5～50 mm	耐酸耐碱。制造一定透明度和强度的零件、油杯、标牌、管道、电器绝缘件等
JB/ZQ 4196—1998	尼龙 6 尼龙 66 尼龙 610 尼龙 1010	PA		有高抗拉强度和良好冲击韧性，耐热可达 100 ℃，耐弱酸、弱碱，耐油性好，消声性好。可制作齿轮等机械零件

注：FZ 是纺织行业标准；JB 是机械行业标准；QB 是轻工行业标准。

参 考 文 献

[1] 成海涛，熊建强，涂筱艳．机械制图[M].2版．北京：北京理工大学出版社，2010.
[2] 金大鹰．机械制图[M].2版．北京：机械工业出版社，2008.
[3] 张兰英，盛尚雄，陈卫华．现代工程制图[M].2版．北京：北京理工大学出版社，2010.
[4] 唐克中，朱同钧．画法几何及工程制图[M].4版．北京：高等教育出版社，2009.
[5] 何铭新，钱可强，徐祖茂．机械制图[M].6版．北京：高等教育出版社，2010.
[6] 刘青科，李凤平，苏猛，等．画法几何及机械制图[M]．沈阳：东北大学出版社，2011.
[7] 大连理工大学工程图学教研室．机械制图 [M].6版．北京：高等教育出版社，2007.
[8] 马立克，赵晓东．工程制图[M]．北京：北京大学出版社，2008.
[9] 刘青科，齐白岩．工程图学[M]．沈阳：东北大学出版社，2008.
[10] 张京英，张辉，焦永和．机械制图[M].3版．北京：北京理工大学出版社，2013.
[11] 曾红，姚继权．画法几何及机械制图学习指导[M]．北京：北京理工大学出版社，2014.
[12] 孙进平，杨秀芸，贾铭钰，等．计算机辅助设计与AutoCAD 2008应用教程[M]．北京：清华大学出版社，2010.
[13] 李凤平，张士庆，苏猛，等．机械图学[M].3版．沈阳：东北大学出版社，2003.
[14] 王巍．机械制图[M]．北京：高等教育出版社，2003.
[15] 国家技术监督局．技术制图与机械制图[S]．北京：中国标准出版社，2016.
[16] 国家标准在线服务网．http：//www.spc.org.cn/gb168/standardonline/.